Zugangscode

Nutzungsdauer 24 Monate

6G1SD8E2

https://www.pearson-studium.de/mylab/biostatistik2e

Biostatistik

Eine Einführung für Bio- und Umweltwissenschaftler

2., aktualisierte Auflage

Matthias Rudolf
Wiltrud Kuhlisch

Pearson

Bibliografische Information der Deutschen Nationalbibliothek

Die Deutsche Nationalbibliothek verzeichnet diese Publikation in der Deutschen Nationalbibliografie; detaillierte bibliografische Daten sind im Internet über http://dnb.dnb.de abrufbar.

10 9 8 7 6 5 4 3 2 1

25 24 23 22 21

ISBN 978-3-86894-404-4 (Buch)
ISBN 978-3-86326-300-3 (E-Book)

Zugangscode einlösbar bis 30.09.2024

Programmleitung: Mario Nast, mnast@pearson.de; Doris Knuff, doris.knuff@pearson.com
Herstellung: Claudia Bäurle, cbaeurle@pearson.de
Satz: Reemers Publishing Services GmbH, Krefeld, www.reemers.de
Coverillustration: AdobeStock, https:// stock.adobe.com
Druck und Verarbeitung: Drukkerij Wilco BV, Amersfoort
Printed in Germany

Inhaltsübersicht

Inhaltsverzeichnis

Kapitel 7 Korrelations- und Regressionsanalyse 215

Kapitel 8 Varianzanalyse 297

Vorwort zur 2. Auflage

Für die zweite Auflage dieses Lehrbuches haben wir den sehr gut angenommenen Aufbau und die bewährte didaktische Ausrichtung des Buches unverändert beibehalten. Da sowohl Bio- als auch Umweltwissenschaften auf den gleichen statistischen Grundlagen aufbauen, sprechen wir mit unserem Buch in der zweiten Auflage gleichermaßen Studierende sowie Wissenschaftlerinnen und Wissenschaftler beider Bereiche an. Das Buch kann als Begleitbuch zu einer Vorlesung oder als ergänzende Lektüre zum Selbststudium genutzt werden. Daneben ist es auch für Leserinnen und Leser geeignet, die ihr biostatistisches Wissen auffrischen möchten oder einen Einstieg in die Thematik suchen.

Inhaltlich haben wir zwei Kapitel zu modernen computerintensiven Methoden neu aufgenommen sowie alle Kapitel überarbeitet und verschiedene Ergänzungen und Erweiterungen vorgenommen.

Die für die Neuauflage enthaltenen Beschreibungen der Umsetzung der behandelten statistischen Methoden mit R, SPSS und Excel haben wir komplett überarbeitet und an die aktuellen Versionen der jeweiligen Software angepasst. Diese finden Sie in der eLearning-Umgebung **MyLab|Biostatistik** von Pearson Studium.

Zusätzlich stehen Ihnen, ebenfalls in der eLearning-Umgebung **MyLab|Biostatistik**, viele Aufgaben zur Verfügung, mit denen das Verständnis des Stoffes vertieft und praktische Anwendungen geübt werden können.

Wir danken allen, die uns bei der Arbeit an dieser Neuauflage unterstützt haben. Unser Dank gilt unseren Studentinnen und Studenten sowie unseren Kolleginnen und Kollegen für zahlreiche Hinweise und Nachfragen zum Buch, die uns Anregungen für Überarbeitungen gegeben haben. Wir bedanken uns vor allem bei Peggy Wehner und Judith Herbers, die uns bei der Anfertigung der neu aufgenommenen Grafiken sowie bei den Beschreibungen zur Umsetzung der Verfahren mit R bzw. mit SPSS sehr unterstützt haben. Unseren Familien danken wir ganz herzlich für ihre Unterstützung.

Besonders danken wir Mario Nast, Lektoratsleiter vom Verlag Pearson Studium, für die Anregung zu dieser Neuauflage sowie ihm, Elisabeth Prümm, Wolfgang Achatz und Doris Knuff, Programmleiterin Biologie beim Verlag Pearson Studium, für die immer angenehme und konstruktive Zusammenarbeit.

Matthias Rudolf und Wiltrud Kuhlisch

Vorwort

Dieses Buch richtet sich an Anwender statistischer Methoden in den Bio- und Umweltwissenschaften, speziell in der Biologie oder der Biotechnologie. Es wendet sich an Studierende bio- und umweltwissenschaftlicher Studiengänge, die das Buch gleichermaßen als Begleitbuch zu einer Vorlesung oder als ergänzende Lektüre zum Selbststudium nutzen können. Daneben ist es auch für Biowissenschaftler geeignet, die ihr biostatistisches Wissen auffrischen möchten oder einen Einstieg in die Thematik suchen. Der Leser benötigt lediglich die üblichen Grundkenntnisse der Elementarmathematik, die an Gymnasien unterrichtet werden.

Die grundlegenden Verfahren der Biostatistik sollen in diesem Buch anwendungsorientiert und gut nachvollziehbar dargestellt werden. Der Inhalt umfasst die klassischen Teilbereiche der Biostatistik, die in den entsprechenden Lehrveranstaltungen in Bachelor- oder Diplomstudiengängen angeboten werden. Daneben werden moderne Verfahren behandelt, deren Bedeutung in den letzten Jahren zugenommen hat. Da eine gute Versuchsplanung die Grundlage für verwertbare Versuchsergebnisse bildet, haben wir ein eigenständiges Kapitel zu den Grundlagen der biostatistischen Versuchsplanung aufgenommen.

Bei der Auswertung bio- und umweltwissenschaftlicher Untersuchungen ist heute die Anwendung leistungsfähiger Computer selbstverständlich. Auch die statistischen Berechnungen werden nahezu ausschließlich mit Hilfe von Statistikprogrammen durchgeführt. Deshalb verfolgen wir bei der Behandlung der statistischen Verfahren stets zwei Ziele: Einerseits sollen die jeweils behandelten Methoden so ausführlich und detailliert dargestellt werden, dass der Leser die grundlegenden Überlegungen und das konkrete Vorgehen gut nachvollziehen kann. Andererseits bereiten wir den Anwender darauf vor, die Methoden mit Statistikprogrammen anzuwenden und die Ergebnisse sachgerecht zu interpretieren.

Inhaltliche und didaktische Gestaltung

Das wichtigste Anliegen dieses Buches besteht darin, dem Leser ein Grundverständnis biostatistischer Denkweisen und Methoden zu vermitteln. Deshalb beschreiben wir die Grundlagen der jeweiligen Verfahren ausführlich, wobei wir auf unnötige mathematische Herleitungen verzichten. Wichtige Tests und Berechnungen werden detailliert dargestellt, damit die jeweilige Vorgehensweise konkret nachvollzogen werden kann. In allen Darstellungen gehen wir davon aus, dass die spätere Anwendung der Verfahren vorwiegend unter Benutzung von Statistikprogrammen erfolgen wird. Deshalb verzichten wir zum Beispiel weitgehend auf die Angabe von Schnellrechenformeln und beschreiben das Prinzip von Testentscheidungen vorrangig auf der Grundlage der p-Werte.

Beispiele

Der unmittelbare Bezug der Darstellung zur Praxis wird durch Anwendungsbeispiele gewährleistet, die am Anfang der jeweiligen Kapitel vorgestellt werden. Der inhaltliche Rahmen dieser Beispiele kommt aus der Biologie oder der Biotechnologie und berührt oft Fragestellungen, mit denen Studierende bio- und umweltwissenschaftlicher Disziplinen im Rahmen ihrer Praktika beschäftigt sind. Die in den Beispielen verwendeten Daten haben wir künstlich erzeugt, um die zu beschreibenden Verfahren bestmöglich illustrieren zu können. Die Umsetzung aller im entsprechenden Kapitel behandelten Verfahren wird auf der Grundlage der Daten des Anwendungsbeispiels beschrieben.

Aufgaben und Lösungen

Am Ende der einzelnen Kapitel sind Beispielaufgaben angegeben, die das Spektrum der im jeweiligen Kapitel behandelten Methoden weitgehend abdecken. Wir empfehlen, die Aufgaben, soweit es sich um Rechenaufgaben handelt, zunächst per Hand und Taschenrechner zu rechnen, da damit das Verständnis der behandelten Verfahren weiter vertieft werden kann. Selbstverständlich können die Aufgaben auch unter Verwendung von Statistik-Software bearbeitet werden.

Lösungshinweise zu allen Aufgaben sowie weitere Aufgaben mit Lösungen sind in unserer eLearning-Umgebung **MyLab|Biostatistik** zu finden.

MyLab|Biostatistik: Anwendung von Statistik-Software

Neben dem Verständnis der statistischen Verfahren bereitet vielen Anwendern erfahrungsgemäß der Einstieg in den Umgang mit Statistik-Software erhebliche Schwierigkeiten. Aus diesem Grund bieten wir im **MyLab|Biostatistik** eine Einführung in drei gebräuchliche Programme zur statistischen Datenanalyse an, die sehr unterschiedliche Vor- und Nachteile haben: R, SPSS und Excel.

- R ist ein kostenfreies Programm, das im Internet zur Verfügung steht. Viele Fachleute entwickeln das Programm kontinuierlich weiter, so dass mittlerweile sehr viele Verfahren realisiert sind. Neben den grundlegenden Methoden der Biostatistik sind Module für sehr komplexe Verfahren verfügbar. Allerdings müssen die notwendigen Befehle vom Anwender selbst eingegeben werden, entsprechende Auswahlfenster stehen nicht zur Verfügung.
- SPSS ist ein besonders im Bereich der Human- und Sozialwissenschaften weitverbreitetes Programmsystem. Neben dem großen Umfang verfügbarer Verfahren kann es auf eine sehr komfortable Bedienung verweisen. Der Anwender kann die notwendigen Methoden aus entsprechenden Fenstern auswählen, was die Einarbeitung in das Programm und die Arbeit mit dem Programm sehr erleichtert. Es ist in vielen Rechnerkabinetten der Universitäten und Fachhochschulen installiert. Die Kosten für das Programm sind relativ hoch, allerdings bietet SPSS kostengünstige Studentenversionen an.

- MS-Excel ist kein Statistikprogramm, enthält aber verschiedene Möglichkeiten zur Realisierung statistischer Verfahren. Unterschiedliche Grafiken und einfache statistische Verfahren lassen sich in Excel realisieren, die Durchführung komplexerer Analysen ist jedoch nur eingeschränkt möglich. Wegen seiner weiten Verbreitung im Rahmen der MS-Office-Produkte wird Excel häufig für einfache statistische Berechnungen verwendet.

In der eLearning-Umgebung werden die im Buch angegebenen Beispielrechnungen mit dem jeweiligen Programm nachvollzogen. Dabei beschreiben wir sowohl die erforderlichen Eingaben als auch die Ergebnisse. Zu ausgewählten Kapiteln wird zusätzlich die Analyse von Praxisdaten aus bio- und umweltwissenschaftlichen Forschungsvorhaben demonstriert.

Die Beschreibungen zu den Programmen werden in unserer eLearning-Umgebung **MyLab|Biostatistik** aktualisiert, sobald neue Versionen der Programme erscheinen.

Danksagung

Unser Dank gilt allen, die uns bei der Anfertigung dieses Lehrbuches unterstützt haben. An erster Stelle bedanken wir uns bei den Studentinnen Claudia Huth, Viktoria Decker und Bianca Kranzusch, die uns bei der Erstellung der Anwendungsbeispiele, durch Korrekturlesen und Nachrechnen der Beispiele geholfen haben. Wir danken allen Kolleginnen und Kollegen, die uns ihre Daten zur Verfügung gestellt haben. Viele Kolleginnen und Kollegen der Fachrichtungen Biologie, Hydrobiologie, Mathematik und Psychologie sowie des Biotechnologischen Zentrums (BIOTEC) der Technischen Universität Dresden haben uns bei unserem Vorhaben unterstützt. Ihnen allen sei herzlich gedankt. Frau Helga Mettke danken wir für die sorgfältige Bearbeitung der Grafiken. Sehr herzlich danken wir unseren Familien für ihre Unterstützung. Wir bedanken uns bei SPSS München, die uns Version 15 für die Arbeit an diesem Buch zur Verfügung gestellt haben.

Matthias Rudolf und Wiltrud Kuhlisch

Einführung

1

ÜBERBLICK

In diesem einführenden Kapitel soll die Bedeutung der Biostatistik im Prozess bio- und umweltwissenschaftlicher Forschung veranschaulicht werden. Dabei wird auf die beschreibende Statistik und die Inferenzstatistik als grundlegende Teilbereiche der Biostatistik eingegangen. Die Unterschiede von Hypothesen erzeugenden und Hypothesen prüfenden Datenanalysen sollen verdeutlicht werden.

In weiteren Abschnitten werden einführend Aspekte der Versuchsplanung behandelt, deren Kenntnis für das Verständnis der in den folgenden Kapiteln behandelten statistischen Methoden unentbehrlich ist. Das betrifft einerseits die Unterscheidung von Populationen und von aus diesen Populationen gewonnenen Stichproben. Andererseits werden die unterschiedlichen Skalenarten behandelt, mit denen bio- und umweltwissenschaftliche Größen erfasst werden können.

1.1 Biostatistik als Bestandteil bio- und umweltwissenschaftlicher Forschung

Unter dem Begriff Biostatistik werden die Anwendungen der Methoden der mathematischen Statistik in den Bio- und Umweltwissenschaften zusammengefasst. Neben Disziplinen wie der Biologie, der Biotechnologie oder den Umweltwissenschaften bietet vor allem die Medizin vielfältige Anwendungsbereiche für die Biostatistik. Für die Anwendung statistischer Methoden in der Medizin wird oft die Bezeichnung medizinische Statistik verwendet. Im Unterschied dazu wird in diesem Lehrbuch ausschließlich auf Beispiele aus der Biologie, der Biotechnologie und den Umweltwissenschaften zurückgegriffen. Das Buch richtet sich demnach primär an Studierende und Wissenschaftler dieser und benachbarter Disziplinen.

Die problemangepasste Anwendung biostatistischer Methoden ist ein integraler Bestandteil bio- und umweltwissenschaftlicher Forschung. Allgemein lässt sich die Durchführung von Forschungsvorhaben grob in drei Phasen unterteilen:

- Versuchsplanung,
- Versuchsdurchführung,
- Versuchsauswertung.

In diesem Ablauf hat die Anwendung biostatistischer Methoden besonders in den Phasen der Versuchplanung und der Versuchsauswertung große Bedeutung.

Ausgehend von der fachwissenschaftlichen Fragestellung und von den damit verbundenen inhaltlichen Hypothesen müssen bereits in der *Planungsphase* biostatistische Überlegungen einbezogen werden, um eine sachgerechte Versuchsdurchführung für die Beantwortung der gestellten Fragen zu gewährleisten. Schon unter Berücksichtigung der später durchzuführenden Datenauswertung sind die zu untersuchenden Merkmale und deren Skalenniveau festzulegen (siehe Abschnitt 1.3). Es ist zu entscheiden, welcher konkrete Versuchsplan unter Berücksichtigung aller Rahmenbedingungen für die gegebene Fragestellung am besten geeignet ist (siehe Kapitel 9). Dabei muss bereits in der Planungsphase gesichert werden, dass die geplante Methode der Datenauswertung mit dem ausgewählten Versuchsplan überhaupt möglich ist. Integraler Bestandteil der Versuchsplanung sind Festlegungen zum notwendigen Stichprobenumfang. In allen Anträgen auf Bewilligung von Forschungsgeldern ist der Nachweis zu führen, dass einerseits nur die notwendige Anzahl von Untersuchungseinheiten für die geplante Untersuchung vorgesehen ist, um unnötige Kosten zu vermeiden. Andererseits muss der Antragsteller ebenfalls belegen, dass der geplante Stichprobenumfang groß genug ist, um das angestrebte Ergebnis überhaupt mit hinreichender statistischer Sicherheit erzielen zu können.

Im Rahmen der Versuchsauswertung müssen die adäquaten biostatistischen Methoden zur Datenanalyse eingesetzt werden. Dabei lassen sich die statistischen Verfahren in zwei grundlegende Klassen einteilen: in die Verfahren der deskriptiven (beschreibenden) Statistik und in die Methoden der Inferenzstatistik (der schließenden Statistik).

Die Verfahren der deskriptiven Statistik haben das Ziel, erhobene Daten so darzustellen, dass ihre bezüglich der aktuellen Fragestellung wesentlichen Eigenschaften veranschaulicht werden können. Zu diesem Zweck werden die Daten in Tabellen, in grafischen Darstellungen und mit Hilfe statistischer Maßzahlen zusammengefasst (siehe Kapitel 2). Methoden der beschreibenden Statistik sind wichtige Werkzeuge im Rahmen explorativer (Hypothesen generierender) Datenanalysen.

Definition

Explorative Datenanalysen dienen der Beschreibung gegebener Daten oder der Suche nach unbekannten Strukturen in komplexen Datenmengen. Mit ihrer Hilfe können Hypothesen über die untersuchten Merkmale gewonnen werden.

Die explorative Datenanalyse geht über die reine beschreibende Statistik hinaus. Mit Hilfe moderner leistungsfähiger Computeralgorithmen ist es in explorativen Untersuchungen zusätzlich möglich, nach unbekannten Strukturen in komplexen Datenmengen zu suchen und auf diesem Wege Hypothesen zu finden, wenn die eigentliche Forschungsfrage noch nicht genau definiert ist oder noch kein geeignetes statistisches Modell bestimmt werden konnte.

Inferenzstatistische Verfahren der Datenanalyse gehen von statistischen Modellen und Hypothesen aus. Sie basieren auf der Wahrscheinlichkeitstheorie (Kapitel 3). Auf dieser Grundlage können Hypothesen über Eigenschaften der untersuchten Populationen bestätigt oder abgelehnt werden, wobei alle Aussagen nur mit vorgegebenen Wahrscheinlichkeiten getroffen werden können (Kapitel 4 und 5). Inferenzstatistische Methoden sind die Grundlage konfirmatorischer (Hypothesen prüfender) Datenanalysen.

Definition Konfirmatorische Datenanalysen dienen zur Entscheidung über *vor* der Untersuchung aufgestellte Hypothesen auf der Grundlage von inferenzstatistischen Methoden.

Der grundsätzliche Unterschied, aber auch der oft fließende Übergang zwischen explorativen und konfirmatorischen Datenanalysen soll an folgendem Beispiel veranschaulicht werden:

In einem industriell wenig erschlossenen Gebiet wurde ein großes Zuliefererwerk der Autoindustrie errichtet, dessen Abwässer in die benachbarten Flüsse gelangen. Es gibt keine inhaltlich begründeten Vermutungen, wie sich die Abwässer auf den Nitratgehalt der Flüsse auswirken. Mit Methoden der beschreibenden Statistik wird im Rahmen einer explorativen Datenanalyse der mittlere Nitratgehalt an unterschiedlichen Messstellen ermittelt. Dabei wird festgestellt, dass sich der Nitratgehalt nach der Errichtung des Werks mehr als verdreifacht hat. Ergebnis der explorativen Vorgehensweise ist damit die Hypothese, dass sich der durchschnittliche Nitratgehalt im Ergebnis der Veränderungen der Umwelt verdreifacht hat. Diese Hypothese kann nun im Rahmen einer konfirmatorischen Untersuchung geprüft werden. Dazu müssen neue Daten erhoben werden, zum Beispiel an anderen Flüssen, an anderen Messpunkten oder in angemessen großem zeitlichem Abstand zur ersten Messung. Im Ergebnis dieser Untersuchung kann die vor dieser Messung aufgestellte Hypothese bestätigt oder verworfen werden.

Dabei ist streng zu beachten, dass nur eine *vor* der Untersuchung aufgestellte Hypothese beurteilt werden kann. So wäre es denkbar, dass im Rahmen der zweiten Untersuchung festgestellt wird, dass sich der Nitratgehalt der Flüsse sogar verzehnfacht hat. Da diese deutlich höhere Nitratbelastung aber nicht vor der Untersuchung angenommen wurde, kann die erhöhte Belastung mit dieser Untersuchung nicht nachgewiesen werden. Gewissermaßen als wichtiges „Nebenprodukt" der konfirmatorischen Datenanalyse hat sich eine neue Hypothese ergeben, die nun erneut unter Verwendung neu erhobener Daten bestätigt werden muss. Dieses Beispiel macht deutlich, dass explorative und konfirmatorische Datenanalysen oft keine starren Grenzen aufweisen, sondern ineinander übergehen können.

1.2 Population und Stichprobe

Daten werden in den Bio- und Umweltwissenschaften immer an einzelnen Untersuchungseinheiten gewonnen. Solche Untersuchungseinheiten können sehr unterschiedlich sein, zum Beispiel Mikroorganismen, Säugetiere, Menschen oder Landschaftsschutzgebiete.

Im Anwendungsbeispiel in Kapitel 7 werden Daten an 24 Flüssen erhoben. Jeder Fluss ist eine Untersuchungseinheit. Bei diesen 24 Flüssen handelt es sich um eine Auswahl aller für die Untersuchung relevanten Flüsse. Die Gesamtheit aller vergleichbaren Flüsse bildet die Population (oft auch als Grundgesamtheit bezeichnet). Sie enthält alle Untersuchungseinheiten, über die man Aussagen gewinnen will.

Definition Unter einer Population (Grundgesamtheit) versteht man die Menge aller potentiellen Untersuchungseinheiten für eine bestimmte Fragestellung.

Die Population muss sehr genau abgegrenzt werden. Im Beispiel kann sie aus allen Flüssen eines bestimmten Gebietes bestehen. Die untersuchte Fragestellung kann sich aber ebenso auf alle Flüsse Deutschlands beziehen, aus denen sich in diesem Fall die Population zusammensetzen würde.

Bei der Betrachtung von Populationen kann man zwischen endlichen, unendlichen und hypothetischen Populationen unterscheiden. Wenn in einem Aquarium eine bekannte Anzahl an Fischen lebt, handelt es sich um eine endliche Population. Als ein Beispiel einer unendlichen Population kann die Menge aller Fische in den Ozeanen angesehen werden. Ein Beispiel für eine hypothetische Population sind alle Fische, die jemals gelebt haben.

Unter Teilpopulationen versteht man eine nach einem oder mehreren Gesichtspunkten eingegrenzte Population. Im Beispiel kann eine Teilpopulation durch alle Flüsse des untersuchten Gebietes beschrieben werden, deren Quelle im Gebirge zu finden ist.

Da es in bio- und umweltwissenschaftlichen Untersuchungen in den meisten Fällen nicht möglich ist, die interessierenden Populationen komplett zu erfassen und an allen Untersuchungseinheiten Messungen vorzunehmen, stehen in den Untersuchungen typischerweise nur ausgewählte Untersuchungseinheiten aus der Population zur Verfügung. Diese tatsächlich untersuchten Einheiten bilden die Stichprobe, deren Daten für die statistischen Analysen verwendet werden können.

Definition Als Stichprobe bezeichnet man eine Teilmenge einer Population, die zufällig oder nach bestimmten Kriterien ausgewählt wurde. Sie enthält alle für die statistische Analyse verwendeten Untersuchungseinheiten.

Aus der Stichprobe sollen Daten gewonnen werden, mit denen unter Verwendung der in den folgenden Kapiteln behandelten Verfahren die Eigenschaften der Population möglichst genau beschrieben werden können. Auf die Bildung von Zufallsstichproben und auf weitere Typen von Stichproben wird in Kapitel 9 ausführlich eingegangen.

An den Untersuchungseinheiten der Stichprobe werden die interessierenden Größen erhoben. Im folgenden Abschnitt soll auf die unterschiedlichen Eigenschaften der zu untersuchenden Merkmale eingegangen werden, da deren Kenntnis für die Auswahl und Anwendung der in den folgenden Kapiteln behandelten statistischen Verfahren notwendig ist.

1.3 Merkmale und Skalenarten

Die an den Untersuchungseinheiten erhobenen interessierenden Eigenschaften werden als Merkmale oder Variablen bezeichnet. Dabei kann jedes Merkmal unterschiedliche Werte (Merkmalsausprägungen) annehmen. So kann zum Beispiel das Merkmal Geschlecht beim Menschen die Werte männlich oder weiblich annehmen. Das Merkmal Nitratkonzentration kann in Flüssen bei theoretisch unbegrenzter Messgenauigkeit unendlich viele Merkmalsausprägungen haben, praktisch ist die Anzahl möglicher Werte in Folge der eingeschränkten Messgenauigkeit natürlich begrenzt.

Für die spätere statistische Datenanalyse ist es notwendig, Merkmale hinsichtlich ihrer Eigenschaften zu klassifizieren.

Die einfachste Einteilung von Merkmalen kann nach der Anzahl der möglichen Werte erfolgen.

Definition

Ein Merkmal wird als diskret bezeichnet, wenn es nur endlich viele Werte annehmen kann. Ein stetiges Merkmal kann alle Werte eines Intervalls annehmen.

Beispiele für diskrete Merkmale sind das Geschlecht mit den möglichen Ausprägungen männlich und weiblich, die Variable Schädlingsbefall mit den Ausprägungen vorhanden oder nicht vorhanden sowie das Merkmal Schulnote mit den möglichen Ausprägungen 1, 2, 3, 4, 5 und 6. Stetige Merkmale sind zum Beispiel Nitratkonzentration, Größe oder Geschwindigkeit.

Die Einteilung in die beiden Merkmalstypen ist nicht immer völlig eindeutig. So bezeichnet man Merkmale als quasi-stetig, bei denen durch Begrenzung der Messgenauigkeit nicht jeder beliebige Wert in einem Intervall, sondern nur eine endliche Zahl von Merkmalsausprägungen angenommen werden kann. Wenn zum Beispiel die Größe von Menschen untersucht wird und hier davon ausgegangen werden soll, dass nur Werte zwischen 100 cm und 250 cm realistisch sind, so können bei einer Messgenauigkeit von 1 cm nur 151 mögliche Werte ermittelt werden.

Andererseits ist es manchmal auch sinnvoll, die Ausprägungen eines stetigen Merkmals in Gruppen zusammenzufassen. Die so erzeugten gruppierten Daten können als diskret angesehen werden. Beispielsweise kann es bei Untersuchungen am Menschen aus Gründen des Datenschutzes notwendig sein, das Alter nicht genau, sondern in Altersgruppen zu erfassen (unter 20 Jahre, 20–30 Jahre usw.). Ein anderes Beispiel für gruppierte Daten sind Klausurergebnisse, bei denen nicht die konkreten Fehlerzahlen, sondern die erreichten Noten festgehalten werden.

Für die statistische Datenanalyse, besonders für die Auswahl des adäquaten statistischen Verfahrens, ist das Skalenniveau (Skalentyp, Skalenart) des betrachteten Merkmals von besonderer Bedeutung.

Merksatz

Die Auswahl des geeigneten statistischen Verfahrens für die Datenanalyse ist unmittelbar vom Skalenniveau der untersuchten Merkmale abhängig.

Grundsätzlich können vier Skalentypen unterschieden werden, die für die Auswahl statistischer Verfahren relevant sind: Nominalskala, Ordinalskala, Intervallskala und Verhältnisskala.

Definition

Ein Merkmal wird als nominalskaliert bezeichnet, wenn die Merkmalsausprägungen diskrete Kategorien sind. Zwischen den Kategorien besteht keine Ordnungsrelation.

Ein typisches Beispiel für ein nominalskaliertes Merkmal ist das Geschlecht. Jeder der Untersuchungseinheiten kann eine der Kategorien weiblich oder männlich zugewiesen werden. Die Kategorien sind gleichwertig, eine Ordnungsrelation besteht nicht. Ein nominalskaliertes Merkmal mit zwei möglichen Merkmalsausprägungen wird auch als dichotomes (alternatives) Merkmal bezeichnet.

Ein anderes Beispiel eines nominalskalierten Merkmals ist die Farbe von Bakterienkolonien (siehe Kapitel 2) mit den Ausprägungen gelb, weißlich, braun, orange, farblos, rosa und grün. Auch hier sind die Kategorien gleichwertig ohne eine Ordnungsstruktur. Bei der Datenspeicherung werden den Kategorien üblicherweise Zahlen zugeordnet (1: gelb, 2: weißlich, 3: braun und so weiter). Diese Zahlen sind jedoch nur als Kennzeichnungen der Kategorien zu verstehen. Es ist nicht sinnvoll, numerische Rechenoperationen mit diesen Zahlen durchzuführen. Möglich ist lediglich die Feststellung der Häufigkeiten des Auftretens der einzelnen Kategorien in der gegebenen Stichprobe. Die später für nominalskalierte Merkmale beschriebenen statistischen Verfahren benutzen lediglich diese Häufigkeitsinformationen.

Die Nominalskala ist die Skala mit dem niedrigsten Informationsgehalt. Zusätzliche Informationen beinhaltet eine Ordinalskala.

Definition Ein Merkmal wird als ordinalskaliert bezeichnet, wenn die Merkmalsausprägungen in eine Rangfolge gebracht werden können, ihre Abstände aber nicht interpretierbar sind.

Die Ordinalskala soll an einem Beispiel erläutert werden, das in Kapitel 2 verwendet wird. Das Merkmal Antibiotikaresistenz von Bakterienkolonien hat die möglichen Merkmalsausprägungen sehr sensitiv, sensitiv, intermediär, resistent und sehr resistent. Die Merkmalsausprägungen weisen eine Ordnung auf und können in die Reihenfolge 1: sehr sensitiv, 2: sensitiv, 3: intermediär, 4: resistent und 5: sehr resistent gebracht werden (hier in einer Reihenfolge nach dem Grad der Sensitivität). Zur Häufigkeitsinformation, wie bei den nominalskalierten Merkmalen, kommt also noch die Rangfolgeinformation hinzu. Es gibt aber keine Informationen, ob der Unterschied zwischen einer Kolonie mit dem Wert sehr sensitiv und einer zweiten Kolonie mit der Merkmalsausprägung sensitiv kleiner, ebenso groß oder größer ist als der Abstand zwischen zwei Kolonien mit den Ausprägungen intermediär und resistent. Verfahren zur Analyse ordinalskalierter Merkmale benutzen die Häufigkeits- und die Ranginformationen der Daten.

Die Skalenarten mit dem höchsten Informationsgehalt sind die Intervall- und die Verhältnisskala.

Definition Ein Merkmal wird als intervallskaliert bezeichnet, wenn die Abstände der Merkmalsausprägungen durch eine Skala erfasst werden. Intervallskalen besitzen keinen absoluten Nullpunkt. Im Gegensatz dazu weisen Verhältnisskalen zusätzlich einen absoluten Nullpunkt auf. Intervall- und Verhältnisskala können unter dem Begriff metrische Skala (Kardinalskala) zusammengefasst werden.

Im Vergleich zu einer Ordinalskala erlaubt die Intervallskala, zusätzlich zur Anordnung der Merkmalsausprägungen deren Abstände zu interpretieren. Als typisches Beispiel einer Intervallskala wird in der Literatur die Temperatur angeführt, die in Grad Celsius (°C) gemessen wird. Ein Temperaturunterschied zwischen 1 °C und 9 °C und eine Differenz zwischen 21 °C und 29 °C sind mit jeweils 8 °C gleich groß. Allerdings gibt es bei dieser Skala keinen absoluten Nullpunkt, da der Nullpunkt dieser Skala als Gefrierpunkt des Wassers willkürlich festgelegt wurde. Deshalb ist es physikalisch nicht sinnvoll, davon zu sprechen, dass 20 °C doppelt so warm wie 10 °C seien.

Im Unterschied zur Celsius-Skala weist die Kelvin-Skala der Temperatur einen absoluten Nullpunkt auf. Deshalb ist bei dieser Skala eine Quotientenbildung möglich. Es ist physikalisch sinnvoll, bei 200 K von der doppelt so hohen Temperatur gegenüber 100 K zu sprechen. Die meisten Merkmale, die in bio- und umweltwissenschaftlichen Untersuchungen betrachtet werden, weisen das Niveau einer Verhältnisskala auf. Beispiele sind Längen-, Größen- und Gewichtsmaße.

Verfahren zur Analyse von Merkmalen mit dem Skalenniveau einer Verhältnisskala können neben den Häufigkeits- und den Ranginformationen der Daten auch arithmetische Operationen mit den Daten (Addition, Subtraktion, Produkt- und Quotientenbildung) durchführen und deren Ergebnisse benutzen.

Für die Mehrzahl biostatistischer Verfahren gibt es kaum praktische Unterschiede zwischen einer Intervall- und einer Verhältnisskala, die deshalb oft unter dem Oberbegriff metrische Skala (Kardinalskala) zusammengefasst werden. Metrisch skalierte Merkmale werden als metrische Merkmale bezeichnet.

Die dargestellten Skalenarten weisen einen unterschiedlichen Informationsgehalt auf, der für ein- und dasselbe Merkmal von der Nominalskala über die Ordinalskala zur metrischen Skala ansteigt. Statistische Analyseverfahren, die für ein bestimmtes Skalenniveau geeignet sind, können unter entsprechendem Informationsverlust auch auf Merkmale eines niedrigeren Skalenniveaus angewendet werden. Diese Möglichkeit kann in der statistischen Datenanalyse genutzt werden, wenn zum Beispiel die für die Analyse metrischer Merkmale zur Verfügung stehenden Verfahren wegen verletzter Voraussetzungen (zum Beispiel bei nicht normalverteilten Daten) nicht angewendet werden können. In einem solchen Fall kann ein Ausweg darin bestehen, nichtparametrische Verfahren anzuwenden, die lediglich die Informationen ordinalskalierter Daten benutzen (siehe Kapitel 6).

Zusammenfassung

Die Biostatistik ist ein integraler Bestandteil bio- und umweltwissenschaftlicher Forschung. Dabei kann sie im Rahmen explorativer Datenanalysen dazu beitragen, Hypothesen über die untersuchten Merkmale oder über unbekannte Datenstrukturen zu gewinnen. In konfirmatorischen Analysen können mit Hilfe biostatistischer Methoden Entscheidungen über Hypothesen getroffen werden, die vor der Untersuchung aufgestellt wurden.

Ziel der Untersuchungen sind typischerweise Aussagen über die Eigenschaften untersuchter Populationen. Da in den Untersuchungen oft nur die Daten aus Stichproben ausgewertet werden können, muss bei der Bildung der Stichproben sichergestellt werden, dass sie die Verhältnisse in der Population möglichst genau widerspiegeln. Besonders günstig sind dafür Zufallsstichproben.

Voraussetzung für die Auswahl der geeigneten biostatistischen Methoden zur Datenanalyse ist die Kenntnis des Skalenniveaus der untersuchten Merkmale. Vier wichtige Skalentypen sind die Nominalskala, die Ordinalskala, die Intervall- und die Verhältnisskala. Die Skalenarten weisen bezüglich ihres Informationsgehaltes eine hierarchische Struktur auf.

Übungsaufgaben

Aufgabe 1.1

Welches Skalenniveau weisen folgende Merkmale auf, die an Ratten erhoben werden sollen:

a. Alter (in Monaten),

b. Fellfarbe (fünf Farben),

c. Anzahl der Zähne,

d. Geschlecht,

e. Gewicht?

Aufgabe 1.2

Um welchen Skalentyp handelt es sich bei

a. Schulnoten,

b. Windstärken,

c. Waldschadensklassen?

Ausführliche Lösungen und zusätzliche Aufgaben finden Sie in unserer eLearning-Umgebung **MyLab|Biostatistik**.

Beschreibende Statistik eines Merkmals

2

ÜBERBLICK

Nach der Erhebung biologischer bzw. umweltwissenschaftlicher Daten und ihrer Erfassung in entsprechenden Datenbanken oder Statistikprogrammen besteht die erste Aufgabe der Auswertung in der Regel darin, einen Überblick über die Daten und ihre wichtigsten Eigenschaften zu gewinnen. Diesem Ziel der reinen Beschreibung von Daten dienen Methoden der beschreibenden (deskriptiven) Statistik. Dabei ist für alle Auswertungen das Skalenniveau des untersuchten Merkmals für die Auswahl der jeweils geeigneten Methode zu beachten. In den folgenden Abschnitten werden die drei grundsätzlichen Vorgehensweisen beschrieben:

- Darstellung der Daten in Tabellen.
- Grafische Darstellung der Daten.
- Datenbeschreibung durch charakteristische Maßzahlen.

Dabei sollen in diesem Kapitel ausschließlich Verfahren der beschreibenden Statistik *eines* Merkmals (d.h. eindimensionaler Verteilungen) behandelt werden. Entsprechende Methoden zur Beschreibung des Zusammenhanges von *zwei* Merkmalen (d.h. für zweidimensionale Verteilungen) werden im Kapitel zur Zusammenhangsanalyse (Kapitel 7) behandelt.

Anwendungsbeispiel

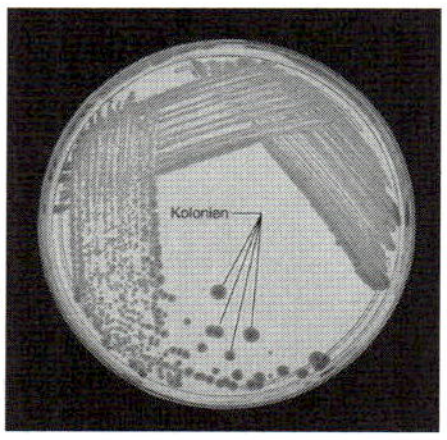

Bakterienkolonien

In einer mikrobiologischen Untersuchung sollten die Eigenschaften von Mikroorganismen in der Luft untersucht werden. Dazu wurde ein Nährboden auf einer runden Agarplatte 30 Minuten bei Zimmertemperatur offen im Raum stehen gelassen. Nach Inkubation über drei Tage waren 40 Pilz- bzw. Bakterienkolonien gewachsen. Von diesen 40 Kolonien wurden der Durchmesser, die Farbe sowie die Antibiotikaresistenz (ordinalskaliert auf einer fünfstufigen Skala) bestimmt. Die erfassten Merkmale und die Daten sind in ►Tabelle 2.1 bzw. in ►Tabelle 2.2 dargestellt. Mit Methoden der beschreibenden Statistik soll die Verteilung der Merkmale beschrieben werden. Dabei soll zusätzlich betrachtet werden, ob sich die Verteilungen der Durchmesser zwischen den Kolonien unterschiedlicher Farbe unterscheiden.

Merkmal	Skalenniveau	Erläuterungen
X: Durchmesser	metrisch	in mm
Y: Antibiotika-resistenz	ordinal	5 Ausprägungen (1: sehr sensitiv; 2: sensitiv; 3: intermediär; 4: resistent; 5: sehr resistent)
Z: Farbe	nominal	7 Ausprägungen (1: gelb; 2: weißlich; 3: braun; 4: orange; 5: farblos; 6: rosa; 7: grün)

Tabelle 2.1: Variablen im Anwendungsbeispiel.

Nummer	Durchmesser	Resistenz	Farbe
1	0.5	sehr sensitiv	gelb
2	4.1	sensitiv	gelb
3	4.4	intermediär	gelb
4	5.6	resistent	gelb
5	6.8	sehr resistent	gelb
6	7.2	sehr sensitiv	gelb
7	7.7	sensitiv	gelb
8	7.8	intermediär	gelb
9	8.2	resistent	gelb
10	9.5	sehr resistent	gelb
11	9.2	sehr sensitiv	gelb
12	9.9	sensitiv	gelb
13	11.9	intermediär	gelb
14	2.1	resistent	weißlich
15	2.2	sehr resistent	weißlich
16	2.2	sehr sensitiv	weißlich
17	4.1	sensitiv	weißlich
18	5.8	sehr sensitiv	weißlich
19	5.8	sensitiv	weißlich
20	5.8	sehr sensitiv	weißlich
21	6.2	sensitiv	weißlich
22	6.4	sehr sensitiv	weißlich
23	6.4	sensitiv	weißlich
24	7.9	sehr sensitiv	weißlich
25	9.8	sensitiv	weißlich
26	9.8	sehr sensitiv	weißlich
27	10.1	sehr sensitiv	weißlich
28	0.2	sehr sensitiv	orange
29	1.5	sensitiv	orange
30	2.8	intermediär	farblos
31	3.2	resistent	farblos
32	2.4	sehr resistent	farblos
33	6.6	sensitiv	farblos
34	4.2	resistent	rosa
35	8.1	intermediär	rosa
36	5.8	intermediär	rosa
37	6.2	sehr sensitiv	rosa
38	10.1	sehr sensitiv	braun
39	3.3	intermediär	grün
40	4.2	intermediär	grün

Tabelle 2.2: Daten im Anwendungsbeispiel (Urliste).

2.1 Darstellung der Daten in Tabellen

Im Anwendungsbeispiel liegen 40 Datensätze vor, in praktischen biologischen oder umweltwissenschaftlichen Untersuchungen werden häufig noch weit mehr Daten erhoben. Aus den vorliegenden Daten lassen sich unmittelbar keine Schlüsse auf die Verteilungsform und auf weitere Eigenschaften der Daten ziehen. Der erste Schritt zur Beschreibung der Daten besteht deshalb in der Erzeugung von Häufigkeitstabellen, die außerdem die Grundlage für viele grafische Darstellungen bilden. Dabei ist zu unterscheiden, ob die Daten in kategorisierter Form (wie im Beispiel bei den Merkmalen Farbe [sieben Klassen] oder Antibiotikaresistenz [fünf Stufen]) vorliegen oder in metrischer, nicht kategorisierter Form, wie im Beispiel beim Merkmal Durchmesser. Im ersten Fall können die Häufigkeitstabellen unmittelbar auf der Grundlage der vorliegenden Daten erstellt werden. Beim Vorliegen nicht kategorisierter Merkmale müssen die Daten dagegen zunächst in Klassen zusammengefasst werden. Die dazu notwendige Vorgehensweise soll im folgenden Abschnitt am Beispiel des Merkmals Durchmesser beschrieben werden.

2.1.1 Anzahl und Breite der Klassen

In Tabelle 2.2 sind die Daten des Merkmals Durchmesser ungeordnet in der Urliste dargestellt. Der erste Schritt zur Erzeugung einer Klasseneinteilung besteht darin, die Daten der Größe nach geordnet in einer Primärliste darzustellen (►Tabelle 2.3).

0.2	0.5	1.5	2.1	2.2	2.2	2.4	2.8	3.2	3.3
4.1	4.1	4.2	4.2	4.4	5.6	5.8	5.8	5.8	5.8
6.2	6.2	6.4	6.4	6.6	6.8	7.2	7.7	7.8	7.9
8.1	8.2	9.2	9.5	9.8	9.8	9.9	10.1	10.1	11.9

Tabelle 2.3: Primärliste des Merkmals Durchmesser der Kolonien (in mm).

Aus der Primärliste können Minimum (*Min*) und Maximum (*Max*) der gegebenen Werte abgelesen werden. Im **Anwendungsbeispiel** (alle Angaben zum Durchmesser in mm) ergeben sich die Werte $Min = 0.2$ bzw. $Max = 11.9$. Aus der Differenz von Maximum und Minimum ergibt sich die Variationsbreite V.

Formel

$$V = Max - Min \tag{2.1}$$

- V: Variationsbreite
- Max: Maximum
- Min: Minimum

Im **Beispiel** beträgt die Variationsbreite $V = 11.9 - 0.2 = 11.7$. Sie muss durch die zu bestimmenden Klassen abgedeckt werden. Dazu sind die Anzahl und die Breite der

Klassen festzulegen. Die Anzahl der Klassen sollte mit steigendem Datenumfang und mit größerer Variationsbreite zunehmen. In der Praxis hat sich die Faustregel von Sturges (1926) bewährt, die einen wichtigen Anhaltspunkt für die zu wählende Klassenanzahl m bietet.

Formel

$$m \approx 1 + 3.32 \cdot \lg(n) \qquad (2.2)$$

- m: Anzahl der Klassen
- n: Anzahl der Messwerte

Für $n = 10$ ergibt sich der Wert $m \approx 1 + 3.32 \cdot \lg(10) = 4.32$. Naheliegend wäre demnach die Wahl von vier Klassen. Für $n = 100$ erhält man $m \approx 1 + 3.32 \cdot \lg(100) = 7.64$, danach würde vorrangig eine Klassenanzahl von sieben oder acht in Betracht kommen. Im **Anwendungsbeispiel** ergibt sich der Richtwert $m \approx 1 + 3.32 \cdot \lg(40) = 6.32$, wonach sechs oder sieben Klassen empfehlenswert wären.

Die tatsächlich günstigste Klassenzahl und die Breite der Klassen können aber nur festgelegt werden, wenn gleichzeitig die Variationsbreite sowie Minimum und Maximum berücksichtigt werden. Dabei ist zu beachten, dass sowohl die Klassengrenzen als auch die Mitten der Klassen möglichst runde Werte sein sollen. Wenn die Klassengrenzen viele Nachkommastellen aufweisen, wird die Übersichtlichkeit und Lesbarkeit der Tabellen und der darauf basierenden grafischen Darstellungen wesentlich erschwert. Deshalb sollte die Genauigkeit der Klassengrenzen und der Mitten der Klassen die Messgenauigkeit des Merkmals nach Möglichkeit nicht überschreiten. Wenn also die Messwerte ganzzahlig erfasst werden, sollten die Werte zur Beschreibung der Klassen ebenfalls ganzzahlig sein; wenn die Messwerte eine Nachkommastelle haben, sollten die Klassengrenzen nach Möglichkeit ebenfalls höchstens eine Nachkommastelle haben. Um dieses Ziel erreichen zu können, ist es oft hilfreich, die Variationsbreite künstlich etwas zu erweitern.

Das Prinzip soll am **Anwendungsbeispiel** veranschaulicht werden (alle Angaben zum Durchmesser in mm). Hier beträgt die Variationsbreite $V = 11.7$, der kleinste Wert ist 0.2. Der Versuch, diese Variationsbreite auf sechs oder sieben Klassen aufzuteilen, würde in keinem Fall zu annähernd glatten Klassengrenzen führen. Wegen der Messgenauigkeit von 0.1 mm beinhaltet die Variationsbreite von 11.7 genau 118 mögliche Messwerte mit einer Nachkommastelle (0.2, 0.3, 0.4, …, 11.8, 11.9). 118 ist weder durch 6 noch durch 7 teilbar. Eine sinnvolle Erweiterung der Variationsbreite besteht in diesem Beispiel darin, zwei zusätzliche mögliche Messwerte vorzusehen. Damit ergeben sich 120 mögliche Messwerte, die in sechs gleich große Klassen eingeteilt werden können (mit je 20 möglichen Messwerten). Es bietet sich an, den zusätzlichen Wert 0.1 am Anfang des Wertebereichs anzufügen und den Wert 12.0

am Ende. Damit ist einerseitseits der zusätzliche Wertebereich symmetrisch auf das Ende und auf den Anfang der Verteilung aufgeteilt. Andererseits ergeben sich glatte Klassengrenzen und Klassenmitten. Nach diesen Vorüberlegungen ist es möglich, die in ►Tabelle 2.4 angegebene Klasseneinteilung vorzunehmen.

Klasse	Grenzen der Klasse	Mitte der Klasse
1	$0 < x \leq 2$	1
2	$2 < x \leq 4$	3
3	$4 < x \leq 6$	5
4	$6 < x \leq 8$	7
5	$8 < x \leq 10$	9
6	$10 < x \leq 12$	11

Tabelle 2.4: Klassen für die Darstellung der Durchmesser der Kolonien.

Es soll an dieser Stelle ausdrücklich darauf hingewiesen werden, dass es für die Klasseneinteilung eines metrischen Merkmals oft mehrere sinnvolle Lösungen gibt. Zur Plausibilitätsüberprüfung einer gefundenen Klasseneinteilung sollten folgende Fragen beantwortet werden:

- Ist die Klassenanzahl angemessen? Im **Beispiel** ergab sich die Klassenanzahl nach Formel (2.2). Sechs Klassen sind zur Beschreibung von 40 Werten sinnvoll.
- Sind die Klassengrenzen und die Klassenmitten angemessen „rund"? Im **Anwendungsbeispiel** sind die Grenzen und die Mitten der Klassen ganzzahlig. Grenzen und Klassen mit einer Nachkommastelle wären ebenfalls befriedigend.
- Sind die Klassen disjunkt, d.h. sind alle möglichen Messwerte eindeutig zu genau einer Klasse zuzuordnen? Diese notwendige Bedingung für sinnvolle Klassen ist im **Beispiel** erfüllt, die Klassengrenzwerte (2, 4, 6, 8, 10 und 12) sind eindeutig zu jeweils einer der Klassen zugeordnet.
- Sind die Klassen gleich groß? Diese Bedingung ist im **Beispiel** gegeben, alle Klassen haben die Breite 2 bzw. beinhalten 20 mögliche Messwerte. Da die Klasseneinteilung einen objektiven Überblick über die Merkmalsverteilung sichern soll, ist die Forderung nach gleichen Klassenbreiten notwendig. Eine Ausnahmesituation kann dann gegeben sein, wenn in großen Merkmalsmengen einzelne Ausreißer vorkommen, die die Klassenbildung und damit den Informationsgehalt der entstehenden Häufigkeitsverteilung stark beeinflussen würden. In einem solchen Fall kann es sinnvoll sein, mit offenen Randklassen zu arbeiten (zum Beispiel Klasse 6: $x > 10$).
- Überdecken die Klassen den Wertebereich vollständig? Im **Beispiel** überdecken die Klassen den Wertebereich von 0.2 bis 11.9 komplett.
- Ist die künstliche Erweiterung der Variationsbreite angemessen? Im **Beispiel** umfasst die Variationsbreite $V = 11.7$ 118 mögliche Messwerte. Diese Anzahl wurde um 2 erhöht, um ganzzahlige Werte für die Beschreibung der Klassen

angeben zu können. Diese künstliche Erweiterung der Variationsbreite ist sinnvoll. In der Praxis trifft man jedoch oft auf Situationen, in denen die Entscheidung weniger eindeutig ist. In jedem Einzelfall muss die Entscheidung getroffen werden, ob der Gewinn an Übersichtlichkeit der Darstellung die jeweilige künstliche Erweiterung der Variationsbreite rechtfertigt. Das Problem besteht darin, dass bei zu starken Erweiterungen automatisch Randklassen mit geringen Häufigkeiten entstehen. Deshalb sollte angestrebt werden, nur die objektiv notwendigen Erweiterungen vorzunehmen und diese zusätzlichen Wertebereiche weitgehend gleichmäßig auf die Randklassen aufzuteilen.

2.1.2 Merkmalsverteilung

Die Klasseneinteilung des Wertebereiches des zu untersuchenden Merkmals ist die Grundlage für die Bestimmung der Merkmalsverteilung. Ausgehend von der Primärliste (Tabelle 2.3) werden klassifizierte Häufigkeiten und klassifizierte Summenhäufigkeiten bestimmt.

Formel

$$h_i^{\%} = \frac{h_i}{n} \cdot 100\% \qquad (2.3)$$

$$H_i = \sum_{j=1}^{i} h_j \qquad (2.4)$$

$$H_i^{\%} = \frac{H_i}{n} \cdot 100\% \qquad (2.5)$$

- n: Anzahl der Messwerte
- m: Anzahl der Klassen
- h_i: Klassifizierte Häufigkeit der Messwerte, d.h. Anzahl der Messwerte in Klasse i ($i = 1,\dots,m$)
- $h_i^{\%}$: Prozentuale klassifizierte Häufigkeit der Messwerte in Klasse i ($i = 1,\dots,m$)
- H_i: Klassifizierte Summenhäufigkeit, d.h. Anzahl der Messwerte bis einschließlich Klasse i ($i = 1,\dots,m$)
- $H_i^{\%}$: Prozentuale klassifizierte Summenhäufigkeit, d.h. prozentualer Anteil der Messwerte bis einschließlich Klasse i ($i = 1,\dots,m$)

Für die Durchmesser der Kolonien im **Beispiel** ergibt sich auf der Grundlage der Klasseneinteilung aus Tabelle 2.4 die in ►Tabelle 2.5 dargestellte empirische Häufigkeitsverteilung.

Klasse i	Grenzen	h_i	$h_i^{\%}$	H_i	$H_i^{\%}$
1	$0 < x \le 2$	3	7.5 %	3	7.5 %
2	$2 < x \le 4$	7	17.5 %	10	25.0 %

Tabelle 2.5: Klassifizierte Häufigkeitstabelle der Durchmesser der Kolonien.

Klasse i	Grenzen	h_i	$h_i^{\%}$	H_i	$H_i^{\%}$
3	$4 < x \leq 6$	10	25.0 %	20	50.0 %
4	$6 < x \leq 8$	10	25.0 %	30	75.0 %
5	$8 < x \leq 10$	7	17.5 %	37	92.5 %
6	$10 < x \leq 12$	3	7.5 %	40	100.0 %

Tabelle 2.5: Klassifizierte Häufigkeitstabelle der Durchmesser der Kolonien (Fortsetzung).

Die Häufigkeitsangaben können analog auch für die unklassifizierten Messwerte vorgenommen werden. Von einer Statistik-Software kann man sich diese Angaben routinemäßig liefern lassen. Da diese Darstellungen in der Regel aber keine Hilfe für die Bestimmung empirischer Merkmalsverteilungen sind, soll darauf nicht eingegangen werden. Bei nominal- bzw. ordinalskalierten Variablen (wie im **Beispiel** Farbe und Antibiotikaresistenz) sind die Klassen in der Regel durch die Kategorien der Variablen vorgegeben. Sehr schwach besetzte Kategorien können gegebenenfalls zusammengefasst werden. Bei nominalskalierten Merkmalen ist die Berechnung von Summenhäufigkeiten nicht sinnvoll.

2.2 Grafische Darstellung der Daten

Die in Tabellen zusammengefassten klassifizierten Häufigkeiten bilden den Ausgangspunkt für die grafische Veranschaulichung der empirischen Merkmalsverteilung. Grafische Darstellungen bieten im Vergleich zu Tabellen bessere Möglichkeiten, die typischen Eigenschaften von erhobenen Daten anschaulich abzubilden. Aus einer Vielzahl von grafischen Darstellungsmöglichkeiten sollen nachfolgend die wichtigsten Typen vorgestellt werden. Die Anwendung der verschiedenen Grafiktypen ist vom Skalenniveau des untersuchten Merkmals abhängig. Im folgenden Text werden jeweils Standardtypen der verwendeten Grafiken dargestellt. Auf weiterführende Gestaltungsmöglichkeiten der Grafiken wird bei der Behandlung der Vorgehensweisen in den Statistikprogrammen in unserer eLearning-Umgebung **MyLab|Biostatistik** eingegangen.

Für nominal- oder ordinalskalierte Merkmale, aber auch bei klassifizierten metrischen Variablen bieten sich Diagramme an, die die klassifizierten Häufigkeiten oder die prozentualen klassifizierten Häufigkeiten darstellen. Typische Beispiele für solche Darstellungen sind Balken- und Kreisdiagramme.

2.2.1 Balkendiagramm

In Balkendiagrammen werden die klassifizierten Häufigkeiten h_i $(i = 1, \ldots, m)$ des betrachteten Merkmals dargestellt. Die Balken sind separat in der Grafik angeordnet, so dass die Klassen bzw. Kategorien keine Ordnung oder Beziehung untereinander aufweisen. In ►Abbildung 2.1 ist das Balkendiagramm der klassifizierten Häufigkeiten der Antibiotikaresistenz dargestellt. Aus dem Diagramm wird deutlich, dass mehr als 50 % der Kolonien sensitiv oder sehr sensitiv gegenüber Antibiotika waren, die meisten Kolonien erwiesen sich als sehr sensitiv.

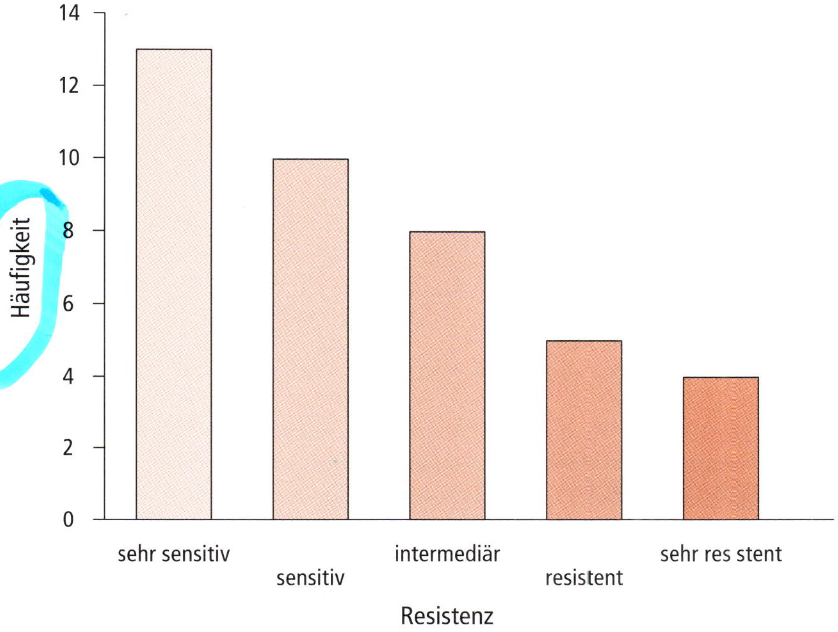

Abbildung 2.1: Balkendiagramm der Häufigkeitsverteilung des Merkmals Antibiotikaresistenz.

2.2.2 Kreisdiagramm

Kreisdiagramme werden sehr häufig zur Darstellung der Häufigkeitsverteilung von nominal- bzw. ordinalskalierten Merkmalen benutzt. Hier werden die prozentualen klassifizierten Häufigkeiten in Kreissegmente transformiert (Winkel $\alpha = h_i^{\%} \cdot 3.6°, 0 \leq h_i^{\%} \leq 100$). Aus ►Abbildung 2.2 wird deutlich, dass im **Beispiel** die Farben gelb und weißlich deutlich häufiger als die restlichen Farben auftreten. Am häufigsten wurden weißliche Kolonien beobachtet. Gelbe, weißliche und Kolonien sonstiger Farbe traten annähernd gleich häufig auf. Bei der Interpretation von Kreisdiagrammen ist zu beachten, dass hier lediglich Aussagen über die relativen Anteile der einzelnen Kategorien möglich sind (falls die absoluten Häufigkeiten nicht zusätzlich angegeben werden). Ähnliche Aussagen liefern Komponentenstabdiagramme, bei denen anstelle des Kreises eine schmale, stabförmige Rechteckfläche im analogen Verhältnis zur Häufigkeit der Merkmalsausprägungen unterteilt wird.

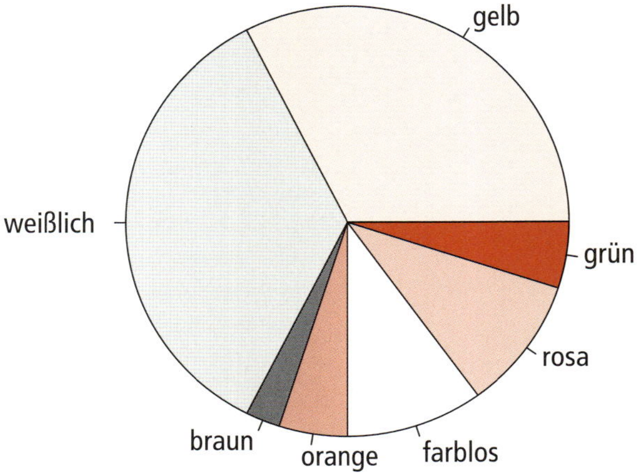

Abbildung 2.2: Kreisdiagramm der Häufigkeitsverteilung des Merkmals Farbe der Kolonien.

Die bisher vorgestellten Diagrammtypen können für klassifizierte metrische Merkmale grundsätzlich ebenfalls verwendet werden. Aussagekräftiger sind in diesem Fall aber Diagrammtypen, die den Informationsgehalt der Intervall- bzw. Verhältnisskala berücksichtigen. Die wichtigsten Grafiktypen für die Darstellung von Häufigkeitsverteilungen metrischer Merkmale sind deshalb Histogramme und Polygone.

2.2.3 Histogramm

Bei der Darstellung in Histogrammen werden auf der Abszisse die Klassengrenzen oder die Klassenmitten der Klasseneinteilung dargestellt, die für das Anwendungsbeispiel in Tabelle 2.4 enthalten sind. Im Unterschied zu der Darstellung in Balkendiagrammen sind die Klassen hier untereinander verbunden. Die klassifizierten Häufigkeiten werden über jeder Klasse abgetragen. Wenn die Breite jeder Klasse auf den Wert 1 standardisiert wird, entspricht die Fläche unter der Histogrammkurve der Anzahl der Messwerte. Damit kann man aus der Grafik unmittelbar Informationen über die Form der Verteilung der Werte entnehmen. Aus ►Abbildung 2.3 wird deutlich, dass die Durchmesserwerte symmetrisch verteilt sind. In ►Abbildung 2.4 sind die Histogramme der Häufigkeitsverteilung der Durchmesser dargestellt, die sich getrennt für die gelben Kolonien ($n = 13$), die weißlichen Kolonien ($n = 14$) sowie für die Kolonien sonstiger Farbe ($n = 13$) ergeben. In den Diagrammen erkennt man unterschiedliche Verteilungsformen, bei deren Interpretation im vorliegenden Beispiel allerdings der sehr geringe Umfang der Teilstichproben zu berücksichtigen ist. Während die Häufigkeitsverteilung bei den weißlichen Kolonien ebenfalls symmetrisch ist, ist sie bei den gelben Kolonien leicht rechtssteil und bei den Kolonien sonstiger Farbe leicht linkssteil.

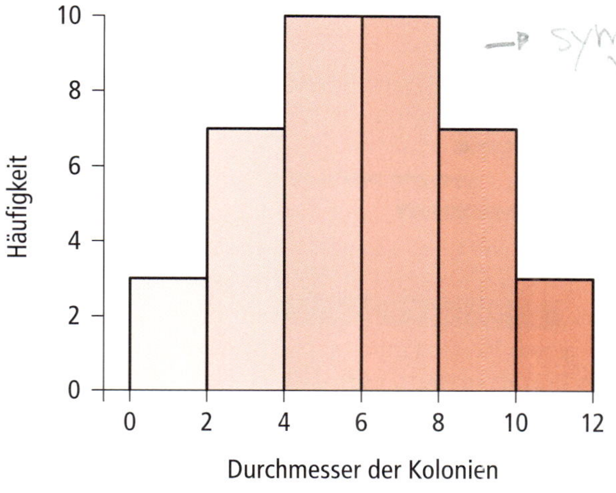

Abbildung 2.3: Histogramm der klassifizierten Häufigkeiten des Merkmals Durchmesser.

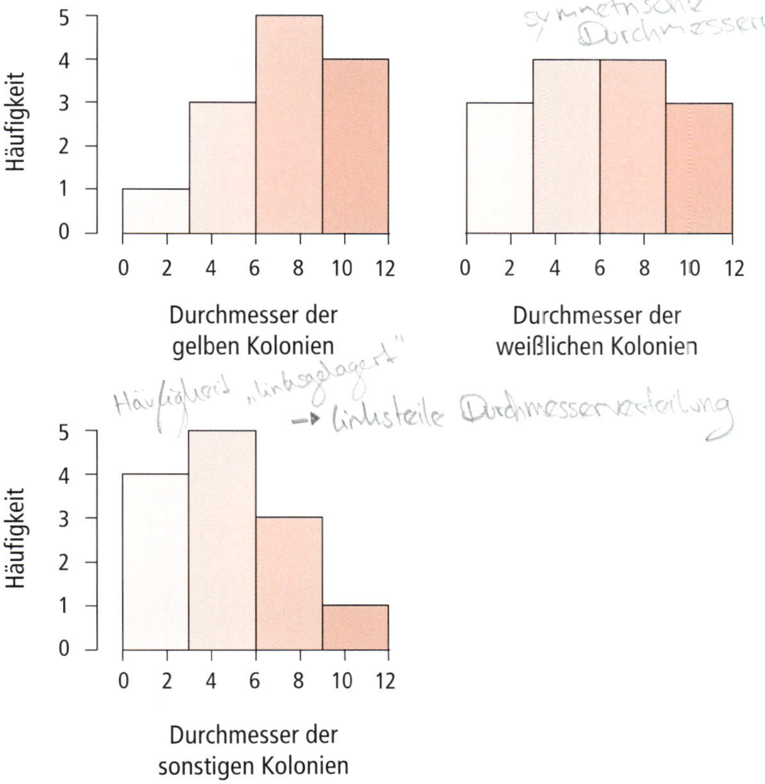

Abbildung 2.4: Histogramme der klassifizierten Häufigkeiten des Merkmals Durchmesser in den Teilstichproben.

2.2.4 Polygon

Oft noch deutlicher als aus Histogrammen lassen sich typische Verteilungseigenschaften aus Polygonzügen ableiten. Grundlage für die Darstellung sind erneut die klassifizierten Häufigkeiten h_i (Tabelle 2.5). Im Unterschied zur Darstellung in Histogrammen werden hier die klassifizierten Häufigkeiten über den Klassenmitten abgetragen und linear verbunden. Damit der Polygonzug bei 0 beginnt und damit – wie noch zu sehen sein wird – die Fläche unter dem Polygon der Fläche unter dem entsprechenden Histogramm entspricht, wird vor der ersten und nach der letzten Klasse jeweils eine zusätzliche leere Klasse mit der Häufigkeit 0 angefügt. Im **Beispiel** wird vor der ersten Klasse (Tabelle 2.4) die zusätzliche Klasse mit den Grenzen -2 und 0 eingefügt und nach der letzten Klasse die leere Klasse mit den Grenzen 12 und 14. An den Mitten dieser zusätzlichen Klassen (-1 bzw. 13) wird jeweils die klassifizierte Häufigkeit 0 eingetragen, der Polygonzug endet in diesen Punkten bei 0. In ►Abbildung 2.5 ist der Polygonzug der klassifizierten Häufigkeitsverteilung aus dem Anwendungsbeispiel dargestellt. Wie schon beim Histogramm (Abbildung 2.3) wird die Symmetrie der Häufigkeitsverteilung deutlich.

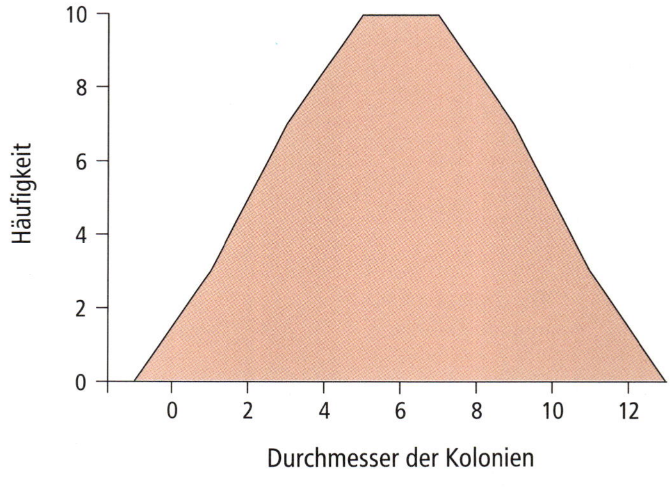

Abbildung 2.5: Polygon der klassifizierten Häufigkeiten des Merkmals Durchmesser.

►Abbildung 2.6 veranschaulicht den Zusammenhang von Histogramm und Polygon. Die Flächen unter beiden Kurven sind gleich. Dieser Sachverhalt wird deutlich, wenn man jeweils paarweise die vertikal schraffierten Dreiecksflächen (hier liegt der Polygonzug über der Histogrammkurve) mit den benachbarten horizontal schraffierten Dreiecksflächen (bei denen das Histogramm über dem Polygon liegt) vergleicht. Wenn – analog zur Interpretation der Histogramme – die Breite einer Klasse auf den Wert 1 standardisiert wird, entspricht die Fläche unter dem Polygon ebenfalls der Anzahl der Messwerte.

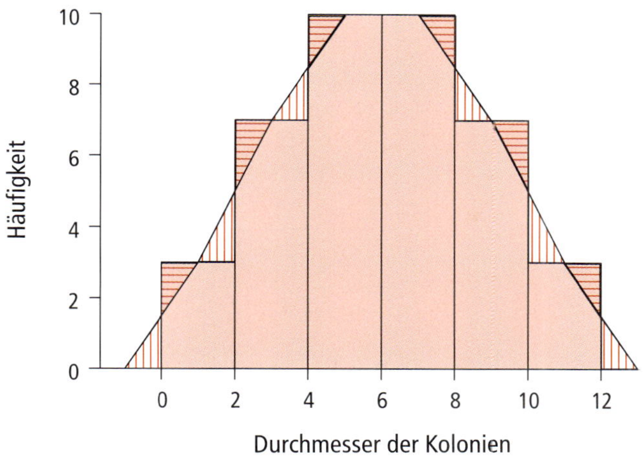

Abbildung 2.6: Zusammenhang von Polygon und Histogramm.

Mit dem Polygon wird die Verteilung der Messwerte über dem Wertebereich beschrieben. Dabei können – gegebenenfalls nach entsprechender Glättung der Polygone – typische Verteilungsmuster identifiziert werden (siehe ►Abbildung 2.7). Neben der Beschreibung der Daten kann die Verteilungsform erste Hinweise für die spätere statistische Analyse liefern, speziell für die Auswahl eines angemessenen statistischen Verfahrens.

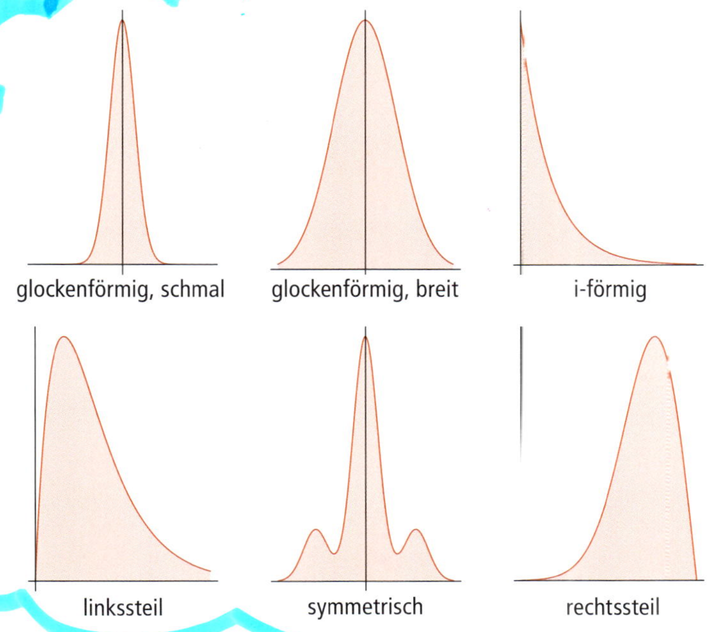

Abbildung 2.7: Typische Verteilungsformen.

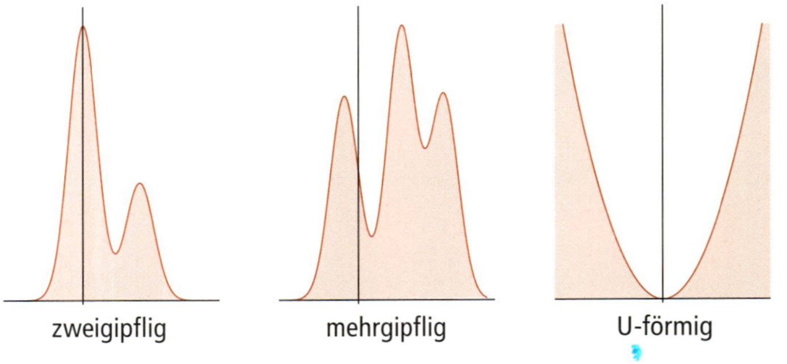

Abbildung 2.7: Typische Verteilungsformen (Fortsetzung).

Histogramm- und Polygondarstellungen liefern einen Eindruck von der Häufigkeitsverteilung der Messwerte über dem Wertebereich. Eine grafische Veranschaulichung der Summenhäufigkeiten liefern Summenhistogramme und Summenpolygone.

2.2.5 Summenhistogramm

Die Darstellung der klassifizierten Summenhäufigkeiten H_i in Summenhistogrammen erfolgt analog zur Histogrammdarstellung der klassifizierten Häufigkeiten h_i. Die Summenhäufigkeiten werden über den Klassen des untersuchten Merkmals abgetragen. Im **Anwendungsbeispiel** ergibt sich mit den in Tabelle 2.5 dargestellten Summenhäufigkeiten das in ►Abbildung 2.8 dargestellte Summenhistogramm. Es beschreibt die Zunahme der Summenhäufigkeiten über dem Wertebereich.

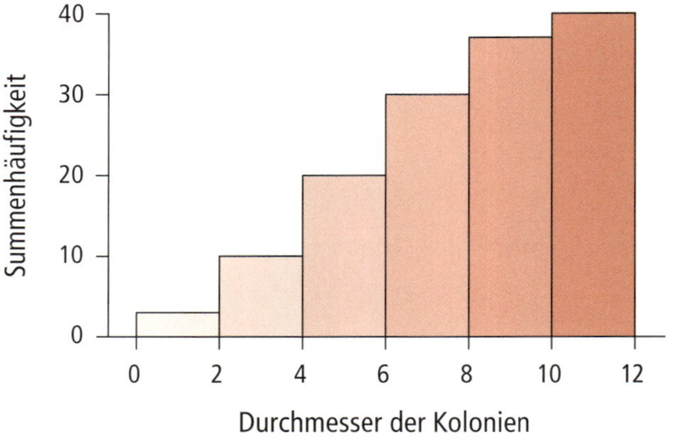

Abbildung 2.8: Summenhistogramm der klassifizierten Summenhäufigkeiten der Durchmesser.

2.2.6 Summenpolygon

In einem Summenpolygon werden die klassifizierten Summenhäufigkeiten H_i über dem jeweiligen Ende der Klassen abgetragen und linear verbunden. Die Darstellung beginnt am Anfang der ersten Klasse mit der Summenhäufigkeit 0 und endet am Ende der letzten Klasse mit der Summenhäufigkeit n (Anzahl der Werte). Das im **Anwendungsbeispiel** resultierende Summenpolygon ist in ►Abbildung 2.9 dargestellt. Aus ►Abbildung 2.10 wird deutlich, dass das Summenpolygon *unter* dem Summenhistogramm verläuft, beide Kurven treffen sich über den Klassengrenzen. Das Summenpolygon beschreibt die Anzahl der Werte, die *bis* zu einem bestimmten Punkt erfasst werden. So liegen bis zum Anfang der vierten Klasse (bis zum Wert 6.0) 20 Messwerte vor, bis zum Ende dieser Klasse sind es 30 Werte. Innerhalb der Klasse erfolgt eine lineare Interpolation.

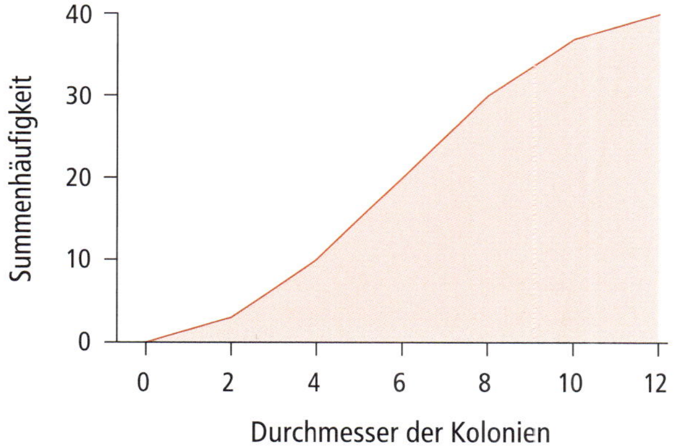

Abbildung 2.9: Summenpolygon der klassifizierten Summenhäufigkeiten der Durchmesser.

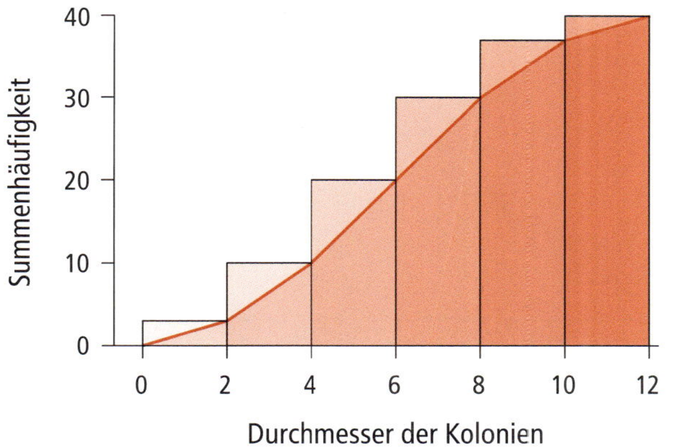

Abbildung 2.10: Zusammenhang von Summenpolygon und Summenhistogramm.

2.2.7 Empirische Verteilungsfunktion

Eine weitere Möglichkeit zur Darstellung der Häufigkeitsverteilung von Messwerten bietet die empirische Verteilungsfunktion F_n. Dabei wird die empirische Verteilung der originalen Messwerte abgebildet, also ohne vorherige Klassenbildung der Merkmale.

Definition Die empirische Verteilungsfunktion $F_n(x)$ gibt zu jeder reellen Zahl x den Anteil der Werte der aus n Elementen bestehenden Stichprobe an, die kleiner oder gleich x sind.

Die Funktionswerte sind somit konstant gleich Null für alle reellen Zahlen x, die kleiner als das Minimum der Messwerte sind. Sie sind konstant gleich Eins für alle x, die größer als oder gleich dem Maximum der Messwerte sind. Für die aufsteigend geordneten, paarweise unterschiedlichen Stichprobenwerte x_i entsprechen die Funktionswerte $F_n(x_i)$ den relativen Summenhäufigkeiten $\frac{H_i}{n}$ der i-ten Klasse bei einer Klasseneinteilung, die alle x_i als Klassengrenzen verwendet.

$$F_n(x_i) = \frac{H_i}{n}, i = 1,\ldots,n$$

Im Unterschied zur Tabelle 2.5 werden bei der Berechnung der relativen Summenhäufigkeiten die unteren statt der oberen Klassengrenzen einbezogen.

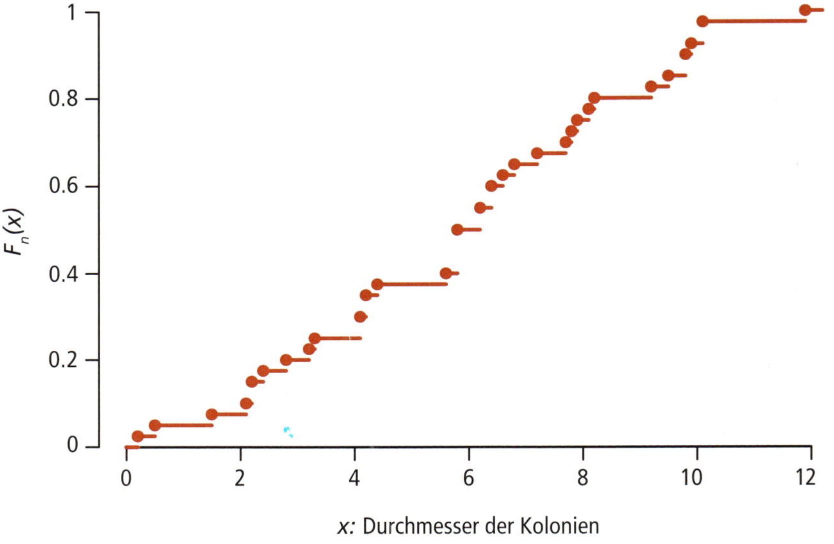

Abbildung 2.11: Empirische Verteilungsfunktion

Im Beispiel der Durchmesser der Bakterienkolonien nimmt die empirische Verteilungsfunktion für alle $x < 0.2$ den Wert 0 an, wobei 0.2 der minimale Wert der Durchmesser einer Kolonie im Beispieldatensatz ist. Der Messwert 0.2 kommt genau einmal im Datensatz vor, deshalb springt die empirische Verteilungsfunktion an dieser Stelle auf den Wert $\frac{H_1}{n} = \frac{1}{40}$. An der Stelle x = 0.5 (zweitkleinster Messwert, der ebenfalls nur einmal im Datensatz zu finden ist) springt die Funktion auf den Wert $\frac{H_2}{n} = \frac{1}{40} + \frac{1}{40} = \frac{2}{40}$. Die Sprünge der empirischen Verteilungsfunktion sind unterschiedlich groß und hängen davon ab, wie oft einzelne Werte im Datensatz vorkommen. Der Wert 5.8 kommt im Datensatz viermal vor, woraus sich der Sprung im Wert der empirischen Verteilungsfunktion an dieser Stelle um $\frac{4}{40}$ erklärt. Ab dem maximalen Durchmesser von 11.9 hat die empirische Verteilungsfunktion den Wert $\frac{H_{40}}{n} = \frac{40}{40} = 1$.

2.3 Statistische Kennwerte

Die grafische Darstellung von Messwerten liefert einen anschaulichen Eindruck von der Verteilung der Daten. Statistische Kennwerte repräsentieren die Daten mit wenigen Kennwerten und erlauben den quantitativen Vergleich unterschiedlicher Häufigkeitsverteilungen. Dabei ist grundsätzlich zwischen Lageparametern und Streuungsparametern zu unterscheiden. Lageparameter beschreiben die Lage (bzw. den Schwerpunkt oder die zentrale Tendenz) der Messwerte im Wertebereich. Streuungsparameter beschreiben demgegenüber die Streuung (bzw. die Unterschiedlichkeit) der Messwerte um den jeweiligen Lageparameter.

2.3.1 Lageparameter

Wichtige Parameter zur Beschreibung der Lage (des Schwerpunkts, der zentralen Tendenz) einer Verteilung von Messwerten sind der Modalwert, der Median und der arithmetische Mittelwert. Die Berechnung dieser Kenngrößen und ihre inhaltliche Interpretation sind sehr unterschiedlich. Die Möglichkeiten ihrer Verwendung hängen vom Datenniveau der Messwerte ab.

Modalwert

Der Modalwert ist besonders zur Beschreibung der Lage nominalskalierter Merkmale geeignet.

Definition Als Modalwert (Mo) einer Menge von Messwerten wird der am häufigsten auftretende Wert bezeichnet. Wenn zwei oder mehr Werte am häufigsten vorkommen, gibt es mehrere Modalwerte.

Für das nominalskalierte Merkmal Farbe aus dem **Anwendungsbeispiel** (siehe ►Abbildung 2.2) ergibt sich als Modalwert die am häufigsten ermittelte Farbe (gelb).

Der Modalwert kann ebenfalls zur Beschreibung der Lage ordinalskalierter bzw. metrischer Merkmale eingesetzt werden. Allerdings ist bei unklassifizierten metrischen

Messwerten die Angabe des Modalwerts oft wenig sinnvoll, weil die einzelnen Merkmalsausprägungen nur in geringer Anzahl auftreten. Wenn anstelle der Messwerte lediglich bereits klassifizierte Merkmale vorliegen, wird als Modalwert oft der mittlere Wert der am häufigsten auftretenden Klasse bzw. der am häufigsten auftretenden Klassen verwendet.

Median

Der Median kann für ordinalskalierte und für metrische Merkmale ermittelt werden.

Definition Der Median ist der Wert, für den gilt, dass mindestens 50 % der Daten kleiner oder gleich dem Median sind und dass mindestens 50 % der Daten größer oder gleich dem Median sind.

Im ersten Schritt müssen die Messwerte der Größe nach geordnet werden. Für das weitere Vorgehen muss unterschieden werden, ob eine gerade oder eine ungerade Anzahl an Messwerten vorliegt.

Für eine ungerade Anzahl ergibt sich der Median als der mittlere Wert. Bei fünf gegebenen Messwerten entspricht der Median also dem dritten Wert der geordneten Messwertreihe. Bei gegebenen, bereits geordneten Werten 4, 6, 9, 12, 14 erhält man $Md = 9$. Oberhalb und unterhalb von 9 liegen gleich viele (jeweils zwei) Messwerte.

Bei einer geraden Anzahl von Messwerten gibt es keinen unmittelbaren mittleren Wert. Der Median wird in diesem Fall als Durchschnittswert der beiden mittleren Werte berechnet. Wenn die geordneten Werte 1, 3, 4, 8, 12, 13 vorliegen, sind die mittleren dieser sechs Werte der dritte Wert (4) und der vierte Wert (8). Der Median ergibt sich danach als $Md = (4+8)/2 = 6$. Auch in diesem Fall liegen oberhalb und unterhalb des Medians gleich viele Messwerte, nämlich jeweils drei.

Im **Anwendungsbeispiel** wurden die Durchmesser von $n = 40$ Kolonien ermittelt. Die der Größe nach geordneten Messwerte sind in der Primärliste (Tabelle 2.3) enthalten. Die beiden mittleren Messwerte dieser geordneten Reihe sind der zwanzigste (5.8) und der einundzwanzigste (6.2) Wert. Damit ergibt sich der Median dieser Daten als

$$Md = (5.8 + 6.2)/2 = 6.$$

Oberhalb und unterhalb von 6 befinden sich jeweils 20 Messwerte. Für das ordinalskalierte Merkmal Antibiotikaresistenz ist ebenfalls die Rangfolge der Merkmalsausprägungen zu bestimmen. In geordneter Abfolge wurde dreizehnmal der Wert 1 (sehr sensitiv), zehnmal der Wert 2 (sensitiv), achtmal der Wert 3 (intermediär), fünfmal der Wert 4 (resistent) und viermal der Wert 5 (sehr resistent) ermittelt. Der zwanzigste und einundzwanzigste Wert dieser Rangreihe sind jeweils der Wert 2 (sensitiv). Damit ergibt sich $Md = 2$ (sensitiv). Jeweils 20 Werte liegen bei 2 (sensitiv) und darüber bzw. bei 2 (sensitiv) und darunter.

Arithmetischer Mittelwert

Der arithmetische Mittelwert kann nur für metrische Daten sinnvoll berechnet und interpretiert werden. Er ergibt sich als Durchschnitt der gegebenen Messwerte.

Formel

$$\overline{x} = \frac{x_1 + x_2 + \ldots + x_n}{n} = \frac{1}{n}\sum_{i=1}^{n} x_i \tag{2.6}$$

- $\overline{x}$: arithmetischer Mittelwert
- x_i: Messwerte ($i = 1, \ldots, n$)
- n: Anzahl der Messwerte

Im **Beispiel** erhält man für den arithmetischen Mittelwert der Durchmesser der Kolonien mit den Daten aus Tabelle 2.2

$$\overline{x} = \frac{0.5 + 4.1 + 4.4 + \ldots + 10.1 + 3.3 + 4.2}{40} = 5.9.$$

Eigenschaften der Lageparameter

Der arithmetische Mittelwert ist für metrische Daten der Lageparameter mit dem höchsten Informationsgehalt, da alle Informationen der Daten in die Berechnung eingehen. Allerdings ist er dadurch auch anfällig gegenüber Messfehlern und Ausreißern. Wenn bei der Dateneingabe im **Beispiel** beim 38. Wert das Komma vergessen worden wäre, also anstelle 10.1 der Wert 101 eingetragen wäre (siehe ►Tabelle 2.2), hätte sich anstelle von $\overline{x} = 5.9$ ein arithmetischer Mittelwert $\overline{x} \approx 8.2$ ergeben, der vom tatsächlichen Mittelwert erheblich abweicht. Demgegenüber nutzt der Median zwar nicht alle Informationen der Daten aus, ist aber sehr robust gegenüber Ausreißern in den Daten. Im Beispiel hätte sich der Median überhaupt nicht verändert, wenn der beschriebene Fehler passiert wäre.

Eine weitere wichtige Eigenschaft der beiden Lageparameter kann veranschaulicht werden, wenn der Median und der arithmetische Mittelwert getrennt für die gelben, weißlichen und Kolonien sonstiger Farbe berechnet werden. Die grafische Darstellung der Verteilungsformen kann Abbildung 2.4 entnommen werden. Dort wird deutlich, dass die Durchmesser der gelben Kolonien leicht rechtssteil verteilt sind, die Durchmesser der weißlichen Kolonien eine symmetrische Verteilung aufweisen und die Durchmesser der sonstigen Kolonien leicht linkssteil verteilt sind. Diesen Verteilungsmustern entsprechen die in ►Tabelle 2.6 angegebenen Beziehungen von arithmetischem Mittelwert und Median.

Teilstichprobe	Verteilungsform	Arithmetischer Mittelwert	Median	Vergleich
gelbe Kolonien	rechtssteil	7.1	7.7	$\overline{x} < Md$
weißliche Kolonien	symmetrisch	6.0	6.0	$\overline{x} \approx Md$
sonstige Kolonien	linkssteil	4.5	4.2	$\overline{x} > Md$

Tabelle 2.6: Vergleich von arithmetischem Mittel und Median.

Wenn bei größeren Stichproben zusätzlich der Modalwert zum Vergleich herangezogen wird, ergeben sich die in ►Abbildung 2.12 dargestellten typischen Beziehungen bei linkssteilen, rechtssteilen und symmetrischen Verteilungsmustern.

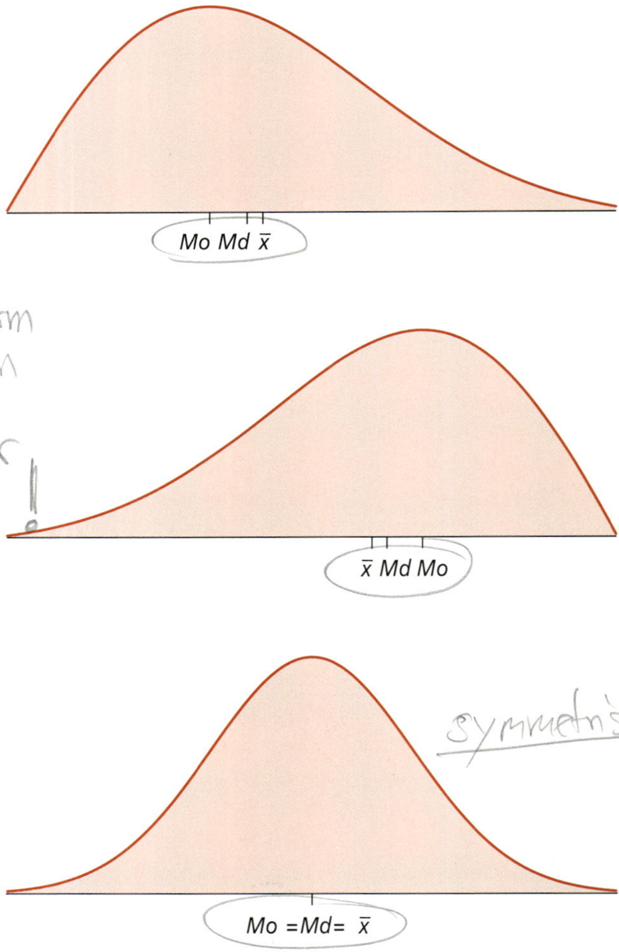

Abbildung 2.12: Vergleich von Mittelwert, Median und Modalwert bei unterschiedlichen Verteilungsformen.

Bei der praktischen Analyse von metrischen Daten sind die Beziehungen zwischen Median und arithmetischem Mittelwert von besonderer Bedeutung, die sich in zwei Punkten zusammenfassen lassen:

- In symmetrischen Verteilungen stimmen der Median und der arithmetische Mittelwert überein. Je schiefer die Häufigkeitsverteilung ist, desto mehr weichen der Median und der arithmetische Mittelwert voneinander ab. Bei linkssteilen Verteilungen ist der Median kleiner als der arithmetische Mittelwert, bei rechtssteilen Verteilungen ist der Median größer.
- Größere Unterschiede zwischen dem Median und dem arithmetischen Mittelwert können auf Ausreißer bzw. Messfehler hindeuten. Der Median wird von Extremwerten wenig beeinflusst, während der arithmetische Mittelwert sensibel reagiert.

Für praktische Auswertungen metrischer Daten ist es deshalb oft sinnvoll, zur Beschreibung der Daten neben dem arithmetischen Mittelwert zusätzlich den Median anzugeben.

Gewogenes arithmetisches Mittel

Manchmal stehen für die Datenauswertung lediglich Zwischenergebnisse verschiedener Teilstichproben zur Verfügung, aus denen auf die Kenngrößen der Gesamtstichprobe geschlossen werden soll. Der Sachverhalt soll am **Anwendungsbeispiel** veranschaulicht werden. In ►Tabelle 2.7 sind die Mittelwerte der Durchmesser und die Anzahlen der gelben, weißlichen und der sonstigen Kolonien zusammengestellt.

Teilstichprobe	Mittelwert (gerundet)	Anzahl
Gelbe Kolonien	7.14	13
Weißliche Kolonien	6.04	14
Sonstige Kolonien	4.51	13

Tabelle 2.7: Mittelwerte des Merkmals Durchmesser in den Teilstichproben.

Gesucht ist der Gesamtmittelwert aller Durchmesser. Die Bildung des Durchschnitts der gegebenen Mittelwerte wäre der falsche Weg, da hierbei die unterschiedlichen Teilstichprobenumfänge nicht berücksichtigt würden. Der entstehende Fehler wäre umso größer, je unterschiedlicher die Stichprobenumfänge in den Untergruppen wären. Die korrekte Ermittlung des Mittelwerts aller Messwerte ist durch den gewogenen arithmetischen Mittelwert möglich, bei dem die gegebenen Mittelwerte der Teilstichproben mit der jeweiligen Anzahl der Messwerte nach Formel (2.7) gewichtet werden.

Formel

$$\overline{x} = \frac{n_1 \cdot \overline{x}_1 + n_2 \cdot \overline{x}_2 + \ldots + n_k \cdot \overline{x}_k}{n} = \frac{1}{n} \sum_{i=1}^{k} n_i \cdot \overline{x}_i \qquad (2.7)$$

- $\overline{x}$: Arithmetischer Mittelwert
- $\overline{x}_i$: Mittelwert der i-ten Teilstichprobe ($i = 1, \ldots, k$)
- n_i: Anzahl der Messwerte in der i-ten Teilstichprobe ($i = 1, \ldots, k$)
- k: Anzahl der Teilstichproben
- n: Anzahl aller Messwerte

Im **Beispiel** ergibt sich unter Berücksichtigung von Rundungseffekten der auch auf der Grundlage der Originaldaten berechnete arithmetische Mittelwert von 5.9:

$$\overline{x} = \frac{13 \cdot 7.14 + 14 \cdot 6.04 + 13 \cdot 4.51}{40} = \frac{92.82 + 84.56 + 58.63}{40} \approx 5.9.$$

2.3.2 Streuungsparameter

Mit den im letzten Abschnitt beschriebenen Lageparametern kann eine Häufigkeitsverteilung nicht umfassend beschrieben werden. Zum gleichen Lageparameter können sehr unterschiedliche Verteilungen gehören, zum Beispiel breit- oder schmalgipflige Verteilungen (siehe ►Abbildung 2.7). Zur Beschreibung der Eigenschaften der Verteilung der Messwerte sind deshalb neben den Lageparametern Streuungsparameter erforderlich, die die unterschiedliche Variabilität der Messwerte um die Lageparameter beschreiben. Die Möglichkeiten der Verwendung der Streuungsparameter hängen vom Datenniveau ab. Für nominalskalierte Messwerte wird oft ein auf der Informationstheorie basierender Diversitätsparameter benutzt. Wenn ordinalskalierte Messwerte vorliegen, bietet sich der Interquartilabstand als robustes Streuungsmaß an. Für metrische Daten sind die Varianz bzw. die Standardabweichung die wichtigsten Streuungsmaße.

Diversität

Mit dem Homogenitätsindex (auch als Eveness bezeichnet) E nach Shannon wird beschrieben, wie unterschiedlich die Ausprägungen eines nominalskalierten Merkmals bei den Untersuchungseinheiten sind (siehe Köhler et al., 2012). Der Index erreicht den Wert 1, wenn alle Kategorien gleich stark besetzt sind. Wenn alle Werte in der gleichen Kategorie liegen, nimmt er den Wert 0 an.

Formel

$$E=\frac{-\sum_{i=1}^{m}\frac{h_i}{n}\cdot\ln\left(\frac{h_i}{n}\right)}{\ln(m)}=\frac{n\cdot\ln(n)-\sum_{i=1}^{n}h_i\cdot\ln(h_i)}{n\cdot\ln(m)} \qquad (2.8)$$

- E: Homogenitätsindex (Eveness)
- h_i: Häufigkeit in der Kategorie i ($i = 1,\ldots,m$)
- m: Anzahl der Kategorien
- $n=\sum_{i=1}^{m}h_i$: Anzahl der Messwerte

Im **Anwendungsbeispiel** wurden drei mögliche Farbkategorien erfasst, wobei rosa, farblos, grün und braun in der Kategorie sonstige Farben zusammengefasst werden. Die Häufigkeiten sind 13 × gelb, 14 × weißlich, 13 × sonstige Farbe. Für diese nahezu gleich verteilten Häufigkeiten ergibt sich der Homogenitätsindex als

$$E=\frac{40\cdot\ln(40)\text{-}(13\cdot\ln(13)+14\cdot\ln(14)+13\cdot\ln(13))}{40\cdot\ln(3)}\approx 1.$$

Variationsbreite und Interquartilabstand

Das Streuungsmaß für ordinalskalierte Daten geht von den gleichen Grundüberlegungen aus wie der Lageparameter Median. Für den Parameter können nur Ranginformationen benutzt werden. Die Variationsbreite nach Formel (2.1) beschreibt den Abstand von Minimum und Maximum. Sie ist als Maß für die Variation der Messwerte jedoch wenig geeignet, da sie ganz unmittelbar von Messfehlern bzw. Ausreißern beeinflusst wird.

Demgegenüber hat sich der Interquartilabstand I_{50} als robustes Streuungsmaß bewährt. Er ergibt sich als Differenz des oberen Quartils Q_3 (75%Perzentil) und des unteren Quartils Q_1 (25%Perzentil). Analog zum Median ist das untere Quartil Q_1 folgendermaßen definiert: Auf oder unter dem unteren Quartil liegen mindestens 25 Prozent der Messwerte, auf oder über dem Quartil liegen mindestens 75 Prozent. Entsprechend liegen auf oder unter dem oberen Quartil Q_3 mindestens 75 Prozent der Werte, 25 Prozent liegen auf oder über dem oberen Quartil. Der Interquartilabstand beschreibt also die Länge des mittleren Bereichs, der einschließlich der Grenzen mindestens 50 Prozent der Messwerte überdeckt (siehe ►Abbildung 2.13). Er ist von einzelnen Ausreißern unabhängig und deshalb ein robustes Maß.

Formel

$$I_{50} = Q_3 - Q_1 \quad (2.9)$$

- I_{50}: Interquartilabstand
- Q_1: unteres Quartil (25%-Perzentil)
- Q_3: oberes Quartil (75%-Perzentil)

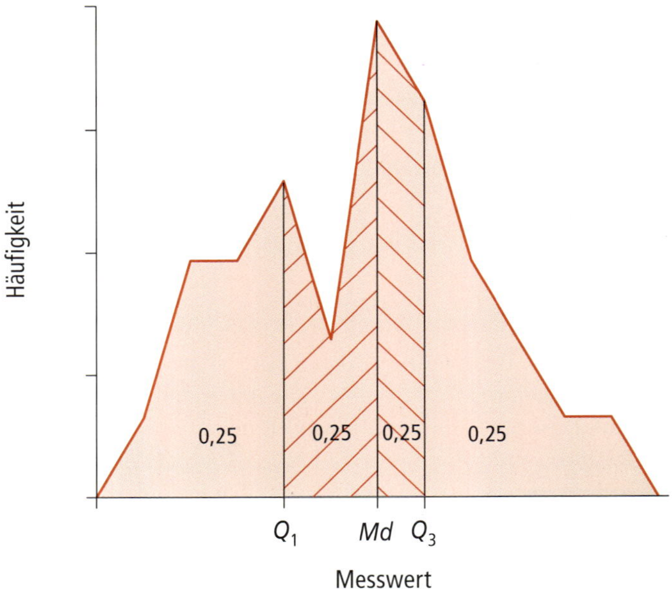

Abbildung 2.13: Median und Quartile.

Für das ordinalskalierte Merkmal Antibiotikaresistenz aus dem **Anwendungsbeispiel** (siehe ►Abbildung 2.1) ergibt sich $Q_1 = 1$ (sehr sensitiv). Der Wert 1 hat eine Häufigkeit von 13. Mindestens 25 Prozent der Messwerte sind demnach kleiner oder gleich 1, während mindestens 75 Prozent (im Beispiel sogar 100%) der 40 Messwerte größer oder gleich 1 sind. Analog ergibt sich $Q_3 = 3$ (intermediär). Der Interquartilabstand beträgt demnach

$$I_{50} = Q_3 - Q_1 = 3 - 1 = 2.$$

Mindestens 50 Prozent der Messwerte (im Beispiel 31) liegen auf oder zwischen den Grenzen 1 und 3, d.h. zwischen sehr sensitiv und intermediär.

Für das metrische Merkmal Durchmesser (siehe ►Abbildung 2.3) liegt Q_1 zwischen 3.3 und 4.1. Für die Bestimmung von Q_1 durch lineare Interpolation wird der Abstand von 0.8 zwischen diesen Messwerten im Verhältnis 25:75 aufgeteilt. Somit ergibt sich $Q_1 = 3.5$. Q_3 liegt zwischen 7.9 und 8.1. Bei linearer Interpolation wird der Abstand von 0.2 zwischen diesen Messwerten im Verhältnis 75:25 aufgeteilt, so dass $Q_3 = 8.05$ resultiert. Der Interquartilabstand ergibt sich damit als

$$I_{50} = Q_3 - Q_1 = 8.05 - 3.5 = 4.55.$$

Bei dieser Definition erstrecken sich die „mittleren" 50 Prozent der Messwerte über ein Intervall der Länge 4.55.

In verschiedenen Literaturquellen und Statistikprogrammen werden die Kenngrößen Q_1, Md und Q_3 leicht modifiziert angegeben. Sie werden z.B. definiert als diejenigen drei Messwerte in der aufsteigend geordneten Messwertreihe, die den Rangplätzen mit den ggf. ganzzahlig aufgerundeten Werten $0.25 \cdot n$, $0.5 \cdot n$ und $0.75 \cdot n$ zugeordnet werden. Messwerte, die analog zu (ggf. ganzzahlig aufgerundeten) Rangplätzen $q \cdot n$ $(0 < q < 1)$ gehören, werden auch als Perzentile (Quantile) der Ordnung q bezeichnet.

Varianz und Standardabweichung

Varianz und Standardabweichung sind die Streuungsmaße für metrische Daten. Die Varianz beschreibt die mittlere quadratische Abweichung der einzelnen Messwerte vom arithmetischen Mittelwert.

Formel

$$s^2 = \frac{(x_1 - \bar{x})^2 + (x_2 - \bar{x})^2 + \ldots + (x_n - \bar{x})^2}{n-1} = \frac{1}{n-1} \sum_{i=1}^{n} (x_i - \bar{x})^2 \quad (2.10)$$

- s^2: Varianz der Messwerte
- $\bar{x}$: Arithmetischer Mittelwert der Messwerte
- x_i: Messwerte $(i = 1, \ldots, n)$
- n: Anzahl der Messwerte

Um die mittlere quadratische Abweichung der einzelnen Messwerte vom Mittelwert zu berechnen, würde man im Nenner von Formel (2.10) anstelle von $n-1$ den Wert n erwarten. Wenn die Varianz einer gegebenen Datenmenge beschrieben werden soll, wäre die Division durch n grundsätzlich auch möglich. Die Division durch $(n-1)$ führt zu einer Größe, die bessere statistische Eigenschaften aufweist, wenn Aussagen über die Varianz in der Population getroffen werden sollen (siehe Schira, 2016). Diese Form der Varianzschätzung wird bei den inferenzstatistischen Tests verwendet (siehe Daniel, 2018). Da in den gängigen Softwarepaketen die Berechnung der Varianz ebenfalls nach Formel (2.10) realisiert wird, soll diese Berechnungsmethode hier verwendet werden.

Im **Anwendungsbeispiel** ergibt sich die Varianz des metrischen Merkmals Durchmesser als

$$s^2 = \frac{(0.5\text{-}5.9)^2 + (4.1\text{-}5.9)^2 + \ldots + (4.2\text{-}5.9)^2)}{40\text{-}1} = \frac{(\text{-}5.4)^2 + (\text{-}1.8)^2 + \ldots + (\text{-}1.7)^2}{39} \approx 8.71.$$

Die Varianz ist, noch stärker als der arithmetische Mittelwert, empfindlich gegen Ausreißer. Wenn auch hier bei der Dateneingabe beim 38. Wert das Komma vergessen worden wäre (also anstelle 10.1 der Wert 101 eingetragen wäre, siehe Tabelle 2.2), hätte sich anstelle von $s^2 \approx 8.71$ eine Varianz von $s^2 \approx 234.86$ ergeben.

Für die Interpretation ist anstelle der Varianz die Standardabweichung der Daten besser geeignet. Diese Größe ergibt sich als Quadratwurzel der Varianz.

Formel

$$s = \sqrt{s^2} \tag{2.11}$$

- s: Standardabweichung der Messwerte
- s^2: Varianz der Messwerte

Im **Anwendungsbeispiel** ergibt sich die Standardabweichung des Merkmals Durchmesser als

$$s = \sqrt{s^2} = \sqrt{8.71} \approx 2.95.$$

Auf die Interpretation der Standardabweichung in normalverteilten Populationen wird in Abschnitt 2.3.3 eingegangen.

Variationskoeffizient

Standardabweichung und Varianz sind vom Mittelwert der Daten abhängig. Bei Daten mit einem Mittelwert von zum Beispiel 1000 wird sich die Standardabweichung in einer anderen Dimension bewegen als bei Daten mit einem Mittelwert von 0.01. Deshalb sind Standardabweichungen von Daten aus unterschiedlichen Stichproben nicht unmittelbar untereinander vergleichbar. Der Variationskoeffizient cv beschreibt die am arithmetischen Mittelwert relativierte Standardabweichung gegebener Daten. Auf der Grundlage dieses Koeffizienten ist der Vergleich der Streuungen mehrerer Stichproben mit unterschiedlichen Mittelwerten möglich.

Formel

$$cv = \frac{s}{|\bar{x}|} \qquad (2.12)$$

- cv: Variationskoeffizient in der Stichprobe
- s: Standardabweichung der Messwerte
- $\bar{x}$: Arithmetischer Mittelwert der Messwerte ($|\bar{x}| \neq 0$)

In ►Tabelle 2.8 sind die Variationskoeffizienten für die nach der Farbgruppe bestimmten Teilstichproben im **Anwendungsbeispiel** dargestellt. Daraus wird deutlich, dass die Durchmesser der sonstigen Kolonien relativ am stärksten streuen.

Teilstichprobe	s	$\bar{x}$	cv
gelbe Kolonien	2.96	7.14	0.41
weißliche Kolonien	2.74	6.04	0.45
sonstige Kolonien	2.76	4.51	0.61

Tabelle 2.8: Variationskoeffizient in Teilstichproben.

2.3.3 Veranschaulichung und Interpretation

Die in den Abschnitten 2.3.1 und 2.3.2 eingeführten Lage- bzw. Streuungsparameter können besonders dann gut zur Charakteristik einer Merkmalsmenge eingesetzt werden, wenn sie kombiniert benutzt werden. Die Möglichkeiten der Darstellung und der Interpretation sollen in den folgenden Abschnitten dargestellt werden.

Median, Interquartilabstand und Variationsbreite

Eine anschauliche Darstellung von Median, Interquartilabstand und Variationsbreite bieten Boxplots. Sie eignen sich für die Veranschaulichung von ordinalskalierten Messwerten oder von metrischen Daten.

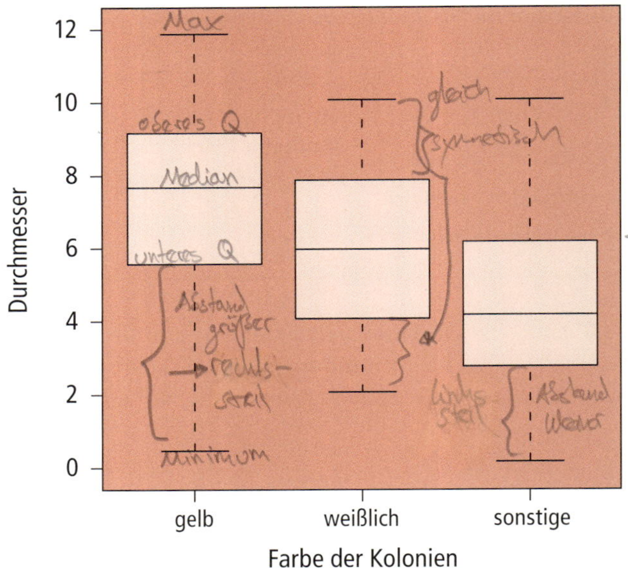

Abbildung 2.14: Boxplots der Teilstichproben.

In ►Abbildung 2.14 sind die Boxplots der Durchmesser der Kolonien in den Teilstichproben dargestellt. Abgebildet sind jeweils der Median (mittlere Linie), das untere Quartil Q_1 (untere Begrenzung des Kastens), das obere Quartil Q_3 (obere Begrenzung des Kastens), das Minimum (unteres Ende der gestrichelten Linie) und das Maximum (oberes Ende der gestrichelten Linie). Damit sind gleichzeitig der Interquartilabstand I_{50} (durch den Kasten) und die Variationsbreite (durch die gestrichelte Strecke) veranschaulicht.

Aus der Darstellung lassen sich viele Eigenschaften der Verteilung der Messwerte – auch im Vergleich unterschiedlicher Stichproben – unmittelbar ablesen. So wird deutlich, dass sich die Mediane der Gruppen im **Anwendungsbeispiel** deutlich unterscheiden. Der Median der gelben Kolonien ist am größten, der Median der sonstigen Kolonien ist am kleinsten. Die Interquartilbereiche der drei Teilgruppen sind ähnlich groß, die Variationsbreite dagegen ist bei den gelben Kolonien am größten und bei den weißlichen Kolonien am geringsten. Auch über die Form der Verteilungen können aus dem Boxplot Schlussfolgerungen gezogen werden (siehe ►Abbildung 2.4). Die Verteilung der gelben Kolonien ist leicht rechtssteil (der Abstand zwischen dem Median und dem oberen Quartil ist geringer als der Abstand zwischen dem Median und dem unteren Quartil). Analog kann man erkennen, dass die Verteilung der sonstigen Kolonien leicht linkssteil und die Verteilung der weißlichen Kolonien symmetrisch ist.

Mittelwert und Standardabweichung

Viele in den bio- und umweltwissenschaftlichen Disziplinen untersuchte Variablen sind annähernd normalverteilt (siehe Kapitel 3). Unter der Annahme, dass die gegebenen Messwerte Realisierungen einer normalverteilten Variablen sind, können der arithmetische Mittelwert und die Standardabweichung analog zum Boxplot im Hinblick auf erwartete Klassenhäufigkeiten interpretiert werden. In ►Abbildung 2.15 ist die Dichtefunktion einer Normalverteilung dargestellt. Wenn als Mittelwert dieser Verteilung $\bar{x}$ und als Standardabweichung s angenommen werden, folgt aus den Eigenschaften der Normalverteilung, dass ungefähr 68.2 Prozent der Fläche der Verteilung zwischen $\bar{x} - s$ und $\bar{x} + s$ liegen. Ca. 95.5 Prozent der Fläche befinden sich zwischen $\bar{x} - 2 \cdot s$ und $\bar{x} + 2 \cdot s$, ungefähr 99.5 Prozent der Fläche liegen zwischen $\bar{x} - 3 \cdot s$ und $\bar{x} + 3 \cdot s$.

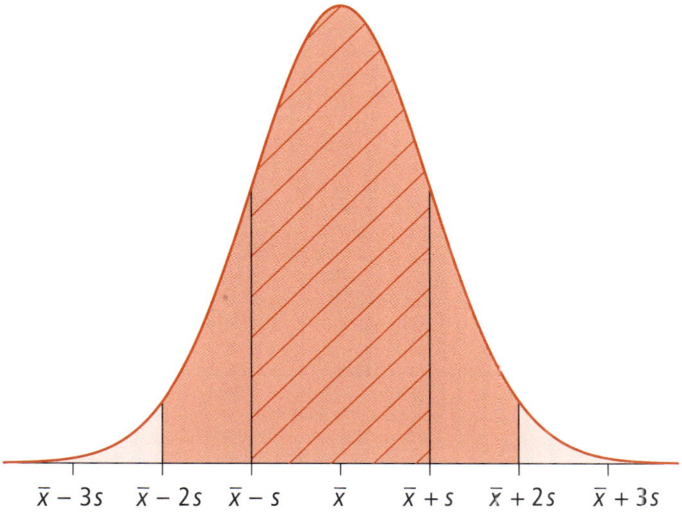

Abbildung 2.15: Bedeutung von arithmetischem Mittelwert und Standardabweichung bei Daten aus normalverteilten Populationen.

Für die Daten im **Anwendungsbeispiel** liefert das Histogramm der Häufigkeitsverteilung (siehe ►Abbildung 2.3) keine Anhaltspunkte gegen die Annahme, dass die Daten aus einer normalverteilten Population stammen. Somit ist näherungsweise zu erwarten, dass ungefähr 68 Prozent der Messwerte im Intervall

$$[\bar{x} - s, \bar{x} + s] = [5.9 - 2.95, 5.9 + 2.95] = [2.95, 8.85]$$

liegen.

Eine anschauliche Darstellung wichtiger Eigenschaften der Verteilung eines Merkmals bietet die kombinierte Darstellung des arithmetischen Mittelwerts der Stichprobe mit der Standardabweichung in einer Grafik. In Analogie zu den Boxplots aus ►Abbildung 2.14 sind in ►Abbildung 2.16 die Mittelwerte und die Standardabweichungen der gelben, weißlichen und sonstigen Kolonien dargestellt. Die Mittelwerte der drei Teilstichproben werden durch drei Balken gekennzeichnet, zusätzlich sind die Werte $\bar{x} \pm s$ an den Enden der eingetragenen Linien abgebildet. Weil mit den Darstellungen in der Regel neben der Beschreibung der Ergebnisse in den untersuchten Stichproben auch ein Bezug zur jeweils untersuchten Population hergestellt werden soll, werden oft an Stelle der Standardabweichungen die Standardfehler der Stichprobenmittelwerte (siehe Abschnitt 4.2.1) oder die Grenzen berechneter Konfidenzintervalle (siehe Abschnitt 4.2.2) dargestellt.

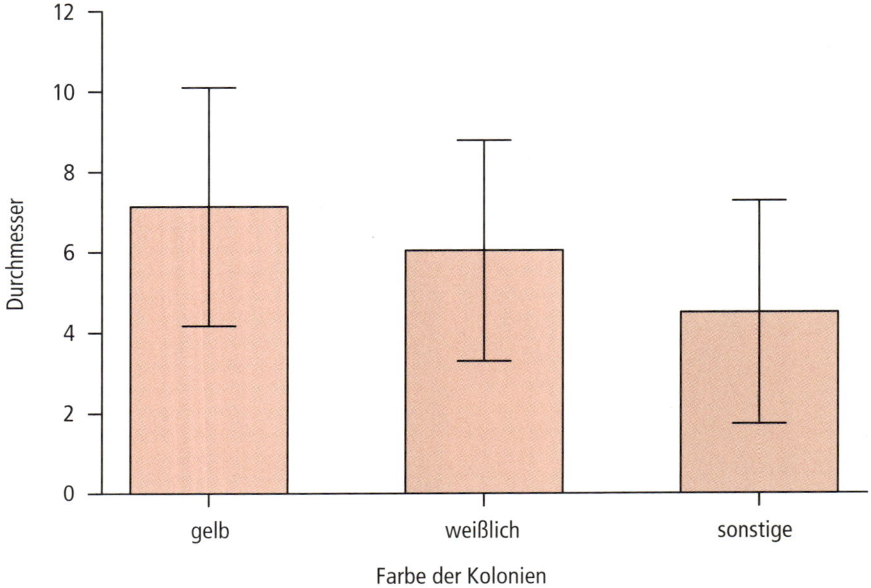

Abbildung 2.16: Kombinierte Darstellung von Mittelwert und Standardabweichung

Zusammenfassung

Methoden der beschreibenden Statistik haben das Ziel, die wesentlichen Eigenschaften erhobener Daten übersichtlich darzustellen. In Tabellen und Grafiken können die Häufigkeitsverteilungen der Daten veranschaulicht werden. Für metrische Daten ist dafür oft eine geeignete Klassenbildung sinnvoll. Nominalskalierte und ordinalskalierte Merkmale werden häufig in Balken- oder Kreisdiagrammen dargestellt. Die Verteilung von metrischen Merkmalen kann durch Histogramme und Polygone veranschaulicht werden. Statistische Kennwerte repräsentieren die Daten mit wenigen Zahlen. Lageparameter beschreiben die Lage (Schwerpunkt, zentrale Tendenz) der Messwerte. Wichtige Lageparameter sind der arithmetische Mittelwert (für metrische Merkmale), der Median (für metrische und ordinalskalierte Werte) und der Modalwert (für alle Daten, vor allem für nominalskalierte Merkmale). Streuungsparameter liefern Informationen über die unterschiedliche Streuung (Variabilität) der Messwerte um den jeweiligen Lageparameter. Wichtig sind die Varianz und die Standardabweichung für metrische Merkmale, der Interquartilabstand für ordinalskalierte Daten und der Homogenitätsindex für nominalskalierte Messwerte.

Übungsaufgaben

Aufgabe 2.1

Gegeben ist das Gewicht (in Gramm) von 22 Versuchstieren (Tabelle 2.9).

Gewicht (g)
133, 242, 151, 132, 133, 234, 326, 318, 319, 355, 243, 234, 238, 236, 420, 427, 129, 336, 339, 440, 237, 243

Tabelle 2.9: Daten zu Aufgabe 2.1.

Berechnen Sie den arithmetischen Mittelwert, den Median, die Varianz, die Standardabweichung, den Variationskoeffizienten und den Interquartilabstand. Fertigen Sie eine empirische Merkmalsverteilung mit klassifizierten Häufigkeiten, prozentualen klassifizierten Häufigkeiten, klassifizierten Summenhäufigkeiten und prozentualen klassifizierten Summenhäufigkeiten an. Stellen Sie die klassifizierten Häufigkeiten als Histogramm und als Polygonzug sowie die klassifizierten Summenhäufigkeiten als Summenhistogramm und als Summenpolygon dar. Ist die Form der Verteilung symmetrisch, linkssteil oder rechtssteil?

Aufgabe 2.2

In drei verschiedenen Untersuchungen wurden Leistungstests mit insgesamt 77 jungen Polizeihunden durchgeführt. Die Testergebnisse wurden auf einer metrischen Skala erfasst. In den drei Untersuchungsgruppen ergaben sich folgende arithmetische Mittelwerte (in Klammern Anzahl der Messwerte in den Teilgruppen):

$$\bar{x}_1 = 34.8\,(n_1 = 25), \quad \bar{x}_2 = 39.2\,(n_2 = 45), \quad \bar{x}_3 = 59.0\,(n_3 = 7).$$

Wie groß war die durchschnittliche Leistung aller Tiere?

Aufgabe 2.3

Im Ergebnis einer beschreibenden Datenanalyse wurden folgende statistischen Kennwerte ermittelt und im Ergebnisprotokoll dargestellt:

$$\bar{x} = 40,\, s^2 = 100,\, cv = 2.5.$$

Warum können diese Ergebnisse nicht korrekt sein?

Aufgabe 2.4

In 30 Seen wurde die Schadstoffbelastung durch Schadstoff A und durch Schadstoff B gemessen.

Schadstoff	A	B
Schadstoffbelastung in mg/l	10.2, 11.9, 14.2, 15.3, 12.1, 17.3, 19.2, 18.3, 11.2, 13.2, 16.3, 16.8, 18.4, 18.3, 12.4, 12.4, 15.6, 10.2, 11.9, 14.2, 15.3, 12.1, 16.3, 19.2, 18.3, 18.2, 15.2, 17.3, 19.8, 11.4	165, 123, 198, 222, 233, 211, 145, 274, 299, 123, 234, 245, 267, 111, 145, 161, 123, 198, 232, 273, 212, 144, 271, 291, 128, 239, 255, 277, 121, 155.

Tabelle 2.10: Daten zu Aufgabe 2.4.

Fertigen Sie für jeden der beiden Schadstoffe eine empirische Merkmalsverteilung mit klassifizierten Häufigkeiten, prozentualen klassifizierten Häufigkeiten, klassifizierten Summenhäufigkeiten und prozentualen klassifizierten Summenhäufigkeiten an. Stellen Sie die klassifizierten Häufigkeiten als Histogramm und als Polygonzug sowie die klassifizierten Summenhäufigkeiten als Summenhistogramm und als Summenpolygon dar. Bei welchem der beiden Schadstoffe streuen die Messwerte stärker? Beantworten Sie diese Frage unter Benutzung des Variationskoeffizienten.

Ausführliche Lösungen und zusätzliche Aufgaben finden Sie in unserer eLearning-Umgebung **MyLab|Biostatistik**.

MyLab|Biostatistik

- Ausführliche Beschreibung der Umsetzung der in diesem Kapitel enthaltenen Tests in R (einschließlich R-Skripte), SPSS und Excel.
- Einführung in die Realisierung weiterführender grafischer Darstellungen in den drei Programmen.
- **Praxisbeispiel:** Beschreibende Statistik der Schädelmaße von Ratten (n.fulvescens und n.confucianus) – Auswertung der Daten einer kraniometrischen Studie (Stefen & Rudolf, 2007) mit R, SPSS bzw. Excel.

Wahrscheinlichkeitstheorie

3

ÜBERBLICK

In diesem Kapitel werden zufällige Ereignisse und die Wahrscheinlichkeit zufälliger Ereignisse eingeführt sowie Rechenregeln für Wahrscheinlichkeiten anhand von Beispielen veranschaulicht. Die eingeführten Begriffe werden im Grundmodell der Wahrscheinlichkeit zusammengefasst.

Im Mittelpunkt des zweiten Teils dieses Kapitels steht die Beschreibung zufälliger Ereignisse durch Zufallsvariablen und ihre Verteilung. Insbesondere werden die in der Teststatistik (siehe Kapitel 5 bis 8) benötigten Grundbegriffe und Testverteilungen behandelt.

3.1 Grundmodell der Wahrscheinlichkeitstheorie

Während die statistischen Methoden in Kapitel 2 die Beschreibung der erhobenen Daten zum Ziel hatten, liefert die Wahrscheinlichkeitstheorie Modelle für die Gesetzmäßigkeiten beim Eintreten zufälliger Erscheinungen. Umgangssprachlich versteht man unter zufälligen Erscheinungen unerwartete, unkontrollierbare, scheinbar planlose Vorkommnisse, die bemerkt oder unbemerkt unser gesamtes Leben begleiten. In der Biologie äußert sich das Wirken des Zufalls z.B. in Form von phänotypischen Unterschieden zwischen Individuen gleicher Art oder in spontan auftretenden Mutationen. Für eine mathematische Modellierung des Zufalls muss der Begriff eines Zufallsexperiments und der eines zufälligen Ereignisses genauer definiert werden. Im Grundmodell der Wahrscheinlichkeitstheorie wird die Wahrscheinlichkeit als ein Maß definiert, das die Chance für das Eintreten eines zufälligen Ereignisses mit einer Zahl bewertet.

3.1.1 Zufällige Ereignisse und deren Verknüpfung

Grundlage für die folgenden Betrachtungen ist die Definition zufälliger Versuche.

Definition

Man bezeichnet einen Vorgang, dessen Ergebnis im Rahmen bestimmter Möglichkeiten ungewiss ist und der sich bei Beibehaltung der wesentlichen Bedingungen zumindest gedanklich beliebig oft wiederholen lässt, als zufälligen Versuch. Die möglichen einander ausschließenden Ergebnisse eines solchen zufälligen Versuchs werden zu einer Menge Ω, dem Ereignisraum, zusammengefasst.

Ein einfaches Beispiel für einen zufälligen Versuch ist das einmalige Würfeln mit einem Würfel. Der Ereignisraum besteht in diesem Fall aus der Menge der Augenzahlen 1 bis 6:

$$\Omega = \{1, 2, 3, 4, 5, 6\}.$$

Würfelt man mit zwei Würfeln, so besteht der Ereignisraum Ω aus 36 geordneten Paaren von Augenzahlen des ersten und des zweiten Würfels (i, j), $i, j = 1, \ldots, 6$. Solche einfach anmutenden Versuche wie z.B. Würfelexperimente eignen sich gut zur Erforschung des Zufalls, da sie überschaubar sind und die Grundlagen der Wahrscheinlichkeitsrechnung daran besonders anschaulich erläutert werden können, wie etwa der Begriff eines zufälligen Ereignisses.

Definition

Ein Ereignis A ist eine Zusammenfassung von Versuchsergebnissen aus Ω zu einer Teilmenge von Ω. Man sagt, das Ereignis A ist eingetreten, wenn im Ergebnis des Versuchs eines der Elemente von A beobachtet worden ist.

Als Beispiel betrachten wir wieder den Wurf mit einem Würfel. Für diesen Versuch bezeichne $A = \{2, 3, 4\}$ das Ereignis, eine der Augenzahlen 2, 3 oder 4 zu würfeln, und $B = \{3, 4, 5\}$ das Ereignis, eine der Augenzahlen 3, 4 oder 5 zu würfeln.

Durch folgende Verknüpfungen der Teilmengen lassen sich aus beliebigen Ereignissen A und B neue Ereignisse bilden:

- Wenn im Ergebnis des betrachteten zufälligen Versuchs beide Ereignisse A und B gleichzeitig eintreten, dann nennt man dieses Ereignis Durchschnitt von A und B und bezeichnet es mit $A \cap B$.
  - Für die oben beschriebenen Ereignisse A und B ist $A \cap B = \{3, 4\}$ und dieses Ereignis tritt ein, wenn eine 3 oder 4 gewürfelt wird.
- Wenn Ereignis A oder Ereignis B eintritt, nennt man das Ereignis Vereinigung der Ereignisse A und B und bezeichnet es mit $A \cup B$.
  - Im genannten Beispiel gilt $A \cup B = \{2, 3, 4, 5\}$, d.h. dieses Ereignis tritt ein, wenn eine der Augenzahlen 2, 3, 4 oder 5 gewürfelt wird.
- Das Ereignis $A \setminus B$ tritt ein, wenn Ereignis A, aber nicht Ereignis B eintritt.
  - Im speziellen Beispiel erhält man $A \setminus B = \{2\}$.
- Das Komplementärereignis von A, bezeichnet mit $\bar{A}$, tritt ein, wenn Ereignis A im Ergebnis des Versuchs nicht eintritt, d.h. $\bar{A} = \Omega \setminus A$.
  - Das Komplementärereignis von A im Würfelversuch tritt somit ein, wenn eine der Augenzahlen 1, 5 oder 6 fällt.

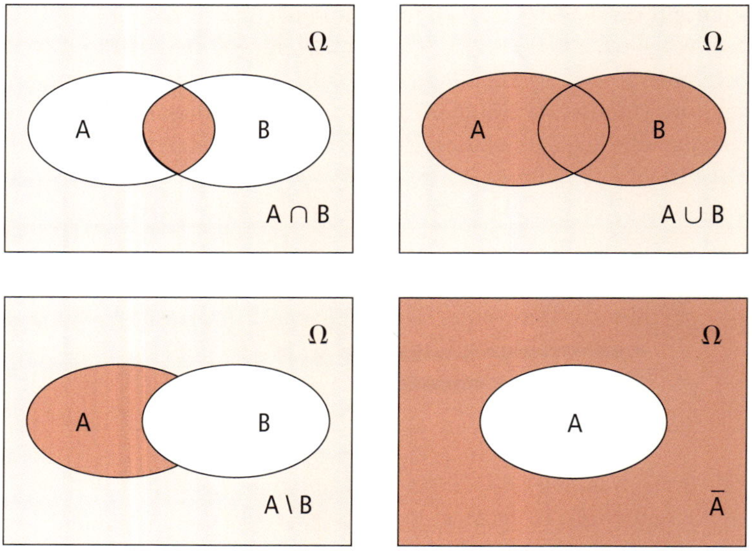

Abbildung 3.1: Veranschaulichung der Ereignisse $A \cap B$, $A \cup B$, $A \setminus B$ und $\overline{A}$ in einem Venn-Diagramm.

- Die Grundmenge Ω bezeichnet das sicheres Ereignis und die leere Menge $\varnothing = \overline{\Omega}$ das unmögliche Ereignis. Wenn gilt $A \cap B = \varnothing$, heißen die Ereignisse A und B unvereinbar.
  - Im Beispiel sind die Ereignisse A und B nicht unvereinbar, da $A \cap B = \{3,4\}$ und damit nicht leer ist. Unvereinbare Ereignisse sind z. B. die Ereignisse $G = \{2,4,6\}$ (Würfeln einer geraden Zahl) und $U = \{1,3,5\}$ (Würfeln einer ungeraden Zahl).

Definition

In einem Ereignisfeld $\mathbb{F}$ fasst man alle Ereignisse zusammen, die mit Hilfe der genannten Verknüpfungen von Teilmengen aus Ω gebildet werden können und für die folgende Eigenschaften erfüllt sind:

1. Das sichere Ereignis Ω liegt in $\mathbb{F}$.
2. Für jedes Ereignis A gehört auch das Komplementärereignis $\overline{A}$ zu $\mathbb{F}$.
3. Mit zwei Ereignissen A und B liegt auch die Vereinigung $A \cup B$ in $\mathbb{F}$. Falls $\mathbb{F}$ unendlich viele Ereignisse A_i, $i = 1,2,\ldots$ enthält, dann gehört auch die Vereinigung dieser Mengen $\bigcup_{i=1}^{\infty} A_i = A_1 \cup A_2 \cup \ldots$ zu $\mathbb{F}$.

Im einfachen Würfelversuch besteht $\mathbb{F}$ aus allen 64 Teilmengen, die aus Ω gebildet werden können, einschließlich der leeren Menge und der Grundmenge Ω:

$$\mathbb{F} = \{\emptyset, \{1\}, \{2\}, \ldots, \{6\}, \{1,2\}, \ldots \{6,6\}, \{1,2,3\}, \ldots, \{4,5,6\}, \ldots, \{1,2,3,4,5,6\}\}.$$

3.1.2 Klassische Definition der Wahrscheinlichkeit

Für jedes Ereignis aus einem Ereignisfeld $\mathbb{F}$ soll nun eine Wahrscheinlichkeit eingeführt werden als eine Zahl, die die Chance für das Eintreten des Ereignisses beschreibt. Zur Vereinfachung sollen zunächst nur Versuche mit endlich vielen gleichmöglichen Versuchsausgängen betrachtet werden, wie etwa Würfelversuche.

Die Grundmenge Ω enthalte endlich viele gleichmögliche Ereignisse

$$\Omega = \{\omega_1, \omega_2, \ldots, \omega_n\}.$$

Für die Wahrscheinlichkeit jedes Elementarereignisses definiert man:

$$P(\{\omega_i\}) = \frac{1}{n}, \; i = 1, \ldots, n.$$

Für beliebige Ereignisse A aus $\mathbb{F}$ ergibt sich die Wahrscheinlichkeit von A als Quotient der Anzahl der interessierenden Fälle, in denen das Ereignis A eintritt, und der Zahl der möglichen Fälle.

Definition

$$P(A) = \frac{\text{Anzahl der interessierenden Fälle}}{\text{Anzahl der möglichen Fälle}} = \frac{\text{Anzahl der Elemente von A}}{\text{Anzahl der Elemente von }\Omega} \quad (3.1)$$

- $P(A)$: Wahrscheinlichkeit des Ereignisses A nach klassischer Definition
- A: Beliebiges Ereignis aus $\mathbb{F}$
- $\mathbb{F}$: Ereignisraum
- Ω: Grundmenge

Die so eingeführte Wahrscheinlichkeit ist eine Zahl, die offensichtlich Eigenschaften einer relativen Häufigkeit für das Eintreten von A in n Versuchen aufweist und somit als ein mathematisches Modell für eine relative Häufigkeit aufgefasst werden kann. Eines der wichtigsten Gesetze der Wahrscheinlichkeitstheorie, das im 17. Jahrhundert von Jacob Bernoulli[1] erkannte Gesetz der großen Zahlen, sagt aus, dass sich in einer sehr langen Reihe von Wiederholungen eines Experiments die relative Häufigkeit des Auftretens eines Ereignisses A mit wachsender Zahl der Beobachtungen stabilisiert. Der Grenzwert ist die Wahrscheinlichkeit $P(A)$.

Aus Definition (3.1) ergibt sich, dass

- die Wahrscheinlichkeit für das sichere Ereignis Ω gleich eins ist, $P(\Omega) = \frac{n}{n} = 1$,
- die Wahrscheinlichkeit für das komplementäre Ereignis von A, wobei A eine Menge mit m Elementen sei, gleich $1 - P(A)$ ist: $P(\overline{A}) = \frac{n-m}{n} = 1 - \frac{m}{n} = 1 - P(A)$, und dass
- die Wahrscheinlichkeit für das Eintreten von mindestens einem von zwei unvereinbaren Ereignissen A und B gleich der Summe der Wahrscheinlichkeiten beider Ereignisse ist, d.h. es gilt $P(A \cup B) = P(A) + P(B)$.

Beispiele

1. Beim Zahlenlotto 6 aus 49 gibt es $\binom{49}{6} = 13983816$ mögliche Zahlenreihen. Die Wahrscheinlichkeit für einen Sechser im Zahlenlotto beträgt somit
   $\text{P(Sechser)} = \frac{1}{13983816}$ und ist also ungefähr $7.151 \cdot 10^{-8}$.
2. Für die Wahrscheinlichkeit, beim Würfeln mit zwei Würfeln eine Augensumme kleiner oder gleich 5 zu erhalten, gilt
   $$\text{P(Augensumme} \leq 5) = \frac{10}{36} = 0.2\overline{7}.$$
3. Die Wahrscheinlichkeit, beim Wurf mit vier Würfeln mindestens eine Sechs zu erhalten, beträgt
   $$\text{P(Anzahl der Sechsen } \geq 1) = 1 - \text{P(Anzahl der Sechsen} = 0) = 1 - \frac{5^4}{6^4} = 0.5177.$$

3.1.3 Axiomatische Definition der Wahrscheinlichkeit

Der klassische Wahrscheinlichkeitsbegriff lässt sich nur auf Versuche mit endlich vielen, gleich möglichen Ausgängen anwenden. Wie kann man einen allgemeingültigen Wahrscheinlichkeitsbegriff ohne diese Einschränkungen einführen? Dieses Problem wurde von dem Mathematiker Kolmogorov[2] gelöst, der 1933 eine axiomatisch aufgebaute Wahrscheinlichkeitstheorie entwickelte. Sein Wahrscheinlichkeitsmodell wird wie folgt definiert, man geht wieder von einem Ereignisfeld $\mathbb{F}$ aus:

---

1 Jacob Bernoulli, 1654–1705, französischer Mathematiker.

2 Andrei Nikolajevich Kolmogorov, 1903–1987, russischer Mathematiker.

Definition Eine Abbildung P, die jedem Element A aus $\mathbb{F}$ eine reelle Zahl zuordnet, heißt Wahrscheinlichkeit oder Wahrscheinlichkeitsmaß, falls gilt:

1. $0 \leq P(A) \leq 1$,
2. $P(\Omega) = 1$,
3. a) für Ereignisräume $\mathbb{F}$ mit endlich vielen Ereignissen und zwei unvereinbare Ereignisse A und B aus $\mathbb{F}$ gilt $P(A \cup B) = P(A) + P(B)$,

   b) für Ereignisräume $\mathbb{F}$ mit unendlich vielen Ereignissen fordert man zusätzlich $P(\bigcup_{i=1}^{\infty} A_i) = \sum_{i=1}^{\infty} P(A_i)$, falls $A_i, i \geq 1$, paarweise unvereinbare Ereignisse aus $\mathbb{F}$ sind.

Falls Ω nur endlich viele Elemente ω_i $(i = 1, \ldots, n)$ enthält, dann erfüllt die klassische Wahrscheinlichkeit nach Formel (3.1) die Bedingungen, die in der axiomatischen Definition an eine Wahrscheinlichkeit gestellt werden. Im Grundmodell der Wahrscheinlichkeitstheorie gibt man also die Grundmenge Ω, das Ereignisfeld $\mathbb{F}$ und die Wahrscheinlichkeiten $P(A)$, $A \in \mathbb{F}$, an.

3.1.4 Rechnen mit Wahrscheinlichkeiten

Aus den drei Axiomen der Definition einer Wahrscheinlichkeit ergeben sich die folgenden Rechenregeln für Wahrscheinlichkeiten.

$$\begin{aligned} P(\bar{A}) &= 1 - P(A), \\ P(\varnothing) &= 0, \\ P(A \cup B) &= P(A) + P(B) - P(A \cap B) \end{aligned} \tag{3.2}$$

In vielen Versuchen geht man von der Annahme aus, dass ein Ereignis B bereits eingetreten ist oder garantiert eintreten wird. Man interessiert sich unter dieser Vor- oder Teilinformation für die Wahrscheinlichkeit dafür, dass das interessierende Ereignis A eintritt. In der mathematischen Genetik betrachtet man beispielsweise Übergangswahrscheinlichkeiten, die angeben, mit welcher Wahrscheinlichkeit ein Nachkomme einen bestimmten Genotyp aufweist (Ereignis A), wenn der Genotyp der Eltern bekannt ist (Ereignis B).

Eine bedingte Wahrscheinlichkeit wird mit $P_B(A)$ bezeichnet. Sie ist für $A, B \in \mathbb{F}$, $P(B) > 0$ folgendermaßen definiert:

Formel

$$P_B(A) = \frac{P(A \cap B)}{P(B)} \tag{3.3}$$

- $P_B(A)$: Bedingte Wahrscheinlichkeit des Ereignisses A unter der Bedingung B
- $A \cap B$: Durchschnitt der Ereignisse A und B

Für ein fest gewähltes Ereignis B hat die bedingte Wahrscheinlichkeit $P_B(A)$ die Eigenschaften 1 bis 3 einer Wahrscheinlichkeit. In den Anwendungen wird diese Gleichung oft zur Berechnung von $P(A \cap B)$ verwendet. Man erhält aus (3.3) den allgemeinen Multiplikationssatz:

$$P(A \cap B) = P_B(A) \cdot P(B). \tag{3.4}$$

Das folgende Beispiel kann auf viele ähnliche Probleme in der biologischen oder umweltwissenschaftlichen Forschung übertragen werden.

Beispiel

Man betrachtet zwei in der Natur vorkommende Subspezies von Schnecken, wobei 40 Prozent der Gesamtpopulation auf die erste Art und 60 Prozent der Gesamtpopulation auf die zweite Art entfallen. Es wurde ein Zuordnungsverfahren entwickelt, das aufgrund von Abmessungen wie Gehäusebreite, Gehäusehöhe und Mündungsbreite eine Zuordnung einer Schnecke, deren Herkunft nicht genau bekannt ist, zu einer der beiden Arten mit einer bestimmten Sicherheit erlaubt. Von dem Verfahren sei bekannt, dass die bedingte Wahrscheinlichkeit einer Zuordnung zur ersten Art, wenn die Schnecke tatsächlich zur ersten Art gehört, 96 Prozent beträgt, und die bedingte Wahrscheinlichkeit der Zuordnung zur zweiten Art, wenn die Schnecke wirklich zur zweiten Art gehört, 94 Prozent, d. h. 4 Prozent der Individuen erster Art und 6 Prozent der Individuen zweiter Art werden bei diesem Verfahren im Mittel fälschlicherweise der jeweils anderen Art zugeordnet. Man interessiert sich nach Anwendung des Verfahrens für die Wahrscheinlichkeit, dass ein nach der Klassifikation einer bestimmten Art zugeordnetes Individuum auch tatsächlich zu dieser Art gehört.

Es bezeichnen B_1 bzw. B_2 die Ereignisse, dass ein zufällig ausgewähltes Tier zur ersten oder zweiten Art gehört, mit den Wahrscheinlichkeiten

$$P(B_1) = 0.4 \text{ bzw. } P(B_2) = 0.6.$$

A sei das Ereignis der Zuordnung zur ersten Art. In diesem Beispiel ist

$$P_{B_1}(A) = 0.96 \text{ und } P_{B_2}(\overline{A}) = 0.94.$$

Mit der Definition der bedingten Wahrscheinlichkeit erhält man für die bedingte Wahrscheinlichkeit der Zugehörigkeit zur ersten Art für ein Individuum, das durch das Verfahren dieser Art zugeordnet wurde (Bedingung A),

$$P_A(B_1) = \frac{P(A \cap B_1)}{P(A)}.$$

Das Ereignis A kann in die sich ausschließenden Ereignisse $A \cap B_1$ und $A \cap B_2$ zerlegt werden. Daraus folgt mit Hilfe des Multiplikationssatzes

$$\begin{aligned} P(A) &= P(A \cap B_1) + P(A \cap B_2) \\ &= P_{B_1}(A) \cdot P(B_1) + P_{B_2}(A) \cdot P(B_2) \end{aligned}$$

und

$$\begin{aligned} P_A(B_1) &= \frac{P(A \cap B_1)}{P(A)} = \frac{P_{B_1}(A) \cdot P(B_1)}{P_{B_1}(A) \cdot P(B_1) + P_{B_2}(A) \cdot P(B_2)} \\ &= \frac{0.96 \cdot 0.4}{0.96 \cdot 0.4 + (1 - 0.94) \cdot 0.6} = 0.914. \end{aligned}$$

Etwa 91 Prozent der bei diesem Verfahren zur ersten Art klassifizierten Individuen sind demnach richtig zugeordnet worden. Hätte man nur die Kenntnis der a-priori-Wahrscheinlichkeit $P(B_1) = 0.4$, würde man eine Schnecke mit 40 Prozent Wahrscheinlichkeit der ersten Art zuordnen. Mit Berücksichtigung der Gehäuseabmessungen kann man a posteriori, also nach Kenntnis der Zusatzinformation, eine Zuordnungswahrscheinlichkeit von 91 Prozent erzielen. Analog kann man die a-posteriori-Wahrscheinlichkeit für die zweite Art bestimmen.

Diese Idee und die in diesem Beispiel hergeleiteten Formeln lassen sich auf den Fall von mehr als zwei Teilpopulationen verallgemeinern. Man erhält die Formel der totalen Wahrscheinlichkeit und die Bayessche Formel:

Formel der totalen Wahrscheinlichkeit

Es sei möglich, den Grundraum Ω in einander ausschließende Ereignisse B_i zu zerlegen: $\Omega = B_1 \cup B_2 \cup \ldots \cup B_n$ mit $P(B_i) > 0, \quad B_i \cap B_j = \emptyset$ für $i \neq j, \quad i, j = 1, \ldots, n$.

Die Wahrscheinlichkeiten $P_{B_i}(A)$ und $P(B_i)$ $(i = 1, \ldots, n)$ seien bekannt.

Dann gilt für die Wahrscheinlichkeit von A

$$P(A) = P_{B_1}(A) \cdot P(B_1) + P_{B_2}(A) \cdot P(B_2) + \ldots + P_{B_n}(A) \cdot P(B_n). \tag{3.5}$$

Kann man also eine Population in mehrere Teilpopulationen (Unterarten, Altersklassen usw.) zerlegen und lässt sich die Wahrscheinlichkeit eines Ereignisses A für jede dieser Teilpopulationen bestimmen, dann erhält man mit Hilfe der Formel der totalen Wahrscheinlichkeit die Wahrscheinlichkeit des Ereignisses A in der Gesamtpopulation.

Bayessche Formel[3]

Wie in der Formel der totalen Wahrscheinlichkeit sei Ω zerlegt in sich ausschließende Ereignisse B_i. Falls $P(A) > 0$, so gilt für $k = 1, \ldots, n$

$$P_A(B_k) = \frac{P_{B_k}(A) \cdot P(B_k)}{P_{B_1}(A) \cdot P(B_1) + P_{B_2}(A) \cdot P(B_2) + \ldots + P_{B_n}(A) \cdot P(B_n)}. \qquad (3.6)$$

Die Bayessche Formel gestattet die Berechnung der a-posteriori-Wahrscheinlichkeiten $P_A(B_k)$ von den Ereignissen B_k unter einer zusätzlichen Information A.

Unabhängige Ereignisse

Definition

Wenn für die Ereignisse $A, B \in \mathbb{F}$, $P(B) > 0$, die Beziehung $P_B(A) = P(A)$ gilt, dann heißen die Ereignisse A und B stochastisch unabhängig. Im Fall der Unabhängigkeit von A und B hat das Eintreten von B keinen Einfluss auf die Wahrscheinlichkeit des Eintretens von A und es folgt aus (3.4)

$$P(A \cap B) = P(A) \cdot P(B). \qquad (3.7)$$

Im Würfelversuch Wurf mit zwei Würfeln sind zum Beispiel die Ereignisse B (der erste Würfel zeigt eine Sechs) und A (der zweite Würfel zeigt eine Sechs) unabhängige Ereignisse, denn ein Würfel hat kein Gedächtnis. Für diese Ereignisse gilt also

$$P_B(A) = P(A) = \frac{1}{6}$$

und

$$P(A \cap B) = P(A) \cdot P(B) = \frac{1}{36}.$$

3.2 Zufallsvariablen und ihre Verteilung

Viele zufällige Versuche führen zu Ereignissen, die sich leicht durch reelle Zahlen beschreiben lassen, wie z. B. die größte Augenzahl oder die Summe der Augenzahlen beim Würfeln mit zwei Würfeln oder Messergebnisse bei Längen- oder Gewichtsmessungen. In diesem Kapitel führen wir den Begriff der Zufallsvariablen ein, um

---

3 Thomas Bayes, 1702–1761, englischer Theologe.

zufällige Ereignisse durch Zahlen geeignet darzustellen. Die Wahrscheinlichkeiten für das Auftreten von bestimmten reellen Werten werden durch die Verteilung der Zufallsvariablen bestimmt. Man unterscheidet zwischen diskreten und stetigen Zufallsvariablen je nachdem, ob die Zufallsvariable abzählbar viele diskrete Werte oder jeden Wert aus einem Intervall annehmen kann. Es gibt Versuche, die stets zu denselben Verteilungen der betrachteten Zufallsvariablen führen und deshalb Modellcharakter haben. Einige dieser Modelle werden in diesem Abschnitt ausführlich beschrieben.

3.2.1 Grundbegriffe

Im vorherigen Abschnitt wurde das Grundmodell der Wahrscheinlichkeitstheorie beschrieben, in dem eine Grundmenge, ein Ereignisfeld und ein Wahrscheinlichkeitsmaß festgelegt werden. Die Einführung von Zufallsvariablen, d.h. einer Abbildung der Menge der Versuchsausgänge in die Menge der reellen Zahlen, bietet, wie man später noch sehen wird, eine Reihe von Vorteilen, insbesondere für praktische Anwendungen.

Definition

Eine Zufallsvariable ist eine Abbildung von Ω in die Menge der reellen Zahlen. Sie ordnet somit jedem Elementarereignis ω aus Ω eine reelle Zahl $X(\omega) = x$ zu.

Neben dem Begriff Zufallsvariable wird für diese Abbildung in der Wahrscheinlichkeitstheorie auch häufig der Begriff Zufallsgröße verwendet.

Zufallsvariablen werden gewöhnlich mit großen Buchstaben und ihre Realisierungen im konkreten Versuch mit kleinen Buchstaben bezeichnet.

In dem Fall, dass die Augensumme beim Würfeln mit zwei Würfeln interessiert, ist diese Zuordnung naheliegend. Die Zufallsvariable X ist die Summe beider Augenzahlen. Das Ereignis $\{\omega \in \Omega : X(\omega) = x\}$, kurz $\{X = x\}$, mit $x = 4$ tritt z. B. ein, wenn eines der Augenzahlpaare (1,3), (3,1) oder (2,2) gewürfelt wird.

Betrachten wir ein anderes Beispiel aus der Genetik: Für einen diallelischen Genlocus mit den Allelen A und a gibt es bei diploiden Lebewesen drei Genotypen AA, Aa und aa. Man kann diesen Genotypen die Zahlen 1, 2 und 3 zuordnen, oder aber auch 2, 1 und 0, so dass im letzteren Fall die Zufallsvariable die A-Allele im Genotyp zählt. Jede der möglichen Zuordnungen beschreibt eine Zufallsvariable, wobei sich beide in ihrem Wertebereich unterscheiden.

Bei einer wiederholten Durchführung eines Versuchs erhält man eine Folge von Realisierungen einer Zufallsvariablen X. Die Verteilung der so gewonnenen Daten kann mit den im Kapitel 2 behandelten Methoden untersucht werden. Die relativen Klassenhäufigkeiten werden z.B. durch Balkengrafik, Histogramm, Polygon oder Summenpolygon grafisch dargestellt. Nach dem Gesetz der großen Zahlen konvergieren die dargestellten Klassenhäufigkeiten gegen die Wahrscheinlichkeit, dass die betrachtete Zufallsvariable X in die jeweilige Klasse fällt. Mit Hilfe dieser Grenzwahrscheinlichkeiten beschreibt man die Verteilung der Zufallsvariable X. Eine Möglichkeit, diese Verteilung zu charakterisieren, bietet die Verteilungsfunktion.

Die Verteilungsfunktion $F_X(x)$ einer Zufallsvariablen X an der Stelle x gibt die Wahrscheinlichkeit für das Ereignis an, dass die Zufallsvariable X einen Wert kleiner oder gleich x annimmt.

Formel

$$F_X(x) = P(X \leq x) \quad (-\infty < x < \infty) \tag{3.8}$$

- F_X: Verteilungsfunktion der Zufallsvariablen X
- X: Zufallsvariable

Die Verteilungen von Zufallsvariablen unterscheiden sich in ihren Eigenschaften, je nachdem, ob die Zufallsvariable nur höchstens abzählbar viele diskrete Werte annimmt oder nicht.[4] Deshalb werden die Eigenschaften der Verteilungen in den folgenden Teilabschnitten getrennt behandelt.

3.2.2 Diskrete Zufallsvariablen

Eine Zufallsvariable heißt diskret, wenn sie höchstens abzählbar unendlich viele Werte $x_1, x_2, \ldots, x_n, \ldots$ annehmen kann.

Die Wahrscheinlichkeiten für das Auftreten dieser Werte in einem zufälligen Versuch $p_i = P(X = x_i), \quad i = 0, 1, 2, \ldots$, werden als Einzelwahrscheinlichkeiten bezeichnet und können in einer Verteilungstabelle dargestellt werden.

x_i	x_1	x_2	$\cdots$	x_n	$\cdots$
$p_i = P(X = x_i)$	p_1	p_2	$\cdots$	p_n	$\cdots$

Tabelle 3.1: Verteilungstabelle einer diskreten Zufallsvariablen.

Beispiel

Für die Zufallsvariable Augensumme beim Wurf mit zwei Würfeln erhält man die folgende Verteilungstabelle:

4 In der Mathematik nennt man eine Menge abzählbar unendlich, wenn ihre Elemente als unendliche Folge dargestellt werden können.

x_i	2	3	4	5	6	7	8	9	10	11	12
$p_i = P(X = x_i)$	1/36	2/36	3/36	4/36	5/36	6/36	5/36	4/36	3/36	2/36	1/36

Tabelle 3.2: Verteilungstabelle der Zufallsvariablen Augensumme beim Wurf mit zwei Würfeln.

Diese Verteilung wird in ►Abbildung 3.2 durch ein Balkendiagramm veranschaulicht.

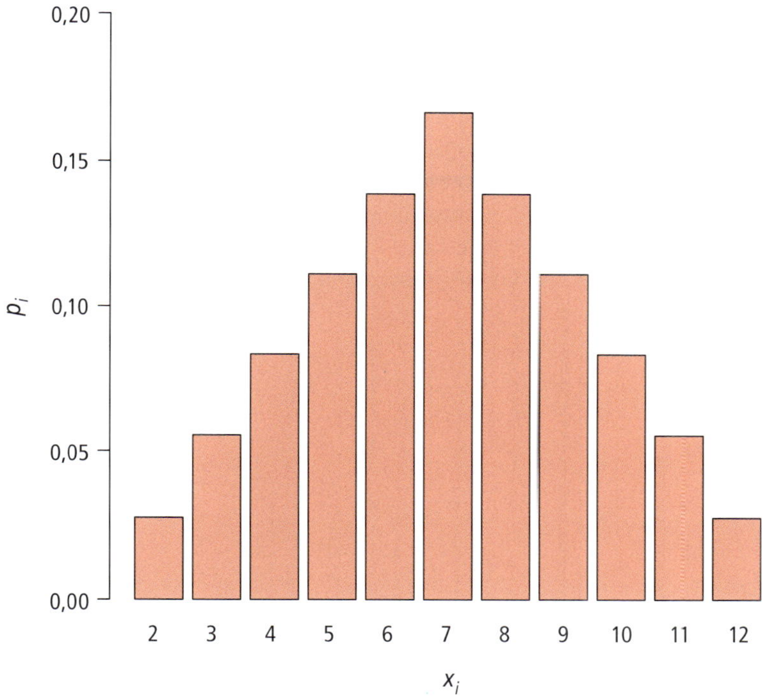

Abbildung 3.2: Darstellung der Einzelwahrscheinlichkeiten der Augensummen beim Wurf mit zwei Würfeln.

Mit Hilfe der Einzelwahrscheinlichkeiten in der Verteilungstabelle und Axiom 3 aus der axiomatischen Definition einer Wahrscheinlichkeit berechnet man die Wahrscheinlichkeit, dass die Zufallsvariable X in ein beliebiges Teilintervall der reellen Zahlen fällt, z. B.

$$P(X \leq 4) = P(X = 2) + P(X = 3) + P(X = 4) = \frac{6}{36},$$

$$P(3 < X \leq 5) = P(X = 4) + P(X = 5) = \frac{3}{36} + \frac{4}{36} = \frac{7}{36}.$$

Aus den Einzelwahrscheinlichkeiten der Verteilungstabelle kann man somit die in (3.8) definierte Verteilungsfunktion für eine diskrete Zufallsvariable folgendermaßen bestimmen:

Formel

$$F_X(x) = P(X \leq x) = \sum_{i:\, x_i \leq x} p_i \quad (-\infty < x < \infty) \tag{3.9}$$

- F_X: Verteilungsfunktion der diskreten Zufallsvariablen X
- p_i $(i \geq 1)$: Einzelwahrscheinlichkeiten

Diese Verteilungsfunktion hat die Gestalt einer Treppenfunktion. Die Sprunghöhen sind gleich den Einzelwahrscheinlichkeiten p_i. ►Abbildung 3.3 zeigt den Graphen der Verteilungsfunktion der Augensummen zweier Würfel, dargestellt durch die waagerechten Strecken. Die Höhen der senkrechten Strecken veranschaulichen die Einzelwahrscheinlichkeiten der Augensummen.

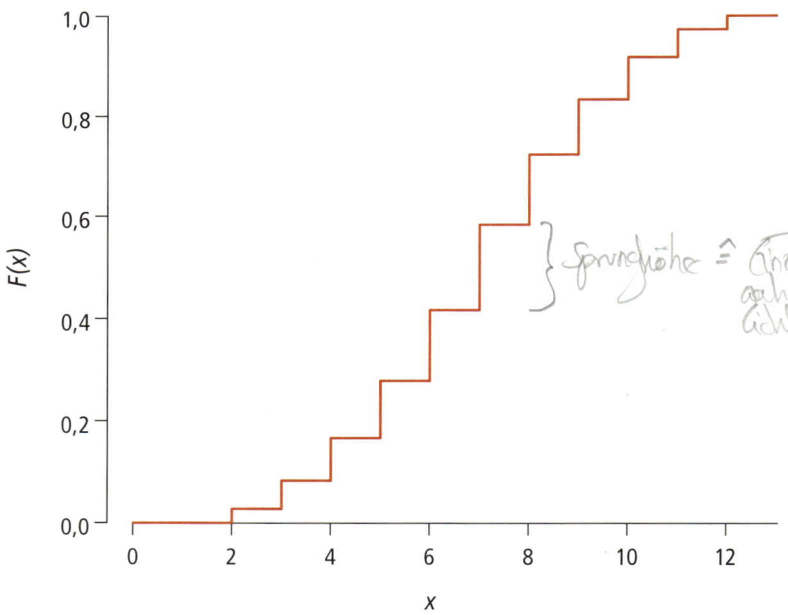

Abbildung 3.3: Verteilungsfunktion der Zufallsvariablen Augensumme beim Wurf mit zwei Würfeln.

Mit Hilfe der Verteilungsfunktion F kann man die Wahrscheinlichkeit, dass die Zufallsvariable X in ein vorgegebenes Intervall $(a, b]$ fällt, folgendermaßen darstellen:

Formel

$$P(a < X \leq b) = F_X(b) - F_X(a) \qquad (3.10)$$

- F_X: Verteilungsfunktion der Zufallsvariablen X
- $a, b \in \mathbb{R}$

Charakteristische Eigenschaften einer Verteilung, wie Symmetrie der Einzelwahrscheinlichkeiten oder Lage und Streubreite der Werte, lassen sich durch einzelne Kenngrößen beschreiben (siehe Abschnitt 3.2.4).

3.2.3 Stetige Zufallsvariablen

Die Ergebnisse von zufälligen Versuchen wie Längen- oder Gewichtsmessungen bei Tieren oder Pflanzen können theoretisch jeden Wert aus einem Intervall der reellen Zahlen annehmen. Zufallsvariablen mit solchen Wertebereichen nennt man stetige Zufallsvariablen.

Die sich bei wiederholter Durchführung eines Versuchs ergebende Folge von Realisierungen einer Zufallsvariablen X kann durch ein Histogramm dargestellt werden (siehe Kapitel 2). Wählt man bei dieser Darstellung der relativen Häufigkeiten die Skalierung der x-Achse so, dass die Klassenbreite gleich 1 ist, dann entspricht die Fläche der Balken gerade den relativen Häufigkeiten für die Klassen. Mit wachsender Zahl von Versuchen und wachsender Klassenanzahl approximiert das Histogramm eine Grenzfunktion f_X (siehe ►Abbildung 3.4). Es ist damit naheliegend anzunehmen, dass für ein fest gewähltes Intervall $(a, b]$ auf der Abszisse die Fläche unter dem Graphen von f_X (siehe schraffierte Fläche in Abbildung 3.4) der Wahrscheinlichkeit entspricht, dass die Zufallsvariable X Werte in diesem Intervall annimmt.

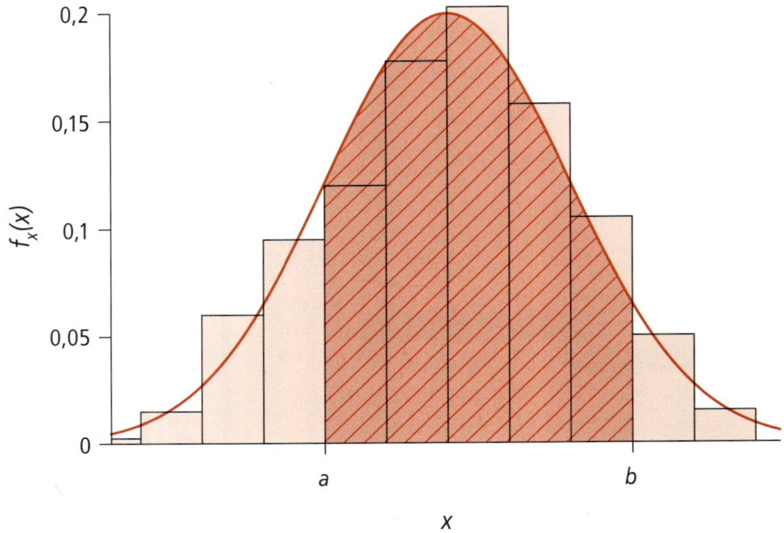

Abbildung 3.4: Darstellung einer Dichtefunktion f_X und der Wahrscheinlichkeit $P(a < X \leq b)$ als Flächeninhalt der schraffierten Fläche.

Für eine stetige Zufallsvariable wird also angenommen, dass eine Funktion f_X, Dichtefunktion genannt, existiert, so dass die Wahrscheinlichkeit des Auftretens von Werten der Zufallsvariablen in einem beliebigen Intervall $(a,b]$ folgendermaßen bestimmt ist:

Formel

$$P(a < X \leq b) = \int_a^b f_X(t)\,dt \tag{3.11}$$

- f_X: Dichtefunktion der stetigen Zufallsvariablen X
- X: Zufallsvariable

Ersetzt man in Formel (3.11) $b = x$, erhält man beim Grenzübergang $a \to -\infty$ den Wert der Verteilungsfunktion $F_X(x)$ an der Stelle $x \in \mathbb{R}$:

$$F_X(x) = P(-\infty < X \leq x) = \int_{-\infty}^{x} f_X(t)\,dt.$$

►Abbildung 3.5 zeigt den Graphen der Verteilungsfunktion einer stetigen Zufallsvariablen X.

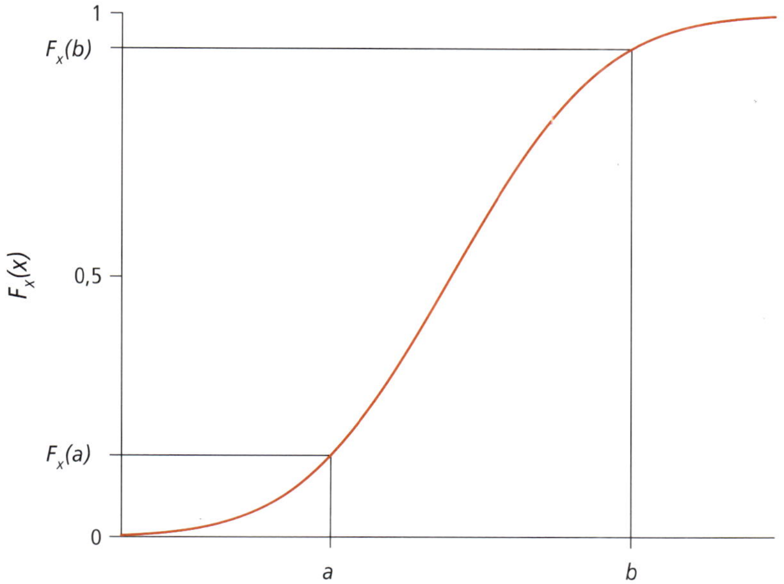

Abbildung 3.5: Darstellung einer stetigen Verteilungsfunktion $F_X(x)$.

Aus den Rechenregeln der Integralrechnung folgt, dass auch für stetige Zufallsvariablen die Formel (3.10) gilt:

$$P(a < X \leq b) = F_X(b) - F_X(a).$$

Beim Grenzübergang $a \to -\infty, b \to \infty$ in Formel (3.11) ergibt sich wegen Axiom 2 für die Gesamtfläche unter der Dichtefunktion der Wert 1. Jede nichtnegative Funktion f mit der Eigenschaft

$$\int_{-\infty}^{\infty} f(t)\,dt = 1$$

kann somit als eine Dichtefunktion einer Zufallsvariablen X aufgefasst werden. Konkrete Beispiele für Dichtefunktionen werden in Abschnitt 3.3.2 betrachtet.

3.2.4 Verteilungsparameter

In praktischen Anwendungen interessiert man sich häufig dafür, welchen Wert die betrachtete Zufallsvariable bei einer langen Reihe von Versuchen „im Mittel" annimmt bzw. welchen Wert man erwarten kann und in welchem Maße die Werte der Zufallsvariablen streuen. Man möchte die Verteilung einer Zufallsvariablen mit wenigen charakteristischen Kennzahlen beschreiben.

Diskrete Verteilungen

Nehmen wir zunächst wieder einen Grundraum mit endlich vielen Ereignissen an. Der Erwartungswert einer diskreten Zufallsvariablen X mit den Werten x_i $(i = 1, \ldots, n)$ ist dann wie folgt definiert:

$$E(X) = \sum_{i=1}^{n} x_i \cdot P(X = x_i). \tag{3.12}$$

Wenn wir die möglichen Werte x_i $(i = 1, \ldots, n)$ der Zufallsvariablen X als Massepunkte und die zugehörigen Einzelwahrscheinlichkeiten $p_i = P(X = x_i)$ als Massen interpretieren, die entlang einer Linie verteilt sind, dann lässt sich die Größe $E(X)$ physikalisch als Masseschwerpunkt der Masseverteilung deuten.

In der Biologie oder den Umweltwissenschaften untersucht man häufig bestimmte Merkmale an den Individuen einer Population. In diesem Fall kann man den Erwartungswert als Populationsmittelwert auffassen. Der Erwartungswert ist somit eine Kennzahl für die Lage der Verteilung. Ein wichtiges Gesetz der Wahrscheinlichkeitsrechnung sagt aus, dass der arithmetische Mittelwert einer empirischen Datenverteilung, der in Abschnitt 2.3 betrachtet worden ist, mit wachsendem Stichprobenumfang gegen den Erwartungswert der zugrunde liegenden Verteilung konvergiert.

Aus Formel (3.12) erhält man für das Beispiel Augensumme beim Wurf mit zwei Würfeln:

$$\begin{aligned} E(X) &= 2 \cdot \frac{1}{36} + 3 \cdot \frac{2}{36} + 4 \cdot \frac{3}{36} + 5 \cdot \frac{4}{36} + 6 \cdot \frac{5}{36} + 7 \cdot \frac{6}{36} \\ &+ 8 \cdot \frac{5}{36} + 9 \cdot \frac{4}{36} + 10 \cdot \frac{3}{36} + 11 \cdot \frac{2}{36} + 12 \cdot \frac{1}{36} \\ &= 7. \end{aligned}$$

Falls die Zufallsvariable X abzählbar unendlich viele Werte annehmen kann, wird der Erwartungswert in analoger Weise definiert, wobei die Summe durch den Wert der Reihe $\sum_{i=1}^{\infty} x_i \cdot P(X = x_i)$ ersetzt wird. In den folgenden beiden Formeln wird vorausgesetzt, dass der Grenzwert der Reihen existiert.

Formel

$$E(X) = \sum_{i=1}^{\infty} x_i \cdot P(X = x_i) \qquad (3.13)$$

- $E(X)$: Erwartungswert der diskreten Zufallsvariablen X
- X: diskrete Zufallsvariable
- x_i $(i = 1, 2, \ldots)$: Werte der Zufallsvariablen X

Um die Streubreite einer Verteilung zu beschreiben, verwendet man die Varianz, das ist die mittlere quadratische Abweichung einer Zufallsvariablen von ihrem Erwartungswert:

Formel

$$Var(X) = E\left(\left(X - E(X)\right)^2\right) = \sum_{i=1}^{\infty} (x_i - E(X))^2 \cdot P(X = x_i) \qquad (3.14)$$

- $Var(X)$: Varianz einer diskreten Zufallsvariablen X
- $E(X)$: Erwartungswert der Zufallsvariablen X
- X: diskrete Zufallsvariable
- x_i $(i = 1, 2, \ldots)$: Werte der Zufallsvariablen X

Man erhält für das Beispiel Augensumme beim Wurf mit zwei Würfeln:

$$\begin{aligned}
Var(X) &= (2-7)^2 \cdot \frac{1}{36} + (3-7)^2 \cdot \frac{2}{36} + (4-7)^2 \cdot \frac{3}{36} + (5-7)^2 \cdot \frac{4}{36} \\
&+ (6-7)^2 \cdot \frac{5}{36} + (7-7)^2 \cdot \frac{6}{36} + (8-7)^2 \cdot \frac{5}{36} + (9-7)^2 \cdot \frac{4}{36} \\
&+ (10-7)^2 \cdot \frac{3}{36} + (11-7)^2 \cdot \frac{2}{36} + (12-7)^2 \cdot \frac{1}{36} \\
&= 5.83.
\end{aligned}$$

Stetige Verteilungen

Für stetige Verteilungen sind die Kenngrößen Erwartungswert $E(X)$ und Varianz $Var(X)$ unter der Annahme der Existenz der Integrale wie folgt definiert:

Formel

$$E(X) = \int_{-\infty}^{\infty} t \cdot f_X(t)\,dt$$
$$Var(X) = \int_{-\infty}^{\infty} (t - E(X))^2 \cdot f_X(t)\,dt \qquad (3.15)$$

- $E(X)$: Erwartungswert einer stetigen Zufallsvariablen X
- $Var(X)$: Varianz einer stetigen Zufallsvariablen X
- f_X: Dichte der stetigen Zufallsvariablen X
- X: stetige Zufallsvariable

In praktischen Anwendungen tritt häufig die Frage auf, welcher Wert von der betrachteten Zufallsvariablen mit einer vorgegebenen Wahrscheinlichkeit α, $0 < \alpha < 1$, überschritten wird. Dieser Wert wird als Quantil der Ordnung $1-\alpha$ bezeichnet.

Ein Quantil der Ordnung α, allgemein mit q_α bezeichnet, schneidet den Anteil α von der Gesamtfläche unter der Dichtefunktion am linken Rand ab. Für das Quantil x_α der Zufallsvariablen X gilt also:

Formel

$$F_X(x_\alpha) = \int_{-\infty}^{x_\alpha} f_X(t)\,dt = \alpha \qquad (3.16)$$

- x_α: Quantil der Ordnung α $(0 < \alpha < 1)$
- f_X: Dichte der Zufallsvariablen X
- F_X: Verteilungsfunktion der Zufallsvariablen X
- X: stetige Zufallsvariable

Im folgenden Abschnitt 3.3.2 werden Quantile für mehrere spezielle Beispiele stetiger Verteilungen grafisch veranschaulicht (siehe ►Abbildung 3.8, ►Abbildung 3.12, ►Abbildung 3.14, ►Abbildung 3.16).

Im Spezialfall $\alpha = 0.5$ erhält man eine weitere Kennzahl für die Lage der Verteilung, den Median $Med(X) = x_{0.5}$ mit der Eigenschaft

$$P\big(X \le Med(X)\big) = P\big(X \ge Med(X)\big) = 0.5.$$

Für den besonderen Fall einer symmetrischen Verteilung stimmen die beiden Lageparameter Erwartungswert und Median überein.

Rechenregeln

In den praktischen Anwendungen werden oft die Verteilungen mehrerer Zufallsvariablen gleichzeitig betrachtet.

Analog zu Formel (3.8) kann man die gemeinsame Verteilung von zwei Zufallsvariablen X und Y mit Hilfe der Verteilungsfunktion

$$F(x, y) = P(X \leq x, Y \leq y), \quad (x, y \in \mathbb{R}),$$

definieren.

Man bezeichnet die Zufallsvariablen X und Y als unabhängig, falls die Ereignisse $\{X \leq x\}$ und $\{Y \leq y\}$ für beliebige $x, y \in \mathbb{R}$ stochastisch unabhängig sind. Aus Formel (3.7) folgt

$$F(x, y) = P(X \leq x) \cdot P(Y \leq y), \quad (x, y \in \mathbb{R}).$$

Die Unabhängigkeit von Elementen einer Folge $(X_i)_{i \geq 1}$ wird durch die Unabhängigkeit aller durch die Folgenglieder beschreibbaren Ereignisse definiert.

Sowohl für diskrete als auch für stetige Verteilungen gelten die folgenden Regeln für den Erwartungswert und die Varianz linearer Funktionen von Zufallsvariablen:

$$\begin{aligned} E(aX + bY) &= a \cdot E(X) + b \cdot E(Y), \\ Var(aX + b) &= a^2 \cdot Var(X). \end{aligned} \tag{3.17}$$

Für unabhängige Zufallsvariablen X und Y gilt

$$Var(X + Y) = Var(X) + Var(Y). \tag{3.18}$$

In den statistischen Anwendungen geht man im Allgemeinen davon aus, dass der zufällige Versuch, dem eine Zufallsvariable X zugeordnet worden ist, n-mal unabhängig voneinander und unter gleichen Bedingungen wiederholt wird, so dass die den Einzelversuchen zugeordneten Zufallsvariablen $X_1, X_2, \ldots, X_n$ unabhängig sind und die gleiche Verteilung wie X besitzen. Man nennt dann die bei Durchführung des Experiments angenommenen Werte $x_1, x_2, \ldots, x_n$ dieser Zufallsvariablen Realisierungen der Zufallsvariablen X.

3.3 Spezielle Verteilungen

In diesem Abschnitt werden ausgewählte häufig angewandte Verteilungsmodelle betrachtet, insbesondere die in den Kapiteln 5 bis 8 verwendeten Testverteilungen.

3.3.1 Diskrete Verteilungen

Binomialverteilung

In der bio- bzw. umweltwissenschaftlichen Praxis bestehen Versuche oft darin, dass zufällig ausgewählte Individuen einer Population darauf untersucht werden, ob eine bestimmte Merkmalsausprägung, z. B. eine besondere Farbe, Krankheit oder Mutation, auftritt oder nicht. Solche Versuche lassen sich als Spezialfälle eines sogenannten Bernoulli-Versuchs auffassen, der in der n-fachen Wiederholung eines Experiments unter gleichen Bedingungen besteht, wobei nur die zwei Ausgänge „Erfolg" (1) oder „Nichterfolg" (0) interessieren, die Versuchsausgänge unabhängig voneinander sind und die Erfolgswahrscheinlichkeit für jeden Einzelversuch p beträgt.

Die Elemente des Grundraums Ω zu diesem Versuch können als geordnete Mengen vom Umfang n, sogenannte n-Tupel, die nur aus Nullen (Nichterfolg) und Einsen (Erfolg) bestehen, mathematisch beschrieben werden:

$$\Omega = \left\{(a_1,\dots,a_n) : a_j \in \left\{0,1\right\}, j = 1,2,\dots,n\right\}$$

Das n-Tupel $(1,1,0,\dots,0)$ bezeichnet dann z.B. das Ereignis, dass im Bernoulli-Versuch nach genau zwei Erfolgen noch $n-2$ Misserfolge eingetreten sind.

In solchen Bernoulli-Versuchen interessiert man sich für die Verteilung der zufälligen Anzahl X_n der Erfolge. Wird etwa bei der n-fachen Wiederholung des Experiments „Wurf mit einem Würfel" nur beobachtet, ob eine Sechs fällt oder nicht, und zählt die Zufallsvariable X_n die Anzahl der Sechsen in einer Serie von n Würfen, dann ist die Wahrscheinlichkeit für die möglichen Werte 0,1,..., n dieser Zufallsvariablen zu bestimmen.

Die Zufallsvariable X_n, die jedem Elementarereignis aus Ω die Anzahl der Einsen im n-Tupel, d.h. die Anzahl der Erfolge in n Experimenten, zuordnet, besitzt eine Binomialverteilung mit den Parametern n und p. Es gilt für $0 < p < 1$ und alle natürlichen Zahlen $n \in \mathbb{N}$:

Formel

$$P(X_n = i) = \frac{n!}{i! \cdot (n-i)!} \cdot p^i \cdot (1-p)^{n-i} \quad (i = 0,1\dots,n) \qquad (3.19)$$

- n: Anzahl der Wiederholungen
- i: Anzahl der Erfolge
- p: Erfolgswahrscheinlichkeit in jedem Einzelversuch
- $P(X_n = i)$: Einzelwahrscheinlichkeiten der Verteilung von X_n
- X_n: Binomialverteilte Zufallsvariable

In ►Abbildung 3.6 wird die Verteilung in einem Balkendiagramm für $n = 10$ und zwei verschiedene Werte p dargestellt.

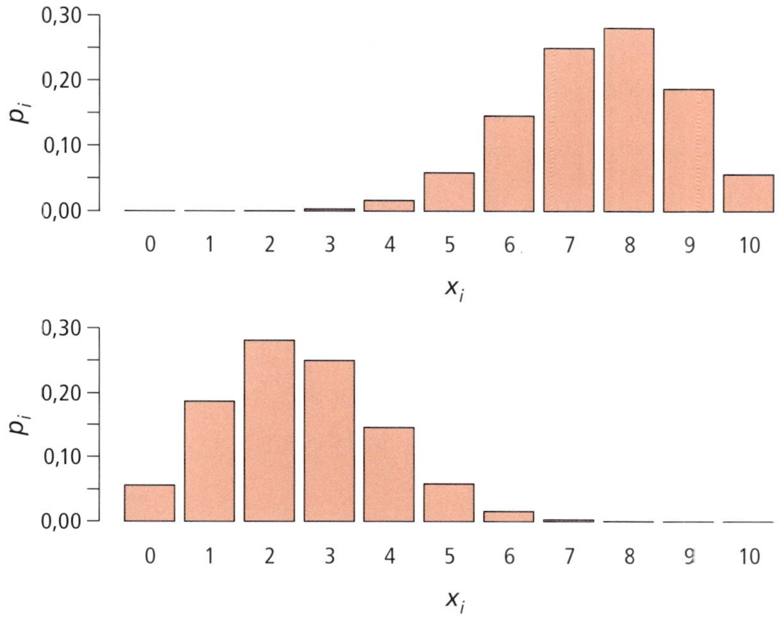

Abbildung 3.6: Einzelwahrscheinlichkeiten der Binomialverteilungen mit n=10 und p=3/4 (oben) sowie n=10 und p=1/4 (unten).

Für den Erwartungswert und die Varianz einer binomialverteilten Zufallsvariablen erhält man nach den Formeln (3.13) und (3.14):

$$E(X_n) = n \cdot p,$$
$$Var(X_n) = n \cdot p\,(1 \cdot p).$$

Beispiel

Bei seinen Kreuzungsversuchen mit Erbsenpflanzen untersuchte Mendel unter anderem die Blütenfarbe, die in den zwei Ausprägungen rot oder weiß auftrat. Bei der Vererbung dieses Merkmals geht man von den drei Genotypen AA, Aa und aa aus, wobei nur die Individuen mit Genotyp aa eine weiße Farbe produzieren. Mendel beobachtete bei der Kreuzung von gemischterbigen Elternpflanzen mit Genotyp Aa, dass unter den Nachkommen die Farben rot und weiß im Verhältnis 3:1 auftraten. Die zufällige Anzahl von roten Farben bei n Nachkommen von Aa-Eltern kann somit als binomialverteilt mit den Parametern n und $p = 0.75$ angesehen werden.

Poissonverteilung

Die Poissonverteilung beschreibt wie die Binomialverteilung die Verteilung der Anzahl der Beobachtungen eines bestimmten Ereignisses in einem bestimmten Zeitabschnitt oder in einem bestimmten Raum. Wenn man die Anzahl der Wiederholungen im Bernoulli-Versuch nach Unendlich wachsen lässt, erhält man unter zusätzlichen Voraussetzungen die Poissonverteilung als Grenzverteilung. Die Poissonverteilung dient somit als Verteilungsmodell für eine Anzahl von Individuen, für die es keine obere Schranke gibt, wie es z.B. in einer Bakterienpopulation der Fall ist oder für die Anzahl von Todesfällen in einer Robbenpopulation pro Jahr. Sie wird ebenfalls als Verteilungsmodell für zufällige Anzahlen bei der Beschreibung von Verteilungsmustern von Pflanzen und Tieren im Raum verwendet.

Eine Zufallsvariable X heißt poissonverteilt mit dem Parameter λ ($\lambda > 0$), wenn gilt

$$P(X = i) = e^{-\lambda} \cdot \frac{\lambda^i}{i!} \quad (i = 0,1,\ldots). \tag{3.20}$$

Erwartungswert und Varianz dieser Zufallsvariablen sind gleich. Es gilt $E(X) = Var(X) = \lambda$.

3.3.2 Stetige Verteilungen

Die in diesem Abschnitt eingeführten stetigen Verteilungen spielen insbesondere bei den Schätz- und Testverfahren (siehe Kapitel 4 bis 8) eine zentrale Rolle.

Normalverteilung

Eine Zufallsvariable Z heißt standardnormalverteilt, wenn sie die folgende Dichte hat:

Formel

$$\varphi(x) = \frac{1}{\sqrt{2\pi}} \cdot e^{-\frac{x^2}{2}} \quad (-\infty < x < \infty) \tag{3.21}$$

- φ: Dichte der Standardnormalverteilung

Wegen der glockenförmigen Gestalt wird der Graph der Dichtefunktion $\varphi(x)$ auch als Glockenkurve bezeichnet (siehe ►Abbildung 3.7).

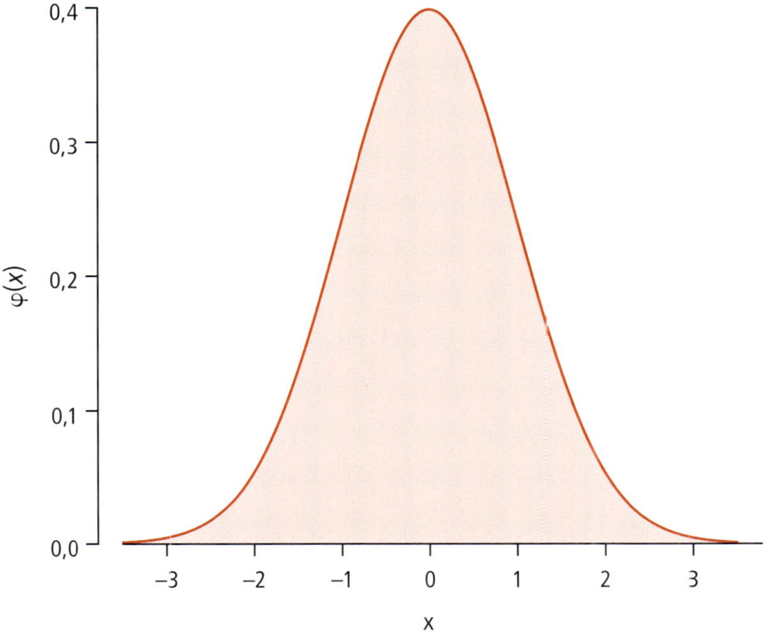

Abbildung 3.7: Dichtefunktion $\varphi(x)$ der Standardnormalverteilung.

Für den Erwartungswert und die Varianz einer standardnormalverteilten Zufallsvariablen Z gilt

$$E(Z) = 0, \quad Var(Z) = 1.$$

Die Standardnormalverteilung ist wegen $\varphi(x) = \varphi(-x)$ für alle $x \in \mathbb{R}$ symmetrisch. Aufgrund dieser Symmetrieeigenschaft gilt für die Verteilungsfunktion $\Phi(x)$, $x \in \mathbb{R}$,

$$\Phi(-x) = 1 - \Phi(x) \quad (-\infty < x < \infty). \tag{3.22}$$

Die Werte der zugehörigen Verteilungsfunktion $\Phi(x)$, $x \in \mathbb{R}$, kann man entweder einer Verteilungstabelle entnehmen (siehe z.B. Anhang B, Tabelle 1) oder mit Hilfe eines geeigneten Statistik-Programms berechnen.

Die zentrale Rolle dieser Verteilung in der schließenden Statistik beruht u.a. auf der Aussage des Grenzwertsatzes von Moivre-Laplace über die Verteilung einer binomialverteilten Zufallsvariablen X_n mit den Parametern n und p. Dieser Grenzwertsatz besagt, dass die Verteilungsfunktion der transformierten (standardisierten) Zufallsvariablen

$$\frac{X_n - n \cdot p}{\sqrt{n \cdot p \cdot (1-p)}},$$

deren Erwartungswert 0 und deren Varianz 1 ist, mit wachsendem n gegen die Verteilungsfunktion $\Phi(x)$ konvergiert. Man nennt diese standardisierte Zufallsvariable deshalb auch asymptotisch normalverteilt.

In vielen statistischen Anwendungen benötigt man Quantile x_α der Ordnung α, die für die Standardnormalverteilung mit z_α bezeichnet werden. Das Quantil $z_{1-\alpha}$ der Standardnormalverteilung schneidet am rechten Rand der Verteilung eine Fläche mit dem Flächeninhalt α von der Gesamtfläche unter der Dichtefunktion $\varphi(x)$ ab (siehe ►Abbildung 3.8). Durch die Quantile $z_{\alpha/2}$ und $z_{1-\alpha/2}$ werden an beiden Rändern der Verteilung Flächen mit einem Flächeninhalt von jeweils $\alpha/2$ von der Gesamtfläche abgetrennt (siehe Abbildung 3.8).

Quantile der vorgegebenen Ordnung α kann man entweder einer Verteilungstabelle entnehmen (siehe z.B. Anhang B, Tabelle 1) oder mit Hilfe eines geeigneten Statistik-Programms berechnen.

Beispiel

Es sei $\alpha = 0.05$. Dann erhält man $z_{\alpha/2} = -1.96$, $z_\alpha = -1.6449$ und $z_{1-\alpha/2} = 1.96$.

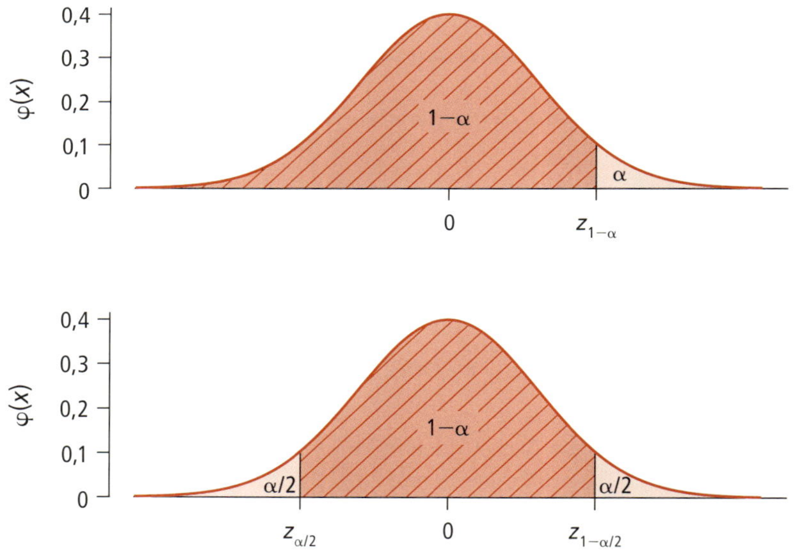

Abbildung 3.8: Quantile einer Standardnormalverteilung.

Bei der Durchführung statistischer Testverfahren interessiert man sich für den p-Wert $p = P(Z \geq z)$ an einer vorgegebenen Stelle z, d.h. für den Flächeninhalt, den der Wert z am rechten Rand von der Gesamtfläche abtrennt (siehe ►Abbildung 3.9). Im Fall $p < \alpha$ ist diese Fläche und damit die Wahrscheinlichkeit $P(Z \geq z)$ kleiner als α. Die abzutrennende Fläche kann auch auf beide Ränder der Verteilung aufgeteilt werden, dann ist der p-Wert für die Zufallsvariable $|Z|$ gleich der Wahrscheinlichkeit $p = P(|Z| \geq z)$ (siehe Abbildung 3.9).

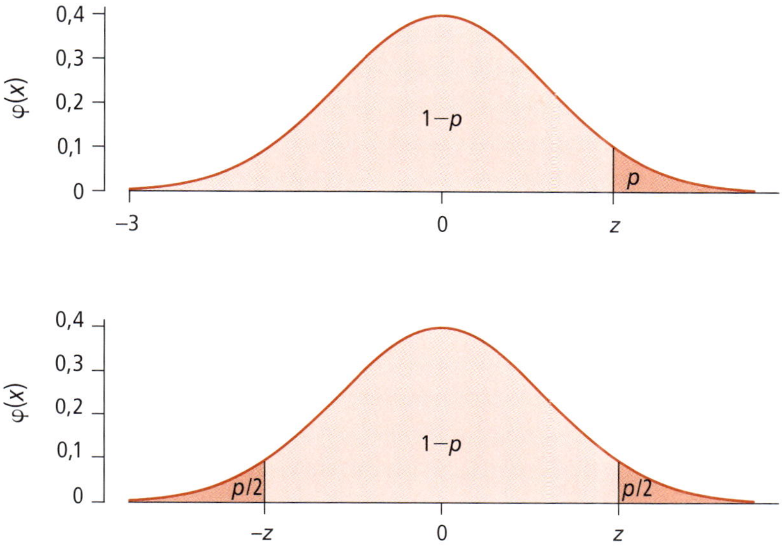

Abbildung 3.9: Veranschaulichung eines einseitigen (oben) bzw. zweiseitigen (unten) p-Werts

Beispiel

Für $z = 1$ erhält man $p = P(Z \geq 1) = 1 - \Phi(1) = 1 - 0.8413 = 0.1587$ bzw.

$$\begin{aligned} p &= P(|Z| \geq 1) = 1 - P(-1 \leq Z \leq 1) \\ &= 1 - (\Phi(1) - \Phi(-1)) \\ &= 0.3173. \end{aligned}$$

Für $z = 2$ erhält man analog $p = P(Z \geq 2) = 1 - \Phi(2) = 1 - 0.9772 = 0.0228$ bzw.

$$\begin{aligned} p &= P(|Z| \geq 2) = 1 - P(-2 \leq Z \leq 2) \\ &= 1 - (\Phi(2) - \Phi(-2)) \\ &= 0.0455. \end{aligned}$$

Die transformierte Zufallsvariable $X = \sigma Z + \mu, \quad \sigma > 0, \mu \in \mathbb{R}$, besitzt die Dichte

$$f_X(x) = \frac{1}{\sqrt{2\pi\sigma^2}} \cdot e^{-\frac{(x-\mu)^2}{2\sigma^2}} \quad (-\infty < x < \infty). \tag{3.23}$$

Die zugehörige Verteilung der Zufallsvariablen X heißt Normalverteilung mit den Parametern μ, σ^2 und wird kurz als $N(\mu,\sigma^2)$-Verteilung bezeichnet. Mit Formel (3.17) für Erwartungswert und Varianz von transformierten Zufallsvariablen erhält man

$$E(X) = \mu, \quad Var(X) = \sigma^2.$$

Die Familie der Normalverteilungen

$$\{N(\mu,\sigma^2), \quad \mu \in \mathbb{R}, \sigma^2 > 0\}$$

enthält somit für $\mu = 0$ und $\sigma^2 = 1$ die Standardnormalverteilung als Spezialfall.

Aufgrund der Beziehung $X = \sigma Z + \mu$ kann die Berechnung von Wahrscheinlichkeiten einer $N(\mu,\sigma^2)$-Verteilung folgendermaßen auf die Bestimmung von Wahrscheinlichkeiten der Standardnormalverteilung zurückgeführt werden:

Formel

$$P(a < X \leq b) = \Phi(\frac{b-\mu}{\sigma}) - \Phi(\frac{a-\mu}{\sigma}) \tag{3.24}$$

- Φ: Verteilungsfunktion der Standardnormalverteilung
- μ: Erwartungswert der normalverteilten Zufallsvariablen X
- σ: Standardabweichung der normalverteilten Zufallsvariablen X

Aus diesem Zusammenhang zwischen der Verteilung einer Normalverteilung mit beliebigen Parametern μ und σ und der Standardnormalverteilung folgt für die Quantile der Ordnung α einer $N(\mu,\sigma^2)$-Verteilung:

$$x_\alpha = \sigma z_\alpha + \mu.$$

In ►Abbildung 3.10 werden die Dichtefunktionen von verschiedenen Normalverteilungen mit unterschiedlichen Parametern dargestellt.

Die $N(0,1)$- und $N(2,1)$-Verteilung unterscheiden sich nur in ihrem Lageparameter μ, die $N(0,1)$- und $N(0,2)$-Verteilung unterscheiden sich nur im Streuungsparameter σ.

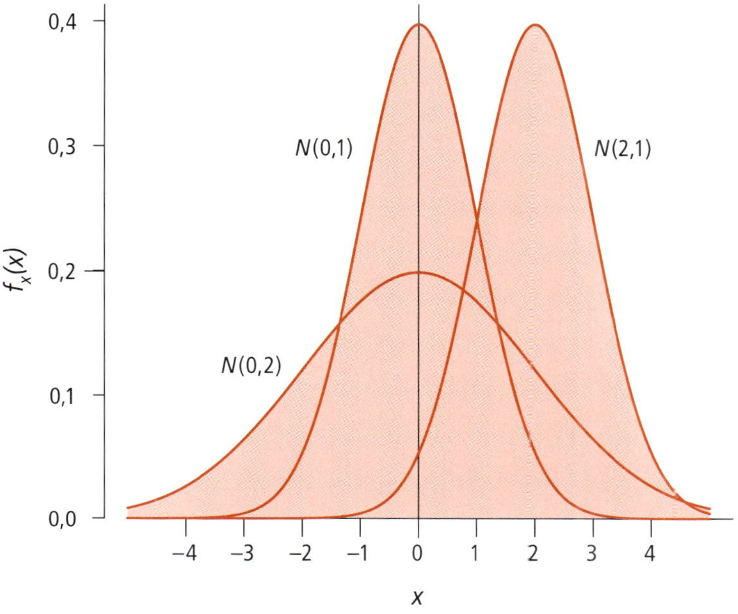

Abbildung 3.10: Dichtefunktionen der $N(0,1)$-, $N(0,2)$- bzw. $N(2,1)$-Verteilungen.

Seien X_1 und X_2 zwei unabhängige normalverteilte Zufallsvariablen, wobei X_1 $N(\mu_1,\sigma_1^2)$-verteilt und X_2 $N(\mu_2,\sigma_2^2)$-verteilt angenommen wird. Dann besitzt die Summe $X_1 + X_2$ eine $N(\mu_1 + \mu_2, \sigma_1^2 + \sigma_2^2)$-Verteilung.

Die Bestimmung der Verteilung von Funktionen mehrerer Zufallsvariablen ist im Allgemeinen nur mit großem Aufwand möglich. In den folgenden Spezialfällen ist jedoch die resultierende Verteilung gut bekannt. Die Verteilungen haben besondere Bedeutung als Verteilungen von Teststatistiken beim Testen statistischer Hypothesen (siehe Kapitel 5, 6, 7 und 8).

Chi-Quadrat-Verteilung

Die Verteilung der Zufallsvariablen

$$Y = \sum_{i=1}^{n} X_i^2,$$

wobei die X_i, $i = 1,\ldots,n$, unabhängige, standardnormalverteilte Zufallsvariablen sind, wird als Chi-Quadrat-Verteilung mit n Freiheitsgraden (χ_n^2-Verteilung) bezeichnet. Die Zufallsvariable Y besitzt die Dichte

$$f_Y(x) = \begin{cases} C_n \cdot e^{-\frac{x}{2}} \cdot x^{\frac{n}{2}-1} & x > 0 \\ 0 & x \le 0 \end{cases} \text{ mit } C_n = \frac{1}{2^{n/2} \cdot \Gamma(n/2)}, \tag{3.25}$$

wobei Γ die Gammafunktion bezeichnet. Für den Erwartungswert und die Varianz einer χ^2_n-verteilten Zufallsvariablen Y gilt

$$E(Y) = n, \quad Var(Y) = 2n.$$

Die ►Abbildung 3.11 zeigt die Dichten einer χ^2_5-Verteilung und einer χ^2_{10}-Verteilung.

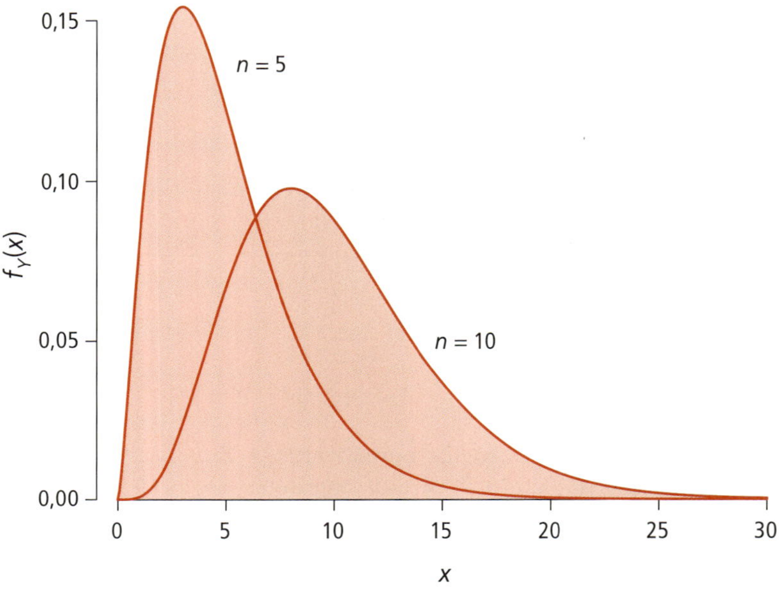

Abbildung 3.11: Dichtefunktionen der Chi-Quadrat-Verteilungen mit n=5 bzw. n=10 Freiheitsgraden.

Die χ^2_n-Verteilung spielt eine wichtige Rolle in der Teststatistik beim Vergleich von Streuungen (siehe Kapitel 6 und Kapitel 8).

Mit $\chi^2_{n,1-\alpha}$ wird das Quantil der Ordnung $1-\alpha$ einer χ^2_n-Verteilung bezeichnet. Es schneidet einen Anteil α von der Gesamtfläche unter der Dichtefunktion am oberen Rand des Wertebereichs der Zufallsvariablen ab. Der p-Wert gibt den Flächenanteil an, der von einem festen Wert χ^2am oberen Rand von der Gesamtfläche abgetrennt wird. Quantile und p-Werte werden in ►Abbildung 3.12 veranschaulicht. Zu ihrer Bestimmung kann eine Verteilungstabelle (siehe Anhang B, Tabelle 2) oder ein geeignetes Statistikprogramm verwendet werden.

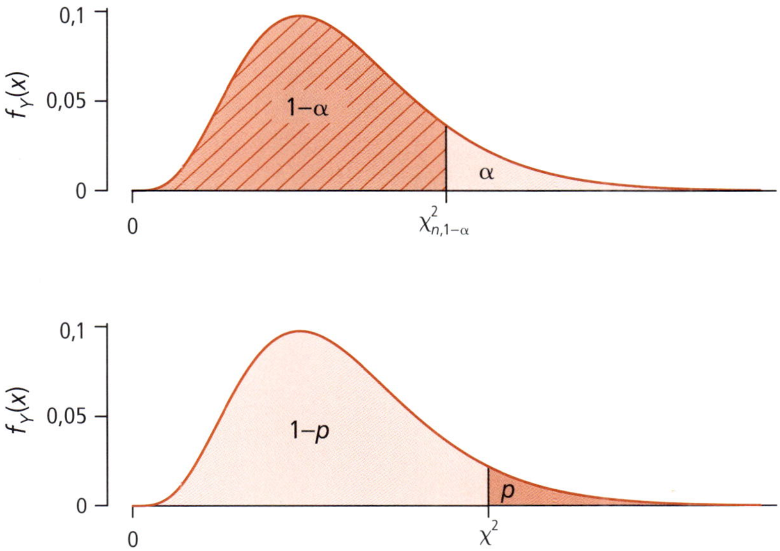

Abbildung 3.12: Quantil der Ordnung $1-\alpha$ und p-Wert einer Chi-Quadrat-Verteilung.

t-Verteilung

Es seien X und Y unabhängige Zufallsvariablen, wobei X einer $N(0,1)$-Verteilung genügt und Y χ^2_n-verteilt ist. Dann heißt die Verteilung des Quotienten

$$X \Big/ \sqrt{\frac{1}{n} \cdot Y} \tag{3.26}$$

Studentische t-Verteilung mit n Freiheitsgraden.

►Abbildung 3.13 zeigt die Dichtefunktionen für $n = 2$ und $n = 10$.

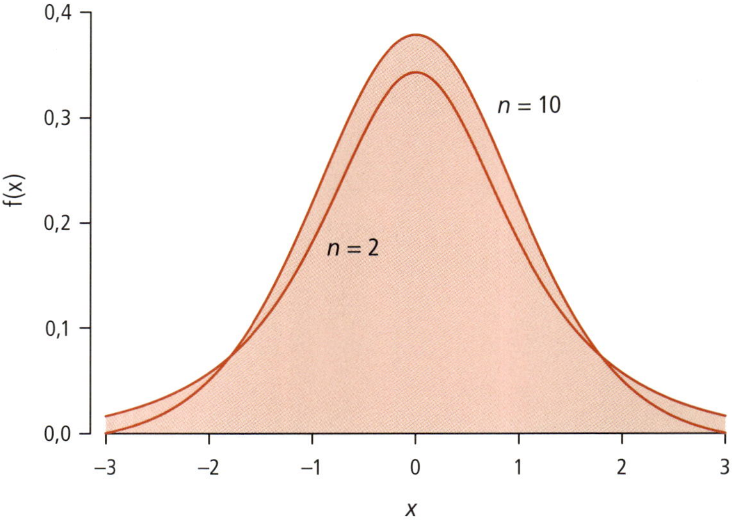

Abbildung 3.13: Dichte der t-Verteilungen mit n=2 bzw. n=10 Freiheitsgraden.

Die Werte einer t-verteilten Zufallsvariablen sind symmetrisch um 0 verteilt. Die Verteilung hat besondere Bedeutung bei Mittelwertvergleichen (siehe Kapitel 6 und 8). Quantile und p-Werte können entweder aus Tabellen (siehe Anhang B, Tabelle 3) oder mit geeigneten Statistikprogrammen bestimmt werden. In ►Abbildung 3.14 werden Quantil und p-Wert veranschaulicht.

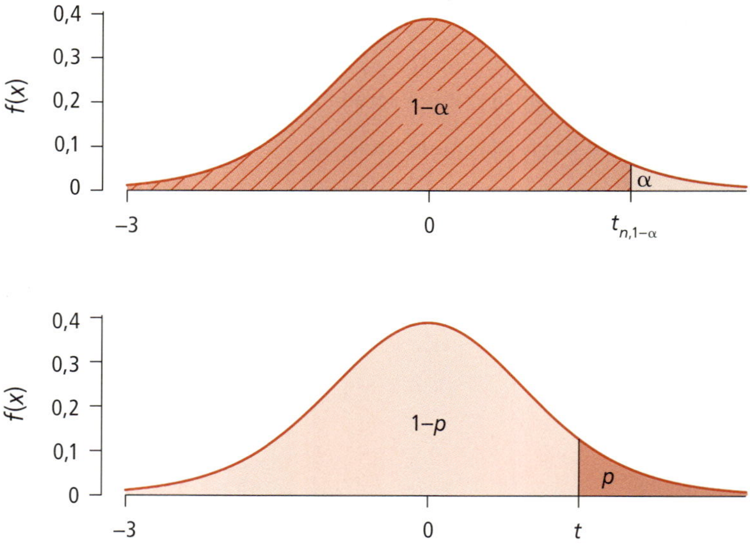

Abbildung 3.14: Quantil der Ordnung $1-\alpha$ und p-Wert einer t-Verteilung.

F-Verteilung

Es seien X und Y unabhängige Zufallsvariablen, wobei X als χ^2_m-verteilt und Y als χ^2_n-verteilt angenommen wird. Dann heißt die Verteilung des Quotienten

$$\frac{X}{m}\Big/\frac{Y}{n} \tag{3.27}$$

F-Verteilung mit m und n Freiheitsgraden und wird kurz als $F_{m,n}$- Verteilung bezeichnet.

F-Verteilungen werden zum Beispiel beim Vergleich von zwei Streuungen angewendet. In diesem Fall sind die Zufallsvariablen X und Y zwei Streuungsschätzer (siehe Kapitel 6, 7 und 8).

►Abbildung 3.15 zeigt die Dichten der $F_{5,10}$- und $F_{10,50}$-Verteilungen.

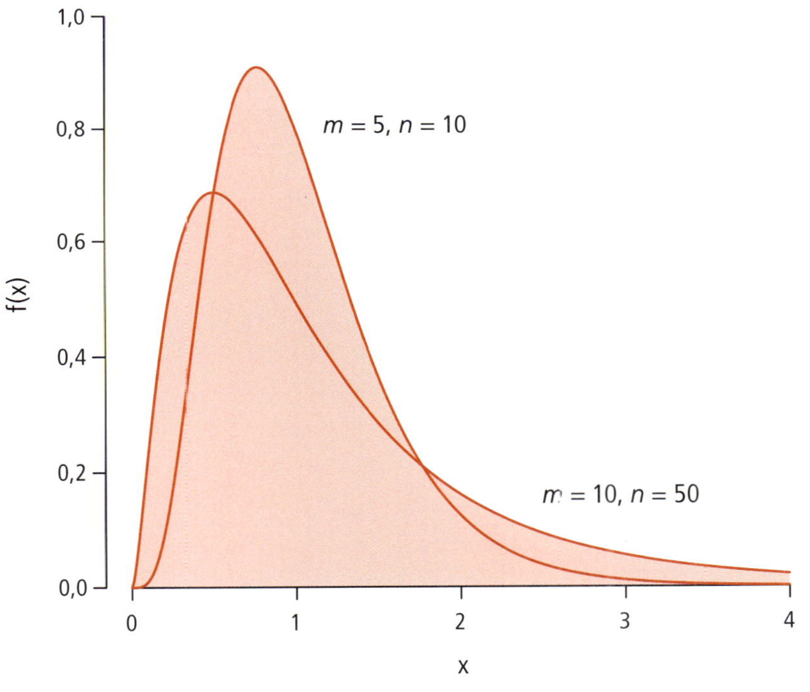

Abbildung 3.15: Dichte der F-Verteilungen mit m=5, n=10 bzw. m=10, n=50 Freiheitsgraden.

Quantile und p-Werte einer F-Verteilung werden in ►Abbildung 3.16 veranschaulicht. Zu ihrer Bestimmung kann eine Verteilungstabelle (siehe Anhang B, Tabelle 4) oder ein Statistikprogramm verwendet werden.

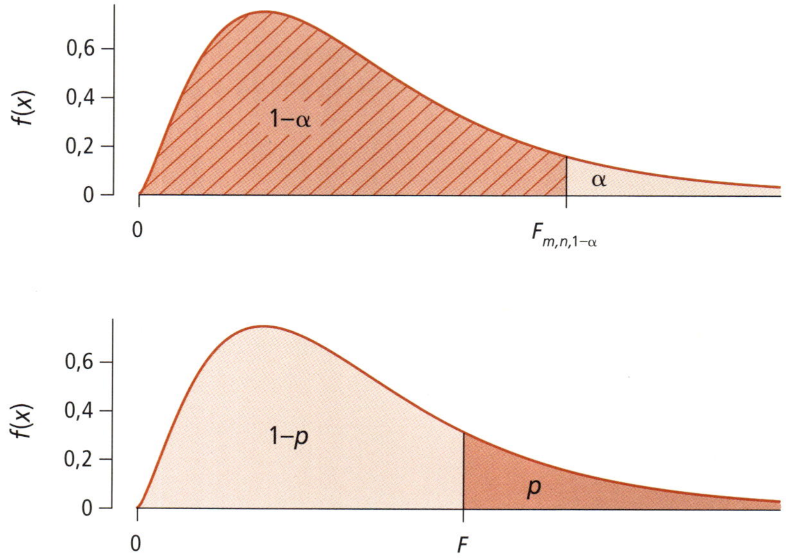

Abbildung 3.16: Quantil der Ordnung $1 - \alpha$ und p-Wert einer F-Verteilung.

Zusammenfassung

Das Rechnen mit Wahrscheinlichkeiten beruht auf der Festlegung eines Grundmodells, d.h. der Einführung des Grundraumes der Ereignisse, eines Ereignisfeldes und der Wahrscheinlichkeit.

Die Realisierungen von diskreten Zufallsvariablen sind Zähldaten, während die Werte von stetigen Zufallsvariablen zur Beschreibung von Messdaten verwendet werden.

Mit Hilfe der Verteilungsfunktion ist es möglich, die Wahrscheinlichkeit zu bestimmen, mit der eine Zufallsvariable Werte in bestimmten Intervallen annehmen kann.

Erwartungswert, Varianz und Quantile sind wichtige Kenngrößen einer Verteilung.

Häufig angewendete diskrete Verteilungen sind die Binomial- und Poissonverteilung. In der Teststatistik (Kapitel 6 bis 8) spielen die Normal-, Chi-Quadrat-, t- und F-Verteilung eine wichtige Rolle.

Übungsaufgaben

Aufgabe 3.1

Bei seinen Kreuzungsversuchen mit Erbsenpflanzen untersuchte Mendel unter anderem auch die Form der Samen, die mit zwei Ausprägungen glatt oder runzlig auftraten. Bei der Kreuzung von gemischterbigen Elternpflanzen treten unter den Nachkommen die glatte und runzlige Form der Samen im Verhältnis 3:1 auf. Die zufällige Anzahl von glatten Samen bei n Nachkommen kann somit als binomialverteilt mit den Parametern n und $p = 0.75$ angesehen werden.

a. Wie viele Nachkommen mit glattem Samen erwarten Sie unter $n = 20$ Nachkommen?

b. Wie groß ist die Wahrscheinlichkeit, dass höchstens fünf Nachkommen mit runzligem Samen auftreten?

c. Wie groß ist die Wahrscheinlichkeit, dass mindestens drei Nachkommen mit glattem Samen beobachtet werden?

Aufgabe 3.2

Die Zufallsvariable X besitze eine $N(2,1)$-Verteilung.

a. Berechnen Sie die Wahrscheinlichkeiten $P(1 < X < 3)$ und $P(0 < X < 4)$.

b. Bestimmen Sie die Quantile der Ordnung $\alpha = 0.01$, $\alpha = 0.05$ und $\alpha = 0.95$.

Aufgabe 3.3

Die Zufallsvariable X besitze eine $N(25,4)$-Verteilung.

a. Berechnen Sie die Wahrscheinlichkeiten $P(X < 20)$, $P(X > 30)$ und $P(21 < X < 29)$.

b. Bestimmen Sie die Quantile der Ordnung $\alpha = 0.05$ und $\alpha = 0.99$.

Aufgabe 3.4

Aus einer Menge von zehn Versuchsfeldern werden rein zufällig fünf Felder für eine Behandlung mit einem Düngemittel ausgewählt. Die restlichen Felder bleiben unbehandelt. Angenommen, unter den zehn Feldern gibt es vier Felder mit schlechter Bodenqualität, wodurch der Effekt der Düngergabe auf den Ernteertrag beeinflusst wird. Mit welcher Wahrscheinlichkeit p wird die Anzahl der Felder mit schlechter Qualität in der Behandlungsgruppe überwiegen?

Aufgabe 3.5

In einer Klausuraufgabe werden vier Antwortmöglichkeiten angegeben. Genau eine der Antworten ist richtig. In einer Studentenpopulation beträgt die Wahrscheinlichkeit, die richtige Antwort zu wissen, 0.40. Ein Student, der die richtige Antwort nicht weiß, rät, d.h. er wählt zufällig eine der Antwortmöglichkeiten aus. Wie groß ist die Wahrscheinlichkeit dafür,

a. die richtige Antwort durch Raten zu finden?

b. dass ein Student die richtige Antwort nicht weiß?

c. dass ein Student die richtige Antwort gibt?

d. dass ein Student, der die Frage richtig beantwortet hat, die richtige Antwort weiß?

Ausführliche Lösungen und zusätzliche Aufgaben finden Sie in unserer eLearning-Umgebung **MyLab|Biostatistik**.

Schätzung unbekannter Parameter

4

ÜBERBLICK

In Kapitel 2 wurden Methoden der beschreibenden Statistik vorgestellt, mit denen man Aussagen über wichtige Eigenschaften von Daten bestimmen kann, die im Rahmen biologischer und umweltwissenschaftlicher Experimente erhoben wurden. Das eigentliche Ziel bio- und umweltwissenschaftlicher Forschung besteht aber nur selten darin, einen aktuell erhobenen Datensatz zu beschreiben. Vielmehr ist man an Aussagen über die Eigenschaften der Population (Grundgesamtheit) interessiert, aus der die untersuchte Stichprobe gezogen wurde.

In diesem Kapitel sollen die dafür grundlegenden Methoden eingeführt werden. Punktschätzungen liefern Schätzwerte für unbekannte Populationsparameter. Bereichsschätzungen (Konfidenzintervalle) führen zu Aussagen über die Genauigkeit dieser Schätzungen. Die grundlegenden Überlegungen und Vorgehensweisen werden am Beispiel des Mittelwertes einer metrischen Variablen dargestellt.

Anwendungsbeispiel

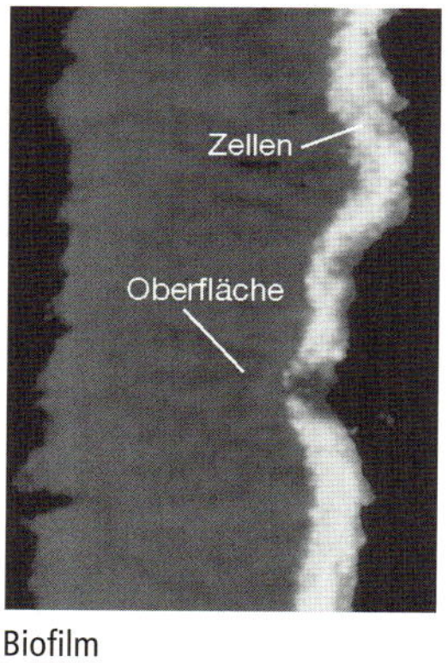

Biofilm

Biofilme (im Bild links ein Beispiel mit Zellen des Bakteriums *Pseudomonas aeruginosa*) bestehen aus einer dünnen Schleimschicht, in der Mikroorganismen eingebettet sind. Daneben enthalten Biofilme hauptsächlich Wasser. Von den Mikroorganismen ausgeschiedene extrazelluläre polymere Substanzen (EPS) bestehen aus Biopolymeren, die in der Lage sind, Hydrogele zu bilden und die somit dem Biofilm eine stabile Form geben. Dabei handelt es sich um ein weites Spektrum von Polysacchariden, Proteinen, Lipiden und Nukleinsäuren. Um Biofilmproben zu charakterisieren, können verschiedene Parameter sowohl innerhalb des Biofilms als auch der EPS bestimmt werden. In einem Experiment wurden 80 Biofilmproben untersucht. Unter anderem wurde der Proteingehalt in Biofilm und EPS erfasst. In ►Tabelle 4.1, ►Tabelle 4.2 und ►Tabelle 4.3 sind die erfassten Merkmale und die Daten zusammengefasst. Ziel der Untersuchung sind Aussagen über den mittleren Proteingehalt in der Population aller vergleichbaren Biofilme bzw. EPS.

Merkmal	Skalenniveau	Erläuterungen
X: Proteingehalt / Biofilm	metrisch	in mg/g Trockenmasse
Y: Proteingehalt / EPS	metrisch	in mg/g Trockenmasse

Tabelle 4.1: Merkmale im Anwendungsbeispiel.

Proteingehalt (Biofilm) in mg/g Trockenmasse														
321	334	356	398	376	343	312	334	365	376	334	355	388	322	311
388	399	350	354	334	324	323	345	376	352	383	326	327	334	335
332	312	385	360	398	399	360	310	334	323	335	372	383	372	382
389	389	311	325	327	373	382	314	315	317	318	311	390	380	370
385	392	399	373	335	336	335	335	335	335	334	335	334	336	334
331	339	335	331	338										

Tabelle 4.2: Biofilm-Daten im Anwendungsbeispiel.

Proteingehalt (EPS) in mg/g Trockenmasse														
100	95	106	100	100	95	93	107	117	93	100	91	138	72	100
100	100	91	116	83	127	94	116	83	138	76	128	94	105	116
101	100	101	102	108	109	96	108	100	96	93	98	104	115	95
95	148	104	106	106	104	105	107	108	108	103	103	104	102	72
137	64	105	104	95	104	95	100	100	100	101	107	101	96	97
98	93	91	99	98										

Tabelle 4.3: EPS-Daten im Anwendungsbeispiel.

4.1 Punktschätzungen

Das Ziel bio- und umweltwissenschaftlicher Untersuchungen besteht darin, Aussagen über die Eigenschaften der betrachteten Population zu gewinnen. Populationen (oft auch als Grundgesamtheiten bezeichnet) beschreiben die Menge aller potentiell untersuchbaren Objekte. Dabei ist es in der Regel nicht möglich, in Experimenten komplette Populationen zu untersuchen. Fast immer ist man aber auf die Auswertung der Daten von Stichproben angewiesen, um aus den Ergebnissen auf die Eigenschaften der Population schließen zu können (siehe Kapitel 1). Die Verteilung des zu untersuchenden Merkmals in der Population ist also nicht bekannt, folglich sind auch die interessierenden Populationsparameter unbekannt.

In Kapitel 2 wurden im Rahmen der Darstellungen zu Verfahren der beschreibenden Statistik verschiedene statistische Kennwerte eingeführt. Sie dienten zur Beschreibung der erhobenen Daten in der Stichprobe. Gleichzeitig können sie als Schätzwerte der entsprechenden Populationsparameter verwendet werden. In ►Tabelle 4.4 sind diese Kenngrößen und die dazugehörigen Populationsparameter zusammengestellt.

Stichproben-kenngröße	Bedeutung	Berechnung	Populations-parameter	Bedeutung
$\overline{x}$	Arithmetischer Mittelwert in der Stichprobe	$\overline{x} = \frac{1}{n}\sum_{i=1}^{n} x_i$	μ	Mittelwert (Erwartungs-wert) in der Population
s^2	Varianz in der Stichprobe	$s^2 = \frac{1}{n-1}\sum_{i=1}^{n}(x_i - \overline{x})^2$	σ^2	Varianz in der Popula-tion
s	Standard-abweichung in der Stichprobe	$s = \sqrt{s^2}$	σ	Standard-abweichung in der Popu-lation

Tabelle 4.4: Beispiele für Stichprobenkenngrößen und Populationsparameter.

Die in Tabelle 4.4 dargestellten Stichprobenkenngrößen sind Schätzwerte für die unbekannten Populationsparameter, die sich aus den Werten der vorliegenden Stichprobe berechnen lassen. Dabei ergeben sich jeweils konkrete Zahlenwerte. Im Unterschied dazu sind Punktschätzungen Stichprobenfunktionen, d.h. von der Stichprobe abhängige Zufallsvariablen. Die Schätzwerte, die auf der Grundlage von Messwerten aus Stichproben ermittelt werden, sind Realisierungen dieser Zufallsvariablen. Man hat also zu unterscheiden zwischen der Punktschätzung als Zufallsvariable und dem Punktschätzwert als dem Wert, der aus der konkreten Stichprobe berechnet wird. So ist der in einer Stichprobe berechnete arithmetische Mittelwert $\overline{x}$ eine Realisierung der Zufallsvariablen $\overline{X}$.

Definition

Eine Punktschätzung (Punktschätzer, Schätzfunktion) $\hat{\Theta}$ ist eine Stichprobenfunktion zur Schätzung eines unbekannten Populationsparameters Θ. Als Stichprobenfunktion (Statistik) werden Zufallsvariablen bezeichnet, die von der Stichprobe $(X_1, X_2, \ldots, X_n)$ abhängen. Ein Punktschätzwert $\hat{\theta}$, der aus einer konkreten Stichprobe $(x_1, x_2, \ldots, x_n)$ ermittelt wird, ist eine Realisierung der Zufallsvariablen $\hat{\Theta}$.

Für die Konstruktion von Punktschätzungen gibt es verschiedene Vorgehensweisen. Ein sehr wichtiges Verfahren ist die Methode der kleinsten Quadrate. Ihr Grundprinzip soll an der Herleitung eines Punktschätzwertes für den Mittelwert μ einer Population anhand einer konkreten Stichprobe $(x_1, x_2, \ldots, x_n)$ erläutert werden.

Ein Punktschätzwert $\hat{\mu}$ für den Mittelwert einer Population μ soll die Eigenschaft haben, dass die Messwerte aus einer Stichprobe möglichst wenig von dem Schätzwert abweichen. Dabei ist zu beachten, dass sich negative und positive Abweichungen nicht aufheben. Wenn der Punktschätzwert auf der Basis der Minimierung der quadratischen Abstände der Messwerte von μ berechnet wird, ist diese Bedingung erfüllt. Gleichzeitig gehen größere Abweichungen einzelner Messwerte vom Schätzwert mit größerem Gewicht in die Berechnung ein. Bei der Parameterschätzung auf der Grundlage der Methode der kleinsten Quadrate wird ein Schätzwert $\hat{\mu}$ gesucht, der bei gegebenen Messwerten $x_1, x_2, ..., x_n$ folgende Bedingung erfüllt:

$$\sum_{i=1}^{n}(x_i - \hat{\mu})^2 = Minimum\left(\sum_{i=1}^{n}(x_i - \mu)^2\right).$$

Die Summe der quadratischen Abstände der Messwerte vom zu bestimmenden Schätzwert soll minimal sein, wobei das Minimum über alle reellen Parameter μ bestimmt wird. Wenn ein Minimum existiert, ist die erste Ableitung dieser Funktion nach dem unbekannten Parameter gleich 0. Die Ableitung hat hier nach μ zu erfolgen. Es ergibt sich folgendes Ergebnis für den Schätzwert $\hat{\mu}$:

$$\sum_{i=1}^{n}(-2 \cdot x_i + 2 \cdot \hat{\mu}) = -2 \cdot \sum_{i=1}^{n} x_i + 2 \cdot n \cdot \hat{\mu} = 0 .$$

Damit erhält man den folgenden Punktschätzwert

$$\hat{\mu} = \frac{1}{n}\sum_{i=1}^{n} x_i = \overline{x} .$$

Der aus den Messwerten der Stichprobe berechnete arithmetische Mittelwert (siehe Kapitel 2.3.1) ist der nach der Methode der kleinsten Quadrate berechnete Punktschätzwert für den Mittelwert μ der Population. Von allen anderen möglichen Schätzwerten für den Populationsmittelwert weist der arithmetische Mittelwert die geringste Summe der quadratischen Abstände zu den Messwerten auf.

Neben der Methode der kleinsten Quadrate ist die Maximum-Likelihood-Methode ein weiteres wichtiges Verfahren zur Schätzung unbekannter Populationsparameter. Bei dieser Methode wird der unbekannte Populationsparameter so geschätzt, dass die Wahrscheinlichkeit des Auftretens der gemessenen Daten maximiert wird (Einzelheiten siehe Fahrmeir et al., 2016).

Natürlich ist es keinesfalls überraschend, dass im behandelten Beispiel der arithmetische Mittelwert der Stichprobe einen Punktschätzwert für den Mittelwert der Population darstellt. Bei komplizierten Parametern hat man oft mehrere Schätzungen zur Verfügung, die auf unterschiedlichen Ansätzen oder Annahmen beruhen. Für die Bewertung der Güte von Punktschätzungen stehen mehrere Kriterien zur Verfügung (siehe Hartung et al., 2009). Ein wichtiges Kriterium besteht in der Erwartungstreue der Punktschätzung.

Definition Eine Punktschätzung $\hat{\Theta}$ für einen beliebigen unbekannten Populationsparameter Θ ist erwartungstreu, wenn der Erwartungswert der Schätzung gleich dem Populationsparameter ist, also $E\hat{\Theta} = \Theta$ gilt.

So ist der nach der Methode der kleinsten Quadrate ermittelte Punktschätzwert $\overline{x}$ eine Realisierung der erwartungstreuen Schätzung $\overline{X}$ für den Populationsmittelwert μ, es gilt $E\overline{X} = \mu$.

Die Punktschätzwerte im **Anwendungsbeispiel** sind in ►Tabelle 4.5 zusammengefasst.

Biofilm		**EPS**	
Parameter	**Schätzwert**	**Parameter**	**Schätzwert**
$\overline{x}$	350 mg/g	$\overline{x}$	102 mg/g
s^2	765.2 mg^2/g^2	s^2	184.5 mg^2/g^2
s	27.7 mg/g	s	13.6 mg/g

Tabelle 4.5: Punktschätzwerte im Anwendungsbeispiel.

4.2 Bereichsschätzungen

Punktschätzungen haben als Kenngrößen zur Beschreibung von Populationsparametern nur eine sehr eingeschränkte Aussagekraft. Insbesondere sind keine Aussagen über die Genauigkeit der Punktschätzungen möglich. Man kann nicht feststellen, wie weit ein Populationsparameter vom Schätzwert entfernt ist. Um solche Genauigkeitsaussagen treffen zu können, soll in diesem Abschnitt zunächst die Verteilung von Punktschätzungen am Beispiel des arithmetischen Mittelwertes untersucht werden. Auf dieser Grundlage ist die Angabe von Konfidenzintervallen möglich.

4.2.1 Verteilung von Punktschätzungen

Grundlage für die folgenden Überlegungen ist die Frage, was für eine Verteilung sich ergeben würde, wenn man aus der gegebenen Population nicht nur eine Stichprobe zöge, sondern wenn man Punktschätzwerte aus unterschiedlichen Stichproben des gleichen Umfanges berechnen würde. Dieser Frage soll am Beispiel der Punktschätzung für den Populationsmittelwert nachgegangen werden.

Zunächst soll noch einmal ein wichtiger Unterschied zwischen der Verteilung einer Zufallsvariablen und der Verteilung einer Punktschätzung deutlich gemacht werden. Beide Verteilungen sind in der Regel nicht bekannt. Wenn jedoch Messwerte eines Merkmals vorliegen, kann deren Verteilung zum Beispiel als Histogramm der kategorisierten relativen Häufigkeiten der Messwerte ermittelt werden (siehe Kapitel 2). Analog könnte man sich vorstellen, eine Häufigkeitsverteilung der Punktschätzwerte zu bestimmen. Dazu müsste man mehrere Stichproben aus der Population ziehen und in jeder dieser Stichproben den arithmetischen Mittelwert bestimmen. Die Häufigkeitsverteilung dieser Mittelwerte könnte man in einem Histogramm veranschaulichen. Da in praktischen bio- und umweltwissenschaftlichen Untersuchungen der statistische Kennwert aber nur einer einzigen Stichprobe vorliegt, ist dieses Vorgehen nicht realistisch.

Veranschaulichen kann man sich eine Verteilung von Punktschätzwerten an Hand des **Anwendungsbeispiels**. Die Daten der Merkmale Proteingehalt im Biofilm bzw. in EPS werden in 8 Teilstichproben vom Umfang 10 geteilt, wobei jeweils 10 aufeinanderfolgende Werte aus Tabelle 4.2 und aus Tabelle 4.3 eine Teilstichprobe bilden. Die resultierenden arithmetischen Mittelwerte der Teilstichproben sind in ►Tabelle 4.6 dargestellt.

Teilstichprobe i	1	2	3	4	5	6	7	8
$\overline{x}_{i\,(Biofilm)}$	351.5	353.5	347.5	351.3	358.5	347.0	356.0	334.7
$\overline{x}_{i\,(EPS)}$	100.6	99.1	107.7	102.1	106.4	101.6	100.4	98.1

Tabelle 4.6: Arithmetische Mittelwerte der Teilstichproben (in mg/g).

Die Mittelwerte der Teilstichproben streuen um die Mittelwerte der Gesamtstichprobe ($\overline{x}_{Biofilm} = 350\ mg/g$, $\overline{x}_{EPS} = 102\ mg/g$). Eine geringe Streuung der Teilstichprobenmittelwerte um den Gesamtmittelwert erlaubt eine genauere Schätzung des jeweiligen Populationsmittelwertes aus dem Mittelwert einer einzelnen Teilstichprobe. Zur Beschreibung der Verteilung der Punktschätzung ist deshalb die Kenntnis der Standardabweichung der Mittelwertschätzungen nötig.

Definition

Der Standardfehler des Mittelwertes

$$\sigma_{\overline{X}} = \sigma/\sqrt{n} \qquad (4.1)$$

ist als die Standardabweichung der Verteilung der Punktschätzungen des Populationsmittelwertes von Stichproben des Umfangs n einer Population definiert (σ: Standardabweichung in der Population). Er ist ein Maß für die Genauigkeit der Schätzung des Populationsmittelwertes.

Aus der Definition werden zwei wichtige Eigenschaften des Standardfehlers deutlich:

- Der Standardfehler verändert sich proportional zur Standardabweichung des Merkmals in der Population. Eine große Standardabweichung des Merkmals führt zu einem großen Standardfehler des Mittelwertes.
- Der Standardfehler des Mittelwertes verringert sich bei großem Stichprobenumfang und vergrößert sich bei geringem Stichprobenumfang.

In der Praxis ist der Standardfehler des arithmetischen Mittelwertes nicht bekannt und muss aus den Daten der Stichprobe geschätzt werden. Als Schätzwert für $\sigma_{\overline{X}}$ wird der Standardfehler des Stichprobenmittelwertes $s_{\overline{X}}$ verwendet.

Formel

$$s_{\overline{X}} = s/\sqrt{n} = \frac{1}{\sqrt{n}}\sqrt{\frac{1}{n-1}\sum_{i=1}^{n}(x_i - \overline{x})^2} \tag{4.2}$$

- $s_{\overline{X}}$: Standardfehler des Stichprobenmittelwertes
- s: Standardabweichung in der Stichprobe
- n: Anzahl der Messwerte
- x_i: Messwerte ($i = 1,\ldots,n$)
- $\overline{x}$: Arithmetischer Mittelwert in der Stichprobe

Zur Beschreibung der Verteilung der Punktschätzung für den Populationsmittelwert kann ein wichtiger Lehrsatz der Stochastik herangezogen werden, der zentrale Grenzwertsatz (siehe Hartung et al., 2009).

Merksatz

Aus dem zentralen Grenzwertsatz folgt, dass die Verteilung der Punktschätzung $\overline{X}$ mit wachsendem Stichprobenumfang immer besser durch eine Normalverteilung beschrieben werden kann.

Die besondere Bedeutung dieser Aussage liegt darin, dass damit bei hinreichend großen Stichprobenumfängen die Verteilung der Punktschätzung $\overline{X}$ unabhängig von der konkreten Verteilung der Variablen X beschrieben werden kann. In vielen praktischen Anwendungsfällen kann man demnach davon ausgehen, dass die Verteilung der Punktschätzung $\overline{X}$ näherungsweise einer Normalverteilung um den Populationsmittelwert μ unterliegt. Der Mittelwert μ und die Standardabweichung $\sigma_{\overline{X}}$ dieser Verteilung sind unbekannt. Die Standardabweichung $\sigma_{\overline{X}}$ der Verteilung kann durch den Standardfehler der Stichprobe $s_{\overline{X}}$ nach Formel (4.2) geschätzt werden. In ►Abbildung 4.1 ist die Verteilung der Punktschätzung $\overline{X}$ veranschaulicht (für große Stichprobenumfänge).

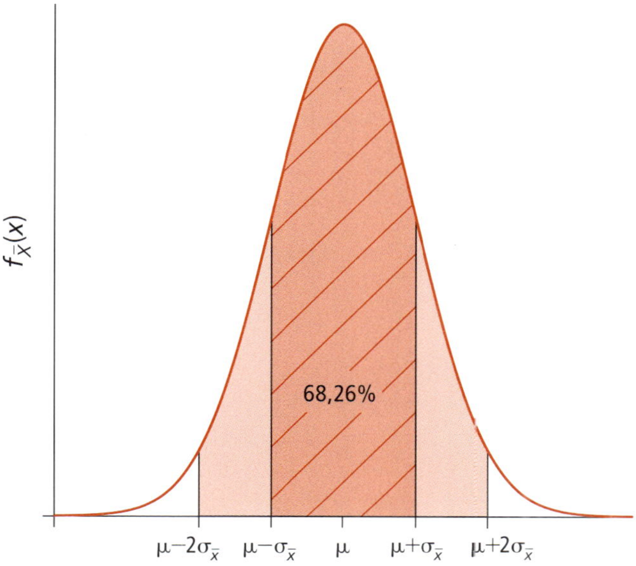

Abbildung 4.1: Dichte der Verteilung von $\overline{X}$ bei großem Stichprobenumfang.

Für den unbekannten Mittelwert μ dieser Verteilung ergeben sich aus den Eigenschaften der Normalverteilung (siehe Kapitel 3) bei großen Stichprobenumfängen die in Formel (4.3) und Formel (4.2) dargestellten Beziehungen.

Formel

Mit Wahrscheinlichkeit ca. 95.5% gilt:

$$\mu - 2 \cdot \sigma_{\overline{X}} \leq \overline{X} \leq \mu + 2 \cdot \sigma_{\overline{X}} \tag{4.3}$$

Mit Wahrscheinlichkeit ca. 68% gilt:

$$\mu - \sigma_{\overline{X}} \leq \overline{X} \leq \mu + \sigma_{\overline{X}} \tag{4.4}$$

- μ: Populationsmittelwert
- $\sigma_{\overline{X}}$: Standardfehler des Mittelwertes
- $\overline{X}$: Punktschätzung für den Populationsmittelwert
- n: Stichprobenumfang

Umstellungen der Formeln (4.3) und (4.4) nach dem Populationsmittelwert μ führen zu folgenden Ausdrücken:

Formel

Mit Wahrscheinlichkeit ca. 95.5% gilt:

$$\bar{X} - 2 \cdot \sigma_{\bar{X}} \leq \mu \leq \bar{X} + 2 \cdot \sigma_{\bar{X}} \tag{4.5}$$

Mit Wahrscheinlichkeit ca. 68% gilt:

$$\bar{X} - \sigma_{\bar{X}} \leq \mu \leq \bar{X} + \sigma_{\bar{X}} \tag{4.6}$$

- μ: Populationsmittelwert
- $\sigma_{\bar{X}}$: Standardfehler des Mittelwertes
- $\bar{X}$: Punktschätzung für den Populationsmittelwert
- n: Stichprobenumfang

Mit den durch Formel (4.5) und Formel (4.6) ausgedrückten Beziehungen können Aussagen über den Mittelwert der Population getroffen werden, die über den Informationsgehalt einer Punktschätzung weit hinausgehen. Formel (4.5) gibt einen Bereich an, in dem sich der „wahre" Populationsparameter mit einer Wahrscheinlichkeit von ca. 95.5% befindet. Analog liefert Formel (4.6) ein Intervall, in dem der Populationsparameter mit einer Wahrscheinlichkeit von ca. 68% zu finden ist. Die Grenzen der Intervalle sind Stichprobenfunktionen, sie hängen von der Stichprobe ab. Damit sind mit den Formeln (4.5) und (4.6) zwei Konfidenzintervalle für den Populationsmittelwert gegeben. Auf die Definition, Berechnung und Interpretation von Konfidenzintervallen wird im folgenden Abschnitt ausführlich eingegangen.

4.2.2 Konfidenzintervalle

Durch Konfidenzintervalle können Bereichsschätzungen für unbekannte Populationsparameter angegeben werden.

Definition

Ein Konfidenzintervall (Vertrauensintervall) kennzeichnet ein Intervall möglicher Parameterausprägungen, in dem sich der untersuchte Populationsparameter mit Wahrscheinlichkeit $(1-\alpha)$ befindet. Die Wahrscheinlichkeit $(1-\alpha)$ wird als Konfidenzniveau bezeichnet.

Die Angabe von Konfidenzintervallen ergänzt die Angabe von Punktschätzungen in sehr sinnvoller Weise. Sie liefert Informationen über die Genauigkeit der Punktschätzung für die Schätzung des unbekannten Populationsparameters. In fast allen bio- und umweltwissenschaftlichen Untersuchungen liefert erst die Angabe von

Konfidenzintervallen dem Forscher die notwendigen Informationen über die von ihm untersuchten Parameter. Deshalb stellt die Angabe von Konfidenzintervallen für die untersuchten Populationsparameter einen wichtigen Teil der Berichterstattung über die Ergebnisse einer Untersuchung dar.

Wahl des Konfidenzniveaus

Problematisch ist in der Praxis die Wahl des Konfidenzniveaus $(1-\alpha)$. Üblich sind Konfidenzniveaus von 95% $[(1-\alpha)=0.95]$ bzw. 99% $[(1-\alpha)=0.99]$. Grundsätzlich können die Konfidenzniveaus frei gewählt werden. Ausschlaggebend sind vor allem inhaltliche Gründe. Wenn man bei der Angabe des Konfidenzintervalls eine möglichst hohe statistische Sicherheit erzielen möchte, weil ein falsch bestimmtes Konfidenzintervall zum Beispiel zu ökonomisch oder ökologisch schwerwiegenden Fehlentscheidungen führen könnte, sollte man das Konfidenzniveau 99% wählen. Dieses Konfidenzintervall ist breiter als das entsprechende Intervall zum Konfidenzniveau 95% (siehe Abbildung 4.4). Umgekehrt führt das mit größerer Unsicherheit behaftete Konfidenzniveau von 95% zu einem schmaleren Konfidenzintervall und somit zu einer stärkeren Eingrenzung des unbekannten Populationsparameters. Oft ist aus inhaltlichen Gründen keine klare Entscheidung für ein bestimmtes Konfidenzniveau möglich. In solchen Fällen empfiehlt es sich, das in analogen Untersuchungen benutzte Konfidenzniveau zu wählen, um vergleichbare Ergebnisse zu erhalten.

Die Angabe von Konfidenzintervallen ist für Populationsparameter unterschiedlicher Art (prozentualer Anteil, Mittelwert, Varianz usw.) möglich, wenn bestimmte Voraussetzungen erfüllt sind. Diese Voraussetzungen betreffen vor allem die Verteilung des Merkmals in der Population. Exemplarisch soll die Bestimmung eines Konfidenzintervalls für den Populationsmittelwert dargestellt werden.

Konfidenzintervall für den Mittelwert einer normalverteilten Population mit bekannter Standardabweichung

Zunächst soll eine normalverteilte Population mit unbekanntem Populationsmittelwert μ und bekannter Standardabweichung σ betrachtet werden. Die Standardabweichung der Population kann zum Beispiel aus der Erfahrung zahlreicher Experimente als bekannt angenommen werden. Unter diesen Annahmen ist die Zufallsvariable

$$\bar{Z} = \frac{\bar{X}-\mu}{\sigma}\sqrt{n} \tag{4.7}$$

standardnormalverteilt mit Mittelwert 0 und Standardabweichung 1 (siehe ►Abbildung 4.2, siehe Kapitel 3.3.2).

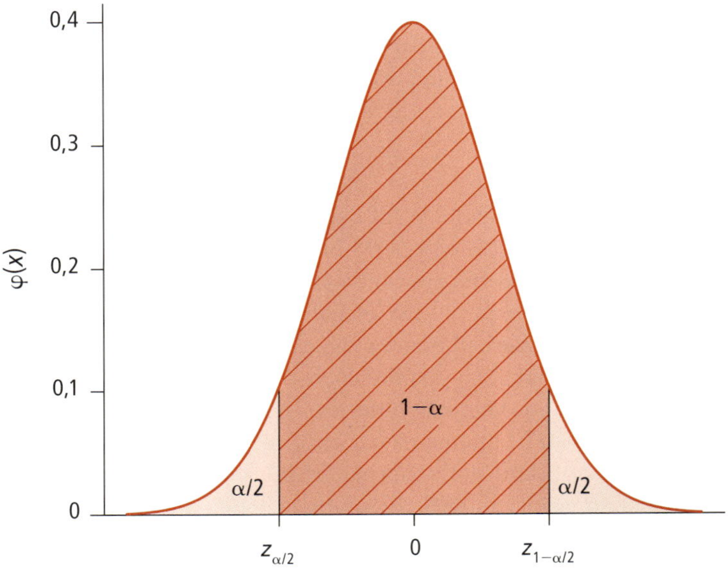

Abbildung 4.2: Dichte der Verteilung von $\bar{Z}$ mit Quantilen der Ordnung $\alpha/2$ bzw. $1-\alpha/2$.

Für ein gegebenes α ergibt sich nach den in Kapitel 3 beschriebenen Eigenschaften der Quantile $z_{1-\alpha/2}$ und $z_{\alpha/2}$ (siehe Abbildung 4.2) die Beziehung

$$P\left(z_{\alpha/2} \leq \frac{\bar{X}-\mu}{\sigma}\sqrt{n} \leq z_{1-\alpha/2}\right) = 1-\alpha .$$

Die Umstellung dieses Ausdrucks nach μ führt zu einem $(1-\alpha)$–Konfidenzintervall für den Populationsmittelwert μ:

Formel

$$P\left(\bar{X} - z_{1-\alpha/2}\cdot\sigma_{\bar{X}} \leq \mu \leq \bar{X} + z_{1-\alpha/2}\cdot\sigma_{\bar{X}}\right) = 1-\alpha \tag{4.8}$$

$$G_u = \bar{X} - z_{1-\alpha/2}\cdot\sigma_{\bar{X}} \tag{4.9}$$

$$G_o = \bar{X} + z_{1-\alpha/2}\cdot\sigma_{\bar{X}} \tag{4.10}$$

- μ: Populationsmittelwert
- $[G_u, G_o]$: $(1-\alpha)$-Konfidenzintervall für den Populationsmittelwert
- G_u: Untere Grenze des $(1-\alpha)$-Konfidenzintervalls
- G_o: Obere Grenze des $(1-\alpha)$-Konfidenzintervalls
- $\bar{X}$: Punktschätzung für den Populationsmittelwert

- $\sigma_{\bar{X}} = \frac{\sigma}{\sqrt{n}}$: Standardfehler des Mittelwertes
- σ: Bekannte Standardabweichung der Population
- $1-\alpha$: Konfidenzniveau
- $z_{1-\alpha/2}$: Quantil der Standardnormalverteilung
- n: Stichprobenumfang

Formel (4.8) kann folgendermaßen interpretiert werden: Wenn sehr viele Stichproben aus derselben Population mit dem Populationsmittelwert μ gezogen werden, überdecken im Mittel $(1-\alpha)\cdot 100\%$ der daraus berechneten Konfidenzintervalle den wahren Parameter μ. Nur im Mittel $\alpha \cdot 100\%$ aller Stichproben liefern Grenzen, die den wahren Parameter nicht überdecken. Bei der Interpretation eines Konfidenzintervalls ist zu beachten, dass die Grenzen der Konfidenzintervalle G_u und G_o nach Formel (4.9) und Formel (4.10) wiederum Zufallsvariablen sind, die von der Stichprobe $(X_1, X_2, ..., X_n)$ abhängen. Wenn eine konkrete Stichprobe $(x_1, x_2, ..., x_n)$ vorliegt, können daraus die Schätzwerte g_u und g_o als Realisierungen von G_u und G_o berechnet werden. Nachdem für vorhandene Messwerte das Intervall $\left[g_u, g_o\right]$ berechnet wurde, liegt der Parameter μ entweder in diesem Intervall oder nicht. Eine Wahrscheinlichkeitsaussage ist dann nicht mehr sinnvoll.

Konfidenzintervall für den Mittelwert einer normalverteilten Population mit unbekannter Standardabweichung

Eine Voraussetzung des im vorhergehenden Abschnitt beschriebenen Vorgehens besteht darin, dass die Standardabweichung der Population bekannt ist. In der Praxis kommt es jedoch wesentlich häufiger vor, dass die Standardabweichung der Population nicht bekannt ist und aus den Messwerten der Stichprobe geschätzt werden muss. Deshalb soll auf diesen Fall nachfolgend näher eingegangen werden. In einer normalverteilten Population mit unbekanntem Populationsmittelwert μ und unbekannter Standardabweichung σ kann die Standardabweichung der Population durch den Punktschätzwert s der Stichprobe geschätzt werden. Unter diesen Annahmen ist die Zufallsvariable

$$T = \frac{\bar{X} - \mu}{S}\sqrt{n} \tag{4.11}$$

t-verteilt mit $n-1$ Freiheitsgraden. S bezeichnet die Punktschätzung der Standardabweichung (► Abbildung 4.3, siehe Kapitel 3.3.2).

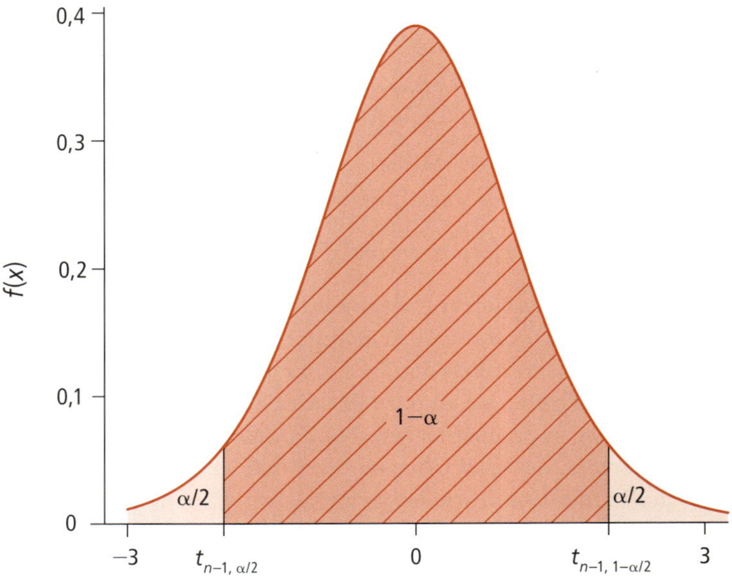

Abbildung 4.3: Dichte der Verteilung von T mit Quantilen der Ordnung $\alpha/2$ bzw. $1-\alpha/2$.

Für ein gegebenes α ergibt sich nach den in Kapitel 3 beschriebenen Eigenschaften der Quantile $t_{n-1,1-\alpha/2}$ und $t_{n-1,\alpha/2}$ die Beziehung

$$P\left(t_{n-1,\alpha/2} \leq \frac{\bar{X}-\mu}{S/\sqrt{n}} \leq t_{n-1,1-\alpha/2}\right) = 1-\alpha .$$

Die Umstellung dieses Ausdrucks nach μ führt zu einem $(1-\alpha)$–Konfidenzintervall für den Populationsmittelwert μ:

Formel

$$P\left(\bar{X} - t_{n-1,1-\alpha/2} \cdot S_{\bar{X}} \leq \mu \leq \bar{X} + t_{n-1,1-\alpha/2} \cdot S_{\bar{X}}\right) = 1-\alpha \qquad (4.12)$$

$$G_u = \bar{X} - t_{n-1,1-\alpha/2} \cdot S_{\bar{X}} \qquad (4.13)$$

$$G_o = \bar{X} + t_{n-1,1-\alpha/2} \cdot S_{\bar{X}} \qquad (4.14)$$

- μ: Populationsmittelwert
- $[G_u, G_o]$: $(1-\alpha)$-Konfidenzintervall für den Populationsmittelwert
- G_u: Untere Grenze des $(1-\alpha)$-Konfidenzintervalls
- G_o: Obere Grenze des $(1-\alpha)$-Konfidenzintervalls
- $\bar{X}$: Punktschätzung für den Populationsmittelwert

- $s_{\overline{X}} = \frac{s}{\sqrt{n}}$: Punktschätzung für den Standardfehler des Mittelwertes
- S: Punktschätzung für die Standardabweichung der Population
- $1-\alpha$: Konfidenzniveau
- $t_{n-1,1-\alpha/2}$: $(1-\alpha)$-Quantil der t-Verteilung mit $(n-1)$ Freiheitsgraden
- n: Stichprobenumfang

Die Hinweise zur Interpretation von Konfidenzintervallen, die ausführlich bei der Diskussion von Formel (4.8) angegeben sind, sollen hier nur knapp wiederholt werden. Wenn sehr viele Stichproben aus derselben Population mit dem Populationsmittelwert μ gezogen werden, überdecken im Mittel $(1-\alpha)\cdot 100\%$ der daraus berechneten Konfidenzintervalle den wahren Parameter μ. Nur im Mittel $\alpha \cdot 100\%$ aller Stichproben liefern Grenzen, die den wahren Parameter nicht überdecken. Für eine gegebene Stichprobe $(x_1, x_2, ..., x_n)$ können die Grenzen g_u und g_o des Konfidenzintervalls als Realisierungen der Zufallsvariablen G_u und G_o berechnet werden.

Ablauf der Berechnung

Fragestellung:

Berechnung des $(1-\alpha)$-Konfidenzintervalls für den Populationsmittelwert

Voraussetzungen:

- Die Zufallsvariablen $X_1, X_2, ..., X_n$ sind in der Population normalverteilt mit unbekanntem Mittelwert μ und unbekannter Standardabweichung σ.

Ablauf:

1. Festlegung des Konfidenzniveaus $(1-\alpha)$
2. Gegebene Daten:
   - x_i: metrische Messwerte $(i = 1, ..., n)$
   - n: Stichprobenumfang
3. Berechnung von $\overline{x}$, s und $s_{\overline{X}}$
   - $\overline{x} = \frac{1}{n}\sum_{i=1}^{n} x_i$: Arithmetischer Mittelwert der Stichprobe

- $s = \sqrt{\frac{1}{n-1}\sum_{i=1}^{n}(x_i - \overline{x})^2}$: Standardabweichung in der Stichprobe
- $s_{\overline{x}} = s/\sqrt{n}$: Standardfehler des Stichprobenmittelwertes

4. Ablesen von $t_{n-1,1-\alpha/2}$ aus Anhang B, Tabelle 3
   - $t_{n-1,1-\alpha/2}$: $(1-\alpha/2)$- Quantil der t-Verteilung mit $(n-1)$ Freiheitsgraden

5. Berechnung des $(1-\alpha)$-Konfidenzintervalls $\left[g_u, g_o\right]$:
   - Untere Grenze:

$$g_u = \overline{x} - t_{n-1,1-\alpha/2} \cdot s_{\overline{x}} \tag{4.15}$$

   - Obere Grenze:

$$g_o = \overline{x} + t_{n-1,1-\alpha/2} \cdot s_{\overline{x}} \tag{4.16}$$

Für die Daten aus dem **Anwendungsbeispiel** ergeben sich die in ►Tabelle 4.7 dargestellten Zwischenergebnisse und Konfidenzintervalle. In ►Abbildung 4.4 sind die Konfidenzintervalle für den Mittelwert des Proteingehalts im Biofilm dargestellt.

Berechnungsgröße	Proteingehalt im Biofilm	Proteingehalt in EPS
$\overline{x}$	350 mg/g	102 mg/g
s	27.7 mg/g	13.6 mg/g
$s_{\overline{x}}$	3.10	1.52
$t_{79,0.975}$	1.99	1.99
$t_{79,0.995}$	2.64	2.64
95%-Konfidenzintervall $[(1-\alpha)=0.95]$	[343.8, 356.2]	[99.0, 105.0]
99%-Konfidenzintervall $[(1-\alpha)=0.99]$	[341.8, 358.2]	[98.0, 106.0]

Tabelle 4.7: Konfidenzintervalle im Anwendungsbeispiel.

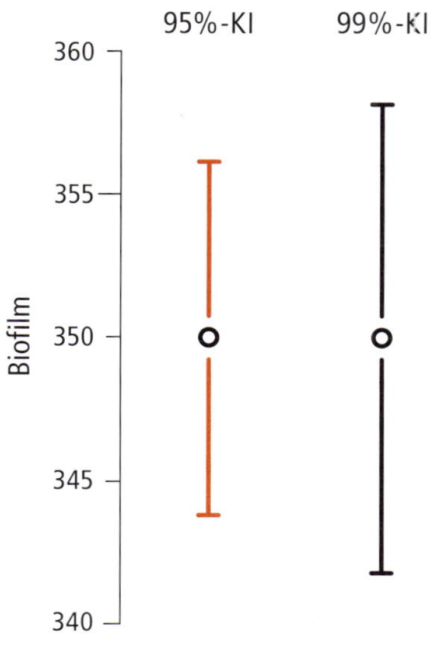

Abbildung 4.4: 95%- bzw. 99%-Konfidenzintervalle für den Mittelwert des Proteingehalts im Biofilm.

Breite von Konfidenzintervallen

Mit den Ergebnissen in Tabelle 4.7 wird die oben getroffene Aussage veranschaulicht, dass die Breite eines Konfidenzintervalls zunimmt, wenn die Wahrscheinlichkeit $(1-\alpha)$ größer gewählt wird. Die 99%-Konfidenzintervalle sind bei sonst gleichen Parametern in jedem Fall breiter als die 95%-Konfidenzintervalle (siehe ►Abbildung 4.4). Der Populationsmittelwert kann weniger genau eingegrenzt werden, wenn die Aussage über das Konfidenzintervall mit höherer Wahrscheinlichkeit korrekt sein soll.

Neben dem Konfidenzniveau $(1-\alpha)$ sind die Standardabweichung der Messwerte in der Stichprobe und der Stichprobenumfang entscheidend für die Breite eines berechneten Konfidenzintervalls. Aus Formel (4.15) und Formel (4.16) wird deutlich, dass die Breite des berechneten Konfidenzintervalls neben dem Quantil der t-Verteilung (das ebenfalls vom Stichprobenumfang beeinflusst wird) vom Standardfehler des Mittelwertes in der Stichprobe abhängt. In diese Größe gehen die Standardabweichung der Messwerte und der Stichprobenumfang ein (siehe Formel 4.2). Die Beziehungen zwischen Konfidenzniveau, Standardabweichung der Messwerte und Stichprobenumfang sowie der Breite des berechneten Konfidenzintervalls können vereinfacht zusammengefasst werden:

- Ein Konfidenzintervall wird breiter, wenn bei sonst unveränderten Parametern
  - ein höheres Konfidenzniveau $(1-\alpha)$ gewählt wird,
  - die Standardabweichung der Messwerte größer wird,
  - der Stichprobenumfang geringer wird.

- Ein Konfidenzintervall wird schmaler, wenn bei sonst unveränderten Parametern
  - ein niedrigeres Konfidenzniveau $(1-\alpha)$ gewählt wird,
  - die Standardabweichung der Messwerte geringer wird,
  - der Stichprobenumfang größer wird.

Die in der Übersicht genannten Zusammenhänge sollen an einigen Beispielen der Anwendungsdaten veranschaulicht werden. Die jeweils verwendeten Teildatensätze wurden aus den Biofilm-Daten in Tabelle 4.2 ausgewählt.

Teildaten	Teilstichprobenumfang n	Standardabweichung s (in mg/g)	Konfidenzniveau $(1-\alpha)$	Konfidenzintervall (in mg/g, gerundet)	Breite des KI (in mg/g, gerundet)
Werte 1-60	60	29.3	0.99	[341, 362]	21
Werte 1-60	60	29.3	0.95	[344, 359]	15
Werte 21-80	60	27.7	0.99	[340, 359]	19
Werte 21-80	60	27.7	0.95	[342, 356]	14
Werte 21-30	10	25.2	0.99	[322, 373]	51
Werte 21-30	10	25.2	0.95	[329, 366]	37
Werte 51-60	10	34.2	0.99	[311, 382]	71
Werte 51-60	10	34.2	0.95	[323, 371]	48

Tabelle 4.8: Breite von Konfidenzintervallen verschiedener Teildatensätze aus Tabelle 4.2.

Zusammenfassung

Ziel in bio- und umweltwissenschaftlichen Untersuchungen sind in der Regel Aussagen über die untersuchte Population. Punktschätzungen liefern Schätzwerte für die unbekannten Populationsparameter. Die Methode der kleinsten Quadrate ist eine wichtige Methode zur Konstruktion von Punktschätzungen. Um mit Aussagen über die Güte und Genauigkeit der Punktschätzungen weitergehende Informationen über die unbekannten Populationsparameter gewinnen zu können, sind Untersuchungen über die Verteilung der Punktschätzungen notwendig. Als ein Beispiel kann die Verteilung der Punktschätzung $\overline{X}$ für den Populationsmittelwert μ beschrieben werden. Auf der Grundlage einer bekannten Verteilung der Schätzung können Konfidenzintervalle für den unbekannten Populationsparameter angegeben werden. Diese Intervalle beschreiben einen Parameterbereich, in dem sich der unbekannte Populationsparameter mit einer vorgegebenen Wahrscheinlichkeit befindet.

Übungsaufgaben

Aufgabe 4.1

In einer biologischen Untersuchung wurde das Gewicht von Fischen einer bestimmten Art gemessen.

Messergebnisse (g)
275, 280, 290, 282, 277, 291, 290, 290, 295, 290, 300, 305, 304, 290, 285, 284, 300, 288, 294, 290

Daten zu Aufgabe 4.1.

Berechnen Sie ein 95%-Konfidenzintervall und ein 99%-Konfidenzintervall für den Mittelwert des Gewichts.

Aufgabe 4.2

Bewerten Sie die folgenden Aussagen:

a. Die Standardabweichung der Messwerte einer Stichprobe ist immer größer als der Standardfehler des Mittelwertes.

b. Wenn der arithmetische Mittelwert gegebener Messwerte größer als Null ist, kann keine der Grenzen eines Konfidenzintervalls einen negativen Wert annehmen.

c. Ein größerer Stichprobenumfang führt bei sonst gleichen Parametern in jedem Fall zu einem schmaleren Konfidenzintervall.

d. Wenn ein 99%-Konfidenzintervall des Mittelwertes eines Merkmals A schmaler ist als ein 95%-Konfidenzintervall eines Merkmals B, dann war der Umfang der erhobenen Stichprobe bei Merkmal A deutlich größer.

Ausführliche Lösungen und zusätzliche Aufgaben finden Sie in unserer eLearning-Umgebung **MyLab|Biostatistik**.

Formulieren und Prüfen von Hypothesen

5

ÜBERBLICK

Ausgangspunkt bio- und umweltwissenschaftlicher Forschungen sind in der Regel konkrete inhaltliche Fragestellungen und Hypothesen. Aus den Untersuchungsergebnissen sollen Entscheidungen über die Gültigkeit der inhaltlichen Hypothesen abgeleitet werden. Da sich die Hypothesen auf die betrachtete Population beziehen, für die Entscheidung aber nur die Ergebnisse aus der untersuchten Stichprobe zur Verfügung stehen, können alle Aussagen nur mit einer bestimmten Wahrscheinlichkeit im Rahmen statistischer Tests getroffen werden.

In diesem Kapitel werden die Grundlagen statistischer Tests und der grundsätzliche Ablauf statistischer Testverfahren dargestellt. Es wird beschrieben, wie aus den inhaltlichen Hypothesen statistische Hypothesen abgeleitet werden können. Die Fehlermöglichkeiten bei der Entscheidung über statistische Hypothesen sowie die praktische Bedeutung statistischer Signifikanz für die Entscheidung über die inhaltlichen Hypothesen werden diskutiert.

Anwendungsbeispiel

Biologische Forschung in der Landwirtschaft

In verschiedenen bio- und umweltwissenschaftlichen Untersuchungen sollen folgende Nachweise erbracht werden. Dazu sind die inhaltlichen und statistischen Hypothesen zu formulieren.

1. Es soll nachgewiesen werden, dass sich der mittlere Ernteertrag einer Getreidesorte bei doppelter Düngemittelgabe von dem bekannten Mittelwert von 100 t/ha unterscheidet.
2. Es soll ein Zusammenhang zwischen der Anzahl der Sonnentage und dem Ernteertrag einer Getreidesorte nachgewiesen werden.
3. Es soll nachgewiesen werden, dass mit einem Pflanzenschutzmittel behandelte Parzellen und unbehandelte Parzellen einen unterschiedlichen mittleren Schädlingsbefall aufweisen.
4. Es soll nachgewiesen werden, dass mit einem Pflanzenschutzmittel behandelte Parzellen im Mittel einen geringeren Schädlingsbefall aufweisen als unbehandelte Parzellen.
5. Ziel einer Untersuchung ist der Nachweis, dass sich durch Beigabe von Düngemittel einer vorgegebenen Konzentration der mittlere Ernteertrag einer Getreideart gegenüber ungedüngten Flächen erhöht.

6. Ziel einer Untersuchung ist der Nachweis, dass sich durch Beigabe von Düngemittel einer vorgegebenen Konzentration der durchschnittliche Ernteertrag einer Getreideart gegenüber ungedüngten Flächen um mehr als 1 t/ha erhöht.
7. Ziel der Untersuchung ist der Nachweis, dass sich durch die Beigabe eines neu entwickelten, billigeren Düngemittels B der mittlere Ernteertrag gegenüber dem mittleren Ernteertrag bei Düngung mit dem bekannten Mittel A um weniger als 0.25 t/ha verändert.

5.1 Inhaltliche und statistische Hypothesen

Biowissenschaftliche Forschungsvorhaben haben in der Regel das Ziel, bestimmte inhaltliche, nach wissenschaftlichen Kriterien aufgestellte Hypothesen über die untersuchte Population zu bestätigen oder zu widerlegen. In diesem Kapitel wird zunächst eine Einteilung möglicher Typen inhaltlicher Hypothesen vorgenommen. Aus den inhaltlichen Hypothesen werden statistische Hypothesen über Populationsverteilungen bzw. über deren Parameter formuliert, um mathematisch begründete Entscheidungen über die inhaltlichen Hypothesen ableiten zu können.

5.1.1 Klassifikation inhaltlicher Hypothesen

In diesem Abschnitt wird eine Klassifikation inhaltlicher Hypothesen nach der Art des zu untersuchenden Effekts vorgenommen. Diese Einteilung ist die Grundlage für die spätere Formulierung statistischer Hypothesen.

Unterschieds- und Zusammenhangshypothesen

Unterschiedshypothesen werden zum Nachweis unterschiedlicher Verteilungen, zum Beispiel unterschiedlicher mittlerer Merkmalsausprägungen in zwei (oder mehr) Teilpopulationen (Gruppen), eingesetzt.

Beispiel 1 – Unterschiedshypothese: Der mittlere Ernteertrag bei doppelter Düngemittelmenge ist ungleich 100 t/ha. 100 t/ha ist der bekannte Populationsmittelwert der Ernteerträge bei einfacher Düngung.

Zusammenhangshypothesen dienen zum Nachweis eines Zusammenhangs von zwei (oder mehr) Merkmalen einer Population.

Beispiel 2 – Zusammenhangshypothese: Es gibt einen Zusammenhang zwischen der Anzahl der Sonnentage und dem Ernteertrag einer Getreidesorte auf vergleichbaren Parzellen.

Ungerichtete und gerichtete Hypothesen

Ungerichtete Hypothesen können sowohl als Zusammenhangs- als auch in Form von Unterschiedshypothesen auftreten. Bei Hypothesen dieses Typs wird lediglich die Existenz eines Unterschieds oder eines Zusammenhangs in der Population behauptet, es werden aber keine Annahmen über die Richtung aufgestellt.

Beispiel 3 – ungerichtete Unterschiedshypothese: Mit einem Pflanzenschutzmittel behandelte Parzellen und unbehandelte Parzellen haben einen unterschiedlichen mittleren Schädlingsbefall.

Gerichtete Hypothesen können dann aufgestellt und untersucht werden, wenn aus Vorkenntnissen oder aus inhaltlichen Überlegungen die Richtung des nachzuweisenden Unterschieds oder Zusammenhangs in der Population beschrieben werden kann. Das Aufstellen gerichteter Hypothesen erfordert umfangreichere inhaltliche Vorkenntnisse als die Formulierung ungerichteter Hypothesen.

Beispiel 4 – gerichtete Unterschiedshypothese: Mit einem Pflanzenschutzmittel behandelte Parzellen haben im Mittel einen geringeren Schädlingsbefall als unbehandelte Parzellen.

Unspezifische und spezifische Hypothesen

Effektgrößen beschreiben die Größe eines erwarteten Unterschieds oder die Stärke eines nachzuweisenden Zusammenhangs in der Population. Sie können als Absolutwerte (zum Beispiel als Differenz von Populationsmittelwerten) oder standardisiert (zum Beispiel als Differenz von Populationsmittelwerten dividiert durch die Standardabweichung in der Population) angegeben werden. Ihre Angabe bei der Formulierung von Hypothesen erfordert sehr umfangreiche Vorkenntnisse bzw. Vorüberlegungen.

Unspezifische Hypothesen sind Hypothesen ohne Angabe einer Effektgröße.

Beispiel 5 – unspezifische gerichtete Hypothese: Durch Beigabe von Düngemittel einer vorgegebenen Konzentration erhöht sich der mittlere Ernteertrag einer Getreideart gegenüber ungedüngten Flächen.

Spezifische Hypothesen sind Hypothesen, in denen die Stärke des erwarteten Effekts mit Hilfe von Effektgrößen spezifiziert wird. Spezifische Hypothesen kommen in der Forschungspraxis meist nur in Zusammenhang mit gerichteten Hypothesen vor.

Beispiel 6 – spezifische gerichtete Hypothese: Durch Beigabe von Düngemittel einer vorgegebenen Konzentration erhöht sich der mittlere Ernteertrag einer Getreideart gegenüber ungedüngten Flächen im Durchschnitt um 1 t/ha. Eine solche Hypothese sollte in diesem Beispiel unter anderem aufgestellt werden, wenn das Düngemittel Kosten verursacht, die bei geringer Zunahme des Ertrages nicht gerechtfertigt wären. Gewinn könnte erzielt werden, wenn der Ernteertrag bei Düngemittelgabe mindestens um 1 Tonne pro Hektar steigen würde. In diesem Fall ist in der Untersuchung die angegebene spezifische Hypothese zu bestätigen.

Äquivalenzhypothesen

Äquivalenzhypothesen werden zum Beispiel formuliert, wenn die Gleichwertigkeit mittlerer Merkmalsausprägungen in Teilpopulationen nachgewiesen werden soll. Analog ist es auch möglich, zum Beispiel die Gleichwertigkeit eines Zusammenhangsparameters von zwei Merkmalen in einer Teilpopulation mit einem vorgegebenen Parameter nachzuweisen. Typisch sind Anwendungen, in denen neu entwickelte Präparate (Schädlingsbekämpfungsmittel, Düngemittel, Medikamente usw.) billiger produziert werden können oder geringere unerwünschte Nebenwirkungen aufweisen als anerkannte Referenzpräparate. Das Ziel der Untersuchung besteht in solchen Fällen *nicht* darin, die bessere Wirkung des neu entwickelten Präparates gegenüber dem Referenzpräparat zu zeigen. Wegen der beschriebenen geringeren Kosten oder der geringeren Nebenwirkungen ist für den Nachweis der generellen Überlegenheit des neuen Präparats lediglich zu zeigen, dass seine Wirkung der des bekannten Mittels gleichwertig ist. Dabei wäre die Forderung nach einer exakten *Gleichheit* der Wirkung zu eng. Die zulässige Abweichung der Wirkung, bei der man von *Gleichwertigkeit* der Wirkungen ausgehen kann, muss nach inhaltlichen Gesichtspunkten festgelegt werden.

Beispiel 7 – Äquivalenzhypothese: Die mittleren Ernteerträge bei Düngung mit dem bekannten Mittel A und mit dem neu entwickelten Düngemittel B unterscheiden sich um weniger als 0.25 t/ha.

5.1.2 Statistische Alternativhypothesen

Für das weitere Vorgehen zur statistischen Hypothesenprüfung müssen die inhaltlichen Hypothesen in statistische Hypothesen transformiert werden. Die inhaltlichen Hypothesen (siehe Beispiele in Abschnitt 5.1.1) beziehen sich auf Eigenschaften der jeweiligen Population. Aus den inhaltlichen Hypothesen werden statistische Hypothesen über Verteilungen der Merkmale in der Population bzw. über deren Parameter formuliert, um mathematisch begründete Entscheidungen über die inhaltlichen Hypothesen ableiten zu können. Dazu wird ein statistisches Hypothesenpaar formuliert, das sich aus der Alternativhypothese und aus der Nullhypothese zusammensetzt. Die Begriffe Alternativhypothese und Nullhypothese folgen aus der mathematischen Umsetzung der statistischen Testverfahren und werden später begründet. Die statistische Alternativhypothese ergibt sich direkt aus der inhaltlichen Hypothese.

Definition

Eine statistische Alternativhypothese H_1 wird so formuliert, dass sie die inhaltliche Hypothese in Form von Annahmen über die Verteilung des betreffenden Merkmals oder der betreffenden Merkmale in der Population wiedergibt.

In ►Tabelle 5.1 sind für die Situationen 1-7 aus dem **Anwendungsbeispiel** die statistischen Alternativhypothesen und die darin verwendeten Parameter zusammengefasst.

Beispiel	Hypothesentyp	Alternativhypothese H_1	verwendete Parameter
1	Ungerichtete, unspezifische Unterschiedshypothese	$\mu_{dD} \neq \mu_0$	μ_{dD}: Mittlerer Ernteertrag in der Population bei doppelter Düngung $\mu_0 = 100$ t/ha: Bekannter Populationsmittelwert ohne doppelte Düngung
2	Ungerichtete, unspezifische Zusammenhangshypothese	$\rho_{SE} \neq 0$	ρ_{SE}: Korrelationskoeffizient (siehe Kapitel 7) der Merkmale Anzahl der Sonnentage und Ernteertrag in der Population
3	Ungerichtete, unspezifische Unterschiedshypothese	$\mu_b \neq \mu_u$	μ_b: Mittlerer Schädlingsbefall in der Population der behandelten Parzellen μ_u: Mittlerer Schädlingsbefall in der Population der unbehandelten Parzellen
4	Gerichtete, unspezifische Unterschiedshypothese	$\mu_b < \mu_u$	μ_b: Mittlerer Schädlingsbefall in der Population der behandelten Parzellen μ_u: Mittlerer Schädlingsbefall in der Population der unbehandelten Parzellen
5	Gerichtete, unspezifische Unterschiedshypothese	$\mu_{mD} > \mu_{oD}$	μ_{mD}: Mittlerer Ernteertrag in der Population der gedüngten Flächen μ_{oD}: Mittlerer Ernteertrag in der Population der ungedüngten Flächen
6	Gerichtete, spezifische Unterschiedshypothese	$\mu_{mD} - \mu_{oD} > \Delta$	μ_{mD}: Mittlerer Ernteertrag in der Population der gedüngten Flächen μ_{oD}: Mittlerer Ernteertrag in der Population der ungedüngten Flächen $\Delta = 1$ t/ha: Erwartete mittlere Ertragssteigerung der gedüngten gegenüber den ungedüngten Flächen

Tabelle 5.1: Beispiele für statistische Alternativhypothesen.

Beispiel	Hypothesentyp	Alternativ-hypothese H_1	verwendete Parameter
7	Äquivalenz-hypothese	$\|\mu_B - \mu_A\| < \Delta$	μ_A: Mittlerer Ernteertrag in der Population der mit dem Mittel A gedüngten Flächen μ_B: Mittlerer Ernteertrag in der Population der mit dem Mittel B gedüngten Flächen $\Delta = 0.25$ t/ha: Maximaler mittlerer Ertragsunterschied

Tabelle 5.1: Beispiele für statistische Alternativhypothesen (Fortsetzung).

5.1.3 Statistische Nullhypothesen

In Abhängigkeit von der statistischen Alternativhypothese wird eine zweite Hypothese formuliert, die statistische Nullhypothese. Sie ergibt sich unmittelbar aus der Alternativhypothese.

Definition Mit der statistischen Nullhypothese H_0 wird behauptet, dass die zur Alternativhypothese komplementäre Aussage richtig sei.

Eine statistische Nullhypothese beinhaltet gegenüber der Alternativhypothese keine zusätzliche inhaltliche Information. Die **Beispiele** in ►Tabelle 5.2 verdeutlichen, dass die Nullhypothese lediglich die zur Alternativhypothese komplementäre Aussage enthält. Wenn im ersten Beispiel die Alternativhypothese die Ungleichheit des Populationsmittelwerts von 100 t/ha behauptet, wird in der Nullhypothese die Gleichheit mit diesem Wert unterstellt. Die in Tabelle 5.2 enthaltenen Beispiele entsprechen den Beispielen aus Tabelle 5.1.

Beispiel	Alternativhypothese H_1	Nullhypothese H_0
1	$\mu_{dD} \neq \mu_0$	$\mu_{dD} = \mu_0$
2	$\rho_{SE} \neq 0$	$\rho_{SE} = 0$
3	$\mu_b \neq \mu_u$	$\mu_b = \mu_u$
4	$\mu_b < \mu_u$	$\mu_b \geq \mu_u$
5	$\mu_{mD} > \mu_{oD}$	$\mu_{mD} \leq \mu_{oD}$
6	$\mu_{mD} - \mu_{oD} > \Delta$	$\mu_{mD} - \mu_{oD} \leq \Delta$
7	$\|\mu_B - \mu_A\| < \Delta$	$\|\mu_B - \mu_A\| \geq \Delta$

Tabelle 5.2: Beispiele für statistische Null- und Alternativhypothesen (Hypothesentypen und verwendete Parameter siehe Tabelle 5.1).

Das grundsätzliche Vorgehen beim Testen statistischer Hypothesen besteht darin, die Gültigkeit der Nullhypothese H_0 zu untersuchen. Dazu wird in den konkreten statistischen Tests eine Teststatistik als Stichprobenfunktion benutzt, deren Verteilung bei Gültigkeit der Nullhypothese bekannt ist. Auf dieser Grundlage kann die Vereinbarkeit der Nullhypothese mit den gegebenen Messwerten geprüft werden. Beispiele für Teststatistiken und deren Verteilung bei Gültigkeit der Nullhypothese werden in Kapitel 6 vorgestellt.

Wenn auf der Grundlage der vorliegenden Daten die Nullhypothese mit hinreichend großer Wahrscheinlichkeit verworfen wird, ist im Umkehrschluss auf die Gültigkeit der Alternativhypothese zu schließen, die die zur Nullhypothese komplementäre Aussage behauptet. Vor diesem Hintergrund erscheinen die Begriffe Null- und Alternativhypothese plausibel. Die Nullhypothese liegt der Konstruktion der Teststatistik zugrunde, bei Ablehnung der statistischen Nullhypothese entscheidet man sich für die Alternative, d. h. für die statistische Alternativhypothese.

Wenn die Nullhypothese bei den vorliegenden Daten *nicht* abgelehnt wird, ist damit *keine* Aussage über die Gültigkeit dieser Hypothese verbunden. Im Ergebnis eines statistischen Tests ist lediglich eine Aussage über die Ablehnung der Nullhypothese möglich, nicht aber deren Bestätigung.

Definition

Als statistischer Test wird eine Entscheidung über die Ablehnung oder Nichtablehnung der statistischen Nullhypothese bezeichnet, die in Abhängigkeit von einer konkreten Stichprobe getroffen wird.

Bevor die damit in Zusammenhang stehenden Überlegungen und die entsprechenden Wahrscheinlichkeitsaussagen näher vorgestellt werden, soll zunächst auf die Fehlermöglichkeiten bei der Prüfung statistischer Hypothesen eingegangen werden.

5.2 Fehlerarten bei statistischen Entscheidungen

Nachdem die statistischen Hypothesen formuliert sind, muss auf der Grundlage der konkreten Stichprobe eine Entscheidung über diese Hypothesen getroffen werden. Dabei ist zu beachten, dass sich die Hypothesen auf die jeweiligen Populationen beziehen, während die Messwerte aus konkreten Stichproben vorliegen.

Merksatz

Die statistischen Hypothesen beschreiben Eigenschaften von Populationen. Die Entscheidungen über die Hypothesen werden auf der Grundlage konkreter Stichproben aus diesen Populationen getroffen.

Aus der unvermeidbaren Diskrepanz zwischen der jeweiligen Population als dem Gültigkeitsbereich der Hypothesen und der erhobenen Stichprobe als Datengrundlage für die Entscheidung über die Hypothesen ergibt sich die Möglichkeit von Fehlentscheidungen. Die möglichen Fehler betreffen Fehlentscheidungen bezüglich der jeweiligen Nullhypothese, aus denen zwangsläufig unkorrekte Schlussfolgerungen für die Alternativhypothese resultieren.

Zur Illustration soll **Anwendungsbeispiel 4** herangezogen werden. In diesem Beispiel soll nachgewiesen werden, dass mit einem Pflanzenschutzmittel behandelte Parzellen einen geringeren mittleren Schädlingsbefall aufweisen als unbehandelte Parzellen. Die statistische Alternativhypothese lautet

$$H_1 : \mu_b < \mu_u.$$

Die Nullhypothese ergibt sich entsprechend als

$$H_0 : \mu_b \geq \mu_u.$$

Dabei soll als bekannt vorausgesetzt werden, dass das Pflanzenschutzmittel aufgrund seiner Zusammensetzung in der Population im Mittel nicht zu höherem Schädlingsbefall führen kann. Trotzdem wird dieser Fall in der Nullhypothese „vorgesehen". Der Grund besteht darin, dass die Nullhypothese immer die komplementäre Behauptung zur Alternativhypothese ausdrücken soll. Damit kann jedes mögliche Stichprobenergebnis einer der beiden Hypothesen zugeordnet werden. In einer konkreten Stichprobe kann durchaus das Ergebnis eintreten, dass der Schädlingsbefall bei den behandelten Pflanzen der Stichprobe zufällig höher ist als bei unbehandelten, obwohl das für die Population im Mittel ausgeschlossen werden kann.

Für die Beurteilung möglicher Ergebnisse der Hypothesenprüfung muss man zwischen den beiden möglichen Eigenschaften der Population unterscheiden, die natürlich unbekannt sind.

Zunächst soll der Fall betrachtet werden, dass das Pflanzenschutzmittel in der Population *nicht wirkt*. In diesem Fall wäre in der Population die Nullhypothese gültig, d. h. der Populationsmittelwert des Schädlingsbefalls der behandelten Pflanzen wäre nicht geringer als bei den unbehandelten Pflanzen ($H_0 : \mu_b \geq \mu_u$). Wenn man sich aufgrund der Stichprobe für die Nullhypothese entscheidet, trifft man eine richtige Entscheidung. Es ist jedoch nicht auszuschließen, dass in der Stichprobe zufällig der mittlere Schädlingsbefall der behandelten Pflanzen deutlich geringer ist als bei den unbehandelten Pflanzen, so dass man sich im Ergebnis für die Alternativhypothese entscheidet. Man geht also auf der Grundlage der Stichprobe von einer Wirkung des Pflanzenschutzmittels aus. In diesem Fall begeht man bei der Entscheidung einen Fehler 1. Art (auch als α-Fehler bezeichnet).

Der andere zu betrachtende Fall besteht darin, dass das Pflanzenschutzmittel *wirkt*, in der Population also die Alternativhypothese ($H_1 : \mu_b < \mu_u$) gültig ist. Wenn man hier aufgrund der Stichprobe zu der Entscheidung kommt, die Nullhypothese abzulehnen und sich für die Alternativhypothese zu entscheiden, trifft man eine korrekte Entscheidung. Auch hier ist aber eine Fehlentscheidung nicht auszuschließen. Wenn in der Stichprobe zufällig keine Wirkung des Mittels nachgewiesen werden kann, behält man die Nullhypothese bei und begeht einen Fehler 2. Art (auch als β-Fehler bezeichnet).

Definition

Bei der Entscheidung über ein statistisches Hypothesenpaar auf der Grundlage einer konkreten Stichprobe besteht ein Fehler 1. Art darin, die Nullhypothese abzulehnen, obwohl sie in der Population gültig ist. Bei einem Fehler 2. Art wird die Nullhypothese beibehalten, obwohl in der Population die Alternativhypothese gültig ist.

In ►Tabelle 5.3 sind die möglichen korrekten oder fehlerhaften Entscheidungen zusammengefasst, die bei der Entscheidung über Hypothesen zu Populationsparametern auf der Basis von konkreten Stichproben auftreten können.

		In der Population gilt	
		H_0	H_1
Entscheidung aufgrund der Stichprobe zugunsten von	H_0	korrekt	Fehler 2. Art
	H_1	Fehler 1. Art	korrekt

Tabelle 5.3: Fehlerarten bei statistischen Entscheidungen.

Die beschriebenen Fehlermöglichkeiten können in praktischen Untersuchungen nicht vermieden werden, wenn Stichproben zur Entscheidung über Eigenschaften von Populationen herangezogen werden. Allerdings hat der Forscher die Möglichkeit, die Wahrscheinlichkeit des Auftretens von Fehlern 1. bzw. 2. Art zu begrenzen, worauf später konkret eingegangen wird. Deshalb ist es in jeder bio- und umweltwissenschaftlichen Untersuchung notwendig, sich bereits in der Planungsphase die inhaltliche Konsequenz der dargestellten Fehlerarten zu veranschaulichen.

Im **Beispiel** könnte ein Fehler 1. Art die Konsequenz haben, dass man nach der falschen Entscheidung für die Alternativhypothese die Wirkung des Pflanzenschutzmittels als gegeben angesehen würde. Man würde das Mittel danach anwenden, obwohl es in der Population im Mittel keine positive Wirkung zeigt. Die negativen praktischen Folgen eines Fehlers 1. Art wären offenbar unnötige Kosten und mögliche Umweltbeeinträchtigungen durch die nutzlose Anwendung des Mittels.

Ein Fehler 2. Art hätte die Konsequenz, dass nach der falschen Entscheidung zur Beibehaltung der Nullhypothese das Pflanzenschutzmittel nicht angewendet werden würde, obwohl es den mittleren Schädlingsbefall in der Population verringern würde. Die negativen Folgen dieser Fehlentscheidung wären vermeidbare Schäden an den Pflanzen durch die Schädlinge und damit möglicherweise verbundene Ernteausfälle.

Merksatz

Die praktischen Konsequenzen möglicher Fehler 1. oder 2. Art müssen in der Planungsphase jedes Forschungsvorhabens abgeschätzt werden. Die denkbaren Auswirkungen können zum Beispiel ökonomischer oder ökologischer Art sein. Es ist von der inhaltlichen Fragestellung abhängig, ob ein Fehler 1. Art oder ein Fehler 2. Art zu gravierenderen negativen Konsequenzen führen würde.

Die Prinzipien zur Begrenzung der Wahrscheinlichkeit des Fehlers 1. Art werden im folgenden Kapitel dargestellt. Möglichkeiten und Schwierigkeiten der gleichzeitigen Begrenzung von Fehlern 1. und 2. Art werden im Abschnitt 9.3 zur Versuchsplanung diskutiert.

5.3 Prüfung statistischer Hypothesen

Die grundlegenden Prinzipien bei der Entscheidung über statistische Hypothesen sollen anhand des **Anwendungsbeispiels 1** diskutiert werden. In diesem Beispiel ist ein vom bekannten Wert von 100 t/ha abweichender mittlerer Ernteertrag bei doppelter Düngung nachzuweisen. Dieser inhaltlichen Hypothese entspricht die statistische Alternativhypothese

$$H_1 : \mu_{dD} \neq \mu_0.$$

Folglich ist die statistische Nullhypothese

$$H_0 : \mu_{dD} = \mu_0$$

zu untersuchen. Dabei soll im folgenden Abschnitt von einer Normalverteilung der Variablen X mit einer bekannten Standardabweichung σ in der Population ausgegangen werden.

5.3.1 Der p-Wert

Zu untersuchen ist, ob bzw. mit welcher Wahrscheinlichkeit ein aus gegebenen Werten $(x_1, x_2, \ldots, x_n)$ als Realisierung der Zufallsvariablen $\bar{X}$ berechneter arithmetischer Mittelwert $\bar{x}$ für oder gegen die Gültigkeit der Nullhypothese spricht. Bei Gültigkeit der Nullhypothese wäre der Populationsmittelwert μ_{dD} bei doppelter Düngung gleich dem bekannten Wert $\mu_0 = 100$ t/ha. Unter dieser Annahme ist die Zufallsvariable $\bar{X}$ normalverteilt mit Mittelwert μ_0 und Standardabweichung $\sigma/\sqrt{n}$ (siehe Abschnitt 3.3.2 und Abschnitt 4.2). Damit kann für dieses Beispiel die Wahrscheinlichkeit p berechnet werden, dass unter der Annahme der Gültigkeit der Nullhypothese eine Realisierung $\bar{x}$ oder eine noch weiter von μ_0 entfernte Realisierung erzielt wird:

$$p = P\left(\bar{X} \geq \mu_0 + \bar{d}\right) + P\left(\bar{X} \leq \mu_0 - \bar{d}\right). \tag{5.1}$$

Dabei wird mit

$$\bar{d} = \left|\bar{x} - \mu_0\right|$$

der Betrag der Abweichung des Schätzwerts $\bar{x}$ von μ_0 bezeichnet. Die Wahrscheinlichkeit p ist in ►Abbildung 5.1 veranschaulicht. Sie wird als p-Wert bezeichnet.

Definition

Als p-Wert wird die Wahrscheinlichkeit bezeichnet, mit der bei Gültigkeit der Nullhypothese der in der Stichprobe berechnete Punktschätzwert oder ein noch mehr der Nullhypothese widersprechender Punktschätzwert ermittelt wird.

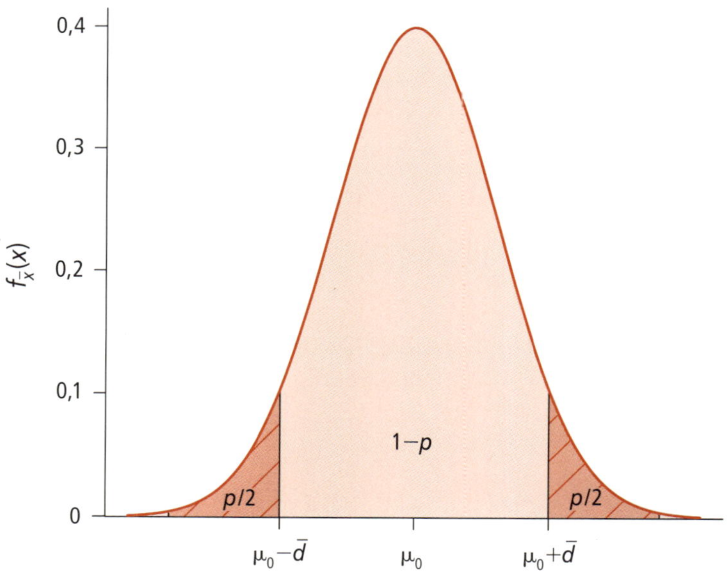

Abbildung 5.1: p-Wert bei zweiseitiger Fragestellung.

Für den Spezialfall $\mu_0 = 0$ ergibt sich die Beziehung

$$p = P\left(\left|\bar{X}\right| \geq \left|\bar{x}\right|\right) = P\left(\bar{X} \geq \bar{x}\right) + P\left(\bar{X} \leq -\bar{x}\right). \tag{5.2}$$

Der gleiche p-Wert wie in Formel (5.1) bzw. (5.2) würde sich ergeben, wenn man anstelle der Zufallsvariablen $\bar{X}$ die Teststatistik

$$\frac{\bar{X}-\mu_0}{\sigma/\sqrt{n}} = \frac{\bar{X}-\mu_0}{\sigma}\cdot\sqrt{n}$$

betrachten würde. Diese Teststatistik ist bei Gültigkeit der Nullhypothese standardnormalverteilt (siehe Kapitel 3.3.2). Der p-Wert ergibt sich nach der Formel

$$p = P\left(\left|\frac{\bar{X}-\mu_0}{\sigma}\cdot\sqrt{n}\right| \geq \left|\frac{\bar{x}-\mu_0}{\sigma}\cdot\sqrt{n}\right|\right) = P\left(\left|\bar{Z}\right| \geq \left|\bar{z}\right|\right). \tag{5.3}$$

Die Beziehung (5.3) ist in ►Abbildung 5.2 veranschaulicht. Sie gilt bei großem Stichprobenumfang näherungsweise auch für nicht normalverteilte Merkmale X, weil mit Hilfe des Zentralen Grenzwertsatzes gezeigt werden kann, dass die Teststatistik $\bar{Z}$ asymptotisch standardnormalverteilt ist. Man spricht dann von einem asymptotischen Testverfahren.

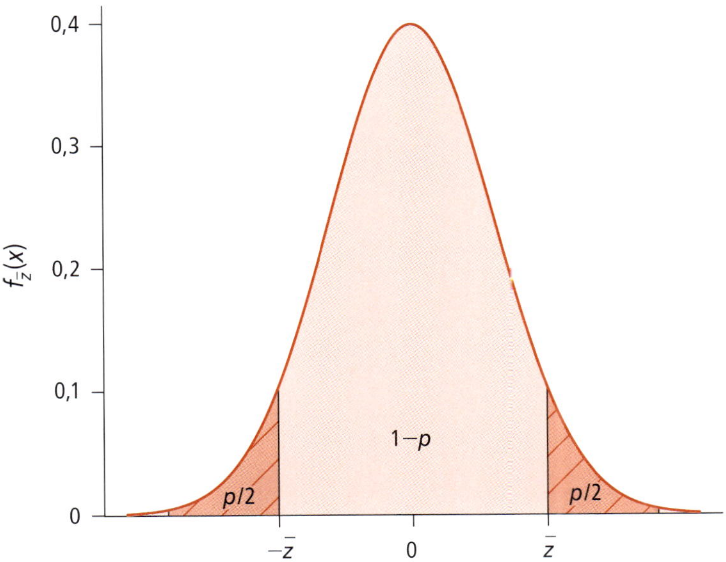

Abbildung 5.2: p-Wert bei zweiseitiger Fragestellung auf der Grundlage einer Standardnormalverteilung.

Der p-Wert ist unabhängig davon, ob er auf der Grundlage der Normalverteilung der Zufallsvariablen $\bar{X}$ oder auf der Basis der Standardnormalverteilung von $\bar{Z}$ berechnet wird (siehe Abschnitt 3.3.2).

5.3.2 Einseitige und zweiseitige Fragestellungen

Bei der Bestimmung des p-Werts ist der Unterschied zwischen gerichteten (einseitigen) und ungerichteten (zweiseitigen) Hypothesen zu beachten.

Bei ungerichteten inhaltlichen Hypothesen, in denen zum Beispiel lediglich ein Unterschied (egal welcher Richtung) nachgewiesen werden soll, ergeben sich wie in hier betrachteten Beispiel zweiseitige Alternativhypothesen ($H_1 : \mu_{dD} \neq \mu_0$). Positive und negative Abweichungen von μ_0 sprechen gleichermaßen gegen die Nullhypothese ($H_0 : \mu_{dD} = \mu_0$). Da die Richtung der in der Stichprobe auftretenden Abweichung vor der Untersuchung nicht bekannt ist, werden die betragsmäßigen Abweichungen des Schätzwerts von μ_0 betrachtet. In ►Abbildung 5.1 sind deshalb sowohl der Wert $\mu_0 + \bar{d}$ als auch der Wert $\mu_0 - \bar{d}$ eingetragen. Der p-Wert berechnet sich als Summe der beiden dadurch entstehenden Flächen.

Wenn man in Beispiel 1 anstelle der dort benutzten zweiseitigen Hypothese eine gerichtete Hypothese untersuchen würde (Nachweis eines höheren mittleren Ernteertrags bei doppelter Düngung), ergäben sich die Alternativhypothese $H_1 : \mu_{dD} > \mu_0$ und die entsprechende Nullhypothese $H_0 : \mu_{dD} \leq \mu_0$. Für den gleichen arithmetischen Stichprobenmittelwert $\bar{x}$ ergibt sich der p-Wert bei einseitiger Fragestellung als

$$p = P\left(\bar{X} \geq \mu_0 + \bar{d}\right) = P\left(\bar{X} \geq \bar{x}\right). \tag{5.4}$$

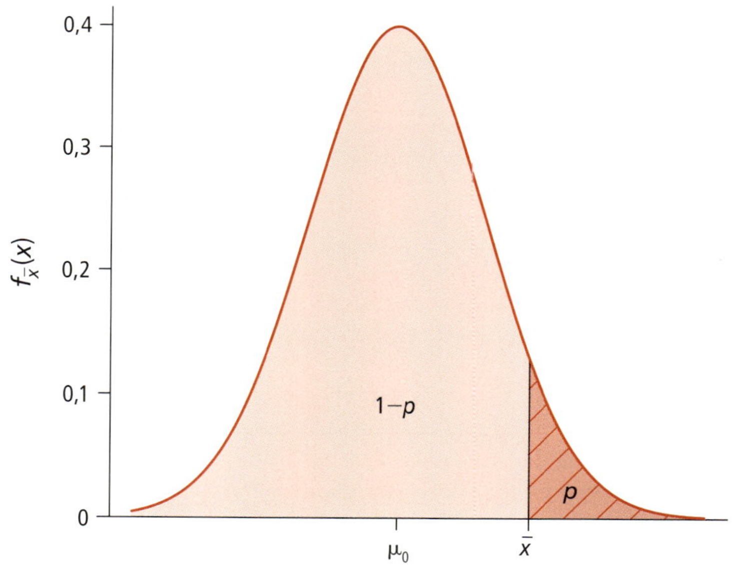

Abbildung 5.3: p-Wert bei einseitiger Fragestellung.

In ▶Abbildung 5.3 ist der p-Wert bei einer gerichteten Alternativhypothese $H_1 : \mu_{dD} > \mu_0$ veranschaulicht. Negative Abweichungen des Stichprobenmittelwerts $\bar{x}$ von μ_0 stehen nicht im Widerspruch zur Nullhypothese. Der p-Wert ist im dargestellten Beispiel auf den Bereich hoher positiver Abweichungen eingeschränkt. Aus dem Vergleich von ▶Abbildung 5.1 und ▶Abbildung 5.3 folgt, dass der gleiche Stichprobenmittelwert bei zweiseitiger Fragestellung zu einem doppelt so großen p-Wert führt wie bei einseitiger Fragestellung. Dieser Unterschied ist dadurch begründet, dass bei der Prüfung gerichteter Hypothesen lediglich Abweichungen in einer Richtung zu einer Ablehnung der Nullhypothese führen.

Bei sonst gleichen Parametern ist der für einen konkreten Punktschätzwert $\bar{x}$ berechnete p-Wert bei ungerichteten Hypothesen (zweiseitiger Fragestellung) doppelt so groß wie bei gerichteten Hypothesen (einseitiger Fragestellung).

Beim ungerichteten Test wird der p-Wert unter der Annahme der $H_0 : \mu_{dD} = \mu_0$ berechnet. Die Verteilung unter Annahme der Gültigkeit dieser H_0 hat den Mittelwert μ_0 (siehe Abbildung 5.1). Bei der zur gerichteten Alternativhypothese $H_1 : \mu_{dD} > \mu_0$ gehörenden $H_0 : \mu_{dD} \leq \mu_0$ gibt es theoretisch unendlich viele Verteilungen mit Populationsmittelwerten kleiner oder gleich μ_0. Für die Berechnung des p-Werts wird diejenige der möglichen H_0-Verteilungen benutzt, die „am dichtesten“ am Gültigkeitsbereich der Alternativhypothese liegt, im vorliegenden Fall die Verteilung mit dem Populationsmittelwert μ_0. Für alle anderen möglichen Verteilungen mit Populationsmittelwerten kleiner als μ_0 würden sich kleinere p-Werte ergeben (siehe ▶Abbildung 5.4).

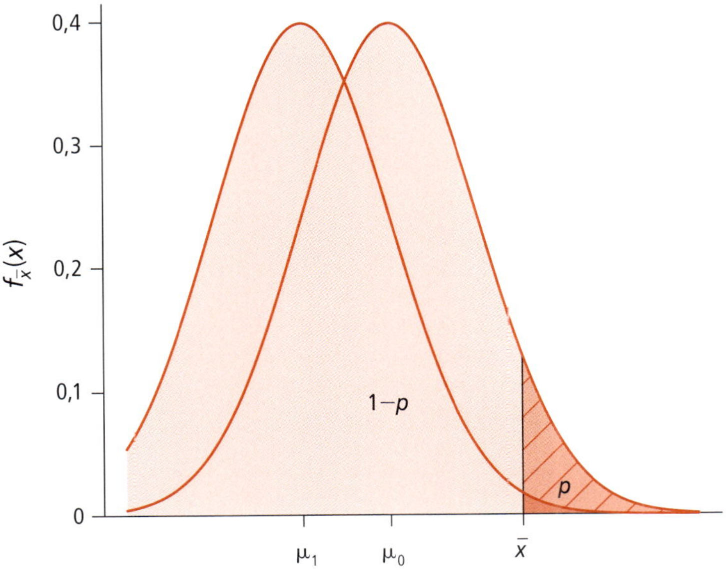

Abbildung 5.4: p-Werte für Verteilungen mit unterschiedlichen Mittelwerten.

5.3.3 Statistische Signifikanz

Der p-Wert ist die Grundlage für die Entscheidung über die Nullhypothese. Er drückt aus, wie wahrscheinlich oder unwahrscheinlich die Ergebnisse der gegebenen Stichprobe sind, wenn man von der Gültigkeit der Nullhypothese in der Population ausgeht. Werte von $\bar{x}$ in der Nähe von μ_0 führen zu hohen p-Werten. Je stärker konkrete $\bar{x}$-Werte von μ_0 abweichen, desto geringer ist die Wahrscheinlichkeit, dass die Stichprobe aus einer Population stammt, in der die Nullhypothese gilt. Der p-Wert ist in diesem Fall entsprechend niedrig, bei einer Ablehnung der Nullhypothese wäre die Wahrscheinlichkeit einer falschen Entscheidung entsprechend gering. Für eine Entscheidung über die Ablehnung einer Nullhypothese werden Obergrenzen α für den p-Wert verwendet, sogenannte Signifikanzniveaus. Dabei werden in der Praxis am häufigsten die Signifikanzniveaus $\alpha = 0.05$ und $\alpha = 0.01$ verwendet.

Definition

Beträgt die Wahrscheinlichkeit höchstens α, mit der bei Gültigkeit der Nullhypothese der in der Stichprobe berechnete Punktschätzwert oder ein noch mehr der Nullhypothese widersprechender Punktschätzwert ermittelt wird, so bezeichnet man dieses Ereignis als signifikant (zum Niveau α) und die Wahrscheinlichkeit α als Signifikanzniveau.

Die Wahl eines Signifikanzniveaus α dient der Standardisierung und Vereinheitlichung des Vorgehens beim Ablehnen einer Nullhypothese und damit bei der Entscheidung für die Alternativhypothese. Mit dem vorzugebenden α wird die Wahrscheinlichkeit begrenzt, die Nullhypothese abzulehnen, obwohl sie in der Population zutrifft. α begrenzt also die Wahrscheinlichkeit für einen Fehler 1. Art. Neben den beiden angegebenen Signifikanzniveaus ($\alpha = 0.05$ und $\alpha = 0.01$) sind grundsätzlich auch andere Signifikanzniveaus möglich (z. B. $\alpha = 0.001$).

Merksatz

Die Entscheidung für ein konkretes Signifikanzniveau α, das die Grundlage für die Entscheidung über die Nullhypothese bilden soll, muss grundsätzlich bereits in der Planungsphase getroffen werden, das heißt *vor* der jeweiligen Untersuchung. Ausgangspunkt für die Wahl des Signifikanzniveaus α sind Überlegungen über die praktischen Konsequenzen von möglichen Fehlentscheidungen.

Entsprechende Betrachtungen zu Konsequenzen des Fehlers 1. Art sind in Abschnitt 5.2 am Beispiel der Wirkung eines Pflanzenschutzmittels vorgenommen worden. Wenn eine fehlerhafte Ablehnung der Nullhypothese schwerwiegende Konsequenzen hätte, sollte man sich für einen kleinen Wert für α entscheiden (zum Beispiel $\alpha = 0.01$) und damit die Möglichkeit einer fehlerhaften Ablehnung von H_0 stark begrenzen. Allerdings nimmt man damit eine Erhöhung der Wahrscheinlichkeit eines Fehlers 2. Art in Kauf. Umgekehrt sollte man sich für ein höheres Signifikanzniveau (zum Beispiel $\alpha = 0.05$) entscheiden, wenn ein Fehler 2. Art gravierendere Konsequenzen hätte. Besonders bei reinen Forschungsfragestellungen hat man manchmal keine klaren Hinweise auf die inhaltlichen Konsequenzen der unterschiedlichen Fehlermöglichkeiten. In diesem Fall sollte man sich bei der Wahl des Signifikanzniveaus an vergleichbaren Untersuchungen orientieren.

Auf der Grundlage eines vorgegebenen Signifikanzniveaus kann eine Entscheidung über die Ablehnung oder Beibehaltung der Nullhypothese direkt aus dem Vergleich des berechneten p-Werts mit α getroffen werden.

Formel

$$p \leq \alpha \rightarrow Ablehnung\, von\, H_0 \tag{5.5}$$

$$p > \alpha \rightarrow Beibehalten\, von\, H_0 \tag{5.6}$$

- p: Aus der Stichprobe berechneter p-Wert
- α: Vorgegebenes Signifikanzniveau

Die Entscheidung über statistische Hypothesen auf der Basis des p-Werts gemäß Formel (5.5) bzw. (5.6) ist für den Anwender sehr unkompliziert möglich. Mit dem p-Wert wird von den Statistikprogrammen ein Wert berechnet, der unabhängig vom konkreten Test unmittelbar mit dem Signifikanzniveau α verglichen werden kann und damit direkt zu einer Testentscheidung führt. Die Computerprogramme geben zu allen Tests die aus den jeweils vorliegenden Daten berechneten p-Werte aus. Zu beachten ist allerdings, dass oft automatisch die p-Werte der zweiseitigen Tests angegeben werden. Wenn einseitige Fragestellungen bearbeitet werden sollen, muss in solchen Fällen bei symmetrischen Prüfverteilungen der vom Programm berechnete p-Wert halbiert werden.

Es ist zu empfehlen, in Publikationen über Forschungsergebnisse neben der Testentscheidung, das heißt der Ablehnung oder Beibehaltung der Nullhypothese bei vorgegebenem α, in jedem Fall den konkreten p-Wert zu berichten. Einerseits wird damit eine wichtige Information mitgeteilt, die über das Ergebnis der Testentscheidung noch hinausgeht. Andererseits ist der p-Wert ein wichtiges Maß beim Vergleich oder bei der Zusammenfassung der Ergebnisse unterschiedlicher Untersuchungen.

Ein praktisches Problem bei der Auswertung von Signifikanztests entsteht dann, wenn man kein Statistikprogramm zur Verfügung hat. Die Berechnung der p-Werte aus unterschiedlichen Verteilungen ist ohne entsprechende Software in den meisten Fällen nicht möglich. Zum gleichen Testergebnis führt im Fall stetiger Prüfverteilungen der Vergleich des berechneten Werts der jeweiligen Teststatistik mit den Quantilen der entsprechenden Prüfverteilung. Die Quantile wichtiger Prüfverteilungen sind im Anhang dieses Buches tabelliert.

Im **Anwendungsbeispiel 1** ist die Beziehung $p \leq \alpha$ grafisch dadurch zu veranschaulichen, dass die Fläche p kleiner oder gleich der Fläche α ist (►Abbildung 5.5, obere Grafik). Das ist gleichbedeutend damit, dass die vom Quantil $q_{1-\alpha/2}$ der Normalverteilung mit Mittelwert μ_0 und Standardabweichung $\sigma/\sqrt{n}$ abgetrennte Fläche größer oder gleich der von $\mu_0 + \bar{d}$ mit $\bar{d} = |\bar{x} - \mu_0|$ begrenzten Fläche ist (Abbildung 5.5, mittlere Grafik). Dem entspricht, dass die vom Quantil $z_{\alpha/2}$ der Standardnormalverteilung begrenzte Fläche größer oder gleich dem von $\bar{z} = (\bar{x} - \mu_0)/(\sigma/\sqrt{n})$ (Abbildung 5.5, untere Grafik) begrenzten Anteil der Gesamtfläche ist. Für den Fall gerichteter Hypothesen ergeben sich analoge Betrachtungen. In Analogie zur Definitionsformel für den p-Wert ergibt sich für α die Beziehung

$$\alpha = P\left(\bar{X} \geq q_{1-\alpha/2}\right) + P\left(\bar{X} \leq q_{\alpha/2}\right) = P\left(|\bar{Z}| \geq z_{1-\alpha/2}\right). \tag{5.7}$$

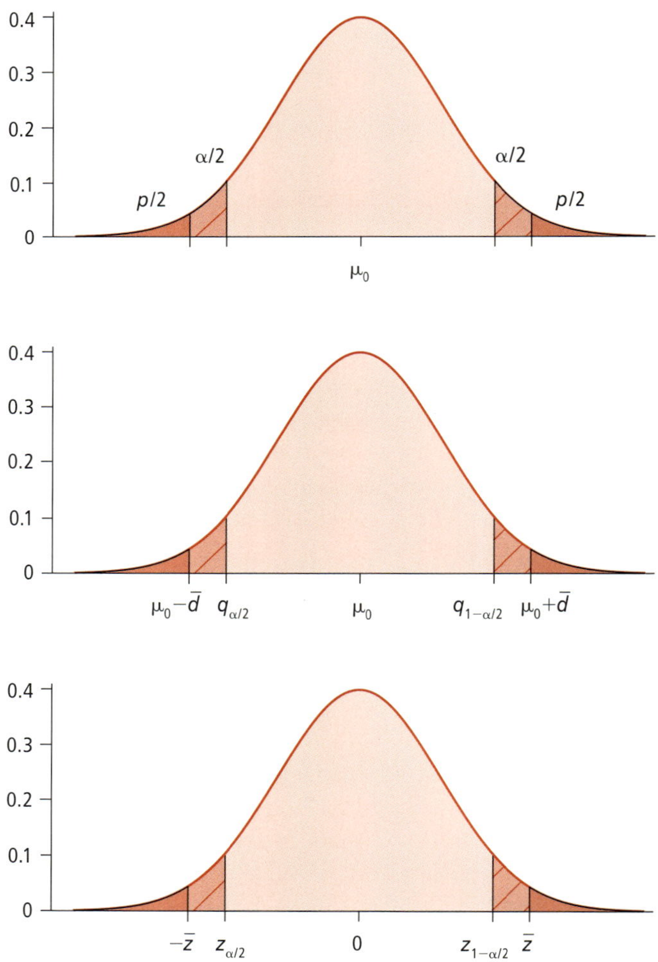

Abbildung 5.5: Beziehungen von p-Wert und Signifikanzniveau α (oben), Quantil einer Normalverteilung und $\bar{d} = |\bar{x} - \mu_0|$ (Mitte) sowie Quantil einer Standardnormalverteilung und $\bar{z}$ (unten).

Allgemein werden für das Testen statistischer Hypothesen ohne Berechnung des p-Werts ein kritischer Wert c und eine als Teststatistik (TS) bezeichnete Stichprobenfunktion benutzt, für die bei gegebenem Signifikanzniveau α folgende Beziehungen gelten:

Formel

Für zweiseitige Fragestellungen:

$$P(TS \geq c_{1-\alpha/2}) + P(TS \leq c_{\alpha/2}) \leq \alpha \quad (5.8)$$

Für einseitige Fragestellungen:

$$P(TS \geq c_{1-\alpha}) \leq \alpha \text{ bzw. } P(TS \leq c_{\alpha}) \leq \alpha \quad (5.9)$$

- TS: Teststatistik
- $c_{1-\alpha/2}, c_{1-\alpha}, c_{\alpha}, c_{\alpha/2}$: Kritische Werte (größte bzw. kleinste Werte, für die die Beziehungen (5.8) bzw. (5.9) gelten)
- α: Vorgegebenes Signifikanzniveau

Für die praktische Durchführung der statistischen Tests ist zwischen diskreten und stetigen Prüfverteilungen zu unterscheiden.

Für kleine Stichprobenumfänge sind die kritischen Werte diskreter Prüfverteilungen in Tabellen zusammengefasst (Beispiele siehe Anhang). Die Nullhypothese des jeweiligen Tests kann für diskrete Prüfverteilungen abgelehnt werden, wenn folgende Beziehungen erfüllt sind:

Formel

Für zweiseitige Fragestellungen:

$$ts \geq c_{1-\alpha/2} \text{ oder } ts \leq c_{\alpha/2} \rightarrow H_0 \textit{ ablehnen} \quad (5.10)$$

Für einseitige Fragestellungen:

$$ts \geq c_{1-\alpha} \rightarrow H_0 \textit{ ablehnen} \text{ bzw. } ts \leq c_{\alpha} \rightarrow H_0 \textit{ ablehnen} \quad (5.11)$$

- ts: Wert der Teststatistik
- $c_{1-\alpha/2}, c_{1-\alpha}, c_{\alpha}, c_{\alpha/2}$: Kritische Werte (größte bzw. kleinste Werte, für die die Beziehungen (5.8) bzw. (5.9) gelten)
- α: Vorgegebenes Signifikanzniveau

Testentscheidungen auf der Grundlage von (5.10) bzw. (5.11) führen zum gleichen Ergebnis wie die Entscheidung auf der Grundlage des berechneten p-Werts nach der Beziehung (5.5).

Für stetige Prüfverteilungen ergeben sich die kritischen Werte nach Formel (5.8) bzw. (5.9) analog zu Beziehung (5.7) als die entsprechenden Quantile der jeweiligen stetigen Prüfverteilungen (siehe Kapitel 3).

Für stetige Verteilungen ist die Wahrscheinlichkeit gleich 0, dass die Teststatistik *genau* den Wert des Quantils der Prüfverteilung annimmt. Daraus resultieren unterschiedliche Empfehlungen für die konkreten Testentscheidungen. Während zum Beispiel Daniel (2018) die Ablehnung der Nullhypothese auch für den Fall vorsieht, dass der Wert der Teststatistik *gleich* dem entsprechenden Quantil der stetigen Prüfverteilung ist, wird in der Literatur für die Ablehnung der Nullhypothese überwiegend ein größerer Wert der Teststatistik verlangt (siehe zum Beispiel Fahrmeier et al., 2016 oder Hartung et al., 2009).

In den Testabläufen dieses Buches soll ebenfalls für die Teststatistik ein gegenüber dem Quantil einer stetigen Prüfverteilung größerer Wert für die Ablehnung der Nullhypothese vorausgesetzt werden. Als Konsequenz wird für die Ablehnung der Nullhypothese auf der Basis des p-Werts die Beziehung $p < \alpha$ an Stelle von $p \leq \alpha$ vorausgesetzt.

Aus den genannten Gründen werden in den Testabläufen der Tests mit stetigen Prüfverteilungen die folgenden Forderungen für die Ablehnung der Nullhypothese verwendet:

Formel

Testentscheidung auf der Basis des p-Werts:

$$p < \alpha \rightarrow Ablehnung\,von\,H_0 \tag{5.12}$$

Testentscheidung auf der Basis des Quantils der stetigen Prüfverteilung für zweiseitige Fragestellungen:

$$ts > q_{1-\alpha/2} \text{ oder } ts < q_{\alpha/2} \rightarrow H_0\ ablehnen \tag{5.13}$$

Testentscheidung auf der Basis des Quantils der stetigen Prüfverteilung für einseitige Fragestellungen:

$$ts > q_{1-\alpha} \rightarrow H_0\ ablehnen \text{ bzw. } ts < q_{\alpha} \rightarrow H_0\ ablehnen \tag{5.14}$$

- p: Aus der Stichprobe berechneter p-Wert
- ts: Wert der Teststatistik
- $q_{1-\alpha/2}, q_{1-\alpha}, q_{\alpha}, q_{\alpha/2}$: Quantile stetiger Prüfverteilungen
- α: Vorgegebenes Signifikanzniveau

Mit den Testentscheidungen auf der Grundlage des berechneten p-Werts und auf der Basis der kritischen Vergleichswerte stehen zwei Möglichkeiten der Entscheidung über statistische Hypothesen zur Verfügung, die zu äquivalenten Ergebnissen führen. Bei der computergestützten Datenauswertung kann der vom verwendeten Programm berechnete p-Wert direkt mit dem vorgegebenen Signifikanzniveau verglichen werden. Alternativ kann der berechnete Wert der Teststatistik mit dem jeweiligen kritischen Wert verglichen werden. Bei der Behandlung spezieller Tests in den folgenden Kapiteln wird grundsätzlich auf beide Möglichkeiten eingegangen.

In diesem Kapitel wird ausschließlich die Kontrolle des *Fehlers 1. Art* besprochen. Um die Eigenschaften eines Tests im Hinblick auf den *Fehler 2. Art* zu untersuchen, muss man zunächst die praktisch relevanten Abweichungen von der Nullhypothese quantifizieren, die durch den Test bestätigt werden sollen.

In **Beispiel 6** wird folgende inhaltliche Hypothese betrachtet: Durch Beigabe von Düngemittel einer vorgegebenen Konzentration erhöht sich der mittlere Ernteertrag einer Getreideart gegenüber ungedüngten Flächen im Durchschnitt um mindestens 1 t/ha. Eine solche Hypothese wird zum Beispiel dann aufgestellt, wenn das Düngemittel Kosten verursacht, die bei geringer Zunahme des Ertrags nicht gerechtfertigt wären. Gewinn könnte erzielt werden, wenn der Ernteertrag bei Düngemittelgabe mindestens um 1 Tonne pro Hektar steigen würde. Die praktisch bedeutsame Abweichung der mittleren Ernteerträge wird in diesem Beispiel durch die Ungleichung

$$\mu_{mD} - \mu_{oD} > \Delta$$

mit $\Delta = 1$ beschreiben.

Falls eine solche Abweichung Δ in der Population vorliegt, erwartet man natürlich, dass der Test in der Stichprobe die Nullhypothese mit großer Wahrscheinlichkeit ablehnt. Die zugehörige Wahrscheinlichkeit (beim entsprechenden einseitigen Test)

$$P(TS \geq c_{1-\alpha}) = 1 - \beta \tag{5.15}$$

wird als Güte (Macht, Power oder Teststärke) des Tests bezeichnet.

Die Wahrscheinlichkeit des komplementären Ereignisses

$$P(TS < c_{1-\alpha}) = \beta \tag{5.16}$$

ist die Wahrscheinlichkeit dafür, die Nullhypothese fälschlicherweise nicht abzulehnen, obwohl in der Population eine Abweichung Δ vorliegt, d. h. die Wahrscheinlichkeit, einen Fehler 2. Art zu begehen. In Beispiel 6 entspricht also β der Wahrscheinlichkeit, mit den Daten der Stichprobe kein signifikantes Ergebnis zu erzielen, obwohl sich die Ernteerträge in der Population um mehr als 1 t/ha unterscheiden.

Auf die Möglichkeiten zur gleichzeitigen Kontrolle des Fehlers 1. Art und des Fehlers 2. Art sowie auf die Bedeutung des Stichprobenumfangs in diesem Zusammenhang wird ausführlich in Kapitel 9 eingegangen.

5.4 Ablauf statistischer Tests

Die Durchführung statistischer Tests folgt einem weitgehend einheitlichen Ablauf, der in folgenden Schritten zusammengefasst werden kann:

Inhaltliche Hypothese: Ausgangspunkt bio- und umweltwissenschaftlicher Untersuchungen sind in der Regel konkrete Fragestellungen, die als inhaltliche Hypothesen formuliert werden können.

Voraussetzungen: Es ist festzustellen, welche Voraussetzungen die Daten erfüllen. Das betrifft das Skalenniveau der Merkmale, den Stichprobenumfang sowie Annahmen über die Verteilung des Merkmals in der Population, zum Beispiel über die Verteilungsform.

Statistische Hypothesen: Aus der inhaltlichen Hypothese wird die statistische Alternativhypothese H_1 abgeleitet. Die statistische Nullhypothese H_0 ergibt sich als komplementäre Behauptung zur Alternativhypothese.

Wahl des Signifikanzniveaus: Das Signifikanzniveau α ist in der Phase der Untersuchungsplanung primär aus inhaltlichen Gesichtspunkten festzulegen.

Wahl des geeigneten Tests: Es ist ein statistischer Test auszuwählen, der die Entscheidung über die statistischen Hypothesen ermöglicht und der Voraussetzungen hat, die bei den gegebenen Daten als erfüllt angesehen werden können. Gegebenenfalls sind bei der Auswahl eines konkreten Tests Ergebnisse von Untersuchungen der Robustheit dieses Tests zu berücksichtigen (siehe Abschnitt 5.5.1).

Berechnung des Werts der Teststatistik bzw. des p-Werts: Aus den in der Stichprobe gegebenen Daten wird der Wert der Teststatistik bzw. der p-Wert berechnet.

Entscheidung über Ablehnung oder Beibehaltung der Nullhypothese: Mit dem Vergleich des p-Werts mit dem vorgegebenen Signifikanzniveau bzw. des berechneten Werts der Teststatistik mit dem kritischen Wert erfolgt die Entscheidung über die Ablehnung oder die Beibehaltung der Nullhypothese.

Interpretation des Testergebnisses: Zusätzlich zum Ergebnis des Signifikanztests sind inhaltlich begründete Aussagen über die praktische Bedeutsamkeit des Ergebnisses auf der Grundlage von Effektgrößen in die Beurteilung der Ergebnisse einzubeziehen.

Zusammenfassung

Um mathematisch begründete Entscheidungen über Forschungshypothesen treffen zu können, müssen die zu untersuchenden inhaltlichen Hypothesen in statistische Hypothesen über Verteilungen von Merkmalen in Populationen bzw. über deren Parameter überführt werden. Dabei ergibt sich die statistische Alternativhypothese H_1 unmittelbar aus der inhaltlichen Hypothese, während mit der statistischen Nullhypothese H_0 behauptet wird, dass die zu H_1 komplementäre Aussage richtig sei.

Beim Testen dieser statistischen Hypothesen wird auf der Grundlage von Wahrscheinlichkeitsaussagen zur Nullhypothese eine Entscheidung darüber getroffen, ob die Alternativhypothese (und damit die inhaltliche Forschungshypothese) angenommen werden kann oder nicht. Da damit auf der Grundlage von Ergebnissen aus Stichproben Aussagen über die Populationen getroffen werden, sind Fehler bei den Entscheidungen möglich. Die inhaltlichen Konsequenzen der möglicher Fehlentscheidungen können unterschiedlich gravierend sein und müssen im Rahmen der jeweiligen Forschungsfrage beurteilt werden.

Zur statistischen Prüfung der Nullhypothese H_0 wird der p-Wert als die Wahrscheinlichkeit berechnet, mit der bei Gültigkeit der Nullhypothese der in der Stichprobe berechnete Schätzwert oder ein noch mehr der H_0 widersprechender Schätzwert ermittelt wird. Wenn dieser Wert kleiner als ein vorgegebenes Signifikanzniveau α ist, kann die H_0 abgelehnt und die H_1 akzeptiert werden. Alternativ ist die Testentscheidung über den Vergleich des Schätzwerts der Teststatistik mit dem kritischen Wert der Prüfverteilung möglich. Bei der Interpretation des Testergebnisses muss die Frage beachtet werden, ob gefundene statistisch signifikante Effekte auch praktisch bedeutsam sind.

Übungsaufgaben

Aufgabe 5.1

Die (bekannte) mittlere Anzahl gelegter Eier bei Hühnern soll erhöht werden, wozu ein Mineralstoffpräparat entwickelt wurde. In einer Untersuchung, für die nur 15 Hühner zur Verfügung stehen, soll die Wirksamkeit des Mittels, das ohne unerwünschte Nebenwirkungen für die Tiere ist, getestet werden. Man kann davon ausgehen, dass sich die Zahl gelegter Eier in der Population durch die Einnahme des Präparats nicht verringern wird.

Welche statistischen Hypothesen sind zu untersuchen? Welche inhaltlichen Folgen haben in diesem Beispiel ein möglicher Fehler 1. Art und ein möglicher Fehler 2. Art? Welche Fehlermöglichkeit sollte aus Sicht des am Gewinn orientierten Bauern möglichst gering gehalten werden, wenn das Hormonpräparat keine nennenswerten Mehrkosten verursacht?

Aufgabe 5.2

In einer Untersuchung möge unter Annahme der H_0 ein Populationsmittelwert von $\mu_0 = 70$ erwartet werden. In der empirischen Untersuchung ergab sich ein arithmetischer Mittelwert von $\bar{x} = 73.2$. Die Abweichung sei bei zweiseitigem Test auf dem

5%-Niveau nicht signifikant. Wäre die gleiche Abweichung auch bei einseitigem Test ($H_1: \mu > \mu_0$) nicht signifikant ($\alpha = 0.05$)?

Aufgabe 5.3

In einer Untersuchung möge unter Annahme der H_0 ein Populationsmittelwert von $\mu_0 = 70$ erwartet werden. In der empirischen Untersuchung ergab sich jedoch ein arithmetischer Mittelwert von $\bar{x} = 74.2$. Die Abweichung sei bei einseitigem Test ($H_1: \mu > \mu_0$) auf dem 1%-Niveau signifikant. Wäre die gleiche Abweichung bei zweiseitigem Test auf dem 5%-Niveau signifikant?

Aufgabe 5.4

In einer Untersuchung möge unter Annahme der H_0 ein Mittelwert von $\mu_0 = 90$ erwartet werden. In der empirischen Untersuchung ergab sich ein arithmetischer Mittelwert von $\bar{x} = 93.2$. Die Abweichung sei bei zweiseitigem Test auf dem 1%-Niveau signifikant. Wäre die gleiche Abweichung auch bei einseitigem Test ($H_1: \mu > \mu_0$) signifikant ($\alpha = 0.01$)?

Aufgabe 5.5

In einer Untersuchung möge unter Annahme der H_0 ein Populationsmittelwert von $\mu_0 = 82$ erwartet werden. In der empirischen Untersuchung ergab sich jedoch ein arithmetischer Mittelwert von $\bar{x} = 75.2$. Die Abweichung sei bei zweiseitigem Test auf dem 5%-Niveau signifikant. Wäre die gleiche Abweichung auch bei einseitigem Test ($H_1: \mu < \mu_0$) auf dem 1%-Niveau signifikant?

Aufgabe 5.6

In einer Untersuchung soll nachgewiesen werden, dass die durchschnittliche Lebensdauer von Tieren bei (für den Tierhalter aufwendiger) Freilandhaltung größer ist als die mittlere Lebensdauer der Tiere bei (weniger aufwendiger) Stallhaltung. Da die Freilufthaltung artgerechter ist, kann eine Verkürzung der mittleren Lebensdauer durch die Freilufthaltung ausgeschlossen werden.

Welche statistischen Hypothesen sind zu untersuchen? Welche inhaltlichen Folgen haben ein möglicher Fehler 1. Art und ein möglicher Fehler 2. Art? Welche Fehlerwahrscheinlichkeit sollte aus der Sicht des Tierschutzes möglichst gering gehalten werden?

Aufgabe 5.7

Beurteilen Sie folgende Aussage: Ein p-Wert von 0.02 bedeutet, dass die Nullhypothese, die der Berechnung des p-Werts zugrunde lag, mit einer Wahrscheinlichkeit von 0.98 (98 Prozent) korrekt ist.

Ausführliche Lösungen und zusätzliche Aufgaben finden Sie in unserer eLearning-Umgebung **MyLab|Biostatistik**.

Ausgewählte statistische Tests

6

ÜBERBLICK

In diesem Kapitel werden ausgewählte statistische Tests vorgestellt, die einerseits in der biostatistischen Praxis besonders häufig angewendet werden und die sich andererseits jeweils durch unterschiedliche Vorgehensweisen auszeichnen. Neben der detaillierten und anwendungsorientierten Beschreibung der konkreten Durchführung der Tests steht die Diskussion der notwendigen Voraussetzungen im Mittelpunkt. Dabei wird zwischen parametrischen und nichtparametrischen Tests sowie zwischen Tests für unabhängige bzw. für verbundene Stichproben unterschieden. Mit der gewählten Form der Darstellung sollen die grundlegenden Prinzipien der behandelten Tests veranschaulicht werden. Mit ausgewählten Resampling-Methoden und Monte-Carlo-Simulationen werden moderne rechenintensive Methoden einführend vorgestellt.

Folgende Tests werden ausführlich beschrieben:

- Parametrische Tests für normalverteilte Populationen:
  - Eine Stichprobe: t-Test gegen eine Konstante.
  - Zwei unabhängige Stichproben: t-Test für unabhängige Stichproben.
  - Zwei verbundene Stichproben: t-Test für verbundene Stichproben.
  - Äquivalenztest für verbundene Stichproben.
- Tests zum Prüfen von Voraussetzungen:
  - Varianzhomogenität: Levene-Test.
  - Normalverteilung: Kolmogorov-Smirnov-Test (mit bzw. ohne Lilliefors-Korrektur).
  - Normalverteilung: Grafische Überprüfung durch Q-Q-Plot.
- Tests für ordinalskalierte Merkmale:
  - Zwei unabhängige Stichproben: Exakter und asymptotischer U-Test.
  - Zwei verbundene Stichproben: Exakter und asymptotischer Wilcoxon-Test.
- Tests für nominalskalierte Merkmale:
  - Zwei unabhängige Stichproben: Exakter und asymptotischer Test.
  - Zwei verbundene Stichproben: Exakter und asymptotischer Test.

Anwendungsbeispiel

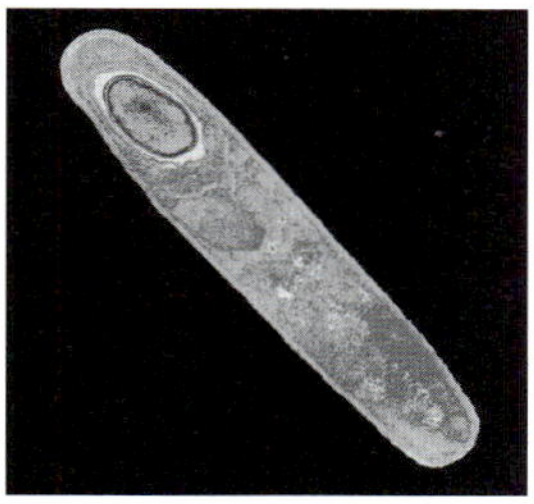

Bacillus thuringiensis mit insektizidem Protein

Der Maiszünsler ist einer der wirtschaftlich bedeutendsten Maisschädlinge in Deutschland. Die Larven dieses Kleinschmetterlings fressen zuerst an den Blättern und bohren sich später in die Kolben der Maispflanze. Die Bekämpfung dieses Schädlings erweist sich auch mit chemischen Mitteln als schwierig. Erfolgreich ist zum Beispiel die biologische Bekämpfung mit der Schlupfwespe *Trichogramma*, deren Larven die Eier des Maiszünslers parasitieren. Ein klassisches Konzept (allerdings mit geringerem Wirkungsgrad) ist die Verwendung von Präparaten mit Kulturen des Bakteriums *Bacillus thuringiensis*, welches ein giftiges Protein bildet, das die Darmwand bestimmter Fraßinsekten zerstört. Andere Insektenarten (und Schädlinge), so zum Beispiel auch Blattläuse, sind von dieser Wirkung nicht betroffen.

Die Wirkung eines *Bacillus-thuringiensis*-Präparats soll überprüft werden. Dazu wurden zehn Felder mit dem Präparat behandelt, zehn Felder blieben unbehandelt. Auf allen in die Untersuchung einbezogenen Feldern wurden zwei Tage nach Behandlung der durchschnittliche Befall mit Maiszünsler-Raupen und das Krankheitsbild (Bonitur) der Pflanzen untersucht. Nach weiteren fünf Tagen wurden Befall und Bonitur für die behandelten Felder erneut erhoben. Nach 14 Tagen wurde der Befallsstatus (befallen/nicht befallen) auf allen Feldern kontrolliert, diese Erfassung wurde nach weiteren 14 Tagen bei den behandelten Feldern wiederholt. Weiterhin wurde die Auswirkung der *Bacillus-thuringiensis*-Präparate auf den Befall mit Blattläusen untersucht, indem auf den behandelten Feldern die Anzahl der Blattläuse vor der Behandlung und 14 Tage danach ermittelt wurde. Der durchschnittliche Maisertrag beträgt bei unbehandelten Feldern etwa 50 dt/ha. Der Ertrag der behandelten Felder wurde drei Tage nach der Behandlung erfasst. In ►Tabelle 6.1, ►Tabelle 6.2 und ►Tabelle 6.3 sind die Variablen, die erhobenen Daten und die zu untersuchenden inhaltlichen Hypothesen zusammengestellt.

Merkmal	Skalenniveau	Erfassung	Erläuterungen
G: Behandlungsgruppe	nominal (alternativ)		2 Ausprägungen (1: behandelt; 2: unbehandelt)
M: Befall mit Maiszünsler nach 2 Tagen	metrisch	behandelte und unbehandelte Gruppe	Anzahl Raupen pro 100 Pflanzen
MW: Befall mit Maiszünsler nach 7 Tagen	metrisch	behandelte Gruppe	Anzahl Raupen pro 100 Pflanzen

Tabelle 6.1: Variablen im Anwendungsbeispiel.

Merkmal	Skalenniveau	Erfassung	Erläuterungen
BL: Befall mit Blattläusen vor der Behandlung	metrisch	behandelte Gruppe	Anzahl Blattläuse pro 100 Pflanzen
BLW: Befall mit Blattläusen nach 2 Wochen	metrisch	behandelte Gruppe	Anzahl Blattläuse pro 100 Pflanzen
BO: Bonitur nach 2 Tagen	ordinal	behandelte und unbehandelte Gruppe	skaliert zwischen 0 (keine Schadensymptome) und 9 (starke Schadensymptome)
BOW: Bonitur nach 7 Tagen	ordinal	behandelte Gruppe	skaliert zwischen 0 (keine Schadensymptome) und 9 (starke Schadensymptome)
B: Befallsstatus nach 2 Wochen	nominal (alternativ)	behandelte Gruppe	2 Ausprägungen (0: kein Befall; 1: Befall)
BW: Befallsstatus nach 4 Wochen	nominal (alternativ)	behandelte Gruppe	2 Ausprägungen (0: kein Befall; 1: Befall)
E: Ertrag nach 3 Tagen	metrisch	behandelte Gruppe	in dt/ha

Tabelle 6.1: Variablen im Anwendungsbeispiel (Fortsetzung).

Nummer des Feldes	Gruppe	M	MW	BL	BLW	BO	BOW	B	BW	E
1	behandelt	63	63	1000	900	0	0	0	0	52
2	behandelt	71	75	1100	1500	2	1	1	0	55
3	behandelt	62	60	1200	1100	1	4	0	1	48
4	behandelt	56	56	1400	1700	4	5	0	1	55
5	behandelt	64	62	1800	1600	2	6	0	0	51
6	behandelt	63	64	1400	1300	5	1	0	0	58
7	behandelt	56	61	3200	3400	3	1	0	1	56
8	behandelt	71	76	1400	1800	6	0	1	0	58
9	behandelt	58	63	800	600	4	4	0	1	62
10	behandelt	68	60	1000	900	4	3	0	0	55
11	unbehandelt	62				9		0		

Tabelle 6.2: Daten im Anwendungsbeispiel.

Nummer des Feldes	**Gruppe**	*M*	*MW*	*BL*	*BLW*	*BO*	*BOW*	*B*	*BW*	*E*
12	unbehandelt	72				8		1		
13	unbehandelt	70				6		1		
14	unbehandelt	66				4		1		
15	unbehandelt	74				7		1		
16	unbehandelt	75				6		1		
17	unbehandelt	70				5		0		
18	unbehandelt	65				9		0		
19	unbehandelt	66				3		0		
20	unbehandelt	80				2		1		

Tabelle 6.2: Daten im Anwendungsbeispiel (Fortsetzung).

Inhaltliche Hypothese	**Klassifizierung der Hypothese**
A) Der mittlere Ernteertrag (Merkmal *E*) der behandelten Flächen ist nach drei Tagen höher als der bekannte mittlere Ernteertrag bei unbehandelten Flächen (μ_0 = 50 dt/ha). Für die Population kann eine Verminderung des mittleren Ernteertrags ausgeschlossen werden, da das eingesetzte Mittel keine bekannten schädlichen Nebenwirkungen hat.	Unterschiedshypothese gerichtet 1 Stichprobe metrische Daten → Abschnitt 6.1.1
B) Der mittlere Befall mit Maiszünsler-Raupen (Merkmal *M*) ist nach zwei Tagen in der behandelten Gruppe niedriger als in der unbehandelten Gruppe. Für die Population kann eine Erhöhung des Befalls in Folge der Behandlung ausgeschlossen werden, da das eingesetzte Mittel keine bekannten schädlichen Nebenwirkungen hat.	Unterschiedshypothese gerichtet 2 unabhängige Stichproben metrische Daten → Abschnitt 6.1.2

Tabelle 6.3: Klassifizierung der Hypothesen im Anwendungsbeispiel.

Inhaltliche Hypothese	Klassifizierung der Hypothese
C) In der behandelten Gruppe unterscheidet sich der mittlere Befall mit Maiszünsler-Raupen nach zwei Tagen (*M*) von dem mittleren Befall nach sieben Tagen (*MW*). Es ist sowohl eine Abnahme des mittleren Befalls (durch die fortdauernde Wirkung der Behandlung) als auch eine Zunahme des mittleren Befalls (durch die nachlassende Behandlungswirkung) denkbar.	Unterschiedshypothese ungerichtet 2 verbundene Stichproben metrische Daten → Abschnitt 6.1.3
D) Der Befall mit Blattläusen (*BL*) wird durch die Behandlung mit dem *Bacillus-thuringiensis*-Präparat nicht beeinflusst. Der mittlere Befall mit Blattläusen nach zwei Wochen (*BLW*) unterscheidet sich in der behandelten Gruppe vom mittleren Wert vor Beginn der Behandlung um weniger als 200.	Äquivalenzhypothese zweiseitig mit Maximaleffekt 2 verbundene Stichproben metrische Daten → Abschnitt 6.1.4
E) Das Merkmal Bonitur (*BO*) hat zwei Tage nach der Behandlung mit dem *Bacillus-thuringiensis*-Präparat durchschnittlich eine geringere Ausprägung als bei den unbehandelten Flächen, d.h. die behandelte Gruppe weist geringere Schadensymptome auf.	Unterschiedshypothese gerichtet 2 unabhängige Stichproben ordinalskalierte Daten → Abschnitt 6.2.1
F) Das Merkmal Bonitur (*BO*) hat bei den behandelten Flächen zwei Tage nach der Behandlung durchschnittlich eine andere Ausprägung als bei der Wiederholungsmessung nach sieben Tagen (*BOW*). Es ist sowohl eine Abnahme der Schadensymptome (durch die fortdauernde Wirkung der Behandlung) als auch eine Zunahme der Symptome (durch die nachlassende Behandlungswirkung) denkbar.	Unterschiedshypothese ungerichtet 2 verbundene Stichproben ordinalskalierte Daten → Abschnitt 6.2.2
G) Die Wahrscheinlichkeit von Flächen ohne Befall nach zwei Wochen (Merkmal *B*) ist in der behandelten Gruppe größer als in der unbehandelten Gruppe. Aus inhaltlichen Überlegungen gibt es keine Anhaltspunkte dafür, dass die behandelten Flächen in der Population stärker befallen sein könnten als die unbehandelten.	Unterschiedshypothese gerichtet 2 unabhängige (alternative) Stichproben nominalskalierte Daten → Abschnitt 6.3.1
H) Bei den behandelten Flächen verändert sich die Wahrscheinlichkeit des Befalls zwischen der zweiten und vierten Woche nach der Behandlung (*B* bzw. *BW*). Abnehmender Befall (durch die fortdauernde Wirkung der Behandlung) und zunehmender Befall (in Folge der nachlassenden Behandlungswirkung) sind gleichermaßen möglich und von Interesse.	Unterschiedshypothese ungerichtet 2 verbundene Stichproben nominalskalierte (alternative) Daten → Abschnitt 6.3.2

Tabelle 6.3: Klassifizierung der Hypothesen im Anwendungsbeispiel (Fortsetzung).

6.1 Parametrische Tests für normalverteilte Merkmale

Parametrische statistische Tests setzen voraus, dass die Verteilung des untersuchten Merkmals in der Population bekannt ist. Dabei unterstellen die hier dargestellten Tests eine Normalverteilung. Die statistischen Hypothesen beziehen sich in den meisten Fällen auf die Mittelwerte μ der betrachteten Populationen. Die Verteilung der Teststatistik ist bei erfüllten Voraussetzungen bekannt, so dass eine Testentscheidung auf der Grundlage der Werte der Teststatistik möglich ist, die aus den Daten der Stichprobe berechnet werden.

6.1.1 Vergleich eines Mittelwerts mit einem bekannten Wert

Mit dem einfachen t-Test kann die Hypothese geprüft werden, dass sich der Mittelwert des Merkmals X in einer untersuchten Population von einem gegebenen (bekannten) Wert unterscheidet. Bei erfüllten Voraussetzungen (Normalverteilung von X) ist die Zufallsvariable

$$T = \frac{\bar{X} - \mu_0}{S} \cdot \sqrt{n} \tag{6.1}$$

bei Gültigkeit der Nullhypothese

$$H_0 : \mu = \mu_0$$

t-verteilt mit $n-1$ Freiheitsgraden (siehe Abschnitt 3.3.2). Dabei bezeichnen $\bar{X}$ die Punktschätzung des Mittelwerts, S die Punktschätzung der Standardabweichung, μ_0 den gegebenen Vergleichswert und n den Stichprobenumfang. Bei der Durchführung des Tests ist zwischen zweiseitigen (a) und einseitigen (b, c) Fragestellungen zu unterscheiden.

Testablauf

Bezeichnung des Tests:

t-Test gegen eine Konstante oder einfacher t-Test oder Student's t-Test

Statistische Hypothesen:

a. $H_1 : \mu \neq \mu_0 \quad H_0 : \mu = \mu_0$

b. $H_1 : \mu > \mu_0 \quad H_0 : \mu \leq \mu_0$

c. $H_1 : \mu < \mu_0 \quad H_0 : \mu \geq \mu_0$

- μ: Unbekannter Mittelwert der Population
- μ_0: Gegebener bekannter Wert

Wahl des Signifikanzniveaus:

- $\alpha = 0.05$ oder $\alpha = 0.01$ oder andere Wahl von α

Gegebene Daten:

- x_i: Messwerte ($i = 1, \ldots, n$)
- n: Anzahl der Messwerte

Voraussetzungen:

- Die Messwerte $x_1, x_2, \ldots, x_n$ sind metrische Realisierungen der Zufallsvariablen X.
- X unterliegt einer Normalverteilung mit unbekanntem Mittelwert μ und unbekannter Standardabweichung σ.

Berechnung des Werts der Teststatistik:

- $\bar{x} = \frac{1}{n} \sum_{i=1}^{n} x_i$: Arithmetischer Mittelwert der Messwerte
- $s = \sqrt{\frac{1}{n-1} \sum_{i=1}^{n} (x_i - \bar{x})^2}$: Standardabweichung der Messwerte
- $t = \frac{\bar{x} - \mu_0}{s} \sqrt{n}$: Wert der Teststatistik

Testentscheidung unter Verwendung des p-Werts:

a. Berechnung von $p = P(|T| \geq |t|)$

b. Berechnung von $p = P(T \geq t)$

c. Berechnung von $p = P(T \leq t)$

- $p < \alpha \rightarrow$ *Ablehnung von* H_0

Testentscheidung unter Verwendung des Quantils der t-Verteilung:

a. $|t| > t_{n-1,\,1-\alpha/2} \rightarrow$ *Ablehnung von* H_0

b. $t > t_{n-1,\,1-\alpha} \rightarrow$ *Ablehnung von* H_0

c. $t < t_{n-1,\alpha} \rightarrow$ *Ablehnung von* H_0

- $t_{n-1,\,1-\alpha/2}$, $t_{n-1,\,1-\alpha}$, $t_{n-1,\,\alpha}$: Quantile der t-Verteilung mit $n-1$ Freiheitsgraden (Anhang B, Tabelle 3).

Im **Anwendungsbeispiel A** ist die gerichtete Alternativhypothese

$$H_1 : \mu_{behandelt} > \mu_{unbehandelt}$$

bzw.

$$H_1 : \mu > \mu_0 \text{ mit } \mu_0 = 50\ dt/ha$$

zu untersuchen. Das statistische Hypothesenpaar entspricht der Form b aus dem Testablauf. Als Signifikanzniveau wird für dieses Beispiel $\alpha = 0.05$ gewählt. Es liegen die Ernteerträge von zehn Feldern vor, die mit dem *Bacillus-thuringiensis*-Präparat behandelt wurden. Aus diesen Daten ergeben sich die Schätzwerte für den arithmetischen Mittelwert und die Standardabweichung (angegeben ohne Maßeinheiten):

$$\bar{m} = 55 \text{ bzw. } s = 3.97.$$

Daraus kann der Wert der Teststatistik berechnet werden:

$$t = \frac{55 - 50}{3.97}\sqrt{10} = 3.98.$$

Zur Testentscheidung kann der mit Hilfe eines Computerprogramms berechnete p-Wert

$$p = P(T \geq 3.98) = 0.0015$$

oder der Wert des Quantils der t-Verteilung

$$t_{9,0.95} = 1.833$$

(siehe Anhang B, Tabelle 3) herangezogen werden. Wegen

$$p = 0.0015 < 0.05 \text{ bzw. } t = 3.98 > 1.833$$

kann die Nullhypothese abgelehnt werden, das Ergebnis ist signifikant ($\alpha = 0.05$). In ►Abbildung 6.1 sind das Signifikanzniveau $\alpha = 0.05$, der aus den Daten berechnete p-Wert, das Quantil $t_{9,0.95}$ der t-Verteilung sowie der aus den Daten berechnete t-Wert veranschaulicht.

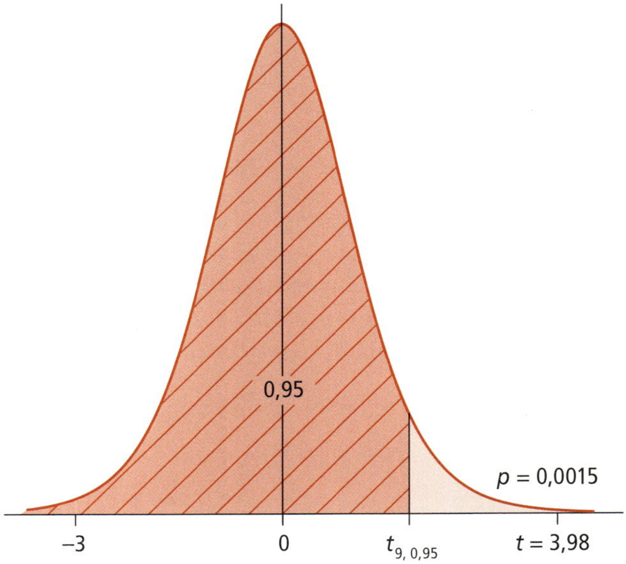

Abbildung 6.1: p-Wert, Quantil der t-Verteilung und Wert der Teststatistik im Anwendungsbeispiel A.

Wenn man im Beispiel anstelle von $\alpha = 0.05$ das Signifikanzniveau $\alpha = 0.01$ gewählt hätte, hätte sich wegen $p = 0.0015 < 0.01$ bzw. $t = 3.98 > 2.821 = t_{9,0.99}$ ebenfalls eine Ablehnung der Nullhypothese ergeben.

6.1.2 Vergleich zweier Mittelwerte bei unabhängigen Stichproben

Mit dem t-Test für unabhängige Stichproben kann die Hypothese geprüft werden, dass sich die Mittelwerte von Merkmalen X_1 und X_2 in zwei Populationen unterscheiden. Dabei müssen die beiden untersuchten Stichproben unabhängig voneinander sein. Neben der Unabhängigkeit werden dabei die Normalverteilung der Zufallsvariablen X_1 und X_2 sowie die Homogenität der Varianzen von X_1 und X_2 vorausgesetzt. Bei erfüllten Voraussetzungen ist die Zufallsvariable

$$T = \frac{\bar{X}_1 - \bar{X}_2}{S} \sqrt{\frac{n_1 \cdot n_2}{n_1 + n_2}} \tag{6.2}$$

bei Gültigkeit der Nullhypothese

$$H_0 : \mu_1 = \mu_2$$

t-verteilt mit $n_1 + n_2 - 2$ Freiheitsgraden (siehe Abschnitt 3.3.2). Dabei bezeichnen $\bar{X}_1$ und $\bar{X}_2$ die Punktschätzungen des Mittelwerts der Zufallsvariablen X_1 und X_2 in den beiden Stichproben, S die Punktschätzung der als gleich vorausgesetzten Standardabweichung von X_1 und X_2, μ_1 und μ_2 die unbekannten Populationsmittelwerte sowie n_1

und n_2 die Umfänge der beiden Teilstichproben. Bei der Durchführung des Tests ist zwischen zweiseitigen (a) und einseitigen (b, c) Fragestellungen zu unterscheiden.

Testablauf

Bezeichnung des Tests:

t-Test für unabhängige Stichproben oder doppelter t-Test

Statistische Hypothesen:

a. $H_1: \mu_1 \neq \mu_2 \quad H_0: \mu_1 = \mu_2$

b. $H_1: \mu_1 > \mu_2 \quad H_0: \mu_1 \leq \mu_2$

c. $H_1: \mu_1 < \mu_2 \quad H_0: \mu_1 \geq \mu_2$

- μ_1, μ_2: Unbekannte Populationsmittelwerte

Wahl des Signifikanzniveaus:

- $\alpha = 0.05$ oder $\alpha = 0.01$ oder andere Wahl von α

Gegebene Daten:

- x_{1i} $(i = 1,\ldots, n_1)$ und x_{2i} $(i = 1,\ldots, n_2)$: Messwerte der Stichproben 1 und 2
- n_1, n_2: Anzahl der Messwerte in den Stichproben 1 und 2

Voraussetzungen:

- Die Messwerte $x_{11}, x_{12},\ldots, x_{1n_1}$ bzw. $x_{21}, x_{22},\ldots, x_{2n_2}$ sind metrische Realisierungen der unabhängigen Zufallsvariablen X_1 bzw. X_2.
- X_1 bzw. X_2 unterliegen in den Populationen jeweils einer Normalverteilung mit den unbekannten Mittelwerten μ_1 bzw. μ_2.
- Die Varianzen bzw. Standardabweichungen in beiden Populationen sind homogen, d.h. X_1 bzw. X_2 haben die gleiche unbekannte Standardabweichung σ.

Berechnung des Werts der Teststatistik:

- $\bar{x}_1 = \frac{1}{n_1}\sum_{i=1}^{n_1} x_{1i},\ s_1 = \sqrt{\frac{1}{n_1 - 1}\sum_{i=1}^{n_1}(x_{1i} - \bar{x}_1)^2}$: Arithmetischer Mittelwert und Standardabweichung in Stichprobe 1
- $\bar{x}_2 = \frac{1}{n_2}\sum_{i=1}^{n_2} x_{2i},\ s_2 = \sqrt{\frac{1}{n_2 - 1}\sum_{i=1}^{n_2}(x_{2i} - \bar{x}_2)^2}$: Arithmetischer Mittelwert und Standardabweichung in Stichprobe 2

- $s_p = \sqrt{\frac{1}{(n_1-1)+(n_2-1)}\left((n_1-1)\cdot s_1^2+(n_2-1)\cdot s_2^2\right)}$: Standardabweichung der gepoolten Stichproben (Schätzwert für die gemeinsame Standardabweichung σ)
- $t = \frac{\bar{x}_1 - \bar{x}_2}{s_p}\sqrt{\frac{n_1 \cdot n_2}{n_1 + n_2}}$: Wert der Teststatistik

Testentscheidung unter Verwendung des p-Werts:

a. Berechnung von $p = P(|T| \geq |t|)$

b. Berechnung von $p = P(T \geq t)$

c. Berechnung von $p = P(T \leq t)$

- $p < \alpha \rightarrow$ *Ablehnung von* H_0

Testentscheidung unter Verwendung des Quantils der t-Verteilung:

a. $|t| > t_{n_1+n_2-2,\,1-\alpha/2} \rightarrow$ *Ablehnung von* H_0

b. $t > t_{n_1+n_2-2,\,1-\alpha} \rightarrow$ *Ablehnung von* H_0

c. $t < t_{n_1+n_2-2,\alpha} \rightarrow$ *Ablehnung von* H_0

- $t_{n_1+n_2-2,\,1-\alpha/2}$, $t_{n_1+n_2-2,\,1-\alpha}$, $t_{n_1+n_2-2,\,\alpha}$: Quantile der t-Verteilung mit $n_1 + n_2 - 2$ Freiheitsgraden (siehe Anhang B, Tabelle 3).

Im **Anwendungsbeispiel B** ist die gerichtete Alternativhypothese

$$H_1 : \mu_{behandelt} < \mu_{unbehandelt} \text{ bzw. } H_1 : \mu_1 < \mu_2$$

zu untersuchen. Das statistische Hypothesenpaar entspricht der Form c aus dem Testablauf. Als Signifikanzniveau wird für dieses **Beispiel** $\alpha = 0.05$ gewählt. Es liegen Ergebnisse von zehn Feldern vor, die mit dem *Bacillus-thuringiensis*-Präparat behandelt wurden. Der Vergleichsgruppe gehören die Messwerte von zehn unbehandelten Feldern an. Ausgewertet wird der Befall mit Maiszünsler. Aus den Daten ergeben sich die Schätzwerte für die arithmetischen Mittelwerte und die Standardabweichungen (angegeben ohne Maßeinheiten) in beiden Stichproben. Aus den Befallsdaten der behandelten Felder ergeben sich die Werte

$$\bar{m}_1 = 63.2 \text{ und } s_1 = 5.55.$$

Für die unbehandelten Felder ergeben sich entsprechend

$$\bar{m}_2 = 70.0 \text{ und } s_2 = 5.44.$$

Aus s_1 und s_2 ergibt sich wegen $n_1 = n_2 = 10$ die gepoolte Standardabweichung als

$$s_p = 5.495.$$

Dieser Wert ist der Schätzwert für die unbekannte gemeinsame Standardabweichung der beiden Populationen. Daraus kann der Wert der Teststatistik berechnet werden:

$$t = \frac{63.2 - 70}{5.495}\sqrt{\frac{10 \cdot 10}{10 + 10}} = -2.77.$$

Zur Testentscheidung kann der mit Hilfe eines Computerprogramms berechnete p-Wert

$$p = P(T \leq -2.77) = 0.0065$$

oder der Wert des Quantils der t-Verteilung

$$t_{18,0.05} = -1.734$$

(siehe Anhang B, Tabelle 3) herangezogen werden. Wegen

$$p = 0.0065 < 0.05 \text{ bzw. } t = -2.77 < -1.734$$

ist die Nullhypothese abzulehnen, das Ergebnis ist signifikant. In ►Abbildung 6.2 sind das Signifikanzniveau, der aus den Daten berechnete p-Wert, das Quantil $t_{18,0.05}$ der t-Verteilung sowie der aus den Daten berechnete t-Wert veranschaulicht.

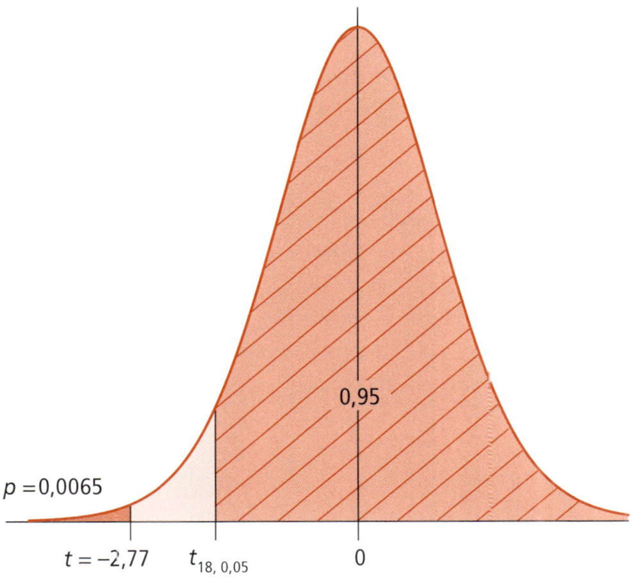

Abbildung 6.2: p-Wert, Quantil der t-Verteilung und Wert der Testatistik im Anwendungsbeispiel B.

Wenn man im **Beispiel** anstelle von $\alpha = 0.05$ das Signifikanzniveau $\alpha = 0.01$ gewählt hätte, hätte sich wegen $p = 0.0065 < 0.01$ bzw. $t = -2.77 < -2.552 = t_{18,0.01}$ ebenfalls eine Ablehnung der Nullhypothese ergeben.

6.1.3 Vergleich zweier Mittelwerte bei verbundenen Stichproben

Mit dem t-Test für verbundene Stichproben kann die Hypothese geprüft werden, dass sich die Mittelwerte von zwei Verteilungen abhängiger Zufallsvariablen unterscheiden.

Verbundene Stichproben entstehen zum Beispiel durch Messwiederholungen, wenn wie in Anwendungsbeispiel C die gleichen Parzellen wiederholt untersucht werden. Die paarweise Abhängigkeit der Messwerte ist plausibel, denn bei einem zum ersten Messzeitpunkt wenig befallenen Feld sind zum zweiten Messzeitpunkt geringere Befallswerte wahrscheinlicher als bei einem Feld, das zum ersten Messzeitpunkt einen starken Befall aufwies. Verbundene Daten entstehen zum Beispiel aber auch dann, wenn paarweise benachbarte Felder oder paarweise untergebrachte Kleintiere untersucht werden sollen. Das statistische Testverfahren berücksichtigt die paarweise Abhängigkeit der Messwerte, indem die paarweisen Differenzen den Ausgangspunkt des Verfahrens bilden und statistisch geprüft werden.

Voraussetzung ist die Normalverteilung der Zufallsvariablen $X_D = X_2 - X_1$, deren Realisierungen $x_{di} = x_{2i} - x_{1i}$ $(i = 1,\dots,n)$ die paarweisen Differenzen der Messwerte sind.[1] Unter dieser Annahme ist die Zufallsvariable

$$T = \frac{\bar{X}_D}{S_D}\sqrt{n} \tag{6.3}$$

bei Gültigkeit der Nullhypothese

$$H_0 : \mu_1 = \mu_2$$

t-verteilt mit $n-1$ Freiheitsgraden (siehe Abschnitt 3.3.2). Dabei bezeichnen $\bar{X}_D$ die Punktschätzung des Mittelwerts der Differenzen, S_D die Punktschätzung der Standardabweichung der Differenzen, μ_1 und μ_2 die unbekannten Populationsmittelwerte und n die Anzahl der Messwertpaare. Bei der Durchführung des Tests ist zwischen zweiseitigen (a) und einseitigen (b, c) Fragestellungen zu unterscheiden.

1 Häufig entstehen abhängige Messwerte durch Messwiederholungen im Zeitverlauf. Die angegebene Differenz beschreibt in diesem Fall die Veränderung des Merkmals im Zeitverlauf. Deshalb wird hier die Differenzbildung $X_2 - X_1$ gegenüber der ebenfalls möglichen Differenz $X_1 - X_2$ bevorzugt (siehe auch Abschnitt 6.2.2).

Testablauf

Bezeichnung des Tests:

t-Test für verbundene Stichproben oder t-Test für gepaarte Stichproben

Statistische Hypothesen:

a. $H_1 : \mu_1 \neq \mu_2 \quad H_0 : \mu_1 = \mu_2$

b. $H_1 : \mu_1 > \mu_2 \quad H_0 : \mu_1 \leq \mu_2$

c. $H_1 : \mu_1 < \mu_2 \quad H_0 : \mu_1 \geq \mu_2$

- μ_1, μ_2: Unbekannte Populationsmittelwerte

Wahl des Signifikanzniveaus:

- $\alpha = 0.05$ oder $\alpha = 0.01$ oder andere Wahl von α

Gegebene Daten:

- (x_{1i}, x_{2i}) $(i = 1, \ldots, n)$: Messwertpaare
- n: Anzahl der Messwertpaare

Voraussetzungen:

- Die Messwerte (x_{1i}, x_{2i}) $(i = 1, \ldots, n)$ sind paarweise metrische Realisierungen der abhängigen Zufallsvariablen X_1 bzw. X_2.
- Die paarweisen Differenzen $x_{di} = x_{2i} - x_{1i}$ $(i = 1, \ldots, n)$ sind Realisierungen der Zufallsvariablen $X_D = X_2 - X_1$.
- Die Zufallsvariable X_D unterliegt einer Normalverteilung mit dem unbekannten Mittelwert μ_D und der unbekannten Standardabweichung σ_D.

Berechnung des Werts der Teststatistik:

- $x_{di} = x_{2i} - x_{1i}$ $(i = 1, \ldots, n)$: paarweise Differenzen der Messwerte
- $\bar{x}_d = \frac{1}{n}\sum_{i=1}^{n} x_{di}$, $s_d = \sqrt{\frac{1}{n-1}\sum_{i=1}^{n}(x_{di} - \bar{x}_d)^2}$: arithmetischer Mittelwert und Standardabweichung der Messwertdifferenzen
- $t = \frac{\bar{x}_d}{s_d}\sqrt{n}$: Wert der Teststatistik

Testentscheidung unter Verwendung des *p*-Werts:

a. Berechnung von $p = P(|T| \geq |t|)$

b. Berechnung von $p = P(T \leq t)$

c. Berechnung von $p = P(T \geq t)$

- $p < \alpha \rightarrow$ *Ablehnung von* H_0

Testentscheidung unter Verwendung des Quantils der *t*-Verteilung:

a. $|t| > t_{n-1,\,1-\alpha/2} \rightarrow$ *Ablehnung von* H_0

b. $t < t_{n-1,\alpha} \rightarrow$ *Ablehnung von* H_0

c. $t > t_{n-1,\,1-\alpha} \rightarrow$ *Ablehnung von* H_0

- $t_{n-1,\,1-\alpha/2}, t_{n-1,\,1-\alpha}, t_{n-1,\,\alpha}$: Quantile der t-Verteilung mit $n-1$ Freiheitsgraden (siehe Anhang B, Tabelle 3).

Im **Anwendungsbeispiel C** ist die ungerichtete Alternativhypothese

$$H_1 : \mu_{behandelt} \neq \mu_{unbehandelt} \text{ bzw. } H_1 : \mu_1 \neq \mu_2$$

zu untersuchen. Das statistische Hypothesenpaar entspricht der Form a aus dem Testablauf. Als Signifikanzniveau wird für dieses **Beispiel** $\alpha = 0.05$ gewählt. Es liegen die Befallsdaten von zehn mit dem *Bacillus-thuringiensis*-Präparat behandelten Feldern vor, die zwei bzw. sieben Tage nach der Behandlung erhoben wurden. Aus diesen Daten sind zunächst die paarweisen Differenzen zu bilden. In ►Tabelle 6.4 sind die Werte m_i des Merkmals M (Befall mit Maiszünsler nach zwei Tagen), die Messwerte mw_i der Variablen MW (Befall mit Maiszünsler nach sieben Tagen) sowie die paarweisen Differenzwerte $m_{d_i} = mw_i - m_i$ (jeweils in Anzahl pro 100 Pflanzen) eingetragen ($i = 1,\ldots,n$).

i	1	2	3	4	5	6	7	8	9	10
m_i	63	71	62	56	64	63	56	71	58	68
mw_i	63	75	60	56	62	64	61	76	63	60
$m_{d_i} = mw_i - m_i$	0	4	-2	0	-2	1	5	5	5	-8

Tabelle 6.4: Messwerte und Differenzen im Anwendungsbeispiel C.

Daraus erhält man die Schätzwerte für den arithmetischen Mittelwert und die Standardabweichung der Differenzen (angegeben ohne Maßeinheiten):

$$\bar{m}_d = 0.8 \text{ bzw. } s_d = 4.18.$$

Der Befall hat zwischen dem zweiten und dem siebten Tag nach der Behandlung um durchschnittlich 0.8 Raupen pro Pflanze zugenommen. Daraus kann der Wert der Teststatistik berechnet werden:

$$t = \frac{0.8}{4.18}\sqrt{10} = 0.61.$$

Zur Testentscheidung kann der mit Hilfe eines Computerprogramms berechnete p-Wert

$$p = P(|T| \geq 0.61) = 0.56$$

oder der Wert des Quantils der t-Verteilung

$$t_{9,0.975} = 2.262$$

(siehe Anhang B, Tabelle 3) herangezogen werden. Wegen

$$p = 0.56 > 0.05 \text{ bzw. } t = 0.61 < 2.262$$

kann die Nullhypothese nicht abgelehnt werden, die Veränderung des Befalls ist nicht signifikant. In ►Abbildung 6.3 sind das Signifikanzniveau, der aus den Daten berechnete p-Wert, das Quantil $t_{9,0.975}$ der t-Verteilung sowie der aus den Daten berechnete t-Wert veranschaulicht.

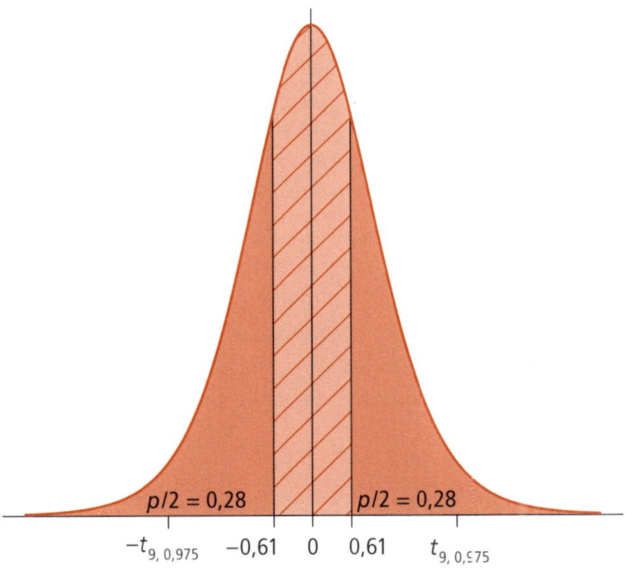

Abbildung 6.3: p-Wert, Quantil der t-Verteilung und Wert der Teststatistik im Anwendungsbeispiel C.

6.1.4 Äquivalenztests

Bei den bisher in diesem Kapitel behandelten Testverfahren wurden inhaltliche Hypothesen untersucht, die Unterschiede zwischen den untersuchten Populationen unterstellten. In vielen praktischen Fragestellungen ist man aber nicht am Nachweis von Unterschieden interessiert, sondern man möchte mit einem statistischen Test zeigen, dass sich die betrachteten Populationen im Mittel *nicht* unterscheiden.

Grundsätzliche Überlegungen

Bei der Entwicklung und der Anwendung von Äquivalenztests kamen viele Impulse aus der pharmazeutischen Forschung. Deshalb soll der grundlegende Unterschied zwischen Unterschieds- und Äquivalenztests an einem Beispiel aus diesem Bereich veranschaulicht werden. Bei der Entwicklung eines neuen Medikaments können mögliche Ziele darin bestehen, ein wirksameres Präparat zu entwickeln oder ein Präparat anzustreben, das gegenüber dem Standardpräparat weniger Nebenwirkungen aufweist.

Im ersten Fall hat man den Nachweis der Überlegenheit der Wirkung des neuen Mittels gegenüber dem Standardpräparat zu führen. Die zu prüfende statistische Alternativhypothese lautet

$$H_1 : \mu_{neu} > \mu_{alt},$$

wobei mit μ der Populationsmittelwert einer Befindensvariablen bezeichnet wird, bei der hohe Ausprägungen einen guten Zustand des Patienten kennzeichnen.

Wenn die Zielstellung zusätzlich im Nachweis eines Mindesteffekts Δ in der Population besteht, ist die statistische Alternativhypothese

$$H_1 : \mu_{neu} - \mu_{alt} > \Delta$$

zu untersuchen. Mit der Bestätigung dieser Alternativhypothese kann der Nachweis der überlegenen Wirksamkeit des neuen Präparats geführt werden.

Eine völlig andere Situation liegt vor, wenn ein Medikament mit geringeren Nebenwirkungen produziert werden soll. Hier muss oft nicht zugleich der Nachweis der überlegenen Wirksamkeit des neuen Medikaments geführt werden. Stattdessen ist hier das Ziel nachzuweisen, dass das neu entwickelte Medikament in der Population die gleiche Wirksamkeit wie das Standardpräparat hat. Diesem inhaltlichen Anliegen würde *scheinbar* die statistische Alternativhypothese

$$H_1 : \mu_{neu} = \mu_{alt}$$

entsprechen.

Die Verwendung dieser Hypothese für den geforderten Nachweis ist aber aus zwei Gründen nicht sinnvoll:

Einerseits könnte der statistische Nachweis einer solchen Hypothese, die einschließlich eventueller Nachkommastellen die absolute Übereinstimmung der Populationsparameter fordert, praktisch niemals gelingen.

Andererseits müsste für die jeweilige Anwendung hinterfragt werden, ob eine solche Forderung nach maximaler Übereinstimmung überhaupt notwendig wäre. Wenn im betrachteten Beispiel der bekannte Populationsmittelwert des alten Medikaments zum Beispiel $\mu_{alt} = 37.23$ betragen würde, müsste klargestellt werden, ob die geringeren Nebenwirkungen die Anwendung des neuen Medikaments nicht auch dann rechtfertigen würden, wenn der Populationsmittelwert mit dem neuen Medikament zum Beispiel $\mu_{neu} = 37.00$ oder sogar $\mu_{neu} = 35.00$ betragen würde.

Das heißt, es muss für jede konkrete Anwendung ein Parameter Δ festgelegt werden, der die maximal zulässige Abweichung der Populationsparameter beschreibt. Unter Verwendung dieses Parameters ist es möglich, eine statistische Alternativhypothese zu formulieren, die anstelle der *Gleichheit* die *Gleichwertigkeit* der Populationsmittelwerte beschreibt.

Diese statistische Alternativhypothese ergibt sich als

$$H_1 : |\mu_{neu} - \mu_{alt}| < \Delta.$$

Das statistische Hypothesenpaar zum Äquivalenznachweis von zwei Populationsmittelwerten μ_1 und μ_2 hat demnach die allgemeine Form

$$H_1 : |\mu_1 - \mu_2| < \Delta \quad H_0 : |\mu_1 - \mu_2| \geq \Delta. \tag{6.4}$$

Es ist unmittelbar klar, dass die angemessene Wahl von Δ Probleme bereiten kann. Im betrachteten Beispiel könnte Δ umso größer gewählt werden, je mehr Nebenwirkungseffekte durch das neue Medikament vermieden werden. Idealerweise ergibt sich ein sinnvoller Wert für Δ aus inhaltlichen Gesichtspunkten. Zunehmend gibt es in verschiedenen Teildisziplinen bereits Konventionen, wonach Δ einen bestimmten Prozentsatz des Populationsmittelwerts des Standardpräparats betragen soll. Da man bei der Anwendung von Äquivalenztests noch nicht in allen bio- oder umweltwissenschaftlichen Teildisziplinen auf langjährige Erfahrungen zurückgreifen kann, müssen bei der Festlegung von Δ manchmal inhaltliche Entscheidungen ohne weitere Vorinformationen getroffen werden.

Bei allen Schwierigkeiten mit der Festlegung von Δ sollte man trotzdem *nicht* den vermeintlichen leichten Ausweg wählen, einen „normalen" Unterschiedstest (zum Beispiel einen t-Test) durchzuführen und bei einem nicht signifikanten Ergebnis auf Gleichheit oder Gleichwertigkeit der Populationsmittelwerte zu schließen. Eine solche Vorgehensweise würde der Logik des Testens statistischer Hypothesen widersprechen (siehe Kapitel 5) und wäre nicht zu rechtfertigen, wenn ein entsprechender Äquivalenztest verfügbar wäre. Unterschiedstests erlauben zwar die *Ablehnung* einer Nullhypothese, die die Gleichheit von Populationsmittelwerten unterstellt. Sie ermöglichen aber in keinem Fall die *Bestätigung* einer solchen Nullhypothese bei einem nicht signifikanten Testergebnis. Ein nicht signifikantes Ergebnis eines Unterschiedstests lässt *keinen* Schluss auf Gleichheit oder Gleichwertigkeit der Populationsmittelwerte bei einem vorgegebenen Signifikanzniveau zu. Es bleibt völlig offen, mit welcher Fehlerwahrscheinlichkeit man eine Äquivalenzaussage aufgrund eines nicht signifikanten Testergebnisses eines Unterschiedstests treffen würde. Deshalb sollte zur Überprüfung inhaltlicher Äquivalenzhypothesen immer ein Äquivalenztest angewendet werden, wenn ein entsprechender Test zur Verfügung steht.

Es muss allerdings eingeschätzt werden, dass das Spektrum der zur Verfügung stehenden Äquivalenztests (noch) relativ beschränkt ist. Für komplizierte inhaltliche Hypothesen stehen oft keine Äquivalenztests zur Verfügung. So gibt es zum Beispiel für den Nachweis der Gleichwertigkeit einer Häufigkeitsverteilung mit einer Normalverteilung keinen entsprechenden Äquivalenztest (siehe Abschnitt 6.1.5). In solchen Situationen bietet sich nur der Ausweg an, die entsprechenden Unterschiedstests mit einem relativ hohen Signifikanzniveau anzuwenden. Wenn der Unterschiedstest nicht zu einem signifikanten Ergebnis führt, geht man von Gleichwertigkeit aus. Aber nur in Fällen, in denen für die Überprüfung inhaltlicher Äquivalenzhypothesen kein entsprechender Äquivalenztest zur Verfügung steht, sollte diese Vorgehensweise als Ausweg gewählt werden.

Im **Anwendungsbeispiel D** soll die inhaltliche Hypothese untersucht werden, dass das *Bacillus-thuringiensis*-Präparat keinen Einfluss auf den Befall der Pflanzen mit Blattläusen hat. Dazu wurden die entsprechenden Erfassungen der Befallszahlen vor Beginn der Behandlung und zwei Wochen nach Behandlungsbeginn durchgeführt. Die durchschnittlichen Befallzahlen liegen bei 2000 Blattläusen pro 100 Pflanzen. Die Genauigkeit der Erfassung liegt bei etwa 100. Gleichwertigkeit der Populationsmittelwerte soll angenommen werden, wenn sie sich um weniger als 200 unterscheiden. Deshalb wird $\Delta = 200$ gewählt, die zu untersuchenden statistischen Hypothesen ergeben sich als

$$H_1 : |\mu_0 - \mu_{14}| < 200 \quad H_0 : |\mu_0 - \mu_{14}| \geq 200,$$

wobei mit μ_0 der Populationsmittelwert des Befalls mit Blattläusen vor der Behandlung und mit μ_{14} der Populationsmittelwert 14 Tage nach Beginn der Behandlung bezeichnet werden.

Prüfung der Äquivalenzhypothese

Das grundsätzliche Vorgehen beim Testen von Äquivalenzhypothesen soll an einem häufig angewendeten und gut nachvollziehbaren Vorgehen dargestellt werden. Dabei wird auf das **Anwendungsbeispiel** und auf die Situation verbundener Stichproben Bezug genommen.

Um die Nullhypothese

$$H_0 : |\mu_0 - \mu_{14}| \geq 200 \tag{6.5}$$

im Anwendungsbeispiel abzulehnen, müssen sowohl die Beziehung

$$\mu_0 - \mu_{14} \geq 200$$

als auch

$$\mu_0 - \mu_{14} \leq -200$$

ausgeschlossen werden. Es sind also im Beispiel zwei einseitige t-Tests für verbundene Stichproben durchzuführen. Wenn sowohl der Test der Nullhypothese

$$H_0^{(1)} : \mu_0 - \mu_{14} \geq 200$$

als auch der Test der Nullhypothese

$$H_0^{(2)} : \mu_0 - \mu_{14} \leq -200$$

beim Signifikanzniveau α signifikant werden, ist die Nullhypothese (6.5) beim gleichen Signifikanzniveau α abzulehnen.

Für einen beliebigen Wert Δ ist die zweiseitige Nullhypothese

$$H_0 : |\mu_0 - \mu_{14}| \geq \Delta \tag{6.6}$$

genau dann abzulehnen, wenn die beiden Tests der einseitigen Nullhypothesen

$$H_0^{(1)} : \mu_0 - \mu_{14} \geq \Delta \; und \; H_0^{(2)} : \mu_0 - \mu_{14} \leq -\Delta \tag{6.7}$$

bzw.

$$H_0^{(1)} : \mu_0 - \Delta \geq \mu_{14} \; und \; H_0^{(2)} : \mu_0 + \Delta \leq \mu_{14} \tag{6.8}$$

signifikant werden.

Im Fall verbundener Stichproben, der im **Anwendungsbeispiel** vorliegt, können die beiden einseitigen Nullhypothesen $H_0^{(1)}$ und $H_0^{(2)}$ im Ergebnis von zwei einseitigen t-Tests gemeinsam abgelehnt werden, wenn in den t-Tests für verbundene Stichproben gleichzeitig folgende Beziehungen erfüllt sind (siehe Abschnitt 6.1.3):

$$\frac{\bar{x}_d + \Delta}{s_d}\sqrt{n} > t_{n-1,1-\alpha} \; und \; \frac{\bar{x}_d - \Delta}{s_d}\sqrt{n} < t_{n-1,\alpha}.$$

Dabei wird mit $\bar{x}_d$ der arithmetische Mittelwert der paarweisen Differenzwerte $x_{di} = x_{14i} - x_{0i} (i = 1,...n)$ bezeichnet (s_d: Standardabweichung der Differenzwerte, n: Stichprobenumfang). Durch einfache Umstellungen und Ausnutzung der Beziehung $t_{n-1,\alpha} = -t_{n-1,1-\alpha}$ erhält man daraus die für die Ablehnung beider Nullhypothesen erforderlichen Beziehungen

$$\bar{x}_d - \frac{t_{n-1,1-\alpha} \cdot s_d}{\sqrt{n}} > -\Delta \; und \; \bar{x}_d + \frac{t_{n-1,1-\alpha} \cdot s_d}{\sqrt{n}} < \Delta. \tag{6.9}$$

Die Grenzen des Intervalls

$$\left[\bar{x}_d - \frac{1}{\sqrt{n}} \cdot t_{n-1,1-\alpha} \cdot s_d, \bar{x}_d + \frac{1}{\sqrt{n}} \cdot t_{n-1,1-\alpha} \cdot s_d\right] \tag{6.10}$$

sind Realisierungen der Grenzen eines $(1 - 2 \cdot \alpha)$-Konfidenzintervalls für den Populationsmittelwert der paarweisen Differenzen (siehe Abschnitt 4.2).

Auf der Grundlage der dargestellten Überlegungen kann damit das Problem des zweiseitigen Äquivalenztests zum Signifikanzniveau α in die Analyse eines $(1 - 2 \cdot \alpha)$-Konfidenzintervalls überführt werden. Der Test des statistischen Hypothesenpaars

$$H_1 : |\mu_0 - \mu_{14}| < \Delta \quad H_0 : |\mu_0 - \mu_{14}| \geq \Delta$$

führt bei gegebenem Signifikanzniveau α genau dann zu einem signifikanten Ergebnis, wenn die Realisierungen des Konfidenzintervalls nach Formel (6.10) vollständig innerhalb der Grenzen des durch $[-\Delta, \Delta]$ definierten Äquivalenzbereichs liegen.

In ►Abbildung 6.4 sind drei 90%-Konfidenzintervalle abgebildet. Für den gegebenen Wert von Δ kann nur in einem Fall signifikant ($\alpha = 0.05$) Äquivalenz nachgewiesen werden.

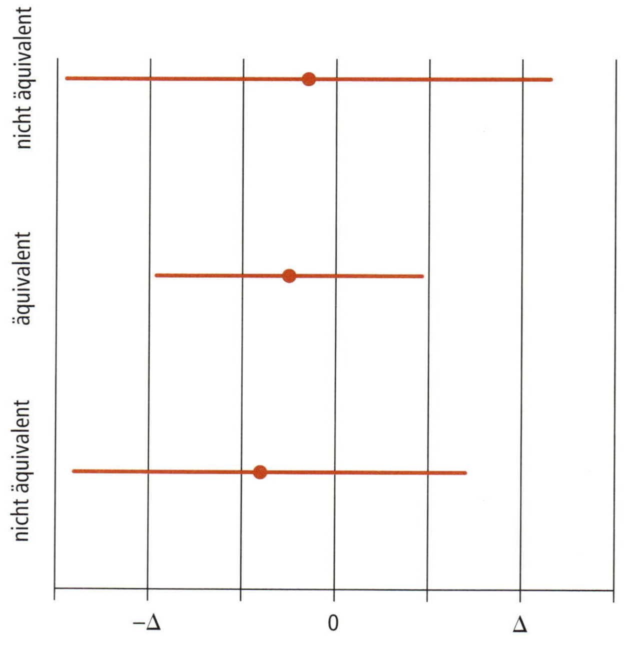

Abbildung 6.4: 90%-Konfidenzintervalle zur Äquivalenzprüfung.

Testablauf

Bezeichnung des Tests:

Äquivalenzprüfung für verbundene Stichproben oder Äquivalenzprüfung für gepaarte Stichproben

Statistische Hypothesen:

- $H_1 : |\mu_1 - \mu_2| < \Delta \quad H_0 : |\mu_1 - \mu_2| \geq \Delta$
- μ_1, μ_2: Unbekannte Populationsmittelwerte
- Δ: Äquivalenzparameter (vom Fachwissenschaftler festzulegen)

Wahl des Signifikanzniveaus:

- $\alpha = 0.05$ oder $\alpha = 0.01$ oder andere Wahl von α

Gegebene Daten:

- (x_{1i}, x_{2i}) $(i = 1,\dots,n)$: Messwertpaare
- n: Anzahl der Messwertpaare

Voraussetzungen:

- Die Messwerte (x_{1i}, x_{2i}) $(i = 1,\dots,n)$ sind paarweise verbundene metrische Realisierungen der Zufallsvariablen X_1 bzw. X_2.
- Die paarweisen Differenzen $x_{di} = x_{2i} - x_{1i}$ $(i = 1,\dots,n)$ sind Realisierungen der Zufallsvariablen $X_D = X_2 - X_1$.
- Die Zufallsvariable X_D unterliegt einer Normalverteilung mit dem unbekannten Mittelwert μ_D und der unbekannten Standardabweichung σ_D.

Berechnung der Grenzen des $(1-2\cdot\alpha)$-Konfidenzintervalls:

- $x_{di} = x_{2i} - x_{1i}$ $(i = 1,\dots,n)$: paarweise Differenzen der Messwerte
- $\bar{x}_d = \frac{1}{n}\sum_{i=1}^{n} x_{di}$, $s_d = \sqrt{\frac{1}{n-1}\sum_{i=1}^{n}(x_{di} - \bar{x}_d)^2}$: arithmetischer Mittelwert und Standardabweichung der Messwertdifferenzen
- $t_{n-1,1-\alpha}$: Quantil der t-Verteilung mit $n-1$ Freiheitsgraden (siehe Anhang B, Tabelle 3).
- $g_u = \bar{x}_d - \frac{1}{\sqrt{n}}\cdot t_{n-1,1-\alpha}\cdot s_d$: untere Grenze des $(1-2\cdot\alpha)$-Konfidenzintervalls
- $g_o = \bar{x}_d + \frac{1}{\sqrt{n}}\cdot t_{n-1,1-\alpha}\cdot s_d$: obere Grenze des $(1-2\cdot\alpha)$-Konfidenzintervalls

Testentscheidung unter Verwendung des $(1-2\cdot\alpha)$-Konfidenzintervalls:

- $g_u > -\Delta$ *und* $g_o < \Delta \rightarrow$ *Ablehnung von* H_0

In Tabelle 6.5 sind für das **Anwendungsbeispiel D** die Werte bl_i des Merkmals BL (Befall mit Blattläusen vor der Behandlung), die Messwerte blw_i der Variablen BLW (Befall mit Blattläusen nach zwei Wochen) sowie die paarweisen Differenzwerte $bl_{d_i} = blw_i - bl_i$ (jeweils in Anzahl Blattläuse pro 100 Pflanzen) enthalten $(i = 1,\dots,n)$.

i	1	2	3	4	5	6	7	8	9	10
bl_i	1000	1100	1200	1400	1800	1400	3200	1400	800	1000
blw_i	900	1500	1100	1700	1600	1300	3400	1800	600	900
$bl_{d_i} = blw_i - bl_i$	-100	400	-100	300	-200	-100	200	400	-200	-100

Tabelle 6.5: Messwerte und Differenzen im Anwendungsbeispiel D.

Für die Berechnung des 90%-Konfidenzintervalls werden folgende Zwischenergebnisse benötigt ($n = 10$):

$$\overline{bl}_d = 50 \text{ bzw. } s_d = 246.$$

Mit

$$t_{9,0.95} = 1.833$$

erhält man die Grenzen des 90%-Konfidenzintervalls für die gegebene Stichprobe als

$$\left[g_u = -92.6, g_o = 192.6\right].$$

Wegen

$$g_u = -92.6 > -200 = -\Delta \; und \; g_o = 192.6 < 200 = \Delta$$

wird die Nullhypothese

$$H_0 : \left|\mu_0 - \mu_{14}\right| \geq \Delta \text{ mit } \Delta = 200$$

bei einem Signifikanzniveau $\alpha = 0.05$ abgelehnt und damit die Alternativhypothese

$$H_1 : \left|\mu_0 - \mu_{14}\right| < 200$$

bestätigt (►Abbildung 6.5).

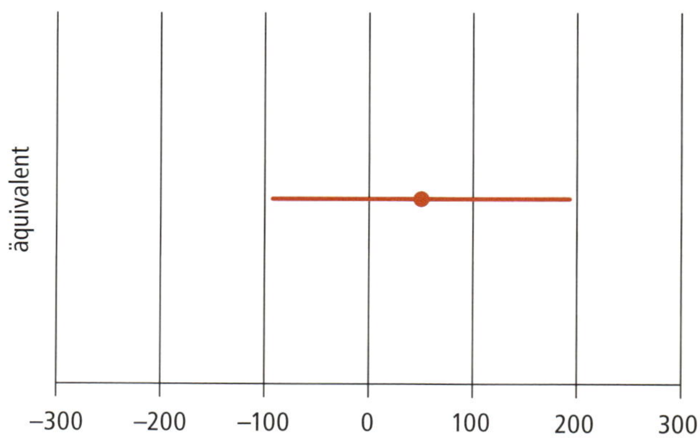

Abbildung 6.5: 90%-Konfidenzintervall zur Äquivalenzprüfung im Anwendungsbeispiel D.

Die Vorgehensweise zur Testentscheidung über das $(1-2\cdot\alpha)$-Konfidenzintervall führt zum gleichen Ergebnis wie die Testentscheidung auf der Grundlage von zwei einseitigen Tests der Hypothesen nach Formel (6.8).

Die Vorgehensweise auf der Basis des $(1-2\cdot\alpha)$-Konfidenzintervalls wird vor allem deshalb oft angewendet, weil sie Äquivalenztests in Situationen erlaubt, in denen die Angabe von symmetrischen Konfidenzintervallen für den unbekannten Parameter möglich ist. So kann die Vorgehensweise analog auf den t-Test für unabhängige Stichproben oder auf die statistische Prüfung des Produkt-Moment-Korrelationskoeffizienten (Abschnitt 7.1) übertragen werden.

Einschränkend muss festgestellt werden, dass die dargestellte Vorgehensweise konservativ ist – das Signifikanzniveau wird nicht ausgeschöpft (siehe Klemmert, 2004). Die Behandlung unterschiedlicher, auch teststärkerer Methoden zum Äquivalenznachweis würde den Rahmen dieser Einführung überschreiten. Eine ausführliche Einführung in die Problematik der Äquivalenztests mit einer Übersicht verfügbarer Verfahren gibt Wellek (2003).

6.1.5 Überprüfung der Voraussetzungen

Die Durchführung jedes statistischen Tests setzt eine Überprüfung der erforderlichen Voraussetzungen voraus. Statistische Tests sind unter der Annahme erfüllter Voraussetzungen konstruiert worden. Nur bei Vorliegen einer normalverteilten Zufallsgröße X unterliegt zum Beispiel in Abschnitt 6.1.1 die Statistik T in Formel (6.1) einer t-Verteilung mit der entsprechenden Anzahl an Freiheitsgraden. Deshalb kann man auch nur unter dieser Voraussetzung den p-Wert korrekt berechnen und die Testentscheidung bei dem vorgegebenen Signifikanzniveau α treffen. Bei Verletzung der Voraussetzung der Normalverteilung von X ist die Verteilung von T unbekannt, die Berechnung des p-Werts erfolgt unter falschen Voraussetzungen. Verletzungen der notwendigen Voraussetzungen statistischer Tests können deshalb dazu führen, dass das vorgegebene Signifikanzniveau teilweise um ein Vielfaches überschritten werden kann.

Eine grundlegende Voraussetzung für die Anwendung der hier betrachteten statistischen Tests besteht in der statistischen Unabhängigkeit der Zufallsvariablen in der Stichprobe. Diese Voraussetzung *muss* bei jeder Anwendung eines statistischen Tests erfüllt sein. Die Unabhängigkeit kann zum Beispiel durch eine Zufallsauswahl der Untersuchungseinheiten gewährleistet werden (siehe Kapitel 9).

Die in Abschnitt 6.1 behandelten Tests haben als weitere spezielle Voraussetzungen die Normalverteilung der jeweils betrachteten Zufallsvariablen sowie die Varianzhomogenität im Fall des t-Tests für unabhängige Stichproben (Abschnitt 6.1.2). Nur sehr selten kann in praktischen bio- und umweltwissenschaftlichen Untersuchungen ohne weitere Prüfung auf der Grundlage genauer Kenntnisse der Eigenschaften der untersuchten Population von normalverteilten Zufallsvariablen in der Population oder von Varianzhomogenität ausgegangen werden. In der überwiegenden Zahl von Anwendungsfällen liegen diese gesicherten Erfahrungen nicht vor.

Deshalb sollen in diesem Abschnitt wichtige Testverfahren vorgestellt werden, die Auskünfte über die eventuelle Verletzung der Voraussetzungen auf der Grundlage gegebener Daten liefern können.

Test der Varianzhomogenität: Levene-Test

Zur Prüfung der Voraussetzung der Varianzhomogenität für den t-Test für unabhängige Stichproben stehen verschiedene Tests zur Verfügung. Hier soll der Levene-Test vorgestellt werden, der relativ robust gegen Verletzungen der Voraussetzung der Normalverteilung der beiden Zufallsvariablen X_1 und X_2 ist und in der Statistik-Software verbreitet angewendet wird. Neben der Überprüfung der Voraussetzungen des t-Tests für unabhängige Stichproben wird dieser Test auch zur Überprüfung der Varianzhomogenität in Varianzanalysen (siehe Kapitel 8) bei mehr als zwei Stichproben verwendet.

Der Test basiert auf einer einfachen Überlegung: Die Varianz von Zufallsvariablen wird in konkreten Stichproben auf der Grundlage der Abweichungen der Messwerte vom arithmetischen Mittelwert der jeweiligen Stichprobe berechnet. Wenn sich also die Varianzen in der Population unterscheiden, kann man das über den Nachweis von Unterschieden der mittleren betragsmäßigen Abweichungen der Messwerte vom Mittelwert der jeweiligen Gruppe belegen. Im Levene-Test werden demnach in beiden Gruppen die betragsmäßigen Abweichungen der Messwerte vom Mittelwert ihrer Gruppe berechnet. Anschließend wird mit einem Unterschiedstest für unabhängige Stichproben (siehe Abschnitt 6.1.2) geprüft, ob sich die Mittelwerte dieser Differenzen unterscheiden. Bei einem signifikanten Ergebnis schließt man auf Varianzunterschiede der Teilpopulationen.

Der Levene-Test kann analog zur Prüfung der Varianzhomogenität als Voraussetzung der Varianzanalyse (Kapitel 8) eingesetzt werden. Im Fall einer einfaktoriellen Varianzanalyse mit k Stufen des Faktors wird dabei die Nullhypothese $H_0 : \sigma_1^2 = \sigma_2^2 = \ldots = \sigma_k^2$ geprüft. Das Vorgehen bleibt prinzipiell gleich. Die Signifikanzprüfung erfolgt hier über eine Varianzanalyse der Differenzwerte.

Die Durchführung des Levene-Tests wird in der aktuellen Literatur meist auf der Basis eines parametrischer Prüfverfahrens der Differenzwerte (t-Test oder Varianzanalyse) beschrieben (siehe Timischl, 2000) und ist auf dieser Grundlage zum Beispiel in SPSS realisiert. Allerdings ist eine Voraussetzung dieser Tests die Normalverteilung der im Test verwendeten Zufallsvariablen. Diese Voraussetzung ist bei den hier benutzten Absolutbeträgen der Differenzen nicht gegeben. Die im Testablauf beschriebenen Werte der Teststatistik sind aus diesem Grund Realisierungen einer lediglich approximativ t-verteilten Zufallsgröße.

Deshalb bietet sich die alternative Möglichkeit an, den Levene-Test mit nichtparametrischen Tests durchzuführen, im hier betrachteten Fall also anstelle des t-Tests den U-Test (Abschnitt 6.2.1) anzuwenden. Wenn anstelle der jeweiligen parametrischen Verfahren nichtparametrische Alternativen zur Verfügung stehen, ist dieses Vorgehen bei kleinen Stichprobenumfängen zu empfehlen. In komplexeren varianzanalytischen Designs (Kapitel 8) ist diese Möglichkeit jedoch oft nicht gegeben. Der unten dargestellte Testablauf basiert auf der Anwendung des t-Tests. Für die alternative Anwendung des U-Tests ist nach der Berechnung der Beträge der Abweichungen der Messwerte vom arithmetischen Mittelwert ihrer Gruppe der Wert der Teststatistik des U-Tests (Abschnitt 6.2.1) zu berechnen.

Der Levene-Test kann sowohl einseitig als auch zweiseitig durchgeführt werden. Da für die Prüfung der Voraussetzung der Varianzhomogenität die zweiseitige Testdurchführung besonders bedeutsam ist, soll die folgende Darstellung auf diesen Fall beschränkt werden.

Testablauf

Bezeichnung des Tests:

Levene-Test (zweiseitig)

Statistische Hypothesen:

- $H_1: \sigma_1^2 \neq \sigma_2^2 \quad H_0: \sigma_1^2 = \sigma_2^2$
- σ_1^2, σ_2^2: Unbekannte Populationsvarianzen

Wahl des Signifikanzniveaus:

- $\alpha = 0.05$ oder $\alpha = 0.01$ oder andere Wahl von α

Gegebene Daten:

- x_{1i} $(i = 1, \ldots, n_1)$ und x_{2i} $(i = 1, \ldots, n_2)$: Messwerte der Stichproben 1 und 2
- n_1, n_2: Anzahl der Messwerte in den Stichproben 1 und 2

Voraussetzungen:

- Die Messwerte $x_{11}, x_{12}, \ldots, x_{1n_1}$ und $x_{21}, x_{22}, \ldots, x_{2n_2}$ sind metrische Realisierungen der unabhängigen Zufallsvariablen X_1 bzw. X_2.
- Die Zufallsvariablen X_1 bzw. X_2 unterliegen jeweils einer Normalverteilung mit den unbekannten Parametern μ_1 und σ_1 bzw. μ_2 und σ_2.

Berechnung des Werts der Teststatistik:

- $d_{1i} = |x_{1i} - \bar{x}_1|$ $(i = 1, \ldots, n_1)$, $d_{2i} = |x_{2i} - \bar{x}_2|$ $(i = 1, \ldots, n_2)$: Betrag der Abweichungen der Messwerte vom arithmetischen Mittelwert ihrer Gruppe
- $\bar{d}_1 = \frac{1}{n_1} \sum_{i=1}^{n_1} d_{1i}$, $s_{d_1} = \sqrt{\frac{1}{n_1 - 1} \sum_{i=1}^{n_1} (d_{1i} - \bar{d}_1)^2}$: Arithmetischer Mittelwert und Standardabweichung der Beträge der Differenzen in Stichprobe 1

- $\bar{d}_2 = \frac{1}{n_1}\sum_{i=1}^{n_2} d_{2i}$, $s_{d_2} = \sqrt{\frac{1}{n_2-1}\sum_{i=1}^{n_2}(d_{2i}-\bar{d}_2)^2}$: Arithmetischer Mittelwert und Standardabweichung der Beträge der Differenzen in Stichprobe 2
- $s_{d_p} = \sqrt{\frac{1}{(n_1-1)+(n_2-1)}\left[(n_1-1)\cdot s_{d_1}{}^2 + (n_2-1)\cdot s_{d_2}{}^2\right]}$: Standardabweichung der Beträge der Differenzen in der gepoolten Stichprobe
- $t_d = \frac{\bar{d}_1 - \bar{d}_2}{s_{d_p}}\sqrt{\frac{n_1 \cdot n_2}{n_1 + n_2}}$: Wert der Teststatistik

Testentscheidung unter Verwendung des p-Werts:

- Berechnung von $p = P\left(|T_D| \geq |t_d|\right)$
- $p < \alpha \rightarrow$ *Ablehnung von* H_0

Testentscheidung unter Verwendung des Quantils der t-Verteilung:

- $|t_d| > t_{n_1+n_2-2,\,1-\alpha/2} \rightarrow$ *Ablehnung von* H_0
- $t_{n_1+n_2-2,\,1-\alpha/2}$: Quantil der t-Verteilung mit $n_1 + n_2 - 2$ Freiheitsgraden (siehe Anhang B, Tabelle 3).

Im **Anwendungsbeispiel B** soll vor der Anwendung des t-Tests für unabhängige Stichproben die Voraussetzung der Varianzhomogenität für den Befall mit Maiszünsler in der Gruppe behandelter und der Gruppe unbehandelter Felder untersucht werden. Zu untersuchen sind die Hypothesen

$$H_1 : \sigma^2_{behandelt} \neq \sigma^2_{unbehandelt} \text{ bzw. } H_0 : \sigma^2_{behandelt} = \sigma^2_{unbehandelt}.$$

Als Signifikanzniveau soll $\alpha = 0.05$ gewählt werden. Es liegen Ergebnisse von zehn Feldern vor, die mit dem *Bacillus-thuringiensis*-Präparat behandelt wurden. Der Vergleichsgruppe gehören die Messwerte von zehn unbehandelten Feldern an. Ausgewertet wird der Befall mit Maiszünsler. Aus den Daten ergeben sich die Schätzwerte für die arithmetischen Mittelwerte in beiden Gruppen (angegeben ohne Maßeinheiten). Für die behandelten Felder erhält man

$$\bar{m}_1 = 63.2,$$

für die unbehandelten Felder ergibt sich

$$\bar{m}_2 = 70.0.$$

Die Beträge der Differenzen der einzelnen Messwerte von diesen Mittelwerten sind in Tabelle 6.6 dargestellt.

behandelte Felder	**Nummer** i	1	2	3	4	5	6	7	8	9	10
	m_i	63	71	62	56	64	63	56	71	58	68
	$d_i = \lvert m_i - 63.2 \rvert$	0.2	7.8	1.2	7.2	0.8	0.2	7.2	7.8	5.2	4.8
unbehandelte Felder	**Nummer** i	11	12	13	14	15	16	17	18	19	20
	m_i	62	72	70	66	74	75	70	65	66	80
	$d_i = \lvert m_i - 70.0 \rvert$	8.0	2.0	0.0	4.0	4.0	5.0	0.0	5.0	4.0	10.0

Tabelle 6.6: Beträge der Abweichungen der Messwerte vom jeweiligen Gruppenmittelwert.

Für diese Differenzwerte ergeben sich für die behandelten Felder die Werte

$$\bar{d}_1 = 4.24 \text{ und } s_{d_1} = 3.3.$$

Für die unbehandelten Felder ergeben sich entsprechend

$$\bar{d}_2 = 4.20 \text{ und } s_{d_2} = 3.16.$$

Aus s_{d_1} und s_{d_2} ergibt sich wegen $n_1 = n_2 = 10$ die Standardabweichung der gepoolten Stichprobe als

$$s_p = 3.23.$$

Daraus kann der Wert der Teststatistik berechnet werden:

$$t_d = \frac{4.24 - 4.20}{3.23} \sqrt{\frac{10 \cdot 10}{10 + 10}} = 0.028.$$

Zur Testentscheidung kann der mit Hilfe eines Computerprogramms berechnete p-Wert

$$p = P(|T| \geq 0.028) = 0.978$$

oder der Wert des Quantils der t-Verteilung

$$t_{18,0.975} = 2.101$$

(siehe Anhang B, Tabelle 3) herangezogen werden. Wegen

$$p = 0.978 > 0.05 \text{ bzw. } t_d = 0.028 < 2.101$$

ist die Nullhypothese nicht abzulehnen. Bei dem gewählten Signifikanzniveau $\alpha = 0.05$ ergibt sich kein signifikanter Unterschied der Varianzen. Dieses Ergebnis spricht nicht gegen die Anwendung des t-Tests für unabhängige Stichproben im Anwendungsbeispiel B. Allerdings ist bei der Interpretation des Ergebnisses der geringe Stichprobenumfang zu berücksichtigen.

Test der Normalverteilung: Kolmogorov-Smirnov-Test

Der Kolmogorov-Smirnov-Test kann in unterschiedlichen Anwendungssituationen zum Test der Übereinstimmung zweier Verteilungsfunktionen (siehe Abschnitt 3.2) angewendet werden, wobei beide Verteilungen stetig sein müssen. Hier soll die häufig benutzte Anwendung des Tests für den Vergleich der Häufigkeitsverteilung gegebener Daten mit einer Normalverteilung vorgestellt werden.[2]

Gegeben seien die der Größe nach aufsteigend geordneten Realisierungen $x_1, x_2, \ldots, x_n$ mit dem arithmetischen Mittelwert $\overline{x}$ und der Standardabweichung s einer Zufallsvariablen X. Untersucht wird die statistische Nullhypothese, dass die Zufallsvariable X normalverteilt ist mit den bekannten Parametern μ und σ. In der Praxis sind diese Parameter meist unbekannt und werden aus den Daten der Stichprobe durch $\hat{\mu} = \overline{x}$ und $\hat{\sigma} = s$ geschätzt.

Im ersten Schritt des Verfahrens werden die z-transformierten Werte $z_1, z_2, \ldots, z_n$ nach der Formel

$$z_i = \frac{x_i - \overline{x}}{s} \quad (i = 1, \ldots, n) \tag{6.11}$$

berechnet. Danach berechnet man die relativen Summenhäufigkeiten dieser Messwerte nach der Beziehung

$$H^{rel}(z_i) = F_n(z_i) = \frac{H(z_i)}{n}, \tag{6.12}$$

wobei $H(z_i)$ die Anzahl der Messwerte z bezeichnet, für die $z \le z_i$ gilt.[3] Die aus diesen Werten zu bildende Treppenfunktion hat bis z_1 den Wert 0, springt dann auf den Wert $1/n$ (falls z_1 nur einmal vorkommt), behält diesen Wert bis z_2 und springt dann auf den Wert $2/n$ und so weiter (siehe ►Abbildung 6.6). Wenn die Messwerte nach Formel (6.11) standardisiert sind, ist diese Funktion mit der Verteilungsfunktion der standardisierten Normalverteilung zu vergleichen. Als Grundlage der Teststatistik dient die größte Differenz zwischen der relativen Summenhäufigkeitsfunktion $H^{rel}(z)$ und der Verteilungsfunktion der standardisierten Normalverteilung $\Phi(z)$. Dieser Maximalwert kann nur an den Sprungstellen der Treppenfunktion auftreten. Dabei müssen sowohl die möglichen Abweichungen

$$d_i^i = \left| H^{rel}(z_i) - \Phi(z_i) \right|$$

als auch mögliche Abweichungen

$$d_i^{i-1} = \left| H^{rel}(z_{i-1}) - \Phi(z_i) \right|$$

2 Zunächst hatte Kolmogorov den Test für den Vergleich einer empirischen Verteilung mit einer theoretischen Verteilung entwickelt. Später wurde der Test von Smirnov für den Vergleich zweier empirischer Verteilungen weiterentwickelt. Daraus resultiert die Bezeichnung Kolmogorov-Smirnov-Test.

3 Die relative Summenhäufigkeit H^{rel} entspricht bis auf den Faktor 100 der prozentualen Summenhäufigkeit $H^{\%}$ in Kapitel 2.

berücksichtigt werden (Abbildung 6.6). Für jede Sprungstelle erhält man also die betragsmäßig größere der beiden Differenzen als

$$d_i = \max\left(d_i^i, d_i^{i-1}\right).$$

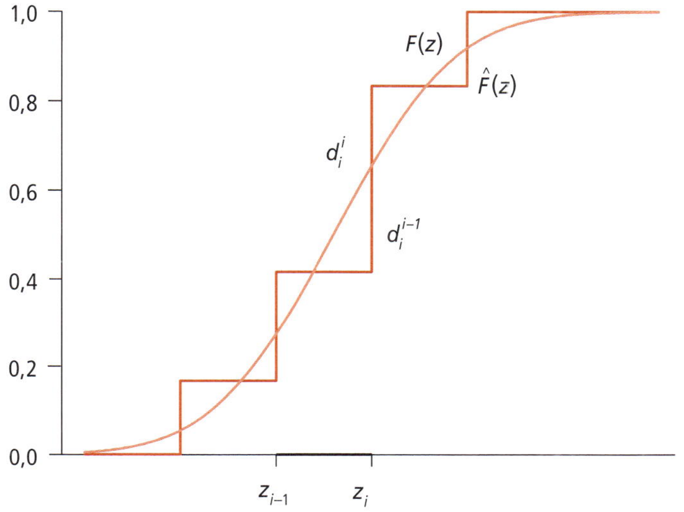

Abbildung 6.6: Prinzip des Kolmogorov-Smirnov-Tests.

Der betragsmäßig größte Differenzwert ergibt sich als

$$d_{\max} = \max_i \left(d_i\right). \tag{6.13}$$

Realisierungen der Teststatistik D_n ergeben sich aus dem Produkt der maximalen Differenz mit der Quadratwurzel des Stichprobenumfangs als

$$d_n = \sqrt{n} \cdot d_{\max}. \tag{6.14}$$

Die Teststatistik D_n unterliegt einer Kolmogorov-Verteilung, wenn die Parameter μ und σ der theoretischen Normalverteilung bekannt sind.

In der Praxis sind die Parameter μ und σ jedoch meist nicht bekannt und werden aus den Daten durch $\bar{x}$ und s geschätzt. Die Schritte des Tests verändern sich dadurch nicht, die Verteilung der dann benutzten Teststatistik entspricht jedoch nicht einer Kolmogorov-Verteilung. Bei Benutzung der Kolmogorov-Verteilung reagiert der Test sehr konservativ.

Lilliefors hat die bei unbekannten Parametern μ und σ entstehende Verteilung D_n^{LF} in Simulationsstudien berechnet und Tabellen der (simulierten) Quantile bereitgestellt (siehe Anhang B, Tabelle 11). Die gebräuchlichen Softwarepakete geben auf dieser

Grundlage (simulierte) Untergrenzen p^{lf} des p-Werts an (siehe eLearning-Umgebung **MyLab|Biostatistik**). Die mathematischen Herleitungen und Hintergründe der Lilliefors-Korrektur sind sehr kompliziert und sollen hier nicht dargestellt werden.

Da im **Anwendungsbeispiel** der Überprüfung der Anpassung einer Summenhäufigkeitsverteilung an eine Normalverteilung die Parameter der Normalverteilung unbekannt sind, ist der Test unter Verwendung der nach Lilliefors korrigierten Werte vorzunehmen.

Der Kolmogorov-Smirnov-Test mit Lilliefors-Korrektur wird meist im Vorfeld weiterführender statistischer Analysen zur Überprüfung der Verteilungsvoraussetzung angewendet. Wenn der Test zu einem signifikanten Ergebnis führt, ist in vielen Fällen die Ursache für die Ablehnung der Verteilungsannahme wichtig für das weitere Vorgehen. Nachfolgende statistische Untersuchungen können unterschiedlich betroffen sein, wenn die Ablehnung aufgrund einer schiefen Verteilung, wegen Ausreißern oder wegen Mehrgipfligkeit erfolgt. Bei der Beurteilung der Folgen eines signifikanten Testergebnisses für das weitere Vorgehen ist auch der Stichprobenumfang zu berücksichtigen (Näheres dazu später in diesem Kapitel.). Insofern kann, anders als bei den meisten anderen statistischen Tests, ein signifikantes Ergebnis zu sehr unterschiedlichen Konsequenzen für das weitere Vorgehen führen.

Testablauf

Bezeichnung des Tests:

Kolmogorov-Smirnov-Test (mit bzw. ohne Lilliefors-Korrektur) oder Kolmogorov-Einstichproben-Test gegen Normalverteilung (mit bzw. ohne Lilliefors-Korrektur)

Statistische Hypothesen:

- $H_1 : F(x) \neq F_N(x)$ für mindestens ein x, $H_0 : F(x) = F_N(x)$ für alle x
- $F(x)$: Unbekannte stetige Verteilungsfunktion der Zufallsvariablen X
- $F_N(x)$: Verteilungsfunktion einer $N(\mu, \sigma)$-Verteilung

Wahl des Signifikanzniveaus:

- $\alpha = 0.05$ oder $\alpha = 0.01$ oder andere Wahl von α

Gegebene Daten:

- x_i: der Größe nach aufsteigend geordnete Messwerte $(i = 1, \ldots, n)$
- n: Anzahl der Messwerte

Voraussetzungen:

- Die Messwerte $x_1, x_2, \ldots, x_n$ sind metrische Realisierungen der stetigen Zufallsvariablen X.

Berechnung des Werts der Teststatistik:

- $\bar{x} = \frac{1}{n}\sum_{i=1}^{n} x_i$: Arithmetischer Mittelwert der Messwerte
- $s = \sqrt{\frac{1}{n-1}\sum_{i=1}^{n}(x_i - \bar{x})^2}$: Standardabweichung der Messwerte
- $z_i = \frac{x_i - \bar{x}}{s}$ $(i = 1, \ldots, n)$: z-transformierte Werte
- $H(z_i)$: Anzahl der Messwerte z mit $z \leq z_i$
- $H^{rel}(z_i) = \frac{H(z_i)}{n}$: Relative Summenhäufigkeitsfunktion
- $\Phi(z)$: Verteilungsfunktion der Standardnormalverteilung (siehe Anhang B, Tabelle 1)
- $d_i^i = \left|H^{rel}(z_i) - \Phi(z_i)\right|$, $d_i^{i-1} = \left|H^{rel}(z_{i-1}) - \Phi(z_i)\right|$ $(i = 1, \ldots, n)$: Differenzwerte an den Sprungstellen der Treppenfunktion $(H^{rel}(z_0) = 0)$
- $d_i = \max\left(d_i^i, d_i^{i-1}\right), (i = 1, \ldots, n)$: Maximale Differenzwerte an jeder Sprungstelle
- $d_n = \sqrt{n} \cdot \max_i\left(d_i\right)$: Wert der Teststatistik

Testentscheidung bei bekannten Parametern μ und σ unter Verwendung des approximativen p-Werts (ohne Lilliefors-Korrektur):

- Berechnung von $p = P\left(D_n \geq d_n\right)$
- $p \leq \alpha \rightarrow$ *Ablehnung von* H_0

Testentscheidung bei unbekannten Parametern μ und σ unter Verwendung des approximativen p-Werts (mit Lilliefors-Korrektur):

- Berechnung von $p^{lf} = P\left(D_n^{LF} \geq d_n\right)$
- $p^{lf} \leq \alpha \rightarrow$ *Ablehnung von* H_0

Testentscheidung bei bekannten Parametern μ und σ unter Verwendung des kritischen Differenzwerts des Tests (ohne Lilliefors-Korrektur):

- $d_{\max} \geq d_{n,\alpha}^{krit} \rightarrow$ *Ablehnung von* H_0
- $d_{n,\alpha}^{krit}$: Kritischer Differenzwert des Tests (siehe Anhang B, Tabelle 10)

Testentscheidung bei unbekannten Parametern μ und σ unter Verwendung des kritischen Differenzwerts des Tests (mit Lilliefors-Korrektur):

- $d_{\max} \geq lf_{n,\alpha}^{krit} \rightarrow$ *Ablehnung von* H_0
- $lf_{n,\alpha}^{krit}$: Kritischer Differenzwert des Tests mit Lilliefors-Korrektur (siehe Anhang B, Tabelle 11)

Die Anwendung des Kolmogorov-Smirnov-Tests mit bzw. ohne Lilliefors-Korrektur soll am **Beispiel** des Merkmals M: Befall mit Maiszünsler nach zwei Tagen in Gruppe 1 (behandelte Felder) veranschaulicht werden ($\alpha = 0.05$).

Dabei ist zu beachten, dass der Kolmogorov-Smirnov-Test ohne Lilliefors-Korrektur im Beispiel *nicht* verwendet werden darf, da die Parameter μ und σ unbekannt sind. Die Ergebnisse dieses Tests werden lediglich aus didaktischen Gründen angegeben. Zur Testentscheidung darf im Beispiel ausschließlich die Teststatistik nach Lilliefors benutzt werden.

In ►Tabelle 6.7 sind die zur Berechnung der Teststatistik benötigten Werte und Zwischenergebnisse zusammengestellt. Für die Berechnungen werden die Werte

$$\bar{m} = 63.2 \text{ und } s_1 = 5.554$$

sowie die Hilfsgröße

$$H^{rel}(z_0) = 0$$

benötigt. Die Messwerte m_i sind in Tabelle 6.7 bereits nach der Größe geordnet und entsprechend nummeriert.

i	m_i	z_i	$H(z_i)$	$H^{rel}(z_i)$	$\Phi(z_i)$	d_i^i	d_i^{i-1}	d_i
1	56	-1.30	2	0.2	0.0968	0,1032	0.0968	0,1032
2	56	-1.30	2	0.2	0.0968	0,1032	0.0968	0,1032
3	58	-0.94	3	0.3	0.1736	0,1264	0.0264	0,1264
4	62	-0.22	4	0.4	0.4129	0.1290	0.1129	0.1290
5	63	-0.04	6	0.6	0.4840	0,1160	0.0840	0,1160
6	63	-0.04	6	0.6	0.4840	0,1160	0.0840	0,1160
7	64	0.14	7	0.7	0.5557	0.1443	0.0443	0.1443
8	68	0.86	8	0.8	0.8051	0.0051	0.1051	0.1051
9	71	1.40	10	1.0	0.9192	0.0808	0.1192	0.1192
10	71	1.40	10	1.0	0.9192	0.0808	0.1192	0.1192

Tabelle 6.7: Rechenweg für den Kolmogorov-Smirnov-Test.

Daraus erhält man den Wert der Teststatistik in der gegebenen Stichprobe als

$$d_n = \sqrt{10} \cdot \max_i (d_i) = \sqrt{10} \cdot 0.1443 = 0.456.$$

Zur Testentscheidung kann der mit Hilfe eines Computerprogramms berechnete p-Wert

$$p = P(D_n \geq 0.456) \approx 0.98$$

oder der kritische Differenzwert des Kolmogorov-Smirnov-Tests

$$d_{10,0.05}^{krit} = 0.40925$$

(siehe Anhang B, Tabelle 10) herangezogen werden. Wegen

$$p = 0.98 > 0.05 \text{ bzw. } d_{\max} = 0.1443 < 0.40925 = d_{10,\,0.05}^{krit}$$

ergibt sich kein Grund für die Ablehnung der Nullhypothese. Es sei nochmals erwähnt, dass die Anwendung dieses Tests im Beispiel unkorrekt wäre.

Weil im Beispiel die Parameter μ und σ der Normalverteilung nicht bekannt und aus den Stichprobendaten zu schätzen sind, müssen die weniger konservativen kritischen Differenzwerte nach Lilliefors für die Entscheidung benutzt werden, ob aus dem Testergebnis Einwände gegen die Voraussetzung der Normalverteilung abzuleiten sind. Wegen

$$p^{lf} = 0.20 > 0.05 \text{ bzw. } d_{\max} = 0.1443 < 0.258 = lf_{10,\,0.05}^{krit}$$

(siehe Anhang B, Tabelle 11) liefert auch dieses Testergebnis keinen begründeten Zweifel daran, dass die Messwerte Realisierungen einer normalverteilten Zufallsvariablen sein können. Bei der Interpretation dieses Ergebnisses ist allerdings der sehr geringe Stichprobenumfang zu berücksichtigen.

Grafische Beurteilung der Verteilung: Q-Q-Plot

Mit dem Q-Q-Plot (Quantil-Quantil-Plot) kann man auf grafischem Wege beurteilen, inwieweit gegebene Messwerte Realisierungen einer normalverteilten Zufallsvariablen sind.

Die erhobenen Daten werden nach der Größe geordnet, beginnend mit dem kleinsten Wert. Jeder Messwert wird dabei als Quantil der dazugehörigen Häufigkeitsverteilung betrachtet. Entsprechend der Definition von Quantilen (siehe Abschnitt 2.3.2) ist zum Beispiel für $n = 20$ der kleinste Messwert das $1/20 = 5\%$-Quantil, der zweitkleinste Messwert ist das $2/20 = 10\%$-Quantil und so weiter. Es ist jedoch günstiger, die Messwerte x_i nicht gegen das Quantil der Ordnung i/n der Standardnormalverteilung abzutragen, sondern gegen das durch

$$\hat{\alpha}_i = \frac{i - 0.5}{n}$$

definierte Quantil dieser Verteilung, wobei mit i die Nummer des Messwerts in der nach der Größe geordneten Folge der n Werte bezeichnet wird. Durch diese Stetigkeitskorrektur wird die Approximation der empirischen Verteilung durch eine Normalverteilung verbessert (siehe Fahrmeir et al., 2016). Den Messwerten[4] werden in einem Diagramm die Quantile $z_{\hat{\alpha}_i}$ der Standardnormalverteilung gegenübergestellt, die sich aus der Beziehung

$$\hat{\alpha}_i = \Phi(z_{\hat{\alpha}_i})$$

ergeben.

4 Das Diagramm kann analog auf der Grundlage der nach Formel (6.11) berechneten z-Werte erstellt werden.

Wenn X einer Normalverteilung folgt, müsste sich im Q-Q-Plot annähernd eine lineare Beziehung abbilden lassen. Einzelne sehr deutlich abweichende Punkte am Anfang oder am Ende des Diagramms können auf mögliche Ausreißer hinweisen, gekrümmte Punktwolken sind die Folge von asymmetrischen Häufigkeitsverteilungen.

Der Q-Q-Plot gibt unabhängig vom Stichprobenumfang einen sehr guten Eindruck von eventuellen Abweichungen von der Normalverteilung. Für die 20 Messwerte der Variablen Befall mit Maiszünsler nach zwei Tagen ist der Q-Q-Plot in ►Abbildung 6.7 dargestellt, die benötigten Werte sind in ►Tabelle 6.8 zusammengefasst.

i	m_i	$\hat{\alpha}_i = \frac{i-0.5}{20}$	$z_{\hat{\alpha}_i}$
1	56	0.025	-1.96
2	56	0.075	-1.44
3	58	0.125	-1.15
4	62	0.175	-0.93
5	62	0.225	-0.76
…	…	…	
16	71	0.775	0.76
17	72	0.825	0.93
18	74	0.875	1.15
19	75	0.925	1.44
20	80	0.975	1.96

Tabelle 6.8: Benötigte Werte für den Q-Q-Plot.

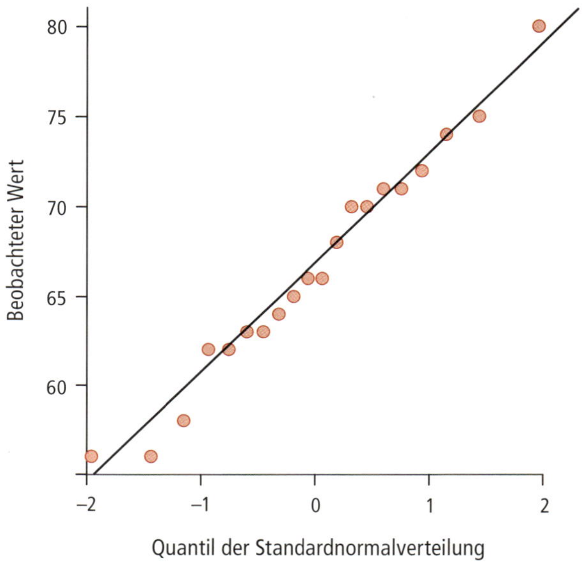

Abbildung 6.7: Q-Q-Plot im Anwendungsbeispiel.

Auf der Grundlage des Q-Q-Plots in Abbildung 6.7 lässt sich keine Abweichung von der Normalverteilung begründen.

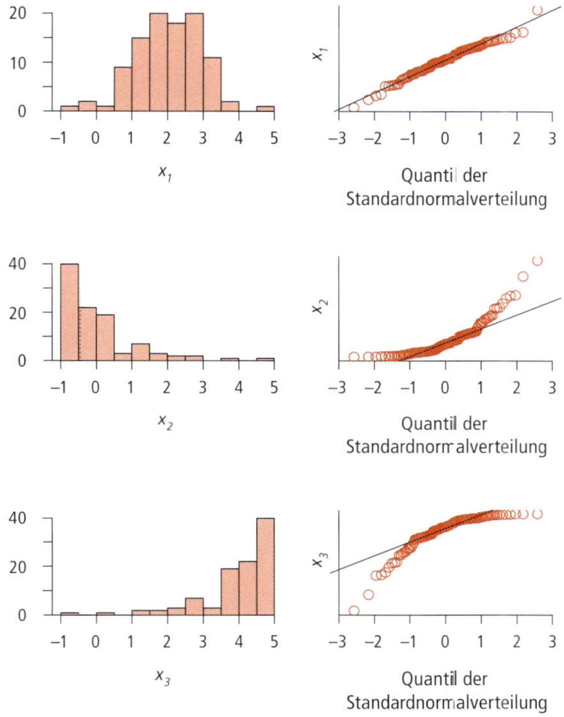

Abbildung 6.8: Q-Q-Plots bei unterschiedlichen Häufigkeitsverteilungen (jeweils $n = 100$).

Die Auswirkungen unterschiedlicher Abweichungen von der Normalverteilung auf den Q-Q-Plot werden in ►Abbildung 6.8 veranschaulicht. Links- bzw. rechtssteile Häufigkeitsverteilungen werden in entsprechend gekrümmten Q-Q-Plots abgebildet. Fahrmeir et al. (2016) geben weitere Beispiele an.

Bewertung der Voraussetzungen und praktische Konsequenzen

Grundsätzlich sollten statistische Tests niemals angewendet werden, ohne die Erfüllung der notwendigen Voraussetzungen und die Konsequenzen nicht erfüllter Bedingungen zu bewerten. Die in diesem Abschnitt dargestellten Tests zur Prüfung der Varianzhomogenität und der Annahme der Normalverteilung stellen dafür eine wichtige Unterstützung dar. Für die konkrete Bewertung der Voraussetzungen und für daraus abzuleitende praktische Konsequenzen ist der Stichprobenumfang der jeweiligen Untersuchung von großer Bedeutung. Die folgenden Hinweise sollen eine grobe Orientierung für die Bewertung der Voraussetzungen geben. Die angegebenen Grenzen für n können ebenfalls nur als grobe Richtlinien verstanden werden. Genauere Aussagen kann man aus den Ergebnissen von speziellen Simulationsstudien gewinnen (siehe Kapitel 6.5).

Sehr kleine Stichprobenumfänge ($n < 10$):

Einerseits ist bekannt, dass die Bedeutung der Voraussetzungen bei kleinen Stichproben zunimmt. Verletzungen der Voraussetzungen können gerade in diesem Fall dazu führen, dass das festgelegte Signifikanzniveau deutlich überschritten wird.

Andererseits ist aber bei sehr kleinen Stichproben eine Überprüfung der Voraussetzungen nicht möglich. Wenn zum Beispiel nur fünf Messwerte vorliegen, ist anschaulich klar, dass eine grafische Darstellung der Werte keinen Aufschluss liefern kann, ob die untersuchte Zufallsvariable einer Normalverteilung unterliegt. Die Anwendung des Kolmogorov-Smirnov-Tests könnte in einer solchen Situation wegen des geringen Stichprobenumfangs auch bei Anwendung der Lilliefors-Korrektur zu einem nichtsignifikanten Ergebnis führen. Trotzdem kann man in einem solchen Fall in der Regel nicht begründet davon ausgehen, dass die untersuchte Zufallsvariable in der Population tatsächlich einer Normalverteilung unterliegt.

Deshalb ist grundsätzlich zu empfehlen, bei sehr kleinen Stichprobenumfängen die Anwendung exakter nichtparametrischer Tests (siehe Abschnitt 6.2) vorzuziehen. Alternativ kann die Anwendung computerbasierter Verfahren (Abschnitt 6.4) in Betracht gezogen werden.

Kleine und mittlere Stichprobenumfänge ($10 \leq n \leq 50$):

Bei mittleren Stichprobenumfängen ist die Anwendung der vorgestellten Tests zur Überprüfung der Voraussetzungen oft sinnvoll. Die Ergebnisse der Tests helfen bei der Entscheidung für das adäquate Verfahren oder bei der angemessenen Interpretation der Ergebnisse.

Wenn die Tests zur Prüfung der Voraussetzungen Hinweise liefern, dass wichtige Voraussetzungen verletzt sind, sollte man zunächst jeweils prüfen, ob alternative parametrische Verfahren zur Verfügung stehen, die robust gegen die Verletzung der entsprechenden Voraussetzung sind. Dabei sind die Ergebnisse von Robustheitsuntersuchungen zu berücksichtigen (siehe Abschnitt 6.5). So kann zum Beispiel beim Vergleich zweier Mittelwerte aus unabhängigen Stichproben (Abschnitt 6.1.2) anstelle des t-Tests für unabhängige Stichproben der Welch-Test (siehe zum Beispiel Diehl & Arbinger, 2001) angewendet werden, wenn die Voraussetzung der Varianzhomogenität verletzt ist. Dieser Test ist in allen wichtigen Statistik-Programmpaketen enthalten. Alternativ ist bei verletzten Voraussetzungen die Anwendung adäquater nichtparametrischer Verfahren (siehe Abschnitt 6.2) zu empfehlen.

Große Stichprobenumfänge ($n > 50$):

Bei großen Stichprobenumfängen liefern die Tests zur Überprüfung der Voraussetzungen oft bereits signifikante Ergebnisse, wenn nur geringe Abweichungen zum Beispiel von der Normalverteilungsannahme vorliegen. Andererseits sind die t-Tests, wie auch viele andere statistische Verfahren, bei großen Stichprobenumfängen relativ robust gegen Verletzungen der Normalverteilungsannahme. Deshalb sollte bei deutlichen Verletzungen der Voraussetzung der Varianzhomogenität der Welch-Test angewendet werden (analog zu den Empfehlungen bei kleinen und mittleren Stichprobenumfängen), während Verletzungen der Normalverteilungsannahme bei großen Stichprobenumfängen für die Anwendung der t-Tests sehr oft vernachlässigt werden können. Im Zweifel sollte man Ergebnisse von Simulationsstudien heranziehen (siehe Abschnitt 6.5).

6.2 Tests für ordinalskalierte Merkmale

Die in den Abschnitten 6.1.1 bis 6.1.4 dieses Kapitels betrachteten statistischen Tests haben die Prüfung von Hypothesen über Verteilungsparameter von stetigen Zufallsvariablen mit metrischen Realisierungen zum Ziel. Dabei wird vorausgesetzt, dass die Verteilungsfunktion der interessierenden Zufallsvariablen in der Population bis auf einzelne Parameter bekannt ist.

Die in diesem Kapitel behandelten Tests können auch dann angewendet werden, wenn das untersuchte Merkmal nicht metrisch, sondern nur ordinalskaliert ist. Daneben liegt der Vorteil dieser Verfahren darin, dass zu ihrer Durchführung keine oder nur geringe Voraussetzungen bezüglich der Verteilungsfunktion oder ihres Typs in der Population erfüllt sein müssen.

Im Unterschied zu den in Abschnitt 6.1 vorgestellten parametrischen Tests werden die Teststatistiken der in diesem Kapitel behandelten Tests ausschließlich auf der Basis der Ranginformationen konstruiert. Im ersten Schritt der Verfahren werden deshalb die Daten in Rangplätze umgewandelt, die die Grundlage für das weitere Vorgehen bilden. Es werden Teststatistiken auf der Basis der Ranginformationen verwendet, deren Verteilung bei Gültigkeit der jeweiligen Nullhypothese bekannt ist. Eine spezielle Verteilung der Variablen in der Population wird nicht vorausgesetzt. Insbesondere entfällt die Voraussetzung, dass die untersuchte Zufallsvariable einer Normalverteilung unterliegen muss.

Durch diese Vorteile ist der Anwendungsbereich der nichtparametrischen Tests gegenüber den parametrischen Tests deutlich breiter. Allerdings ist vor der Entscheidung über die Anwendung eines parameterfreien Tests zu beachten, dass seine Güte gegenüber einem adäquaten parametrischen Test deutlich geringer sein kann, wenn die Voraussetzungen für die Anwendung des parametrischen Tests erfüllt sind (siehe Abschnitt 5.3.4 und Kapitel 9). Deshalb sollte man parametrische Tests anwenden, wenn ihre Voraussetzungen erfüllt sind. Andernfalls, wenn beispielsweise die Voraussetzung der Normalverteilung bei kleinen Stichprobenumfängen nicht gegeben ist, können parameterfreie Tests sogar eine höhere Güte aufweisen.

Für die konkrete Testdurchführung wird zwischen exakten Tests bei kleinen Stichprobenumfängen und asymptotischen Tests bei großen Stichproben unterschieden. Bei kleinen Stichproben ist es möglich, die Summe der Wahrscheinlichkeiten für das Auftreten des Wertes der Testgröße und aller möglichen weiteren Werte zu berechnen, die noch mehr als der Wert der Testgröße der Nullhypothese widersprechen. Damit erhält man den exakten p-Wert, der mit dem vorgegebenen Signifikanzniveau verglichen werden kann. Bei größeren Stichproben kann dieser exakte Wert oft selbst bei der Benutzung von leistungsfähigen Rechnern nicht mit vertretbarem Aufwand bestimmt werden. Deshalb wurden Teststatistiken entwickelt, deren Verteilung bei hinreichend großen Stichprobenumfängen durch eine bekannte Prüfverteilung angenähert werden kann. Bei der Behandlung der Tests wird auf beide Möglichkeiten detailliert eingegangen.

6.2.1 Vergleich zweier Verteilungen bei unabhängigen Stichproben

Mit dem U-Test nach Mann und Whitney kann die Hypothese geprüft werden, dass sich die Verteilungen F_1 und F_2 eines Merkmals in zwei Populationen unterscheiden. Dabei müssen die beiden nach F_1 und F_2 verteilten Zufallsvariablen voneinander unabhängig sein. Weiterhin wird vorausgesetzt, dass F_1 und F_2 stetige Verteilungen sind. Die Teststatistik kann aus der Teststatistik des Wilcoxon-Rangsummentests abgeleitet werden (siehe Hartung et al., 2009).

Für die Darstellung der statistischen Alternativhypothese sind verschiedene Formen möglich. Allgemein lautet die statistische Alternativhypothese im zweiseitigen Fall

$$H_1 : F_1(x) \neq F_2(x) \text{ für mindestens ein } x,$$

das heißt kurz

$$H_1 : F_1 \neq F_2.$$

Entsprechend ergeben sich einseitige Alternativhypothesen als

$$H_1 : F_1(x) > F_2(x) \text{ für mindestens ein } x,$$

das heißt kurz

$$H_1 : F_1 > F_2 \quad \text{oder } H_1 : F_1(x) > F_2(x).$$

Die Anwendung des U-Tests wird besonders dann empfohlen, wenn es sich bei der Alternativhypothese um eine sogenannte Lagealternative handelt (siehe Büning & Trenkler, 1994, Storm, 2007) der (hier zweiseitigen) Form

$$H_1 : F_1(x) = F_2(x - \theta) \text{ für alle } x \in \mathbb{R} \text{ und } \theta \neq 0.$$

Diese Alternativhypothese entspricht der Hypothese $H_1 : F_1 \neq F_2$. Sie besagt, dass sich die Verteilungen F_1 und F_2 nur bezüglich ihrer Lage unterscheiden, während Form und Variabilität der Verteilungen gleich sind. In der Darstellung des Testablaufs soll diese Form der Hypothese verwendet werden. Analog ergeben sich die einseitigen Alternativhypothesen

$$H_1 : F_1(x) = F_2(x - \theta) \text{ für alle } x \in \mathbb{R} \text{ und für } \theta > 0 \text{ bzw. für } \theta < 0.$$

Dabei entspricht $\theta > 0$ der Alternativhypothese $H_1 : F_1 < F_2$, die Werte der nach F_1 verteilten Zufallsvariablen sind im Durchschnitt größer als die Werte der nach F_2 verteilten Variablen (siehe Abbildung 6.9), $\theta < 0$ entspricht der Hypothese $H_1 : F_1 > F_2$, die

Werte der nach F_1 verteilten Zufallsvariablen sind im Durchschnitt kleiner als die Werte der nach F_2 verteilten Variablen.

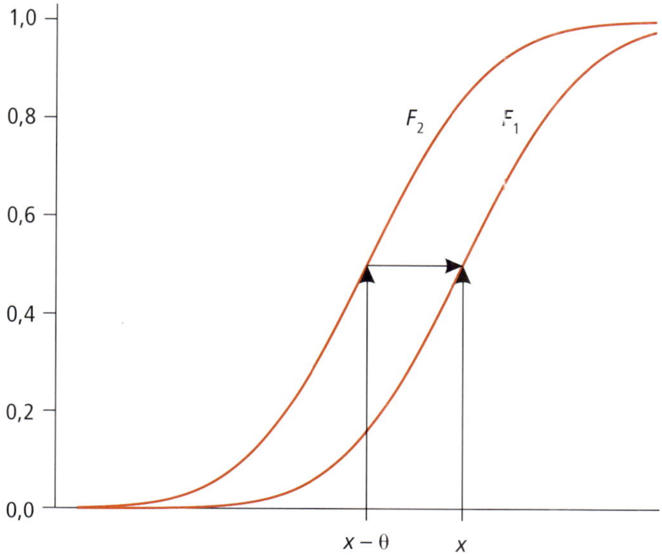

Abbildung 6.9: Lageverschiebung von zwei Verteilungen.

Grundlage für die Testentscheidung ist bei kleinen Stichprobenumfängen die Kenntnis der exakten Verteilung der Zufallsvariablen U bzw. bei großen Stichprobenumfängen die asymptotische Standardnormalverteilung der Zufallsvariablen Z. Die Zufallsvariable U zählt, wie häufig ein Rangplatz in der einen Stichprobe größer ist als in der anderen Stichprobe (Realisierungen dieser Zufallsvariablen siehe Testablauf). Bei Gültigkeit der Nullhypothese ist diese Zufallsvariable symmetrisch verteilt mit dem Mittelwert

$$\mu_U = \frac{n_1 \cdot n_2}{2} \tag{6.15}$$

und der Standardabweichung

$$\sigma_U = \sqrt{\frac{n_1 \cdot n_2 \cdot (n_1 + n_2 + 1)}{12}}. \tag{6.16}$$

Bei großen Stichprobenumfängen ($n_1 > 25$ oder $n_2 > 25$, siehe Büning & Trenkler, 1994) kann die Verteilung von U bei Gültigkeit der Nullhypothese annähernd durch eine Normalverteilung beschrieben werden. Damit ist die Zufallsvariable

$$Z = \frac{U - \mu_U}{\sigma_U} \tag{6.17}$$

asymptotisch standardnormalverteilt.

Wenn in der Stichprobe viele gebundene Ränge auftreten, das heißt gleiche Messwerte gemessen wurden, wird die Populationsstandardabweichung durch Formel (6.16) überschätzt. Deshalb kann in diesem Fall die Korrekturformel

$$\sigma_U^{korr} = \sqrt{\frac{n_1 \cdot n_2}{n \cdot (n-1)} \cdot \left(\frac{n^3 - n}{12} - \sum_{k=1}^{K} \frac{t_k^3 - t_k}{12} \right)} \qquad (6.18)$$

zur Berechnung der Standardabweichung der Population verwendet werden. Dabei bezeichnet K die Anzahl der Messwertgruppen mit gleichen Werten und t_k die Anzahl der Bindungen in der k-ten Gruppe ($k = 1,\ldots,K$). In diesem Fall ist die Zufallsvariable

$$Z = Z^{korr} = \frac{U - \mu_U}{\sigma_U^{korr}} \qquad (6.19)$$

asymptotisch standardnormalverteilt.

Testablauf

Bezeichnung des Tests:

Mann-Whitney-U-Test

Statistische Hypothesen:

a. $H_1 : F_1(x) = F_2(x-\theta),\ \theta \neq 0 \quad H_0 : F_1(x) = F_2(x-\theta),\ \theta = 0$ für alle $x \in \mathbb{R}$

b. $H_1 : F_1(x) = F_2(x-\theta),\ \theta < 0 \quad H_0 : F_1(x) = F_2(x-\theta),\ \theta \geq 0$ für alle $x \in \mathbb{R}$

c. $H_1 : F_1(x) = F_2(x-\theta),\ \theta > 0 \quad H_0 : F_1(x) = F_2(x-\theta),\ \theta \leq 0$ für alle $x \in \mathbb{R}$

- F_1, F_2: unbekannte Verteilungen gleicher Form

Wahl des Signifikanzniveaus:

- $\alpha = 0.05$ oder $\alpha = 0.01$ oder andere Wahl von α

Gegebene Daten:

- x_{1i} $(i = 1,\ldots,n_1)$ und x_{2i} $(i = 1,\ldots,n_2)$: Messwerte der Stichproben 1 und 2
- n_1, n_2: Anzahl der Messwerte in den Stichproben 1 und 2

Voraussetzungen:

- Die Messwerte $x_{11}, x_{12},\ldots,x_{1n_1}$ und $x_{21}, x_{22},\ldots,x_{2n_2}$ sind mindestens ordinalskalierte Realisierungen der unabhängigen Zufallsvariablen X_1 bzw. X_2.
- Die Zufallsvariablen X_1 bzw. X_2 unterliegen jeweils einer Verteilung F_1 bzw. F_2.
- Die Verteilungen F_1 bzw. F_2 sind stetig und von gleicher Form.

Berechnung des Werts der Teststatistik:

- Die $n_1 + n_2$ Messwerte beider Stichproben werden nach der Größe geordnet. Der kleinste Messwert erhält den Rangplatz 1, der größte Messwert erhält den Rangplatz $n_1 + n_2$. Stimmen mehrere Messwerte überein, wird jedem dieser Messwerte als Rangplatz der arithmetische Mittelwert der zugeordneten fortlaufend vergebenen Rangplätze zugewiesen (siehe Anwendungsbeispiel).
- r_1: Summe der Rangplätze in Stichprobe 1
- $u = n_1 \cdot n_2 + \frac{n_1 \cdot (n_1 + 1)}{2} - r_1$: Wert der Teststatistik
- Für große Stichprobenumfänge ($n_1 > 25$ oder $n_2 > 25$):
  - $z = \frac{u - \frac{n_1 \cdot n_2}{2}}{\sqrt{\frac{n_1 \cdot n_2 \cdot (n_1 + n_2 + 1)}{12}}}$: Wert der Teststatistik (ohne Bindungen)
  - $z = z^{korr} = \frac{u - \frac{n_1 \cdot n_2}{2}}{\sqrt{\frac{n_1 \cdot n_2}{n \cdot (n-1)} \cdot \left(\frac{n^3 - n}{12} - \sum_{k=1}^{K} \frac{t_k^3 - t_k}{12} \right)}}$: Wert der Teststatistik (mit Bindungen)
- K: Anzahl der Messwertgruppen mit gleichen Werten
- t_k: Anzahl der Bindungen in der k-ten Gruppe ($k = 1, \ldots, K$)

Testentscheidung unter Verwendung des p-Werts bei kleinen Stichprobenumfängen:

a. Berechnung von $p = 2 \cdot P(U \geq u)$ für $u > \frac{n_1 \cdot n_2}{2}$, $p = 2 \cdot P(U \leq u)$ für $u < \frac{n_1 \cdot n_2}{2}$
b. Berechnung von $p = P(U \geq u)$
c. Berechnung von $p = P(U \leq u)$

- $p \leq \alpha \rightarrow$ *Ablehnung von* H_0

Testentscheidung unter Verwendung des p-Werts bei großen Stichprobenumfängen:

a. Berechnung von $p = P(|Z| \geq |z|)$
b. Berechnung von $p = P(Z \geq z)$
c. Berechnung von $p = P(Z \leq z)$

- $p < \alpha \rightarrow$ *Ablehnung von* H_0

Testentscheidung unter Verwendung des Quantils der Verteilung von U bei kleinen Stichprobenumfängen:

a. $u \le u_{n_1,n_2,\alpha/2}$ *oder* $u \ge u_{n_1,n_2,1-\alpha/2} \rightarrow$ *Ablehnung von* H_0

b. $u \ge u_{n_1,n_2,1-\alpha} \rightarrow$ *Ablehnung von* H_0

c. $u \le u_{n_1,n_2,\alpha} \rightarrow$ *Ablehnung von* H_0

- $u_{n_1,n_2,\alpha/2}, u_{n_1,n_2,\alpha}, u_{n_1,n_2,1-\alpha}, u_{n_1,n_2,1-\alpha/2}$: kritische Werte der Verteilung von U (siehe Anhang B, Tabelle 7)

- **Testentscheidung unter Verwendung des Quantils der Standardnormalverteilung bei großen Stichprobenumfängen:**

a. $|z| > z_{1-\alpha/2} \rightarrow$ *Ablehnung von* H_0

b. $z > z_{1-\alpha} \rightarrow$ *Ablehnung von* H_0

c. $z < z_\alpha \rightarrow$ *Ablehnung von* H_0

- $z_\alpha, z_{\alpha/2}, z_{1-\alpha/2}$: Quantile der Standardnormalverteilung (siehe Anhang B, Tabelle 1)

In verschiedenen Statistikprogrammen wird anstelle des im Testablauf verwendeten Werts u das Minimum der beiden Größen

$$u_1 = n_1 \cdot n_2 + \frac{n_1 \cdot (n_1 + 1)}{2} - r_1 \text{ und } u_2 = n_1 \cdot n_2 + \frac{n_2 \cdot (n_2 + 1)}{2} - r_2 = n_1 \cdot n_2 - u_1$$

als Teststatistik benutzt. Die Ergebnisse beider Vorgehensweisen unterscheiden sich nicht. Bei der Interpretation der Ergebnisse einseitiger Tests muss man dabei jedoch sehr sorgfältig prüfen, welche Richtung des Unterschieds man für den so definierten Wert der Teststatistik beschreibt. Um diese Schwierigkeiten zu umgehen, empfiehlt sich das im Testablauf beschriebene Vorgehen.

Im **Anwendungsbeispiel E** ist die gerichtete Alternativhypothese

$$H_1 : F_1(x) = F_2(x - \theta),\ \theta < 0$$

zu untersuchen, wonach die Boniturwerte der behandelten Flächen im Durchschnitt geringer sind. Das statistische Hypothesenpaar entspricht Form b aus dem Testablauf.

Im ersten Auswertungsschritt sind die Daten des Merkmals Bonitur in Rangplätze umzuwandeln. In ►Tabelle 6.9 sind die Boniturdaten mit den jeweiligen Rangplätzen dargestellt. Die Rangplätze werden über die Werte beider Gruppen gemeinsam vergeben. Die Fläche mit dem kleinsten Boniturwert (Nummer 1 mit dem Wert 0) erhält den Rangplatz 1. Dem zweitkleinsten Wert (Nummer 3 mit dem Wert 1) wird Rangplatz 2 zugeordnet. Der Wert 2 kommt dreimal vor (Flächen 2, 5, und 20). Deshalb werden die folgenden Rangplätze 3, 4 und 5 gemittelt und der Mittelwert dieser Rangplätze von 4 wird den drei Flächen zugewiesen. Damit sind die Rangplätze 1 bis 5 vergeben. Auf den Wert 3 (Flächen 7 und 19) entfallen die Rangplätze 6 und 7, deren Mittelwert wird den beiden Flächen zugewiesen. Der nächstgrößere Wert 4 kommt insgesamt viermal vor (Flächen 4, 9, 10, 14). Diese Flächen erhalten mit dem Rangplatz 9 5 den Mittelwert der Ränge 8, 9, 10 und 11 zugeteilt. Die Flächen 6 und 15 erhalten den aus 12 und 13 gemittelten Rangplatz 12.5, da beide den Wert 5 aufweisen. Der Wert 6 wurde bei den Flächen 8, 13 und 15 ermittelt. Diese Flächen erhalten den Rang (14–15+16)/3=15 zugewiesen. Die Werte 7 und 8 kommen nur jeweils einfach vor, deshalb erhalten die Flächen 15 und 12 die Rangplätze 17 und 18. Die höchste Merkmalsausprägung haben die Flächen 11 und 18, sie erhalten den aus 19 und 20 gemittelten Rangplatz 19.5.

behandelte Flächen										
i	1	2	3	4	5	6	7	8	9	10
bo_i	0	2	1	4	2	5	3	6	4	4
r_{bo_i}	1	4	2	9.5	4	12.5	6.5	15	9.5	9.5
unbehandelte Flächen										
i	11	12	13	14	15	16	17	18	19	20
bo_i	9	8	6	4	7	6	5	9	3	2
r_{bo_i}	19.5	18	15	9.5	17	15	12.5	19.5	6.5	4

Tabelle 6.9: Messwerte bo_i (aus Tabelle 6.2) und Rangplätze r_{bo_i} des Merkmals Bonitur nach zwei Tagen.

Im nächsten Schritt werden die Rangplatzsummen der beiden Stichproben berechnet.[5] Für die behandelten Flächen erhält man

$$r_1 = 1+4+2+9.5+4+12.5+6.5+15+9.5+9.5 = 73.5.$$

Zum Vergleich erhält man für die unbehandelten Flächen

$$r_2 = 19.5+18+15+9.5+17+15+12.5+19.5+6.5+4 = 136.5.$$

Als Realisierungen der Zufallsvariablen U erhält man den Wert

$$u = 10 \cdot 10 + 10 \cdot 11/2 - 73.5 = 81.5.$$

Dieser Wert ist eine Realisierung der Zufallsvariablen U, die bei Gültigkeit der Nullhypothese den Erwartungswert $n_1 \cdot n_2 / 2 = 100/2 = 50$ hat. Für große Stichproben

5 Der maximal mögliche größte Unterschied in den Rangplatzsummen würde zustande kommen, wenn die zehn kleinsten Werte zum Beispiel in Gruppe 1, die zehn größten Werte in Gruppe 2 liegen würden. Die fiktiven Rangplatzsummen wären dann $r_1' = 55$ bzw. $r_2' = 155$. Wenn es keine Unterschiede in den Rangsummen geben würde, hätten sie den Wert $r_1' = r_2' = 105$.

kann der z-Wert berechnet werden. Ohne Berücksichtigung der Bindungen würde man den Wert

$$z = \frac{81.5 - \frac{1}{2} 10 \cdot 10}{\sqrt{\frac{1}{12} 10 \cdot 10 \cdot (10 + 10 + 1)}} = 2.38$$

erhalten. Im Anwendungsbeispiel kommen jedoch viele Bindungen von, weshalb die Ermittlung des korrigierten z-Werts nach Formel (6.18) und (6.19) angemessen ist. Zunächst soll die Hilfsgröße

$$T_K = \sum_{k=1}^{K} \frac{t_k^3 - t_k}{12}$$

berechnet werden. Im Beispiel gibt es insgesamt $K = 6$ Messwertgruppen mit gleichen Werten. Der Wert 2 kommt dreimal vor ($t_1 = 3$), die 3 wurde zweimal erfasst ($t_2 = 2$), der Wert 4 viermal ($t_3 = 4$), der Wert 5 zweimal ($t_4 = 2$), der Wert 6 dreimal ($t_5 = 3$). Zweimal kommt der höchste Wert 9 vor ($t_6 = 2$). Damit erhält man

$$T_6 = \frac{\left(3^3 - 3\right) + \left(2^3 - 2\right) + \left(4^3 - 4\right) + \left(2^3 - 2\right) + \left(3^3 - 3\right) + \left(2^3 - 2\right)}{12} = 10.5.$$

Somit ergibt sich nach Formel (6.18) und (6.19)

$$z = z^{korr} = \frac{81.5 - \frac{1}{2} \cdot 10 \cdot 10}{\sqrt{\frac{10 \cdot 10}{20 \cdot (20 - 1)} \cdot \left(\frac{20^3 - 20}{12} - 10.5\right)}} = 2.40.$$

Unter Verwendung der berechneten Werte u und z soll für das Anwendungsbeispiel sowohl das Vorgehen bei kleinen Stichproben auf der Basis von der Zufallsvariablen U als auch bei großen Stichproben auf der Basis der Zufallsgröße Z beschrieben werden.

Zur Testentscheidung bei kleinen Stichprobenumfängen kann der mit Hilfe eines Computerprogramms berechnete p-Wert

$$p = P(U \geq 81.5) = 0.008$$

oder der kritische Wert der Verteilung von U

$$u_{10,10,0.95} = n_1 \cdot n_2 - u_{10,10,0.05} = 10 \cdot 10 - 27 = 73$$

(siehe Anhang B, Tabelle 7) herangezogen werden. Wegen

$$p = 0.008 \leq 0.05 \text{ bzw. } u = 81.5 \geq 73$$

ist die Nullhypothese abzulehnen, das Ergebnis ist signifikant.

Zur Testentscheidung bei großen Stichprobenumfängen, die im Beispiel allerdings *nicht* gegeben sind, könnte der mit Hilfe eines Computerprogramms berechnete p-Wert

$$p = P(Z \geq 2.4) = 0.008$$

oder das Quantil der Standardnormalverteilung

$$z_{0.95} = 1.65$$

(siehe Anhang B, Tabelle 1) herangezogen werden. Wegen

$$p = 0.008 < 0.05 \text{ bzw. } z = 2.4 > 1.65$$

wäre die Nullhypothese auch bei diesem Vorgehen abzulehnen, das Ergebnis wäre ebenfalls signifikant.

6.2.2 Vergleich zweier Verteilungen für verbundene Stichproben

Mit dem Wilcoxon-Test kann die Hypothese geprüft werden, dass sich die Verteilungen zweier abhängiger Zufallsvariablen unterscheiden. Die statistischen Hypothesen werden bezüglich des Medians der Paardifferenzen formuliert. Dabei wird vorausgesetzt, dass die paarweisen Differenzen der Messwertpaare ordinales Datenniveau aufweisen, also in eine Rangreihe gebracht werden können. Der Test wird in der Praxis angewendet, wenn die Messwerte ordinalskaliert sind oder wenn bei metrischen Daten die Voraussetzungen des t-Tests für verbundene Stichproben (Normalverteilung der paarweisen Differenzen, siehe Abschnitt 6.1.3) verletzt sind.

Grundlage des Tests ist die Zufallsvariable

$$X_D = X_2 - X_1,$$

deren Realisierungen

$$x_{d_i} = x_{2i} - x_{1i} \ (i = 1, \dots, n)$$

die paarweisen Differenzen der verbundenen Messwertpaare sind.[6] Es wird vorausgesetzt, dass X_D symmetrisch um den Median ∂ verteilt ist.

Die Zufallsvariable W beschreibt die Summe der zu positiven Paardifferenzen gehörenden Rangplätze.[7] Bei Gültigkeit der Nullhypothese

$$H_0 : \partial = 0$$

6 Häufig entstehen abhängige Messwerte durch Messwiederholungen im Zeitverlauf. Die angegebene Differenz beschreibt in diesem Fall die Veränderung des Merkmals im Zeitverlauf. Deshalb wird hier die Differenzbildung $X_2 - X_1$ gegenüber der ebenfalls möglichen Differenz $X_1 - X_2$ bevorzugt (siehe auch Abschnitt 6.1.3).

7 Alternativ kann die Summe der zu negativen Paardifferenzen gehörenden Rangplätze verwendet werden.

ist diese Zufallsvariable symmetrisch verteilt mit dem Erwartungswert

$$\mu_W = \frac{n_0 \cdot (n_0 + 1)}{4} \tag{6.20}$$

und der Standardabweichung

$$\sigma_W = \sqrt{\frac{n_0 \cdot (n_0 + 1) \cdot (2 \cdot n_0 + 1)}{24}}. \tag{6.21}$$

Dabei wird mit n_0 die Anzahl der Messwertpaare bezeichnet, deren Differenz ungleich 0 ist. Bei großen Stichprobenumfängen ($n > 20$, siehe Büning & Trenkler, 1994) kann die Verteilung von W bei Gültigkeit der Nullhypothese annähernd durch eine Normalverteilung beschrieben werden. Damit ist die Zufallsvariable

$$Z = \frac{W - \mu_W}{\sigma_W} \tag{6.22}$$

asymptotisch standardnormalverteilt.

Wenn in der Stichprobe bei den Differenzen viele gebundene Ränge auftreten, das heißt gleiche Differenzen berechnet werden, wird die Populationsstandardabweichung durch Formel (6.21) überschätzt. Deshalb kann in diesem Fall folgende Korrekturformel zur Berechnung der Standardabweichung der Population verwendet werden:

$$\sigma_W^{korr} = \sqrt{\frac{n_0 \cdot (n_0 + 1) \cdot (2 \cdot n_0 + 1)}{24} - \sum_{k=1}^{K} \frac{t_k^3 - t_k}{48}}. \tag{6.23}$$

Dabei bezeichnet K die Anzahl der Messwertgruppen mit gleichen Differenzwerten und t_k die Anzahl der Bindungen in der k-ten Gruppe ($k = 1, \ldots, K$). In diesem Fall ist die Zufallsvariable

$$Z = Z^{korr} = \frac{W - \mu_W}{\sigma_W^{korr}} \tag{6.24}$$

asymptotisch standardnormalverteilt.

Testablauf

Bezeichnung des Tests:

Wilcoxon-Test

Statistische Hypothesen:

a. $H_1 : \partial \neq 0 \quad H_0 : \partial = 0$

b. $H_1 : \partial > 0 \quad H_0 : \partial \leq 0$

c. $H_1 : \partial < 0 \quad H_0 : \partial \geq 0$

- ∂: Median von $X_D = X_2 - X_1$ (Verteilung der Paardifferenzen)

Wahl des Signifikanzniveaus:

- $\alpha = 0.05$ oder $\alpha = 0.01$ oder andere Wahl von α

Gegebene Daten:

- (x_{1i}, x_{2i}) $(i = 1,\ldots, n)$: Messwertpaare
- n: Anzahl der Messwertpaare
- Die Messwerte (x_{1i}, x_{2i}) $(i = 1,\ldots, n)$ sind paarweise verbundene mindestens ordinalskalierte Realisierungen der Zufallsvariablen X_1 bzw. X_2.
- Die paarweisen Differenzen $x_{di} = x_{2i} - x_{1i}$ $(i = 1,\ldots, n)$ sind mindestens ordinalskalierte Realisierungen der Zufallsvariablen $X_D = X_2 - X_1$.
- Die Zufallsvariable X_D unterliegt einer stetigen symmetrischen Verteilung mit dem unbekannten Median ∂.

Berechnung des Werts der Teststatistik:

- $x_{d_i} = x_{2i} - x_{1i}$ $(i = 1,\ldots, n)$: paarweise Differenzen der Messwerte
- n_0 $(0 \leq n_0 \leq n)$: Anzahl der Messwertpaare, deren Differenz ungleich 0 ist
- Bildung der Absolutbeträge $\left|x_{d_i}\right|$, Ordnung der $\left|x_{d_i}\right|$ nach der Größe und Vergabe von Rangplätzen r_i, wobei die Messwertpaare, deren Differenz gleich 0 ist, nicht berücksichtigt werden. Der kleinste Wert erhält den Rangplatz 1, der größte Absolutbetrag erhält den Rangplatz n_0. Stimmen mehrere Absolutbeträge überein, wird jedem dieser Werte als Rangplatz der arithmetische Mittelwert der fortlaufend vergebenen Rangplätze zugewiesen (siehe Anwendungsbeispiel).

Voraussetzungen:

- $w = r^+ = \sum_{x_{d_i} > 0} r_i$: Wert der Teststatistik (Summe der zu positiven Paardifferenzen gehörenden Rangplätze)

- Für große Stichprobenumfänge ($n > 20$)
  - $z = \frac{w - \frac{n_0 \cdot (n_0+1)}{4}}{\sqrt{\frac{n_0 \cdot (n_0+1) \cdot (2 \cdot n_0 + 1)}{24}}}$: Wert der Teststatistik ohne Bindungen
  - $z = z^{korr} = \frac{w - \frac{n_0 \cdot (n_0+1)}{4}}{\sqrt{\frac{n_0 \cdot (n_0+1) \cdot (2 \cdot n_0 + 1)}{24} - \sum_{k=1}^{K} \frac{t_k^3 - t_k}{48}}}$: Wert der Teststatistik mit Bindungen

Testentscheidung unter Verwendung des p-Werts bei kleinen Stichprobenumfängen:

a. Berechnung von $p = 2 \cdot P(W \geq w)$ für $w > \frac{n_0 \cdot (n_0+1)}{4}$, $p = 2 \cdot P(W \leq w)$ für $w \leq \frac{n_0 \cdot (n_0+1)}{4}$,
b. Berechnung von $p = P(W \geq w)$
c. Berechnung von $p = P(W \leq w)$

- $p \leq \alpha \rightarrow$ *Ablehnung von* H_0

Testentscheidung unter Verwendung des p-Werts bei großen Stichprobenumfängen:

a. Berechnung von $p = P(|Z| \geq |z|)$
b. Berechnung von $p = P(Z \geq z)$
c. Berechnung von $p = P(Z \leq z)$

- $p < \alpha \rightarrow$ *Ablehnung von* H_0

Testentscheidung unter Verwendung des Quantils der Verteilung von W bei kleinen Stichprobenumfängen:

a. $w \leq w_{n_0,\alpha/2}$ *oder* $w \geq w_{n_0,1-\alpha/2} \rightarrow$ *Ablehnung von* H_0
b. $w \geq w_{n_0,1-\alpha} \rightarrow$ *Ablehnung von* H_0
c. $w \leq w_{n_0,\alpha} \rightarrow$ *Ablehnung von* H_0

- $w_{n_0,\alpha/2}, w_{n_0,\alpha}, w_{n_0,1-\alpha}, w_{n_0,1-\alpha/2}$: kritische Werte der Verteilung von W (siehe Anhang B, Tabelle 8)

- **Testentscheidung unter Verwendung des Quantils der Standardnormalverteilung bei großen Stichprobenumfängen:**

a. $|z| > z_{1-\alpha/2} \rightarrow \textit{Ablehnung von } H_0$

b. $z > z_{1-\alpha} \rightarrow \textit{Ablehnung von } H_0$

c. $z < z_{\alpha} \rightarrow \textit{Ablehnung von } H_0$

- $z_{\alpha}, z_{1-\alpha/2}, z_{1-\alpha}$: Quantile der Standardnormalverteilung (siehe Anhang B, Tabelle 1)

Im **Anwendungsbeispiel F** ist die ungerichtete Alternativhypothese

$$H_1 : \partial \neq 0$$

zu untersuchen, wonach sich die Boniturwerte der aufeinanderfolgenden Untersuchungen in der Lage unterscheiden. Das statistische Hypothesenpaar entspricht Form a aus dem Testablauf. Im ersten Auswertungsschritt sind die Differenzen der Messwertpaare zu bilden. Danach sind die Absolutbeträge dieser Differenzen in eine Rangreihe zu bringen, wobei Messwertpaare mit der Differenz 0 von den weiteren Berechnungen ausgeschlossen werden. Damit ergibt sich der korrigierte Stichprobenumfang

$$n_0 = n - 2 = 10 - 2 = 8.$$

Die Fläche mit dem kleinsten Absolutbetrag erhält den niedrigsten Rangplatz. Da der Wert 1 dreimal vorkommt, werden die fortlaufend zu vergebenden Rangplätze 1, 2 und 3 gemittelt, so dass den Messwertpaaren der Rangplatz 2 zugewiesen wird. Die Werte 2 und 3 kommen nur jeweils einfach vor, deshalb erhalten die Flächen 7 und 3 die Rangplätze 4 und 5. Da der Wert 4 doppelt berechnet wird, werden die Rangplätze 6 und 7 gemittelt zu 6,5 und an die Flächen 5 und 6 vergeben. Die höchste Differenz ergibt sich bei Fläche 8, für die der Rangplatz 8 (= n_0) vergeben wird. In Tabelle 6.10 sind diese Auswertungsschritte zusammengefasst.

i	1	2	3	4	5	6	7	8	9	10
bo_i	0	2	1	4	2	5	3	6	4	4
bow_i	0	1	4	5	6	1	1	0	4	3
$bo_{d_i} = bow_i - bo_i$	0	-1	+3	+1	+4	-4	-2	-6	0	-1
$\left\|bo_{d_i}\right\|$		1	3	1	4	4	2	6		1
$r_i = Rang\left(\left\|bo_{d_i}\right\|\right)$		2	5	2	6.5	6.5	4	8		2

Tabelle 6.10: Rangplätze der Absolutbeträge der Differenzen (Daten aus Tabelle 6.2).

Im nächsten Schritt werden die Rangplatzsummen berechnet, die sich bei Berücksichtigung der positiven Differenzen ergeben:

$$r^+ = 5 + 2 + 6.5 = 13.5.$$

Dieser Wert ist die Realisierung der Zufallsvariablen W, die bei Gültigkeit der Nullhypothese den Erwartungswert

$$\mu_W = n_0 \cdot (n_0 + 1) / 4 = 8 \cdot (8 + 1) / 4 = 18$$

hat. Für große Stichproben kann der z-Wert ohne Berücksichtigung der Bindungen berechnet werden:

$$z = \frac{13.5 - \frac{8 \cdot (8+1)}{4}}{\sqrt{\frac{8 \cdot (8+1) \cdot (2 \cdot 8 + 1)}{24}}} = -0.63.$$

In den gegebenen Daten gibt es eine Bindung, der Differenzwert -1 kommt zweimal vor. Damit erhält man $K = 1$ und $t_1 = 2$. Die Ermittlung des korrigierten z-Werts nach Formel (6.23) und (6.24) soll an diesem Beispiel veranschaulicht werden. Zunächst wird die Hilfsgröße

$$T_K = \sum_{k=1}^{K} \frac{t_k^3 - t_k}{48}$$

berechnet. Man erhält

$$T_1 = \frac{2^3 - 2}{48} = 0.125.$$

Somit ergibt sich nach Formel (6.23) und (6.24) der Wert

$$z = \frac{13.5 - \frac{8 \cdot (8+1)}{4}}{\sqrt{\frac{8 \cdot (8+1) \cdot (2 \cdot 8 + 1)}{24} - 0.125}} = -0.63,$$

der sich bis zur zweiten Nachkommastelle nicht von dem ohne Berücksichtigung der Bindungen ermittelten Wert unterscheidet.

Für dieses **Anwendungsbeispiel** soll sowohl das Vorgehen bei kleinen Stichproben auf der Basis von der Zufallsvariablen W als auch bei großen Stichproben auf der Basis der Zufallsgröße Z beschrieben werden.

Zur Testentscheidung bei kleinen Stichprobenumfängen kann der mit Hilfe eines Computerprogramms berechnete p-Wert

$$p = 2 \cdot P(W \leq 13.5) = 0.57$$

oder der kritische Wert der Verteilung von W

$$w_{8,0.025} = 3 \text{ bzw. } w_{8,0.975} = \frac{8 \cdot (8+1)}{2} = 36 - 3 = 33$$

(siehe Anhang B, Tabelle 8) herangezogen werden. Wegen

$$p = 0.57 > 0.05 \text{ bzw. } w = 13.5 > 3 \text{ und } 13.5 < 33$$

kann die Nullhypothese nicht abgelehnt werden, das Ergebnis ist nicht signifikant.

Zur Testentscheidung bei großen Stichprobenumfängen, die hier für $n_0 = 8$ allerdings *nicht* gegeben sind, könnte der mit Hilfe eines Computerprogramms berechnete p-Wert

$$p = \left(P|Z| \geq 0.63\right) = 0.53$$

oder das Quantil der Standardnormalverteilung

$$z_{0.975} = 1.96$$

(siehe Anhang B, Tabelle 1) herangezogen werden. Wegen

$$p = 0.53 > 0.05 \text{ bzw. } |z| = 0.63 < 1.96$$

könnte die Nullhypothese auch bei dieser Testdurchführung nicht abgelehnt werden, das Ergebnis wäre nicht signifikant. Die Berücksichtigung der Bindung würde in diesem Beispiel zum gleichen Ergebnis führen.

6.3 Tests für nominalskalierte (dichotome) Merkmale

Beim Vorliegen von nominalskalierten Merkmalen kommen die bisher behandelten Prinzipien zur Konstruktion statistischer Tests nicht mehr in Betracht. Es ist hier weder möglich, Mittelwerte und Standardabweichungen wie bei den Tests für metrische Merkmale zu benutzen, noch ist die Bestimmung von Rangordnungen wie bei ordinalskalierten Merkmalen sinnvoll. Tests für nominalskalierte Merkmale können deshalb ausschließlich Häufigkeitsinformationen verwenden. Dabei wird die Häufigkeitsverteilung, die sich bei Gültigkeit der jeweiligen statistischen Nullhypothese ergeben würde, mit der Häufigkeitsverteilung der Stichprobenwerte verglichen.

Für die konkrete Testdurchführung wird, analog zu den Tests für ordinalskalierte Merkmale, zwischen exakten Tests bei kleinen Stichprobenumfängen und asymptotischen Tests bei großen Stichproben unterschieden. Bei kleinen Stichproben ist es möglich, die Summe der Wahrscheinlichkeiten für das Auftreten des Testergebnisses und aller möglichen weiteren Testausgänge zu berechnen, die noch mehr als das Ergebnis der Stichprobe der Nullhypothese widersprechen. Damit erhält man den exakten p-Wert, der mit dem vorgegebenen Signifikanzniveau verglichen werden kann. Bei größeren Stichproben kann dieser exakte Wert oft selbst bei der Benutzung von leistungsfähigen Rechnern nicht mit vertretbarem Aufwand bestimmt werden.

Deshalb wurden Teststatistiken entwickelt, deren Verteilung bei hinreichend großen Stichprobenumfängen durch eine bekannte Prüfverteilung angenähert werden kann. Bei der Behandlung der Tests wird auf beide Möglichkeiten eingegangen.

In der bio- und umweltwissenschaftlichen Praxis treten besonders häufig dichotome (alternative) Merkmale auf. Sie beschreiben zum Beispiel das Auftreten oder Nichtauftreten einer Krankheit, das Vorhandensein oder Nichtvorhandensein bestimmter Bakterien in Flüssigkeiten oder das Vorkommen oder Nichtvorkommen bestimmter Pflanzenarten unter unterschiedlichen Umweltbedingungen. Im **Anwendungsbeispiel** beschreiben die dichotomen Merkmale B bzw. BW den Befall oder Nichtbefall der untersuchten Flächen mit dem Maiszünsler. In den Abschnitten 6.3.1 und 6.3.2 werden Methoden dargestellt, die den Vergleich der Wahrscheinlichkeiten des Auftretens eines interessierenden Ereignisses in unabhängigen bzw. in verbundenen Populationen gestatten. Dabei wird von dichotomen Merkmalen ausgegangen. Bei mehr als zwei möglichen Merkmalsausprägungen ergeben sich nach analogen Prinzipien konstruierte Teststatistiken.

6.3.1 Vergleich zweier Wahrscheinlichkeiten bei unabhängigen Stichproben

X und G seien zwei dichotome Variablen. Dabei sei G die Gruppenvariable mit den Werten g_1 und g_2, die die beiden zu vergleichenden Populationen bzw. Stichproben kennzeichnet. Im **Anwendungsbeispiel** entspricht die Variable G der Gruppenvariablen, die die Felder in behandelte Felder ($g_1 = 1$) und unbehandelte Felder ($g_2 = 2$) unterteilt. Die Variable X mit den Werten x_1 und x_2 ist die interessierende Untersuchungsvariable. Im **Beispiel** entspricht X der Variablen B (Befallsstatus nach zwei Wochen) mit den beiden Ausprägungen nicht befallen ($x_1 = 0$) bzw. befallen ($x_2 = 1$).

Aus den durch G beschriebenen Populationen liegen n_1 bzw. n_2 Untersuchungsobjekte in den beiden Stichproben vor. Im **Beispiel** gilt $n_1 = n_2 = 10$. Die Daten können am übersichtlichsten in Form einer Vierfeldertafel dargestellt werden (►Tabelle 6.11).[8] Dabei wird mit n_{ij} die Anzahl der Untersuchungseinheiten mit $X = x_i$ und $G = g_j$ bezeichnet, mit $n_{Sj} = n_{1j} + n_{2j}$ die j-te Spaltensumme und mit $n_{iZ} = n_{i1} + n_{i2}$ die i-te Zeilensumme. Dabei sind die Spaltensummen durch die Stichprobenumfänge vorgegeben.

Untersuchungsmerkmal X	**Gruppenmerkmal G**		**Zeilensumme**
	g_1	g_2	
x_1	n_{11}	n_{12}	n_{1Z}
x_2	n_{21}	n_{22}	n_{2Z}
Spaltensumme	$n_{S1} = n_1$	$n_{S2} = n_2$	$n_1 + n_2 = n$

Tabelle 6.11: Allgemeines Datenschema einer Vierfeldertafel.

8 Die Bezeichnung Vierfeldertafel ergibt sich aus den vier Feldern, die die beobachteten Häufigkeiten n_{11}, n_{12}, n_{21} und n_{22} enthalten.

Wenn mit p_j die Wahrscheinlichkeit bezeichnet wird, dass in der durch $G = g_j$ beschriebenen Population das Ereignis $X = x_1$ eintritt (analog kann auch x_2 als interessierende Merkmalsausprägung betrachtet werden), können durch die in diesem Abschnitt beschriebenen Vorgehensweisen die Alternativhypothesen

$$H_1 : p_1 \neq p_2, H_1 : p_1 > p_2 \text{ bzw. } H_1 : p_1 < p_2$$

untersucht werden.

Vorgehen bei kleinen Stichproben: Exakter Test nach Fisher

Die Herleitung und die Beschreibung der Grundideen exakter Tests sind relativ kompliziert und benutzen verschiedene Elemente der Kombinatorik und der Wahrscheinlichkeitstheorie. Für den einfachsten Fall, die Vierfeldertafel, sollen die Grundprinzipien der Vorgehensweise beschrieben werden. Kompliziertere exakte Tests basieren auf analogen Überlegungen und Prinzipien.

Der exakte Test von Fisher benutzt für den Vergleich zweier Wahrscheinlichkeiten bei unabhängigen Stichproben die Zufallsvariable absolute Zellenhäufigkeit N_{11} als Teststatistik. Eine beliebige Realisierung n_{11} der Zufallsvariablen N_{11} gibt die absolute Häufigkeit an, mit der in der ersten Stichprobe ($g_1 = 1$) der Wert x_1 auftritt.

Für die weitere Beschreibung des Vorgehens werden in der Vierfeldertafel (Tabelle 6.11) neben den vorgegebenen Spaltensummen $n_{S1} = n_1$ und $n_{S2} = n_2$ auch die Zeilensummen n_{1Z} und n_{2Z} als fest angenommen. Mit p_1 und p_2 werden die bedingten Wahrscheinlichkeiten bezeichnet, dass unter diesen Annahmen eine Untersuchungseinheit in der ersten bzw. in der zweiten Population den Wert $X = x_1$ aufweist.

Es soll von der zweiseitigen Nullhypothese

$$H_0 : p_1 = p_2$$

ausgegangen werden. Unter diesen Annahmen soll die bedingte Wahrscheinlichkeit berechnet werden, dass die Zufallsvariable N_{11} einen konkreten Wert n_{11} annimmt. Es werden die Zellenbesetzungen bestimmt, die sich für den Fall ergeben, dass in der ersten Stichprobe ($G = g_1$) in der Untersuchungsvariable X n_{11}-mal der Wert x_1 auftritt. Da der Umfang der ersten Stichprobe mit $n_{S1} = n_1$ feststeht, ergibt sich die Anzahl der Untersuchungsobjekte dieser Stichprobe, bei denen der Wert x_2 festgestellt wird, als $n_{21} = n_{S1} - n_{11}$. Analog erhält man für die zweite Stichprobe die Zellenbesetzungen $n_{12} = n_{1Z} - n_{11}$ bzw. $n_{22} = n_{S2} - (n_{1Z} - n_{11}) = n_{S2} - n_{1Z} + n_{11}$. Die Zellenbesetzungen bei festgelegten Zeilen- und Spaltensummen sind in ►Tabelle 6.12 dargestellt.

Untersuchungsmerkmal X	Gruppenmerkmal G		Zeilensumme
	g_1	g_2	
x_1	n_{11}	$n_{12} = n_{1Z} - n_{11}$	n_{1Z}
x_2	$n_{21} = n_{S1} - n_{11}$	$n_{22} = n_{S2} - n_{1Z} + n_{11}$	n_{2Z}
Spaltensumme	$n_{S1} = n_1$	$n_{S2} = n_2$	$n_1 + n_2 = n$

Tabelle 6.12: Zellenbesetzungen bei gegebenem n_{11} mit festgelegten Zeilen- und Spaltensummen.

Die Anzahl aller möglichen Kombinationen von n_1 Elementen aus den n Untersuchungseinheiten in $\mathfrak{M}$ beträgt $\binom{n}{n_1}$. Analog ergibt sich die Zahl der möglichen Kombinationen von n_{11} Elementen aus den n_{1Z} Untersuchungseinheiten mit $X = x_1$ als $\binom{n_{1Z}}{n_{11}}$. Zu jeder dieser Kombinationen gibt es $\binom{n_{2Z}}{n_{S1} - n_{11}}$ Kombinationen der $n_{21} = n_{S1} - n_{11}$ Elemente der n_{2Z} Untersuchungseinheiten mit $X = x_2$. Damit erhält man die bedingte Wahrscheinlichkeit, dass die Zufallsvariable N_{11} bei vorgegebenen Spalten- und Zeilensummen und bei Gültigkeit der Nullhypothese einen konkreten Wert n_{11} annimmt:

$$P(N_{11} = n_{11}) = \frac{\binom{n_{1Z}}{n_{11}}\binom{n_{2Z}}{n_{S1} - n_{11}}}{\binom{n}{n_1}}. \tag{6.25}$$

Sie entspricht dem Anteil der Kombinationen mit n_{11} Untersuchungseinheiten mit $X = x_1$ an allen möglichen Kombinationen. N_{11} ist bei festgelegten Zeilen- und Spaltensummen und bei Gültigkeit der Nullhypothese $H_0 : p_1 = p_2$ hypergeometrisch verteilt (siehe Hartung et al., 2009) mit dem Erwartungswert

$$\mathbb{E}(N_{11}) = \frac{n_1 \cdot n_{1Z}}{n}.$$

Unter Verwendung von Formel (6.25) kann nun für eine konkrete Stichprobe der p-Wert berechnet werden als die Summe der Wahrscheinlichkeiten, dass bei Gültigkeit der Nullhypothese die konkrete Realisierung n_{11} oder noch mehr der Nullhypothese widersprechende Häufigkeiten auftreten. Bei der konkreten Berechnung des p-Werts ist zwischen ein- und zweiseitigen Fragestellungen zu unterscheiden.

Vorgehen bei großen Stichproben

Bei großen Stichprobenumfängen ist die Berechnung exakter p-Werte auch bei der Verwendung leistungsfähiger Rechentechnik zu aufwendig. Das Vorgehen bei großen Stichprobenumfängen basiert auf einer Approximation an die Standardnormalverteilung bzw. an die Chi-Quadrat-Verteilung (siehe Kapitel 3). Der Stichprobenumfang sollte 60 nicht unterschreiten. Außerdem muss vorausgesetzt werden, dass die Erwartungswerte der Zellenhäufigkeit

$$\mathbb{E}(N_{ij}) = \frac{n_{Sj} \cdot n_{iZ}}{n} = \frac{n_j \cdot n_{iZ}}{n}$$

für alle Zellen $(i, j = 1,2)$ den Wert 5 überschreiten (siehe Timischl, 2000).

Bei Gültigkeit der Nullhypothese sind die Werte

$$z = \frac{\sqrt{n} \cdot (n_{11} \cdot n_{22} - n_{12} \cdot n_{21})}{\sqrt{n_1 \cdot n_2 \cdot n_{1Z} \cdot n_{2Z}}} \tag{6.26}$$

Realisierungen einer asymptotisch standardnormalverteilten Zufallsvariable Z (ausführliche Herleitung siehe Timischl, 2000). In Computerprogrammen wird für den Test anstelle der standardnormalverteilten Teststatistik Z oft deren Quadrat verwendet, was zu einer annähernd Chi-Quadrat-verteilten Teststatistik (mit einem Freiheitsgrad) führt. Bei den Beschreibungen zu den Programmen in der eLearning-Umgebung **MyLab|Biostatistik** wird auf diese Möglichkeit eingegangen.

Testablauf

Bezeichnung des Tests:

Exakter Test nach Fisher bzw. asymptotischer Test

Statistische Hypothesen:

a. $H_1 : p_1 \neq p_2 \quad H_0 : p_1 = p_2$

b. $H_1 : p_1 > p_2 \quad H_0 : p_1 \leq p_2$

c. $H_1 : p_1 < p_2 \quad H_0 : p_1 \geq p_2$

- p_1, p_2: unbekannte Wahrscheinlichkeiten für das Eintreten eines interessierenden Ereignisses $(X = x_1)$ in den Populationen 1 und 2

Wahl des Signifikanzniveaus:

- $\alpha = 0.05$ oder $\alpha = 0.01$ oder andere Wahl von α

Gegebene Daten:

- x_{i1} $(i = 1,\dots,n_1)$ und x_{i2} $(i = 1,\dots,n_2)$: Messwerte der Stichproben 1 und 2
- n_1, n_2: Anzahl der Messwerte in den Stichproben 1 und 2

Voraussetzungen:

- Die Messwerte $x_{11}, x_{21}, \dots, x_{n_1 1}$ bzw. $x_{12}, x_{22}, \dots, x_{n_2 2}$ sind dichotome Realisierungen der unabhängigen Zufallsvariablen X_1 bzw. X_2.

Berechnung des Werts der Teststatistik:

- Anordnung der absoluten Häufigkeiten in einer Vierfeldertafel nach Tabelle 6.11.
- Berechnung der Zeilenhäufigkeiten n_{1Z} und n_{2Z}.
- Für kleine Stichprobenumfänge: $\mathbb{E}(N_{11}) = \frac{n_1 \cdot n_{1Z}}{n} = n_E$
- Für große Stichprobenumfänge ($n > 60$ und $\frac{n_j \cdot n_{iZ}}{n} > 5$ für $i, j = 1,2$):
  $z = \frac{\sqrt{n} \cdot (n_{11} \cdot n_{22} - n_{12} \cdot n_{21})}{\sqrt{n_1 \cdot n_2 \cdot n_{1Z} \cdot n_{2Z}}}$: Wert der Teststatistik für große Stichproben

Testentscheidung unter Verwendung des *p*-Werts bei kleinen Stichprobenumfängen:

a. Berechnung von p als Summe der Einzelwahrscheinlichkeiten nach Formel (6.25) für alle n' mit $|n' - n_E| \geq |n_{11} - n_E|$.

b. Berechnung von p als Summe der Einzelwahrscheinlichkeiten nach Formel (6.25) für alle n' mit $n' - n_E \geq n_{11} - n_E$.

c. Berechnung von p als Summe der Einzelwahrscheinlichkeiten nach Formel (6.25) für alle n' mit $n' - n_E \leq n_{11} - n_E$.

- $p \leq \alpha \rightarrow$ *Ablehnung von* H_0

Testentscheidung unter Verwendung des *p*-Werts bei großen Stichprobenumfängen:

a. Berechnung von $p = P(|Z| \geq |z|)$

b. Berechnung von $p = P(Z \geq z)$

c. Berechnung von $p = P(Z \leq z)$

- $p < \alpha \rightarrow$ *Ablehnung von* H_0
- **Testentscheidung unter Verwendung des Quantils der Standardnormalverteilung bei großen Stichprobenumfängen:**

a. $|z| > z_{1-\alpha/2} \rightarrow$ *Ablehnung von* H_0

b. $z > z_{1-\alpha} \rightarrow$ *Ablehnung von* H_0

c. $z < z_{\alpha} \rightarrow$ *Ablehnung von* H_0

- $z_\alpha, z_{1-\alpha/2}, z_{1-\alpha}$: Quantile der Standardnormalverteilung (siehe Anhang B, Tabelle 1)

Im **Anwendungsbeispiel G** ist die Hypothese zu untersuchen, dass die Behandlung mit dem *Bacillus-thuringiensis*-Präparat die Wahrscheinlichkeit erhöht, nach zwei Wochen Flächen ohne Schädlingsbefall feststellen zu können. Die zu untersuchende Alternativhypothese lautet demnach

$$H_1 : p_1 > p_2$$

und entspricht somit Form b aus dem Testablauf. Als Signifikanzniveau soll $\alpha = 0.05$ gewählt werden. Aus den Daten der Stichprobe ergibt sich die in ►Tabelle 6.13 dargestellte Vierfeldertafel.

B: Befallsstatus nach 2 Wochen	*G*: Gruppenvariable		Zeilensumme
	behandelt	unbehandelt	
kein Befall	$n_{11} = 8$	$n_{12} = 4$	$n_{1Z} = 12$
Befall	$n_{21} = 2$	$n_{22} = 6$	$n_{2Z} = 8$
Spaltensumme	$n_1 = n_{S1} = 10$	$n_2 = n_{S2} = 10$	$n = 20$

Tabelle 6.13: Vierfeldertafel im Anwendungsbeispiel.

In diesem **Beispiel** sind die Voraussetzungen für die Anwendung des Testverfahrens für große Stichproben eindeutig verletzt. Trotzdem soll aus didaktischen Gründen neben dem exakten Test nach Fisher auch das Vorgehen für große Stichproben an diesen Beispieldaten veranschaulicht werden.

Für den exakten Test ist zunächst der Erwartungswert für die absolute Häufigkeit nicht befallener Flächen in der Gruppe der behandelten Flächen bei Gültigkeit der Nullhypothese zu bestimmen:

$$n_E = \mathbb{E}(N_{11}) = \frac{10 \cdot 12}{20} = 6.$$

Wenn die Nullhypothese gelten würde, könnte man bei den gegebenen Zeilen- und Spaltensummen am wahrscheinlichsten sechs nicht befallene Flächen unter den zehn behandelten Flächen beobachten. In der Stichprobe wurden acht Flächen ermittelt. Noch mehr der Nullhypothese widersprechen würden die Werte $n' = 9$ oder $n' = 10$. Der p-Wert für die einseitige Fragestellung im **Beispiel** ergibt sich also als die Summe der Wahrscheinlichkeiten des Auftretens der Häufigkeiten 8, 9 oder 10 bei den gegebenen Zeilen- und Spaltensummen und bei Gültigkeit der Nullhypothese. Mit Formel (6.25) ergibt sich

$$p = \frac{\binom{12}{8}\binom{8}{2}}{\binom{20}{10}} + \frac{\binom{12}{9}\binom{8}{1}}{\binom{20}{10}} + \frac{\binom{12}{10}\binom{8}{0}}{\binom{20}{10}} = 0.085.$$

Wegen

$$p = 0.085 > 0.05 = \alpha$$

kann die Nullhypothese nicht abgelehnt werden.

Beim (hier *nicht* gerechtfertigten) Vorgehen für große Stichproben ist der Wert der standardnormalverteilten Zufallsvariablen Z nach Formel (6.26) zu bestimmen. Es ergibt sich

$$z = \frac{\sqrt{20} \cdot (8 \cdot 6 - 4 \cdot 2)}{\sqrt{10 \cdot 10 \cdot 12 \cdot 8}} = 1.83.$$

Damit erhält man

$$p = P(Z > z) = P(Z > 1.83) = 0.034.$$

Wegen

$$p = 0.034 < 0.05 = \alpha \text{ und } z = 1.83 > 1.64 = z_{0.95}$$

wäre die Nullhypothese abzulehnen, wenn die Voraussetzungen dieser Variante des Testverfahrens erfüllt wären. Das ist wegen des deutlich zu geringen Stichprobenumfangs im vorliegenden Beispiel jedoch nicht der Fall. Für die Interpretation muss das Ergebnis des exakten Tests herangezogen werden, wonach sich keine signifikant höhere Wahrscheinlichkeit nachweisen lässt.

6.3.2 Vergleich zweier Wahrscheinlichkeiten bei verbundenen Stichproben

X_1 und X_2 seien diskrete Zufallsvariablen mit dichotomem Skalenniveau, die an n verbundenen Untersuchungseinheiten beobachtet werden. Die Beobachtungen können vor und nach einer Behandlung, mit unterschiedlichen Messinstrumenten oder – wie im Anwendungsbeispiel H – zweimal mit zeitlichem Abstand von zwei Wochen erhoben werden. Neben der wiederholten Beobachtung einer Zufallsvariablen an denselben Untersuchungseinheiten sind auch andere Formen verbundener Daten möglich, zum Beispiel die Auswertung von Daten paarweise zusammen untergebrachter Tiere unterschiedlichen Geschlechts.

Für die Datenauswertung bei verbundenen Stichproben ist charakteristisch, dass nicht die Ausgangsdaten, sondern die Veränderungen der Daten zum Beispiel zwischen den Messzeitpunkten den Gegenstand der Analyse bilden. Die Veränderungen zwischen der ersten und zweiten Beobachtung werden in einer Vierfeldertafel dargestellt (►Tabelle 6.14).

	$X_2 = 0$	$X_2 = 1$
$X_1 = 0$	n_{00}	n_{01}
$X_1 = 1$	n_{10}	n_{11}

Tabelle 6.14: Allgemeines Datenschema einer Vierfeldertafel für verbundene Stichproben.

Dabei bezeichnen n_{00} und n_{11} die absoluten Anzahlen der Untersuchungseinheiten, die keine Veränderungen zwischen der ersten und zweiten Beobachtung zeigen. n_{01} ist die Anzahl der Einheiten, bei denen eine Veränderung von $X_1 = 0$ zu $X_2 = 1$ erfolgte, während n_{10} die Häufigkeit der umgekehrten Veränderung von $X_1 = 1$ nach $X_2 = 0$ kennzeichnet. Für die weitere Herleitung der Teststatistiken werden die $n_{00} + n_{11}$ Untersuchungseinheiten nicht mehr benötigt, bei denen sich keine Veränderungen zwischen der ersten und der zweiten Beobachtung ergeben. Der Stichprobenumfang reduziert sich damit auf $n_{01} + n_{10} = n_V$. Mit n_V wird die Anzahl der Untersuchungseinheiten bezeichnet, der denen sich die Werte der ersten und der zweiten Beobachtung unterscheiden. Wenn mit p_{01} die Wahrscheinlichkeit bezeichnet wird, mit der es zu einer Veränderung von $X_1 = 0$ zu $X_2 = 1$ kommt, und umgekehrt p_{10} die Wahrscheinlichkeit einer Veränderung von $X_1 = 1$ zu $Y_2 = 0$ kennzeichnet, können durch die in diesem Abschnitt beschriebenen Vorgehensweisen die Alternativhypothesen

$$H_1 : p_{01} \neq p_{10},\ H_1 : p_{01} > p_{10} \text{ bzw. } H_1 : p_{01} < p_{10}$$

untersucht werden.

Vorgehen bei kleinen Stichproben: Exakter Binomialtest

Grundlegend für die weiteren Überlegungen ist die Vorstellung, dass die konkrete Häufigkeit n_{01} durch ein Zufallsexperiment aus $n_{01} + n_{10} = n_V$ Wiederholungen erzeugt wird. Mit p_{01} wird die Wahrscheinlichkeit bezeichnet, mit der es bei jeder Wiederholung des Zufallsexperiments zu einer Veränderung von $X_1 = 0$ zu $X_2 = 1$ kommt. Die Anzahl N_{01} dieser Veränderungen ist damit bedingt binomialverteilt mit den Parametern n_V und p_{01} (siehe Abschnitt 3.3.1). Unter der Annahme der Gültigkeit der zweiseitigen Nullhypothese

$$H_0 : p_{01} = p_{10}$$

ergibt sich $p_{01} = 0.5$. Damit erhält man die Wahrscheinlichkeit, dass die Zufallsvariable N_{01} bei Gültigkeit der Nullhypothese einen konkreten Wert n_{01} annimmt als

$$P(N_{01} = n_{01}) = \frac{n_V\,!}{n_{01}\,!(n_V - n_{01})!} 0.5^{n_{01}} \cdot (1 - 0.5)^{n_V - n_{01}}\,. \tag{6.27}$$

Unter Verwendung von Formel (6.27) kann nun für eine konkrete Stichprobe der p-Wert berechnet werden als die Summe der Wahrscheinlichkeiten, dass bei Gültigkeit der

Nullhypothese die konkrete Realisierung n_{10} oder noch mehr der Nullhypothese widersprechende Häufigkeiten auftreten. Bei der konkreten Berechnung des p-Werts ist zwischen ein- und zweiseitigen Fragestellungen zu unterscheiden.

Vorgehen bei großen Stichproben

Bei großen Stichprobenumfängen ist die Berechnung exakter p-Werte auch bei der Verwendung leistungsfähiger Rechentechnik sehr aufwendig. Das Vorgehen bei großen Stichprobenumfängen basiert auf einer Approximation an die Standardnormalverteilung bzw. an die Chi-Quadrat-Verteilung. Der Stichprobenumfang sollte 20 nicht unterschreiten, außerdem sollte die Beziehung $10 \le n_V \cdot p \le n_V - 10$ erfüllt sein (nach Timischl, 2000). Unter diesen Annahmen ist die Zufallsvariable

$$A_{01} = N_{01}/n_V ,$$

die den Anteil der Veränderungen von $X_1 = 0$ zu $X_2 = 1$ beschreibt, annähernd normalverteilt mit dem Erwartungswert

$$\mu_{A01} = p_{01}$$

und der Standardabweichung

$$\sigma_{A01} = \sqrt{p_{01} \cdot (1 - p_{01})/n_V} .$$

Damit erhält man die bei hinreichend großem Stichprobenumfang standardnormalverteilte Teststatistik

$$Z = \frac{A_{01} - 0.5}{\sqrt{0.5 \cdot (1 - 0.5)/n_V}}. \tag{6.28}$$

Die Realisierungen für Z in konkreten Stichproben ergeben sich danach als

$$z = \frac{n_{01}/n_V - 0.5}{\sqrt{0.5 \cdot (1 - 0.5)/n_V}} = \frac{n_{01} - n_{10}}{\sqrt{n_{01} + n_{10}}}.$$

In Computerprogrammen wird für den Test in der Regel anstelle der asymptotisch standardnormalverteilten Teststatistik Z deren Quadrat verwendet, was zu einer annähernd Chi-Quadrat-verteilten Teststatistik (mit einem Freiheitsgrad) führt (siehe Kapitel 3), der sogenannten McNemar-Statistik.

Testablauf

Bezeichnung des Tests:

Exakter Binomialtest bzw. McNemar-Test

Statistische Hypothesen:

a. $H_1: p_{01} \neq p_{10}$ $H_0: p_{01} = p_{10}$

b. $H_1: p_{01} > p_{10}$ $H_0: p_{01} \leq p_{10}$

c. $H_1: p_{01} < p_{10}$ $H_0: p_{01} \geq p_{10}$

- p_{01}, p_{10}: unbekannte Wahrscheinlichkeiten für das Eintreten einer Veränderung von $X_1 = 0$ zu $X_2 = 1$ bzw. von $X_1 = 1$ zu $X_2 = 0$

Wahl des Signifikanzniveaus:

- $\alpha = 0.05$ oder $\alpha = 0.01$ oder andere Wahl von α

Gegebene Daten:

- (x_{1j}, x_{2j}) $(j = 1,\dots,n)$: Messwertpaare
- n: Anzahl der Messwertpaare

Voraussetzungen:

- Die Messwerte (x_{1j}, x_{2j}) $(j = 1,\dots,n)$ sind paarweise verbundene dichotome Realisierungen der Zufallsvariablen X_1 bzw. X_2.

Berechnung des Werts der Teststatistik:

- Anordnung der absoluten Häufigkeiten in einer Vierfeldertafel nach Tabelle 6.14.
- $n_V = n_{01} + n_{10}$: Anzahl der Untersuchungseinheiten, bei denen sich die Werte der ersten und zweiten Beobachtung unterscheiden.
- Für kleine Stichprobenumfänge: $\mathbb{E}(N_{01}) = n_E = 0.5 \cdot n_V$
- Für große Stichprobenumfänge ($n_V > 20$):

  $z = \frac{n_{01}/n_V - 0.5}{\sqrt{0.5 \cdot (1 - 0.5)/n_V}} = \frac{n_{01} - n_{10}}{\sqrt{n_{01} + n_{10}}}$: Wert der Teststatistik für große Stichproben

Testentscheidung unter Verwendung des p-Werts bei kleinen Stichprobenumfängen:

a. Berechnung von p als Summe der Einzelwahrscheinlichkeiten nach Formel (6.27) für alle n' mit $|n' - n_E| \geq |n_{01} - n_E|$.

b. Berechnung von p als Summe der Einzelwahrscheinlichkeiten nach Formel (6.27) für alle n' mit $n' - n_E \geq n_{01} - n_E$.

c. Berechnung von p als Summe der Einzelwahrscheinlichkeiten nach Formel (6.27) für alle n' mit $n' - n_E \leq n_{01} - n_E$.

- $p \leq \alpha \rightarrow$ *Ablehnung von* H_0

Testentscheidung unter Verwendung des p-Werts bei kleinen Stichprobenumfängen:

a. Berechnung von $p = P(|Z| \geq |z|)$

b. Berechnung von $p = P(Z \geq z)$

c. Berechnung von $p = P(Z \leq z)$

- $p < \alpha \rightarrow$ *Ablehnung von* H_0
- **Testentscheidung unter Verwendung des Quantils der Standardnormalverteilung bei großen Stichprobenumfängen:**

a. $|z| > z_{1-\alpha/2} \rightarrow$ *Ablehnung von* H_0

b. $z > z_{1-\alpha} \rightarrow$ *Ablehnung von* H_0

c. $z < z_{\alpha} \rightarrow$ *Ablehnung von* H_0

- $z_{\alpha}, z_{1-\alpha/2}, z_{1-\alpha}$: Quantile der Standardnormalverteilung (siehe Anhang B, Tabelle 1)

Im **Anwendungsbeispiel H** ist die Hypothese zu untersuchen, dass sich auf den behandelten Flächen die Wahrscheinlichkeit des Befalls zwischen der zweiten und vierten Woche nach der Behandlung mit dem *Bacillus-thuringiensis*-Präparat verändert. Abnehmender Befall (durch die fortdauernde Wirkung der Behandlung) und zunehmender Befall (in Folge der nachlassenden Behandlungswirkung) sind gleichermaßen möglich und von Interesse. Die zu untersuchende Alternativhypothese lautet demnach

$$H_1 : p_{01} \neq p_{10}$$

und entspricht somit Form a aus dem Testablauf (ungerichtete Hypothese). Als Signifikanzniveau soll $\alpha = 0.05$ gewählt werden. Aus den Daten der Stichprobe ergibt sich die in ►Tabelle 6.15 dargestellte Vierfeldertafel.

	$X_2 = 0$	$X_2 = 1$
$X_1 = 0$	$n_{00} = 4$	$n_{01} = 4$
$X_1 = 1$	$n_{10} = 2$	$n_{11} = 0$

Tabelle 6.15: Vierfeldertafel im Anwendungsbeispiel H.

Die Anzahl der Flächen, bei denen im Untersuchungszeitraum eine Veränderung des Befalls zu verzeichnen war, beträgt

$$n_V = n_{10} + n_{01} = 4 + 2 = 6 \, .$$

Damit sind die Voraussetzungen für die Anwendung des Testverfahrens für große Stichproben *nicht* erfüllt. Trotzdem soll – wie schon im letzten Abschnitt – neben dem exakten Test auch das Vorgehen für große Stichproben an den Beispieldaten veranschaulicht werden.

Für den exakten Test ist zunächst der Erwartungswert für die Anzahl der Veränderungen in einer Richtung bei Gültigkeit der Nullhypothese zu bestimmen. Dabei wird der Erwartungswert für die Anzahl der Felder betrachtet, bei denen nach zwei Wochen kein Befall festgestellt wurde, während nach vier Wochen Befall zu verzeichnen war:

$$\mathbb{E}(N_{01}) = n_E = 0.5 \cdot 6 = 3.$$

Wenn die Nullhypothese gelten würde, wären beim gegebenen Stichprobenumfang von sechs Untersuchungseinheiten, bei denen eine Veränderung auftrat, je drei Veränderungen in beiden möglichen Richtungen am wahrscheinlichsten. In der Stichprobe wurden $n_{01} = 4$ Flächen ermittelt. Auf vier Flächen wurde nach vier Wochen Schädlingsbefall festgestellt, nachdem die Flächen nach zwei Wochen schädlingsfrei waren. Noch mehr der Nullhypothese widersprechen würden die Werte $n' = 5$ oder $n' = 6$. Da eine zweiseitige Alternativhypothese geprüft werden soll, müssen für die Berechnung des p -Werts auch die entsprechenden Veränderungen in umgekehrter Richtung berücksichtigt werden: $n' = 2$, $n' = 1$ und $n' = 0$. Der p -Wert ergibt sich also als die Summe der Wahrscheinlichkeiten des Auftretens von 0, 1, 2, 4, 5 oder 6 Veränderungen in einer Richtung. Mit Formel (6.27) und unter Benutzung der Wahrscheinlichkeit des komplementären Ereignisses bei der Berechnung erhält man

$$p = \sum_{n'=0,1,2,4,5,6} \frac{6!}{n'!(6-n')!} 0.5^{n'} \cdot 0.5^{6-n'} = 1 - \frac{6!}{3!(6-3)!} 0.5^3 \cdot 0.5^3 = 1 - 0.31 = 0.69.$$

Wegen

$$p = 0.69 > 0.05 = \alpha$$

kann die Nullhypothese nicht abgelehnt werden.

Beim hier *nicht* gerechtfertigten Vorgehen für große Stichproben wäre der Wert der standardnormalverteilten Zufallsvariablen Z nach Formel (6.28) zu bestimmen. Es ergibt sich

$$z = \frac{4-2}{\sqrt{4+2}} = 0.82 \, .$$

Damit erhält man

$$p = P(|Z| \geq 0.82) = 0.42 \, .$$

Wegen

$$p = 0.42 > 0.05 = \alpha \quad \text{bzw.} \quad z = 0.82 < 1.96 = z_{0.975}$$

könnte die Nullhypothese auch dann nicht verworfen werden, wenn die Voraussetzungen für das Vorgehen bei großen Stichproben erfüllt wären.

6.4 Resampling-Methoden

Resampling-Methoden gehören zu den nichtparametrischen statistischen Verfahren, die aus einer Stichprobe Informationen gewinnen, ohne zusätzliche Verteilungsannahmen an die beobachteten Merkmale zu stellen. Diese Verfahren sind eine wichtige Alternative zu klassischen statistischen Schätz- und Testverfahren, wenn nicht davon ausgegangen werden kann, dass deren Voraussetzungen, wie zum Beispiel das Vorliegen einer Normalverteilung des untersuchten Merkmals, erfüllt sind.

Der Name Resampling-Methode beschreibt das gemeinsame Prinzip, aus einer vorliegenden Ausgangsstichprobe $x_1, x_2, \ldots, x_n$ mit der empirischen Verteilung F_n (vgl. Abschnitt 2.2.7) wiederholt neue Stichproben zu bilden. Aus jeder der neu gebildeten Stichproben wird der Wert einer interessierenden Stichprobenfunktion T berechnet, zum Beispiel ein Testgrößenwert t eines einfachen t-Tests oder eines t-Tests für unabhängige Stichproben (vgl. Abschnitt 6.1). Auf diese Weise erhält man nach der Auswahl von N neuen Stichproben und Berechnung einer Stichprobenfunktion T für jede dieser Stichproben N Werte $t_1, t_2, \ldots, t_N$. Somit gewinnt man eine empirische Verteilung $F_N^{(T)}$ der Stichprobenfunktion T. Je größer N gewählt wird, desto besser nähert sich die empirische Verteilung $F_N^{(T)}$ der Verteilung $F_n{}^{(T)}$ von T an. Genau wie bei allen klassischen Methoden sollte gerade bei Resampling-Methoden die Stichprobenverteilung F_n die Verteilung des untersuchten Merkmals F in der Population gut beschreiben.

Viele Simulationsstudien haben gezeigt, dass die Eigenschaften von Schätzern und Tests, die auf Resampling-Methoden beruhen, dann bessere statistische Eigenschaften aufweisen,

- wenn die für klassische Verfahren vorausgesetzten Verteilungsannahmen offensichtlich verletzt sind,

- wenn nicht bekannt ist, welche Populationsverteilung F vorliegt,
- wenn Ausreißer in der Stichprobe vorkommen oder
- wenn der Stichprobenumfang klein ist. Kleine Stichproben entstehen in den Bio- und Umweltwissenschaften vor allem dann, wenn die Erfassung eines Merkmals mit einem sehr hohen Aufwand verbunden ist oder wenn aus anderen Gründen nur sehr wenige Untersuchungsobjekte zur Verfügung stehen (seltene Tier- und Pflanzenarten).

Im Folgenden sollen die grundsätzlichen Vorgehensweisen von Permutationstests (6.4.1) und von Bootstrap-Verfahren (6.4.2) an einfachen Beispielen demonstriert werden. Dabei wird auf Daten des Anwendungsbeispiels Maiszünsler zurückgegriffen.

6.4.1 Permutationstests

Permutationstests eignen sich besonders für Tests von Unterschieds- und Zusammenhangshypothesen. Im Vergleich zu parametrischen Tests mit speziellen Verteilungsannahmen benötigen sie weniger Testvoraussetzungen. Sie sind dann zu bevorzugen, wenn Unsicherheit über die Anwendbarkeit parametrischer Tests besteht, z.B. bei kleinen Stichprobenumfängen. Die Grundidee eines Permutationstests wird am Beispiel des Vergleichs zweier Lageparameter μ_X und μ_Y der Verteilungen unabhängiger Merkmale X und Y erläutert. Dabei ist zwischen *exakten* Permutationstests und *approximativen* Permutationstests, die vor allem bei größeren Stichprobenumfängen angewendet werden, zu unterscheiden.

Exakter Permutationstest

Als Datenbeispiel mit sehr kleinem Stichprobenumfang werden aus dem Anwendungsbeispiel Maiszünsler aus den beiden Gruppen (behandelt bzw. unbehandelt) die jeweils letzten fünf Messwerte des Merkmals Schädlingsbefall ausgewählt. Die Werte aus der Gruppe der behandelten Parzellen werden im Vektor x zusammengefasst:

$$x = (63, 56, 71, 58, 68).$$

Aus der unbehandelten Gruppe werden folgende Werte als Vektor y verwendet:

$$y = (75, 70, 65, 66, 80).$$

Wie im Testablauf B für den parametrischen Test in Abschnitt 6.1.2 beschrieben, wird aus den Stichprobenmittelwerten 63.2 in der Gruppe 1 und 71.2 in der Gruppe 2 die Teststatistik des t-Tests für unabhängige Stichproben zur einseitigen Alternativhypothese

$$H_1 : \mu_{X(behandelt)} < \mu_{Y(unbehandelt)}$$

gegen die Nullhypothese

$$H_0 : \mu_{X(behandelt)} \geq \mu_{Y(unbehandelt)}$$

berechnet. Man erhält den Wert der Teststatistik

$$t_{Stichprobe} = -1.995$$

und bei Vorliegen der Testvoraussetzungen den gültigen p-Wert $p_0 = 0.04$.

Für die Berechnung des p-Wertes benutzt man beim t-Test für unabhängige Stichproben die bekannte Voraussetzung der Normalverteilung in den Teilpopulationen. Im nachfolgend beschriebenen Vorgehen wird ein p-Wert bestimmt, ohne dass diese Voraussetzung als erfüllt gelten muss.

Im ersten Schritt des Permutationstests werden die Stichprobenwerte beider Gruppen zu *einem* Stichprobenvektor xy zusammengefügt.

$$xy = (63, 56, 71, 58, 68, 75, 70, 65, 66, 80)$$

Die Daten werden durch ein gemeinsames Verteilungsmodell beschrieben, das ausschließlich auf den vorliegenden Werten der Ausgangsstichprobe beruht. Unter der Annahme der Nullhypothese, dass sich die Verteilungen der beiden unabhängigen Merkmale X und Y nicht unterscheiden und somit alle zufälligen Beobachtungswerte aus beiden Gruppen identisch verteilt sind, ist die Information über die ursprüngliche Gruppenzugehörigkeit belanglos und eine Gruppenzugehörigkeit folglich beliebig vertauschbar.

Bei einem gegebenen Stichprobenumfang von insgesamt zehn Untersuchungseinheiten gibt es genau $N = \frac{10!}{5! \cdot 5!} = 252$ Möglichkeiten, unterschiedliche Teilstichproben von je fünf Untersuchungseinheiten zu bilden. Damit ist bei zufälliger Auswahl die Wahrscheinlichkeit des Auftretens jeder Permutation gleich $\frac{1}{252}$. Wenn man nun fünf rein zufällig ohne Zurücklegen aus der Stichprobe xy ausgewählte Werte der Gruppe 1 zuweist sowie die nicht ausgewählten Werte der Gruppe 2 zuordnet und danach einen Gruppenvergleich mit dem t-Test für unabhängige Stichproben durchführt, so hat jede so gewonnene Teststatistik ebenso die identische Wahrscheinlichkeit $\frac{1}{252}$.

Zur Illustration soll diejenige Permutation xy^* der Elemente von xy dienen, die der Gruppe 1 die fünf kleinsten der zehn Werte und der Gruppe 2 die restlichen fünf Werte zuordnet: $xy^* = (56, 58, 63, 65, 66, 68, 70, 71, 75, 80)$. Der zugehörige Wert der Teststatistik lautet $t^* = -3.8644$. In diesem Beispiel für eine Permutation erhält man den kleinsten Wert der Teststatistik, der unter allen Permutationen möglich ist.

In einem *exakten* Permutationstest werden mit geeigneter Software alle möglichen 252 Permutationen durchgeführt und für jede der 252 unterschiedlichen Gruppierungen der Wert t^* der Teststatistik berechnet. Für das Beispiel sind die 252 ermittelten t^*-Werte in dem folgenden Histogramm abgebildet (►Abbildung 6.10). Mit einem Punkt markiert ist der aus der Ausgangsstichprobe berechnete t-Wert $t_{Stichprobe} = -1.995$.

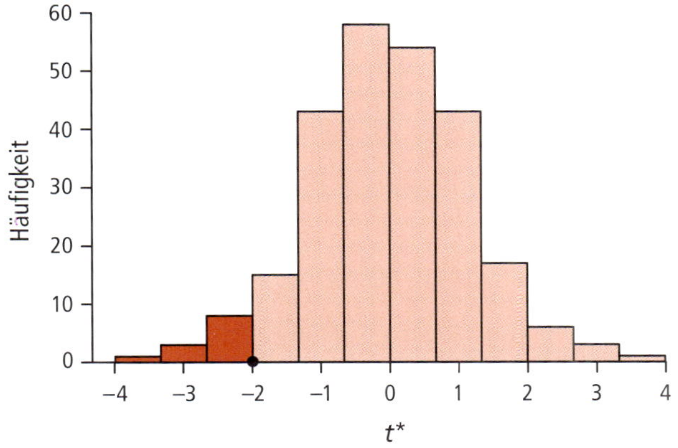

Abbildung 6.10: Histogramm der 252 t^*-Werte des exakten Permutationstests mit markiertem Wert $t_{Stichprobe} = -1.995$

> **Merksatz**
>
> Unter der Annahme der Nullhypothese, dass es keine Unterschiede zwischen den Mittelwerten der beiden Teilpopulationen gibt, wird der exakte p-Wert als die relative Häufigkeit der aus allen möglichen Permutationen gewonnenen t^*-Werte bestimmt, die gleich dem Wert $t_{Stichprobe}$ der t-Statistik in der Ausgangsstichprobe sind oder die noch extremer von der Nullhypothese abweichende Werte annehmen.

Im Beispiel berechnet man die relative Häufigkeit derjenigen Werte unter allen 252 aus Permutationen bestimmten t^*-Werte, die kleiner oder gleich –1.995 sind.

$$p = \frac{Anzahl\ (t^* \mid t^* \leq t_{Stichprobe})}{252} = \frac{Anzahl\ (t^* \mid t^* \leq -1.995)}{252} = \frac{12}{252} = 0.048.$$

Im vorliegenden Beispiel kann damit mit dem exakten Permutationstest ein signifikanter ($\alpha = 0.05$) Mittelwertunterschied der beiden Teilpopulationen nachgewiesen werden, ohne dass die Voraussetzung der Normalverteilung erfüllt sein muss.

Approximativer Permutationstest

Bei größeren Stichprobenumfängen steigt die Zahl möglicher Permutationen sehr stark an. Damit wachsen mit der Berechnung der t^*-Werte für alle Permutationen bzw. Gruppierungen die erforderliche Rechenzeit und der Speicherplatz ebenfalls stark an. In diesen Fällen können *approximative* Permutationstests verwendet werden, die nur auf einen Teil der möglichen Permutationen beschränkt werden.

Zur Illustration sollen jetzt *alle* Daten aus dem Anwendungsbeispiel einbezogen werden. Die Werte aus der Gruppe der behandelten Parzellen werden im Vektor x zusammengefasst:

$$x = (63, 71, 62, 56, 64, 63, 56, 71, 58, 68)$$

Aus der unbehandelten Gruppe werden die vorhandenen Werte im Vektor y zusammengefasst:

$$y = (62, 72, 70, 66, 74, 75, 70, 65, 66, 80).$$

Es soll wieder die einseitige Alternativhypothese

$$H_1: \mu_{X(behandelt)} < \mu_{Y(unbehandelt)}$$

gegen die Nullhypothese

$$H_0: \mu_{X(behandelt)} \geq \mu_{Y(unbehandelt)}$$

mit der Teststatistik des t-Tests für unabhängige Stichproben geprüft werden (vgl. Abschnitt 6.1.2).

Für die Daten erhält man die Teststatistik

$$t_{Stichprobe} = -2.77$$

und den bei Erfüllung der erforderlichen Testvoraussetzungen gültigen p-Wert $p_0 = 0.0065$.

Die Werte beider Gruppen werden analog zum exakten Test zu einem gemeinsamen Stichprobenvektor xy zusammengefügt.

$$xy = (63, 71, 62, 56, 64, 63, 56, 71, 58, 68, 62, 72, 70, 66, 74, 75, 70, 65, 66, 80)$$

Nachfolgend soll die Durchführung eines *approximativen* Permutationstests für den Fall demonstriert werden, dass man nicht davon ausgehen kann, dass die Normalverteilungsannahme des t-Tests für unabhängige Stichproben erfüllt ist. Dabei entsprechen die einzelnen Schritte und Argumentationen genau denen des exakten Permutationstests.

Unter der Annahme der Nullhypothese, dass sich die Verteilungen der beiden unabhängigen zufälligen Merkmale X und Y nicht unterscheiden und somit alle zufälligen Beobachtungswerte aus beiden Gruppen identisch verteilt sind, ist die Information über die ursprüngliche Gruppenzugehörigkeit ohne Bedeutung und eine Gruppenzugehörigkeit beliebig vertauschbar.

Jeder Permutation der Gruppenzugehörigkeiten oder gleichbedeutend damit jeder Permutation der Werte in der zusammengefassten Stichprobe xy kommt die gleiche Wahrscheinlichkeit zu. Ordnet man zehn rein zufällig ohne Zurücklegen aus der Stichprobe xy ausgewählte Werte der Gruppe 1 und die nicht ausgewählten Werte der Gruppe 2 zu und führt danach einen Gruppenvergleich mit dem t-Test für unabhängige Stichproben durch, so hat auch jede der so gewonnenen Teststatistiken die gleiche Wahrscheinlichkeit.

Bei dem gegebenen Stichprobenumfang von insgesamt 20 Untersuchungseinheiten gibt es genau $N = \frac{20!}{10! \cdot 10!} = 184756$ Möglichkeiten, zwei unterschiedliche Gruppen von je zehn Untersuchungseinheiten zu bilden. Um die Anzahl der Permutationen und der Werte der Teststatistiken t^* zu beschränken, werden aus der Menge der N=184756 möglichen Permutationen $N^* < 184756$ zufällig ausgewählt und nur für diese N^* Gruppierungen die jeweiligen Teststatistiken t^* berechnet. Im vorliegenden Beispiel wird der Permutationstest für $N^* = 5000$ zufällig ausgewählte Gruppierungen durchgeführt. In ►Abbildung 6.11 ist ein Histogramm mit den relativen Häufigkeiten der 5000 berechneten t^*-Werte dargestellt. Zusätzlich mit einem Punkt markiert ist der aus der Ausgangsstichprobe berechnete t-Wert $t_{\text{Stichprobe}} = -2.77$.

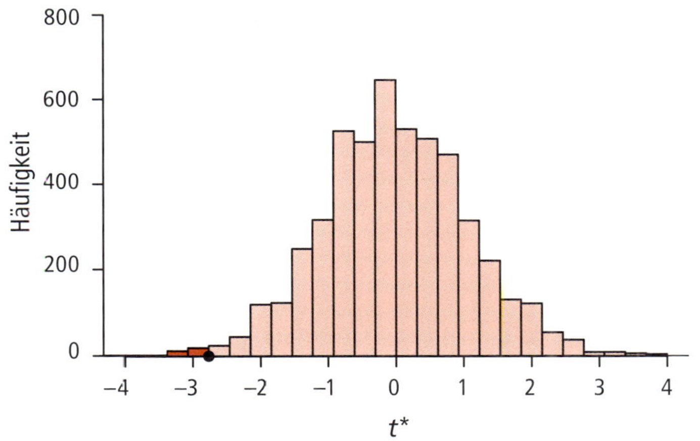

Abbildung 6.11: Histogramm der 5000 t^*-Werte des approximativen Permutationstests mit markiertem Wert $t_{\text{Stichprobe}} = -2.77$

Merksatz

Unter der Annahme der Nullhypothese, dass es keine Unterschiede zwischen den Mittelwerten der beiden Teilpopulationen gibt, wird der p-Wert des approximativen Permutationstests als die relative Häufigkeit der aus N^* zufällig ausgewählten Permutationen gewonnenen t^*-Werte bestimmt, die gleich dem Wert $t_{Stichprobe}$ der t-Statistik in der Ausgangsstichprobe sind oder die noch extremer von der Nullhypothese abweichende Werte annehmen.

Der p-Wert für den approximativen Permutationstest ergibt sich im Beispiel als

$$p = \frac{Anzahl\ (t^* \mid t^* \leq t_{Stichprobe})}{5000} = \frac{Anzahl\ (t^* \mid t^* \leq -2.77)}{5000} = \frac{48}{5000} = 0.0096.$$

Im vorliegenden Beispiel kann damit ein signifikanter ($\alpha = 0.05$) Mittelwertunterschied der beiden Teilpopulationen nachgewiesen werden.

Je größer die gewählte Anzahl der Permutationen ist, desto mehr nähert sich das Testergebnis asymptotisch dem Ergebnis an, das man beim entsprechenden exakten Test ermitteln würde. In der Praxis wählt man in Abstimmung mit Rechenzeit und Speicherplatz in der Regel Werte von N^* im vierstelligen Bereich, oft auch über 10000.

Die Idee des Permutationstests kann auf weitere Stichprobenfunktionen übertragen und damit auch für andere Testverfahren angewendet werden, die in den Kapiteln 6 und 8 behandelt werden (Bretz et al., 2011).

6.4.2 Bootstrap-Verfahren

Die Bootstrap-Technik (Efron, 1979, 1982 und 2003) ist ein sehr verbreitetes Resampling-Verfahren (siehe Manly und Navarro-Alberto, 2020). Der Vorteil von Bootstrap-Verfahren besteht darin, die Verteilung von Testgrößen und Parameterschätzern anzunähern,

- wenn diese unbekannt sind,
- wenn sie nur asymptotisch angegeben werden können oder
- wenn der Stichprobenumfang klein ist.

Mit Bootstrap-Methoden können insbesondere unbekannte oder schwer berechenbare Varianzen und Standardfehler von interessierenden Schätzern berechnet werden, um diese anschließend für die Bestimmung von Konfidenzintervallgrenzen oder von p-Werten zu benutzen. Neben der Bestimmung von Konfidenzintervallen oder p-Werten bei Tests gibt es sehr viele weitere Anwendungsgebiete, insbesondere auch in komplexen Modellen und Datenstrukturen (Boos, 2003).

Das grundsätzliche Prinzip der Bootstrap-Technik wird am Beispiel der Perzentil-Methode zur Berechnung von Bootstrap-Konfidenzintervallen für den Mittelwert einer Population erläutert.

Die grundlegenden Prinzipien der Bootstrap-Technik

Das Prinzip der Bootstrap-Technik besteht darin, aus einer gegebenen Ausgangsstichprobe vom Umfang n eine sehr große Anzahl N^* (in der Regel zwischen 1000 und 10000) von Bootstrap-Stichproben zu ziehen. Die Auswahl erfolgt im Unterschied zum Permutationstest *mit* Zurücklegen. Jeder Wert aus der Ausgangsstichprobe kann somit in einer Bootstrap-Stichprobe gar nicht oder mit veränderter Häufigkeit auftreten. Die Daten der Ausgangsstichprobe werden damit als Grundgesamtheit betrachtet, aus der wiederholt Stichproben gezogen werden. Für jede der gebildeten Bootstrap-Stichproben werden eine oder mehrere Stichprobenfunktionen berechnet und anschließend die empirischen Verteilungen der Stichprobenfunktionen bestimmt.

Das Prinzip der Bootstrap-Methode wird anhand der Berechnung eines Bootstrap-Konfidenzintervalls für den unbekannten Mittelwert einer Population demonstriert. Zur Veranschaulichung sollen die 20 Werte des Merkmals Proteingehalt (Biofilm) des Anwendungsbeispiels aus Kapitel 4 (Schätzung unbekannter Parameter) benutzt werden. Die Werte der Stichprobe werden aufsteigend geordnet in einem Vektor x zusammengefasst:

$$x = (310\ 311\ 312\ 323\ 325\ 327\ 332\ 334\ 335\ 360\ 360\ 372\ 372\ 382\ 383\ 385\ 389\ 389\ 398\ 399)$$

Aus dieser gegebenen Stichprobe werden nun wiederholt sogenannte Bootstrap-Stichproben mit Zurücklegen gezogen. Drei Beispiele für Bootstrap-Stichproben sind:

$$x_{1(B)} = (372\ 398\ 327\ 332\ 334\ 372\ 372\ 334\ 335\ 360\ 360\ 372\ 372\ 372\ 383\ 385\ 389\ 399\ 323\ 327)$$

$$x_{2(B)} = (311\ 389\ 372\ 335\ 372\ 398\ 323\ 325\ 372\ 332\ 335\ 360\ 372\ 372\ 382\ 382\ 389\ 372\ 398\ 310)$$

$$x_{3(B)} = (334\ 382\ 385\ 312\ 360\ 323\ 327\ 334\ 360\ 334\ 360\ 372\ 372\ 382\ 389\ 312\ 323\ 389\ 360\ 398)$$

Da die Ziehungen mit Zurücklegen erfolgen, kommt zum Beispiel in der ersten Bootstrap-Stichprobe $x_{1(B)}$ der Wert 310 nicht vor, wohingegen der in der Ausgangsstichprobe x lediglich zweimal vorhandene Wert 372 in der Bootstrap-Stichprobe $x_{1(B)}$ = sechsmal auftritt.

Bei 20 gegebenen Werten der Ausgangsstichprobe beträgt die Zahl möglicher unterschiedlicher Bootstrap-Stichproben $N = 20^{20} = 1.05 \cdot 10^{26}$. Deshalb wird analog zur Situation beim approximativen Permutationstest die Zahl der zufällig gezogenen Bootstrap-Stichproben auf $N^* < N$ beschränkt. Im Beispiel wurden 5000 Bootstrap-Stichproben aus den gegebenen Werten ausgewählt. Für jede der 5000 Bootstrap-Stichproben wurde der arithmetische Mittelwert berechnet. Die Häufigkeitsverteilung für eine solche zufällige Auswahl von 5000 arithmetischen Mittelwerten ist in ►Abbildung 6.12 dargestellt. Mit Punkten markiert sind die Werte $q_{0.025} = 341.05$ und $q_{0.975} = 368.10$ als die Quantile der Ordnungen 0.025 bzw. 0.975 der Bootstrap-Verteilung. Der Mittelwert der Bootstrap-Verteilung beträgt 354.84.

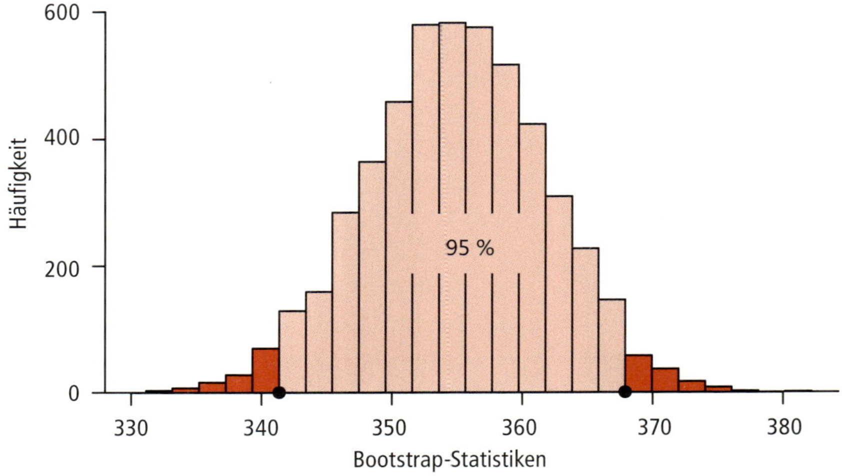

Abbildung 6.12: Histogramm der Mittelwerte von 5000 Bootstrap-Stichproben mit markierten Werten $q_{0.025} = 341.05$ und $q_{0.975} = 368.10$

Merksatz

Das 95%-Bootstrap-Konfidenzintervall für den Mittelwert der Population ergibt sich als der Wertebereich, in dem mindestens die mittleren 95% der Mittelwerte der Bootstrap-Stichproben liegen.

Im Beispiel ergibt sich das Konfidenzintervall gemäß

$$KI_{.95,\ \mathrm{Bootstrap}} = [341.05,\ 368.10].$$

Auf und unterhalb der unteren Grenze des berechneten Bootstrap-Konfidenzintervalls liegen mindestens 2.5% der berechneten arithmetischen Mittelwerte der 5000 Bootstrap-Stichproben. Entsprechend liegen auf und oberhalb der oberen Grenze des berechneten Bootstrap-Konfidenzintervalls ebenfalls mindestens 2.5% der berechneten arithmetischen Mittelwerte der 5000 Bootstrap-Stichproben (siehe ►Abbildung 6.12).

Mit dem beschriebenen grundsätzlichen Vorgehen kann im vorliegenden Beispiel ein 95%-Bootstrap-Konfidenzintervall für den Populationsmittelwert des Proteingehalts von Biofilm berechnet werden, ohne dass Verteilungsannahmen bezüglich des untersuchten Merkmals erfüllt sein müssen.

Das Ergebnis des Bootstrap-Verfahrens hängt von den verwendeten Bootstrap-Stichproben und diese wiederum von einer Zufallszahlenerzeugung ab. Deshalb variieren die Ergebnisse in Abhängigkeit von der verwendeten Statistiksoftware und vom verwendeten Zufallszahlengenerator leicht.

Es gibt in der Literatur unterschiedliche Angaben darüber, welcher Mindeststichprobenumfang n gegeben sein sollte. Als untere Grenze für einfache Problemstellungen empfiehlt Kabacoff (2015) einen Mindeststichprobenumfang von 20 bis 30 Untersuchungseinheiten.

Ausblick auf weiterführende Methoden der Bootstrap-Analyse

Die bisher vorgestellte Perzentil-Methode, bei der die interessierenden Konfidenzintervalle direkt aus der empirischen Verteilung der entsprechenden Parameterschätzungen gewonnen werden, hat in vielen Anwendungssituationen keine optimalen Eigenschaften und wird deshalb oft in modifizierter Form als BCA (bias-corrected and accelerated)-Perzentil-Methode verwendet.

Eine Ursache für verzerrte Schätzungen der Grenzen des Konfidenzintervalls kann darin bestehen, dass der Mittelwert der Ausgangsstichprobe und der Mittelwert der Bootstrap-Verteilung nicht übereinstimmen. Im vorliegenden Beispiel beträgt der Mittelwert der Ausgangsstichprobe 354.90 und der Mittelwert der Verteilung der aus den Bootstrap-Stichproben geschätzten Mittelwerte 354.84. Die Verzerrung –0.06 ist im Vergleich zur Standardabweichung in der Bootstrap-Verteilung der Mittelwerte in diesem Beispiel minimal, kann aber in anderen Situationen und bei kleineren Werten von N^* größer ausfallen. Eine weitere mögliche Ursache für Verzerrungen kann in einer schiefen Verteilung der Ausgangsstichprobe liegen. Die BCA-Perzentil-Methode korrigiert die Grenzen bezüglich der Verzerrung und der Abweichung der Bootstrap-Verteilung von einer Normalverteilung und liefert für das vorliegende Beispiel folgende Grenzen des Konfidenzintervalls

$$KI_{.95,\text{ Bootstrap BCA}} = [341.0,\ 368.1].$$

Der Gedanke der Bootstrap-Methode kann analog zur Bestimmung der p-Werte beim Test statistischer Hypothesen und zur Berechnung von Konfidenzintervallen in komplexen Modellen angewendet werden (Boos, 2003; Efron, 2003; Manly und Navarro-Alberto, 2020).

6.5 Monte-Carlo-Simulationen

Seit der Verfügbarkeit von leistungsfähigen Computern ist es möglich, die Einsatzmöglichkeiten statistischer Tests und deren Grenzen umfassend zu untersuchen. Die Grundlage dafür bieten sogenannte Monte-Carlo-Simulationen (siehe z.B. Manly und Navarro-Alberto, 2020). Monte-Carlo-Studien können für sehr unterschiedliche Forschungsfragen eingesetzt werden, zum Beispiel bei der Vorhersage der 3D-Struktur von Proteinen (Rohl et al., 2004). Sie dienen aber auch als wichtige Vorgehensweise zur Untersuchung der Eigenschaften statistischer Tests, indem unterschiedliche Verteilungen von Zufallsvariablen simuliert und die Ergebnisse statistischer Tests bei Anwendung auf Stichproben aus diesen Verteilungen analysiert werden.

In den bisherigen Abschnitten des Kapitels 6 wurde eine Vielzahl statistischer Tests vorgestellt, die bei unterschiedlichen Skalenarten unter bestimmten weiteren Voraussetzungen für die Datenauswertung verwendet werden können. Vor der Entscheidung für einen bestimmten statistischen Test im Vorfeld von geplanten Datenauswertungen sind jedoch häufig weiterführende praktische Fragen zu untersuchen.

Oft ergibt sich ein Problem, wenn man für eine geplante Untersuchung nicht davon ausgehen kann, dass die Voraussetzungen des vorgesehenen Tests erfüllt sind. In manchen Fällen bieten sich dann beispielsweise nichtparametrische Tests als Alternativen für parametrische Tests an. Es gibt aber viele, meist komplexere Anwendungen, für die kein geeigneter nichtparametrischer Test zur Verfügung steht oder in denen nichtparametrische Tests eine deutlich geringere Teststärke (siehe Abschnitt 6.5.2) aufweisen. In der statistischen Fachliteratur findet man für solche Situationen in der Regel Hinweise, ob statistische Tests robust reagieren, also korrekte Ergebnisse liefern, obwohl bestimmte Voraussetzungen für ihre Anwendung nicht erfüllt sind. Zum *t*-Test gegen eine Konstante findet man die Einschätzung, dass der Test bei Verletzungen der Voraussetzung der Normalverteilung bei großen Stichprobenumfängen robust reagiert (Rasch et al., 2007a), bei kleinen Stichprobenumfängen aber das vorgegebene Signifikanzniveau nicht einhält. In Abschnitt 6.5.1 soll der Begriff der Robustheit statistischer Tests näher erläutert werden. Am Beispiel des *t*-Tests gegen eine Konstante bei einer schiefen Verteilung des interessierenden Merkmals in der Population soll danach das Prinzip veranschaulicht werden, wie man mit Hilfe von Monte-Carlo-Simulationen Robustheitsaussagen für unterschiedliche Stichprobenumfänge gewinnen kann.

Eine zweite oft auftretende Frage ist die nach dem zu favorisierenden Test, wenn die Voraussetzungen mehrerer Tests erfüllt sind. Ein *t*-Test für unabhängige Stichproben (Abschnitt 6.1.2) kann immer angewendet werden, wenn die betrachteten Variablen in beiden Teilpopulationen Normalverteilungen mit unbekannten Mittelwerten unterliegen, deren Varianzen homogen sind. Unter den gleichen Bedingungen sind aber auch die Voraussetzungen eines *U*-Tests (Abschnitt 6.2.1) erfüllt. Die Entscheidung für den sinnvoller anzuwendenden Test liefern Untersuchungen zur Teststärke der Tests in der gegebenen Situation. Dabei werden die Wahrscheinlichkeiten verglichen, dass die Tests zu signifikanten Ergebnissen führen, wenn zwischen den Teilpopulationen praktisch bedeutsame Mittelwertunterschiede bestehen. In Abschnitt 6.5.2 soll der Begriff der Teststärke am Beispiel des *t*-Tests für unabhängige Stichproben mit Hilfe einer Monte-Carlo-Simulation veranschaulicht werden. Das prinzipielle Vorgehen bei Teststärkevergleichen soll für den Vergleich des *t*-Tests für unabhängige Stichproben mit dem *U*-Test dargestellt werden.

6.5.1 Robustheitsuntersuchungen statistischer Tests

Monte-Carlo-Studien können unter anderem bei der Untersuchung der Robustheit von statistischen Tests bei verletzten Voraussetzungen verwendet werden.

Verletzung von Voraussetzungen statistischer Tests

Ein Problem bei der praktischen Datenauswertung besteht in der Entscheidung, ob für den vorgesehenen statistischen Test die Voraussetzungen bei den gegebenen Daten als erfüllt angesehen werden können oder nicht. Dabei ist vor einem zu schematischen

Vorgehen zu warnen. Nicht erfüllte Voraussetzungen müssen nicht in jedem Fall zwangsläufig dazu führen, dass der betreffende Test nicht angewendet werden kann.

Die in Kapitel 6.1 behandelten *t*-Tests haben zum Beispiel als eine Voraussetzung die Normalverteilung des Merkmals in der Population. Unter dieser Annahme ist die *T*-Statistik *t*-verteilt. Wenn die Voraussetzung als gegeben angesehen werden kann, darf der Test angewendet werden (sofern gegebenenfalls weitere Voraussetzungen erfüllt sind). Oft ist jedoch nicht von einer Normalverteilung des Merkmals auszugehen. In solchen Fällen sollte man sich über die Robustheit des vorgesehenen Tests bei einer entsprechenden Verletzung der Voraussetzung informieren und darauf basierend eine Entscheidung über die Anwendung des Tests in einer gegebenen Situation treffen. Dabei sind drei mögliche Eigenschaften eines statistischen Tests zu unterscheiden.

- Der Test reagiert bei Verletzung der Voraussetzung (z. B. schiefe Verteilung des Merkmals anstelle von Normalverteilung in der Population) konservativ. In diesem Fall entscheidet der Test bei Gültigkeit der Nullhypothese H_0 mit einer geringeren Wahrscheinlichkeit als α fälschlicherweise zugunsten der Alternativhypothese H_1. Da das Signifikanzniveau α bei einer Entscheidung zugunsten der Alternativhypothese nicht überschritten wird, kann der Test in der gegebenen Situation angewendet werden. Allerdings nimmt man dadurch eine Verminderung der Teststärke $(1 - \beta)$ in Kauf (siehe Abschnitt 6.5.2, Kapitel 9).
- Der Test reagiert bei Verletzung der Voraussetzung (etwa schiefe Verteilung des Merkmals in der Population anstelle von Normalverteilung) robust. Er entscheidet bei Gültigkeit der Nullhypothese H_0 trotz verletzter Voraussetzungen weitgehend korrekt über die Ablehnung oder Beibehaltung der Nullhypothese H_0. In diesem Fall kann man den Test trotz der nicht gegebenen Voraussetzung anwenden.
- Der Test reagiert bei Verletzung der Voraussetzung (z. B. schiefe Verteilung des Merkmals anstelle von Normalverteilung) nicht robust, indem er bei Gültigkeit der Nullhypothese H_0 eher als bei erfüllten Voraussetzungen zu einer Ablehnung der Nullhypothese führt. In diesem Fall könnte man bei einem signifikanten Ergebnis nicht erkennen, ob es sich um einen tatsächlich signifikanten Effekt handelt oder ob das signifikante Testergebnis lediglich auf die Nichterfüllung der Voraussetzungen zurückzuführen ist. Die tatsächliche Wahrscheinlichkeit, die Nullhypothese abzulehnen, obwohl sie in der Population gültig ist, könnte das vorgegebene Signifikanzniveau α überschreiten. In diesem Fall sollte der vorgesehene Test nicht angewendet werden und stattdessen ein Test verwendet werden, bei dessen Anwendung die verletzte Voraussetzung nicht erforderlich ist.

Die Ergebnisse der Untersuchungen zur Robustheit eines Tests bei verletzten Voraussetzungen basieren in der Regel auf Monte-Carlo-Studien. Das Prinzip von Monte-Carlo-Studien in diesem Zusammenhang soll an einem einfachen Beispiel veranschaulicht werden.

Robustheitsuntersuchungen mit Monte-Carlo-Studien: ein Beispiel

Mit dem folgenden Beispiel soll das Vorgehen bei einer Robustheitsuntersuchung für den t-Test gegen eine Konstante (zweiseitige Fragestellung) veranschaulicht werden, wenn die zugrundeliegende Populationsverteilung nicht eine Normalverteilung ist, sondern eine Gammaverteilung als Beispiel einer schiefen Verteilung. Gammaverteilungen eignen sich unter anderem zur Beschreibung von Reaktionszeiten beispielsweise des Menschen. Reaktionszeiten folgen meist keiner symmetrischen, sondern einer linkssteilen Verteilung.

Wie die Normalverteilung kann die Gamma-Verteilung mit zwei Parametern beschrieben werden. Während bei der Normalverteilung allerdings die Parameter Mittelwert und Varianz die Lage der Verteilung und die Streuung der Werte um den Mittelwert beschreiben, handelt es sich bei der Gammaverteilung um den Formparameter α und den Skalierungsparameter β (siehe Fox, 2015). Die Wahrscheinlichkeitsdichtefunktion ergibt sich nach Formel (6.29).

Formel

$$f(x;\alpha,\beta)=\frac{x^{\alpha-1}\cdot e^{-x/\beta}}{\beta^{\alpha}\cdot\Gamma(\alpha)} \tag{6.29}$$

$f(x;\alpha,\beta)$: Wahrscheinlichkeitsdichte an der Stelle $x > 0$ bei gegebenen α und β

α: Formparameter der Gammaverteilung ($\alpha > 0$)

β: Skalierungsparameter der Gammaverteilung ($\beta > 0$)

Γ: Gammafunktion ($\Gamma(\alpha) = \int_0^{\infty} = e^{-t} \cdot t^{\alpha-1}\, dt$)

Im Spezialfall $\alpha = 2$ und $\beta = 0.5$ hat diese Verteilung den Erwartungswert $E(X) = \mu = 1$ und die Varianz $Var(X) = \sigma^2 = 0.5$ (vgl. Fox, 2015). In ►Abbildung 6.13 ist die Dichtefunktion der Gammaverteilung im beschriebenen Spezialfall dargestellt. In der Abbildung wird die Schiefe der Verteilung deutlich.

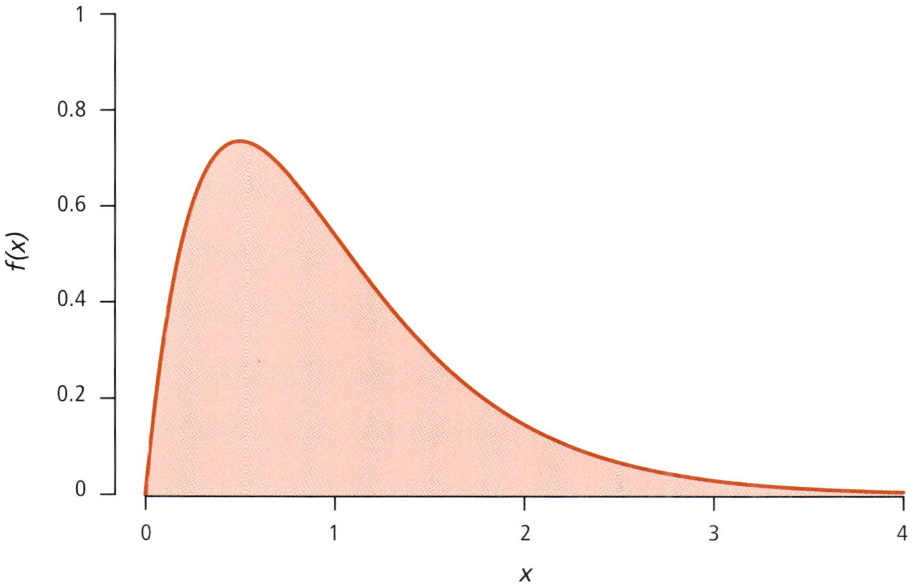

Abbildung 6.13: Wahrscheinlichkeitsdichte der Gammaverteilung mit $\alpha = 2$ und $\beta = 0.5$.

Im Rahmen eines Forschungsprojekts sollen Reaktionszeiten beim Menschen auf optische Reize untersucht werden. Geplant sind eine kleine Voruntersuchung an 10 Testpersonen sowie die Hauptuntersuchung an 100 Testpersonen. Der bisher bekannte Populationsmittelwert der Reaktionszeiten beträgt 1 Sekunde, die Varianz soll mit 0.5 angenommen werden. Es soll untersucht werden, ob sich bei Anwendung eines neuentwickelten optischen Reizes die Reaktionsgeschwindigkeit im Mittel ändert. Das zu untersuchende Hypothesenpaar lautet demnach

$$H_1: \mu \neq \mu_0 \qquad H_0: \mu = \mu_0 \text{ mit } \mu_0 = 1. \tag{6.30}$$

Die durch Robustheitsuntersuchungen zu beantwortende Frage lautet: Kann bei geplanten Stichprobenumfängen von $n_{\text{Voruntersuchung}} = 10$ bzw. von $n_{\text{Hauptuntersuchung}} = 100$ der t-Test gegen eine Konstante angewendet werden, obwohl das zu untersuchende Merkmal in der Population keiner Normalverteilung, sondern der in ►Abbildung 6.13 dargestellten Gammaverteilung folgt?

Bei der Anwendung der Monte-Carlo-Methode wird die bekannte Verteilung durch Zufallszahlen simuliert, die die zu untersuchende Verteilung möglichst gut abbilden. Aus der durch Zufallszahlen simulierten Verteilung, im Beispiel der Gammaverteilung, werden sehr viele (in der Regel mindestens 1000 – 10000, unter Umständen auch mehr als 10000) Stichproben des für die geplante Untersuchung vorgesehenen Stichprobenumfangs gezogen (im Beispiel $n_{\text{Voruntersuchung}} = 10$ bzw. $n_{\text{Hauptuntersuchung}} = 100$).

Vereinfacht ausgedrückt besteht das weitere Vorgehen darin, dass für jede der zufällig gezogenen Stichproben der Signifikanztest mit dem Signifikanzniveau α durchgeführt wird. Da in der zugrundeliegenden Population die Nullhypothese $H_0 : \mu = \mu_0$ mit $\mu_0 = 1$ gültig ist (der Mittelwert der Population beträgt 1), würde H_0 bei erfüllten Voraussetzungen, also bei Vorliegen einer Normalverteilung als Populationsverteilung des Merkmals, in ca. $\alpha \cdot 100\%$ der Stichproben zurückgewiesen, die Wahrscheinlichkeit der Fehlers 1. Art wäre durch α begrenzt.

In der Simulation, unter der Annahme der schiefen Populationsverteilung, wird die H_0 in $\gamma \cdot 100\%$ der Stichproben zurückgewiesen. Aus dem Vergleich von γ und α lassen sich die Eigenschaften des statistischen Tests für die untersuchte Verletzung der Voraussetzung ableiten:

Definition

$\gamma < \alpha$: Der Test reagiert konservativ. Die Nullhypothese H_0 wird mit einer geringeren Wahrscheinlichkeit als α abgelehnt, wenn sie in der Population zutrifft.

$\gamma \approx \alpha$: Der Test reagiert robust. Die in der Population gültige Nullhypothese H_0 wird trotz der Verletzung der Voraussetzung ungefähr mit der Wahrscheinlichkeit α abgelehnt.

$\gamma > \alpha$: Der Test reagiert nicht robust. Die Nullhypothese H_0 wird mit einer größeren Wahrscheinlichkeit als α abgelehnt, obwohl sie in der Population zutrifft.

Für das Beispiel wurden aus der in ►Abbildung 6.13 dargestellten Population, unter Gültigkeit der Nullhypothese H_0 ($\mu_0 = 1$), je 5000 Stichproben des Umfangs 10 bzw. des Umfangs 100 gezogen und für jede der Stichproben der t-Test gegen die Konstante für das Hypothesenpaar aus Formel (6.30) berechnet. Bei erfüllten Voraussetzungen (Normalverteilung) würde die in der Population gültige Nullhypothese sowohl für $n = 10$ als auch für $n = 100$ in 5% der Stichproben ($\alpha = 0.05$) fälschlicherweise abgelehnt werden.

In den ►Abbildungen 6.14 und 6.15 sind die in den 5000 Tests für $n_{\text{Voruntersuchung}} = 10$ bzw. für $n_{\text{Hauptuntersuchung}} = 100$ berechnete Werte t^* der Teststatistik dargestellt sowie die Quantile der jeweiligen t-Verteilungen markiert, deren betragsmäßige Überschreitung zu p-Werten kleiner als 0.05 führt. Für $p < 0.05$ wird die Nullhypothese auf der Grundlage der jeweiligen Zufallsstichprobe fälschlicherweise abgelehnt. Die Anteile signifikanter Ergebnisse an den jeweils 5000 Tests werden mit γ_{10} bzw. γ_{100} bezeichnet. In der durchgeführten Simulation ergeben sich die auf zwei Nachkommastellen gerundeten Werte als

$$\gamma_{10} = 0.08 \text{ bzw. } \gamma_{100} = 0.05.$$

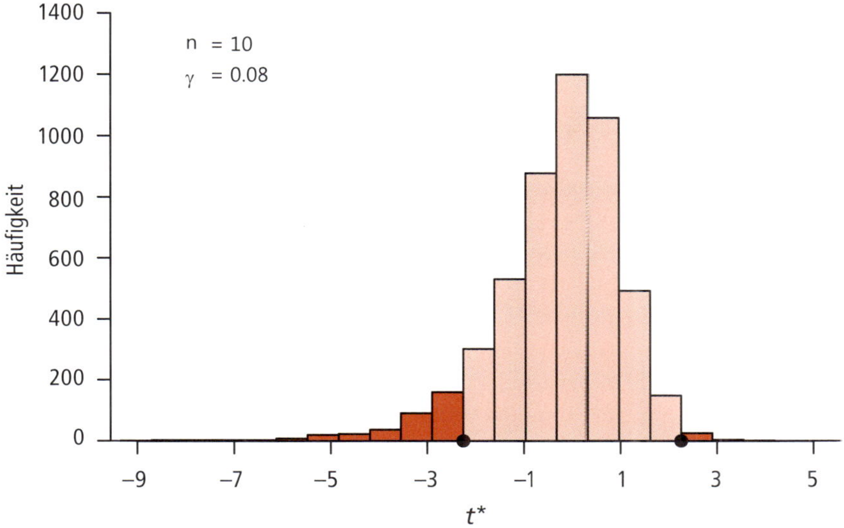

Abbildung 6.14: Histogramm der 5000 t^*-Werte für n=10 mit Markierung der Quantile $t_{9,0.025} = -2.262$ und $t_{9,0.975} = 2.262$

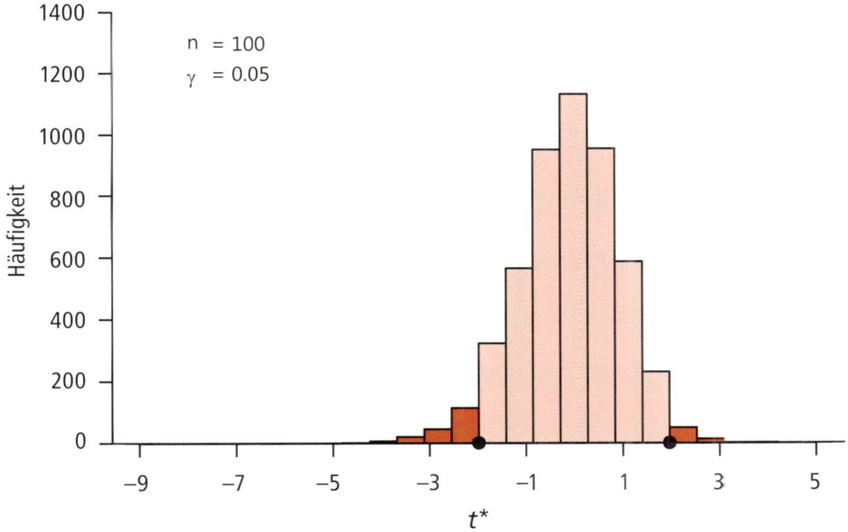

Abbildung 6.15: Histogramm der 5000 t^*-Werte für n=100 mit Markierung der Quantile $t_{99,0.025} = -1.984$ und $t_{99,0.975} = 1.984$

Aus der Robustheitsuntersuchung im vorliegenden Beispiel wird deutlich, dass der t-Test beim Stichprobenumfang von $n_{\text{Hauptuntersuchung}} = 100$ für eine gammaverteilte Population wegen $\gamma_{100} \approx \alpha = 0.05$ zuverlässige Ergebnisse liefert, obwohl die Verteilungsannahme der Normalverteilung verletzt ist. Das Signifikanzniveau von $\alpha = 0.05$ wird eingehalten, so dass der *t*-Test gegen eine Konstante für die Hauptuntersuchung vorgesehen werden kann. Dagegen liefert der *t*-Test für $n_{\text{Voruntersuchung}} = 10$ wegen $\gamma_{10} = 0.08 > \alpha = 0.05$ keine robusten Ergebnisse, weil der Anteil fälschlicherweise signifikanter Ergebnisse deutlich über dem Wert des Signifikanzniveaus von $\alpha = 0.05$ liegt.

Ausdrücklich muss darauf hingewiesen werden, dass eine Monte-Carlo-Studie nur eine Auskunft über die Eigenschaften des Tests bezüglich der konkret betrachteten Abweichung von der Voraussetzung liefern kann. Wenn im Beispiel die zu unterstellende Abweichung von der Normalverteilung nicht in der Schiefe der Verteilung, sondern in einer Zweigipfligkeit bestehen würde, wäre eine spezielle Monte-Carlo-Studie erforderlich, die diesen Verteilungstyp simulieren würde. Deshalb ist für viele Tests eine zusammenfassende Bewertung von allen möglichen Verletzungen der Voraussetzungen nicht kompakt verfügbar. In entsprechender Fachliteratur findet man aber Ergebnisse von Simulationen für sehr viele Tests und für unterschiedlichste Verletzungen von Voraussetzungen.

Zu beachten ist, dass das Ergebnis konkreter Simulationsstudien von der Zufallszahlenerzeugung abhängig ist. Deshalb können die Ergebnisse in Abhängigkeit von der verwendeten Statistiksoftware und vom verwendeten Zufallszahlengenerator leicht variieren.

6.5.2 Teststärkevergleiche statistischer Tests

Ein weiteres wichtiges Einsatzfeld von Monte-Carlo-Studien in der Biostatistik besteht in der Untersuchung der Teststärke (andere Bezeichnungen: Power, Macht, Güte) statistischer Tests unter konkreten Bedingungen. Die Analysen können bei der Entscheidung helfen, welcher von mehreren statistischen Tests zu bevorzugen ist, wenn die Voraussetzungen aller Tests erfüllt sind.

Teststärke statistischer Tests am Beispiel des t-Tests

Bei der Behandlung der grundlegenden Eigenschaften statistischer Tests sind in Abschnitt 5.2 der Fehler 1. Art und der Fehler 2. Art als die beiden möglichen Fehler beim Testen statistischer Hypothesen beschrieben worden.

Ein Fehler erster Art besteht darin, auf der Grundlage einer konkreten Stichprobe die Nullhypothese abzulehnen, obwohl sie in der Population gültig ist. Die Wahrscheinlichkeit, einen Fehler erster Art zu begehen, kann durch die Wahl des Signifikanzniveaus α begrenzt werden.

Ein Fehler zweiter Art tritt dann auf, wenn auf der Grundlage einer konkreten Stichprobe die Nullhypothese beibehalten wird, obwohl in der Population die Alternativhypothese gültig ist. Die Wahrscheinlichkeit eines Fehlers 2. Art wird in der Regel mit β bezeichnet.

Definition Die Teststärke (engl.: power) eines Tests $(1 - \beta)$ ergibt sich als die Wahrscheinlichkeit, die Nullhypothese abzulehnen, wenn in der Population die Alternativhypothese gültig ist, also als die Wahrscheinlichkeit einer korrekten Entscheidung zugunsten der Alternativhypothese.

Die Wahrscheinlichkeit β eines Fehlers 2. Art und damit die Teststärke $(1 - \beta)$ können nicht ohne weitere Angaben berechnet oder festgelegt werden. Um Aussagen über die Wahrscheinlichkeit des Fehlers zweiter Art gewinnen zu können, sind Angaben über die Größe des Effekts zwischen den untersuchten Teilpopulationen erforderlich, also zum Beispiel zum Mittelwertunterschied Δ, der gegebenenfalls an der Standardabweichung σ der Population relativiert werden soll. In Kapitel 9.3 wird ausführlich dargestellt, nach welchem Prinzip bei gegeben Werten für α, β, Δ und σ am Beispiel eines Mittelwertvergleichs der notwendige Stichprobenumfang bestimmt werden kann.

Für die Berechnung der Teststärke $(1 - \beta)$ eines Tests bieten sich zwei grundsätzliche Vorgehensweisen und Ziele an.

Einerseits kann eine Schätzung der Teststärke bei bereits vorliegenden Daten vorgenommen werden. Wenn beim Vergleich der Mittelwerte von zwei Teilpopulationen aus den jeweiligen Stichproben Schätzwerte für den Mittelwertunterschied Δ und für die Standardabweichung σ vorliegen, kann die Wahrscheinlichkeit berechnet werden, bei einer erneuten Stichprobenziehung aus den jeweiligen Teilpopulationen bei unverändertem Signifikanzniveau α und unveränderten Stichprobenumfängen ein signifikantes Ergebnis zu erzielen. Diese Vorgehensweise bezeichnet man als a-posteriori-Schätzung der Teststärke.

Andererseits gibt es die Möglichkeit der sogenannten a-priori-Teststärkeschätzung, die bereits vor dem Erheben und Auswerten von konkreten Daten durchgeführt werden kann. Diese Form der Teststärkeschätzung bietet die Grundlage für die Bestimmung optimaler Stichprobenumfänge (Kapitel 9.3) und für die Entscheidung über den Einsatz unterschiedlicher Tests in der Planungsphase bio- und umweltwissenschaftlicher Untersuchungen. Die Teststärkeschätzung soll nachfolgend am Beispiel des *t*-Tests für unabhängige Stichproben veranschaulicht werden.

Obwohl in diesem und in ähnlichen einfachen Fällen die Teststärke auch direkt über entsprechende Formeln bzw. Software berechnet werden kann (siehe z.B. Bock, 1997; Rasch, 2007b), soll das Prinzip anhand von Simulationen veranschaulicht werden, die auch in komplizierteren Situationen analog verwendet werden können.

Es sei bekannt, dass die Ernteerträge einer Maissorte einer Normalverteilung unterliegen, die eine Standardabweichung von $\sigma = 7.5$ aufweist. Mit Hilfe eines neuen, teuren Düngemittels soll eine deutliche Steigerung der Erträge erzielt werden. Dabei muss die Ertragssteigerung im Mittel wenigstens $\Delta = 5$t pro Flächeneinheit betragen, um wirtschaftlich einen Gewinn erzielen zu können. Geplant ist die Durchführung einer Versuchsserie mit insgesamt 60 Parzellen, von denen jeweils 30 mit dem herkömmlichen und 30 mit dem neu entwickelten Mittel gedüngt werden. Die Datenauswertung soll mit dem einseitigen *t*-Test für unabhängige Stichproben erfolgen (H_1: $\mu_{neu} > \mu_{alt}$; H_0: $\mu_{neu} \leq \mu_{alt}$).

Die zu beantwortende Frage besteht darin, mit welcher Wahrscheinlichkeit unter den gegebenen Bedingungen bei Signifikanztests mit dem Signifikanzniveau $\alpha = 0.05$ ein signifikantes Ergebnis zu erwarten ist, wenn der Ernteertrag durchschnittlich um wenigstens $\Delta = 5$t pro Flächeneinheit höher ist. Diese Wahrscheinlichkeit entspricht der Schätzung für die Teststärke $(1 - \beta)$ des *t*-Tests für unabhängige Stichproben bei den gegebenen Bedingungen ($\Delta = 5$, $\sigma = 7.5$, $\alpha = 0.05$, $n_1 = n_2 = 30$).

Für die Beurteilung der Teststärke unseres später durchzuführenden Tests sollen zwei normalverteilte Teilpopulationen mit identischer Standardabweichung (σ = 7.5) simuliert werden. Die Mittelwerte der beiden Teilpopulationen unterscheiden sich um den Betrag Δ, so dass die erste Teilpopulation den Mittelwert μ_{alt} aufweisen soll, was der Verteilung unter Gültigkeit von H_0 entspricht. Es soll davon ausgegangen werden, dass in der zweiten Teilpopulation durch die Anwendung des neuen Düngemittels tatsächlich eine Erhöhung des durchschnittlichen Ernteertrags auf $\mu_{neu} = \mu_{alt} + \Delta = \mu_{alt} + 5$ zu verzeichnen ist. Die entsprechenden Wahrscheinlichkeitsdichten sind in ►Abbildung 6.16 veranschaulicht.

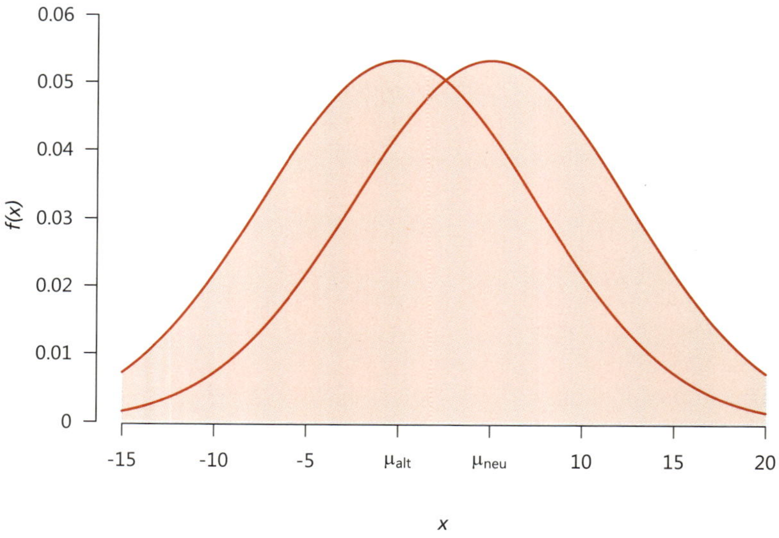

Abbildung 6.16: Wahrscheinlichkeitsdichten von Normalverteilungen mit Mittelwert $\mu_{alt} = 0$ bzw. $\mu_{neu} = 5$ und Standardabweichung 7.5

Um die Teststärke des t-Tests für unabhängige Stichproben in der gegebenen Situation zu schätzen, werden aus beiden Verteilungen jeweils viele (in der Regel zwischen 1000 und 10000, oft auch über 10000) Stichproben vom Umfang $n_{alt} = n_{neu} = 30$ gezogen. Im vorliegenden Beispiel werden 5000 Stichproben aus den vorliegenden Verteilungen gezogen und für jede Stichprobe der t-Test für unabhängige Stichproben durchgeführt. Dabei werden insgesamt 5000 t^*-Werte berechnet, die in ►Abbildung 6.17 dargestellt sind. Zu signifikanten Testergebnissen führen alle berechneten t^*-Werte, die größer sind als der kritische Wert $t_{58,\ 0.95} = 1.672$. Der Schätzwert für die Teststärke ergibt sich als der Anteil signifikanter Ergebnisse.

$$1-\hat{\beta} = \frac{Anzahl\left(t^* \middle| t^* > t_{58,0.95}\right)}{5000} = \frac{Anzahl\left(t^* \middle| t^* > 1.672\right)}{5000} = \frac{4094}{5000} = 0.819$$

Wenn der mittlere Ernteertrag infolge der Anwendung des neuen Düngemittels um 5t pro Flächeneinheit ansteigt, beträgt die geschätzte Wahrscheinlichkeit 81.9%, bei einem einseitigen t-Test mit $\alpha = 0.05$ und einem Stichprobenumfang von $n_{alt} = n_{neu} = 30$ ein signifikantes Ergebnis zu erzielen. Die Teststärke des t-Tests für unabhängige Stichproben beträgt unter den gegebenen Bedingungen 81.9%.

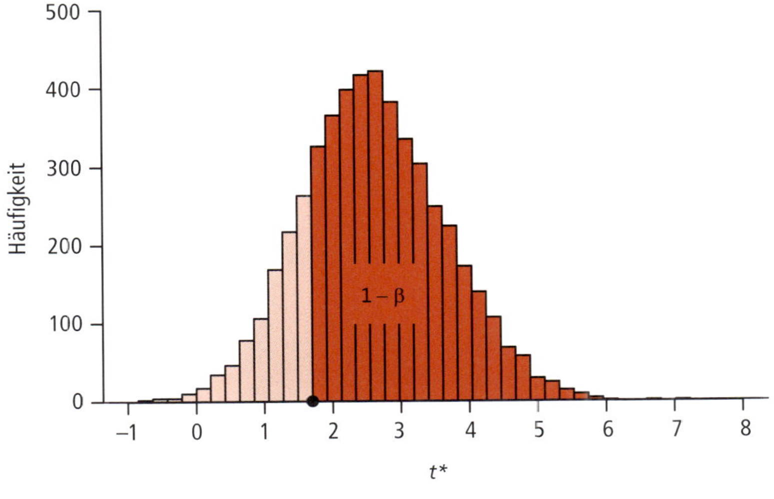

Abbildung 6.17: Histogramm der 5000 t^*-Werte mit Markierung des Quantils $t_{58,0.95} = 1.672$ und Hervorhebung der Fläche $(1 - \beta)$.

Vergleich der Teststärke unterschiedlicher statistischer Tests am Beispiel t-Test vs. U-Test

Im vorliegenden Beispiel soll zur Illustration des Vorgehens bei Teststärkevergleichen die Teststärke des t-Tests für unabhängige Stichproben mit der Teststärke des U-Tests verglichen werden. Für den t-Test für unabhängige Stichproben war unter den im vorhergehenden Abschnitt beschriebenen Bedingungen eine Teststärke von $\left(1-\hat{\beta}\right) = 0.819$ geschätzt worden.

Die zu beantwortende Frage besteht darin, mit welcher Wahrscheinlichkeit unter den gegebenen Bedingungen bei einem *U*-Test mit dem Signifikanzniveau $\alpha = 0.05$ ein signifikantes Ergebnis zu erwarten ist, wenn derErnteertrag durchschnittlich um wenigstens $\Delta = 5$t pro Flächeneinheit höher ist. Diese Wahrscheinlichkeit entspricht der Schätzung für die Teststärke $(1 - \beta)$ des *U*-Tests bei den gegebenen Bedingungen ($\Delta = 5$, $\sigma = 7.5$, $\alpha = 0.05$, $n_1 = n_2 = 30$). Die Voraussetzungen des *U*-Tests sind schwächer als die des *t*-Tests für unabhängige Stichproben und können damit ebenfalls erfüllt angesehen werden.

Um die Teststärken des *t*-Tests und des *U*-Tests unter den gegebenen Bedingungen vergleichen zu können, müssen für die Berechnung der Teststärke des *U*-Tests die gleichen 5000 Stichproben aus den beiden in ►Abbildung 6.16 dargestellten Populationen ($n_{alt} = n_{neu} = 30$) verwendet werden. Für jede der 5000 Stichproben wird zusätzlich zum bereits berichteten *t*-Test für unabhängige Stichproben ein *U*-Test durchgeführt. Wegen des relativ großen Stichprobenumfangs kann die Testentscheidung auf der Grundlage der Standardnormalverteilung getroffen werden (vgl. Abschnitt 6.2.1). Dabei werden insgesamt 5000 z^*-Werte berechnet, die in ►Abbildung 6.18 dargestellt sind. Zu signifikanten Testergebnissen führen alle berechneten z^*-Werte, die größer oder gleich 1.645 sind. Der Schätzwert für die Teststärke des *U*-Tests ergibt sich als der Anteil signifikanter Ergebnisse.

$$\left(1-\hat{\beta}\right)_{U-Test} = \frac{Anzahl\left(z^* \middle| z^* > z_{0.95}\right)}{5000} = \frac{Anzahl\left(z^* \middle| z^* > 1.645\right)}{5000} = \frac{3996}{5000} = 0.7992$$

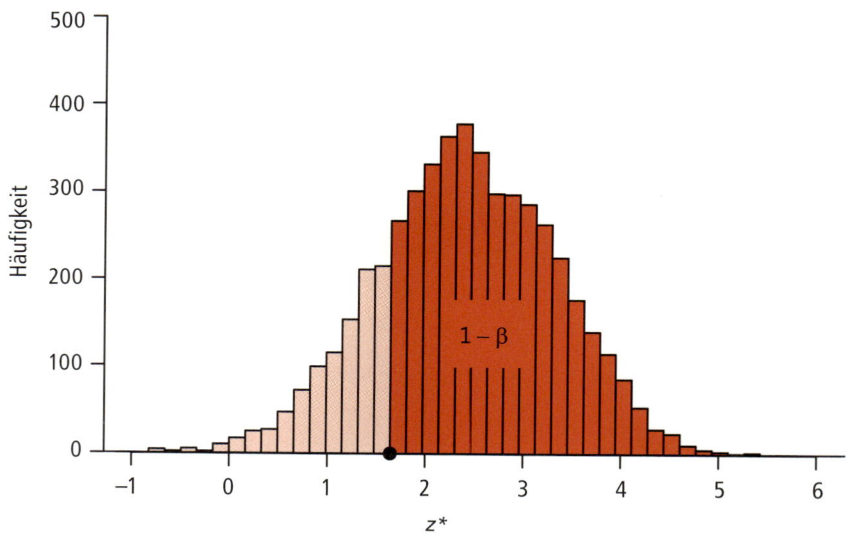

Abbildung 6.18: Histogramm der 5000 z^*-Werte mit Markierung des Quantils $z_{0.95} = 1.645$ und Hervorhebung der Fläche $(1 - \beta)$.

Als Fazit des Teststärkevergleichs in diesem Beispiel ergibt sich eine höhere Teststärke des *t*-Tests ($(1-\beta)_{t\text{-Test}} = 0.819$) für unabhängige Stichproben, der in der geplanten Auswertung gegenüber dem *U*-Test ($(1-\beta)_{U\text{-Test}} = 0.799$) zu bevorzugen ist. Dieses Ergebnis ist nicht untypisch, da in der Regel parametrische Tests gegenüber den entsprechenden nichtparametrischen Tests zu bevorzugen sind, wenn ihre Voraussetzungen erfüllt sind. Die Ergebnisse des Vergleichs im vorliegenden Beispiel gelten jedoch lediglich für die gegebenen Bedingungen, d.h. für die verwendeten Werte $\Delta = 5$, $\sigma = 7.5$, $\alpha = 0.05$ und $n_1 = n_2 = 30$. Bei veränderten Werten wären neue Untersuchungen der Teststärke erforderlich.

Auch bei Teststärkevergleichen ist zu beachten, dass das Ergebnis konkreter Simulationsstudien von der Zufallszahlenerzeugung abhängig ist, weshalb die Ergebnisse in Abhängigkeit von der verwendeten Statistiksoftware und vom verwendeten Zufallszahlengenerator leicht variieren können.

Zusammenfassung

In diesem Kapitel werden statistische Signifikanztests vorgestellt, bei deren Anwendung das Skalenniveau des untersuchten Merkmals, der Unterschied zwischen unabhängigen und verbundenen Stichproben sowie der Stichprobenumfang zu berücksichtigen sind.

Für metrische Daten können *t*-Tests für unabhängige bzw. für verbundene Stichproben zum Vergleich von Populationsmittelwerten angewendet werden. Die Werte der Teststatistiken werden auf der Grundlage der arithmetischen Mittelwerte und der Standardabweichungen der Stichproben berechnet. Zur Überprüfung der Voraussetzungen dieser Tests stehen Verfahren zur Prüfung der Varianzhomogenität und der Normalverteilung zur Verfügung. Mit Äquivalenztests kann die Gleichwertigkeit von Mittelwerten oder von anderen Parametern getestet werden.

Bei ordinalskalierten Merkmalen können der *U*-Test bzw. der Wilcoxon-Test zum Lagevergleich der untersuchten Verteilungen bei unabhängigen bzw. verbundenen Stichproben herangezogen werden. Die Teststatistiken dieser Tests basieren auf Ranginformationen. Für die konkrete Testdurchführung wird zwischen exakten Tests bei kleinen Stichprobenumfängen und asymptotischen Tests bei großen Stichproben unterschieden.

Tests für nominalskalierte Merkmale benutzen ausschließlich Häufigkeitsinformationen. Dabei wird die Häufigkeitsverteilung, die sich bei Gültigkeit der jeweiligen statistischen Nullhypothese ergeben würde, mit der Häufigkeitsverteilung der konkreten Stichprobe verglichen. Auch bei diesem Skalenniveau stehen für verbundene bzw. unabhängige Stichproben unterschiedliche Tests zur Verfügung, bei denen zwischen exakten Tests bei kleinen Stichprobenumfängen und asymptotischen Tests bei großen Stichproben zu unterscheiden ist.

Permutationstests eignen sich für Tests von Unterschieds- und Zusammenhangshypothesen, wenn Voraussetzungen parametrischer Testverfahren nicht erfüllt sind. Mit Bootstrap-Methoden können unbekannte oder schwer berechenbare Varianzen und Standardfehler von interessierenden Schätzern berechnet werden, um diese anschließend für die Bestimmung von Konfidenzintervallgrenzen oder von p-Werten auch in komplexen Modellen zu benutzen. Dabei müssen nur sehr schwache Voraussetzungen erfüllt sein. Im Rahmen von Monte-Carlo-Simulationsstudien können moderne rechenintensive Methoden zur Untersuchung der Robustheit und der Teststärke statistischer Tests verwendet werden.

Übungsaufgaben

Aufgabe 6.1

Es soll der Einfluss eines (teuren) neuen Wirkstoffs zur Verringerung der Schadstoffbelastung in Gewässern untersucht werden.

Folgende Daten wurden bei Verwendung des neuen Wirkstoffs an drei benachbarten, vergleichbaren Flüssen erhoben, wobei die Ergebnisse der 20 einzelnen Proben nicht zur Verfügung stehen. Die übermittelten Daten sind in Tabelle 6.16 zusammengefasst.

Fluss	A	B	C
Anzahl der Proben	5	10	5
Arithmetischer Mittelwert	35	33	30

Tabelle 6.16: Daten zu Aufgabe 6.1.

Die Standardabweichung sämtlicher 20 Qualitätsproben betrug 10. Die Daten bei Verwendung des neuen Wirkstoffs können als normalverteilt angesehen werden. Die bisher bekannte durchschnittliche Belastung ohne Zugabe des Wirkstoffs betrug $\mu_0 = 34$.

Berechnen Sie den arithmetischen Mittelwert der Schadstoffbelastung der 20 Proben.

Lässt sich eine signifikante Verringerung der Schadstoffbelastung bei Verwendung des neuen Wirkstoffs nachweisen ($\alpha = 0.05$)? Eine Verschlechterung der Qualität kann für die Grundgesamtheit nach entsprechenden Voruntersuchungen ausgeschlossen werden.

Aufgabe 6.2

Erfahrungsgemäß erreichen Jungtiere einer bestimmten Art im Durchschnitt ein Gewicht von 4.5 kg. 20 Tiere bekamen zusätzliches Futter und erreichten ein Gewicht von 4.9 kg bei einer Standardabweichung von 0.8 kg. Dabei kann bei der Verteilung der Messwerte von einer Normalverteilung ausgegangen werden. Ist die Zunahme signifikant ($\alpha = 0.05$)?

Aufgabe 6.3

Eine Untersuchung von 66 einzeln und unabhängig voneinander aufgewachsenen Kleintieren, von denen 33 bei der jeweiligen Mutter und 33 getrennt von der Mutter aufwuchsen, hinsichtlich bestimmter motorischer Fähigkeiten zeigte das folgende Ergebnis (hoher Wert entspricht guter Testleistung):

Gruppe	Bei der Mutter aufgewachsene Tiere	Nicht bei der Mutter aufgewachsene Tiere
Umfang der Teilstichprobe	33	33
Arithmetischer Mittelwert	382	379
Standardabweichung	12	10

Tabelle 6.17: Daten zu Aufgabe 6.3.

Varianzhomogenität und Normalverteilung in den Teilpopulationen soll vorausgesetzt werden.

Lassen sich signifikant ($\alpha = 0.05$) unterschiedliche motorische Fähigkeiten der bei der Mutter aufgewachsenen Tiere gegenüber den nicht bei der Mutter aufgewachsenen Tieren nachweisen?

Aufgabe 6.4

In einer Untersuchung soll geprüft werden, ob sich zwei unterschiedliche Getreidesorten in ihrem Ertrag sehr signifikant unterscheiden. Untersucht wurden acht Paare direkt nebeneinander liegender Felder, auf denen jeweils auf einem Feld Sorte A und auf dem anderen Feld Sorte B angebaut wurden. Die benachbarten Felder haben jeweils gleiche Bodenqualität und gleiche Niederschlagsmengen, so dass die Ernteerträge benachbarter Felder nicht unabhängig voneinander sind. Nicht benachbarte Felder unterscheiden sich in Bodenqualität und Niederschlagsmenge erheblich. Die Differenzen der Messwertpaare sollen als normalverteilt angesehen werden.

Nummer des Paares benachbarter Felder	1	2	3	4	5	6	7	8
Ertrag Sorte A	1400	1200	1700	1200	1900	2300	1300	2100
Ertrag Sorte B	1700	1200	2500	1300	2700	1300	1500	1500

Tabelle 6.18: Daten zu Aufgabe 6.4.

Lässt sich ein signifikanter Unterschied ($\alpha = 0.05$) der mittleren Ernteerträge der Sorten A und B nachweisen?

Aufgabe 6.5

In einer Untersuchung zur Wirkung unterschiedlicher Anbaubedingungen (A: Freiland, B: Gewächshaus) auf das „Aussehen" von Rosen wurden je acht Rosenkulturen der gleichen Art unter den Bedingungen A und B gezüchtet. Das „Aussehen" der 16

Kulturen wurde von Experten bewertet, wobei maximal 60 Punkte zu vergeben waren. Die Daten können nicht als intervallskaliert angesehen werden. Es ist festzustellen, ob es einen signifikanten Unterschied ($\alpha = 0.05$) im „Aussehen“ der Kulturen gibt. Hypothesen und Rechenweg sind ausführlich darzustellen. Die vorliegenden Daten sind in ►Tabelle 6.19 zusammengefasst:

Aufzuchtbedingung	A: Freiland	B: Gewächshaus
Aussehen (Experteneinschätzung)	56, 34, 45, 46, 45, 47, 35, 47	55, 37, 48, 47, 41, 42, 39, 51

Tabelle 6.19: Daten zu Aufgabe 6.5.

Aufgabe 6.6

Der allgemeine Gesundheitszustand von zehn jungen Affen wurde vom Zootierarzt auf einer siebenstufigen Skala (1: ausgezeichnet, 2: sehr gut; 3: gut; 4: eher gut; 5: befriedigend; 6: eher schlecht; 7: sehr schlecht) bewertet. Danach wurde die Ernährung der Tiere umgestellt. Zehn Wochen später wiederholte der Arzt seine Bewertung.

Nummer des Tieres	1	2	3	4	5	6	7	8	9	10
Bewertung zum 1. Zeitpunkt	5	2	3	7	5	1	3	2	4	6
Bewertung zum 2. Zeitpunkt	5	4	6	7	6	3	2	4	2	7

Tabelle 6.20: Daten zu Aufgabe 6.6.

Lässt sich eine signifikante Veränderung des mittleren allgemeinen Gesundheitszustandes der Tiere ($\alpha = 0.05$) nachweisen?

Aufgabe 6.7

Die Verteilung einer Moosart im Hochgebirge ist zu untersuchen. Unter „normalen Bedingungen“ im Flachland enthielten 50 von 100 Proben die zu untersuchende Art. Auch im Hochgebirge wurden 100 Moosproben nach einem geeigneten Zufallsprinzip erhoben und untersucht. 24 Proben enthielten Moosart A. Weicht diese Häufigkeit signifikant von der Verteilung im Flachland ab ($\alpha = 0.05$)?

Aufgabe 6.8

200 zufällig ausgewählte Bürger einer Stadt wurden befragt, ob sie Mülltrennung durchführen. In den folgenden Wochen wurden in der lokalen Presse zahlreiche Artikel veröffentlicht, die sich mit der Notwendigkeit der Mülltrennung befassten. Sechs Monate später wurde die Befragung bei den 200 Personen wiederholt. Die Häufigkeiten sind in ►Tabelle 6.21 zusammengefasst.

		Vor der Pressekampagne	
		Mülltrennung: Nein	Mülltrennung: Ja
Nach der Pressekampagne	Mülltrennung: Nein	$n_{00} = 75$	$n_{10} = 5$
	Mülltrennung: Ja	$n_{01} = 40$	$n_{11} = 80$

Tabelle 6.21: Daten zu Aufgabe 6.8.

Kann ein Erfolg der Pressekampagne nachgewiesen werden ($\alpha = 0.05$)?

Aufgabe 6.9

Begründen Sie, warum folgende Aussagen *falsch* sind:

a. Bei der Durchführung eines statistischen Tests (t-Test) wird aus der t-Tabelle der Wert 2.262 abgelesen (zweiseitiger Test, 9 Freiheitsgrade, $\alpha = 0.05$). Dieser Wert besagt, dass bei den gegebenen Daten die Nullhypothese mit einer Irrtumswahrscheinlichkeit von p=2.262% abgelehnt werden kann.

b. Beim Vorliegen von metrischen Daten führt die Durchführung des t-Tests immer zum gleichen Ergebnis wie die Durchführung des U-Tests.

c. Wenn zwei gegebene voneinander unabhängige Gruppen einen geringen Unterschied ihrer Mittelwerte aufweisen, wird ein t-Test für unabhängige Stichproben bei erfüllten Voraussetzungen nie zu einem signifikanten Ergebnis führen.

Aufgabe 6.10

Von 30 Parzellen liegen Ernteerträge vor, wobei 15 Parzellen zusätzlich gedüngt wurden (►Tabelle 6.22).

	Ernteerträge
Gedüngte Parzellen	23, 26, 18, 26, 19, 24, 26, 23, 25, 17, 12, 14, 17, 26, 30
Ungedüngte Parzellen	22, 27, 19, 21, 17, 22, 28, 23, 24, 19, 14, 13, 27, 16, 29

Tabelle 6.22: Daten zu Aufgabe 6.10.

Kann man in weiterführenden Auswertungen von homogenen Varianzen ausgehen?

Ausführliche Lösungen und zusätzliche Aufgaben finden Sie in unserer eLearning-Umgebung **MyLab|Biostatistik**.

MyLab|Biostatistik

- Ausführliche Beschreibung der Umsetzung der in diesem Kapitel enthaltenen Tests in R (einschließlich R-Skripte), SPSS und Excel.
- Einführung in die Realisierung weiterführender Auswertungsmöglichkeiten in den drei Programmen.
- **Praxisbeispiel:** Anwendung unterschiedlicher Signifikanztests bei der Auswertung einer Untersuchung von Stefen & Kapischke (2007) zur Auswertung von Körpermaßen von Spitzmäusen (Croicidura russula) mit R, SPSS bzw. Excel.

Korrelations- und Regressionsanalyse

7

ÜBERBLICK

In diesem Kapitel werden die wichtigsten Methoden zur Untersuchung des Zusammenhangs von zwei oder mehr Merkmalen vorgestellt. Für die Untersuchung des bivariaten Zusammenhangs von zwei Variablen sollen die unterschiedlichen Herangehensweisen bei metrischen, ordinalskalierten oder nominalskalierten Merkmalen deutlich gemacht werden.

Die Art des linearen Zusammenhangs zwischen einem metrischen Prädiktor und einer metrischen Zielvariablen kann mit der einfachen linearen Regressionsanalyse modelliert werden. Das Modell dieses Verfahrens, die Methode der kleinsten Quadrate als Schätzprinzip und die Ergebnisse einfacher linearer Regressionsanalysen sollen ausführlich dargestellt werden.

Mit den Methoden der partiellen Korrelationsanalyse und der multiplen Regressionsanalyse werden zwei Verfahren beschrieben, mit denen Zusammenhänge von mehr als zwei Merkmalen untersucht werden können. Dabei wird ein besonderer Schwerpunkt der Darstellung auf die grundsätzlichen Überlegungen und die Vorgehensweise der Verfahren gelegt.

Folgende Verfahren bzw. Kenngrößen werden beschrieben:

- Produkt-Moment-Korrelation.
- Rangkorrelation (Spearman).
- Chi-Quadrat-Test und Kontingenzkoeffizient.
- Einfache lineare Regression.
- Partielle Korrelation.
- Multiple lineare Regression.

Anwendungsbeispiel

Wasserqualität in Binnengewässern

Ein Teilgebiet der Biologie ist die Limnologie, welche die Binnengewässer als Ökosysteme untersucht. Wesentlich ist hier unter anderem die Beschaffenheit des Wassers, von der zum Beispiel abhängt, durch welche Organismen es besiedelt wird und wie sich diese verhalten. Durch regelmäßige Messung verschiedener Kriterien (z.B. Sauerstoffkonzentration, Stickstoffkonzentration, Temperatur) kann man verstehen, wie diese zusammenhängen und sich gegenseitig beeinflussen. Ziel ist es, Modellsysteme zu entwerfen und die Wassergüte zu beurteilen.

Merkmale der Wasserqualität wurden an 24 Flüssen untersucht. Die Messpunkte an den einzelnen Flüssen waren unterschiedlich weit von der Quelle des jeweiligen Flusses entfernt. Neben den Kenngrößen der Wasserqualität wurden die Fließgeschwindigkeit, die Wassertemperatur und die Besiedlungsdichte in der Umgebung der Flüsse erfasst. Die Besiedlungsdichte wurde in diesem Beispiel in 20 Kategorien ermittelt. In der Praxis werden diese Kategorien zu fünf bis sieben Klassen zusammengefasst. Der Eutrophierungszustand wurde für eine grobe Einteilung in zwei Klassen bestimmt. Die erfassten Merkmale und die erhobenen Daten sind in ►Tabelle 7.1 und ►Tabelle 7.2 zusammengefasst.

Merkmal	Skalenniveau	Erläuterungen
N: Nitratkonzentration	metrisch	in mg/l
P: Phosphatkonzentration	metrisch	in µg/l
Q: Entfernung von der Quelle	metrisch	in km
S: Sauerstoffkonzentration	metrisch	in mg/l
V: Fließgeschwindigkeit	metrisch	in m/s
T: Wassertemperatur	metrisch	in °C
B: Besiedlungsdichte	ordinal	20 Ausprägungen (1: sehr dünn besiedelt; 20: sehr stark besiedelt)
G: Wassergüte	ordinal	20 Ausprägungen (1: unbelastet; 20: sehr stark belastet)
F: Vorkommen der Flussnapfschnecke	nominal	2 Ausprägungen (0: nein; 1: ja)
E: Eutrophierungszustand	nominal	2 Ausprägungen (0: eher oligotroph; 1: eher eutroph)

Tabelle 7.1: Merkmale im Anwendungsbeispiel.

Nummer des Flusses	N	P	Q	S	V	T	B	G	F	E
1	1.0	1	1	13.3	0.90	8	7	2	0	0
2	1.3	30	6	7.3	0.91	11	4	3	1	0
3	1.5	5	3	7.6	0.60	9	9	1	1	0
4	1.6	100	11	2.7	0.20	12	12	4	1	0
5	1.6	8	5	5.0	0.40	12	15	15	1	1
6	1.8	80	13	3.3	0.29	14	18	6	0	0
7	1.8	73	10	4.5	0.30	13	11	7	0	0
8	1.9	77	9	9.2	0.54	11	19	5	1	0
9	2.2	100	14	9.7	0.71	13	20	20	0	1

Tabelle 7.2: Daten im Anwendungsbeispiel.

Nummer des Flusses	N	P	Q	S	V	T	B	G	F	E
10	2.4	80	14	7.8	0.39	10	13	9	1	0
11	3.2	180	19	3.8	0.50	15	17	13	0	1
12	3.1	160	18	3.0	0.18	14	13	13	0	1
13	2.8	120	16	9.5	0.72	16	3	12	1	1
14	3.8	180	24	5.0	0.32	11	4	11	1	1
15	4.4	240	27	10.9	0.73	12	8	10	1	0
16	5.0	250	33	7.0	0.97	14	10	18	0	1
17	5.1	260	32	11.0	0.70	13	1	3	1	0
18	5.8	310	37	7.8	0.92	13	2	14	0	1
19	6.2	410	39	7.1	0.80	16	9	17	0	1
20	7.1	330	41	7.5	1.00	15	5	19	0	1
21	4.0	400	19	7.3	0.55	15	3	2	1	0
22	2.0	200	20	7.0	0.53	15	6	13	0	1
23	4.0	300	29	6.9	0.63	16	14	9	0	0
24	4.0	100	30	7.4	0.61	14	16	18	0	1

Tabelle 7.2: Daten im Anwendungsbeispiel (Fortsetzung).

An folgenden Forschungsfragestellungen sollen exemplarisch die wichtigsten Verfahren der Korrelations- und Regressionsanalyse veranschaulicht werden:

a. Gibt es lineare Zusammenhänge zwischen den metrischen Merkmalen Fließgeschwindigkeit und Sauerstoffkonzentration bzw. zwischen der Wassertemperatur und der Sauerstoffkonzentration (siehe Abschnitt 7.1)?

b. Gibt es Zusammenhänge zwischen den ordinalskalierten Merkmalen Besiedlungsdichte und Wassergüte (siehe Abschnitt 7.2)?

c. Gibt es Zusammenhänge zwischen den nominalskalierten Merkmalen Vorkommen der Flussnapfschnecke und Eutrophierungszustand (siehe Abschnitt 7.3)?

d. Wie kann die Art des Zusammenhangs zwischen der Fließgeschwindigkeit und der Sauerstoffkonzentration modelliert werden (siehe Abschnitt 7.4)?

e. Gibt es einen linearen Zusammenhang der Merkmale Nitratkonzentration und Phosphatkonzentration, wenn der Einfluss der Variablen Entfernung von der Quelle auf beide Merkmale eliminiert wird (siehe Abschnitt 7.5)?

f. Wie und mit welcher Güte kann die Sauerstoffkonzentration durch die Merkmale Fließgeschwindigkeit, Wassertemperatur und Entfernung von der Quelle vorhergesagt werden (siehe Abschnitt 7.6)?

7.1 Korrelationsanalyse metrischer Merkmale

Bei der Zusammenhangsanalyse von zwei Merkmalen steht zunächst die Frage im Vordergrund, ob die beiden Merkmale unabhängig voneinander sind. Bei vorliegenden Daten äußert sich Unabhängigkeit dadurch, dass beliebige Werte des einen Merkmals kombiniert mit beliebigen Ausprägungen des anderen Merkmals auftreten. Abhängigkeit zwischen zwei Merkmalen kann sich auf unterschiedliche Weise äußern. So würde es auf einen positiven Zusammenhang hinweisen, wenn hohe Werte des einen untersuchten Merkmals überwiegend mit hohen Ausprägungen des anderen Merkmals gemessen würden und eine analoge Beziehung bei den niedrigen Merkmalsausprägungen gelten würde. Bei einem negativen Zusammenhang würden hohe Werte des einen Merkmals zusammen mit niedrigen Ausprägungen des anderen Merkmals auftreten und umgekehrt.

Einen ersten Überblick über mögliche Zusammenhänge können grafische Darstellungen liefern (Abschnitt 7.1.1). Der Produkt-Moment-Korrelationskoeffizient (Abschnitt 7.1.2) ist das Maß für die Stärke eines linearen Zusammenhangs metrischer Merkmale und gleichzeitig die Grundlage für einen Signifikanztest, mit dem Zusammenhänge statistisch gesichert werden können.

7.1.1 Grafische Veranschaulichung bivariater Zusammenhänge

Bei der grafischen Veranschaulichung bivariater Verteilungen muss zwischen der Darstellung erhobener Werte zweier Merkmale und der Veranschaulichung zweidimensionaler Wahrscheinlichkeitsverteilungen unterschieden werden.

Streudiagramm zur Darstellung von Messwertpaaren

Das Streudiagramm ist ein geeignetes Hilfsmittel, um den Zusammenhang zwischen zwei untersuchten Merkmalen zu veranschaulichen. Dabei werden die Wertepaare (x_i, y_i), die bei n Untersuchungseinheiten an den Merkmalen X und Y gemessen wurden, in einem Koordinatensystem dargestellt. Im **Anwendungsbeispiel** soll der Zusammenhang von Fließgeschwindigkeit und Sauerstoffkonzentration sowie von Wassertemperatur und Sauerstoffkonzentration veranschaulicht werden.

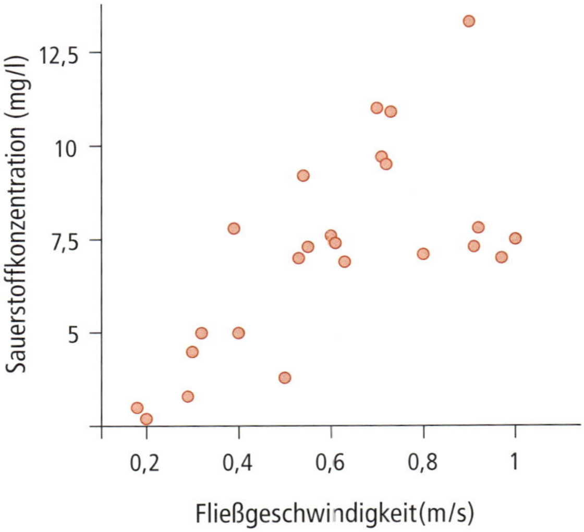

Abbildung 7.1: Streudiagramm der Merkmale Fließgeschwindigkeit und Sauerstoffkonzentration.

Aus ►Abbildung 7.1 wird ein positiver Zusammenhang deutlich. Hohe Fließgeschwindigkeiten treten überwiegend mit relativ hoher Sauerstoffkonzentration auf, während niedrige Sauerstoffkonzentration an Messstellen mit geringer Fließgeschwindigkeit zu verzeichnen ist.

Im Unterschied dazu ist ►Abbildung 7.2 höchstens ein sehr schwacher negativer Zusammenhang zwischen Wassertemperatur und Sauerstoffkonzentration zu entnehmen. Die Wertepaare streuen relativ stark, mittlere Sauerstoffkonzentrationen lassen sich zum Beispiel bei nahezu allen Bereichen der Wassertemperatur finden. Auffällig ist der Messwert der ersten Beobachtung (Sauerstoffkonzentration = 13.3 mg/l, Temperatur = 8 °C). Dieser Messwert ist offenbar wesentlich für den Eindruck eines negativen Zusammenhangs verantwortlich. Wenn der Messwert verdeckt würde, wäre Abbildung 7.2 kein Hinweis über einen Zusammenhang der beiden Merkmale zu entnehmen.

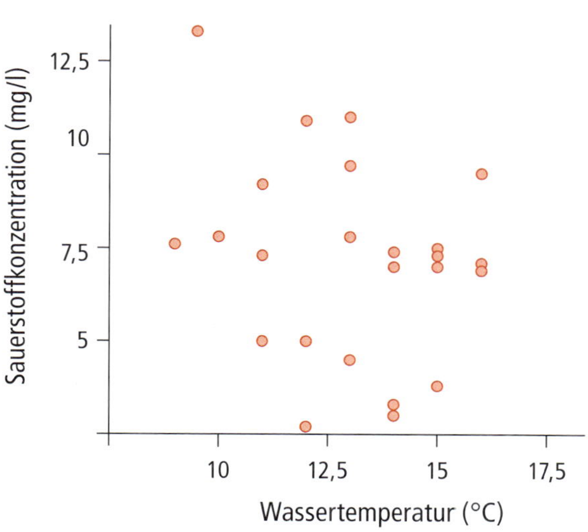

Abbildung 7.2: Streudiagramm der Merkmale Wassertemperatur und Sauerstoffkonzentration.

Bei sehr großen Stichprobenumfängen bietet sich als Alternative zum Streudiagramm ein dreidimensionales Histogramm zur Darstellung der Daten an (siehe Köhler et al., 2012).

Aus den **Beispielen** wird deutlich, dass grafische Darstellungen wichtige Informationen über die Zusammenhänge der betrachteten Merkmale liefern. Zur Quantifizierung dieser Zusammenhänge sind aber entsprechende Koeffizienten notwendig. Bevor in Abschnitt 7.1.2 der Produkt-Moment-Korrelationskoeffizient als der für metrische Daten relevante Korrelationskoeffizient eingeführt wird, soll im folgenden Abschnitt zunächst die bivariate Normalverteilung als theoretische Grundlage der Korrelationsanalyse metrischer Variablen dargestellt werden.

Zweidimensionale Normalverteilung

Das wichtigste Modell zur Beschreibung des Zusammenhangs von zwei Variablen basiert auf der zweidimensionalen (bivariaten) Normalverteilung.

Definition Zwei normalverteilte Zufallsvariablen X und Y mit den Parametern μ_X und σ_X^2 bzw. μ_Y und σ_Y^2 heißen zweidimensional (bivariat) normalverteilt, wenn sie über die Beziehungen

$$\begin{aligned} X &= \sigma_X \cdot Z_1 + \mu_X \\ Y &= \sigma_Y \cdot \rho_{XY} \cdot Z_1 + \sigma_Y \sqrt{1-\rho_{XY}^2} \cdot Z_2 + \mu_Y \end{aligned} \tag{7.1}$$

erzeugt werden können.

Die gemeinsame Verteilung der standardnormalverteilten Zufallsvariablen

$$Z_X = (X - \mu_X)/\sigma_X = Z_1$$
$$Z_Y = (Y - \mu_Y)/\sigma_Y = \rho_{XY} \cdot Z_1 + \sqrt{1-\rho_{XY}^2} \cdot Z_2 \quad (7.2)$$

heißt standardisierte zweidimensionale (bivariate) Normalverteilung. Dabei sind Z_1 und Z_2 unabhängige standardnormalverteilte Zufallsvariablen (siehe Kapitel 3). Mit ρ_{XY} wird der Korrelationskoeffizient von X und Y bzw. von Z_X und Z_Y bezeichnet.

Eine zweidimensionale Normalverteilung ist also durch die fünf Parameter μ_X, σ_X^2, μ_Y, σ_Y^2 und ρ_{XY} charakterisiert, während die standardisierte zweidimensionale Normalverteilung ausschließlich durch den Korrelationskoeffizienten ρ_{XY} gekennzeichnet ist. Die Bedeutung des Korrelationskoeffizienten für die zweidimensionalen Normalverteilungen soll in ►Abbildung 7.3 veranschaulicht werden.

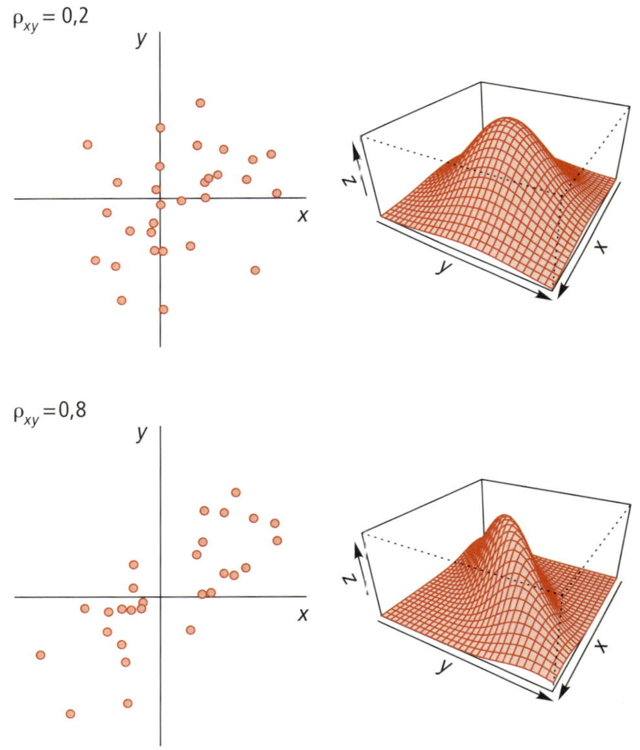

Abbildung 7.3: Dichte der zweidimensionalen Normalverteilung für $\rho_{XY} = 0.2$, $\rho_{XY} = 0.8$ bzw. $\rho_{XY} = -0.6$ (rechts) sowie Streudiagramme von Zufallsstichproben aus entsprechend verteilten Populationen (links).

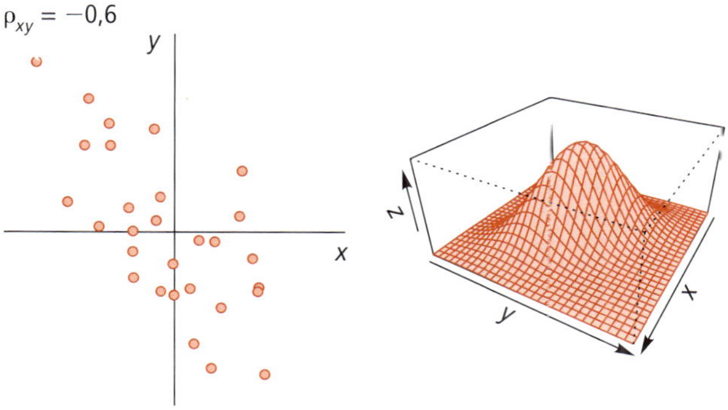

Abbildung 7.3: Dichte der zweidimensionalen Normalverteilung für $\rho_{XY} = 0.2$, $\rho_{XY} = 0.8$ bzw. $\rho_{XY} = -0.6$ (rechts) sowie Streudiagramme von Zufallsstichproben aus entsprechend verteilten Populationen (links) (Fortsetzung).

In Abbildung 7.3 sind jeweils Paare von Realisierungen (z_{xi}, z_{yi}) der Zufallsvariablen nach Formel (7.2) für unterschiedliche Korrelationskoeffizienten ρ_{XY} erzeugt. Im linken Teil der jeweiligen Abbildung ist das Streudiagramm der so erzeugten Werte dargestellt. Daneben ist jeweils die zweidimensionale Wahrscheinlichkeitsdichtefunktion abgebildet.

Im Fall $\rho_{XY} = 0$ sind die Variablen X und Y bzw. Z_X und Z_Y voneinander unabhängig.

7.1.2 Produkt-Moment-Korrelation

Da der Korrelationskoeffizient der Population meist unbekannt ist, muss er aus den Daten der konkreten Stichprobe geschätzt werden. Der Schätzwert wird als Produkt-Moment-Korrelationskoeffizient oder als Pearson'scher Korrelationskoeffizient bezeichnet.

Berechnung des Produkt-Moment-Korrelationskoeffizienten

Bei gegebenen Realisierungen (x_i, y_i), $i = 1,\dots,n$ der Zufallsvariablen X und Y werden die unbekannten Populationsparameter μ_X, σ_X^2, μ_Y, σ_Y^2 durch die arithmetischen Mittelwerte

$$\overline{x} = \frac{1}{n}\sum_{i=1}^{n} x_i \text{ und } \overline{y} = \frac{1}{n}\sum_{i=1}^{n} y_i$$

sowie durch die Stichprobenvarianzen

$$s_X^2 = \frac{1}{n-1}\sum_{i=1}^{n}\left(x_i - \overline{x}\right)^2 \text{ und } s_y^2 = \frac{1}{n-1}\sum_{i=1}^{n}\left(y_i - \overline{y}\right)^2$$

geschätzt. Die Standardabweichungen der Stichproben ergeben sich als

$$s_x = \sqrt{s_x^2} \text{ und } s_y = \sqrt{s_y^2}.$$

Diese Größen werden für jedes Merkmal separat berechnet. Damit ist klar, dass sie für die weitere Berechnung des Zusammenhangsmaßes nur eine normierende Rolle spielen können. Die zentrale Rolle bei der Berechnung des Produkt-Moment-Korrelationskoeffizienten spielt dagegen die Kovarianz der beiden Merkmale. Sie ist ein Maß für die gemeinsame Variation der beiden Merkmale um ihre jeweiligen Mittelwerte.

Formel

$$s_{xy} = \frac{1}{n-1} \sum_{i=1}^{n} (x_i - \overline{x}) \cdot (y_i - \overline{y}) \quad (7.3)$$

- s_{xy}: Kovarianz der Merkmale X und Y in der Stichprobe
- x_i, y_i: Messwerte $(i = 1, \ldots, n)$
- $\overline{x}, \overline{y}$: arithmetische Mittelwerte in der Stichprobe
- n: Anzahl der Messwertpaare

Aus der Struktur dieser Formel wird unmittelbar die Bedeutung der Beziehung der einzelnen Messwertepaare für die Berechnung der Kovarianz deutlich.

Messwertepaare (x_i, y_i), bei denen beide Messwerte größer sind als der jeweilige arithmetische Mittelwert, führen zu einem positiven Summanden in Formel (7.3). Das Gleiche gilt für Messwertpaare, in denen beide Messwerte kleiner als der jeweilige Mittelwert sind. Dagegen erzeugen Messwertpaare, in denen ein Messwert größer, der andere kleiner als der Mittelwert des jeweiligen Merkmals in der Stichprobe ist, negative Summanden in Formel (7.3).

Diese Beziehungen werden in ►Tabelle 7.3 am **Beispiel** der Berechnung der Kovarianz der Merkmale Sauerstoffkonzentration und Fließgeschwindigkeit veranschaulicht (ohne Angabe der Maßeinheiten). Der arithmetische Mittelwert der Sauerstoffkonzentration beträgt

$$\overline{s} = 7.15,$$

der arithmetische Mittelwert der Fließgeschwindigkeit beträgt

$$\overline{v} = 0.60.$$

i	s_i	v_i	$(s_i - \bar{s})$	$(v_i - \bar{v})$	$(s_i - \bar{s}) \cdot (v_i - \bar{v})$
1	13.3	0.90	6.15	0.30	1.85
2	7.3	0.91	0.15	0.31	0.05
3	7.6	0.60	0.45	0.00	0.00
4	2.7	0.20	-4.45	-0.40	1.78
5	5.0	0.40	-2.15	-0.20	0.43
6	3.3	0.29	-3.85	-0.31	1.19
7	4.5	0.30	-2.65	-0.30	0.80
8	9.2	0.54	2.05	-0.06	-0.12
9	9.7	0.71	2.55	0.11	0.28
10	7.8	0.39	0.65	-0.21	-0.14
11	3.8	0.50	-3.35	-0.10	0.34
12	3.0	0.18	-4.15	-0.42	1.74
13	9.5	0.72	2.35	0.12	0.28
14	5.0	0.32	-2.15	-0.28	0.60
15	10.9	0.73	3.75	0.13	0.49
16	7.0	0.97	-0.15	0.37	-0.06
17	11.0	0.70	3.85	0.10	0.39
18	7.8	0.92	0.65	0.32	0.21
19	7.1	0.80	-0.05	0.20	-0.01
20	7.5	1.00	0.35	0.40	0.14
21	7.3	0.55	0.15	-0.05	-0.01
22	7.0	0.53	-0.15	-0.07	0.01
23	6.9	0.63	-0.25	0.03	-0.01
24	7.4	0.61	0.25	0.01	0.00

Tabelle 7.3: Berechnung der Kovarianz der Merkmale Sauerstoffkonzentration und Fließgeschwindigkeit.

Es wird deutlich, dass diejenigen Wertepaare einen großen positiven Wert im Ausdruck $(s_i - \bar{s}) \cdot (v_i - \bar{v})$ liefern, in denen beide Merkmalsausprägungen in der gleichen Richtung stark vom jeweiligen Merkmalsmittelwert abweichen. Besonders deutlich wird dieser Sachverhalt am ersten und am vierten Wertepaar. Am ersten Messpunkt sind sowohl die Fließgeschwindigkeit als auch die Sauerstoffkonzentration überdurchschnittlich, am vierten Messpunkt sind beide Werte deutlich unterdurchschnittlich. In beiden Fällen ergibt sich ein relativ hoher Wert für $(s_i - \bar{s}) \cdot (v_i - \bar{v})$. Am zehnten Messpunkt wurden eine unterdurchschnittliche Fließgeschwindigkeit und eine überdurchschnittlich hohe Sauerstoffkonzentration beobachtet. Solche Wertepaare, bei denen die Ausprägungen der beiden Merkmale in unterschiedlicher Richtung vom jeweiligen Merkmalsmittelwert abweichen, liefern negative Beiträge zur

Kovarianz. Im Beispiel überwiegen die positiven Beiträge sehr deutlich, was auf einen positiven Zusammenhang hindeutet.

Als Schätzwert für die Kovarianz der Merkmale Fließgeschwindigkeit (V) und Sauerstoffkonzentration (S) ergibt sich für die Stichprobe

$$s_{VS} = \frac{1}{23} \cdot 10.23 = 0.445.$$

Die Stichprobenkovarianz nach Formel (7.3) ist von den Standardabweichungen der beteiligten Merkmale abhängig. Bei gleichem Grad der Abhängigkeit ist die berechnete Kovarianz von Merkmalen mit großer Variabilität größer als die Kovarianz bei kleinen Varianzen. Deshalb wird für die Berechnung der Produkt-Moment-Korrelation in der Stichprobe die berechnete Kovarianz an den Stichprobenstandardabweichungen normiert.

Formel

$$r_{xy} = \frac{s_{xy}}{s_x \cdot s_y} = \frac{\sum_{i=1}^{n} (x_i - \overline{x}) \cdot (y_i - \overline{y})}{(n-1) \cdot s_x \cdot s_y} \tag{7.4}$$

- r_{xy}: Produkt-Moment-Korrelation der Variablen X und Y in der Stichprobe
- s_{xy}: Kovarianz der Variablen X und Y in der Stichprobe
- x_i, y_i: Messwerte $(i = 1, \ldots, n)$
- $\overline{x}, \overline{y}$: arithmetische Mittelwerte in der Stichprobe
- s_x, s_y: Standardabweichungen in der Stichprobe
- n: Anzahl der Messwertpaare

Der Produkt-Moment-Korrelationskoeffizient r_{xy} ist eine Realisierung der Punktschätzung R_{XY} für den Korrelationskoeffizienten ρ_{XY} in der Population. Er kann Werte zwischen -1 und +1 annehmen. In der Stichprobe ermittelt man die Standardabweichungen

$$s_V = 0.245 \text{ und } s_S = 2.668.$$

Damit erhält man als Schätzwert für die Korrelation der Merkmale Fließgeschwindigkeit (V) und Sauerstoffkonzentration (S)

$$r_{VS} = \frac{0.445}{0.245 \cdot 2.668} = 0.68.$$

Für die Merkmale Wassertemperatur (T) und Sauerstoffkonzentration (S) ergibt sich

$$r_{TS} = -0.292.$$

Fishers Z-Transformation

Die nach Formel (7.4) berechneten Korrelationskoeffizienten haben kein Intervallskalenniveau. Ein Unterschied zwischen zwei Korrelationskoeffizienten von zum Beispiel 0.05 ist wesentlich anders zu bewerten, wenn es sich um die Koeffizienten $r_1 = 0.93$ und $r_2 = 0.98$ handelt gegenüber den Koeffizienten $r_1 = 0.01$ und $r_2 = 0.06$. Außerdem können Aussagen über die Verteilung der Zufallsvariablen R_{XY}, deren Realisierungen die Produkt-Moment-Korrelationskoeffizienten konkreter Stichproben r_{xy} sind, nur schwer getroffen werden. Beide Nachteile können durch Fishers Z-Transformation vermieden werden.

Formel

$$Z_{XY} = \frac{1}{2} \cdot \ln \frac{1+R_{XY}}{1-R_{XY}} \tag{7.5}$$

- Z_{XY}: Z-transformierte Punktschätzung für den Korrelationskoeffizienten ρ_{XY}
- R_{XY}: Punktschätzung für den Korrelationskoeffizienten ρ_{XY}

Die Verteilung der Zufallsvariablen Z_{XY} kann bereits bei geringen Stichprobenumfängen durch eine Normalverteilung mit den Parametern

$$\mu_{Z_{XY}} \approx \frac{1}{2} \cdot \ln\left(\frac{1+\rho_{XY}}{1-\rho_{XY}}\right) + \frac{\rho_{XY}}{2 \cdot (n-1)} \text{ und } \sigma^2_{Z_{XY}} \approx \frac{1}{n-3}$$

angenähert werden. Die Approximation ist umso genauer, je weiter ρ_{XY} von -1 bzw. von +1 entfernt ist. Für die im **Beispiel** berechneten Korrelationskoeffizienten ergeben sich die Z-transformierten Koeffizienten als

$$z_{vs} = \frac{1}{2} \cdot \ln \frac{1+r_{vs}}{1-r_{vs}} = \frac{1}{2} \cdot \ln \frac{1+0.68}{1-0.68} = 0.829$$

bzw.

$$z_{ts} = \frac{1}{2} \cdot \ln \frac{1+r_{ts}}{1-r_{ts}} = \frac{1}{2} \cdot \ln \frac{1-0.292}{1+0.292} = -0.301.$$

Je weiter der berechnete Korrelationskoeffizient r von 0 entfernt ist, desto größer ist die Differenz zu dem Z-transformierten Wert z. Die Kenntnis der Verteilung der durch die Z-Transformation (7.5) erzeugten Zufallsvariablen ist die Grundlage für das im folgenden Abschnitt angegebene Konfidenzintervall für den Produkt-Moment-Korrelationskoeffizienten.

Konfidenzintervall für den Produkt-Moment-Korrelationskoeffizienten

Auf der Grundlage der Kenntnis der Verteilung von Z_{XY} kann ein Konfidenzintervall für den Korrelationskoeffizienten ρ_{XY} angegeben werden. Wenn mit ζ_{XY} die Z-Transformierte von ρ_{XY} bezeichnet wird, ergibt sich aus

$$P\left(\frac{1}{2}\cdot\ln\frac{1+R_{XY}}{1-R_{XY}}-\frac{R_{XY}}{2\cdot(n-1)}-\frac{z_{1-\alpha/2}}{\sqrt{n-3}}\le\zeta_{XY}\le\frac{1}{2}\cdot\ln\frac{1+R_{XY}}{1-R_{XY}}-\frac{R_{XY}}{2\cdot(n-1)}+\frac{z_{1-\alpha/2}}{\sqrt{n-3}}\right)=1-\alpha$$

das Konfidenzintervall für ρ_{XY}.

Formel

$$P\left(\frac{e^{2\cdot Z_u}-1}{e^{2\cdot Z_u}+1}\le\rho_{XY}\le\frac{e^{2\cdot Z_o}-1}{e^{2\cdot Z_o}+1}\right)=1-\alpha$$

$$G_u=\frac{e^{2\cdot Z_u}-1}{e^{2\cdot Z_u}+1},\quad Z_u=\frac{1}{2}\cdot\ln\frac{1+R_{XY}}{1-R_{XY}}-\frac{R_{XY}}{2\cdot(n-1)}-\frac{z_{1-\alpha/2}}{\sqrt{n-3}} \tag{7.6}$$

$$G_o=\frac{e^{2\cdot Z_o}-1}{e^{2\cdot Z_o}+1},\quad Z_o=\frac{1}{2}\cdot\ln\frac{1+R_{XY}}{1-R_{XY}}-\frac{R_{XY}}{2\cdot(n-1)}+\frac{z_{1-\alpha/2}}{\sqrt{n-3}}$$

- ρ_{XY}: Korrelationskoeffizienz in der Population
- $[G_u,G_o]$: $(1-\alpha)$-Konfidenzintervall für den Populationskorrelationskoeffizienten
- G_u: Untere Grenze des $(1-\alpha)$-Konfidenzintervalls
- G_o: Obere Grenze des $(1-\alpha)$-Konfidenzintervalls
- R_{XY}: Punktschätzung für den Korrelationskoeffizienten
- $1-\alpha$: Konfidenzniveau
- $z_{1-\alpha/2}$: Quantil der Standardnormalverteilung
- n: Stichprobenumfang

Die Hinweise zur Interpretation von Konfidenzintervallen, die ausführlich in Kapitel 4 angegeben sind, sollen hier nur knapp wiederholt werden. Wenn sehr viele Stichproben aus derselben Population mit dem Korrelationskoeffizienten ρ_{XY} gezogen werden, überdecken im Mittel $(1-\alpha)\cdot 100\%$ der daraus berechneten Konfidenzintervalle den wahren Parameter ρ_{XY}. Nur im Mittel $\alpha\cdot 100\%$ aller Stichproben liefern Grenzen, die den wahren Parameter nicht einschließen. Für gegebene Messwertpaare (x_i, y_i), $i=1,\dots,n$ können die Grenzen g_u und g_o des Konfidenzintervalls als Realisierungen der Zufallsvariablen G_u und G_o berechnet werden. Zu beachten ist, dass für $\rho_{XY}\neq 0$ Verzerrungen auftreten können, wenn die Voraussetzung der Normalverteilung nicht gegeben ist. Diehl (2001) empfiehlt deshalb, für die Berechnung von Konfidenzintervallen nur Stichproben zu verwenden, deren Größe die Überprüfung dieser Voraussetzung gestattet (siehe Abschnitt 6.1.5).

Ablauf der Berechnung

Fragestellung:

Berechnung des $(1-\alpha)$-Konfidenzintervalls für den Populationskorrelationskoeffizienten

Voraussetzungen:

- X und Y sind metrische Variablen
- X und Y sind zweidimensional normalverteilt mit den unbekannten Parametern $\mu_X, \sigma_X^2, \mu_Y, \sigma_Y^2$ und ρ_{XY}

Ablauf:

1. Festlegung des Konfidenzniveaus $(1-\alpha)$
2. gegebene Daten:
   - Messwertpaare (x_i, y_i), $i = 1,\ldots,n$
   - n: Stichprobenumfang
3. Berechnung von $\bar{x}, \bar{y}, s_x, s_y, r_{xy}$:
   - $\bar{x} = \frac{1}{n}\sum_{i=1}^{n} x_i$, $\bar{y} = \frac{1}{n}\sum_{i=1}^{n} y_i$: arithmetische Mittelwerte der Stichprobe
   - $s_x = \sqrt{\frac{1}{n-1}\sum_{i=1}^{n}(x_i-\bar{x})^2}$, $s_y = \sqrt{\frac{1}{n-1}\sum_{i=1}^{n}(y_i-\bar{y})^2}$: Standardabweichungen
   - $r_{xy} = \frac{s_{xy}}{s_x \cdot s_y} = \frac{\sum_{i=1}^{n}(x_i-\bar{x})\cdot(y_i-\bar{y})}{(n-1)\cdot s_x \cdot s_y}$: Produkt-Moment-Korrelationskoeffizient
4. Ablesen von $z_{1-\alpha/2}$ aus Anhang B, Tabelle 1.
   - $z_{1-\alpha/2}$: $1-\alpha/2$– Quantil der Standardnormalverteilung

5. Berechnung des $(1-\alpha)$-Konfidenzintervalls $[g_u, g_o]$:
   - untere Grenze:

$$g_u = \frac{e^{2 \cdot z_u} - 1}{e^{2 \cdot z_u} + 1}, \; z_u = \frac{1}{2} \cdot \ln \frac{1 + r_{xy}}{1 - r_{xy}} - \frac{r_{xy}}{2 \cdot (n-1)} - \frac{z_{1-\alpha/2}}{\sqrt{n-3}} \tag{7.7}$$

   - obere Grenze:

$$g_o = \frac{e^{2 \cdot z_o} - 1}{e^{2 \cdot z_o} + 1}, \; z_o = \frac{1}{2} \cdot \ln \frac{1 + r_{xy}}{1 - r_{xy}} - \frac{r_{xy}}{2 \cdot (n-1)} + \frac{z_{1-\alpha/2}}{\sqrt{n-3}} \tag{7.8}$$

Im **Anwendungsbeispiel** ergeben sich mit

$$n = 24 \text{ und } z_{1-\alpha/2} = z_{0.975} = 1.96$$

folgende Konfidenzintervalle:

Variablen	Punktschätzung r	95%-Konfidenzintervall $[g_u, g_o]$
Fließgeschwindigkeit (V) und Sauerstoffkonzentration (S)	$r_{vs} = 0.68$	$[0.37, 0.85]$
Wassertemperatur (T) und Sauerstoffkonzentration (S)	$r_{ts} = -0.292$	$[-0.62, 0.13]$

Tabelle 7.4: Konfidenzintervalle im Anwendungsbeispiel.

Test des Produkt-Moment-Korrelationskoeffizienten

In Korrelationsanalysen können unterschiedliche inhaltliche Hypothesen untersucht werden. Die am häufigsten anzutreffende inhaltliche Fragestellung betrifft den Nachweis eines Zusammenhangs zwischen zwei Merkmalen. Im zweiseitigen Fall entspricht diese inhaltliche Hypothese dem statistischen Hypothesenpaar

$$H_1 : \rho_{XY} \neq 0 \text{ bzw. } H_0 : \rho_{XY} = 0.$$

Oft werden einseitige Fragestellungen der Form

$$H_1 : \rho_{XY} > 0 \text{ oder } H_1 : \rho_{XY} < 0$$

geprüft, da inhaltlich fundierte Aussagen über die erwartete Richtung des Zusammenhangs getroffen werden können.

So soll im **Anwendungsbeispiel** aus inhaltlichen Gründen unterstellt werden, dass, wenn es einen Zusammenhang zwischen Fließgeschwindigkeit und Sauerstoffkonzentration gibt, dieser Zusammenhang positiv ist. Ein negativer Zusammenhang zwischen diesen Parametern soll nicht von Interesse sein. Der Zusammenhang der Variablen Wassertemperatur und Sauerstoffkonzentration soll zweiseitig geprüft werden.

Bei erfüllten Voraussetzungen (zweidimensionale Normalverteilung von X und Y) ist die Zufallsvariable

$$T_{XY} = \frac{R_{XY} \cdot \sqrt{n-2}}{\sqrt{1-R_{XY}^2}} \tag{7.9}$$

bei Gültigkeit der Nullhypothese

$$H_0 : \rho_{XY} = 0$$

t-verteilt mit $n-2$ Freiheitsgraden. Dabei bezeichnet R_{XY} die Punktschätzung für den Korrelationskoeffizienten der Population und n den Stichprobenumfang. Der Test ist relativ robust gegenüber Verletzungen der Voraussetzung der zweidimensionalen Normalverteilung (siehe Diehl, 2001). Bei der Durchführung des Tests ist zwischen zweiseitigen (a) und einseitigen (b, c) Fragestellungen zu unterscheiden.

Testablauf

Bezeichnung des Tests:

Test des Produkt-Moment-Korrelationskoeffizienten

Statistische Hypothesen:

a. $H_1 : \rho_{XY} \neq 0 \quad H_0 : \rho_{XY} = 0$

b. $H_1 : \rho_{XY} > 0 \quad H_0 : \rho_{XY} \leq 0$

c. $H_1 : \rho_{XY} < 0 \quad H_0 : \rho_{XY} \geq 0$

- ρ_{XY}: unbekannter Korrelationskoeffizient der Variablen X und Y in der Population

Wahl des Signifikanzniveaus:

- $\alpha = 0.05$ oder $\alpha = 0.01$ oder andere Wahl von α

Gegebene Daten:

- Messwertpaare (x_i, y_i), $i = 1,\ldots,n$
- n: Stichprobenumfang

Voraussetzungen:

- Die Messwertpaare (x_i, y_i), $i = 1,\ldots,n$ sind metrische Realisierungen der Zufallsvariablen X und Y.
- Die Variablen X und Y sind in der Population zweidimensional normalverteilt mit den unbekannten Parametern μ_X, σ_X^2, μ_Y, σ_Y^2 und ρ_{XY}.

Berechnung des Werts der Teststatistik:

- $\overline{x} = \frac{1}{n}\sum_{i=1}^{n} x_i$, $\overline{y} = \frac{1}{n}\sum_{i=1}^{n} y_i$: Arithmetische Mittelwerte der Stichprobe
- $s_x = \sqrt{\frac{1}{n-1}\sum_{i=1}^{n}(x_i - \overline{x})^2}$, $s_y = \sqrt{\frac{1}{n-1}\sum_{i=1}^{n}(y_i - \overline{y})^2}$: Standardabweichungen
- $r_{xy} = \frac{s_{xy}}{s_x \cdot s_y} = \frac{\sum_{i=1}^{n}(x_i - \overline{x}) \cdot (y_i - \overline{y})}{(n-1) \cdot s_x \cdot s_y}$: Produkt-Moment-Korrelationskoeffizient
- $t_{xy} = \frac{r_{xy} \cdot \sqrt{n-2}}{\sqrt{1 - r_{xy}^2}}$: Wert der Teststatistik

Testentscheidung unter Verwendung des p-Werts:

a. Berechnung von $p = P\left(|T| \geq |t_{xy}|\right)$

b. Berechnung von $p = P\left(T \geq t_{xy}\right)$

c. Berechnung von $p = P\left(T \leq t_{xy}\right)$

- $p < \alpha \rightarrow$ *Ablehnung von* H_0

Testentscheidung unter Verwendung des Quantils der t-Verteilung:

a. $|t_{xy}| > t_{n-2,\,1-\alpha/2} \rightarrow$ *Ablehnung von* H_0

b. $t_{xy} > t_{n-2,\,1-\alpha} \rightarrow$ *Ablehnung von* H_0

c. $t_{xy} < t_{n-2,\alpha} \rightarrow$ *Ablehnung von* H_0

- $t_{n-2,\,1-\alpha/2}, t_{n-2,\,1-\alpha}, t_{n-2,\,\alpha}$: Quantile der t-Verteilung mit $n-2$ Freiheitsgraden (siehe Anhang B, Tabelle 3).

Im **Beispiel** soll zunächst die einseitige Alternativhypothese

$$H_1 : \rho_{VS} > 0$$

(Version b des Testablaufs) untersucht werden ($\alpha = 0.05$). Mit

$$r_{VS} = 0.68$$

erhält man

$$t_{VS} = \frac{0.68 \cdot \sqrt{24-2}}{\sqrt{1 - 0.68^2}} = 4.35.$$

Zur Testentscheidung kann der mit Hilfe eines Computerprogramms berechnete p-Wert

$$p = P(T \geq 4.34) = 1.3 \cdot 10^{-4}$$

oder der Wert des Quantils der t-Verteilung

$$t_{22,0.95} = 1.717$$

(siehe Anhang B, Tabelle 3) herangezogen werden. Wegen

$$p = 1.3 \cdot 10^{-4} < 0.05 \text{ bzw. } t = 4.34 > 1.717$$

ist die Nullhypothese abzulehnen, ein signifikanter positiver Zusammenhang der Merkmale Fließgeschwindigkeit und Sauerstoffkonzentration kann nachgewiesen werden.

Im zweiten **Anwendungsbeispiel** soll die zweiseitige Alternativhypothese

$$H_1 : \rho_{TS} \neq 0$$

(Version a des Testablaufs) geprüft werden ($\alpha = 0.05$). Mit

$$r_{ts} = -0.292$$

erhält man

$$t_{ts} = \frac{-0.292 \cdot \sqrt{24-2}}{\sqrt{1-(-0.292)^2}} = -1.43.$$

Zur Testentscheidung kann der mit Hilfe eines Computerprogramms berechnete p-Wert

$$p = P(|T| \geq 1.43) = 0.167$$

oder der Wert des Quantils der t-Verteilung

$$t_{22,0.975} = 2.074$$

(siehe Anhang B, Tabelle 3) herangezogen werden. Wegen

$$p = 0.167 > 0.05 \text{ bzw. } |t| = |-1.43| < 2.074$$

kann die Nullhypothese nicht abgelehnt werden, ein signifikanter Zusammenhang der Merkmale Wassertemperatur und Sauerstoffkonzentration kann nicht nachgewiesen werden.

Der in diesem Abschnitt ausführlich dargestellte Test zum Nachweis der linearen Abhängigkeit von zwei Variablen wird im Rahmen der Korrelationsanalyse am häufigsten verwendet. Daneben existieren jedoch weitere spezielle Tests, deren Teststatistiken die nach Formel (7.5) Z-transformierten Korrelationskoeffizienten benutzen (siehe Diehl & Arbinger, 2001). Folgende Alternativhypothesen können zum Beispiel untersucht werden:

$$H_1 : \rho_{XY} > \rho_0$$

zum Nachweis, dass der Korrelationskoeffizient der Variablen X und Y größer als ein vorgegebener Wert ist,

$$H_1 : \rho_{XY} \neq \rho_{ZV}$$

zum Nachweis, dass sich die Korrelationskoeffizienten unterschiedlicher Variablen unterscheiden,

$$H_1 : \rho_{XY}^1 \neq \rho_{XY}^2$$

zum Nachweis, dass sich die Korrelationskoeffizienten der Variablen X und Y in unterschiedlichen Populationen unterscheiden.

7.1.3 Interpretation von Korrelationen

Aus hohen und signifikanten Korrelationskoeffizienten kann man nicht in jedem Fall auf interpretierbare Zusammenhänge der untersuchten Variablen in den jeweiligen Populationen schließen. Es kann mehrere Ursachen für sogenannte Scheinkorrelationen geben. In ►Abbildung 7.4 sind zwei Beispiele dargestellt.

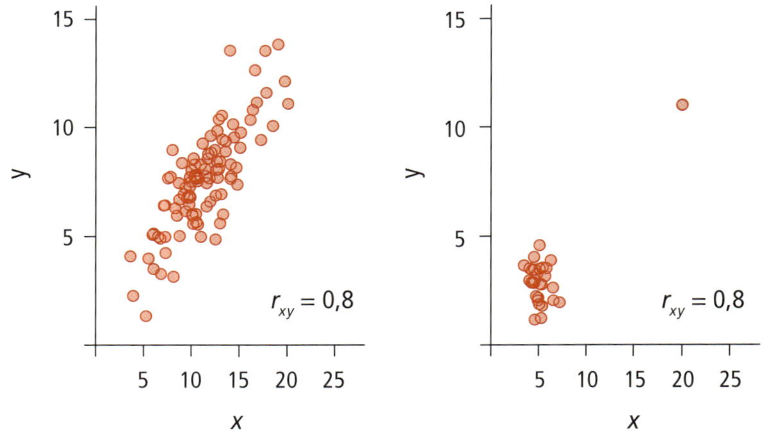

Abbildung 7.4: Streudiagramme von Messwerten mit $r_{xy} = 0.8$.

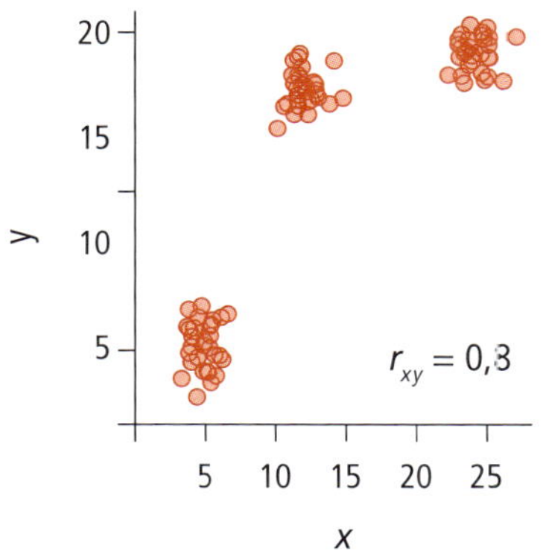

Abbildung 7.4: Streudiagramme von Messwerten mit $r_{xy} = 0.8$ (Fortsetzung).

Die zu jedem dargestellten Streudiagramm gehörenden Werte der beteiligten Merkmale X und Y führen zu Korrelationskoeffizienten $r_{xy} = 0.8$. Die Daten im ersten Streudiagramm lassen keinen Zweifel daran, dass ein deutlicher Zusammenhang der Variablen in der Population besteht. Aus dem zweiten Diagramm ist ersichtlich, dass der berechnete Korrelationskoeffizient von 0.8 ganz wesentlich durch ein einzelnes extremes Messwertpaar hervorgerufen wird. Im unteren Streudiagramm kann es sich um eine Inhomogenitätskorrelation handeln. Eine derartige Scheinkorrelation kann zum Beispiel entstehen, wenn sich männliche (niedrige Werte), weibliche (mittlere Werte) bzw. sehr junge Tiere (hohe Werte) in den Werten der untersuchten Variablen sehr deutlich unterscheiden. Scheinkorrelationen können außerdem durch den Einfluss von Störvariablen entstehen (siehe Abschnitt 7.5).

Umgekehrt ist es nicht in jedem Fall richtig, aus Korrelationskoeffizienten $r_{xy} = 0$ zu schließen, dass es in der Population keinen Zusammenhang der beteiligten Merkmale X und Y gibt.

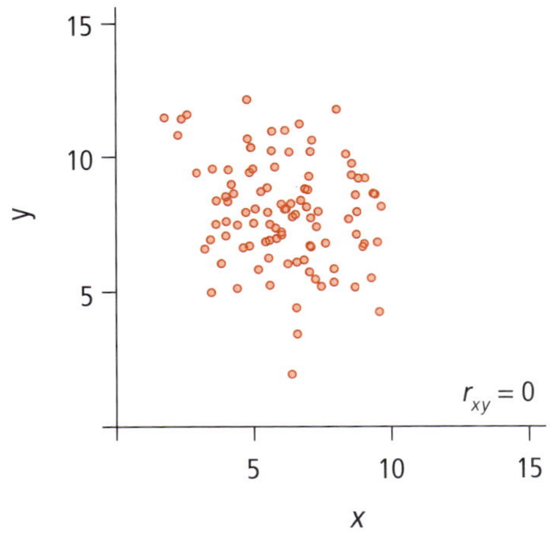

Abbildung 7.5: Streudiagramme von Messwerten mit $r_{xy} = 0$.

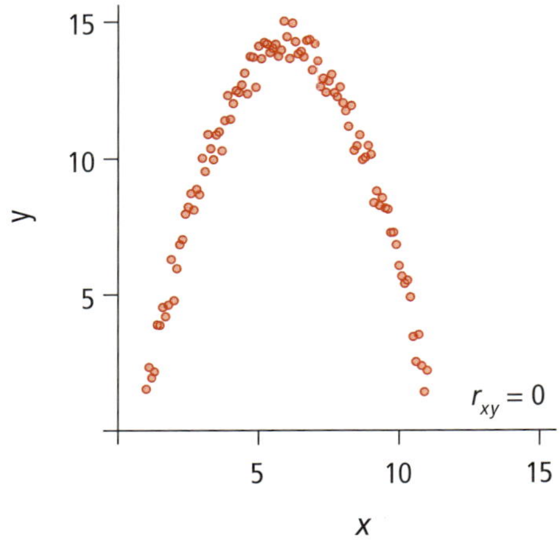

Abbildung 7.5: Streudiagramme von Messwerten mit $r_{xy} = 0$ (Fortsetzung).

In ►Abbildung 7.5 sind Streudiagramme der Werte von Variablen dargestellt, für die in der Stichprobe keine signifikanten Korrelationskoeffizienten berechnet werden konnten. Aus dem oberen Streudiagrammen wird deutlich, dass es zwischen den Variablen X und Y keinen Zusammenhang gibt. Dagegen weisen die Merkmale aus dem unteren Diagramm einen umgekehrt U-förmigen Zusammenhang auf. Da der Produkt-Moment-Korrelationskoeffizient lediglich ein Maß für den *linearen* Zusammenhang der beteiligten Variablen darstellt, wird dieser nichtlineare Zusammenhang im Wert dieses Koeffizienten nicht abgebildet.

Die dargestellten Beispiele machen deutlich, dass man bei der Interpretation der Ergebnisse von Korrelationsanalysen die Streudiagramme der untersuchten Variablen hinzuziehen sollte.

7.2 Korrelationsanalyse ordinalskalierter Merkmale

Der in Abschnitt 7.1.2 eingeführte Produkt-Moment-Korrelationskoeffizient kann bei metrischen Daten und bei erfüllten Verteilungsvoraussetzungen zur Beschreibung des linearen Zusammenhangs von zwei Merkmalen verwendet werden. Umgekehrt verbietet sich die Anwendung dieses Koeffizienten, wenn die Merkmale lediglich ordinales Datenniveau aufweisen, die Verteilungsannahmen nicht als gegeben angesehen werden können oder zwar monotone, aber nichtlineare Zusammenhänge zwischen den Variablen vorliegen. Für diese Situationen wurden verschiedene Korrelationskoeffizienten entwickelt, von denen der Rangkorrelationskoeffizient nach Spearman vorgestellt werden soll. Er basiert auf der Produkt-Moment-Korrelation der Rangreihen der Variablen. Mit dem Rangkorrelationskoeffizienten nach Kendall steht ein weiterer Rangkorrelationskoeffizient zur Verfügung, der zum Beispiel von Hartung et al. (2009) oder von Clauß et al. (2017) beschrieben wird. Dieser Koeffizient nach Kendall hat das Prinzip der Produkt-Moment-Korrelation nicht zur Grundlage.

Rangkorrelationskoeffizient nach Spearman

Der Rangkorrelationskoeffizient nach Spearman basiert auf einem einfachen und nachvollziehbaren Prinzip. Da bei den Daten lediglich ordinales Datenniveau vorausgesetzt werden kann, werden im ersten Schritt die Daten der beiden beteiligten Variablen separat in Rangplätze überführt. Die Bildung von Rangplätzen wurde in Abschnitt 6.2 ausführlich beschrieben. In ►Tabelle 7.5 sind die Rangplätze r_{b_i} und r_{g_i} für die Merkmale Besiedlungsdichte und Wassergüte im **Anwendungsbeispiel** dargestellt. Bei mehrfach auftretenden Werten wird der Mittelwert der entsprechenden Rangplätze zugewiesen.

i	b_i	r_{b_i}	g_i	r_{g_i}	$(r_{b_i} - \bar{r}_b)$	$(r_{g_i} - \bar{r}_g)$	$(r_{b_i} - \bar{r}_b) \cdot (r_{g_i} - \bar{r}_g)$
1	7	9	2	2.5	-3.5	-10.0	35.00
2	4	5.5	3	4.5	-7.0	-8.0	56.00
3	9	11.5	1	1	-1,0	-11.5	11.50
4	12	15	4	6	2.5	-6.5	-16.25
5	15	19	15	19	6.5	6.5	42.25
6	18	22	6	8	9.5	-4.5	-42.75
7	11	14	7	9	1.5	-3.5	-5.25
8	19	23	5	7	10.5	-5.5	-57.75
9	20	24	20	24	11.5	11.5	132.25
10	13	16.5	9	10.5	4.0	-2.0	-8.00
11	17	21	13	16	8.5	3.5	29.75
12	13	16.5	13	16	4.0	3.5	14.00
13	3	3.5	12	14	-9.0	1.5	-13.50
14	4	5.5	11	13	-7.0	0.5	-3.50
15	8	10	10	12	-2.5	-0.5	1.25
16	10	13	18	21.5	0.5	9.0	4.50
17	1	1	3	4.5	-11.5	-8.0	92.00
18	2	2	14	18	-10.5	5.5	-57.75
19	9	11.5	17	20	-1.0	7.5	-7.50
20	5	7	19	23	-5.5	10.5	-57.75
21	3	3.5	2	2.5	-9.0	-10.0	90.00
22	6	8	13	16	-4.5	3.5	-15.75
23	14	18	9	10.5	5.5	-2.0	-11.00
24	16	20	18	21.5	7.5	9.0	67.50

Tabelle 7.5: Originaldaten und Rangplätze der Merkmale Besiedlungsdichte und Wassergüte.

Da von den Daten lediglich die Ranginformationen benutzt werden können, wird im weiteren Vorgehen der in Abschnitt 7.1.2 eingeführte Produkt-Moment-Korrelationskoeffizient über die Rangplätze berechnet. Der Rangkorrelationskoeffizient nach Spearman ergibt sich also nach Formel (7.4), wenn anstelle der Messwerte x_i, y_i die entsprechenden Rangplätze r_{x_i}, r_{y_i} verwendet werden. Analog werden anstelle der arithmetischen Mittelwerte $\overline{x}, \overline{y}$ die Mittelwerte der Rangplätze $\overline{r}_x, \overline{r}_y$, anstelle der Standardabweichungen s_x, s_y die Standardabweichungen der Rangplätze s_{r_x}, s_{r_y} und anstelle von s_{xy} die Kovarianz der Rangplätze $s_{r_x r_y}$ verwendet.

Formel

$$r_{xy}^s = \frac{s_{r_x r_y}}{s_{r_x} \cdot s_{r_y}} = \frac{\sum_{i=1}^{n} (r_{x_i} - \overline{r}_x) \cdot (r_{y_i} - \overline{r}_y)}{(n-1) \cdot s_{r_x} \cdot s_{r_y}} \tag{7.10}$$

- r_{xy}^s: Rangkorrelationskoeffizient nach Spearman der Variablen X und Y
- $s_{r_x r_y}$: Kovarianz der Rangplätze der Variablen X und Y
- r_{x_i}, r_{y_i}: Rangplätze der Messwerte $(i = 1, \ldots, n)$
- $\overline{r}_x, \overline{r}_y$: Arithmetische Mittelwerte der Rangplätze der Variablen X und Y
- s_{r_x}, s_{r_y}: Standardabweichungen der Rangplätze
- n: Anzahl der Messwertpaare

Im **Anwendungsbeispiel** erhält man für die Rangplätze der Variablen Besiedlungsdichte und Wassergüte die Werte

$$\overline{r}_b = 12.5,\ s_{r_b} = 7.065,\ s_{r_g} = 7.059 \text{ und } s_{r_b r_g} = 12.141.$$

Damit ergibt sich der Rangkorrelationskoeffizient nach Spearman als

$$r_{bg}^s = \frac{12.141}{7.065 \cdot 7.059} = 0.243.$$

Für den Fall, dass der Rangkorrelationskoeffizient nach Spearman „per Hand" berechnet werden soll, empfiehlt sich die Anwendung einer Formel, deren Herleitung von Diehl & Kohr (2004) ausführlich beschrieben wird. Sie basiert auf den paarweisen Differenzen d_i der Rangplätze der beiden Variablen. Im Beispiel erhält man

$$d_1 = 9 - 2.5 = 6.5,\ d_2 = 5.5 - 4.5 = 1, \ldots,\ d_{24} = 20 - 21.5 = -1.5.$$

Mit diesen Differenzen ergibt sich

$$r_{xy}^s = 1 - \frac{6 \cdot \sum_{i=1}^{n} d_i^2}{n \cdot (n^2 - 1)}. \tag{7.11}$$

Der auf diese Weise berechnete Koeffizient entspricht dem Rangkorrelationskoeffizienten nach Spearman, wenn in beiden Variablen keine Rangplatzbindungen auftreten, also keine Messwerte doppelt vorkommen. Wenn Messwerte mehrfach vorkommen, sollte der Rangkorrelationskoeffizient nach Formel (7.10) berechnet werden, oder es müssen Korrekturterme zu Formel (7.11) berücksichtigt werden.

Test des Rangkorrelationskoeffizienten nach Spearman

Auch bei Korrelationsanalysen ordinalskalierter Merkmale betrifft die am häufigsten anzutreffende inhaltliche Fragestellung den Nachweis eines Zusammenhangs zwischen zwei Merkmalen. Im zweiseitigen Fall entspricht diese inhaltliche Hypothese dem statistischen Hypothesenpaar

H_1 : X und Y haben einen monotonen Zusammenhang bzw.
H_0 : X und Y haben keinen monotonen Zusammenhang

Oft werden einseitige Fragestellungen der Form

H_1 : X und Y haben einen positiven monotonen Zusammenhang oder
H_1 : X und Y haben einen negativen monotonen Zusammenhang

geprüft, da auch bei ordinalskalierten Merkmalen häufig inhaltlich fundierte Aussagen über die erwartete Richtung des Zusammenhangs gemacht werden können. Als statistisches Testverfahren kann das in Abschnitt 7.1.2 ausführlich dargestellte Testverfahren für den Produkt-Moment-Korrelationsverfahren analog angewendet werden, wobei anstelle des Produkt-Moment-Korrelationskoeffizienten r_{xy} der berechnete Rangkorrelationskoeffizient r_{xy}^s verwendet wird. Die Teststatistik

$$T_{XY}^s = \frac{R_{XY}^s \cdot \sqrt{n-2}}{\sqrt{1 - {R_{XY}^s}^2}} \tag{7.12}$$

ist bei Gültigkeit der Nullhypothese näherungsweise t-verteilt mit $n-2$ Freiheitsgraden. Dabei bezeichnet R_{XY}^s die Punktschätzung für den Rangkorrelationskoeffizienten nach Spearman und n den Stichprobenumfang.

Der Test sollte nicht bei sehr kleinen Stichprobenumfängen angewendet werden, da in diesem Fall die t-Verteilung der Statistik T_{XY}^s (siehe Formel (7.12)) nicht gewährleistet wäre. Als Mindeststichprobenumfang wird 16 genannt (siehe Timischl, 2000), empfohlen werden Stichprobenumfänge größer als 30. Für kleine Stichprobenumfänge wird von Hartung et al. (2009) die Hotelling-Pabst-Statistik mit entsprechenden kritischen Werten beschrieben.

Auch bei der Durchführung dieses Tests kann zwischen zweiseitigen und einseitigen Fragestellungen unterschieden werden. Der Testablauf entspricht dem Testablauf des Tests des Produkt-Moment-Korrelationskoeffizienten aus Abschnitt 7.1.2, wobei anstelle des Produkt-Moment-Korrelationskoeffizienten r_{XY} und des Werts der Teststatistik t_{XY} der Rangkorrelationskoeffizient r_{xy}^s nach Formel (7.10) und der Wert der Teststatistik t_{xy}^s nach Formel (7.12) berechnet werden.

Im **Beispiel** soll die zweiseitige Alternativhypothese

$$H_1 : \rho_{BG}^s \neq 0$$

H_1: B und G haben einen monotonen Zusammenhang

untersucht werden ($\alpha = 0.05$). Mit

$$r_{bg}^s = 0.243$$

erhält man

$$t_{bg}^s = \frac{0.243 \cdot \sqrt{24-2}}{\sqrt{1-0.243^2}} = 1.175.$$

Zur Testentscheidung kann der mit Hilfe eines Computerprogramms berechnete p-Wert

$$p = P(|T| \geq 1.175) = 0.252$$

oder der Wert des Quantils der t-Verteilung

$$t_{22,0.975} = 2.074$$

(Anhang B, Tabelle 3) herangezogen werden. Wegen

$$p = 0.252 > 0.05 \text{ bzw. } t = 1.175 < 2.262$$

kann die Nullhypothese nicht abgelehnt werden, ein signifikanter Zusammenhang der Merkmale Besiedlungsdichte und Wassergüte kann nicht nachgewiesen werden.

7.3 Korrelationsanalyse nominalskalierter Merkmale

Zusammenhangsmaße bei nominalskalierten Merkmalen können nur die Häufigkeiten des Auftretens der Merkmalskombinationen zur Grundlage haben. Im allgemeinen Fall ist der Zusammenhang von zwei nominalskalierten Variablen X (mit m_x möglichen Ausprägungen $x_1, x_2, \ldots, x_{m_x}$) und Y (mit m_y möglichen Ausprägungen $y_1, y_2, \ldots, y_{m_y}$) zu untersuchen. Mit n_{ij} wird die Häufigkeit bezeichnet, mit der die Variable X den Wert x_i und die Variable Y den Wert y_j annimmt. Diese Häufigkeiten können in einer Kontingenztafel zusammengefasst werden (►Tabelle 7.6).

Werte von X	**Werte von Y**						**Zeilensummen**
	y_1	y_2	…	y_j	…	y_{m_y}	
x_1	n_{11}	n_{12}	…	n_{1j}	…	n_{1m_y}	n_{1Z}
x_2	n_{21}	n_{22}	…	n_{2j}	…	n_{2m_y}	n_{2Z}
…	…	…	…	…	…	…	…
x_i	n_{i1}	n_{i2}	…	n_{ij}	…	n_{im_y}	n_{2Z}
…	…	…	…	…	…	…	…
x_{m_x}	n_{m_x1}	n_{m_x2}	…	n_{m_xj}	…	$n_{m_xm_y}$	n_{m_xZ}
Spaltensummen	n_{S1}	n_{S2}	…	n_{Sj}	…	n_{Sm_y}	n (Stichprobenumfang)

Tabelle 7.6: Kontingenztafel beobachteter Häufigkeiten.

Im **Anwendungsbeispiel** soll der Zusammenhang der beiden Merkmale Vorkommen der Flussnapfschnecke (F) und Eutrophierungszustand (E) untersucht werden. Die Kontingenztafel mit den im Beispiel beobachteten Häufigkeiten ist in ►Tabelle 7.7 dargestellt.

Werte von F (Vorkommen der Flussnapfschnecke)	**Werte von E (Eutrophierungszustand)**		**Zeilensummen**
	$e_1 = 0$: **eher oligotroph**	$e_2 = 1$: **eher eutroph**	
$f_1 = 0$: **nicht vorhanden**	$n_{11} = 4$	$n_{12} = 9$	$n_{1Z} = 13$
$f_2 = 1$: **vorhanden**	$n_{21} = 8$	$n_{22} = 3$	$n_{2Z} = 11$
Spaltensummen	$n_{S1} = 12$	$n_{S2} = 12$	$n = 24$

Tabelle 7.7: Kontingenztafel mit beobachteten Häufigkeiten im Anwendungsbeispiel.

Chi-Quadrat-Test

Mit dem Chi-Quadrat-Test kann die Nullhypothese geprüft werden, dass die untersuchten Variablen unabhängig voneinander sind. Für den Spezialfall einer 2x2-Kontingenztafel entspricht das Ergebnis des folgenden Tests dem Ergebnis des in Abschnitt 6.3.1 dargestellten Vorgehens.

Grundlage für den Test ist der Vergleich der beobachteten Häufigkeiten mit den Häufigkeiten, die bei Gültigkeit der Nullhypothese zu erwarten wären. Die (bei Gültigkeit der Nullhypothese) erwarteten Häufigkeiten können mit Hilfe der Randwahrscheinlichkeiten berechnet werden, die anhand der Kontingenztafel in Tabelle 7.6 erläutert werden sollen.

Die Randwahrscheinlichkeiten sind für die Zufallsvariable X die Wahrscheinlichkeiten

$$p_{iZ} = P(X = x_i).$$

Diese Wahrscheinlichkeiten können aus den gegebenen Daten durch die relativen Häufigkeiten

$$h_{iZ} = n_{iZ} / n$$

geschätzt werden. Entsprechend ergeben sich die Randwahrscheinlichkeiten für die Zufallsvariable Y als

$$p_{Sj} = P(Y = y_j)$$

mit dem Schätzwert

$$h_{Sj} = n_{Sj} / n.$$

Bei voneinander unabhängigen Variablen erhält man die Wahrscheinlichkeiten p_{ij} für das Auftreten bestimmter Merkmalskombinationen (x_i, y_j) aus den Produkten der jeweiligen Randwahrscheinlichkeiten als

$$p_{ij} = p_{iZ} \cdot p_{Sj}$$

(siehe Kapitel 3). Wenn die so berechneten Wahrscheinlichkeiten mit dem Stichprobenumfang n multipliziert werden, erhält man die bei Gültigkeit der Nullhypothese erwarteten Häufigkeiten e_{ij} für $i = 1, 2, \ldots, m_x$, $j = 1, 2, \ldots, m_y$.

Formel

$$e_{ij} = p_{iZ} \cdot p_{Sj} \cdot n = \frac{n_{iZ}}{n} \cdot \frac{n_{Sj}}{n} \cdot n = \frac{n_{iZ} \cdot n_{Sj}}{n} \quad (i = 1, 2, \ldots, m_x, j = 1, 2, \ldots, m_y) \quad (7.13)$$

- e_{ij}: erwartete Häufigkeiten bei Unabhängigkeit der Variablen
- p_{iZ}, p_{Sj}: Randwahrscheinlichkeiten
- n_{iZ}, n_{Sj}: Zeilen- bzw. Spaltensummen
- n: Stichprobenumfang
- m_x, m_y: Anzahl der Kategorien von X bzw. Y

Für die Daten des **Anwendungsbeispiels** ergeben sich nach Formel (7.13) die in ►Tabelle 7.8 dargestellten erwarteten Häufigkeiten bei Gültigkeit der Nullhypothese.

Werte von F (Vorkommen der Flussnapfschnecke)	Werte von E (Eutrophierungszustand)		Zeilensummen
	$e_1 = 1$: eher oligotroph	$e_2 = 2$: eher eutroph	
$f_1 = 1$: nicht vorhanden	$e_{11} = \frac{13 \cdot 12}{24} = 6.5$	$e_{12} = \frac{13 \cdot 12}{24} = 6.5$	$n_{1Z} = 13$
$f_2 = 2$: vorhanden	$e_{21} = \frac{11 \cdot 12}{24} = 5.5$	$e_{22} = \frac{11 \cdot 12}{24} = 5.5$	$n_{2Z} = 11$
Spaltensummen	$n_{S1} = 12$	$n_{S2} = 12$	$n = 24$

Tabelle 7.8: Erwartete Häufigkeiten im Anwendungsbeispiel.

Bei der Interpretation der Werte in Tabelle 7.8 ist zu beachten, dass die erwarteten Häufigkeiten „theoretische" Werte sind, die sich bei kompletter Unabhängigkeit der beiden Variablen ergeben würden. Sie sind nicht mit tatsächlich zu beobachtenden Häufigkeiten zu verwechseln. Deshalb sind die erwarteten Häufigkeiten in den meisten Fällen nicht ganzzahlig. Im **Anwendungsbeispiel** wurden je 12 eher oligotrophe und eher eutrophe Gewässer ermittelt, die Gewässertypen wurden im Verhältnis 1:1 ausgewählt. An 13 Gewässern traten Flussnapfschnecken nicht auf. Wenn es keinen Zusammenhang des Gewässertyps mit dem Auftreten der Schnecke geben würde, müssten sich die 13 Gewässer ohne Schneckenvorkommen ebenfalls im Verhältnis 1:1 auf die eher oligotrophen und die eher eutrophen Gewässer verteilen, was die berechneten erwarteten Häufigkeiten von jeweils 6.5 veranschaulichen. Analog müssten sich die 11 Gewässer mit Schneckenbestand im Verhältnis 1:1 auf die eher oligotrophen und die eher eutrophen Gewässer aufteilen, woraus sich die erwarteten Häufigkeiten von jeweils 5.5 ergeben würden. In gleicher Weise könnte man die Werte in Tabelle 7.8 wie folgt interpretieren: Wenn es zwischen den Variablen keinen Zusammenhang gäbe, müsste sich das Verhältnis von 13:11 der Anzahl von Gewässern ohne bzw. mit Vorkommen von Flussnapfschnecken sowohl bei den 12 eher oligotrophen als auch bei den 12 eher eutrophen Gewässern widerspiegeln, was bei den berechneten erwarteten Häufigkeiten von 6.5 bzw. 5.5 gegeben ist.

Mit dem Chi-Quadrat-Test werden die Abweichungen der beobachteten von den erwarteten Häufigkeiten über alle Zellen der Kontingenztafel bewertet. Bei Gültigkeit der Nullhypothese (Unabhängigkeit der beiden Variablen) ist die Teststatistik

$$\mathrm{X}^2 = \sum_{i=1}^{m_x} \sum_{j=1}^{m_y} \frac{\left(n_{ij} - e_{ij}\right)^2}{e_{ij}} \tag{7.14}$$

bei hinreichend großem Stichprobenumfang näherungsweise Chi-Quadrat-verteilt (χ^2 –verteilt) mit $(m_x - 1) \cdot (m_y - 1)$ Freiheitsgraden. Dabei bezeichnet N_{ij} eine Zufallsvariable, deren Realisierung die in einer konkreten Stichprobe ermittelte beobachtete Häufigkeit ist.

An den Stichprobenumfang wird die Mindestforderung gestellt, dass alle erwarteten Häufigkeiten größer als 1 sind und dass höchstens 5 Prozent der erwarteten Häufigkeiten kleiner als 5 sein dürfen. Für die Analyse von 2x2-Kontingenztabellen ($m_x = m_y = 2$) mit dem Chi-Quadrat-Test sollen alle erwarteten Häufigkeiten größer als 5 und der Stichprobenumfang größer als 60 sein (Timischl, 2000, Hartung et al., 2009). Für kleinere Stichprobenumfänge ist ein exakter Test nach Fisher anzuwenden, der nach den in Abschnitt 6.3 beschriebenen Überlegungen konstruiert ist und auf den hier nicht erneut eingegangen werden soll. Im folgenden Testablauf wird der asymptotische Test beschrieben.

Testablauf

Bezeichnung des Tests:

Chi-Quadrat-Test

Statistische Hypothesen:

- H_1: Die Variablen sind abhängig.
- H_0: Die Variablen sind unabhängig.

Wahl des Signifikanzniveaus:

- $\alpha = 0.05$ oder $\alpha = 0.01$ oder andere Wahl von α

Gegebene Daten:

- Messwertpaare (x_i, y_i), $i = 1,\ldots,n$
- m_x, m_y: Anzahl der Kategorien von X bzw. Y
- n: Stichprobenumfang

Voraussetzungen:

- Die Messwertpaare (x_i, y_i), $i = 1,\ldots,n$ sind nominalskalierte Realisierungen der Zufallsvariablen X und Y.
- Alle erwarteten Häufigkeiten e_{ij} nach Formel (7.13) sind größer als 1, höchstens 5 Prozent der erwarteten Häufigkeiten sind kleiner als 5 (andernfalls Anwendung des exakten Tests nach Fisher, siehe Abschnitt 6.3).
- Bei $m_x = m_y = 2$ gilt $n > 60$ sowie $e_{ij} > 5$ $(i, j = 1,2)$ (andernfalls Anwendung des exakten Tests nach Fisher, siehe Abschnitt 6.3)

Berechnung des Werts der Teststatistik:

- Anordnung der absoluten Häufigkeiten n_{ij} in einer Kontingenztafel nach Tabelle 7.6.
- Berechnung der Zeilen- und Spaltensummen n_{iZ} und n_{Sj}
- $e_{ij} = \dfrac{n_{iZ} \cdot n_{Sj}}{n}$ $(i = 1,2,\ldots,m_x, j = 1,2,\ldots,m_y)$: Erwartete Häufigkeiten
- $\mathrm{X}^2 = \displaystyle\sum_{i=1}^{m_x}\sum_{j=1}^{m_y} \frac{\left(n_{ij} - e_{ij}\right)^2}{e_{ij}}$: Wert der Teststatistik

Testentscheidung unter Verwendung des p-Werts:

- Berechnung von $p = P\left(\mathrm{X}^2 \geq \chi^2\right)$
- $p < \alpha \rightarrow$ *Ablehnung von* H_0

Testentscheidung unter Verwendung des Quantils der Chi-Quadrat-Verteilung:

- $\chi^2 > \chi^2_{(m_x-1)\cdot(m_y-1),1-\alpha} \rightarrow$ *Ablehnung von* H_0
- $\chi^2_{(m_x-1)\cdot(m_y-1),1-\alpha}$: Quantil der Chi-Quadrat-Verteilung (siehe Anhang B, Tabelle 2)

Obwohl im **Anwendungsbeispiel** der Stichprobenumfang für die Anwendung des Chi-Quadrat-Tests zu gering ist, soll das Prinzip des Tests an diesem Beispiel erläutert werden. Daneben werden die Ergebnisse des exakten Tests nach Fisher angegeben, dessen Prinzip in Abschnitt 6.3 dargestellt ist. Der Test soll mit einem Signifikanzniveau von $\alpha = 0.05$ durchgeführt werden. In ►Tabelle 7.9 sind die beobachteten und die erwarteten Häufigkeiten, deren Differenzen und die für die Berechnung der Chi-Quadrat-Statistik benötigten Werte $\left(n_{ij} - e_{ij}\right)^2 / e_{ij}$ zusammengestellt.

Werte von F (Vorkommen der Flussnapfschnecke)	**Werte von E (Eutrophierungszustand)**		**Zeilensummen**
	$e_1 = 0$: **eher oligotroph**	$e_2 = 1$: **eher eutroph**	
$f_1 = 0$: **nicht vorhanden**	$n_{11} = 4,\ e_{11} = 6.5$ $n_{11} - e_{11} = -2.5$ $\left(n_{11} - e_{11}\right)^2 / e_{11} = 0.96$	$n_{12} = 9,\ e_{12} = 6.5$ $n_{12} - e_{12} = 2.5$ $\left(n_{12} - e_{12}\right)^2 / e_{12} = 0.96$	$n_{1Z} = 13$
$f_2 = 1$: **vorhanden**	$n_{21} = 8,\ e_{21} = 5.5$ $n_{21} - e_{21} = 2.5$ $\left(n_{21} - e_{21}\right)^2 / e_{21} = 1.14$	$n_{22} = 3,\ e_{22} = 5.5$ $n_{22} - e_{22} = -2.5$ $\left(n_{22} - e_{22}\right)^2 / e_{22} = 1.14$	$n_{2Z} = 11$
Spaltensummen	$n_{S1} = 12$	$n_{S2} = 12$	$n = 24$

Tabelle 7.9: Vergleich der beobachteten und erwarteten Häufigkeiten im Anwendungsbeispiel.

Aus den Daten wird deutlich, dass die Flussnapfschnecke an eher oligotrophen Gewässern häufiger beobachtet wird, als man es bei Unabhängigkeit der Merkmale erwarten würde. Entsprechend tritt sie an eher eutrophen Gewässern seltener als erwartet auf. Obwohl bei 2x2-Kontingenztafeln die Absolutbeträge der Differenzen $n_{ij} - e_{ij}$ für alle Zellen betragsmäßig gleich groß sind (bei Kontingenztafeln mit mehr als zwei Ausprägungen der beteiligten Merkmale ist das nicht der Fall), sind die Beiträge der einzelnen Zellen für die Chi-Quadrat-Statistik unterschiedlich, da die quadrierten Differenzen an der in der jeweiligen Zelle erwarteten Häufigkeit relativiert werden. Im **Beispiel** ergibt sich

$$\chi^2 = 0.96 + 0.96 + 1.14 + 1.14 = 4.2.$$

Zur Testentscheidung kann der mit Hilfe eines Computerprogramms berechnete p-Wert

$$p = P\left(\mathrm{X}^2 \geq 4.2\right) \approx 0.041$$

oder der Wert des Quantils der χ^2-Verteilung

$$\chi^2_{(2-1)\cdot(2-1),1-0.05} = \chi^2_{1,0.95} = 3.84$$

(siehe Anhang B, Tabelle 2) herangezogen werden. Wegen

$$p = 0.041 < 0.05 \text{ bzw. } \chi^2 = 4.2 > 3.84$$

würde dieser Test zu dem Ergebnis führen, die Nullhypothese abzulehnen.

Da der Stichprobenumfang im Anwendungsbeispiel für die Anwendung des Chi-Quadrat-Tests zu gering ist, ist das Ergebnis des exakten Tests (Abschnitt 6.3) zu interpretieren. Wegen

$$p = 0.100 > 0.05$$

kann die Nullhypothese nicht abgelehnt werden.

Kontingenzkoeffizienten

Nachdem im letzten Abschnitt ein Test vorgestellt wurde, mit dem man die Abhängigkeit von zwei nominalskalierten Merkmalen nachweisen kann, soll in diesem Kapitel der Kontingenzkoeffizient C als ein Maß für die Stärke des Zusammenhangs eingeführt werden. Der Kontingenzkoeffizient C kann direkt aus dem nach Formel (7.14) berechneten Wert der Chi-Quadrat-Statistik berechnet werden.

Formel

$$C = \sqrt{\frac{\chi^2}{\chi^2 + n}} \tag{7.15}$$

- C: Kontingenzkoeffizient
- χ^2: Wert der Chi-Quadrat-Statistik nach Formel (7.14)
- n: Stichprobenumfang

Im Unterschied zu dem Produkt-Moment-Korrelationskoeffizienten und zum Rangkorrelationskoeffizienten nach Spearman kann der Kontingenzkoeffizient nur positive Werte annehmen. Ein wesentlicher Nachteil des nach Formel (7.15) berechneten Koeffizienten besteht darin, dass er den Wert 1 nicht erreichen kann. Der maximal erreichbare Wert hängt von der Anzahl der Kategorien der beteiligten Variablen ab, insbesondere von der Anzahl der Kategorien des Merkmals, das weniger Kategorien aufweist. Wenn mit $m_{\min}$ der kleinere der beiden Werte m_x und m_y bezeichnet wird, ergibt sich der höchstens erreichbare Wert des Kontingenzkoeffizienten als

$$C_{\max} = \sqrt{\frac{m_{\min} - 1}{m_{\min}}}. \tag{7.16}$$

In einer 2x2-Tafel wie im **Anwendungsbeispiel** kann damit höchstens der Wert

$$C_{\max} = \sqrt{\frac{2-1}{2}} = 0.707$$

erreicht werden. Damit eine Vergleichbarkeit des Kontingenzkoeffizienten einerseits für unterschiedlich große Kontingenztafeln und andererseits mit den Korrelationskoeffizienten für metrische und für ordinalskalierte Merkmale gewährleistet werden kann, empfiehlt sich die Berechnung des korrigierten Kontingenzkoeffizienten C_{korr}, der für beliebige Kontingenztafeln Werte zwischen 0 und 1 annehmen kann.

Formel

$$C_{korr} = \frac{C}{C_{\max}} = \sqrt{\frac{\chi^2 \cdot m_{\min}}{\left(\chi^2 + n\right) \cdot \left(m_{\min} - 1\right)}} \tag{7.17}$$

- C_{korr}: korrigierter Kontingenzkoeffizient
- C: Kontingenzkoeffizient nach Formel (7.15)
- $C_{\max}$: Maximal erreichbarer Kontingenzkoeffizient nach Formel (7.16)
- χ^2: Wert der Chi-Quadrat-Statistikstatistik nach Formel (7.14)
- n: Stichprobenumfang
- $m_{\min}$: Kleinerer der Werte m_x bzw. m_y (Kategorienanzahlen der beiden Merkmale)

Im **Beispiel** erhält man als Maß für den Zusammenhang der beiden Merkmale

$$C = 0.386 \text{ bzw. } C_{korr} = 0.386 / 0.707 = 0.55.$$

Ein weiterer häufig benutzter Koeffizient für die Stärke des Zusammenhangs in Kontingenztafeln ist der Kontingenz-Index V von Cramer, der Werte zwischen 0 und 1 annehmen kann:

$$V = \sqrt{\frac{\chi^2}{n \cdot (m_{\min} - 1)}}. \tag{7.18}$$

Im **Beispiel** ergibt sich

$$V = \sqrt{\frac{4.2}{24 \cdot (2-1)}} = 0.418.$$

Bei der Analyse dichotomer Merkmale, die jeweils nur zwei Kategorien aufweisen, ist der Φ–Koeffizient ein sehr gebräuchlicher Zusammenhangskoeffizient. Dieser Koeffizient entspricht bei dichotomen Variablen exakt der Produkt-Moment-Korrelation der beiden dichotomen Merkmale, wobei die Kategorien mit den Werten 0 bzw. 1 kodiert sind. Dieser Koeffizient hat den großen Vorteil, dass er bei der Analyse von Merkmalen mit jeweils nur zwei Kategorien Informationen über die Richtung des Zusammenhangs liefert. Im **Beispiel** berechnet sich der Koeffizient aus der Produkt-Moment-Korrelation nach Formel (7.4) als

$$\Phi = r_{EF} = -0.418.$$

Betragsmäßig ergibt sich der gleiche Wert wie beim Kontingenz-Index von Cramer. Das negative Vorzeichen beschreibt den negativen Zusammenhang zwischen den beiden Variablen: Hohe Werte von F (kein Vorkommen der Schnecke) treten besonders gemeinsam mit niedrigen Werten von E (eher eutrophes Gewässer) auf und umgekehrt.

7.4 Einfache lineare Regression

Mit den Methoden der Korrelationsanalyse (Abschnitt 7.1.2) sind Untersuchungen zu Existenz und Stärke des Zusammenhangs zwischen zwei Variablen möglich. Die einfache Regressionsanalyse ermöglicht zusätzlich, die Art des Zusammenhangs zu modellieren. Im Unterschied zur Korrelationsanalyse ist dabei *vor* der Untersuchung eine Einteilung in die abhängige Variable (Zielvariable, Zielgröße, Regressand, Kriterium) und die unabhängige Variable (Prädiktor, Prädiktorvariable, Einflussvariable, Regressor) vorzunehmen. Diese Einteilung ergibt sich aus inhaltlichen Gründen. Die Bezeichnungen der in die Regressionsanalyse einbezogenen Variablen sind nicht eindeutig festgelegt. Häufig werden die Bezeichnungen unabhängige und abhängige Variable benutzt, die aber zu Missverständnissen führen können, weil es sich bei der in der Regressionsanalyse unterstellten Kausalbeziehung oft nur um eine Hypothese handelt. In diesem Buch werden deshalb die Bezeichnungen Prädiktor bzw. Prädiktorvariable sowie Zielvariable benutzt.

Im **Anwendungsbeispiel** wäre es bei der Untersuchung des Zusammenhangs der Merkmale Sauerstoffkonzentration und Fließgeschwindigkeit inhaltlich abwegig, die Fließgeschwindigkeit des Wassers in Abhängigkeit von der Sauerstoffkonzentration des Gewässers modellieren zu wollen. Vielmehr kann in diesem Fall das Merkmal Fließgeschwindigkeit nur die Prädiktorvariable sein, deren Wirkung auf die Zielvariable Sauerstoffkonzentration beschrieben werden soll.

In vielen Anwendungsfällen gibt es zwischen der Zielvariablen Y und der Prädiktorvariablen einen linearen Zusammenhang. Wenn zwischen dem Prädiktor und der Zielvariablen nichtlineare Zusammenhänge angenommen werden, können die Verfahren der nichtlinearen Regressionsanalyse angewendet werden. Alternativ kann man versuchen, die nichtlinearen Zusammenhänge durch geeignete Transformationen in lineare Zusammenhänge zu überführen (siehe Köhler et al., 2012).

Mit der Methode der einfachen linearen Regressionsanalyse wird der lineare Einfluss *einer* Prädiktorvariablen auf die Zielvariable beschrieben. Die lineare Wirkung *mehrerer* unabhängiger Variablen auf die abhängige Variable kann mit den Methoden der multiplen linearen Regressionsanalyse untersucht werden (Abschnitt 7.6).

7.4.1 Modell und Voraussetzungen

Modell der einfachen linearen Regressionsanalyse

In der einfachen Regressionsanalyse geht man zur Untersuchung der Abhängigkeit eines Merkmals Y von einer Einflussgröße X von gegebenen Messwertpaaren $(x_i, y_i), i = 1,\dots,n$ aus. Dabei setzt man voraus, dass sich jeder Messwert y_i der Zielvariablen in der Form

$$y_i = f(x_i) + e_i \ (i = 1,\dots,n) \tag{7.19}$$

darstellen lässt.

Definition

Die Funktion f aus (7.19) heißt einfache Regressionsfunktion, die Störgröße e_i kennzeichnet den Versuchsfehler (das Residuum) bei der i-ten Untersuchungseinheit.

Im Spezialfall der einfachen linearen Regression beschreibt die lineare Regressionsfunktion f einen linearen Zusammenhang zwischen Prädiktor und Zielvariable:

$$f(x) = b_0 + b_1 \cdot x.$$

Damit erhält man für gegebene Messwerte $(x_i, y_i), i = 1,\dots,n$ das Modell der einfachen linearen Regression nach Formel (7.20):

Formel

$$y_i = b_0 + b_1 \cdot x_i + e_i \ (i = 1,\dots n) \tag{7.20}$$

- y_i: Wert der Zielvariablen bei der i-ten Untersuchungseinheit
- x_i: Wert des Prädiktors bei der i-ten Untersuchungseinheit
- e_i: Residuum (Versuchsfehler) der i-ten Untersuchungseinheit
- b_0: Regressionskoeffizient (Regressionskonstante)
- b_1: Regressionskoeffizient (Anstieg)

Die Modellvorstellung nach Formel (7.20) drückt aus, dass jeder Messwert y_i der Zielvariablen durch einen linearen Zusammenhang aus dem Wert x_i des Prädiktors dieser Untersuchungseinheit und einen zufälligen Fehler e_i bei dieser Untersuchungseinheit erklärt werden kann. Dabei sind die Regressionskoeffizienten b_0 und b_1 unbekannt und müssen aus den gegebenen Daten geschätzt werden. Auf die Schätzung der Regressionskoeffizienten mit der Methode der kleinsten Quadrate wird in Abschnitt 7.4.2 eingegangen.

Im Rahmen der einfachen linearen Regressionsanalyse sind zwei Modelle zu unterscheiden.

In Modell I wird davon ausgegangen, dass die Messwerte der unabhängigen Variablen fest vorgegeben sind. So können zum Beispiel in Laborexperimenten unterschiedliche Temperaturen erzeugt werden, unter denen die Entwicklung von Bakterienkolonien beobachtet wird. Die Werte der Prädiktorvariablen werden in diesem Modell im Versuchsplan bereits festgelegt, wobei natürlich zufällige Schwankungen zum Beispiel durch Messungenauigkeiten nicht völlig ausgeschlossen werden können.

In Modell II geht man dagegen davon aus, dass die Werte der unabhängigen Variablen Realisierungen einer Zufallsvariablen sind und nicht fest vorgegeben werden können. Im **Anwendungsbeispiel** sind die Messwerte der Fließgeschwindigkeit nicht einstellbar. Die Situation in diesem Beispiel entspricht also Modell II.

Neben den erwähnten Unterschieden haben die beiden Modelle überwiegend Gemeinsamkeiten. Datenauswertung, Punktschätzungen, Konfidenzintervalle und Teststatistiken sind identisch, allerdings unterscheiden sie sich in gewissen statistischen Eigenschaften, zum Beispiel in der Gütefunktion der Tests.

Bei der Behandlung der Regressionsanalyse sollen in diesem Kapitel die Grundprinzipien des Vorgehens anhand von Modell I erläutert werden. Auf Unterschiede zwischen den Modellen wird nur dann hingewiesen, wenn sie für die jeweils betrachtete Methode relevant oder für das Verständnis bedeutsam sind.

Neben der Unterscheidung von Modell I und II der Regressionsanalyse kann eine Einteilung in die Regressionsanalyse mit einfacher bzw. mit mehrfacher Besetzung getroffen werden.

Bei einfacher Besetzung gibt es zu jedem Wert der Prädiktorvariablen nur einen Wert der Zielvariablen. Diese Situation ist im **Anwendungsbeispiel** gegeben (siehe Tabelle 7.2).

Bei mehrfacher Besetzung werden zu einem Wert der unabhängigen Variablen mehrere Werte der abhängigen Variablen gemessen. So können zu festgelegten Temperaturstufen mehrere Bakterienkolonien untersucht werden und in jeder Kolonie Werte der Zielvariablen gemessen werden. Auch diese beiden Ansätze werden mit den gleichen Methoden ausgewertet. Bei mehrfacher Besetzung ist zusätzlich ein Test der Voraussetzung der Linearität möglich, auf den hier nicht eingegangen werden soll (siehe z.B. Köhler et al., 2012).

Voraussetzungen

Die für die verschiedenen Verfahrensschritte notwendigen Voraussetzungen der einfachen linearen Regressionsanalyse sollen für Modell I diskutiert werden.

I Festlegung von Prädiktor und Zielvariable

Aus inhaltlichen Gründen muss vor der Untersuchung eine Einteilung in Prädiktor (X) und Zielvariable (Y) vorgenommen werden. Damit wird gleichzeitig die Hypothese aufgestellt, dass die Ausprägungen von X die Ausprägungen von Y beeinflussen.

II Ausprägungen von X sind fest vorgegeben

Die Ausprägungen $x_1,\ldots,x_n$ des Prädiktors X können vom Untersucher vorgegeben werden und werden bereits im Versuchsplan festgelegt. Dabei geht man davon aus, dass die Werte weitgehend ohne Messfehler bestimmt werden können.

III Gültigkeit des linearen Modells

Die Gültigkeit des Modells nach (7.20) wird vorausgesetzt. Insbesondere muss vorausgesetzt werden, dass ein linearer Zusammenhang zwischen Prädiktor und Zielvariable besteht.

IV Identische Verteilung der Modellfehler

Die Voraussetzung besagt, dass alle Modellfehler $E_i = Y_i - f(x_i), i = 1,2,\ldots,n$, den Erwartungswert Null und die gleiche Varianz σ^2 haben (Homoskedastizität). Unter der Voraussetzung IV ist der Erwartungswert der Zielvariablen Y_i gleich dem Wert der Regressionsfunktion für den festen Messwert x_i der Prädiktorvariablen: $E(Y_i) = f(x_i)$.

V Unkorreliertheit der Modellfehler

Die Voraussetzung besagt, dass alle Modellfehler $E_i = Y_i - f(x_i)$, $i = 1,2,\ldots,n$, den Erwartungswert Null und die gleiche Varianz σ^2 haben und außerdem paarweise unkorreliert sind. Die Voraussetzung V ist notwendig, damit unverzerrte Schätzer der Modellparameter mit kleinstmöglicher Varianz nach dem im Abschnitt 7.4.2 verwendeten Schätzprinzip erhalten werden. In praktischen Anwendungen kann die Voraussetzung der Unkorreliertheit als gegeben angesehen werden, wenn die Untersuchungseinheiten durch Zufallsauswahl aus der Population gewonnen werden. Sie wäre z.B. verletzt, wenn von einer Untersuchungseinheit mehrere Messwerte unter verschiedenen Messbedingungen im Datensatz enthalten wären oder wenn wiederholte Messungen unter gleichen Messbedingungen an ein und derselben Untersuchungseinheit vorgenommen würden. Eine spezielle Form der Abhängigkeit aufeinanderfolgender Beobachtungen an der gleichen Untersuchungseinheit ist die Autokorrelation.

VI Normalverteilung der Modellfehler

Die Voraussetzung besagt, dass alle Modellfehler $E_i = Y_i - f(x_i)$, $i = 1,2,\ldots,n$, einer $N(0, \sigma^2)$-Verteilung genügen. Diese Voraussetzung wird für die Anwendbarkeit der Konfidenzschätzungen und Tests im linearen Regressionsmodell benötigt.

Bewertung der Voraussetzungen

Wenn die Voraussetzungen I bis V sichergestellt sind, können Parameterschätzungen im Regressionsmodell vorgenommen werden. Zur Überprüfung der Voraussetzung der Homoskedastizität wird in der Praxis häufig die grafische Gegenüberstellung der Residuen und der Schätzungen für die Zielvariable benutzt. Die Regressionsanalyse ist ein relativ robustes Verfahren, bei dem geringfügige Verletzungen der Voraussetzung VI bei hinreichend großem Stichprobenumgang ($n > 40$) auch bezüglich der

Interpretation der Ergebnisse der Signifikanztests vernachlässigt werden können (Backhaus et al., 2018).

Im Modell II ist die Voraussetzung II natürlich irrelevant, da sich die Werte der Prädiktorvariablen als Realisierungen der Zufallsvariablen X ergeben. Dafür wird für verschiedene Tests und für die Berechnung bestimmter Konfidenzintervalle die bivariate Normalverteilung von X und Y vorausgesetzt (siehe Abschnitt 7.1).

7.4.2 Schätzung der linearen Regressionsfunktion

Die Grundlage für die Schätzung einer linearen Regressionsfunktion bei gegebenen Daten bildet die Methode der kleinsten Quadrate. Bei der Untersuchung des linearen Zusammenhangs der beiden Merkmale Fließgeschwindigkeit und Sauerstoffkonzentration des Wassers ergibt sich das in ►Abbildung 7.6 dargestellte Streudiagramm.[1] Der Korrelationskoeffizient der Variablen beträgt 0.68 und ist signifikant von null verschieden (siehe Abschnitt 7.1).

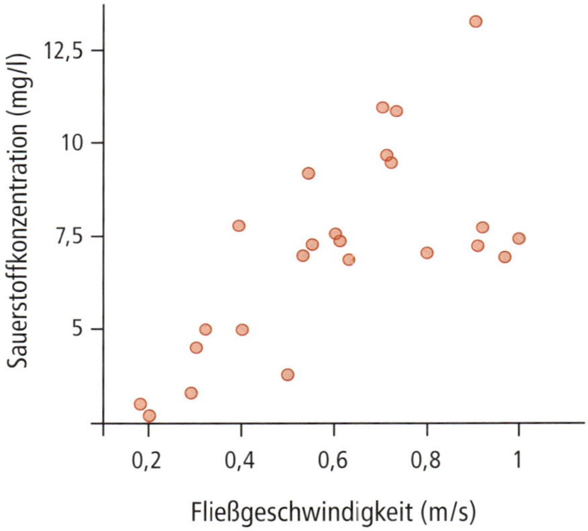

Abbildung 7.6: Streudiagramm der Merkmale Fließgeschwindigkeit und Sauerstoffkonzentration.

Erstes Ziel der einfachen linearen Regressionsanalyse ist die Ermittlung einer Regressionsgleichung

$$f(x) = b_0 + b_1 \cdot x \text{ mit } y_i = b_0 + b_1 \cdot x_i + e_i$$

bei gegebenen Wertepaaren $(x_i, y_i), i = 1, \ldots, n$.

1 Dieses Streudiagramm wurde bereits in Abbildung 7.1 bei der Behandlung der linearen Korrelationsanalyse verwendet.

Zur Illustration des Vorgehens sind in ►Abbildung 7.7 nur die ersten fünf Wertepaare aus dem **Anwendungsbeispiel** (siehe Tabelle 7.2) dargestellt. Gesucht ist diejenige Gerade, die sich „am besten" an die gegebene Punktwolke anpasst. Im Beispiel soll eine einfache lineare Regressionsanalyse mit dem Prädiktor V: Fließgeschwindigkeit und der Zielvariablen S: Sauerstoffkonzentration durchgeführt werden. Dabei wird die gesuchte Gerade durch die unbekannten Parameter b_0 und b_1 der Funktion

$$s = b_0 + b_1 \cdot v \text{ mit } s_i = b_0 + b_1 \cdot v_i + e_i$$

bei den in Tabelle 7.2 gegebenen Wertepaaren (v_i, s_i), $i = 1, \dots, 24$ charakterisiert.

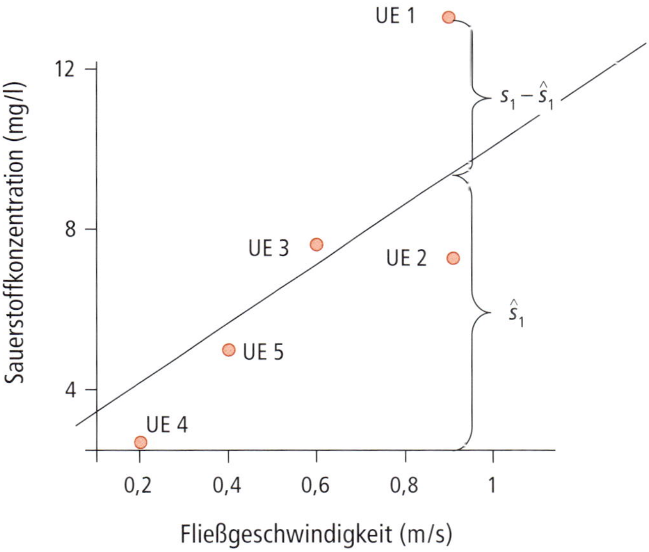

Abbildung 7.7: Methode der kleinsten Quadrate mit den Werten der ersten fünf Untersuchungseinheiten aus dem Anwendungsbeispiel.

Wenn eine beliebige Gerade bezüglich ihrer Anpassungsgüte an gegebene Wertepaare beurteilt werden soll, können zunächst die Residuen, d.h. die Abstände der Messwerte y_i von den unter Verwendung der Regressionsfunktion berechneten Schätzwerten $\hat{y}_i$ untersucht werden.

Formel

$$e_i = y_i - \hat{y}_i \; (i = 1, \dots, n) \tag{7.21}$$

- e_i: Residuum der i-ten Untersuchungseinheit
- y_i: Messwert der Zielvariablen Y bei der i-ten Untersuchungseinheit
- $\hat{y}_i$: Schätzwert für den Wert der Zielvariablen Y bei der i-ten Untersuchungseinheit
- n: Stichprobenumfang

In Abbildung 7.7 wird deutlich, dass die Schätzung der Zielvariablen S (Sauerstoffkonzentration) durch die Prädiktorvariable V (Fließgeschwindigkeit) mit der dargestellten Gerade für die dritte und die fünfte Untersuchungseinheit relativ gut möglich wäre. Dagegen ist die Schätzung für die erste Untersuchungseinheit sehr ungenau. Die Abweichung $s_1 - \hat{s}_1$ der Messwerte von den Schätzwerten der Regressionsfunktion ist vergleichsweise groß. Die „optimale" Regressionsgerade soll nun über alle Wertepaare möglichst geringe Abweichungen aufweisen. Scheinbar bietet sich deshalb an, diejenige Gerade zu suchen, bei der die Summe der Abweichungen der gemessenen Werte von den Schätzwerten auf der Geraden minimal wird. Da bei einem solchen Vorgehen sich aber positive Differenzen wie bei Wertepaar 1 und negative Differenzen wie bei Wertepaar 2 zu null addieren würden, wäre diese Vorgehensweise falsch. Die Methode der kleinsten Quadrate (siehe Kapitel 4) geht von quadrierten Abstandswerten aus. Damit wird einerseits erreicht, dass negative und positive Abweichungen von Mess- und Schätzwerten gleichermaßen für die Ermittlung der Regressionsgeraden herangezogen werden. Andererseits werden große Abweichungen durch die quadratische Einbeziehung stärker berücksichtigt, so dass sich die Regressionsgerade besser an Extremwerte anpasst. Hieraus resultiert jedoch auch eine gewisse Anfälligkeit der Methode gegenüber Ausreißern.

Mit der Methode der kleinsten Quadrate wird also diejenige Regressionsgerade gesucht, bei der die Summe der quadrierten Abweichungen der Messwerte von den Schätzwerten der Regressionsfunktion minimal wird. Für die einfache lineare Regression entspricht diese Forderung der Suche nach den Parameterschätzungen $\hat{b}_0$ und $\hat{b}_1$, mit denen die Quadratsumme der Residuen (Fehlerquadratsumme) in Formel (7.22) minimal wird.

Formel

$$QS(e) = \sum_{i=1}^{n} e_i^2 = \sum_{i=1}^{n} (y_i - \hat{y}_i)^2 = \sum_{i=1}^{n} \left(y_i - (b_0 + b_1 \cdot x_i)\right)^2 \xrightarrow[b_0, b_1]{} Minimum \quad (7.22)$$

- $QS(e)$: Quadratsumme der Residuen (Fehlerquadratsumme)
- y_i: Messwert der Zielvariablen Y bei der i-ten Untersuchungseinheit
- $\hat{y}_i$: Schätzwert für den Wert der Zielvariablen Y bei der i-ten Untersuchungseinheit
- x_i: Ausprägung des Merkmale X bei der i-ten Untersuchungseinheit
- e_i: Residuum der i-ten Untersuchungseinheit
- b_0, b_1: Regressionskoeffizienten
- n: Stichprobenumfang

Im Fall der einfachen linearen Regression kann das Minimierungsproblem (7.22) explizit gelöst werden. Es ergeben sich die in Formel (7.23) angegebenen Punktschätzungen für die Regressionskoeffizienten.

Formel

$$\hat{b}_0 = \overline{y} - \hat{b}_1 \cdot \overline{x}, \quad \hat{b}_1 = \frac{s_{xy}}{s_x^2} \tag{7.23}$$

- $\hat{b}_0$: Punktschätzung für b_0 nach der Methode der kleinsten Quadrate
- $\hat{b}_1$: Punktschätzung für b_1 nach der Methode der kleinsten Quadrate
- $s_{xy} = \frac{1}{n-1} \cdot \sum_{i=1}^{n} (x_i - \overline{x}) \cdot (y_i - \overline{y})$
- $s_x^2 = \frac{1}{n-1} \cdot \sum_{i=1}^{n} (x_i - \overline{x})^2$
- x_i, y_i: Messwerte $(i = 1, \ldots, n)$
- $\overline{x}, \overline{y}$: arithmetische Mittelwerte in der Stichprobe
- n: Stichprobenumfang

Die mit diesen Parametern berechnete Gerade ist im Sinne der Methode der kleinsten Quadrate optimal, bei jeder anderen Geraden wäre die Summe der quadratischen Abweichungen der Messwerte von den Schätzwerten auf der Geraden größer. Im **Anwendungsbeispiel** ergibt sich zur Vorhersage der Zielvariablen Sauerstoffkonzentration (S) aus der Prädiktorvariablen Fließgeschwindigkeit (F) mit $\overline{s} = 7.15$, $\overline{v} = 0.6$, $s_v^2 = 0.0602$ und $s_{vs} = 0.4446$ wegen

$$\hat{b}_1 = \frac{s_{vs}}{s_v^2} = \frac{0.4446}{0.0602} = 7.385$$

und

$$\hat{b}_0 = \overline{s} - \hat{b}_1 \cdot \overline{v} = 7.15 - 7.385 \cdot 0.6 = 2.72$$

die Regressionsgleichung

$$s = 2.72 + 7.385 \cdot v \tag{7.24}$$

(siehe ►Abbildung 7.8).

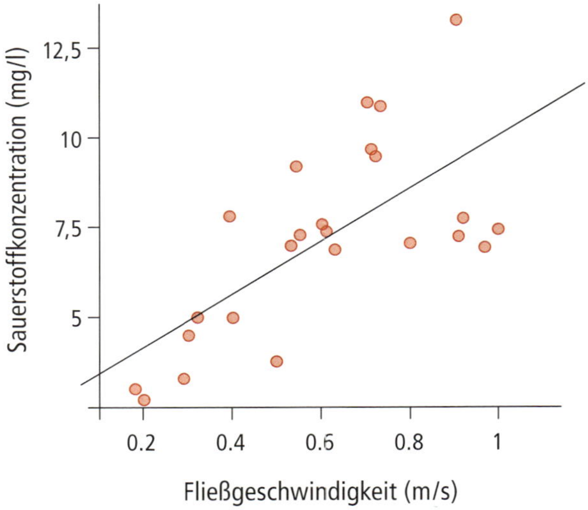

Abbildung 7.8: Lineare Regressionsgleichung im Anwendungsbeispiel.

Interpretationen dieser Regressionsgerade sind nur im Bereich zwischen dem minimalen und dem maximalen Wert der Prädiktorvariable zulässig, im **Anwendungsbeispiel** also im Bereich zwischen 0.20 und 1.0 Meter pro Sekunde. In diesem Bereich führt eine Zunahme der Fließgeschwindigkeit um 0.1 m/s durchschnittlich zu einer um 0.738 mg/l höheren Sauerstoffkonzentration.

7.4.3 Varianzzerlegung und Bestimmtheitsmaß

Grundsätzlich kann bei jeder vorliegenden Datenmenge eine im Sinne der Methode der kleinsten Quadrate optimale Regressionsgleichung zur Vorhersage der Ziel- aus der Prädiktorvariablen ermittelt werden. Damit ist aber noch keine Aussage darüber möglich, ob die Gerade gut an die gegebenen Wertepaare angepasst ist. Wenn zwei Variablen nur sehr schwach korrelieren, wird auf der Grundlage der Regressionsfunktion keine befriedigende Vorhersage der Zielvariablen aus den Werten der Prädiktorvariablen möglich sein. Der Ausgangspunkt für die Beurteilung der Güte einer Regression ist die Bestimmung des Anteils der Gesamtvarianz der Zielvariablen, der durch die Regression, d.h. durch die Prädiktorvariable erklärt werden kann. In ►Abbildung 7.9 wird deutlich, dass sich die Realisierungen der Zielvariablen Y folgendermaßen zusammensetzen:

$$y_i = \hat{y}_i + e_i = \hat{y}_i + \left(y_i - \hat{y}_i\right).$$

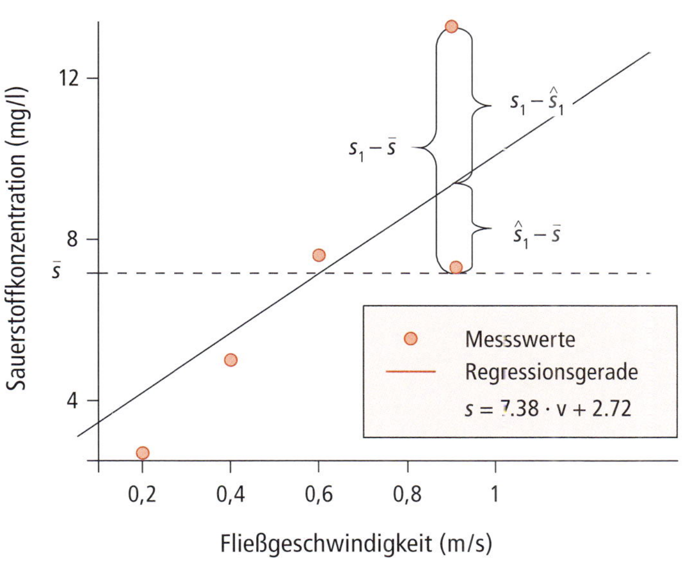

Abbildung 7.9: Quadratsummenzerlegung mit den Werten der ersten fünf Untersuchungseinheiten aus dem Anwendungsbeispiel.

Die Messwerte der Zielvariablen Y setzen sich aus dem Schätzwert $\hat{y}_i$ der Regressionsfunktion und dem nicht durch die Regression erklärten Residuum e_i zusammen. Durch Subtraktion von $\overline{y}$ erhält man die Beziehung

$$y_i - \overline{y} = \hat{y}_i - \overline{y} + e_i = (\hat{y}_i - \overline{y}) + (y_i - \hat{y}_i). \tag{7 25}$$

Daraus resultiert die Quadratsummenzerlegung der Gesamtvarianz der Zielvariablen in den durch die Regression erklärten Anteil $QS(\hat{y})$ und den nicht durch die Regression erklärten Anteil $QS(e)$:

$$QS(y) = \sum_{i=1}^{n} (y_i - \overline{y})^2 = \sum_{i=1}^{n} (\hat{y}_i - \overline{y})^2 + \sum_{i=1}^{n} (y_i - \hat{y}_i)^2 = QS(\hat{y}) + QS(e).$$

Auf dieser Grundlage kann das Bestimmtheitsmaß (Determinationskoeffizient) r^2 als wichtiges globales Gütemaß der Regressionsanalyse berechnet werden. Es gibt den Anteil der Gesamtvarianz der Zielvariablen an, der durch das Regressionsmodell mit der Prädiktorvariable erklärt werden kann. Das Bestimmtheitsmaß kann auch im Rahmen multipler linearer Regressionsanalysen berechnet werden und hat dort große Bedeutung als Grundlage für Modelloptimierungen (siehe Abschnitt 7.6).

Formel

$$r^2 = \frac{\text{erklärte Varianz}}{\text{Gesamtvarianz}} = \frac{QS(\hat{y})}{QS(y)} = \frac{\sum_{i=1}^{n}\left(\hat{y}_i - \overline{y}\right)^2}{\sum_{i=1}^{n}\left(y_i - \overline{y}\right)^2} \tag{7.26}$$

- r^2: Bestimmtheitsmaß
- $QS(\hat{y}) = \sum_{i=1}^{n}\left(\hat{y}_i - \overline{y}\right)$: Quadratsumme der Schätzwerte (erklärte Varianz)
- $QS(y) = \sum_{i=1}^{n}\left(y_i - \overline{y}\right)$: Totale Quadratsumme (Gesamtvarianz)
- y_i: Messwert der Zielvariablen Y bei der i-ten Untersuchungseinheit
- $\hat{y}_i = \hat{b}_0 + \hat{b}_1 \cdot x_i$: Schätzwert der Zielvariablen Y bei der i-ten Untersuchungseinheit
- $\overline{y} = \frac{1}{n}\sum_{i=1}^{n} y_i$: Arithmetischer Mittelwert der Werte der Zielvariablen in der Stichprobe
- n: Stichprobenumfang

Das Bestimmtheitsmaß gibt den Anteil der Varianz der Zielvariablen an, der mit Hilfe der Regression, d.h. durch die Prädiktorvariable aufgeklärt werden kann. Es ergibt sich im Fall der einfachen linearen Regression für Modell II[2] als Quadrat des Produkt-Moment-Koeffizienten r und kann Werte zwischen 0 und 1 annehmen. Im Fall von totaler linearer Abhängigkeit ergibt sich das Bestimmtheitsmaß $r^2 = 1$, für zwei vollständig unkorrelierte Variablen erhält man $r^2 = 0$.

Für das **Anwendungsbeispiel** soll die Berechnung des Bestimmtheitsmaßes nach Formel (7.26) demonstriert werden. In ►Tabelle 7.10 ist die Quadratsummenzerlegung der Zielvariablen Sauerstoffkonzentration (S) am Beispiel der ersten fünf Untersuchungseinheiten illustriert. Die Schätzwerte für die Variable Sauerstoffkonzentration ergeben sich nach

$$\hat{s}_i = \hat{b}_0 + \hat{b}_1 \cdot v_i,$$

wobei $\hat{b}_0$ und $\hat{b}_1$ die Punktschätzungen der Regressionskoeffizienten nach Formel (7.23) sind. Somit ergibt sich nach Formel (7.24) die Beziehung

$$\hat{s}_i = 2.72 + 7.38 \cdot v_i \; (i = 1, \ldots, 24).$$

2 Für Modell I ist der Produkt-Moment-Korrelationskoeffizient formal nicht definiert, da hier die Werte von X fest vorgegeben sind und es sich bei X deshalb nicht um eine Zufallsvariable handelt.

Für den Mittelwert der Messwerte der Sauerstoffkonzentration ergibt sich

$$\bar{s} = 7.15.$$

i	v_i	s_i	$\hat{s}_i$	$s_i - \bar{s}$	$(s_i - \bar{s})^2$	$\hat{s}_i - \bar{s}$	$(\hat{s}_i - \bar{s})^2$
1	0.90	13.3	9.36	6.15	37.82	2,21	4.88
2	0.91	7.3	9.44	0.15	0.02	2.29	5.24
3	0.60	7.6	7.15	0.45	0.20	0.00	0.00
4	0.20	2.7	4.20	-4.45	19.80	-2.95	8.70
5	0.40	5.0	5.67	-2.15	4.62	-1.48	2.19
...	...	...	...	...	...	...	...

Tabelle 7.10: Quadratsummenzerlegung im Anwendungsbeispiel (Untersuchungseinheiten 1–5)

Bei der Berechnung über alle erhobenen Daten ergibt sich für das **Anwendungsbeispiel** das Bestimmtheitsmaß

$$r^2 = \frac{\text{erklärte Varianz}}{\text{Gesamtvarianz}} = \frac{QS(\hat{s})}{QS(s)} = \frac{\sum_{i=1}^{24} (\hat{s}_i - \bar{s})^2}{\sum_{i=1}^{24} (s_i - \bar{s})^2} = \frac{75.46}{163.66} = 0.461.$$

46.1 Prozent der Variabilität des Merkmals Sauerstoffkonzentration können durch das Merkmal Fließgeschwindigkeit erklärt werden.

7.4.4 Konfidenzintervalle und Tests

In diesem Kapitel sollen einige wichtige Tests und Konfidenzintervalle kurz vorgestellt werden, die im Zusammenhang mit der einfachen linearen Regressionsanalyse berechnet werden können.

Test der Regressionskoeffizienten

Die im Rahmen der einfachen linearen Regressionsanalyse am häufigsten interessierende inhaltliche Hypothese betrifft den Regressionskoeffizienten b_1. Dabei soll geprüft werden, ob sich der Regressionskoeffizient der untersuchten Population von einem gegebenen Wert unterscheidet. Die Fragestellungen entsprechen dem statistischen Hypothesenpaar

$$H_1 : b_1 \neq b^* \quad H_0 : b_1 = b^*, \tag{7.27}$$

wobei einseitige Fragestellungen ebenso möglich sind. In der Praxis werden am häufigsten Hypothesenpaare mit $b^* = 0$ untersucht. Die Nullhypothese $H_0 : b_1 = 0$ entspricht dabei der Annahme, dass es zwischen Prädiktor und Zielvariable keinen Zusammenhang gibt.

Bei Gültigkeit der Nullhypothese

$$H_0 : b_1 = b^*$$

ist die Teststatistik

$$T_{B_1} = \frac{\hat{B}_1 - b^*}{S_{B_1}} \tag{7.28}$$

t-verteilt mit $n-2$ Freiheitsgraden. Dabei bezeichnet $\hat{B}_1$ die Punktschätzung des Regressionskoeffizienten, b^* den vorgegebenen festen Wert (zum Beispiel $b^* = 0$) und S_{B_1} die Punktschätzung des Standardfehlers der Schätzung. Die Realisierungen der Punktschätzung S_{B_1} erhält man als

$$s_{b_1} = \frac{\hat{s}_e}{\sqrt{(n-1) \cdot s_x^2}} \text{ mit } s_e^2 = \frac{1}{n-2}\sum_{i=1}^{n}(y_i - \hat{y}_i)^2. \tag{7.29}$$

Dabei ist die Reststreuung s_e^2 eine Realisierung der Punktschätzung der Varianz σ^2 der Residuen.

Testablauf

Bezeichnung des Tests:

Test des Regressionskoeffizienten b_1 (Modell I)

Statistische Hypothesen:

a. $H_1 : b_1 \neq b^*$ $\quad H_0 : b_1 = b^*$

b. $H_1 : b_1 > b^*$ $\quad H_0 : b_1 \leq b^*$

c. $H_1 : b_1 < b^*$ $\quad H_0 : b_1 \geq b^*$

- b_1: Unbekannter Regressionskoeffizient der Population
- b^*: Gegebener bekannter Wert

Wahl des Signifikanzniveaus:

- $\alpha = 0.05$ oder $\alpha = 0.01$ oder andere Wahl von α

Gegebene Daten:

- Messwertpaare (x_i, y_i), $i = 1, \ldots, n$
- n: Stichprobenumfang

Voraussetzungen (Modell I):

- Die Werte x_i, $i = 1,\ldots,n$ des Merkmals X sind fest vorgegeben.
- Die Messwerte y_i, $i = 1,\ldots,n$, sind metrische Realisierungen der Zufallsvariablen Y_i zu gegebenen Werten x_i.
- Zu beliebigen festen Werten x_i ist Y_i normalverteilt mit Erwartungswert $b_0 + b_1 \cdot x_i$ und Varianz σ^2.

Berechnung des Werts der Teststatistik:

- $\bar{x} = \frac{1}{n}\sum_{i=1}^{n} x_i$, $\bar{y} = \frac{1}{n}\sum_{i=1}^{n} y_i$, $s_x^2 = \frac{1}{n-1}\sum_{i=1}^{n}(x_i - \bar{x})^2$
- $s_{xy} = \frac{1}{n-1}\sum_{i=1}^{n}(x_i - \bar{x})\cdot(y_i - \bar{y})$
- $\hat{b}_1 = \frac{s_{xy}}{s_x^2}$: Punktschätzwert des Regressionskoeffizienten b_1
- $s_e^2 = \frac{1}{n-2}\sum_{i=1}^{n}\left(y_i - \hat{y}_i\right)^2$: Reststreuung in der Stichprobe
- $s_{b_1} = \frac{\hat{s}_e}{\sqrt{(n-1)\cdot s_x^2}}$: Standardfehler der Schätzung in der Stichprobe
- $t_{b_1} = \frac{\hat{b}_1 - b^*}{s_{b_1}}$: Wert der Teststatistik

Testentscheidung unter Verwendung des p-Werts:

a. Berechnung von $p = P\left(\left|T_{B_1}\right| \geq \left|t_{b_1}\right|\right)$

b. Berechnung von $p = P\left(T_{B_1} \geq t_{b_1}\right)$

c. Berechnung von $p = P\left(T_{B_1} \leq t_{b_1}\right)$

- $p < \alpha \rightarrow$ *Ablehnung von* H_0

Testentscheidung unter Verwendung des Quantils der t-Verteilung:

a. $\left|t_{b_1}\right| > t_{n-2,\,1-\alpha/2} \rightarrow$ *Ablehnung von* H_0

b. $t_{b_1} > t_{n-2,\,1-\alpha} \rightarrow$ *Ablehnung von* H_0

c. $t_{b_1} < t_{n-2,\alpha} \rightarrow$ *Ablehnung von* H_0

- $t_{n-2,\,1-\alpha/2}$, $t_{n-2,\,1-\alpha}$, $t_{n-2,\,\alpha}$: Quantile der t-Verteilung mit $n-2$ Freiheitsgraden (siehe Anhang B, Tabelle 3).

In Modell II ist X eine Zufallsvariable, die Werte x_i, $i = 1,\dots,n$ sind nicht fest vorgegeben. Eine zusätzliche Voraussetzung betrifft in diesem Fall die zweidimensionale Normalverteilung der Variablen X und Y. Der sonstige Testablauf unterscheidet sich nicht von Modell I.

Im **Beispiel** soll die einseitige Alternativhypothese

$$H_1 : b_1 > 0$$

untersucht werden (Version b des Testablaufs mit $b^* = 0$). Mit

$$\hat{b}_1 = 7.38,\ \hat{s}_e = 2.0 \text{ und } s_x^2 = 0.06$$

erhält man

$$t_{vs} = t_{b_1} = \frac{\hat{b}_1 - b^*}{s_{b_1}} = \frac{\hat{b}_1 - b^*}{\dfrac{\hat{s}_e}{\sqrt{(n-1)\cdot s_x^2}}} = \frac{7.38}{\dfrac{2.0}{\sqrt{23\cdot 0.06}}} = \frac{7.38}{1.7} = 4.34\,.$$

Zur Testentscheidung kann der mit Hilfe eines Computerprogramms berechnete p-Wert

$$p = P(T_{B_1} \geq 4.34) = 1.3\cdot 10^{-4}$$

oder der Wert des Quantils der t-Verteilung

$$t_{22,0.95} = 1.717$$

(siehe Anhang B, Tabelle 3) herangezogen werden. Wegen

$$p = 1.3\cdot 10^{-4} < 0.05 \text{ bzw. } t = 4.34 > 1.717$$

ist die Nullhypothese abzulehnen, ein signifikanter positiver Regressionskoeffizient zwischen den Merkmalen Fließgeschwindigkeit und Sauerstoffkonzentration kann nachgewiesen werden. Im hier vorliegenden Modell II der einfachen linearen Regressionsanalyse ist das Ergebnis dieses Tests identisch mit dem Ergebnis des Tests der Nullhypothese $H_0 : \rho = 0$ (siehe Abschnitt 7.1.2).

Tests über die Regressionskonstante b_0 werden in der Praxis seltener durchgeführt. Sie basieren auf einem analogen Vorgehen zum hier vorgestellten Test (siehe Storm, 2007).

Konfidenzintervalle für die Regressionskoeffizienten

Konfidenzintervalle für die Regressionskoeffizienten können ebenfalls auf der Grundlage der t-Verteilung konstruiert werden. Für den Regressionskoeffizienten b_1 kann folgendes Konfidenzintervall bestimmt werden:

Formel

$$P\left(\hat{B}_1 - S_{\hat{B}_1} \cdot t_{n-2,1-\alpha/2} < b_1 < \hat{B}_1 + S_{\hat{B}_1} \cdot t_{n-2,1-\alpha/2}\right) = 1-\alpha \qquad (7.30)$$

$$G_u = \hat{B}_1 - S_{\hat{B}_1} \cdot t_{n-2,1-\alpha/2}$$

$$G_o = \hat{B}_1 + S_{\hat{B}_1} \cdot t_{n-2,1-\alpha/2}$$

- b_1: Regressionskoeffizient in der Population
- $[G_u, G_o]$: $(1-\alpha)$-Konfidenzintervall für den Regressionskoeffizienten
- G_u: Untere Grenze des $(1-\alpha)$-Konfidenzintervalls
- G_o: Obere Grenze des $(1-\alpha)$-Konfidenzintervalls
- $\hat{B}_1$: Punktschätzung für b_1 nach der Methode der kleinsten Quadrate
- $S_{\hat{B}_1}$: Punktschätzung für den Standardfehler der Schätzung
- $(1-\alpha)$: Konfidenzniveau
- $t_{n-2,1-\alpha/2}$: $(1-\alpha)$-Quantil der t-Verteilung mit $n-2$ Freiheitsgraden
- n: Stichprobenumfang

Auf der Grundlage von Formel (7.30) können im **Anwendungsbeispiel** die folgenden Grenzen für das 0.95-Konfidenzintervall ermittelt werden:

$$g_u = 7.38 - 1.7 \cdot 2.074 = 3.85,\ g_o = 7.38 + 1.7 \cdot 2.074 = 10.91.$$

Analog konstruierte Konfidenzintervalle für b_0 werden von Storm (2007) angegeben.

Konfidenzband für die Regressionsgerade

Für einen festen Wert x_0 kann ein Konfidenzintervall für den Erwartungswert von Y an dieser Stelle x_0 konstruiert werden. Damit kann ein Konfidenzband für die Regressionsgerade $f(x) = b_0 + b_1 \cdot x$ angegeben werden. Die Realisierungen dieses Konfidenzbandes für einen gegebenen Wert x_0 sind in Formel (7.31) angegeben.

Formel

$$g_u(x_0) = \hat{y} - s_{\hat{y}} \cdot t_{n-2,1-\alpha/2} \qquad g_o(x_0) = \hat{y} + s_{\hat{y}} \cdot t_{n-2,1-\alpha/2} \qquad (7.31)$$

- $g_u(x_0)$: Realisierung der unteren Grenze des $(1-\alpha/2)$-Konfidenzbandes in der Stichprobe für einen gegebenen Wert x_0
- $g_o(x_0)$: Realisierung der oberen Grenze des $(1-\alpha/2)$-Konfidenzbandes in der Stichprobe für einen gegebenen Wert x_0
- $x_0 \in [x_{\min}, x_{\max}]$

- $s_{\hat{y}} = s_e \cdot \sqrt{\frac{1}{n} + \frac{(x_0 - \overline{x})^2}{(n-1) \cdot s_x^2}}$
- $\hat{y} = \hat{b}_0 + \hat{b}_1 \cdot x_0$
- $\overline{x}, s_x$: Mittelwert und Standardabweichung von X in der Stichprobe
- s_e: Standardabweichung der Residuen in der Stichprobe
- $t_{n-2,1-\alpha/2}$: Quantil der t-Verteilung mit $n-2$ Freiheitsgraden (siehe Anhang B, Tabelle 3)
- n: Stichprobenumfang

Mit

$$\hat{s} = 2.72 + 7.38 \cdot v_0,\ \overline{v} = 0.6,\ s_v^2 = 0.06,\ s_e = 2.0,\ n = 24 \text{ und } t_{22,0.975} = 2.074$$

erhält man im **Anwendungsbeispiel** die in ►Tabelle 7.11 angegebenen Grenzen des Konfidenzbandes der Regressionsgerade für vorgegebene Werte der Fließgeschwindigkeit.

v_0	$\hat{s}$	$s_{\hat{s}}$	$g_u(v_0)$	$g_o(v_0)$	$g_o(v_0) - g_u(v_0)$
0.4	5.672	0.532	4.57	6.78	2.21
0.6	7.148	0.408	6.30	8.00	1.70
0.8	8.624	0.532	7.52	9.73	2.21
1.0	10.100	0.794	8.45	11.75	3.30

Tabelle 7.11: Grenzen des Konfidenzbandes für die Regressionsgerade zu vorgegebenen Fließgeschwindigkeiten im Anwendungsbeispiel.

Schon aus den wenigen berechneten Werten wird deutlich, dass die Breite des Konfidenzbandes zunimmt, je weiter der Wert v_0 betragsmäßig vom Mittelwert $\overline{v} = 0.6$ entfernt ist. Dieses Ergebnis ist dadurch zu erklären, dass die Differenz von v_0 und $\overline{v}$ in die Berechnung von $s_{\hat{s}}$ quadratisch eingeht. Für die Breite des berechneten Konfidenzbandes ergibt sich daraus der minimale Wert an der Stelle $v_0 = 0.6$. Mit wachsendem Abstand von v_0 zu $\overline{v}$ nimmt die Breite des Konfidenzbandes zu. Daraus resultieren Konfidenzgrenzen, die in Abhängigkeit vom vorgegebenen Wert v_0 eine Hyperbelform aufweisen (►Abbildung 7.10).

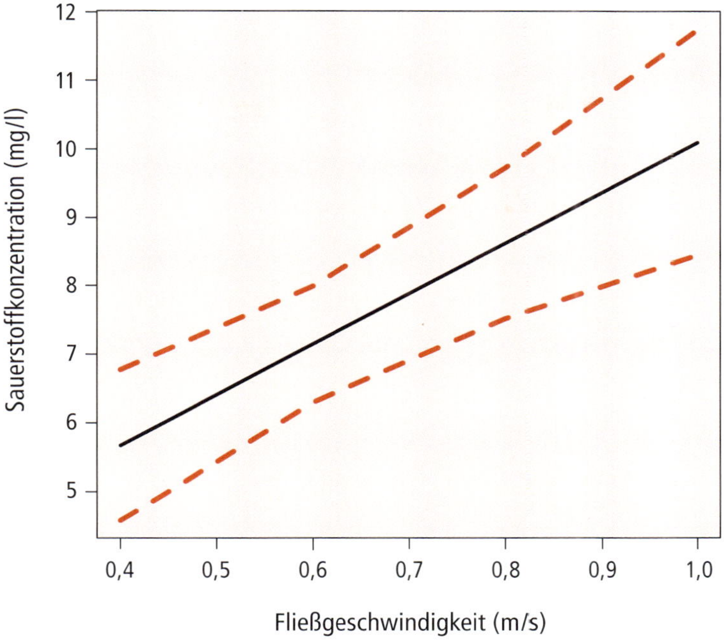

Abbildung 7.10: Grenzen des Konfidenzbandes für die Regressionsgerade zu vorgegebenen Fließgeschwindigkeiten.

Vorhersageintervalle für die Zielvariable

Eine im Vergleich zum vorherigen Abschnitt andere Aufgabenstellung besteht in der Angabe von Vorhersageintervallen für die Zielvariable zu einem vorgegebenen Wert x_0 des Prädiktors.

Formel

$$vi_u(x_0) = \hat{y} - s_{vi} \cdot t_{n-2,1-\alpha/2} \qquad vi_o(x_0) = \hat{y} + s_{vi} \cdot t_{n-2,1-\alpha/2} \tag{7.32}$$

- $vi_u(x_0)$: Realisierung der unteren Grenze des $(1-\alpha/2)$-Vorhersageintervalls für einen gegebenen Wert x_0
- $vi_o(x_0)$: Realisierung der oberen Grenze des $(1-\alpha/2)$-Vorhersageintervalls für einen gegebenen Wert x_0
- $x_0 \in [x_{\min}, x_{\max}]$
- $s_{vi} = s_e \cdot \sqrt{1 + \frac{1}{n} + \frac{(x_0 - \overline{x})^2}{(n-1) \cdot s_x^2}}$
- $\hat{y} = \hat{b}_0 + \hat{b}_1 \cdot x_0$
- $\overline{x}, s_x$: Mittelwert und Standardabweichung von X in der Stichprobe
- s_e: Standardabweichung der Residuen in der Stichprobe

- $t_{n-2,1-\alpha/2}$: Quantil der t-Verteilung mit $n-2$ Freiheitsgraden (siehe Anhang B, Tabelle 3)
- n: Stichprobenumfang

Das Vorhersageintervall nach Formel (7.32) ist so konstruiert, dass es künftige Beobachtungen an der Stelle x_0 mit der Wahrscheinlichkeit $1-\alpha$ enthält. Im Unterschied zu dem Konfidenzband nach Formel (7.31) wird hier ein Intervall für die Werte der Zielgröße angegeben, nicht für ihren Erwartungswert an einer vorgegebenen Stelle. Deshalb ist nachvollziehbar, dass die Breite des Vorhersageintervalls größer sein muss als die Breite des Konfidenzbandes.

Die Vorhersage von Werten der Zielvariablen sowie die Angabe von entsprechenden Vorhersageintervallen ist, analog zum Konfidenzintervall, nur dann sinnvoll möglich, wenn der Wert x_0 innerhalb des zur Berechnung der Regressionsgerade verwendeten Messwertebereichs von X liegt, das heißt wenn

$$x_0 \in \left[x_{\min}, x_{\max}\right]$$

gilt. Für eine Vorhersage außerhalb dieses Bereichs müsste man unterstellen, dass sich der Funktionstyp und die Parameter der Regressionsgeraden außerhalb des Intervalls $\left[x_{\min}, x_{\max}\right]$ nicht verändern, was in praktischen Untersuchungen nur selten begründet angenommen werden kann.

Mit

$$\hat{s} = 2.72 + 7.38 \cdot v_0,\ \overline{v} = 0.6,\ s_v^2 = 0.06,\ s_e = 2.0,\ n = 24 \text{ und } t_{22,0.975} = 2.074$$

erhält man im **Anwendungsbeispiel** die in ►Tabelle 7.12 angegebenen Grenzen der Vorhersageintervalle für die Sauerstoffkonzentration bei vorgegebenen Werten der Fließgeschwindigkeit.

v_0	$\hat{s}$	s_{vi}	$vi_u(v_0)$	$vi_o(v_0)$	$vi_o(v_0) - vi_u(v_0)$
0.4	5.672	2.069	1.38	9.96	8.58 [1]
0.6	7.148	2.041	2.91	11.38	8.47
0.8	8.624	2.069	4.33	12.92	8.59
1.0	10.100	2.192	5.55	14.65	9.10

Tabelle 7.12: Grenzen der Vorhersageintervalle für die Sauerstoffkonzentration zu vorgegebenen Fließgeschwindigkeiten im Anwendungsbeispiel.

Auch für die Vorhersageintervalle wird deutlich, dass die Breite der Intervalle zunimmt, je weiter der Wert v_0 betragsmäßig vom Mittelwert $\overline{v} = 0.6$ entfernt ist. Dieses Ergebnis ist, analog zu den Konfidenzintervallen für die Regressionsgerade, dadurch zu erklären, dass die Differenz von v_0 und $\overline{v}$ in die Berechnung von s_{vi} quadratisch eingeht. Allerdings ist der Einfluss der Differenz für die Berechnung der Vorhersageintervalle nach Formel (7.32) deutlich geringer als für die Berechnung der Konfidenzintervalle nach

Formel (7.31). Für die Breite des berechneten Vorhersageintervalls ergibt sich daraus der minimale Wert an der Stelle $v_0 = 0.6$. Mit wachsendem Abstand von v_0 zu $\overline{v}$ nimmt die Breite des Intervalls zu. Daraus resultieren Intervallgrenzen, die in Abhängigkeit vom vorgegebenen Wert v_0 eine Hyperbelform aufweisen (►Abbildung 7.11), deren Krümmung aber deutlich schwächer ist als bei den Konfidenzgrenzen in Abbildung 7.10.

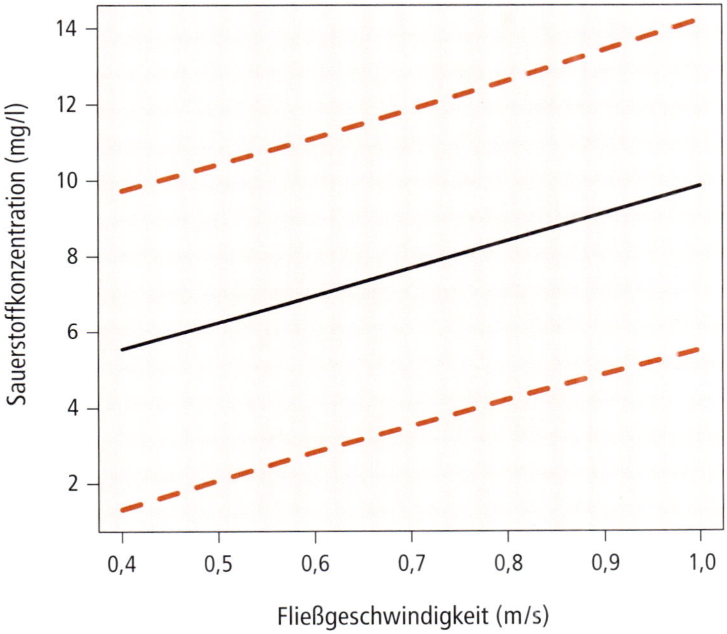

Abbildung 7.11: Grenzen der Vorhersageintervalle für die Sauerstoffkonzentration zu vorgegebenen Fließgeschwindigkeiten im Anwendungsbeispiel.

7.5 Partielle Korrelationsanalyse

In Abschnitt 7.1.2 war als eine Möglichkeit der Entstehung von Scheinkorrelationen zwischen zwei Variablen X und Y die mögliche Wirkung einer Störvariablen Z beschrieben worden. Dabei beeinflusst die Störvariable beide in die Korrelationsanalyse einbezogenen Variablen, wodurch ein starker, gegebenenfalls signifikanter Zusammenhang resultieren kann. Die Methode der partiellen Korrelationsanalyse hat das Ziel, den Einfluss der Störvariablen aus dem untersuchten Zusammenhang zu eliminieren. Im Ergebnis ergibt sich der partielle Korrelationskoeffizient als ein Maß für den Zusammenhang der untersuchten Variablen bei Ausschaltung des Einflusses der Störvariablen.

Im **Anwendungsbeispiel** wird inhaltlich ein schwacher, positiver Zusammenhang zwischen den Variablen N: Nitratkonzentration und P: Phosphatkonzentration erwartet, da beide Substanzen oft gemeinsam (zum Beispiel durch Düngung in Gebieten mit Landwirtschaft) ins Abwasser gelangen. In der Stichprobe wird ein signifikanter Zusammenhang zwischen den beiden Parametern festgestellt, dessen Stärke wesentlich höher ist als erwartet (siehe Streudiagramm in ►Abbildung 7.12). Die erfassten Merkmalskonzentrationen von Nitrat und Phosphat nehmen mit wachsender Entfernung der Messpunkte von der Quelle des jeweiligen Flusses zu (siehe ►Abbildung 7.13 und ►Abbildung 7.14). Es soll untersucht werden, ob bzw. in welchem Maße der zwischen den Variablen bestehende Zusammenhang auch dann besteht, wenn die Variable Q: Entfernung von der Quelle aus beiden Variablen und damit aus dem Zusammenhang der Merkmale auspartialisiert wird.

Prinzipielle Überlegungen

Die grundlegenden Prinzipien und Vorgehensweisen der partiellen Korrelationsanalyse sollen am vorliegenden **Datenbeispiel** veranschaulicht werden. Die bivariaten Produkt-Moment-Korrelationskoeffizienten der Variablen sind in ►Tabelle 7.13 zusammengefasst.

	X: Nitratkonzentration	Y: Phosphatkonzentration	Z: Entfernung von der Quelle
X: Nitratkonzentration	1	0.862	0.960
Y: Phosphatkonzentration		1	0.846
Z: Entfernung von der Quelle			1

Tabelle 7.13: Produkt-Moment-Korrelationskoeffizienten im Anwendungsbeispiel.

Bei der Korrelationsanalyse der Konzentrationen der beiden Substanzen ergibt sich ein Korrelationskoeffizient

$$r_{np} = 0.862$$

(siehe dazu Abschnitt 7.1.2). Die grafische Darstellung des Streudiagramms der beiden Variablen erhärtet die Annahme eines starken linearen Zusammenhangs (Abbildung 7.12).

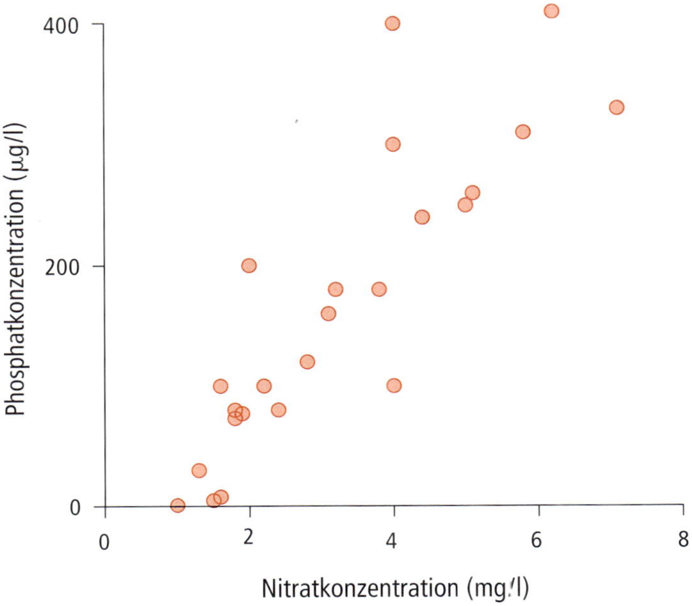

Abbildung 7.12: Streudiagramm der Variablen Nitratkonzentration und Phosphatkonzentration.

Die Ursache für den entgegen der inhaltlichen Erwartung sehr starken Zusammenhang kann in einer Scheinkorrelation durch die Wirkung einer Drittvariablen liegen. Dabei gibt es keine Möglichkeit, aus den vorliegenden Daten oder Diagrammen Schlussfolgerungen auf die tatsächlichen Zusammenhänge der untersuchten Variablen bzw. auf die Wirkung einer Drittvariablen zu ziehen. Eventuelle Störvariablen können nur durch inhaltliche Überlegungen identifiziert und danach bezüglich ihrer Auswirkung auf den zu untersuchenden Zusammenhang analysiert werden.

Im vorliegenden **Beispiel** ist der Einfluss der Entfernung von der Quelle zu untersuchen, weil bekannt ist, dass die Konzentrationen der beiden Substanzen generell mit wachsendem Abstand von der Quelle zunehmen. Somit muss davon ausgegangen werden, dass auch die Belastungen durch Nitrat und Phosphat mit wachsendem Abstand der Messpunkte von der Quelle des jeweiligen Flusses zunehmen und dadurch eine Scheinkorrelation entstanden sein könnte.

Abbildung 7.13 und Abbildung 7.14 veranschaulichen, dass die Werte beider Merkmale sehr stark mit der Entfernung des jeweiligen Messpunktes von der Quelle zunehmen ($r_{nq} = 0.96$ bzw. $r_{pq} = 0.846$).

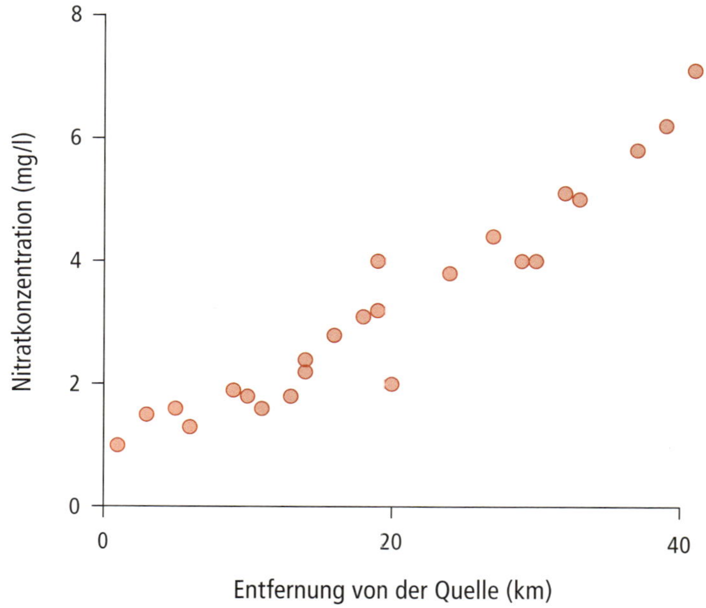

Abbildung 7.13: Streudiagramm der Variablen Nitratkonzentration und Entfernung von der Quelle.

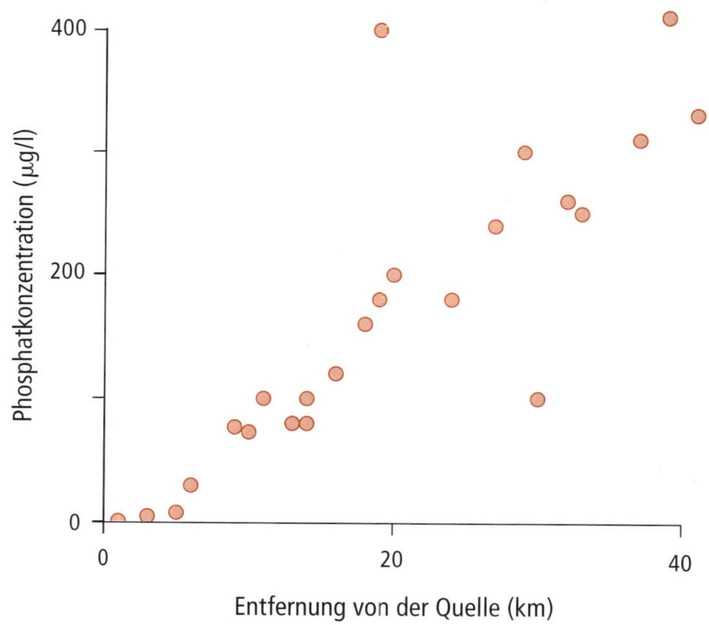

Abbildung 7.14: Streudiagramm der Variablen Phosphatkonzentration und Entfernung von der Quelle.

Mit der Methode der partiellen Korrelationsanalyse können lineare Zusammenhänge zwischen zwei Variablen *X* und *Y* bei Ausschaltung des Einflusses einer Störvariablen *Z* untersucht werden. Das Prinzip der Vorgehensweise besteht in der Korrelationsanalyse von Regressionsresiduen. Die Residualvariablen ergeben sich im Ergebnis von linearen Regressionsanalysen, in denen die Abhängigkeit der beiden zu untersuchenden Variablen *X* bzw. *Y* von der Störvariablen *Z* modelliert wird.

Im Beispiel wird zunächst durch lineare Regressionsgeraden der Einfluss der Störvariablen Entfernung von der Quelle auf die Nitrat- bzw. Phosphatkonzentration beschrieben (►Abbildung 7.15 und ►Abbildung 7.16).

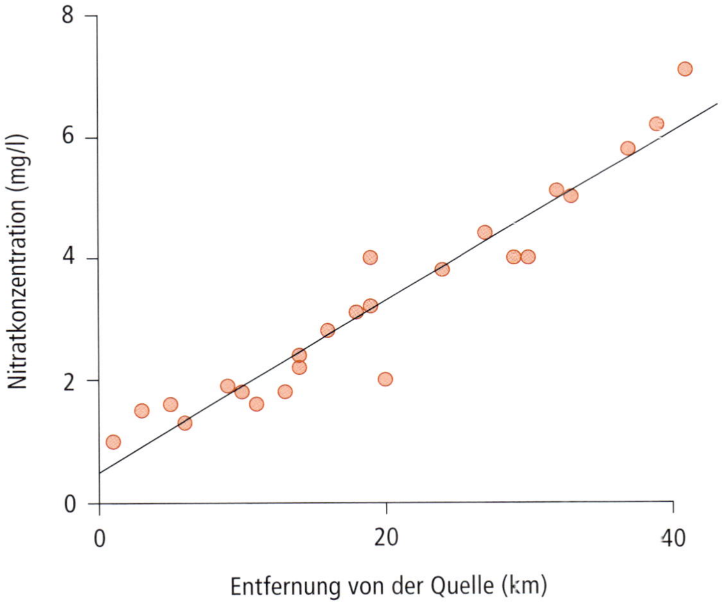

Abbildung 7.15: Regressionsanalyse für Nitratkonzentration.

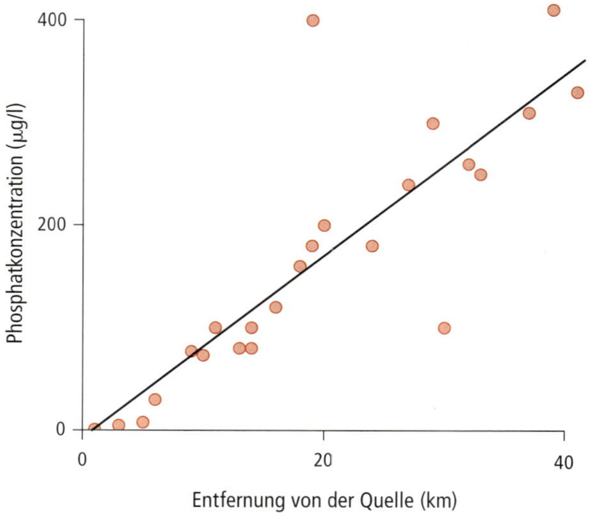

Abbildung 7.16: Regressionsanalyse für Phosphatkonzentration.

Um die Abhängigkeit der Konzentrationen von der Drittvariablen Z aus den Daten zu eliminieren, werden die Residuen dieser linearen Regressionen berechnet. Die Residuen X_{res} und Y_{res} enthalten die Anteile von X und Y, die nicht durch Z beeinflusst werden. Die Realisierungen x_{res_i} und y_{res_i} $(i = 1,\dots,n)$ erhält man als Differenz der Messwerte und der Schätzwerte auf der Regressionsgerade:

$$x_{res_i} = x_i - \hat{x}_i, \quad y_{res_i} = y_i - \hat{y}_i, \quad i = 1,\dots,n.$$

Für das **Anwendungsbeispiel** sind die Residuen in ►Abbildung 7.17 bzw. in ►Abbildung 7.18 dargestellt.

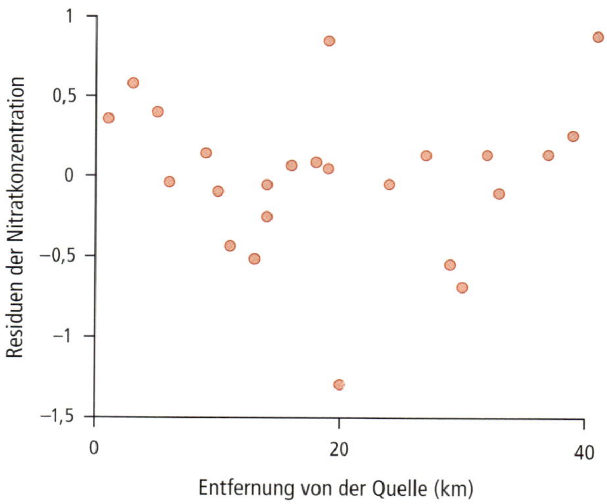

Abbildung 7.17: Residuen der Nitratkonzentration.

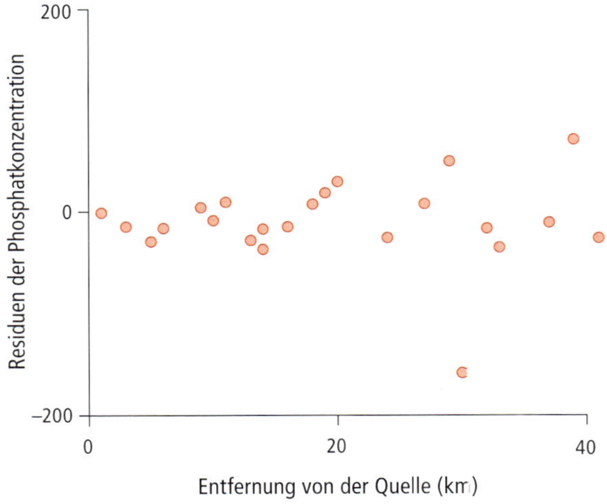

Abbildung 7.18: Residuen der Phosphatkonzentration.

Wenn es *unabhängig* von der Entfernung zur Quelle einen starken linearen Zusammenhang der Belastungen mit den Substanzen geben würde, müsste sich ein hoher Korrelationskoeffizienten der Residuen ergeben, deren Streudiagramm in ►Abbildung 7.19 abgebildet ist.

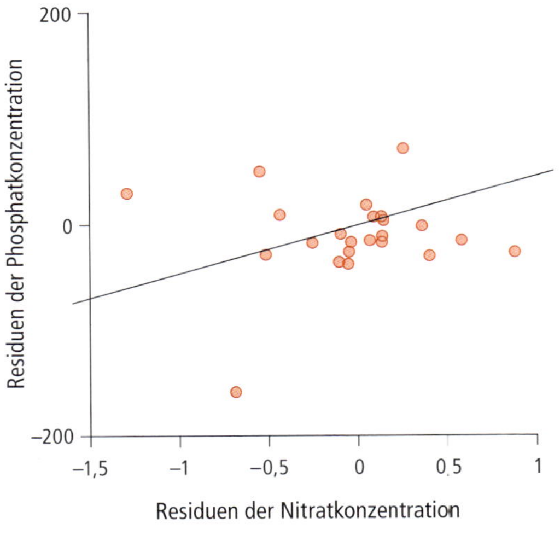

Abbildung 7.19: Streudiagramm (mit Regressionsgerade) der Residuen der Nitratkonzentration und der Phosphatkonzentration.

Im Beispiel ergibt sich die vom Einfluss der Störvariablen Q bereinigte Korrelation zwischen N und P als die Korrelation der Residuen N_{res} und P_{res} mit

$$r_{N_{res}P_{res}} = 0.34.$$

Aus diesem Korrelationskoeffizienten und aus Abbildung 7.19 wird deutlich, dass zwischen den Residuen ein deutlich schwächerer Zusammenhang besteht als zwischen den Ausgangsvariablen Nitratkonzentration und Phosphatkonzentration. Man kann deshalb schlussfolgern, dass der im **Beispiel** ursprünglich festgestellte sehr starke Zusammenhang der Belastungen durch die beiden Substanzen weitgehend auf die Entfernung von der Quelle zurückzuführen ist. Unabhängig von der Entfernung von der Quelle korrelieren die beiden Konzentrationen nur gering. Ob die berechnete partielle Korrelation statistisch signifikant ist, kann mit dem im folgenden Kapitel dargestellten Test geprüft werden.

Berechnung und Signifikanztest des partiellen Korrelationskoeffizienten

Für die partiellen Korrelationskoeffizienten von zwei Variablen X und Y bei Auspartialisieren des linearen Einflusses einer Störvariablen Z werden analog zur Korrelationsanalyse folgende Bezeichnungen verwendet:

$\rho_{XY.Z}$: Partieller Korrelationskoeffizient in der Grundgesamtheit,

$R_{XY.Z}$: Punktschätzung für $\rho_{XY.Z}$,

$r_{xy.z}$: Punktschätzwert (Realisierung von $R_{XY.Z}$ in der Stichprobe).

Voraussetzung für die Berechnung des partiellen Korrelationskoeffizienten ist das Vorliegen aller paarweisen Produkt-Moment-Korrelationskoeffizienten r_{xy}, r_{yz} und r_{xz}. Der Punktschätzwert des partiellen Korrelationskoeffizienten $r_{xy.z}$ in einer gegebenen Stichprobe lässt sich auf dieser Grundlage nach folgender Formel berechnen:

Formel

$$r_{xy.z} = \frac{r_{xy} - r_{xz} \cdot r_{yz}}{\sqrt{\left(1 - r_{xz}^2\right) \cdot \left(1 - r_{yz}^2\right)}} \quad (7.33)$$

- $r_{xy.z}$: Partieller Korrelationskoeffizient der Variablen X und Y bei Auspartialisieren der Variablen Z in der Stichprobe
- r_{xy}, r_{xz}, r_{yz}: Produkt-Moment-Korrelationskoeffizienten der Variablen X, Y und Z in der Stichprobe

Analog zur einfachen Korrelationsanalyse ist mit der partiellen Korrelationsanalyse die Frage zu untersuchen, ob es nach Ausschalten des Einflusses der Störvariablen Z einen linearen Zusammenhang der Variablen X und Y gibt. Die Teststatistik

$$T_{XY.Z} = \frac{R_{XY.Z} \cdot \sqrt{n-3}}{\sqrt{1 - R_{XY.Z}^2}} \quad (7.34)$$

ist bei Gültigkeit der Nullhypothese t-verteilt mit $n-3$ Freiheitsgraden, wobei mit n der Stichprobenumfang bezeichnet wird. Mit $R_{XY.Z}$ wird die Punktschätzung des partiellen Korrelationskoeffizienten der Variablen X und Y bei Ausschalten des Einflusses von Z bezeichnet, mit n wird der Stichprobenumfang gekennzeichnet. Voraussetzung für die Anwendung des Tests ist (analog zur einfachen Korrelationsanalyse) die multivariate Normalverteilung der beteiligten Variablen.

Testablauf

Bezeichnung des Tests:

Test des partiellen Korrelationskoeffizienten

Statistische Hypothesen:

a. $H_1 : \rho_{XY.Z} \neq 0 \quad H_0 : \rho_{XY.Z} = 0$

b. $H_1 : \rho_{XY.Z} > 0 \quad H_0 : \rho_{XY.Z} \leq 0$

c. $H_1 : \rho_{XY.Z} < 0 \quad H_0 : \rho_{XY.Z} \geq 0$

- $\rho_{XY.Z}$: Unbekannter partieller Korrelationskoeffizient der Population

Wahl des Signifikanzniveaus:

- $\alpha = 0.05$ oder $\alpha = 0.01$ oder andere Wahl von α

Gegebene Daten:

- Messwerte (x_i, y_i, z_i), $i = 1,\ldots,n$
- n: Stichprobenumfang

Voraussetzungen:

- Die Messwerte (x_i, y_i, z_i), $i = 1,\ldots,n$ sind metrische Realisierungen der Zufallsvariablen X, Y und Z.
- Die Variablen X, Y und Z sind in der Population jeweils paarweise zweidimensional normalverteilt.

Berechnung des Werts der Teststatistik:

- Berechnung der paarweisen Produkt-Moment-Korrelationskoeffizienten r_{xy}, r_{yz} und r_{xz} nach Formel (7.4)

- $r_{xy.z} = \dfrac{r_{xy} - r_{xz} \cdot r_{yz}}{\sqrt{\left(1 - r_{xz}^2\right) \cdot \left(1 - r_{yz}^2\right)}}$: Partieller Korrelationskoeffizient in der Stichprobe
- $t_{xy.z} = \dfrac{r_{xy.z} \cdot \sqrt{n-3}}{\sqrt{1 - r_{xy.z}^2}}$: Wert der Teststatistik

Testentscheidung unter Verwendung des p-Werts:

a. Berechnung von $p = P\left(\left|T_{XY.Z}\right| \geq \left|t_{xy.z}\right|\right)$

b. Berechnung von $p = P\left(T_{XY.Z} \geq t_{xy.z}\right)$

c. Berechnung von $p = P\left(T_{XY.Z} \leq t_{xy.z}\right)$

- $p < \alpha \rightarrow$ *Ablehnung von* H_0

Testentscheidung unter Verwendung des Quantils der t-Verteilung:

a. $\left|t_{xy.z}\right| > t_{n-3,\,1-\alpha/2} \rightarrow$ *Ablehnung von* H_0

b. $t_{xy.z} > t_{n-3,\,1-\alpha} \rightarrow$ *Ablehnung von* H_0

c. $t_{xy.z} < t_{n-3,\alpha} \rightarrow$ *Ablehnung von* H_0

- $t_{n-3,\,1-\alpha/2}, t_{n-3,\,1-\alpha}, t_{n-3,\,\alpha}$: Quantile der t-Verteilung mit $n-3$ Freiheitsgraden (siehe Anhang B, Tabelle 3).

Im **Beispiel** kann aus inhaltlichen Gründen nach Ausschalten des Einflusses der Entfernung von der Quelle ein schwacher positiver Zusammenhang der Belastungen mit Nitrat und Phosphat vermutet werden. Es gibt keine Anhaltspunkte für einen negativen Zusammenhang in der Population. Deshalb soll die einseitige Alternativhypothese

$$H_1 : \rho_{NP.Q} > 0$$

(Version b des Testablaufs) untersucht werden ($\alpha = 0.05$). Unter Verwendung der Produkt-Moment-Korrelationskoeffizienten aus Tabelle 7.13 erhält man

$$r_{np.q} = \frac{0.862 - 0.96 \cdot 0.846}{\sqrt{\left(1 - 0.96^2\right) \cdot \left(1 - 0.846^2\right)}} = 0.33\,.$$

Gegenüber dem ursprünglichen Korrelationskoeffizienten der Variablen *N*: Nitratkonzentration und *P*: Phosphatkonzentration von $r_{xy} = 0.86$ ist der partielle Korrelationskoeffizient deutlich kleiner. Der Wert der Teststatistik ergibt sich als:

$$t_{np.q} = \frac{0.33 \cdot \sqrt{24-3}}{\sqrt{1 - 0.33^2}} = 1.6\,.$$

Zur Testentscheidung kann der mit Hilfe eines Computerprogramms berechnete p-Wert

$$p = P(T_{NP.Q} \geq 1.6) = 0.058$$

oder der Wert des Quantils der t-Verteilung

$$t_{21,0.95} = 1.721$$

(siehe Anhang B, Tabelle 3) herangezogen werden. Wegen

$$p = 0.058 > 0.05 \text{ bzw. } t = 1.6 < 1.721$$

kann die Nullhypothese nicht abgelehnt werden, ein signifikanter positiver Zusammenhang der Merkmale Nitratkonzentration und Phosphatkonzentration kann nach Ausschalten des Einflusses der Entfernung von der Quelle nicht nachgewiesen werden.

Der in diesem Abschnitt dargestellte Test zum Nachweis der linearen Abhängigkeit von zwei Variablen bei Auspartialisieren einer Störvariablen wird im Rahmen der partiellen Korrelationsanalyse am häufigsten verwendet. Daneben existieren jedoch weitere spezielle Tests (zum Beispiel der Alternativhypothese $H_1 : \rho_{XY.Z} \neq \rho_0$), deren Teststatistiken die nach Formel (7.5) Z-transformierten Korrelationskoeffizienten benutzen. Weiterführende Koeffizienten und Tests (z.B. für die Ausschaltung des Einflusses von mehreren Störvariablen oder für die Ausschaltung des Einflusses von Störvariablen nur auf eine der beiden zu untersuchenden Variablen) geben zum Beispiel Hartung et al. (2009) an.

7.6 Multiple lineare Regression

Die multiple lineare Regression gewinnt in der bio- und umweltwissenschaftlichen Forschung zunehmend an Bedeutung, seitdem entsprechende Softwareprogramme für die Datenauswertung zur Verfügung stehen. Während es in Laboruntersuchungen noch relativ häufig durch geeignete Versuchsplanung möglich ist, in einem Experiment die Auswirkung von *einem* Prädiktor auf die Zielvariable zu untersuchen, ist es für Feldversuche typisch, dass die Zielvariable von *mehreren* Prädiktoren gleichzeitig beeinflusst wird.

Im **Anwendungsbeispiel** soll die Forschungshypothese untersucht werden, dass die Zielvariable Sauerstoffkonzentration gleichzeitig von den drei Prädiktoren Fließgeschwindigkeit, Wassertemperatur und Entfernung von der Quelle beeinflusst wird. Dabei kann vermutet werden, dass alle drei Prädiktoren die Sauerstoffkonzentration beeinflussen.

Häufig bestehen Fragestellungen darin, aus einer großen Anzahl von Prädiktorvariablen diejenigen auszuwählen, die zur Vorhersage der Zielvariablen optimal geeignet sind, oder den Vorhersagegehalt von inhaltlich strukturierten Merkmalsmengen zu untersuchen. Die Methode der multiplen linearen Regressionsanalyse liefert dazu das geeignete Analyseinstrument.

Die vorzustellende Auswertungsmethode ist sehr komplex, woraus sich komplizierte Formeln und aufwändige Rechenvorschriften ergeben. Die Berechnungen sind nur unter Verwendung von Statistik-Software sinnvoll möglich. Deshalb soll in diesem Abschnitt auf die Angabe von konkreten Formeln und von Berechnungs- oder Testabläufen weitgehend verzichtet werden. Stattdessen sollen die grundsätzlichen Prinzipien und Vorgehensweisen anhand der Beispieldaten erläutert werden, wobei die konkreten Ergebnisse der Programme benutzt werden (siehe **MyLab|Biostatistik**).

In diesem Kapitel wird davon ausgegangen, dass die Zielvariable intervallskaliert ist. Ein Sonderfall der multiplen Regressionsanalyse besteht in der logistischen multiplen Regressionsanalyse. Dabei kann die Zielvariable zwei mögliche Ausprägungen annehmen, beispielsweise krank/gesund oder Schädlingsbefall/kein Schädlingsbefall. Anwendungsorientierte Einführungen in diese hier nicht behandelte Methode geben Daniel (2018), Kreienbrock & Schach (2005) sowie Rudolf & Buse (2020).

7.6.1 Modell und Voraussetzungen

Modell der multiplen linearen Regressionsanalyse

In der multiplen Regressionsanalyse geht man zur Untersuchung der Abhängigkeit einer Zielvariablen Y von k Prädiktoren $X_1, X_2, \ldots, X_k$ von gegebenen Werten $(x_{1i}, x_{2i}, \ldots, x_{ki}, y_i), i = 1, \ldots, n$ aus. Dabei setzt man voraus, dass sich jeder Messwert y_i der Zielvariablen in der Form

$$y_i = f(x_{1i}, x_{2i}, \ldots, x_{ki}) + e_i \ (i = 1, \ldots, n) \tag{7.35}$$

darstellen lässt.

Definition

Die Funktion f aus (7.35) heißt multiple Regressionsfunktion, die Störgröße e_i kennzeichnet den Versuchsfehler (das Residuum) bei der i-ten Untersuchungseinheit.

Im Fall der multiplen linearen Regression beschreibt die lineare Regressionsfunktion f einen linearen Zusammenhang zwischen k Prädiktoren und der Zielvariablen:

$$f(X_1, X_2, \ldots, X_k) = b_0 + b_1 \cdot X_1 + b_2 \cdot X_2 + \ldots + b_k \cdot X_k.$$

Damit erhält man für gegebene Messwerte $(x_{1i}, x_{2i}, \ldots, x_{ki}, y_i), i = 1, \ldots, n$ das Modell der multiplen linearen Regression nach Formel (7.36):

Formel

$$y_i = b_0 + b_1 \cdot x_{1i} + b_2 \cdot x_{2i} + \ldots + b_k \cdot x_{ki} + e_i = b_0 + \sum_{j=1}^{k} b_j \cdot x_{ji} + e_i \,(i = 1, \ldots, n) \quad (7.36)$$

- y_i: Wert der Zielvariablen bei der i-ten Untersuchungseinheit
- $x_{1i}, x_{2i}, \ldots, x_{ki}$: Werte der Prädiktoren bei der i-ten Untersuchungseinheit
- e_i: Residuum (Versuchsfehler) der i-ten Untersuchungseinheit
- b_0: Regressionskoeffizient (Regressionskonstante)
- $b_1, b_2, \ldots, b_k$: Regressionskoeffizienten

Mit dem Modell nach Formel (7.36) wird ausgedrückt, dass jeder Messwert y_i der Zielvariablen durch einen linearen Zusammenhang aus den Werten $x_{1i}, x_{2i}, \ldots, x_{ki}$ der Prädiktoren und einen zufälligen Fehler e_i bei dieser Untersuchungseinheit erklärt werden kann. Dabei sind die Regressionskoeffizienten $b_0, b_1, \ldots, b_k$ unbekannt und müssen aus den gegebenen Daten geschätzt werden. Auf die Schätzung dieser Koeffizienten mit der Methode der kleinsten Quadrate wird in Abschnitt 7.6.2 eingegangen.

Im Rahmen der multiplen linearen Regressionsanalyse geht man davon aus, dass die Werte der unabhängigen Variablen fest vorgegeben sind (Modell I, siehe Abschnitt 7.4.1), wobei zufällige Schwankungen zum Beispiel durch Messungenauigkeiten nicht völlig ausgeschlossen werden können. In der Praxis können die Werte der unabhängigen Variablen oft nicht vorgegeben werden (Modell II). Sie ergeben sich als Realisierungen von Zufallsvariablen. So können im hier betrachteten **Anwendungsbeispiel** die Fließgeschwindigkeit und die Wassertemperatur nicht fest vorgegeben werden. Ähnlich wie bei der einfachen linearen Regression werden die Daten in Modell II mit den gleichen Methoden wie in Modell I ausgewertet. Deshalb wird auf die Unterschiede der Modelle bei der weiteren Darstellung nicht eingegangen.

Voraussetzungen

Die Voraussetzungen des Verfahrens entsprechen den in Abschnitt 7.4.1 dargestellten Voraussetzungen der einfachen linearen Regression (zum Beispiel Normalverteilung und Varianzhomogenität der Modellfehler). Das Gleiche gilt für die Bewertung der Voraussetzungen. Für praktische Anwendungen ist wichtig, dass auch dichotome Variablen als Prädiktorvariablen verwendet werden können. Über entsprechende Codierungen mit Dummy-Variablen, die nur die Werte 0 oder 1 annehmen können, ist prinzipiell auch die Einbeziehung von kategorialen Variablen mit mehr als zwei Ausprägungen möglich, siehe zum Beispiel Cohen et al. (2002). Dabei ist für die Tests die zusätzliche Voraussetzung zu beachten, dass die Zielvariablen für alle Kombinationen der Ausprägungen der dichotomen Variablen normalverteilt und varianzhomogen sein sollen.

7.6.2 Schätzung der multiplen linearen Regressionsfunktion

Die Grundlage für die Schätzung einer multiplen linearen Regressionsfunktion bei gegebenen Daten bildet die Methode der kleinsten Quadrate. Das Prinzip dieser Methode ist in Abschnitt 7.4.2 ausführlich beschrieben worden. Für die multiple Regression gelten analoge Überlegungen. Auch hier wird diejenige Regressionsfunktion gesucht, für die die Summe der quadratischen Abstände der durch die Regressionsfunktion bestimmten Schätzwerte von den Messwerten minimal wird.

Schätzung der Regressionskoeffizienten

Die Minimierung erfolgt bezüglich der Regressionsparameter b_0, b_1, …, b_k:

Formel

$$QS(e) = \sum_{i=1}^{n} e_i^2 = \sum_{i=1}^{n} (y_i - \hat{y}_i)^2 = \sum_{i=1}^{n} \left(y_i - \left(b_0 + \sum_{j=1}^{k} b_j \cdot x_{ji} \right) \right)^2 \xrightarrow[b_0, b_1, \ldots, b_k]{} Minimum \qquad (7.37)$$

- $QS(e)$: Quadratsumme der Residuen (Fehlerquadratsumme)
- y_i: Messwert der Zielvariablen Y bei der i-ten Untersuchungseinheit
- $\hat{y}_i$: Schätzwert für den Wert der Zielvariablen Y bei der i-ten Untersuchungseinheit
- $x_{1i}, x_{2i}, \ldots, x_{ki}$: Ausprägungen der Merkmale $X_1, X_2, \ldots, X_k$ bei der i-ten Untersuchungseinheit
- e_i: Residuum der i-ten Untersuchungseinheit
- b_0, b_1, …, b_k: Regressionskoeffizienten
- n: Stichprobenumfang

Im **Anwendungsbeispiel** ergibt sich folgende multiple Regressionsfunktion für die Beschreibung der Zielvariablen Sauerstoffkonzentration (Variable S) aus den Prädiktoren Fließgeschwindigkeit (V), Wassertemperatur (T) und Entfernung von der Quelle (Q):

$$s = f(v,t,q) = 7.356 + 7.848 \cdot v - 0.356 \cdot t - 0.014 \cdot q. \qquad (7.38)$$

Diese Funktion verknüpft die Prädiktoren im Sinne der Methode der kleinsten Quadrate nach Formel (7.37) optimal zur Vorhersage der Sauerstoffkonzentration, bei jeder anderen linearen Funktion der drei Prädiktoren wäre die Summe der quadratischen Abweichungen der Messwerte von den Schätzwerten größer. Sie kann zur Vorhersage der Sauerstoffkonzentration verwendet werden, wobei die an den Messpunkten erhobenen Werte der Prädiktoren jeweils zwischen dem kleinsten und dem größten in die Berechnung der Regressionsfunktion eingegangenen Prädiktorwert liegen müssen.

Beta-Gewichte

Die gemäß Formel (7.37) ermittelten Regressionskoeffizienten eignen sich für die Vorhersage und für die formale Beschreibung des Zusammenhangs der Prädiktoren und der Zielvariablen. Ein wichtiges Anliegen der multiplen Regressionsanalyse besteht darüber hinaus jedoch darin, den unterschiedlichen Einfluss der einzelnen Prädiktorvariablen innerhalb der Regression sichtbar und vergleichbar zu machen. Dazu sind die Regressionskoeffizienten ungeeignet, weil sie vom Wertebereich der jeweiligen Prädiktorvariablen abhängig sind. Im Beispiel hat das Merkmal Fließgeschwindigkeit einen völlig anderen Wertebereich als das Merkmal Wassertemperatur.

Eine Interpretationsmöglichkeit bieten die Beta-Gewichte (Beta-Koeffizienten). Sie ergeben sich im Ergebnis der Methode der kleinsten Quadrate, wenn alle an der Analyse beteiligten Merkmale (sowohl die Zielvariable als auch die Prädiktoren) vor der Analyse z-transformiert werden. Dabei wird von jedem Messwert der arithmetische Mittelwert des betreffenden Merkmals abgezogen. Die Differenz wird durch die berechnete Standardabweichung des Merkmals geteilt. Die somit entstehenden z-transformierten Merkmale haben einen arithmetischen Mittelwert von 0 und eine Standardabweichung von 1 (siehe Kapitel 3). Dadurch werden die Variablen vergleichbar, und die so entstehenden Regressionskoeffizienten (die Beta-Gewichte) ermöglichen den Vergleich der unterschiedlichen Bedeutung der Prädiktoren innerhalb aller Prädiktorvariablen für die Vorhersage.

Definition

Die Beta-Koeffizienten sind diejenigen Regressionskoeffizienten, die sich ergeben würden, wenn man alle in die multiple Regressionsanalyse einbezogenen Merkmale vor der Analyse z-standardisieren würde (Mittelwert 0, Standardabweichung 1). Sie erlauben den direkten Vergleich des Einflusses der einzelnen Prädiktoren bei der Vorhersage der Zielvariablen.

Unter Verwendung der z-standardisierten Merkmale und der Beta-Gewichte ergibt sich die folgende allgemeine Form der Regressionsgleichung:

$$y^z = f^z(x_1^z, x_2^z, \ldots, x_k^z) = \beta_1 \cdot x_1^z + \beta_2 \cdot x_2^z + \ldots + \beta_k \cdot x_k^z. \qquad (7.39)$$

Die Regressionskonstante ist in diesem Fall gleich null, da alle Variablen den Mittelwert Null aufweisen.

Für das **Anwendungsbeispiel** erhält man

$$s^z = f^z(v^z, t^z, q^z) = 0.722 \cdot v^z - 0.295 \cdot t^z - 0.063 \cdot q^z.$$

Beim Vergleich der Beta-Gewichte wird deutlich, dass die Variable Fließgeschwindigkeit den größten Einfluss bei der Vorhersage hat, der geringste Einfluss ist bei der Variablen Entfernung von der Quelle festzustellen.

Bei der Auswertung multipler Regressionsanalysen wäre die Beurteilung der Effekte von einzelnen Prädiktoren allein auf der Grundlage der Beta-Gewichte unzureichend. Sie würde mögliche Effekte nicht berücksichtigen, die durch Korrelationen zwischen Prädiktorvariablen (Multikollinearität) auftreten können. Auf diese Effekte wird in Abschnitt 7.6.4 eingegangen.

7.6.3 Multiples Bestimmtheitsmaß und Tests

Analog zur einfachen linearen Regression kann grundsätzlich bei jeder vorliegenden Datenmenge eine im Sinne der Methode der kleinsten Quadrate optimale multiple Regressionsgleichung zur Vorhersage der Zielvariablen aus den Prädiktoren ermittelt werden. Damit ist aber noch keine Aussage darüber möglich, ob die multiple Regressionsfunktion gut an die gegebenen Wertepaare angepasst ist.

Multiples Bestimmtheitsmaß

Der Ausgangspunkt für die Beurteilung der Güte einer Regression ist die Bestimmung des Anteils der Gesamtvarianz der Zielvariablen, der durch die Regression, d.h. durch die Prädiktorvariablen, erklärt werden kann. Wie bei der einfachen linearen Regression (siehe Abschnitt 7.4.3) ergibt sich die Quadratsummenzerlegung der Gesamtvarianz der Zielvariablen in den durch die Regression erklärten Anteil $QS(\hat{y})$ und den nicht durch die Regression erklärten Anteil $QS(e)$:

$$QS(y)=\sum_{i=1}^{n}(y_i-\bar{y})^2=\sum_{i=1}^{n}(\hat{y}_i-\bar{y})^2+\sum_{i=1}^{n}(y_i-\hat{y}_i)^2=QS(\hat{y})+QS(e).$$

Auf dieser Grundlage kann das multiple Bestimmtheitsmaß (multipler Determinationskoeffizient) $r^2_{x_1,x_2,\ldots,x_k;y}$ als wichtiges globales Gütemaß der multiplen Regressionsanalyse berechnet werden. Es gibt den Anteil der Gesamtvarianz der Zielvariablen an, der durch die Regressionsfunktion mit den Prädiktorvariablen erklärt werden kann.

Formel

$$r^2_{x_1,x_2,\ldots,x_k;y}=\frac{\text{erklärte Varianz}}{\text{Gesamtvarianz}}=\frac{QS(\hat{y})}{QS(y)}=\frac{\sum_{i=1}^{n}(\hat{y}_i-\bar{y})^2}{\sum_{i=1}^{n}(y_i-\bar{y})^2} \tag{7.40}$$

- $r^2_{x_1,x_2,\ldots,x_k;y}$: Multiples Bestimmtheitsmaß in der gegebenen Stichprobe
- $QS(\hat{y})=\sum_{i=1}^{n}(\hat{y}_i-\bar{y})$: Quadratsumme der Schätzwerte (erklärte Varianz)
- $QS(y)=\sum_{i=1}^{n}(y_i-\bar{y})$: Totale Quadratsumme (Gesamtvarianz)

- y_i: Messwert der Zielvariablen Y bei der i-ten Untersuchungseinheit
- $\hat{y}_i = \hat{b}_0 + \hat{b}_1 \cdot x_i$: Schätzwert für den Wert der Zielvariablen Y bei der i-ten Untersuchungseinheit
- $\overline{y} = \frac{1}{n}\sum_{i=1}^{n} y_i$: Arithmetischer Mittelwert
- k: Anzahl der Prädiktoren
- n: Stichprobenumfang

Das Bestimmtheitsmaß gibt den Anteil der Varianz der Zielvariablen an, der mit Hilfe der Regression, d.h. durch die Prädiktorvariablen, aufgeklärt werden kann. Im Fall von totaler linearer Abhängigkeit der Zielvariablen von den Prädiktoren ergibt sich das Bestimmtheitsmaß $r^2_{x_1,x_2,\ldots,x_k;y} = 1$, bei vollständig von der Zielvariablen unabhängigen Prädiktoren erhält man $r^2_{x_1,x_2,\ldots,x_k;y} = 0$. Für den Fall der einfachen linearen Regression ist die Berechnung des Bestimmtheitsmaßes in Abschnitt 7.4.3 ausführlich dargestellt worden. Für die multiple lineare Regression erfolgt die Berechnung analog, wobei zur Berechnung der Schätzwerte die multiple Regressionsfunktion benutzt wird.

Im **Anwendungsbeispiel** ergeben sich die Schätzwerte für die Variable Sauerstoffkonzentration nach

$$\hat{s}_i = \hat{b}_0 + \hat{b}_1 \cdot v_i + \hat{b}_2 \cdot t_i + \hat{b}_3 \cdot q_i,$$

wobei $\hat{b}_0$, $\hat{b}_1$, $\hat{b}_2$ und $\hat{b}_3$ die Punktschätzungen der Regressionskoeffizienten sind, die sich im Ergebnis der Methode der kleinsten Quadrate nach Formel (7.37) ergeben. Somit erhält man die Schätzwerte für die Variable Sauerstoffkonzentration nach der Berechnungsvorschrift

$$\hat{s}_i = 7.356 + 7.848 \cdot v_i - 0.356 \cdot t_i - 0.014 \cdot q_i \;(i = 1,\ldots,24).$$

Für die erste Messstelle erhält man mit den Daten aus Tabelle 7.2 folgenden Schätzwert:

$$\hat{s}_1 = 7.356 + 7.848 \cdot 0.90 - 0.356 \cdot 8 - 0.014 \cdot 1 = 11.56.$$

Für das multiple Bestimmtheitsmaß ergibt sich mit $\overline{s} = \frac{1}{24} \cdot \sum_{i=1}^{24} s_i = 7.15$

$$r^2_{v,t,q;s} = \frac{\text{erklärte Varianz}}{\text{Gesamtvarianz}} = \frac{QS(\hat{s})}{QS(s)} = \frac{\sum_{i=1}^{24}\left(\hat{s}_i - \overline{s}\right)^2}{\sum_{i=1}^{24}\left(s_i - \overline{s}\right)^2} = \frac{93.77}{163.66} = 0.573.$$

Unter Verwendung aller Prädiktoren können also 57.3 Prozent der Varianz der Zielvariablen Sauerstoffkonzentration aufgeklärt werden. Die Varianzaufklärung ist damit um 11.2 Prozent höher als die Varianzaufklärung von 46.1 Prozent, die in Abschnitt 7.4.3 für die einfache lineare Regression mit dem einzigen Prädiktor Fließgeschwindigkeit ermittelt wurde ($r^2_{V;S} = 0.461$).

Korrigiertes multiples Bestimmtheitsmaß

Die Zunahme des Bestimmtheitsmaßes bei der Hinzunahme von weiteren Prädiktoren ist nicht verwunderlich. Da der Prädiktor Fließgeschwindigkeit auch einer der Prädiktoren des multiplen linearen Regressionsmodells ist, kann das bei der multiplen Regression ermittelte Bestimmtheitsmaß im Vergleich zur einfachen Regression nicht kleiner werden. Zusätzliche Prädiktoren können dagegen zu einem höheren Wert des Bestimmtheitsmaßes führen. Im **Anwendungsbeispiel** haben die zusätzlichen Prädiktoren Wassertemperatur und Entfernung von der Quelle die Zunahme um 11.2 Prozent bewirkt. Dieser Sachverhalt führt zu einem Problem, das bei der Interpretation des multiplen Bestimmtheitsmaßes nach Formel (7.40) beachtet werden muss. Wenn sehr viele zusätzliche Prädiktoren in das multiple Regressionsmodell aufgenommen werden, erhöht sich der Wert des Bestimmtheitsmaßes nach Formel (7.40) immer weiter. Ein auf der Grundlage von zum Beispiel drei Prädiktoren erzieltes Bestimmtheitsmaß $r^2_{x_1,x_2,x_3;y} = 0.5$, was einer Varianzaufklärung von 50 Prozent entspricht, ist aber aus inhaltlichen und statistischen Gründen höher zu bewerten als ein Bestimmtheitsmaß gleicher Größe bei Einbeziehung von 30 Prädiktoren. Deshalb ist im Rahmen multipler Regressionsanalysen die Angabe eines weiteren Maßes sinnvoll, das die Anzahl der einbezogenen Prädiktoren berücksichtigt. Ein Maß, das diesen Anforderungen genügt, ist das korrigierte multiple Bestimmtheitsmaß:

Formel

$$r^{2;korr}_{x_1,x_2,\ldots,x_k;y} = r^2_{x_1,x_2,\ldots,x_k;y} - \frac{k \cdot (1 - r^2_{x_1,x_2,\ldots,x_k;y})}{n-k-1} \qquad (7.41)$$

- $r^{2;korr}_{x_1,x_2,\ldots,x_k;y}$: Korrigiertes multiples Bestimmtheitsmaß in der Stichprobe
- $r^2_{x_1,x_2,\ldots,x_k;y}$: Multiples Bestimmtheitsmaß in der Stichprobe
- k: Anzahl der Prädiktoren
- n: Anzahl der Untersuchungseinheiten

Im **Anwendungsbeispiel** ergibt sich

$$r^{2;korr}_{V,t,q;s} = r^2_{V,t,q;s} - \frac{k \cdot (1 - r^2_{V,t,q;s})}{n-k-1} = 0.573 - \frac{3 \cdot (1 - 0.573)}{24 - 3 - 1} = 0.509.$$

Der Wert des korrigierten Bestimmtheitsmaßes ist in diesem Beispiel um 0.064 geringer als der Wert des unkorrigierten Maßes. Das korrigierte Bestimmtheitsmaß ist besonders wichtig für die Bewertung der Varianzaufklärungen von Regressionsanalysen mit unterschiedlichen Anzahlen von Prädiktoren.

Standardfehler der Schätzung

Ein weiteres wichtiges Maß zur Beurteilung der Güte einer multiplen Regression ist der Standardfehler der Schätzung. Er gibt den mittleren Fehler an, der bei der Verwendung der berechneten Regressionsfunktion zur Vorhersage der Zielvariablen entsteht:

Formel

$$s_{x_1,x_2,\ldots,x_k;y} = \sqrt{\frac{1}{n-k-1} \cdot \sum_{i=1}^{n} e_i^2} = \sqrt{\frac{1}{n-k-1} \cdot \sum_{i=1}^{n} (y_i - \hat{y}_i)^2} \quad (7.42)$$

- $s_{x_1,x_2,\ldots,x_k;y}$: Standardfehler der Schätzung in der Stichprobe
- $e_i = y_i - \hat{y}_i$: Residuum der i-ten Untersuchungseinheit
- y_i: Messwert der Zielvariablen Y bei der i-ten Untersuchungseinheit
- $\hat{y}_i$: Schätzwert für den Wert der Zielvariablen Y bei der i-ten Untersuchungseinheit
- k: Anzahl der Prädiktoren
- n: Anzahl der Untersuchungseinheiten

Im **Anwendungsbeispiel** erhält man für den Standardfehler der Schätzung

$$s_{v,t,q;s} = \sqrt{\frac{1}{24-3-1} \cdot 69.89} = \sqrt{3.49} = 1.87.$$

Der Standardfehler der Schätzung hat als eigenständiges Gütemaß neben dem Bestimmtheitsmaß Bedeutung. Es ist aber auch die Grundlage für die Entwicklung weiterführender Gütekriterien. Ein Beispiel ist das Akaike-Kriterium (siehe Rasch & Kubinger, 2006), bei dem die Anzahl der Prädiktoren mit berücksichtigt wird.

Signifikanztests

Der grundlegende Test im Rahmen der multiplen Regressionsanalyse ist ein F-Test, dessen Prinzip darin besteht, die durch die Regression erklärten Varianzanteile, die Varianz der Schätzwerte, im Verhältnis zur Fehlervarianz zu analysieren. Mit dem Test kann die statistische Alternativhypothese untersucht werden, dass das multiple Bestimmtheitsmaß in der Population größer als 0 ist:

$$H_1 : \rho^2_{X_1,X_2,\ldots,X_k;Y} > 0\,.$$

Bei Gültigkeit der entsprechenden Nullhypothese

$$H_0 : \rho^2_{X_1,X_2,\ldots,X_k;Y} = 0$$

und erfüllten Voraussetzungen ist die Teststatistik

$$F_{X_1,X_2,\ldots,X_k;Y} = \frac{S_{\hat{Y}}^2}{S_{Fehler}^2} = \frac{\frac{1}{k} \cdot QS(\hat{Y})}{\frac{1}{n-k-1} \cdot QS(E)} \tag{7.43}$$

F-verteilt mit $k, n-k-1$ Freiheitsgraden. Dabei bezeichnen $S_{\hat{Y}}^2$ und S_{Fehler}^2 Punktschätzungen für die durch die Regression erklärte Varianz bzw. für die Fehlervarianz. Die Realisierungen der Teststatistik in konkreten Stichproben ergeben sich als

$$f_{x_1,x_2,\ldots,x_k;y} = \frac{s_{\hat{y}}^2}{s_{Fehler}^2} = \frac{\frac{1}{k} \cdot QS(\hat{y})}{\frac{1}{n-k-1} \cdot QS(e)} = \frac{\frac{1}{k}\sum_{i=1}^{n}\left(\hat{y}_i - \bar{y}\right)^2}{\frac{1}{n-k-1}\sum_{i=1}^{n}\left(\hat{y}_i - y_i\right)^2}.$$

Im **Anwendungsbeispiel** erhält man den Wert der Teststatistik als

$$f_{v,t,q;s} = \frac{s_{\hat{y}}^2}{s_{Fehler}^2} = \frac{\frac{1}{3} \cdot 93.77}{\frac{1}{24-3-1} \cdot 69.89} = \frac{31.255}{3.495} = 8.94.$$

Zur Testentscheidung kann der mit Hilfe eines Computerprogramms berechnete p-Wert

$$p = P(F_{V,T,Q;S} \geq 8.94) = 5.8 \cdot 10^{-4}$$

oder der Wert des Quantils der F-Verteilung

$$F_{3,20,0.95} = 3.10$$

(siehe Anhang B, Tabelle 4) herangezogen werden. Wegen

$$p = 5.8 \cdot 10^{-4} < 0.05 \text{ bzw. } f_{v,t,q;s} = 8.94 > 3.10$$

ist die Nullhypothese abzulehnen, ein signifikanter Zusammenhang zwischen den Prädiktoren und der Zielvariablen kann nachgewiesen werden.

Wenn dieser Test in einem konkreten Anwendungsfall nicht zu einem signifikanten Ergebnis führt, machen weiterführende Analysen einzelner Ergebnisse der multiplen Regressionsanalyse meist keinen Sinn. Der Nachweis eines signifikanten Bestimmtheitsmaßes sollte die Grundlage für weiterführende Betrachtungen im jeweils untersuchten Modell sein.

Für die Beurteilung der statistischen Signifikanz der einzelnen Regressionskoeffizienten kann ein t-Test angewendet werden, dessen Grundprinzip in Abschnitt 7.4.4 am Beispiel der einfachen linearen Regression ausführlich dargestellt wurde. Der Test wird von allen gängigen Statistikprogrammen realisiert, auf Einzelheiten dieses Tests im Fall der multiplen Regressionsanalyse soll hier nicht eingegangen werden.

Die bisher dargestellten Schritte der Interpretation multipler linearer Regressionsanalysen entsprechen weitgehend den Auswertungen, die in Abschnitt 7.4 für den

Fall der einfachen linearen Regression behandelt worden sind. Auf zusätzlich notwendige Aspekte der Interpretation, die über die bivariate Betrachtung hinausgehende Schritte beinhalten, wird im folgenden Abschnitt eingegangen.

7.6.4 Multikollinearität und optimale Merkmalsmengen

Multikollinearität: Redundanz und Suppressionseffekte

Für die Interpretation der Ergebnisse multipler Regressionsanalysen, besonders für die Beurteilung der Wirkung der einzelnen Prädiktoren, ist immer eine gleichzeitige Betrachtung der Ergebnisse der multiplen Regressionsanalyse und der Ergebnisse einfacher Korrelations- bzw. Regressionsanalysen erforderlich. Die notwendigen Betrachtungen sollen anhand des **Anwendungsbeispiels** demonstriert werden. In ►Tabelle 7.14 sind die Produkt-Moment-Korrelationskoeffizienten der Merkmale zusammengefasst, wobei die signifikanten Korrelationen ($\alpha = 0.05$ bzw. $\alpha = 0.01$) markiert sind. ►Tabelle 7.15 enthält die Bestimmtheitsmaße der einfachen linearen Regressionen und der multiplen Regression mit der Zielvariablen Sauerstoffkonzentration, in ►Tabelle 7.16 sind die Beta-Gewichte der multiplen Regressionsanalyse zusammengefasst, wobei die signifikanten Regressionskoeffizienten markiert sind.

	Sauerstoff-konzentration	Fließgeschwin-digkeit	Wasser-temperatur	Entfernung von der Quelle
Sauerstoff-konzentration	1	0.68^{**}	-0.29	0.05
Fließ-geschwindigkeit		1	0.06	0.41^{*}
Wassertemperatur			1	0.61^{**}
Entfernung von der Quelle				1

Tabelle 7.14: Produkt-Moment-Korrelationskoeffizienten ($^{**}p<0.01$, $^{*}p<0.05$).

Prädiktor(en)	Bestimmtheitsmaß
Einfache lineare Regressionen	
Fließgeschwindigkeit	0.461^{**}
Wassertemperatur	0.085
Entfernung von der Quelle	0.003
Multiple lineare Regression	
Fließgeschwindigkeit, Wassertemperatur und Entfernung von der Quelle	0.573^{**}

Tabelle 7.15: Bestimmtheitsmaße der einfachen linearen Regressionen und der multiplen Regression mit der Zielvariablen Sauerstoffkonzentration($^{**}p<0.01$, $^{*}p<0.05$).

Prädiktor	Beta-Gewicht
Fließgeschwindigkeit	0.772**
Wassertemperatur	-0.295
Entfernung von der Quelle	-0.063

Tabelle 7.16: Beta-Gewichte der multiplen linearen Regression mit der Zielvariablen Sauerstoffkonzentration (**p<0.01, *p<0.05).

In die Interpretation der Resultate sind die Ergebnisse der einfachen und der multiplen Analyse einzubeziehen.

Bei der Analyse der Bestimmtheitsmaße fällt auf, dass das Bestimmtheitsmaß der multiplen Regression größer ist als die Summe der Bestimmtheitsmaße der einfachen Regressionen:

$$r_{v,t,q;s}^2 = 0.573 > 0.549 = 0.461 + 0.085 + 0.003 = r_{v;s}^2 + r_{t;s}^2 + r_{q;s}^2.$$

Die Beta-Gewichte und die Korrelationskoeffizienten zwischen der Zielvariablen und den Prädiktoren zeigen ähnliche Tendenzen. Auffällig ist dabei lediglich, dass der Korrelationskoeffizient zwischen der Sauerstoffkonzentration und der Variablen Entfernung von der Quelle *positiv* ist, wogegen sich in der Regressionsanalyse ein ebenfalls nicht signifikantes *negatives* Beta-Gewicht ergibt. Dieser Effekt ist eine Folge von Multikollinearität.

Definition

Unter Multikollinearität versteht man die wechselseitige Abhängigkeit von Variablen in multivariaten Analysen. Folgen von Multikollinearität können Redundanz von Prädiktoren oder Suppressionseffekte sein.

Im **Beispiel** korrelieren die Prädiktoren Fließgeschwindigkeit und Wassertemperatur signifikant ($\alpha = 0.01$) mit dem Prädiktor Entfernung von der Quelle. Diese Korrelationen sind dafür verantwortlich, dass der ohnehin sehr geringe Vorhersagebeitrag des Merkmals Entfernung von der Quelle für die Variable Sauerstoffkonzentration, der durch den positiven Korrelationskoeffizienten $r_{qs} = 0.05$ ausgedrückt wird, im Rahmen der multiplen Regression nicht benötigt wird. Dieser geringe mögliche Vorhersagebeitrag der Entfernung von der Quelle wird offenbar von den beiden anderen Prädiktoren übernommen.

Der Effekt der Redundanz von Prädiktoren wird bei den vorliegenden Daten nicht sehr deutlich veranschaulicht. Drastischer würde er auftreten, wenn es im **Beispiel** einen weiteren Prädiktor geben würde, der sehr hoch (zum Beispiel $r \approx 0.9$) mit dem Prädiktor Fließgeschwindigkeit und mit der Zielvariablen Sauerstoffkonzentration korrelieren würde. In diesem Fall könnte die Multikollinearität dazu führen, dass einer dieser beiden Prädiktoren, die eine hohe, signifikante Korrelation mit der Zielvariablen zeigen, in der multiplen Regressionsanalyse ein nicht signifikantes Beta-Gewicht nahe null aufweist. Die Beiträge beider Prädiktoren für die Vorhersage der Sauerstoffkonzentration wären nahezu identisch. Für die Modellierung der Zielvariablen durch die multiple Regressionsgleichung würde deshalb nur einer der beiden Prädiktoren benötigt, der andere wäre redundant. Wenn einzelne Prädiktoren in der Korrelationsanalyse hohe Korreletionskoeffizienten mit der Zielvariablen aufweisen, in der multiplen Regression aber ein niedriges Beta-Gewicht besitzen, ist ein Hinweis auf Redundanz dieser Prädiktoren in Folge von Multikollinearität gegeben.

Ein Hinweis auf Multikollinearität wäre auch im umgekehrten Fall gegeben. Ein als Suppressionseffekt bekanntes Ergebnis liegt vor, wenn ein Prädiktor, der keine Korrelation mit der Zielvariablen aufweist, in einer multiplen Regressionsanalyse bedeutenden Einfluss auf die Vorhersage der Zielvariablen gewinnt (hohes, signifikantes Beta-Gewicht). Supressionseffekte sind dadurch zu erklären, dass ein solcher Prädiktor unerwünschte Varianzanteile anderer Prädiktoren ausgleicht, so dass deren Zusammenhang mit der Zielvariablen deutlicher wird. Suppressionseffekte können in extremen Situationen beispielsweise sogar dazu führen, dass einem signifikanten *positiven* Korrelationskoeffizienten zwischen dem Prädiktor und der Zielvariablen ein signifikantes *negatives* Beta-Gewicht gegenübersteht. Solche Effekte führen im Ergebnis multipler Regressionsanalysen oft zu sehr schwer interpretierbaren Ergebnissen.

Eine weitergehende Einführung in die Problematik von Multikollinearität mit Beispielen zur Illustration von Redundanz- bzw. Suppressionseffekten geben Cohen et al. (2002) sowie Rudolf & Buse (2020).

Merkmalsselektionsverfahren

Merkmalsselektionsverfahren verfolgen das Ziel, mit möglichst wenigen Prädiktorvariablen eine möglichst gute Vorhersage der Zielvariablen zu erreichen. Damit sollen überflüssige Variablen aus dem multiplen Regressionsmodell entfernt werden sowie der ökonomische, inhaltliche und statistische Aufwand im Regressionsmodell optimiert werden. Eine Vorhersage mit nur den wirklich notwendigen Prädiktorvariablen vermindert den erforderlichen Aufwand in der Untersuchung, erlaubt klare inhaltliche Interpretationen und vermeidet unnötige Fehlervarianzen.

Das Grundprinzip der gebräuchlichen Merkmalsselektionsverfahren besteht darin, für einzelne Prädiktorvariablen zu beurteilen, inwieweit sich durch ihre Aufnahme in die Merkmalsmenge bzw. durch ihre Entfernung aus dem Merkmalssatz das multiple Bestimmtheitsmaß signifikant verändert. Dazu wird ein F-Test verwendet. Dieser Test basiert darauf, dass die Zufallsvariable

$$F_{X_1,\ldots X_k;X_{k+1};Y} = (n-k-2)\cdot\frac{R^2_{X_1,\ldots X_k;X_{k+1};Y} - R^2_{X_1,\ldots X_k;Y}}{1-R^2_{X_1,\ldots X_k;X_{k+1};Y}} \qquad (7.44)$$

bei Gültigkeit der Nullhypothese

$$H_0 : R^2_{X_1,\ldots X_k;X_{k+1};Y} - R^2_{X_1,\ldots X_k;Y} = 0$$

einer F-Verteilung mit $1, n-k-2$ Freiheitsgraden unterliegt. Dabei bezeichnet $R^2_{X_1,\ldots X_k;Y}$ die Punktschätzung des Bestimmtheitsmaßes bei k Prädiktoren, während mit $R^2_{X_1,\ldots X_k;X_{k+1};Y}$ die Punktschätzung des Bestimmtheitsmaßes bei Hinzunahme eines weiteren Prädiktors bezeichnet wird (n: Anzahl der Untersuchungseinheiten).

Nach dem konkreten Vorgehen lassen sich drei prinzipielle Herangehensweisen unterscheiden.

Beim Verfahren der schrittweisen Merkmalsentfernung („Rückwärts-Verfahren") beginnt das Verfahren mit dem vollständigen Satz aller Prädiktoren. Im ersten Schritt wird die Variable untersucht, deren Entfernung zum geringsten Rückgang des Bestimmtheitsmaßes führen würde. Wenn sich das multiple Bestimmtheitsmaß der Regression bei Weglassen dieser Variablen nicht signifikant verkleinert, wird diese Prädiktorvariable aus dem Merkmalssatz entfernt und das Vorgehen entsprechend fortgesetzt. Das Verfahren bricht ab, wenn sich durch Entfernen der nächsten Variablen das Bestimmtheitsmaß signifikant verringern würde.

Bei der Methode der schrittweisen Merkmalsaufnahme („Vorwärts-Verfahren") wird zunächst die Prädiktorvariable in den Merkmalssatz aufgenommen, die den höchsten Korrelationskoeffizienten mit der Zielvariablen aufweist. Wenn das resultierende multiple Bestimmtheitsmaß signifikant ist, wird anschließend diejenige Variable untersucht, die zusammen mit dem bereits im Merkmalssatz enthaltenen Prädiktor zum höchsten Bestimmtheitsmaß führt. Wenn die durch das Hinzufügen dieses Merkmals resultierende Zunahme des Bestimmtheitsmaßes signifikant ist, wird die Variable ebenfalls in den Merkmalssatz aufgenommen und das Verfahren entsprechend fortgeführt. Das Verfahren bricht ab, wenn sich das Bestimmtheitsmaß durch die Aufnahme eines weiteren Prädiktors nicht signifikant erhöhen würde.

Beim Verfahren der schrittweisen Merkmalsentfernung bzw. Merkmalsaufnahme („schrittweises Verfahren") werden das Rückwärts- und das Vorwärtsverfahren kombiniert. In Ergänzung zum Vorwärtsverfahren wird vor jedem Schritt zusätzlich untersucht, ob durch die Entfernung einer bereits aufgenommenen Prädiktorvariablen das Bestimmtheitsmaß nicht signifikant abnehmen würde.

Es soll betont werden, dass es sich bei allen dargestellten Verfahren zur Merkmalsselektion um Methoden zur Erzeugung von Hypothesen über die optimale Merkmalsmenge handelt. Die gefundenen Hypothesen sollte man an neuen Datensätzen überprüfen.

Die Interpretation der Ergebnisse der Merkmalsselektionsverfahren ist oft schwierig und mit großer Sorgfalt vorzunehmen. Die im vorigen Abschnitt dargestellten Multikollinearitäts- und Suppressionseffekte können in jedem Schritt der Verfahren die Ergebnisse beeinflussen. Sie führen auch dazu, dass die beschriebenen Vorgehensweisen der Vorwärts-, Rückwärts- und der schrittweisen Verfahren zu grundsätzlich unterschiedlichen optimalen Merkmalsmengen führen können. Dieser Effekt resultiert unter anderem daraus, dass sich die Bedeutung von einzelnen Prädiktorvariablen in Abhängigkeit von den anderen im Merkmalssatz enthaltenen Variablen sehr stark verändern kann. So lassen sich leicht Beispiele konstruieren, in denen die mit der Zielvariablen am höchsten korrelierende Prädiktorvariable, die beim Vorwärtsverfahren als erste aufgenommen wird, wegen Multikollinearitätseffekten im Rückwärtsverfahren als erste ausgeschlossen wird, weil sie im Zusammenwirken aller Prädiktorvariablen infolge Multikollinearität unter den Prädiktoren am entbehrlichsten ist. Da es sich bei den Merkmalsselektionsverfahren um Hypothesen erzeugende Methoden handelt, ist der Vergleich der Ergebnisse unterschiedlicher Verfahren zulässig und oft nützlich.

Im **Anwendungsbeispiel** ergeben sich bei Anwendung der drei dargestellten Verfahren jeweils die gleichen optimalen Merkmalsmengen. In jedem Fall werden die Prädiktoren Fließgeschwindigkeit und Wassertemperatur als optimale Merkmalsmenge bestimmt, die Variable Entfernung von der Quelle wird aus dieser Merkmalsmenge ausgeschlossen. Die Prozedur zur Auswahl einer optimalen Merkmalsmenge soll am Beispiel des Vorwärtsverfahrens veranschaulicht werden.

Im ersten Schritt wird die Variable in die Merkmalsmenge aufgenommen, die am höchsten mit der Sauerstoffkonzentration korreliert. Nach Tabelle 7.14 handelt es sich dabei um die Variable Fließgeschwindigkeit. Mit dieser Prädiktorvariablen wird nun eine einfache lineare Regression durchgeführt (siehe Abschnitt 7.4). Das Bestimmtheitsmaß dieser Regression und damit die Zunahme des Bestimmtheitsmaßes bei Aufnahme dieses Prädiktors beträgt

$$r_{V;s}^2 = 0.461$$

und ist signifikant von 0 verschieden ($p = 2.6 \cdot 10^{-4}$). Deshalb wird die Variable Fließgeschwindigkeit in die optimalen Merkmalsmenge aufgenommen und das Verfahren wird mit Schritt 2 fortgesetzt.

Im zweiten Schritt wird von den übrigen Prädiktoren diejenige Variable gesucht, deren Hinzunahme zum größten Zuwachs des Bestimmtheitsmaßes führt. Dieses Merkmal ist die Wassertemperatur. Eine multiple Regressionsanalyse mit den Prädiktoren Fließgeschwindigkeit und Wassertemperatur ergibt ein Bestimmtheitsmaß von $r_{V,t;s}^2 = 0.571$. Der F-Test führt zu dem Ergebnis, dass die Zunahme des Bestimmtheitsmaßes

$$r_{V,t;s}^2 - r_{V;s}^2 = 0.571 - 0.461 = 0.11$$

signifikant von 0 verschieden ist ($p = 0.031$). Deshalb wird der Prädiktor Wassertemperatur als zweite Variable in die optimale Merkmalsmenge aufgenommen.

Im dritten Schritt wird zusätzlich das Merkmal Entfernung von der Quelle einbezogen. Bei der multiplen Regression mit den nun drei Prädiktoren ergibt sich das Bestimmtheitsmaß $r_{V,t,q;s}^2 = 0.573$. Der Zuwachs des Bestimmtheitsmaßes durch die Aufnahme des Prädiktors Entfernung von der Quelle beträgt

$$r_{V,t,q;s}^2 - r_{V,t;s}^2 = 0.573 - 0.571 = 0.002.$$

Diese Zunahme ist nicht signifikant von 0 verschieden ($p = 0.767$). Damit wird die Variable Entfernung von der Quelle nicht aufgenommen und das Verfahren ist beendet.

Die optimale Merkmalsmenge zur Vorhersage der Sauerstoffkonzentration besteht demnach aus den Prädiktoren Fließgeschwindigkeit und Wassertemperatur.

Zusammenfassung

In diesem Kapitel wurden die wichtigsten Methoden zur Untersuchung des Zusammenhangs von zwei oder mehr Merkmalen vorgestellt. Dabei wurde zunächst die Frage nach der Existenz und der Stärke des Zusammenhangs von zwei Merkmalen betrachtet. Für unterschiedliche Datenniveaus sind die adäquaten Korrelationskoeffizienten (Produkt-Moment-Korrelationskoeffizient, Rangkorrelationskoeffizient bzw. Kontingenzkoeffizient) und die entsprechenden statistischen Tests anzuwenden.

Die Art des linearen Zusammenhangs zwischen einem metrischen Prädiktor und einer metrischen Zielvariablen kann mit der einfachen linearen Regressionsanalyse modelliert werden. Dazu wird die Methode der kleinsten Quadrate als Schätzprinzip angewendet. Das Bestimmtheitsmaß, Konfidenzintervalle für die Regressionsparameter, Konfidenzbänder und Vorhersageintervalle sowie entsprechende statistische Tests liefern Aussagen über die Güte der Regression bzw. über die Genauigkeit von Vorhersagen.

Mit der partiellen Korrelationsanalyse wird untersucht, ob ein Zusammenhang zwischen zwei Merkmalen durch die Wirkung einer Drittvariablen erklärt werden kann bzw. ob der Zusammenhang auch dann fortbesteht, wenn der Einfluss der Drittvariablen ausgeschaltet wird.

Methoden der multiplen Regressionsanalyse werden benutzt, um den Einfluss von zwei oder mehr Prädiktoren auf eine abhängige Variable zu untersuchen. Standardisierte multiple Regressionskoeffizienten erlauben den Vergleich des Einflusses der einzelnen Prädiktoren im untersuchten Regressionsmodell. Mit Hilfe von Merkmalsselektionsverfahren können redundante Prädiktoren identifiziert und aus dem Regressionsmodell eliminiert werden. Diese rechenintensiven Verfahren können ohne die Benutzung entsprechender Statistikprogramme kaum sinnvoll angewendet werden.

Übungsaufgaben

Aufgabe 7.1

Im Rahmen einer Studie wurden für zwei Pflanzenarten Angaben über die Häufigkeit ihres Vorkommens pro 100 m^2, die geografische Höhe ihres Standorts (Variable H) und die mittlere jährliche Niederschlagsmenge am Standort (Variable N) gesammelt. Aus 100 Messwerten wurde der Korrelationskoeffizient zwischen der Häufigkeit der ersten Art (Merkmal X) und der Häufigkeit der zweiten Art (Merkmal Y) bestimmt: $r_{xy} = 0.9$. Zwischen den Häufigkeiten X Y und den Variablen H und N ergaben sich die folgenden Korrelationskoeffizienten: $r_{xh} = 0.85$, $r_{yh} = 0.95$, $r_{xn} = 0.3$ und $r_{yn} = 0.4$. Untersuchen Sie unter Benutzung des partiellen Korrelationskoeffizienten, welche der Variablen H und N den größeren Einfluss auf den linearen Zusammenhang von X und Y hat.

Aufgabe 7.2

Von $n = 50$ Jungtieren einer bestimmten Tierart wurden das Gewicht (X) in kg, die Größe (Y) in cm und das Alter (Z) in Tagen erfasst. Die Berechnung der paarweisen Korrelationskoeffizienten ergab: $r_{xz} = 0.75$, $r_{yz} = 0.8$ und $r_{xy} = 0.9$. Wie beeinflusst das Alter Z den linearen Zusammenhang von Gewicht und Größe? Ist der partielle Korrelationskoeffizient signifikant von 0 verschieden?

Aufgabe 7.3

Es soll geprüft werden, ob es einen signifikanten Zusammenhang zwischen dem Alter (in Tagen) und der Reaktionszeit (in Sekunden) bestimmter Versuchstiere innerhalb eines Tierexperiments gibt.

Nummer des Tieres	1	2	3	4	5	6	7	8	9	10
A: Alter	34	27	44	20	36	28	40	45	30	40
Z: Zeit	16	18	19	15	17	19	13	15	17	19

Tabelle 7.17: Daten zu Aufgabe 7.3.

Die Daten sollen als normalverteilt angenommen werden. Das Alter der Tiere beträgt im Mittel 34.4 Tage (Standardabweichung 8.11), die durchschnittliche Geschwindigkeit beträgt 16.8 Sekunden (Standardabweichung 2.04).

Ermitteln Sie, ob es eine signifikante Korrelation ($\alpha = 0.05$) zwischen den Variablen gibt.

Aufgabe 7.4

In einer Untersuchung soll getestet werden, in welcher Weise sich Luftschadstoffe auf den „Gesundheitszustand" von Bäumen auswirken. Es soll versucht werden, den Gesundheitszustand (metrisches Skalenniveau, große Werte = guter Zustand) mit Hilfe von einem Schwefelindex der Luft bzw. einem Stickstoffindex der Luft vorherzusagen. Hierbei sind jeweils hohe Werte der metrischen Merkmale ungünstig für die Baumgesundheit. Anhand der Ergebnisse soll entschieden werden, welche der beiden Indexvariablen besser zur Vorhersage des Gesundheitszustandes der Bäume geeignet ist.

S: Schwefelindex	ST: Stickstoffindex	G: Gesundheitszustand des Baumes
9	11	9
9	10	11
6	9	13
7	8	15
3	7	19
0	7	21
2	5	23
1	5	25
Mittelwert = 4.625	Mittelwert = 7.75	Mittelwert = 17.0
Standardabweichung = 3.58	Standardabweichung = 2.19	Standardabweichung = 5.855

Tabelle 7.18: Daten zu Aufgabe 7.4.

Ermitteln Sie für jede der Indexvariablen ein einfaches lineares Regressionsmodell zur Vorhersage des Gesundheitszustandes. Treffen Sie auf der Grundlage des jeweiligen Bestimmtheitsmaßes die Entscheidung über den Parameter, der zur Vorhersage des Gesundheitszustandes der Bäume besser geeignet ist.

Aufgabe 7.5

Es kann angenommen werden, dass das Gewicht von Jungtieren einer bestimmten Art linear von der Menge des täglich aufgenommenen Futters abhängt. Zehn Wertepaare liegen vor:

Nummer des Tieres	F: Durchschnittliche Futtermenge (g)	G: Gewicht nach 10 Wochen (g)
1	110	1500
2	125	1500
3	130	1700
4	110	1800
5	110	1900
6	140	1900
7	160	2200
8	150	2300
9	130	2400
10	190	2700

Tabelle 7.19: Daten zu Aufgabe 7.5.

Nummer des Tieres	*F*: Durchschnittliche Futtermenge (g)	*G*: Gewicht nach 10 Wochen (g)
	Mittelwert: 135.5	Mittelwert: 1990
	Standardabweichung: 25.65	Standardabweichung: 398.47

Tabelle 7.19: Daten zu Aufgabe 7.5 (Fortsetzung).

Stellen Sie die Daten grafisch dar und ermitteln Sie, ob es eine signifikante Korrelation zwischen den Variablen gibt (Normalverteilung der Variablen soll angenommen werden). Berechnen Sie eine lineare Regressionsfunktion zur Vorhersage des Gewichts aus der Futtermenge. Wie groß ist das Bestimmtheitsmaß? Welches Gewicht wäre bei einer durchschnittlichen Futtermenge von 150g zu erwarten?

Aufgabe 7.6

Begründen Sie in Stichpunkten, warum folgende Aussagen falsch sind:

a. Mit der Methode der kleinsten Quadrate wird in der Regressionsanalyse die Summe der Abstände der Messwerte von der Regressionsgerade minimiert.

b. In einer linearen Regressionsanalyse beschreiben die Residuen die Abweichungen der Zielvariablen der einzelnen Untersuchungseinheiten vom Gesamtmittelwert der Zielvariablen.

c. Bei einer multiplen Regressionsanalyse werden innerhalb einer Analyse mehrere Zielvariablen und mehrere Prädiktoren gleichzeitig analysiert.

d. Eine partielle Korrelationsanalyse ist eine spezielle Form der Korrelationsanalyse, bei der eine Variable intervallskaliert und die andere ordinalskaliert ist.

e. Im Ergebnis einer einfachen linearen Regressionsanalyse ergibt sich immer ein Bestimmtheitsmaß größer als null, wenn einer der Regressionskoeffizienten b_0 (Nulldurchgang) oder b_1 (Anstieg) ungleich null ist.

Ausführliche Lösungen und zusätzliche Aufgaben finden Sie in unserer eLearning-Umgebung **MyLab|Biostatistik**.

MyLab|Biostatistik

- Ausführliche Beschreibung der Umsetzung der in diesem Kapitel enthaltenen Tests in R (einschließlich R-Skripte), SPSS und Excel.
- Einführung in die Realisierung weiterführender Verfahren in den drei Programmen.
- **Praxisbeispiel:** Korrelations- und regressionsanalytische Auswertung von Daten aus einer Untersuchung zur Evaluierung der hygienischen Wasserqualität eines mit fäkalbelastetem Oberflächenwasser gefluteten Tagebausees (Wolf, 2005) mit R, SPSS bzw. Excel.

Varianzanalyse

8

ÜBERBLICK

In diesem Kapitel wird das grundlegende Vorgehen varianzanalytischer Verfahren vorgestellt. Methoden der Varianzanalyse werden angewendet, um in faktoriellen Versuchsanordnungen die Wirkung eines oder mehrerer mehrfach gestufter Einflussfaktoren und deren Wechselwirkungen auf die Ausprägungen einer abhängigen Variablen zu untersuchen. Der Schwerpunkt der Darstellung liegt in der Beschreibung des grundlegenden Vorgehens der Quadratsummenzerlegung und der Signifikanzprüfung in Varianzanalysen. Ausführlich wird auf multiple Vergleiche und auf nichtparametrische Methoden sowie auf die Unterschiede von Modellen mit festen und mit zufälligen Faktoren eingegangen.

Folgende Verfahren werden beschrieben:

- Einfaktorielle Varianzanalyse mit festen Effekten.
- Multiple Vergleiche (Bonferroni-Prinzip, Holm-Prozedur, Paarvergleiche nach Tukey, Scheffé-Test, Dunnett-Test, geplante Analyse linearer Kontraste).
- Zweifaktorielle Varianzanalyse mit festen Effekten.
- Varianzanalyse mit zufälligen Effekten.
- Rangvarianzanalyse (Kruskal-Wallis-Test).
- Nichtparametrische multiple Vergleiche (Dunn-Test, Paarvergleiche nach Nemenyi, Steel-Verfahren).

Anwendungsbeispiel

Foto: Otto Ehrmann

Maiskeimling

Die meisten Reaktionen des Zellstoffwechsels werden durch Enzyme katalysiert. Diese sind häufig auf bestimmte Zelltypen oder Kompartimente beschränkt. In einem Experiment sollte die Konzentration von Peroxidasen in verschiedenen pflanzlichen Geweben sowie unter unterschiedlichen Lichtverhältnissen (hell oder dunkel) bestimmt werden. Peroxidasen katalysieren ihre Reaktionen unter Wasserstoffperoxid-Verbrauch. Sie sind u.a. auch für die Synthese von Lignin und damit für die Verstärkung der Zellwand nach dem Streckenwachstum der jungen Keimlinge wichtig. Daneben wurde die Menge an reaktiven Sauerstoffspezies (ROS), zu denen auch Wassserstoffperoxid zählt, unter den Versuchsbedingungen bestimmt. Allerdings waren hier die Messungen stark fehlerbehaftet, weshalb jeder Wert einer Klasse zugeteilt wurde. Die verwendeten Klassenbreiten waren unterschiedlich. Proben mit dem Index 0 besitzen keine nachweisbare Menge an ROS, Proben mit dem Index 10 weisen die höchsten ROS-Werte auf.

Mit Hilfe des Experiments sollte untersucht werden, ob es Unterschiede in den Enzym- und ROS-Mengen unter den jeweiligen Bedingungen gibt. Zur Verfügung standen 60 Maiskeimlinge. Dabei sollte die Auswirkung von Beleuchtung und Gewebe auf die Enzymmenge untersucht werden. Zunächst sollten Unterschiede in der mittleren Enzymmenge zwischen den Geweben getrennt für die dunkle und die helle Versuchsbedingung untersucht werden. Dabei gab es für die helle Bedingung vor dem Versuch die Hypothese, dass die Enzymmenge (Menge an Peroxidasen) vom Primärblatt über das Mesokotyl zur Wurzel hin abnimmt. Für die Versuchsbedingung ohne Licht konnte diese Hypothese vor dem Experiment nicht begründet werden. In einer weiteren Auswertung sollte untersucht werden, ob es Wechselwirkungseffekte zwischen der Beleuchtung und dem Gewebe gibt, d.h. ob die Beleuchtung die verschiedenen Gewebe hinsichtlich der untersuchten Parameter unterschiedlich beeinflusst. Für den ROS-Index waren Unterschiede zwischen den Geweben getrennt für die dunkle und die helle Versuchsbedingung zu untersuchen. In ►Tabelle 8.1 und ►Tabelle 8.2 sind die Merkmale und die erhobenen Daten zusammengefasst.

Merkmal	Skalenniveau	Erläuterungen
B: Beleuchtung	nominal	2 Ausprägungen (1: hell; 2: dunkel)
G: Gewebe	nominal	3 Ausprägungen (1: Wurzel; 2: Mesokotyl; 3: Primärblatt)
M: Menge an Enzymen	metrisch	in mg/g Gewebe
R: ROS-Index	ordinal	skaliert zwischen 0 (nicht nachweisbar) und 10 (höchste ROS-Werte)

Tabelle 8.1: Merkmale im Anwendungsbeispiel.

Nummer der Probe	B	G	M	R
1	1	1	0.3	0
2	1	1	0.6	1
3	1	1	1.3	2
4	1	1	1.4	3
5	1	1	0.8	4
6	1	1	0.8	2
7	1	1	0.5	1
8	1	1	1.6	0

Nummer der Probe	B	G	M	R
21	1	3	2.1	4
22	1	3	2.1	5
23	1	3	3.1	6
24	1	3	2.4	7
25	1	3	1.7	8
26	1	3	2.1	9
27	1	3	3.3	10
28	1	3	3.1	8

Nummer der Probe	B	G	M	R
41	2	2	1.0	0
42	2	2	1.1	1
43	2	2	1.0	2
44	2	2	0.9	3
45	2	2	0.3	0
46	2	2	1.5	1
47	2	2	0.5	2
48	2	2	0.4	3

Tabelle 8.2: Daten im Anwendungsbeispiel (Teil 1).

Nummer der Probe	B	G	M	R
9	1	1	1.4	3
10	1	1	1.3	2
11	1	2	0.5	1
12	1	2	0.8	2
13	1	2	1.7	3
14	1	2	2.4	4
15	1	2	1.1	5
16	1	2	1.9	4
17	1	2	1.0	3
18	1	2	1.4	2
19	1	2	1.4	5
20	1	2	1.8	6

Nummer der Probe	B	G	M	R
29	1	3	2.6	7
30	1	3	2.5	10
31	2	1	0.8	0
32	2	1	0.6	0
33	2	1	0.2	0
34	2	1	1.6	1
35	2	1	1.0	1
36	2	1	0.7	2
37	2	1	0.8	3
38	2	1	1.0	2
39	2	1	0.5	1
40	2	1	0.9	1

Nummer der Probe	B	G	M	R
49	2	2	1.7	4
50	2	2	0.7	0
51	2	3	0.9	0
52	2	3	1.9	1
53	2	3	1.3	2
54	2	3	0.7	3
55	2	3	0.7	4
56	2	3	1.5	5
57	2	3	1.7	4
58	2	3	1.6	3
59	2	3	1.4	2
60	2	3	1.3	1

Tabelle 8.2: Daten im Anwendungsbeispiel (Teil 1) (Fortsetzung).

Um zusätzlich die durch einen Wechsel des Experimentators verursachte Variabilität der Messwerte gezielt zu prüfen, wurden einige Messungen von verschiedenen Personen durchgeführt, wobei vier Personen je fünf Messungen der Enzymkonzentration an der Wurzel bei heller Beleuchtung vorgenommen haben. Diese Werte sind in einer separaten Tabelle zusammengefasst. In ►Tabelle 8.3 sind die Daten der ersten zehn Proben aus Tabelle 8.2 sowie die zusätzlich erhobenen Daten der Proben 61 bis 70 enthalten.

Nummer der Probe	Person	B	G	M
1	1	1	1	0.3
2	1	1	1	0.6
3	1	1	1	1.3
4	1	1	1	1.4
5	1	1	1	0.8
6	2	1	1	0.8
7	2	1	1	0.5
8	2	1	1	1.6
9	2	1	1	1.4
10	2	1	1	1.3

Nummer der Probe	Person	B	G	M
61	3	1	1	0.2
62	3	1	1	0.5
63	3	1	1	0.9
64	3	1	1	1.5
65	3	1	1	1.0
66	4	1	1	0.9
67	4	1	1	0.6
68	4	1	1	2.7
69	4	1	1	1.3
70	4	1	1	2.8

Tabelle 8.3: Daten im Anwendungsbeispiel (Teil 2).

8.1 Einfaktorielle Varianzanalyse (Modell I)

Mit der einfaktoriellen Varianzanalyse kann die Wirkung einer mehrfach gestuften Einflussgröße, eines Faktors, auf eine abhängige Variable untersucht werden. Im **Anwendungsbeispiel** soll der Einfluss des Faktors Gewebeart auf das metrische Merkmal Enzymkonzentration getrennt für beide Beleuchtungen analysiert werden.

8.1.1 Modell, Voraussetzungen und statistische Hypothesen

Im Modell I der Varianzanalyse wird davon ausgegangen, dass die Stufen des Faktors fest vorgegeben sind. Im **Beispiel** ist diese Annahme mit den fest vorgegebenen Gewebearten Wurzel, Mesokotyl und Primärblatt erfüllt.

Modell

Die Realisierung der Zufallsvariablen Y_i an der j-ten Untersuchungseinheit unter der i-ten Faktorstufe a_i des Faktors A soll mit y_{ij} bezeichnet werden. Mit e_{ij} sollen die Residuen, die zufälligen Schwankungen der Untersuchungseinheiten um den Mittelwert der jeweiligen Gruppe, als Realisierungen der Zufallsvariablen E: Modellfehler bezeichnet werden. Damit kann das Modell der einfaktoriellen Varianzanalyse mit festen Effekten in folgender Form angegeben werden:

Formel

$$y_{ij} = \mu_i + e_{ij} = \mu + \alpha_i + e_{ij} \; (i = 1,\ldots,k; j = 1,\ldots,n_i) \tag{8.1}$$

- y_{ij}: Realisierung der Zufallsvariablen Y_i für die j-te Untersuchungseinheit unter der i-ten Stufe des Faktors A
- μ_i: Erwartungswert von Y_i unter der i-ten Faktorstufe von A
- α_i: Einfluss der i-ten Faktorstufe auf den Erwartungswert μ_i mit $\sum_{i=1}^{k} \alpha_i = 0$
- μ: Gesamtmittelwert der Population
- e_{ij}: Residuum der j-ten Untersuchungseinheit unter der i-ten Faktorstufe
- k: Anzahl der Faktorstufen von A
- n_i: Anzahl der Untersuchungseinheiten unter der i-ten Faktorstufe von A

Nach der Modellvorstellung setzt sich jeder Messwert der abhängigen Variablen folglich zusammen aus dem Gesamtmittelwert, einem durch die jeweilige Faktorstufe verursachten Einfluss und einer Abweichung des Messwerts der einzelnen Untersuchungseinheit vom so resultierenden Mittelwert seiner Gruppe. In ►Abbildung 8.1 ist diese Beziehung veranschaulicht. Die Beziehung

$$\sum_{i=1}^{k} \alpha_i = 0$$

wird als Reparametrisierungsbedingung bezeichnet, die eine eindeutige Berechnung der Parameter im Modell ermöglicht.

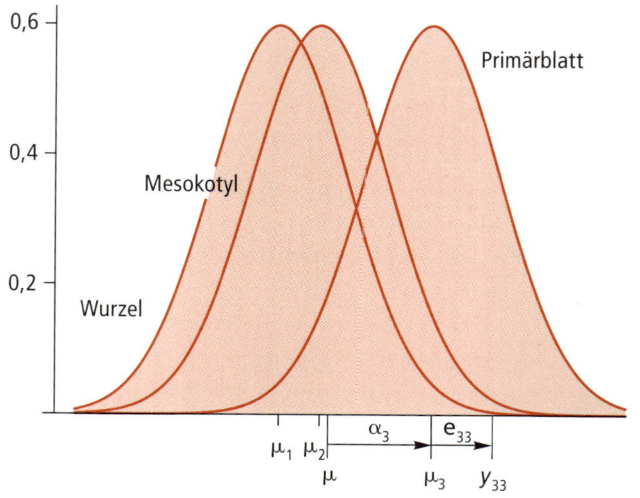

Abbildung 8.1: Verteilungen der Enzymkonzentration für drei Faktorstufen des Faktors Gewebeart.

Es sind drei Verteilungen dargestellt, die sich unter den Stufen a_1, a_2 und a_3 des Faktors A ergeben. Die Mittelwerte der Teilpopulationen sind mit μ_1, μ_2 und μ_3 bezeichnet. Mit y_{33} sei der Messwert der dritten Untersuchungseinheit unter der dritten Faktorstufe bezeichnet. Dieser Wert setzt sich nach dem Modell der einfaktoriellen Varianzanalyse gemäß Formel (8.1) zusammen aus dem Gesamtmittelwert μ, dem Einfluss α_3 der dritten Stufe von A, der zu einem gegenüber μ größeren Mittelwert μ_3 dieser Teilpopulation führt, und der spezifischen (in diesem Fall positiven) Abweichung des Messwerts dieser Untersuchungseinheit vom Mittelwert μ_3 ihrer Teilpopulation.

Voraussetzungen

Die Voraussetzungen der einfaktoriellen Varianzanalyse (Modell I) können ebenfalls anhand von ►Abbildung 8.1 veranschaulicht werden.

I Festlegung des nominalskalierten Einflussfaktors A und der metrischen abhängigen Variablen Y.

Vor der Untersuchung wird die Hypothese aufgestellt, dass die Stufen von A die Ausprägungen von Y gemäß dem Modell nach Formel (8.1) beeinflussen.

II Stufen von A sind fest vorgegeben.

Die Stufen des Faktors A können vom Untersucher vorgegeben werden und werden bereits im Versuchsplan festgelegt.

III Identische Verteilung der Modellfehler.

Die Voraussetzung besagt, dass alle Modellfehler $E_i, i = 1, 2, \ldots, n$, den Erwartungswert Null haben und dass die Varianzen $\sigma_1^2 = \sigma_2^2 = \ldots = \sigma_k^2$ unter den k Faktorstufen homogen sind (Homoskedastizität). Die Varianzen der Modellfehler sind gleich den Varianzen der abhängigen Variablen unter den einzelnen Faktorstufen.

In ►Abbildung 8.1 sind Verteilungen mit gleichen Varianzen unter den drei Faktorstufen dargestellt. Diese Voraussetzung kann mit entsprechenden Homogenitätstests (zum Beispiel mit dem relativ robusten Levene-Test, siehe Abschnitt 6.1.5) geprüft werden.

IV Statistische Unabhängigkeit der Modellfehler.

Die Voraussetzung besagt, dass die Abweichungen der Messwerte der einzelnen Untersuchungseinheiten vom Mittelwert ihrer Gruppe unabhängig von den Abweichungen der anderen Untersuchungseinheiten sein müssen. Diese Voraussetzung kann als gegeben angesehen werden, wenn die zufällig ausgewählten Untersuchungseinheiten den Faktorstufen zufällig zugeordnet werden und unter den Faktorstufen verschiedene Stichproben untersucht werden.

V Normalverteilung der Modellfehler.

Diese Voraussetzung zusätzlich zu den Voraussetzungen I-III besagt, dass die Modellfehler $E_i, i = 1, 2, \ldots, n$, einer $N\left(0, \sigma^2\right)$-Verteilung genügen. Die Voraussetzung der Normalverteilung der Modellfehler entspricht der Voraussetzung einer Normalverteilung $N(\mu_j, \sigma^2)$ $(j = 1, 2, \ldots, k)$ der abhängigen Variablen unter den einzelnen Faktorstufen.

In Abbildung 8.1 sind Normalverteilungen unter den drei Faktorstufen des Anwendungsbeispiels dargestellt. Die Normalverteilungsannahme für die abhängige Variable kann mit entsprechenden Anpassungstests (siehe Kapitel 6) für jede Stichprobe der k Faktorstufen einzeln untersucht werden oder besser nach Anpassung des Varianzanalysemodells für alle geschätzten Modellfehler gemeinsam.

Bewertung der Voraussetzungen

Die Voraussetzungen müssen durch entsprechende Versuchsplanung bzw. Stichprobenziehung gewährleistet werden, soweit das möglich ist. Abhängige Modellfehler führen zu erheblichen Verfälschungen der Tests. Bei wiederholten Messungen an den gleichen Probanden sind die Verfahren der Varianzanalyse mit Messwiederholung anzuwenden (siehe Abschnitt 8.4).

Bezüglich der Folgen einer Verletzung der Voraussetzungen der Normalverteilung und der Varianzhonogenität gibt es umfangreiche Untersuchungen in der Literatur. Eine detaillierte Untersuchung der daraus resultierenden Befunde ist in jedem speziellen Anwendungsfall erforderlich, da beide Voraussetzungen gemeinsam in der bio- und umweltwissenschaftlichen Praxis nur selten sicher als erfüllt gelten können. Aus den Untersuchungen zur Robustheit der einfaktoriellen Varianzanalyse, das heißt zur Unempfindlichkeit gegenüber Verletzungen der Voraussetzungen (siehe Kapitel 6.5), lassen sich folgende grobe Empfehlungen ableiten (siehe Diehl & Arbinger, 2001, Miller, 1997):

- Die Robustheit der Varianzanalyse ist generell größer, wenn die Stichprobenumfänge n_i unter allen Faktorstufen gleich groß sind. Deshalb sollten in der Phase der Versuchsplanung möglichst gleich große Gruppen vorgesehen werden.
- Wenn die Voraussetzung der Varianzhomogenität gegeben ist (was allerdings bei kleinen Stichproben nicht hinreichend geprüft werden kann, siehe Abschnitt 6.1.5), ist die Varianzanalyse relativ robust gegen Verletzungen der Normalverteilungsvoraussetzung.
- Bei Verletzung der Varianzhomogenität oder bei kleinen Stichproben (bei denen beide Voraussetzungen nicht geprüft werden können) empfiehlt sich die Anwendung der robusten Verfahren nach Brown-Forsythe bzw. Welch (siehe Diehl & Arbinger, 2001). Alternativ ist die Verwendung der nichtparametrischen Varianzanalyse (Kruskal-Wallis-Test, siehe Abschnitt 8.5) möglich.

Statistische Hypothesen

Inhaltliches Ziel der einfaktoriellen Varianzanalyse ist der Nachweis der Wirkung der Stufen des Faktors A auf die abhängige Variable. Dabei wird zunächst nicht festgelegt, welche der k Faktorstufen sich in ihrer Wirkung auf die zu untersuchende metrische Variable unterscheiden. Deshalb entspricht das beschriebene Ziel der inhaltlichen Hypothese, dass mindestens eine Faktorstufe einen Einfluss auf die abhängige Variable hat. Daraus folgt unmittelbar das für den Nachweis der Wirkung des Faktors relevante statistische Hypothesenpaar:

$$H_1 : \alpha_i \neq 0 \text{ für mindestens ein } i, \tag{8.2}$$

$$H_0 : \alpha_i = 0 \text{ für alle } i \; (i = 1, \ldots, k). \tag{8.3}$$

Dabei wird mit α_i $(i = 1, \ldots, k)$ die Wirkung der Faktorstufe i im varianzanalytischen Modell nach Formel (8.1) beschrieben. Diese Darstellung der Hypothesen bietet gute Möglichkeiten zur Verallgemeinerung auf komplexere Designs (zum Beispiel die zweifaktorielle Varianzanalyse, siehe Abschnitt 8.2.1). Alternativ wird dieses Hypothesenpaar für die einfaktorielle Analyse oft unter Benutzung der Mittelwerte μ_i der Teilpopulationen in folgender Form dargestellt:

$$H_1 : \mu_i \neq \mu_j \text{ für mindestens ein Paar } (i, j), \tag{8.4}$$

$$H_0 : \mu_i = \mu_j \text{ für alle Paare } (i, j) \; (i, j = 1, \ldots, k). \tag{8.5}$$

Beim Vorliegen von mehr als zwei Faktorstufen impliziert die Ablehnung der Nullhypothese die Frage, zwischen welchen Faktorstufen der nachgewiesene Unterschied zu finden ist. Diese Frage kann mit multiplen Vergleichen (siehe Abschnitt 8.1.3) untersucht werden.

Zur Prüfung der statistischen Hypothesen gemäß (8.2) und (8.3) bzw (8.4). und (8.5) wird im folgenden Abschnitt die klassische Auswertungsmethode vorgestellt, die Quadratsummenzerlegung nach Fisher. Diese Methode wird ausführlich am Beispiel des Spezialfalls gleich großer Gruppen beschrieben.

Eine alternative Vorgehensweise besteht in der Modellierung der Faktoren als Dummy-Variablen, die nur die Werte 0 und 1 annehmen können. Über diesen Ansatz des Allgemeinen linearen Modells werden in moderner Statistik-Software zunehmend die varianzanalytischen Auswertungen realisiert. Im Rahmen dieser Einführung soll auf diese Vorgehensweise jedoch nicht eingegangen werden (siehe Bortz und Schuster, 2010).

8.1.2 Quadratsummenzerlegung und Signifikanzprüfung

In Abbildung 8.1 wird deutlich, dass im Modell der einfaktoriellen Varianzanalyse die Varianz der abhängigen Variablen durch zwei Varianzursachen hervorgerufen wird. Ein Teil der totalen Quadratsumme wird durch die Unterschiede der Mittelwerte der Verteilungen der Teilpopulationen verursacht. Dieser Anteil wird als Quadratsumme *zwischen* den Faktorstufen bezeichnet. Ein weiterer Quadratsummenanteil ergibt sich aus den Streuungen der Werte der Untersuchungseinheiten um den Mittelwert der jeweiligen Teilpopulation. Dieser Anteil wird als Quadratsumme *innerhalb* der Faktorstufen bezeichnet. Die Größe des Quotienten dieser beiden Quadratsummen ist die für den Nachweis der Wirkung des Faktors entscheidende Größe. Für die Berechnung des Verhältnisses sind drei Quadratsummen sowie die daraus berechneten mittleren Quadratsummen erforderlich.

Für das **Anwendungsbeispiel** sind in ►Tabelle 8.4 die für die Quadratsummenzerlegung und für die Signifikanztests benötigten arithmetischen Mittelwerte der Teilstichproben zusammengestellt. Dabei ist zu beachten, dass die folgenden Berechnungen zur einfaktoriellen Varianzanalyse getrennt für die helle bzw. die dunkle Bedingung durchgeführt werden sollen. Die Verteilungen der Werte in den Teilstichproben werden in den Boxplots in ►Abbildung 8.2 veranschaulicht. Aus der Grafik wird unmittelbar deutlich, dass sich die mittleren Enzymmengen bei heller Beleuchtung stärker voneinander unterscheiden als bei der dunklen Bedingung.

Beleuchtet kultiviert (hell)		In Dunkelheit kultiviert (dunkel)	
Gewebe	**mittlere Enzymmenge**	**Gewebe**	**mittlere Enzymmenge**
Wurzel	1.00	Wurzel	0.81
Mesokotyl	1.40	Mesokotyl	0.91
Primärblatt	2.50	Primärblatt	1.30
Gesamtstichprobe	1.63	Gesamtstichprobe	1.01

Tabelle 8.4: Mittlere Enzymmengen (gerundet) der Gesamtstichproben und der Teilstichproben (getrennt nach unterschiedlicher Beleuchtung).

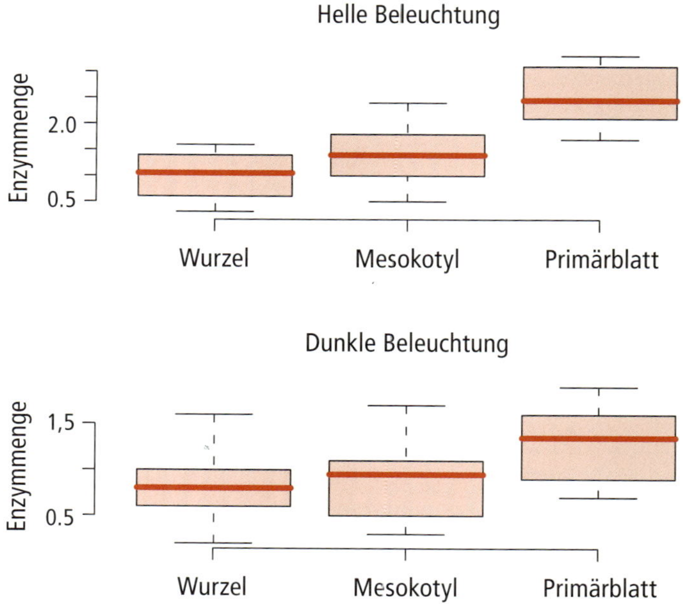

Abbildung 8.2: Darstellung der Verteilungen der Enzymmengen für die drei Faktorstufen des Faktors Gewebe mittels Boxplots (getrennt nach unterschiedlicher Beleuchtung).

Quadratsummenzerlegung

Ausgangspunkt der Quadratsummenzerlegung ist die totale Quadratsumme, die sich als Summe der quadratischen Abweichungen aller Werte der abhängigen Variablen vom Gesamtmittelwert ergibt:

$$QS_{total} = QS(y) = \sum_{i=1}^{k} \sum_{j=1}^{n_i} \left(y_{ij} - \bar{y}\right)^2. \quad (8.6)$$

Im **Beispiel** ergibt sich für die Versuchsbedingung der hellen Beleuchtung für die Variable Enzymmenge mit $k = 3$ und $n_1 = n_2 = n_3 = 10$:

$$QS_{total} = (0.3 - 1.63)^2 + (0.6 - 1.63)^2 + \ldots + (2.5 - 1.63)^2 = 19.33.$$

Diese totale Quadratsumme kann nun aufgeteilt werden in die Faktorquadratsumme

$$QS_{Faktor} = QS(\hat{y}),$$

die auf die Wirkung der unterschiedlichen Faktorstufen des Faktors A zurückzuführen ist, und die Fehler- oder Residualquadratsumme

$$QS_{Fehler} = QS(e),$$

die durch die Variabilität der Messwerte unter den einzelnen Faktorstufen zu erklären ist:

$$QS_{total} = QS_{Faktor} + QS_{Fehler}. \tag{8.7}$$

Merksatz

Die einfaktorielle Varianzanalyse beruht auf der Zerlegung der totalen Quadratsumme in Anteile, die auf die Wirkung der Stufen des Faktors zurückzuführen sind, und in Anteile, die durch zufällige Streuungen der Messwerte der Untersuchungseinheiten erklärt werden können.

Die Berechnung der Faktorquadratsumme kann durch folgende Überlegung illustriert werden: Wenn der Faktor *keinen* Einfluss auf die Gruppenmittelwerte hätte, müssten alle Mittelwerte unter den verschiedenen Faktorstufen gleich sein. Deshalb können die Abweichungen dieser Mittelwerte vom Gesamtmittelwert auf die Wirkung des Faktors zurückgeführt werden. Die Faktorquadratsumme erhält man, indem für jede Untersuchungseinheit die Differenz des jeweiligen Gruppenmittelwerts vom Gesamtmittelwert gebildet und quadriert wird:

$$QS_{Faktor} = \sum_{i=1}^{k} \sum_{j=1}^{n_i} (\overline{y}_i - \overline{y})^2 = \sum_{i=1}^{k} n_i \cdot (\overline{y}_i - \overline{y})^2 , \tag{8.8}$$

wobei mit $\overline{y}_i$ der Mittelwert der abhängigen Variablen in der i-ten Gruppe bezeichnet wird ($i = 1, \ldots, k$). Im **Beispiel** werden für die Berechnung der Faktorquadratsumme unter der Bedingung heller Beleuchtung die entsprechenden Mittelwerte aus Tabelle 8.4 verwendet:

$$QS_{Faktor} = 10 \cdot (1.00 - 1.63)^2 + 10 \cdot (1.40 - 1.63)^2 + 10 \cdot (2.50 - 1.63)^2 = 12.07.$$

Die Fehlerquadratsumme beschreibt diejenigen Quadratsummenanteile, die nicht durch die unterschiedliche Wirkung der Faktorstufen zu erklären sind. Sie ist damit ein Ausdruck, der die Streuung der Werte der einzelnen Untersuchungseinheiten um ihren jeweiligen Gruppenmittelwert beschreibt. Für die Berechnung ist die Summe der quadrierten Abweichungen aller Messwerte vom Mittelwert der jeweiligen Gruppe zu bestimmen:

$$QS_{Fehler} = \sum_{i=1}^{k} \sum_{j=1}^{n_i} \left(y_{ij} - \overline{y}_i\right)^2. \tag{8.9}$$

Im **Beispiel** ergibt sich die Fehlerquadratsumme bei heller Beleuchtung als

$$QS_{Fehler} = (0.3 - 1.00)^2 + (0.6 - 1.00)^2 + \ldots + (1.3 - 2.5)^2 = 7.26.$$

Die Quadratsumme nach Formel (8.9) kann auch als Summe der quadrierten Residuen der Varianzanalyse berechnet werden, woraus der Name Fehler- oder Residualquadratsumme zu erklären ist.

Mit den Formeln (8.6) bis (8.9) ist die totale Quadratsumme vollständig in die Faktor- und die Fehlerquadratsumme zerlegt worden. Nach Formel (8.7) erhält man für die Versuchsbedingung der hellen Beleuchtung die Quadratsummenzerlegung als

$$19.33 = 12.07 + 7.26.$$

Mittlere Quadratsummen

Bevor das Verhältnis der durch die Wirkung der Faktorstufen erklärbaren Quadratsummen und der Fehlerquadratsummen untersucht werden kann, sind die mittleren Quadratsummen aus den Quadratsummen nach den Formeln (8.8) und (8.9) zu berechnen. Diese Werte entstehen durch Division der Quadratsummen durch die jeweilige Anzahl an Freiheitsgraden:

$$MQ_{Faktor} = \frac{1}{k-1} \cdot QS_{Faktor}, \tag{8.10}$$

$$MQ_{Fehler} = \frac{1}{n-k} \cdot QS_{Fehler}. \tag{8.11}$$

Dabei wird mit $n = \sum_{i=1}^{k} n_i$ der Gesamtstichprobenumfang bezeichnet. Die beiden mittleren Quadratsummen bilden die Grundlage für den im folgenden Abschnitt angegebenen Signifikanztest. Im **Beispiel** ergeben sich für die Versuchsbedingung der hellen Beleuchtung die folgenden Werte:

$$MQ_{Faktor} = \frac{1}{3-1} \cdot 12.07 = 6.04,$$
$$MQ_{Fehler} = \frac{1}{30-3} \cdot 7.26 = 0.27.$$

Signifikanztest

Der entstehende Quotient

$$f = \frac{MQ_{Faktor}}{MQ_{Fehler}} \tag{8.12}$$

ist eine Realisierung einer bei Gültigkeit der Nullhypothese

$$H_0 : \alpha_i = 0 \text{ für alle } i \ (i = 1, \ldots, k)$$

und bei erfüllten Voraussetzungen mit

$$f_1 = k-1,\ f_2 = k \cdot (n-1)$$

Freiheitsgraden F-verteilten Zufallsvariablen (siehe Abschnitt 3.3.2). Dabei bezeichnen MQ_{Faktor} und MQ_{Fehler} die mittleren Quadratsummen nach den Formeln (8.10) und (8.11). Im **Beispiel** erhält man den Wert

$$f = \frac{6.04}{0.27} = 22.4.$$

Die durch die Formeln (8.6) bis (8.12) beschriebenen Größen können übersichtlich in einer Varianztabelle dargestellt werden, die im Rahmen des Testablaufs dargestellt ist (►Tabelle 8.5).

Testablauf

Bezeichnung des Tests:

Globalvergleich der einfaktoriellen Varianzanalyse oder einfaktorielle ANOVA

Statistische Hypothesen:

- $H_1 : \alpha_i \neq 0$ für mindestens ein i, $H_0 : \alpha_i = 0$ für alle i $(i = 1, \dots, k)$
- α_i: Einfluss der i-ten Faktorstufe im Modell nach (8.1) mit $\sum_{i=1}^{k} \alpha_i = 0$
- k: Anzahl der Stufen des Faktors A

Wahl des Signifikanzniveaus:

- $\alpha = 0.05$ oder $\alpha = 0.01$ oder andere Wahl von α

Gegebene Daten:

- Messwerte y_{ij} $(i = 1, \dots, k; j = 1, \dots, n_i)$
- k: Anzahl der Stufen des Faktors A
- n_i: Anzahl der Messwerte unter der i-ten Stufe des Faktors A
- $n = \sum_{i=1}^{k} n_i$: Umfang der Gesamtstichprobe

Voraussetzungen:

- Die Messwerte y_{ij} $(i = 1, \dots, k; j = 1, \dots, n_i)$ sind metrische Realisierungen der Zufallsvariablen Y_i $(i = 1, \dots, k)$.

- Zu beliebigen festen Stufen a_i des Faktors A sind Y_i $(i = 1,\ldots,k)$ unabhängige normalverteilte Zufallsvariablen mit den Erwartungswerten $\mu_i = \mu + \alpha_i$ und der unbekannten Varianz σ^2.

Berechnung des Werts der Teststatistik:

Variations-ursache	Quadrat-summen	Freiheits-grade	Mittlere Quadratsummen	Wert der Teststatistik F
Zwischen den Stufen des Faktors	QS_{Faktor} (8.8)	$f_1 = k-1$	MQ_{Faktor} (8.10)	$f = \frac{MQ_{Faktor}}{MQ_{Fehler}}$
Innerhalb der Stufen des Faktors (Fehler, Residuen)	QS_{Fehler} (8.9)	$f_2 = n-k$	MQ_{Fehler} (8.11)	
Gesamt	QS_{total} (8.6)	$n-1$		

Tabelle 8.5: Varianztabelle der einfaktoriellen Varianzanalyse.

Testentscheidung unter Verwendung des p-Werts:

- $p = P(F \geq f)$
- $p < \alpha \rightarrow$ *Ablehnung von* H_0

Testentscheidung unter Verwendung des Quantils der F-Verteilung:

- $f > F_{f_1,f_2,1-\alpha} \rightarrow$ *Ablehnung von* H_0
- $F_{f_1,f_2,1-\alpha}$: Quantil der F-Verteilung mit f_1, f_2 Freiheitsgraden (siehe Anhang B, Tabelle 4).

Die Quadratsummenzerlegung für die Enzymmengen im **Anwendungsbeispiel** wurde für die Versuchsbedingung heller Beleuchtung in diesem Abschnitt erläutert. In ►Tabelle 8.6 sind mit $n = 30$ und $k = 3$ die Ergebnisse in der Varianztabelle zusammengefasst (ohne Maßeinheiten, gerundete Werte).

Variationsursache	Quadrat-summen	Freiheits-grade	Mittlere Quadrat-summen	Wert der Teststa-tistik F
Zwischen den Geweben	12.07	2	6.04	22.4
Innerhalb der Gewebe (Fehler, Residuen)	7.26	27	0.27	
Gesamt	19.33	29		

Tabelle 8.6: Varianztabelle im Anwendungsbeispiel (helle Beleuchtung).

Zur Testentscheidung bei einem Signifikanzniveau von $\alpha = 0.05$ kann der mit Hilfe eines Computerprogramms berechnete p-Wert

$$p = P(F \geq 22.4) = 1.8 \cdot 10^{-6}$$

oder der Wert des Quantils der F-Verteilung

$$F_{2,27,0.95} \approx 3.35$$

herangezogen werden. Wegen

$$p = 1.8 \cdot 10^{-6} < 0.05 \text{ bzw. } f = 22.4 > 3.35$$

ist die Nullhypothese abzulehnen. Es kann ein signifikanter Einfluss des Faktors A auf die mittleren Enzymmengen nachgewiesen werden. Die mittleren Enzymmengen unterscheiden sich signifikant ($\alpha = 0.05$) zwischen Wurzel, Mesokotyl und Primärblatt. Wegen $p = 1.8 \cdot 10^{-6} < 0.01$ hätte sich ebenfalls ein signifikanter Effekt ergeben, wenn das Signifikanzniveau mit $\alpha = 0.01$ festgelegt worden wäre. Mit diesem Testergebnis kann ein globaler Effekt des Gewebes nachgewiesen werden. Die sich unmittelbar anschließende Frage, welche Effekte einzelner Faktorstufen dieses Ergebnis verursachen (d. h. zwischen welchen der drei Gewebearten sich die mittleren Enzymmengen unterscheiden), kann durch anschließende multiple Vergleiche untersucht werden (siehe Abschnitt 8.1.3).

Variationsursache	Quadrat-summen	Freiheits-grade	Mittlere Quadrat-summen	Wert der Teststa-tistik F
Zwischen den Geweben	1.34	2	0.67	3.9
Innerhalb der Gewebe (Fehler, Residuen)	4.64	27	0.17	
Gesamt	5.98	29		

Tabelle 8.7: Varianztabelle im Anwendungsbeispiel (dunkle Versuchsbedingung).

Auch zur Testentscheidung unter der dunklen Versuchsbedingung kann bei einem Signifikanzniveau von $\alpha = 0.05$ der mit Hilfe eines Computerprogramms berechnete p-Wert

$$p = P(F \geq 3.9) = 0.032$$

oder der Wert des Quantils der F-Verteilung

$$F_{2,27,0.95} \approx 3.35$$

herangezogen werden. Wegen

$$p = 0.032 < 0.05 \text{ bzw. } f = 3.9 > 3.35$$

ist die Nullhypothese abzulehnen. Auch unter der dunklen Bedingung kann ein signifikanter Einfluss des Faktors A auf die mittleren Enzymmengen nachgewiesen werden, die mittleren Enzymmengen unterscheiden sich signifikant zwischen Wurzel, Mesokotyl und Primärblatt. Wegen $p = 0.032 > 0.01$ hätte sich kein signifikanter Effekt ergeben, wenn das Signifikanzniveau mit $\alpha = 0.01$ festgelegt worden wäre. Auch in diesem Beispiel kann mit Hilfe multipler Vergleiche die Frage beantwortet werden, welche Faktorstufen für den bei $\alpha = 0.05$ signifikanten Effekt sorgen (siehe Abschnitt 8.1.3).

Effektgröße

Für die Auswertung varianzanalytischer Untersuchungen zur Beurteilung der Effekte von unabhängigen Faktoren ist es grundsätzlich empfehlenswert, zusätzlich zu den Ergebnissen des Signifikanztests Aussagen über die Größe des Effekts zu treffen. Für varianzanalytische Untersuchungen wird das Effektgrößemaß η^2 (Eta-Quadrat) verwendet, das den Anteil an der totalen Quadratsumme angibt, der durch die Wirkung des Faktors erklärt werden kann.

Formel

$$\eta^2 = \frac{\text{erklärte Quadratsumme}}{\text{totale Quadratsumme}} = \frac{QS_{Faktor}}{QS_{total}} \tag{8.13}$$

- η^2: Maß für die durch die Wirkung des Faktors in der Stichprobe zu erklärende Varianz
- QS_{Faktor}: Faktorquadratsumme nach Formel (8.8)
- QS_{total}: Totale Quadratsumme nach Formel (8.6)

η^2 kann Werte zwischen 0 und 1 annehmen. Im Fall $\eta^2 = 1$ würde die Quadratsumme der abhängigen Variablen in der vorliegenden Stichprobe vollständig durch die Wirkung des Faktors erklärt. Im **Anwendungsbeispiel** ergibt sich unter der hellen Bedingung der Wert

$$\eta^2_{hell} = \frac{QS_{Faktor,hell}}{QS_{total,hell}} = \frac{12.07}{19.33} = 0.624,$$

das heißt, 62.4 Prozent der totalen Quadratsumme der Enzymmenge können durch die unterschiedlichen Gewebe erklärt werden.

Unter der dunklen Bedingung erhält man den Wert

$$\eta^2_{dunkel} = \frac{QS_{Faktor,dunkel}}{QS_{total,dunkel}} = \frac{1.34}{5.98} = 0.224.$$

22.4 Prozent der totalen Quadratsumme des Merkmals Enzymmenge können in der vorliegenden Stichprobe unter der dunklen Versuchsbedingung durch die unterschiedlichen Gewebearten erklärt werden.

η^2 liefert eine vom Umfang der Stichprobe unabhängige Maßzahl, die den Vergleich von Effekten varianzanalytischer Faktoren in unterschiedlichen Untersuchungen ermöglicht. Die praktische Beurteilung der Werte des Effektgrößemaßes in konkreten Untersuchungen ist vollständig vom Kontext der jeweiligen Anwendung abhängig. Nur der die Untersuchung durchführende Fachwissenschaftler kann beurteilen, wie die ermittelte Varianzaufklärung zu bewerten ist. Inhaltliche Überlegungen und Erwartungen sowie Ergebnisse aus vergleichbaren Untersuchungen können einen Maßstab für die Beurteilung liefern.

8.1.3 Multiple Vergleiche

In vielen praktischen statistischen Anwendungen sind mehrere einzelne Hypothesen zu testen, die oft zusammenhängen und deshalb gemeinsam und simultan behandelt werden müssen. In diesen Fällen hat man es mit einem multiplen Testproblem zu tun. Multiple Verfahren werden also verwendet, um die Verteilungen von mehreren Grundgesamtheiten gleichzeitig zu vergleichen.

Die Zielstellung kann z. B. im Vergleich eines Merkmals zwischen verschiedenen Pflanzensorten oder im Vergleich der Effekte verschiedener Behandlungsmethoden bestehen. Man möchte dabei herausfinden, welche der Behandlungsarten sich unterscheiden bzw. ob sich neue Behandlungsmethoden von einem bisher üblichen Standard unterscheiden. Häufig werden diese Tests durchgeführt, *nachdem* bei einer Varianzanalyse die Nullhypothese abgelehnt worden ist. Das Ziel der multiplen Vergleiche besteht dann darin, Informationen darüber zu erhalten, zwischen welchen Faktorstufen große Unterschiede zur Ablehnung beim Globalvergleich geführt haben könnten.

Bei der geplanten Analyse linearer Kontraste werden bestimmte vorgegebene Hypothesen über Unterschiede in den Verteilungen bzw. zwischen den zugehörigen Erwartungswerten getestet.

Das Vorgehen soll am Beispiel der einfaktoriellen Varianzanalyse mit k Stufen veranschaulicht und auf das Anwendungsbeispiel übertragen werden. Die drei Gewebearten stellen die drei zu vergleichenden Faktorstufen des Faktors Gewebe dar, dessen Effekt auf die Zielgröße Enzymkonzentration untersucht werden soll.

Die Modellgleichung der einfaktoriellen Varianzanalyse lautet nach Formel (8.1)

$$y_{ij} = \mu_i + e_{ij} = \mu + \alpha_i + e_{ij} \; (i = 1, \ldots, k; j = 1, \ldots, n_i).$$

Es wird davon ausgegangen, dass unterschiedlich viele Beobachtungen auf jeder der k Stufen vorliegen können. Die Modellfehler und damit auch die Beobachtungsgrößen seien unabhängige normalverteilte Zufallsvariablen mit unbekannter gemeinsamer Varianz σ^2.

Ausgangspunkt der folgenden Überlegungen ist ein signifikantes Ergebnis der einfaktoriellen Varianzanalyse mit der daraus resultierenden Frage, welche Stufen des Faktors A zu dem signifikanten Ergebnis geführt haben. Im Anwendungsbeispiel hatte sich bei beiden Beleuchtungsarten ein signifikanter ($\alpha = 0.05$) Effekt des Faktors Gewebe ergeben (Abschnitt 8.1.2). Daraus ergibt sich die nachfolgende Frage, zwischen welchen Gewebearten die Unterschiede zu finden sind, zwischen Wurzel und Mesokotyl, zwischen Wurzel und Primärblatt oder zwischen Mesokotyl und Primärblatt. Bei $k = 3$ Stufen des Faktors A ergeben sich zur Beantwortung dieser Frage im Beispiel $l = 3$ mögliche Paarvergleiche.

Kumulierung der Fehlerwahrscheinlichkeiten beim multiplen Testen

Für den paarweisen Vergleich aller Mittelwerte μ_i gegeneinander erscheint es zunächst naheliegend, den im Abschnitt 6.1.2 eingeführten t-Test für jeden Einzelvergleich anzuwenden. Der bei der Testentscheidung mögliche Fehler 1. Art wird für jeden Einzeltest auch als vergleichsbezogenes Risiko bezeichnet und durch ein vorgegebenes Signifikanzniveau α beschränkt.

Bei Prüfung der Nullhypothesen $H_0^{rs}: \mu_r = \mu_s$ $(r, s = 1, \ldots, k)$ gegen die Alternativhypothesen $H_1^{rs}: \mu_r \neq \mu_s$ für alle möglichen Paare (r, s), die aus zwei verschiedenen Stufen aus der Menge 1 bis k gebildet werden können, sind insgesamt

$$l = \binom{k}{2} = \frac{k \cdot (k-1)}{2}$$

solcher Teilvergleiche nötig.

Im Fall von $k = 3$ Faktorstufen sind das, wie oben für das Anwendungsbeispiel dargestellt wurde, drei Vergleiche der Stufen 1 und 2, der Stufen 1 und 3 sowie der Stufen 2 und 3.

Für die folgenden Überlegungen soll davon ausgegangen werden, dass es in der Population keine Unterschiede zwischen den Mittelwerten gibt. Die Wahrscheinlichkeit dafür, sich in mindestens einem Teilvergleich fälschlicherweise für die Alternative H_1^{rs} zu entscheiden, ist für den Gesamtvergleich größer als $\alpha \cdot 100$ Prozent. Zu diesem Schluss kommt man, wenn man diese Wahrscheinlichkeit unter der Zusatzannahme der Unabhängigkeit der Ereignisse A^{rs}, der irrtümlichen Ablehnung von H_0^{rs}, mit Hilfe von Rechenregeln für Wahrscheinlichkeiten (siehe Kapitel 3) berechnet. Im Fall $k = 3$ erhält man für die Ereignisse A^{12}, die irrtümliche Ablehnung von H_0^{12} im Vergleich der Stufen 1 und 2, A^{13}, die irrtümliche Ablehnung von H_0^{13}, und A^{23}, die irrtümliche Ablehnung von H_0^{23}, mit Hilfe der Formel (3.7):

$$\begin{aligned} P(A^{12} \cup A^{13} \cup A^{23}) &= 1 - P(\bar{A}^{12} \cap \bar{A}^{13} \cap \bar{A}^{23}) \\ &= 1 - P(\bar{A}^{12}) \cdot P(\bar{A}^{13}) \cdot P(\bar{A}^{23}) \\ &= 1 - (1-\alpha)^3. \end{aligned}$$

Folglich ergibt sich mit $\alpha = 0.05$ für die Wahrscheinlichkeit, mindestens in einem dieser drei Vergleiche fälschlich abzulehnen, der Wert $1-0.95^3 \approx 0.14 > 0.05$.

Für beliebige Werte $k \geq 2$ erhält man auf analoge Weise die Wahrscheinlichkeit, mindestens in einem der Vergleiche fälschlich abzulehnen, als

$$P(\bigcup_{r,s=1}^{k} A^{rs}) = 1 - P(\bigcap_{r,s=1}^{k} \bar{A}^{rs}) = 1 - \prod_{r,s=1}^{k} P(\bar{A}^{rs}) = 1 - (1-\alpha)^{l}.$$

Dabei bezeichnet

$$\prod_{r,s=1}^{k} P(\bar{A}^{rs})$$

das Produkt der Wahrscheinlichkeiten der Nichtablehnung $P(\bar{A}^{r,s})$ für alle möglichen Paare (r, s). Mit wachsender Zahl der Vergleiche l strebt diese Wahrscheinlichkeit gegen 1.

Ohne die Zusatzannahme der Unabhängigkeit ist die Wahrscheinlichkeit, wenigstens eine der Nullhypothesen $H_0^{rs}: \mu_r = \mu_s$ irrtümlich abzulehnen, nur abschätzbar. Nach der Bonferroni-Ungleichung ist sie nicht größer als die Summe der l Wahrscheinlichkeiten, die Teilhypothesen H_0^{rs} irrtümlich abzulehnen, d. h. diese Fehlerwahrscheinlichkeit ist kleiner oder gleich $l \cdot \alpha$.

Wählt man im **Anwendungsbeispiel** in drei Gruppen das Signifikanzniveau $\alpha = 0.05$, dann kann diese Fehlerwahrscheinlichkeit also größer als 0.05 werden, sie ist aber durch

$$\binom{3}{2} \cdot \alpha = 3 \cdot \alpha = 0.15$$

nach oben beschränkt.

Man bezeichnet bei einem multiplen Testproblem die Wahrscheinlichkeit, mindestens eine der Teilhypothesen irrtümlich abzulehnen, unabhängig davon, wie viele und welche dieser Hypothesen wahr sind, als experimentbezogene Fehlerrate und beschränkt diese durch das multiple Signifikanzniveau α.

Paarvergleiche nach dem Bonferroni-Verfahren

Eine Möglichkeit, bei dem simultanen Testen mehrerer Hypothesen insgesamt ein vorgegebenes multiples Signifikanzniveau α einzuhalten, besteht darin, jeden Einzeltest mit dem Signifikanzniveau

$$\alpha' = \frac{\alpha}{\binom{k}{2}} = \frac{\alpha}{\frac{k \cdot (k-1)}{2}} = \frac{\alpha}{l} \tag{8.14}$$

durchzuführen. Dabei ist

$$l = \frac{k \cdot (k-1)}{2}$$

die Anzahl der möglichen Paarvergleiche bei k Faktorstufen. Dieses Vorgehen wird als Bonferroni-Verfahren bezeichnet. Nach den Überlegungen im letzten Abschnitt ist damit die Summe der l Wahrscheinlichkeiten, die Teilhypothesen H_0^{rs} irrtümlich abzulehnen, kleiner als das vorgegebene Signifikanzniveau α.

Die Entscheidungsprozedur lässt sich somit folgendermaßen beschreiben:

Man berechnet die Werte der t-Testgrößen für den Vergleich der Mittelwerte in Gruppe r und Gruppe s, wie in Kapitel 6 beschrieben wurde:

Formel

$$t_{rs} = \frac{\overline{y}_r - \overline{y}_s}{s_p^{rs}} \sqrt{\frac{n_r \cdot n_s}{n_r + n_s}} \quad (r, s = 1, \ldots, k) \tag{8.15}$$

- t_{rs}: Wert der Teststatistik
- $\overline{y}_r = \frac{1}{n_r} \sum_{j=1}^{n_r} y_{rj}$, $s_r^2 = \frac{1}{n_r - 1} \sum_{j=1}^{n_r} (y_{rj} - \overline{y}_r)^2$: Arithmetischer Mittelwert und Varianz in Gruppe r
- $\overline{y}_s = \frac{1}{n_s} \sum_{j=1}^{n_s} y_{sj}$, $s_s^2 = \frac{1}{n_s - 1} \sum_{j=1}^{n_s} (y_{sj} - \overline{y}_s)^2$: Arithmetischer Mittelwert und Varianz in Gruppe s
- n_r, n_s: Stichprobenumfänge der Gruppen r und s
- k: Anzahl der Stufen des Faktors A
- $s_p^{rs} = \sqrt{\frac{(n_r - 1) \cdot s_I^2 + (n_s - 1) \cdot s_s^2}{(n_r - n_s - 2)}}$: Standardabweichung in der gepoolten Stichprobe

Die Testentscheidung unter Verwendung eines Quantils der t-Verteilung wird unter Beachtung der Adjustierung des Signifikanzniveaus α wie folgt getroffen:

$$|t_{rs}| > t_{n_r + n_s - 2, 1 - \alpha'/2} \rightarrow \text{Ablehnung von } H_0^{rs}. \tag{8.16}$$

Dabei bezeichnet $t_{n_r + n_s - 2, 1 - \alpha'/2}$ das Quantil der t-Verteilung mit $n_r + n_s - 2$ Freiheitsgraden der Ordnung

$$1 - \frac{\alpha'}{2} = 1 - \frac{\frac{\alpha}{k \cdot (k-1)/2}}{2} = 1 - \frac{\alpha}{k \cdot (k-1)}.$$

Unter Verwendung von p-Werten wird die Hypothese H_0^{rs} abgelehnt, wenn

$$p_{rs} = P(|T_{rs}| \geq |t_{rs}|) < \frac{\alpha}{k \cdot (k-1)}$$

gilt.

Im **Anwendungsbeispiel** soll herausgefunden werden, zwischen welchen der drei Faktorstufen Wurzel ($i = 1$), Mesokotyl ($i = 2$) und Primärblatt ($i = 3$) *bei dunkler Ver-*

suchsbedingung signifikante Unterschiede bestehen, d. h. es sind die drei Hypothesen

$$H_0^{21}: \mu_2 = \mu_1, H_0^{31}: \mu_3 = \mu_1 \text{ und } H_0^{32}: \mu_3 = \mu_2$$

zu prüfen. Wie bereits in Abschnitt 8.1.2 angegeben wurde, erhält man die folgenden mittleren Enzymkonzentrationen:

$$\overline{y}_1 = 0.81, \quad \overline{y}_2 = 0.91, \quad \overline{y}_3 = 1.3.$$

Die empirischen Varianzen der Messwerte in den drei Gruppen betragen:

$$s_1^2 = 0.137, \quad s_2^2 = 0.208, \quad s_3^2 = 0.171.$$

Daraus werden die Standardabweichungen der gepoolten Stichproben

$$s_p^{12} = 0.416, \quad s_p^{13} = 0.392, \quad s_p^{23} = 0.435$$

berechnet. Mit den Mittelwertdifferenzen

$$\overline{y}_2 - \overline{y}_1 = 0.1, \quad \overline{y}_3 - \overline{y}_1 = 0.49, \quad \overline{y}_3 - \overline{y}_2 = 0.39$$

erhält man die Testgrößen

$$t_{21} = 0.54, \quad t_{31} = 2.80, \quad t_{32} = 2.00.$$

Für die Testentscheidung wird in jedem Einzeltest das Signifikanzniveau

$$\alpha' = \frac{0.05}{3} \approx 0.017$$

gewählt. Die Beträge der Testgrößen sind mit dem mit einem Statistik-Programm berechneten Quantil der t-Verteilung

$$t_{10+10-2,1-0.05/(3\cdot 2)} = 2.639$$

zu vergleichen. Folglich erhält man eine Ablehnung der Nullhypothese $H_0^{31}: \mu_3 = \mu_1$. Zu derselben Entscheidung kommt man, wenn man die zugehörigen p-Werte

$$p_{21} = 0.597, \quad p_{31} = 0.012, \quad p_{32} = 0.061$$

mit $\alpha' = 0.017$ vergleicht[1].

Die Bonferroni-Methode ist einfach durchzuführen und kann auch auf das simultane Testen von beliebigen anderen Hypothesen übertragen werden. Sie hält zwar das multiple Signifikanzniveau ein, kann aber bei einer großen Anzahl von Teilvergleichen konservativ werden, d. h. dieser Test lehnt dann die Nullhypothese seltener ab und entscheidet sich häufiger fälschlich für die Beibehaltung der H_0 (Fehler 2. Art; vgl. Bretz et al., 2011).

1 Alternativ kann man die berechneten p-Werte mit der Anzahl der Vergleiche multiplizieren und die so adjustierten p-Werte mit dem Signifikanzniveau α vergleichen. Im Beispiel entspricht das einem Vergleich der adjustierten p-Werte $3 \cdot p_{2,1} > 1$, $3 \cdot p_{3,1} = 3 \cdot 0,012 = 0,036$ und $3 \cdot p_{3,2} = 3 \cdot 0,061 = 0,183$ mit dem multiplen Signifikanzniveau $\alpha = 0.05$.

Die Güte dieses Tests wird insbesondere bei wachsender Zahl von Tests geringer. Deshalb sind alternative Wege zur Konstruktion multipler Tests entwickelt worden.

Holm-Verfahren

Eine Erhöhung der Güte bei multiplen Testverfahren lässt sich durch die Anwendung von sogenannten Abschlusstests erreichen, wobei im Unterschied zum Bonferroni-Verfahren ein inhaltlicher Zusammenhang zwischen den Teilhypothesen ausgenutzt wird und für die Teilvergleiche unterschiedliche Signifikanzniveaus und damit unterschiedliche kritische Werte verwendet werden (siehe Horn & Vollandt, 1995).

Eine einfache und häufig angewendete Variante ist das Holm-Verfahren[2]. Die Prüfung der Nullhypothesen $H_0^{rs}: \mu_r = \mu_s$ gegen die Alternativhypothesen $H_1^{rs}: \mu_r \neq \mu_s$ mit Hilfe mehrerer t-Tests (siehe Abschnitt 5.1.2) wird dabei folgendermaßen durchführt: Die zu den $l\,(l = k \cdot (k-1)/2)$ Testgrößen t_{rs} gehörenden p-Werte werden der Größe nach geordnet, so dass $p_{(1)}$ den kleinsten der p-Werte und $p_{(l)}$ den größten der p-Werte bezeichnet. Anschließend wird $p_{(1)}$ mit α/l verglichen und im Fall $p_{(1)} < \alpha/l$ die zugehörige Hypothese abgelehnt. Nun bleiben noch $l-1$ Vergleiche übrig. Im nächsten Schritt wird deshalb $p_{(2)}$ mit $\alpha/l-1$ verglichen und wieder im Fall $p_{(2)} < \alpha/l-1$ die zugehörige Hypothese abgelehnt. Das Verfahren wird so lange fortgesetzt, bis das erste Mal keine Ablehnung der zugehörigen Hypothese erfolgt. Dann bricht es ohne Ablehnung der übrigen Hypothesen ab. Bei einer Fortsetzung dieser sequentiell ablehnenden multiplen Testprozedur vergleicht man analog nacheinander die nächstgrößeren $p_{(i)}$ mit $\alpha/l-i+1$, bis die Prozedur für ein i mit $p_{(i)} > \alpha/l-i+1$ abbricht oder der Wert $i = l$ erreicht wird.

In dem in ►Tabelle 8.8 gezeigten Beispiel mit $l = 6$ und $\alpha = 0.05$ bricht das Verfahren für $i = 5$ ab, das heißt alle zu $i \leq 4$ gehörenden Nullhypothesen werden abgelehnt[3].

i	1	2	3	4	5	6
$p_{(i)}$	0.0001	0.0080	0.0050	0.0100	0.0300	0.2000
$\frac{\alpha}{l-i+1}$	0.0083	0.0100	0.01250	0.0167	0.0250	0.0500

Tabelle 8.8: Geordnete p-Werte und Vergleichswerte beim Holm-Verfahren.

Wendet man im **Anwendungsbeispiel** diese Entscheidungsregel mit $\alpha = 0.05$ an, so sind zunächst die bei der dunklen Versuchsbedingung berechneten p-Werte nach der Größe zu ordnen, beginnend mit dem kleinsten Wert:

$$(1)\ p_{31} = 0.012, \quad (2)\ p_{32} = 0.061, \quad (3)\ p_{21} = 0.597.$$

2 Das von ihm entwickelte Vorgehen wurde von Holm zunächst als sequentielles Bonferroni-Verfahren bezeichnet.

3 Äquivalent zu diesem Vergleich der p-Werte mit adjustierten Signifikanzniveaus für jeden Einzeltest ist ein Vergleich adjustierter p-Werte mit einer gemeinsamen Schranke, d. h. man vergleicht die Folge der Werte $l \cdot p_{(1)}, (l-1) \cdot p_{(2)}, \ldots, l \cdot p_{(1)}$ mit der gemeinsamen Schranke, dem multiplen Signifikanzniveau α.

Man erhält nach dem Vergleich des kleinsten p-Werts $p_{3,1} = 0.012$ mit $\alpha / l = 0.05/3 = 0.017$ eine Ablehnung der zugehörigen Nullhypothese $H_0^{31}: \mu_3 = \mu_1$, Gleichheit der mittleren Enzymkonzentrationen für die Faktorstufen Wurzel und Primärblatt. Im nächsten Schritt wird $p_{32} = 0.061$ mit $\alpha/2 = 0.025$ verglichen. Wegen $p_{32} = 0.061 > \alpha/2 = 0.025$ wird die Hypothese $H_0^{32}: \mu_3 = \mu_2$ nicht abgelehnt, d.h. das Verfahren bricht ab. Im Ergebnis des Holm-Verfahrens kann damit nur ein signifikanter Unterschied der mittleren Enzymkonzentrationen für die Faktorstufen Wurzel und Primärblatt nachgewiesen werden.

Paarvergleiche nach Tukey

Der von Tukey entwickelte Test basiert wie die bisher beschriebenen Verfahren auf den arithmetischen Mittelwerten der Beobachtungswerte in den Gruppen, benutzt aber im Gegensatz zu den anderen Verfahren für die Testentscheidung die gemeinsame Verteilung der Mittelwerte. Somit wird die Abhängigkeit zwischen den Mittelwerten bei der Testentscheidung berücksichtigt.

Die Mittelwerte werden durch die Schätzung der Standardabweichung der Beobachtungen dividiert und anschließend deren Spannweite, d.h. die Variationsbreite (siehe Kapitel 2) der so transformierten Mittelwerte, bestimmt. Deshalb wird dieser Test auch als studentisierter Spannweiten-Test bezeichnet.

Äquivalent zu diesem Vorgehen ist die Bestimmung des Maximums der Größen $|t_{rs}|$ über alle r, s mit $r, s = 1, \ldots, k$, das im Folgenden mit $\max |t_{rs}|$ bezeichnet wird, mit

$$t_{rs} = \frac{\bar{y}_r - \bar{y}_s}{s_p} \sqrt{\frac{n_r n_s}{n_r + n_s}} \quad (r, s = 1, \ldots, k), \tag{8.17}$$

wobei mit s_p die Standardabweichung in der gepoolten Gesamtstichprobe bezeichnet wird.

Die Verteilung der Teststatistik

$$\sqrt{2} \cdot \max |T_{rs}| = \sqrt{2} \cdot \max \left\{ |T_{rs}|, r, s = 1, \ldots, k \right\} \tag{8.18}$$

bei Gültigkeit der Nullhypothese ist als die Verteilung der studentisierten Spannweite bekannt.

Neben Tukey-Test wird auch die Bezeichnung HSD-Test (honestly significant difference) verwendet. Das Verfahren setzte ursprünglich einen balancierten Versuchsplan, d. h. gleiche Umfänge der Teilstichproben voraus. Im Folgenden wird die Variante des Tukey-Kramer-Tests beschrieben, die auch für ungleiche Stichprobenumfänge geeignet ist.

Testablauf

Bezeichnung des Tests:

Tukey-Test oder HSD-Test

Statistische Hypothesen:

- $H_1^{rs}: \mu_r \neq \mu_s$ für mindestens ein Paar r, s
  $H_0^{rs}: \mu_r = \mu_s$ für alle r, s $(r, s = 1, \dots, k)$
- μ_r, μ_s: Unbekannte Erwartungswerte in den Gruppen r bzw. s $(r, s = 1, \dots, k)$

Wahl des Signifikanzniveaus:

- $\alpha = 0.05$ oder $\alpha = 0.01$ oder andere Wahl von α

Gegebene Daten:

- Messwerte y_{ij} $(i = 1, \dots, k; j = 1, \dots, n_i)$
- k: Anzahl der Stufen des Faktors A
- n_i: Anzahl der Messwerte unter der i-ten Stufe des Faktors A
- $n = \sum_{i=1}^{k} n_i$: Umfang der Gesamtstichprobe

Voraussetzungen:

- Die Messwerte y_{ij} $(i = 1, \dots, k; j = 1, \dots, n_i)$ sind metrische Realisierungen der Zufallsvariablen Y_i $(i = 1, \dots, k)$.
- Zu beliebigen festen Stufen a_i des Faktors A sind Y_i $(i = 1, \dots, k)$ unabhängige normalverteilte Zufallsvariablen mit den Erwartungswerten $\mu_i = \mu + \alpha_i$ und der unbekannten Varianz σ^2.

Berechnung der Werte der Teststatistiken:

- $t_{rs} = \frac{\bar{y}_r - \bar{y}_s}{s_p} \sqrt{\frac{n_r n_s}{n_r + n_s}}$ $(r, s = 1, \dots, k)$: Werte der Teststatistiken
- $\bar{y}_i = \frac{1}{n_i} \sum_{j=1}^{n_i} y_{ij}$: Arithmetischer Mittelwert der Messwerte in der i-ten Gruppe
- $s_i = \sqrt{\frac{1}{n_i - 1} \sum_{j=1}^{n_i} (y_{ij} - \bar{y}_i)^2}$: Standardabweichung der Messwerte in der i-ten Gruppe

- $s_p = \sqrt{\frac{1}{n-k}\sum_{i=1}^{k}(n_i-1)\cdot s_i^2}$: geschätzte Standardabweichung in der gepoolten Stichprobe
- n_i: Stichprobenumfang der i-ten Gruppe
- k: Anzahl der Stufen des Faktors A
- $n = \sum_{i=1}^{k} n_i$: Umfang der Gesamtstichprobe

Testentscheidung unter Verwendung der p-Werte:

- Berechnung von $p_{rs} = P(\max|T_{ij}| \geq |t_{rs}|)$
- $p_{rs} < \alpha \rightarrow$ Ablehnung von $H_0^{rs}(r,s=1,\ldots,k)$

Testentscheidung unter Verwendung des Quantils der studentisierten Spannweite:

- $|t_{rs}| > \frac{q_{k,n-k,1-\alpha}}{\sqrt{2}} \rightarrow$ Ablehnung von H_0^{rs}
- $q_{k,n-k,1-\alpha}$: Quantil der Verteilung der studentisierten Spannweite mit Parameter k und $n-k$ Freiheitsgraden der Ordnung $1-\alpha$ (siehe Anhang B, Tabelle 5)

Im **Anwendungsbeispiel** wurden aus den mittleren Enzymkonzentrationen für die Faktorstufen Wurzel ($i=1$), Mesokotyl ($i=2$) und Primärblatt ($i=3$) die folgenden Testgrößen bei dunkler Versuchsbedingung ermittelt:

$$t_{21} = \frac{0.10}{\sqrt{0.172}}\sqrt{\frac{10}{2}} = 0.54, \quad t_{31} = \frac{0.49}{\sqrt{0.172}}\sqrt{\frac{10}{2}} = 2.64, \quad t_{32} = \frac{0.39}{\sqrt{0.172}}\sqrt{\frac{10}{2}} = 2.10.$$

Das Quantil der Ordnung $1-\alpha = 0.95$ der studentisierten Spannweite beträgt

$$q_{3,30-3,1-0.05} = 3.506.$$

Der kritische Wert

$$\frac{q_{3,27,1-0.05}}{\sqrt{2}} = \frac{3.506}{\sqrt{2}} = 2.479$$

wird lediglich vom Wert $t_{31} = 2.64$ überschritten. Folglich wird die Nullhypothese $H_0^{31}: \mu_3 = \mu_1$ abgelehnt, d.h. ein signifikanter Unterschied der mittleren Enzymmengen für Wurzel und Primärblatt nachgewiesen. Zu dieser Testentscheidung führt auch die Betrachtung des p-Werts $p_{31} = 0.035 < 0.05$. Die Nullhypothesen $H_0^{32}: \mu_3 = \mu_2$ und $H_0^{21}: \mu_2 = \mu_1$ können nicht abgelehnt werden ($p_{32} = 0.853$, $p_{21} = 0.108$).

Paarvergleiche nach der Scheffé-Methode

Während der Tukey-Test ursprünglich entwickelt wurde, um simultan paarweise Mittelwertvergleiche durchzuführen, besteht die Grundidee des Scheffé-Tests darin, Hypothesen über alle beliebigen Linearkombinationen der Erwartungswerte

$$L = c_1 \cdot \mu_1 + c_2 \cdot \mu_2 + \ldots + c_k \cdot \mu_k$$

gleichzeitig zu testen, wobei $c_1, c_2, \ldots, c_k$ beliebige reelle Koeffizienten sind.

Im Beispiel $k = 3$ kann bei der Betrachtung der Linearkombination

$$L = 1 \cdot \mu_1 - \frac{1}{2} \cdot \mu_2 - \frac{1}{2} \cdot \mu_3 = \mu_1 - \frac{1}{2} \cdot (\mu_2 + \mu_3)$$

der erste Erwartungswert μ_1 mit dem Mittelwert der übrigen Erwartungswerte verglichen werden. Im **Anwendungsbeispiel** würde man diese Linearkombination untersuchen, wenn das Ziel der Untersuchung im Vergleich der Enzymmenge in der Wurzel ($i = 1$) mit den mittleren Enzymmengen in Mesokotyl ($i = 2$) und Primärblatt ($i = 3$) bestehen würde. Auf die Analyse linearer Kontraste wird in einem späteren Abschnitt speziell eingegangen.

Setzt man $c_r = 1$, $c_s = -1$ und alle übrigen Koeffizienten gleich null, dann ist der Test in diesem Spezialfall auch für den paarweisen Vergleich von μ_r und μ_s anwendbar. Beim Scheffé-Test geht man von den gleichen statistischen Hypothesen und Testvoraussetzungen wie beim Tukey-Test aus.

Das Verfahren beruht auf der Konstruktion simultaner Konfidenzintervalle für die betrachteten Linearkombinationen der Erwartungswerte. Simultane Konfidenzintervalle, die alle Mittelwertdifferenzen mit Wahrscheinlichkeit $1-\alpha$ überdecken, können wie folgt auch zum Testen von Hypothesen über die unbekannten Erwartungswerte verwendet werden: Die Teilhypothese H_0^{rs} wird abgelehnt, wenn das zugehörige Konfidenzintervall für die Differenz $\mu_r - \mu_s$ den Wert Null nicht enthält. Das Vorgehen für das multiple Testproblem $H_0^{rs} : \mu_r = \mu_s$ erfolgt dann folgendermaßen: Im ersten Schritt berechnet man die Werte der Testgrößen nach Formel (8.17).

Die Testentscheidung wird unter Verwendung eines Quantils der F-Verteilung getroffen. Die Nullhypothese H_0^{rs} wird abgelehnt, falls gilt

$$|t_{rs}| > \sqrt{(k-1)F_{k-1,n-k;1-\alpha}},$$

wobei $F_{k-1,n-k;1-\alpha}$ das Quantil der F-Verteilung mit $k-1, n-k$ Freiheitsgraden der Ordnung $1-\alpha$ bezeichnet (siehe Anhang B, Tabelle 4).

Die Testentscheidung unter Verwendung von p-Werten wird folgendermaßen getroffen:

$$p_{rs} = P\left(F \geq \frac{t_{rs}^2}{k-1}\right) < \alpha \rightarrow \text{Ablehnung von } H_0^{rs},$$

wobei die Zufallsvariable F einer F-Verteilung mit $k-1$ und $n-k$ Freiheitsgraden unterliegt.

Im **Anwendungsbeispiel** vergleicht man die Werte

$$t_{21} = 0.54, \quad t_{31} = 2.64, \quad t_{32} = 2.10$$

mit dem Vergleichswert

$$\sqrt{2 \cdot F_{2,27;1-0.05}} = \sqrt{2 \cdot 3.35} = 2.59$$

und lehnt somit, analog zur Anwendung des Tukey-Tests, lediglich H_0^{31} ab ($p_{21} = 0.865$, $p_{31} = 0.045$, $p_{32} = 0.129$).

Vergleich der multiplen Verfahren

In den letzten Abschnitten sind unterschiedliche multiple Testverfahren vorgestellt worden. In konkreten Anwendungssituationen muss man sich für die Anwendung eines Verfahrens entscheiden. Die Wahl hängt unter anderem von der Anzahl der Teilvergleiche ab. So besteht nach Horn & Vollant (1995) der besondere Vorteil des Tukey-Tests im Vergleich zum Scheffé-Test und zum Bonferroni-Test in seiner größeren Güte (siehe Kapitel 5) speziell bei einer großen Anzahl von Teilvergleichen.

Im Folgenden werden die Ergebnisse der drei Methoden für das **Anwendungsbeispiel** gegenübergestellt. Die Testgrößen der betrachteten Testverfahren sind in ►Tabelle 8.9 zusammengefasst. Dabei sind die Werte der Teststatistiken beim Scheffé- und beim Tukey-Test nach der gleichen Formel (8.17) berechnet worden und demnach gleich. Die Testgrößen für das Bonferroni-Verfahren wurden nach Formel (8.15) berechnet. Die letzte Zeile enthält die kritischen Vergleichswerte für die Testentscheidung, d.h. das Quantil

$$t_{20-2,1-0.05/(3\cdot(3-1))} = 2.639$$

für das Bonferroni-Verfahren, den Wert

$$\sqrt{(3-1) \cdot F_{3-1,30-3;1-0.05}} = 2.590$$

für den Scheffé-Test und den Wert

$$\frac{q_{3,30-3,1-0.05}}{\sqrt{2}} = 2.481$$

für den Tukey-Test.

r	s	Bonferroni	Scheffé	Tukey
2	1	0.539	0.540	0.540
3	1	**2.794**	**2.644**	**2.644**
3	2	2.004	2.104	2.104
Vergleichswerte		2.639	2.590	2.481

Tabelle 8.9: Testgrößen und Vergleichswerte für multiple Vergleiche.

Nach Anwendung der Entscheidungsregeln aller Tests, d. h. Vergleich der zugehörigen Testgrößenwerte mit den Vergleichswerten in der unteren Zeile von Tabelle 8.9 erhält man übereinstimmend für alle Testverfahren eine Ablehnung der Hypothese H_0^{31} ($\alpha = 0.05$), also einen signifikanten Unterschied der mittleren Enzymmengen für das Wurzel- und Primärgewebe (2.794>2.639, 2.644>2.590 bzw. 2.644>2.481). Ein Unterschied der beiden Faktorstufen 1 (Wurzel) und 3 (Primärblatt) von der Stufe 2 (Mesokotyl) konnte mit keinem der drei Testverfahren bei den gegebenen Stichprobenumfängen ($n_1 = n_2 = n_3 = 10$) nachgewiesen werden.

Die Vergleichswerte des Tukey-Tests sind etwas kleiner als die des Scheffé-Tests. Dessen Vergleichswerte sind kleiner als die kritischen Werte des Bonferroni-Verfahrens. Darin kommt in diesem Beispiel zum Ausdruck, dass die Testverfahren zunehmend konservativ sind, d. h. die Wahrscheinlichkeit für einen Fehler 2. Art nimmt vom Tukey-Test über den Scheffé-Test zum Bonferroni-Verfahren zu.

Fasst man alle Überlegungen zusammen, kommt man zu folgendem Ergebnis: Die Bonferroni-Methode ist einfach durchzuführen und kann auch auf das simultane Testen von beliebigen anderen Hypothesen übertragen werden. Allerdings hält sie zwar das multiple Signifikanzniveau ein, kann aber bei großer Anzahl von Teilvergleichen konservativ werden. Deshalb ist dieses Verfahren bei einer großen Anzahl von Vergleichen nicht geeignet. Bei Paarvergleichen haben der Tukey-Test und der Scheffé-Test bessere Güteeigenschaften, wobei der Tukey-Test vor allem bei einer großen Anzahl an Paarvergleichen dem Scheffé-Test in der Güte überlegen ist (siehe Kutner et al., 2005). Durch die Einbeziehung der Ergebnisse von Simulationsstudien (siehe Abschnitt 5.5) kann man zu detaillierten Aussagen über die unterschiedliche Güte und andere Eigenschaften der hier betrachteten Testverfahren gelangen.

Vergleich mit einer Kontrollgruppe

In bio- und umweltwissenschaftlichen Anwendungen interessiert man sich häufig nicht für den paarweisen Vergleich aller Gruppen miteinander, sondern für den Vergleich einer Kontrollgruppe mit allen übrigen Gruppen. Ein Beispiel ist der Vergleich des Ernteertrags einer Getreideart auf ungedüngten Flächen im Vergleich zum Ertrag auf Feldern, die mit unterschiedlichen Düngemitteln behandelt wurden. Man interessiert sich dafür, welche der Düngemittel einen signifikanten Effekt bezüglich des Ernteertrags im Vergleich zu den ungedüngten Flächen zeigen.

Angenommen, die Kontrollgruppe habe die Nummer 1 und soll mit den Gruppen mit den Nummern 2 bis k verglichen werden, dann kann die Idee des Bonferroni-Verfahrens auf diese neue Fragestellung bei Beachtung der kleineren Menge von Vergleichen folgendermaßen übertragen werden: Unter den gleichen Voraussetzungen an die Daten wie beim Tukey-Test berechnet man analog zu Formel (8.15)

$$t_{i1} = \frac{\overline{y}_i - \overline{y}_1}{s_{p_{i1}}} \sqrt{\frac{n_i \cdot n_1}{n_i + n_1}} \text{ mit } s_{p_{i1}} = \sqrt{\frac{(n_i - 1)\cdot s_i^2 + (n_1 - 1)\cdot s_1^2}{(n_i + n_1 - 2)}} \quad (i = 2,\ldots,k). \quad (8.19)$$

Man entscheidet sich für eine Ablehnung von H_0^{i1}, wenn gilt

$$|\, t_{i1} \,| > t_{n_i+n_1-2,1-\alpha/2\cdot(k-1)},$$

wobei $t_{n_i+n_1-2,1-\alpha/2\cdot(k-1)}$ das Quantil der t-Verteilung mit $n_i + n_1 - 2$ Freiheitsgraden der Ordnung $1 - \frac{\alpha}{2\cdot(k-1)}$ ist. Das Verfahren basiert auf der Verteilung der Differenz des Maximums und des Minimums der entsprechenden Teststatistiken. Dabei werden folgende Statistiken benutzt:

$$\max |\, T_{i1} \,| = \text{Maximum der Zufallsvariablen } |T_{i1}| \ (i = 2,\ldots,k),$$

$$\max T_{i1} = \text{Maximum der Zufallsvariablen } T_{i1} \ (i = 2,\ldots,k),$$

$$\min T_{i1} = \text{Minimum der Zufallsvariablen } T_{i1} \ (i = 2,\ldots,k).$$

Im Unterschied zu den bisher betrachteten Tests wird beim folgenden Vergleich mit einer Kontrollgruppe mit Hilfe des Dunnett-Tests neben der zweiseitigen Fragestellung auch die einseitige Fragestellung beschrieben.

Testablauf

Bezeichnung des Tests:

Dunnett-Test

Statistische Hypothesen:

a. $H_1^{i1} : \mu_i \neq \mu_1 \quad H_0^{i1} : \mu_i = \mu_1 \quad (i = 2,\ldots,k)$

b. $H_1^{i1} : \mu_i > \mu_1 \quad H_0^{i1} : \mu_i \leq \mu_1 \quad (i = 2,\ldots,k)$

c. $H_1^{i1} : \mu_i < \mu_1 \quad H_0^{i1} : \mu_i \geq \mu_1 \quad (i = 2,\ldots,k)$

- μ_i : Erwartungswert in der Gruppe i $(i = 1,\ldots,k)$

Wahl des Signifikanzniveaus:

- $\alpha = 0.05$ oder $\alpha = 0.01$ oder andere Wahl von α

Gegebene Daten:

- Messwerte $y_{ij}\,(i=1,\ldots,k;\, j=1,\ldots,n_i)$
- k: Anzahl der Stufen des Faktors A
- n_i: Anzahl der Messwerte unter der i-ten Stufe des Faktors A
- $n=\sum_{i=1}^{k} n_i$: Umfang der Gesamtstichprobe

Voraussetzungen:

- Die Messwerte $y_{ij}\,(i=1,\ldots,k;\, j=1,\ldots,n_i)$ sind metrische Realisierungen der Zufallsvariablen Y_i $(i=1,\ldots,k)$.
- Zu beliebigen festen Stufen a_i des Faktors A sind Y_i $(i=1,\ldots,k)$ unabhängige normalverteilte Zufallsvariablen mit den Erwartungswerten $\mu_i=\mu+\alpha_i$ und der unbekannten Varianz σ^2.

Berechnung der Werte der Teststatistiken:

- $t_{i1}=\dfrac{\overline{y}_i-\overline{y}_1}{s_p}\sqrt{\dfrac{n_i n_1}{n_i+n_1}}$ $(i=2,\ldots,k)$: Werte der Teststatistiken
- $\overline{y}_i=\dfrac{1}{n_i}\sum_{j=1}^{n_i} y_{ij}$: Arithmetischer Mittelwert der Messwerte in der i-ten Gruppe
- $s_i=\sqrt{\dfrac{1}{n_i-1}\sum_{j=1}^{n_i}(y_{ij}-\overline{y}_i)^2}$: Standardabweichung der Messwerte in der i-ten Gruppe
- $s_p=\sqrt{\dfrac{1}{n-k}\sum_{i=1}^{k}(n_i-1)\cdot s_i^2}$: geschätzte Standardabweichung in der gepoolten Gesamtstichprobe
- n_i: Stichprobenumfang der i-ten Gruppe
- k: Anzahl der Stufen des Faktors A
- $n=\sum_{i=1}^{k} n_i$: Umfang der Gesamtstichprobe

Testentscheidung unter Verwendung der p-Werte:

a. $p_{i1} = P(\max|T_{i1}| \geq t_{i1})$

b. $p_{i1} = P(\max T_{i1} \geq t_{i1})$

c. $p_{i1} = P(\min T_{i1} \leq t_{i1})$

- $p_{i1} < \alpha \rightarrow$ Ablehnung von H_0^{i1}

Testentscheidung unter Verwendung des Quantils der Verteilung der Testgrößen:

a. $|t_{i1}| > |t|_{k-1,n-k,R,1-\alpha} \rightarrow$ Ablehnung von H_0^{i1}

b. $t_{i1} > t_{k-1,n-k,R,1-\alpha} \rightarrow$ Ablehnung von H_0^{i1}

c. $t_{i1} < -t_{k-1,n-k,R,1-\alpha} \rightarrow$ Ablehnung von H_0^{i1}

- $|t|_{k-1,n-k,R,1-\alpha}$, $t_{k-1,n-k,R,1-\alpha}$: Quantile der Verteilung der betrachteten Testgrößen, deren Berechnung auf einer $k-1$-dimensionalen t-Verteilung beruht mit $n-k$ Freiheitsgraden und der Parametermatrix R, wobei R eine Matrix mit den Elementen

  $r_{ij} = \sqrt{\frac{n_i}{n_1+n_i} \cdot \frac{n_j}{n_1+n_j}}$ $(i, j = 1, \ldots, k; i \neq j)$, $r_{ii} = 1$ $(i = 1, \ldots, k)$ bezeichnet

  (siehe Anhang B, Tabelle 6 für $r_{ij} = 0$ bzw $r_{ij} = 0.5$ $(i \neq j)$).

Wenn im **Anwendungsbeispiel** für die dunkle Bedingung die inhaltliche Hypothese geprüft wird, dass die Enzymkonzentrationen der Gewebegruppen 2 und 3 im Mittel höher sind als in der Gruppe 1, die jetzt als Kontrollgruppe aufgefasst wird, dann liegt eine einseitige Fragestellung (b) vor. Man verwendet erneut die Testgrößen

$$t_{21} = 0.540, \quad t_{31} = 2.644$$

und vergleicht mit dem Quantil

$$t_{3-1,30-3,R,1-0.05} = 1.99,$$

wobei $r_{ij} = \frac{1}{2}$ für alle Elemente der Matrix R $(i \neq j)$ gilt. Die zugehörigen p-Werte lauten

$$p_{21} = 0.407 \text{ bzw. } p_{31} = 0.013.$$

Die mittlere Enzymmenge im Primärblatt ist signifikant höher als im Wurzelgewebe.

Geplante Analyse linearer Kontraste

Alle in diesem Abschnitt bisher beschriebenen Verfahren zu multiplen Vergleichen lassen sich unter einem gemeinsamen Gesichtspunkt zusammenfassen: Sie dienen der Analyse linearer Kontraste. Unter einem linearen Kontrast L versteht man eine Linearkombination der Mittelwerte

$$L = c_1 \cdot \mu_1 + c_2 \cdot \mu_2 + \ldots + c_k \cdot \mu_k$$

mit der Eigenschaft, dass die Summe der Koeffizienten gleich null ist:

$$c_1 + c_2 + \ldots + c_k = 0.$$

Während die bisher betrachteten Testverfahren jedoch häufig nach der Durchführung eines F-Tests (a posteriori) der einfaktoriellen Varianzanalyse angewendet werden, um mittels paarweiser Vergleiche zwischen allen Gruppen bzw. aller möglichen paarweisen Vergleiche zu einer Kontrollgruppe Gruppenunterschiede aufzudecken, werden bei einer geplanten Kontrastanalyse möglichst wenige ($q \leq k-1$) vorgegebene Vergleiche zwischen den Mittelwerten ohne globalen F-Test (a priori) durchgeführt. Der Vorteil der geplanten Kontrastanalyse besteht darin, dass nur die interessierenden Teilhypothesen geprüft werden und die multiplen Testverfahren dadurch an Güte gewinnen können.

Im **Anwendungsbeispiel** ist dieser Effekt aufgrund der geringen Anzahl von Faktorstufen nicht von Bedeutung. Das prinzipielle Vorgehen soll aber an diesem einfachen Beispiel noch einmal ausführlich demonstriert werden.

Geht man im **Anwendungsbeispiel** von der Vermutung aus, dass sich die Gewebe Wurzel (1) und Mesokotyl (2) nicht wesentlich unterscheiden, jedoch ein signifikanter Unterschied zum Primärblatt (3) vorhanden ist, dann prüft man, ob die Kontraste

$$L_1 = 1 \cdot \mu_3 - \frac{1}{2} \cdot (\mu_2 + \mu_1)$$

mit den Koeffizienten $c_1 = c_2 = -0.5, \quad c_3 = 1$ und

$$L_2 = \mu_2 - \mu_1$$

mit den Koeffizienten $c_1 = -1, \quad c_2 = 1, \quad c_3 = 0$ gleich Null sind, d. h. man untersucht die statistischen Hypothesenpaare:

$$H_1^1: \quad L_1 \neq 0, \quad H_0^1: \quad L_1 = 0,$$

$$H_1^2: \quad L_2 \neq 0, \quad H_0^2: \quad L_2 = 0.$$

Das allgemeine Vorgehen soll am Beispiel von q linear unabhängigen Kontrastfunktionen demonstriert werden. Man nennt diese q linearen Kontraste linear unabhängig oder orthogonal, wenn die Produkte entsprechender Koeffizienten in der Summe den Wert Null ergeben. Solche Kontrastfunktionen erlauben voneinander unabhängige Schätzungen der Linearkombinationen. Im angegebenen Beispiel sind die Kontraste

$$L_1 = 1 \cdot \mu_3 - \frac{1}{2} \cdot (\mu_2 + \mu_1)$$

und

$$L_2 = (-1) \cdot \mu_1 + 1 \cdot \mu_2 + 0 \cdot \mu_3$$

linear unabhängig wegen

$$\left(-\frac{1}{2}\right) \cdot (-1) + \left(-\frac{1}{2}\right) \cdot 1 + 1 \cdot 0 = 0.$$

Der erste Schritt des Verfahrens besteht in der Schätzung der Kontraste und ihrer Varianzen:

Formel

$$\hat{L}_j = c_{j1} \cdot \hat{\mu}_1 + c_{j2} \cdot \hat{\mu}_2 + \ldots + c_{jk} \cdot \hat{\mu}_k \quad (j = 1, \ldots, q)$$

$$\hat{Var}(\hat{L}_j) = (c_{j1}^2 / n_1 + c_{j2}^2 / n_2 + \ldots + c_{jk}^2 / n_k) \cdot s_p^2 \; (j = 1, \ldots, q)$$

- $\hat{L}_j$: Kontrastschätzung $(j = 1, \ldots, q)$
- $\hat{Var}(\hat{L}_j)$: Schätzung der Varianz des Kontrastes $(j = 1, \ldots, q)$
- $\hat{\mu}_i = \overline{y}_i = \frac{1}{n_i} \sum_{j=1}^{n_i} y_{ij}$: Arithmetischer Mittelwert der Messwerte in der i-ten Gruppe
- $s_i = \sqrt{\frac{1}{n_i - 1} \sum_{j=1}^{n_i} (y_{ij} - \overline{y}_i)^2}$: Standardabweichung der Messwerte in der i-ten Gruppe
- $s_p = \sqrt{\frac{1}{n-k} \cdot \sum_{i=1}^{k} (n_i - 1) \cdot s_i^2}$: Standardabweichung in der gepoolten Stichprobe
- k: Anzahl der Faktorstufen von A
- q: Anzahl der linearen Kontraste
- n_i: Anzahl der Untersuchungseinheiten unter der i-ten Faktorstufe von A

Im **Anwendungsbeispiel** erhält man für die helle Beleuchtung folgende Schätzwerte:

$$\hat{\mu}_1 = 1.0, \quad \hat{\mu}_2 = 1.4, \quad \hat{\mu}_3 = 2.5,$$

$$s_1^2 = 0.204, \quad s_2^2 = 0.324, \quad s_3^2 = 0.278, \quad s_p^2 = \frac{7.26}{27} = 0.269.$$

Setzt man $c_{11} = c_{12} = -\frac{1}{2}$, $c_{13} = 1$ und $c_{21} = -1$, $c_{22} = 1$, $c_{23} = 0$, ergeben sich die folgenden Schätzwerte für die Kontraste:

$$\hat{L}_1 = \hat{\mu}_3 - \frac{1}{2} \cdot (\hat{\mu}_2 + \hat{\mu}_1) = 2.5 - \frac{1}{2} \cdot (1.4 + 1.0) = 1.3,$$

$$\hat{L}_2 = \hat{\mu}_2 - \hat{\mu}_1 = 1.4 - 1.0 = 0.4.$$

Für die Varianzen der Kontraste erhält man:

$$Var(\hat{L}_1) = \left((-\frac{1}{2})^2 \frac{1}{10} + (-\frac{1}{2})^2 \frac{1}{10} + 1^2 \frac{1}{10}) \right) \cdot s_p^2 = \frac{3}{20} \cdot \frac{7.26}{27},$$

$$Var(\hat{L}_2) = \left((-1)^2 \frac{1}{10} + 1^2 \frac{1}{10} + 0 \frac{1}{10}) \right) \cdot s_p^2 = \frac{2}{10} \cdot \frac{7.26}{27}.$$

Die Entscheidungsregel für den Test unter Verwendung eines kritischen Werts lautet:

Formel

$$\frac{|L_j|}{\sqrt{Var(L_j)}} > \sqrt{q \cdot F_{q,n-k,1-\alpha}} \rightarrow \text{Ablehnung von } H_0^j \quad (j = 1, \ldots, q) \tag{8.20}$$

- q: Anzahl der linearen Kontraste
- n: Umfang der Gesamtstichprobe
- k: Anzahl der Faktorstufen von A
- $F_{q,n-k,1-\alpha}$: Quantil der F-Verteilung mit q und $n-k$ Freiheitsgraden der Ordnung $1-\alpha$ (siehe Anhang B, Tabelle 4)

Bei Anwendung dieser Entscheidungsregel im **Anwendungsbeispiel** erhält man:

$$\frac{\hat{L}_1}{\sqrt{\hat{V}ar(\hat{L}_1)}} = \frac{1.3}{\sqrt{\frac{3}{20} \cdot \frac{7.26}{27}}} = 6.47 > \sqrt{2 \cdot 3.35} = 2.59 \rightarrow \text{Ablehnung von } H_0^1.$$

Damit unterscheidet sich die mittlere Enzymmenge im Primärblatt signifikant von den mittleren Enzymmengen der anderen beiden Gewebearten.

$$\frac{\hat{L}_2}{\sqrt{\hat{V}ar(\hat{L}_2)}} = \frac{0.4}{\sqrt{\frac{2}{10} \cdot \frac{7.26}{27}}} = 1.72 < \sqrt{2 \cdot 3.35} = 2.59 \rightarrow \text{keine Ablehnung von } H_0^2.$$

Also gibt es bei hellen Lichtverhältnissen keinen signifikanten Unterschied zwischen den mittleren Enzymmengen in der Wurzel und im Mesokotyl.

Statistikprogramme, die Algorithmen zu multiplen Vergleichen enthalten, bieten häufig auch eine Auswahl zwischen möglichen linearen Kontrastfunktionen an, z.B. Tukey-Kontraste, Dunnett-Kontraste, sequentielle Vergleiche der Differenzen aufeinanderfolgender Faktorstufen oder paarweise Vergleiche gleitender Mittelwerte, die aus den Erwartungswerten gebildet werden.

Die vorgestellten Testverfahren geben nur eine kurze Einführung in die Problematik des multiplen Testens. Zu weiteren Möglichkeiten, spezielle Alternativen zur Nullhypothese gleicher Mittelwerte zu prüfen, soll auf weiterführende Literatur verwiesen werden (z.B. Bretz et al., 2011). Ein Beispiel für ein weiterführendes Verfahren ist der Jonkheere-Test, mit dem monotone Trends in den Mittelwerten ($\mu_1 < \mu_k < ... < \mu_k$) aufgedeckt werden können (siehe Sachs & Hedderich, 2018).

8.2 Zweifaktorielle Varianzanalyse (Modell I)

Wenn mehrere Einflussgrößen auf eine Zielgröße einwirken, können sie sich gegenseitig in ihrer Wirkung beeinflussen. Dadurch können zusätzlich zu den Haupteffekten der unabhängigen Merkmale Wechselwirkungen auftreten. Deshalb sollte man die Effekte der einzelnen Faktoren nicht getrennt, sondern in einem mehrfaktoriellen Varianzanalysemodell gemeinsam beschreiben und testen. Das prinzipielle Vorgehen soll am Beispiel einer zweifaktoriellen Varianzanalyse (Modell I) erläutert werden. Im **Anwendungsbeispiel** werden die Wirkungen der Faktoren Beleuchtung und Gewebeart und ihre Wechselwirkungen auf die vorhandene Enzymmenge untersucht.

8.2.1 Modell, Voraussetzungen und statistische Hypothesen

Im Modell I der Varianzanalyse wird davon ausgegangen, dass die Stufen des Faktors fest vorgegeben sind. Im **Beispiel** ist diese Annahme mit den fest vorgegebenen Gewebearten Wurzel, Mesokotyl und Primärblatt und mit den festgelegten Beleuchtungsvarianten (hell und dunkel) erfüllt. Im Modell der vollständigen Kreuzklassifikation, das hier betrachtet werden soll, wird jede Stufe des Faktors A mit jeder Stufe des Faktors B kombiniert. Im **Anwendungsbeispiel** liegen zu jeder Gewebeart Messungen der Enzymmengen unter jeder der beiden Beleuchtungsbedingungen vor. Wenn für jede Stufenkombination der beiden Faktoren mehrere Messungen vorliegen, können Wechselwirkungen zwischen den Faktoren beschrieben und analysiert werden. Bei dem in diesem Abschnitt dargestellten Vorgehen wird vorausgesetzt, dass die Anzahl der Untersuchungseinheiten unter jeder Faktorstufenkombination gleich n_0 ist. Das Vorgehen bei ungleicher Zellenbesetzung wird zum Beispiel bei Rasch et al. (2008) beschrieben. Im Beispiel liegen für jede der $2 \cdot 3 = 6$ Faktorstufenkombinationen $n_0 = 10$ Messwerte vor.

	Wurzel	Mesokotyl	Primärblatt
Beleuchtet kultiviert (hell)	$n_{11} = n_0 = 10$	$n_{12} = n_0 = 10$	$n_{13} = n_0 = 10$
In Dunkelheit kultiviert (dunkel)	$n_{21} = n_0 = 10$	$n_{22} = n_0 = 10$	$n_{23} = n_0 = 10$

Tabelle 8.10: Zweifaktorielle Versuchsanordnung im Anwendungsbeispiel.

Modell

Die Realisierung der Zufallsvariablen Y_{ij} an der l-ten Untersuchungseinheit unter der i-ten Faktorstufe des Faktors A und der j-ten Stufe des Faktors B soll mit y_{ijl} bezeichnet werden. Mit e_{ijl} werden die Residuen (Versuchsfehler) als Realisierungen der Zufallsvariablen E bezeichnet. Damit kann das Modell der zweifaktoriellen Varianzanalyse mit festen Effekten in folgender Form angegeben werden:

Formel

$$y_{ijl} = \mu_{ij} + e_{ijl} = \mu + \alpha_i + \beta_j + (\alpha\beta)_{ij} + e_{ijl} \quad (8.21)$$
$$(i = 1,\dots,k_A; j = 1,\dots,k_B; l = 1,\dots,n_0)$$

- y_{ijl}: Realisierung der Zufallsvariablen Y_{ij} für die l-te Untersuchungseinheit unter der i-ten Stufe des Faktors A und der j-ten Stufe des Faktors B
- μ_{ij}: Erwartungswert von Y_{ij} unter der i-ten Faktorstufe von A und der j-ten Faktorstufe von B
- α_i: Einfluss der i-ten Faktorstufe von A auf den Erwartungswert μ_{ij} mit $\sum_{i=1}^{k_A} \alpha_i = 0$
- β_j: Einfluss der j-ten Faktorstufe von B auf den Erwartungswert μ_{ij} mit $\sum_{j=1}^{k_B} \beta_i = 0$
- $(\alpha\beta)_{ij}$: Wechselwirkungseffekt der i-ten Stufe von A und der j-ten Stufe von B auf μ_{ij} mit $\sum_{i=1}^{k_A} (\alpha\beta)_{ij} = 0,\ j = 1,\dots,k_B$ und $\sum_{j=1}^{k_B} (\alpha\beta)_{ij} = 0,\ i = 1,\dots,k_A$
- μ: Gesamtmittelwert der Population
- e_{ijl}: Residuum der l-ten Untersuchungseinheit unter der i-ten Stufe von A und der j-ten Stufe von B
- k_A: Anzahl der Faktorstufen von A
- k_B: Anzahl der Faktorstufen von B
- n_0: Anzahl der Untersuchungseinheiten unter jeder Faktorstufenkombination

Nach dieser Modellvorstellung setzt sich jeder Messwert zusammen aus dem Gesamtmittelwert, aus Einflüssen, die aus der Wirkung der beiden Faktorenstufen resultieren, aus einem Einfluss, der aus der Wechselwirkung der Stufen der beiden Faktoren entsteht, sowie aus der Abweichung der Werte der einzelnen Probanden von ihrem Gruppenmittelwert.

Voraussetzungen

Grundsätzlich gelten für die zwei- und mehrfaktorielle Varianzanalyse analoge Voraussetzungen wie für die einfaktorielle Varianzanalyse (siehe Testablauf zur einfaktoriellen Varianzanalyse, Abschnitt 8.1.1). Die Voraussetzungen der Normalverteilung und der Varianzhomogenität (Voraussetzungen IV und V aus Abschnitt 8.1.1) beziehen sich hier auf die Zellen des Versuchsplans, d. h. auf die Faktorstufenkombinationen. Sehr wichtig für die Robustheit des Verfahrens sind auch für die zwei- und mehrfaktorielle Varianzanalyse gleich große Zellenbesetzungen. Im hier beschriebenen Vorgehen wird von gleichen Stichprobenumfängen n_0 unter allen Faktorstufenkombinationen ausgegangen. Obwohl die mehrfaktorielle Varianzanalyse auch bei ungleichen Zellenbesetzungen durchgeführt werden kann, sollte bei der Planung einer Untersuchung nach Möglichkeit sichergestellt werden, dass die Anzahl der Untersuchungseinheiten unter jeder Faktorstufenkombination gleich ist (siehe auch Kapitel 9).

Statistische Hypothesen

Inhaltliches Ziel der zweifaktoriellen Varianzanalyse ist der Wirkungsnachweis der Stufen der beiden Faktoren und ihrer Wechselwirkungen auf die abhängige Variable. Analog zur einfaktoriellen Varianzanalyse kann zunächst nicht festgelegt werden, welche der Faktorstufen bzw. welche der Faktorstufenkombinationen sich in ihrer Wirkung auf die zu untersuchende metrische Variable unterscheiden. Deshalb entspricht das beschriebene Ziel der inhaltlichen Hypothese, dass mindestens eine der Faktorstufen bzw. mindestens eine der Faktorstufenkombinationen einen Einfluss auf die abhängige Variable hat. Daraus ergeben sich die statistischen Hypothesenpaare für die Haupteffekte analog zu Formel (8.2) der einfaktoriellen Varianzanalyse:

$$H_1 : \alpha_i \neq 0 \text{ für mindestens ein } i, \tag{8.22}$$

$$H_0 : \alpha_i = 0 \text{ für alle } i \; (i = 1, \ldots, k_A) \tag{8.23}$$

bzw.

$$H_1 : \beta_j \neq 0 \text{ für mindestens ein } j, \tag{8.24}$$

$$H_0 : \beta_j = 0 \text{ für alle } j \; (j = 1, \ldots, k_B). \tag{8.25}$$

Das statistische Hypothesenpaar für die Wechselwirkungseffekte hat folgende Form:

$$H_1 : (\alpha\beta)_{ij} \neq 0 \text{ für mindestens ein Paar } (i, j), \tag{8.26}$$

$$H_0 : (\alpha\beta)_{ij} = 0 \text{ für alle Paare } (i, j) \; (i = 1, \ldots, k_A;\; j = 1, \ldots, k_B) \tag{8.27}$$

Dabei werden mit α_i, β_j und $(\alpha\beta)_{ij}$ die Wirkungen der Faktorstufen i bzw. j oder der entsprechenden Faktorstufenkombination der Faktoren A und B im varianzanalytischen Modell nach Formel (8.21) beschrieben. Wenn in wenigstens einem der beiden Faktoren mehr als zwei Faktorstufen vorliegen, können nach der Varianzanalyse multiple Vergleiche durchgeführt werden, deren Prinzipien am Beispiel der einfaktoriellen Varianzanalyse in Abschnitt 8.1.3 vorgestellt wurden.

Zur Prüfung der statistischen Hypothesen wird im folgenden Abschnitt die Quadratsummenzerlegung nach Fisher verwendet.

8.2.2 Quadratsummenzerlegung und Signifikanzprüfung

Grundsätzlich geht das Prinzip der Quadratsummenzerlegung im Unterschied zur einfaktoriellen Varianzanalyse von mehreren Variationsursachen aus. Ein Teil der totalen Quadratsumme wird durch die Unterschiede der Mittelwerte der Verteilungen der Teilpopulationen verursacht, die durch die Faktorstufenkombinationen beschrieben werden können. Dieser Anteil wird als Zellen- oder Faktorquadratsumme bezeichnet. Bei der zweifaktoriellen Varianzanalyse setzt sich die Zellen-Quadratsumme aus drei Teilen zusammen: dem durch den Faktor A erklärten Anteil, der durch den Faktor B erklärten Quadratsumme und dem Anteil, der durch Wechselwirkung der Faktoren erklärt werden kann. Eine weitere Quadratsumme ergibt sich aus den Streuungen der Werte der Untersuchungseinheiten um den Mittelwert der jeweiligen Teilpopulation. Diese Komponente wird als Quadratsumme innerhalb der Faktorstufen oder Fehlerquadratsumme bezeichnet. Die Größe der Quotienten der mittleren Quadratsummen der einzelnen Effekte und der mittleren Fehlerquadratsumme ist entscheidend für den Nachweis der drei Effekte.

Die im **Anwendungsbeispiel** benötigten arithmetischen Mittelwerte der Teilstichproben sind in ►Tabelle 8.11 enthalten.

Gewebe (Faktor A)	Beleuchtung (Faktor B)		Zeilenmittelwert
	hell	dunkel	
Wurzel	$\bar{y}_{11} = 1.00$	$\bar{y}_{12} = 0.81$	$\bar{y}_{A1} = 0.905$
Mesokotyl	$\bar{y}_{21} = 1.40$	$\bar{y}_{22} = 0.91$	$\bar{y}_{A2} = 1.155$
Primärblatt	$\bar{y}_{31} = 2.50$	$\bar{y}_{32} = 1.30$	$\bar{y}_{A3} = 1.900$
Spaltenmittelwert	$\bar{y}_{B1} = 1.633$	$\bar{y}_{B2} = 1.007$	$\bar{y} = 1.320$

Tabelle 8.11: Mittlere Enzymmengen (gerundet) der Gesamtstichproben und der Teilstichproben (getrennt nach unterschiedlicher Beleuchtung).

Quadratsummenzerlegung

Ausgangspunkt der Quadratsummenzerlegung ist die totale Quadratsumme, die sich als Summe der quadratischen Abweichungen aller Werte der abhängigen Variablen vom Gesamtmittelwert ergibt.

$$QS_{total} = QS(y) = \sum_{i=1}^{k_A} \sum_{j=1}^{k_B} \sum_{l=1}^{n_0} \left(y_{ijl} - \bar{y}\right)^2 . \qquad (8.28)$$

Im **Beispiel** ergibt sich für die Variable Enzymmenge mit $k = 3$ und $n_0 = 10$ die totale Quadratsumme als

$$QS_{total} = (0.3 - 1.32)^2 + (0.6 - 1.32)^2 + \ldots + (1.4 - 1.32)^2 = 31.196 \approx 31.2.$$

Diese totale Quadratsumme kann nun aufgeteilt werden in die Quadratsumme $QS_{Faktoren} = QS(\hat{y})$, die auf die Wirkung der Faktoren und der Faktorstufenkombinationen zurückzuführen ist, und die Fehler- oder Residualquadratsumme $QS_{Fehler} = QS(e)$, die durch die Varianz der Werte der Variablen unter den einzelnen Faktorstufenkombinationen zu erklären ist:

$$QS_{total} = QS_{Faktoren} + QS_{Fehler}. \qquad (8.29)$$

Merksatz Die zweifaktorielle Varianzanalyse beruht auf der Zerlegung der totalen Quadratsumme in Anteile, die auf die Wirkung der Faktoren (der Faktorstufen oder der Faktorstufenkombinationen) zurückzuführen sind, und in Anteile, die durch zufällige Streuungen der Messwerte der Untersuchungseinheiten erklärt werden können.

Der Berechnung der Faktorenquadratsumme liegt folgende Überlegung zugrunde: Wenn die Faktorstufen und deren Kombinationen *keinen* Einfluss auf die Werte der abhängigen Variablen hätten, so wären die Mittelwerte der abhängigen Variablen unter allen Faktorstufenkombinationen gleich. Deshalb können die Abweichungen dieser Mittelwerte vom Gesamtmittelwert auf die Wirkung der Faktoren zurückgeführt werden. Die Faktorenquadratsumme ergibt sich, indem für jede Untersuchungseinheit die Differenz des jeweiligen Zellenmittelwerts vom Gesamtmittelwert gebildet und quadriert wird:

$$QS_{Faktoren} = \sum_{i=1}^{k_A}\sum_{j=1}^{k_B}\sum_{l=1}^{n_0}(\overline{y}_{ij}-\overline{y})^2 = \sum_{i=1}^{k_A}\sum_{j=1}^{k_B} n_0\cdot(\overline{y}_{ij}-\overline{y})^2, \tag{8.30}$$

wobei mit $\overline{y}_{ij}$ der Mittelwert der abhängigen Variablen unter der i-ten Stufe des Faktors A und unter der j-ten Stufe des Faktors B bezeichnet wird. Im **Beispiel** werden für die Berechnung der Faktorenquadratsumme die entsprechenden Mittelwerte aus Tabelle 8.11 verwendet:

$$\begin{aligned} QS_{Faktoren} &= 10\cdot(1.00-1.32)^2+10\cdot(1.40-1.32)^2+\ldots+10\cdot(1.30-1.32)^2 \\ &= 19.298 \approx 19.3. \end{aligned}$$

Im Unterschied zur einfaktoriellen Varianzanalyse kann die Faktorenquadratsumme weiter auf die Haupt- bzw. Wechselwirkungseffekte aufgespaltet werden:

$$QS_{Faktoren} = QS_A + QS_B + QS_{AxB}. \tag{8.31}$$

Zunächst erfolgt die Berechnung der Quadratsummen QS_A und QS_B, die auf die Wirkung der Faktoren A und B zurückzuführen sind. Die Berechnung der Quadratsumme zum Beispiel des Faktors A kann durch folgende Überlegung illustriert werden: Wenn der Faktor A *keinen* Einfluss auf die entsprechenden Mittelwerte hätte, müssten alle Mittelwerte unter den verschiedenen Stufen des Faktors A gleich sein. Deshalb können die Abweichungen dieser Mittelwerte vom Gesamtmittelwert auf die Wirkung des Faktors A zurückgeführt werden. Die auf die Wirkung des Faktors A zurückzuführende Quadratsumme erhält man, indem für jede Untersuchungseinheit die Differenz des Mittelwerts der abhängigen Variablen unter der jeweiligen Faktorstufe von A vom Gesamtmittelwert gebildet und quadriert wird:

$$QS_A = \sum_{i=1}^{k_A}\sum_{j=1}^{k_B}\sum_{l=1}^{n_0}(\overline{y}_{Ai}-\overline{y})^2 = \sum_{i=1}^{k_A} n_{Ai}\cdot(\overline{y}_{Ai}-\overline{y})^2 \tag{8.32}$$

Dabei wird mit $n_{Ai} = k_B \cdot n_0$ die Anzahl der Untersuchungseinheiten unter der i-ten Stufe des Faktors A bezeichnet. Im **Beispiel** erhält man mit $n_{A1} = n_{A2} = n_{A3} = 20$ die Quadratsumme

$$\begin{aligned} QS_{Gewebe} &= 20\cdot(0.905-1.32)^2 + 20\cdot(1.155-1.32)^2 + 20\cdot(1.90-1.32)^2 \\ &= 10.717 \approx 10.7. \end{aligned}$$

Die auf die Wirkung des Faktors B zurückzuführende Quadratsumme ergibt sich analog als

$$QS_B = \sum_{i=1}^{k_A}\sum_{j=1}^{k_B}\sum_{l=1}^{n_0}(\overline{y}_{Bi}-\overline{y})^2 = \sum_{j=1}^{k_B} n_{Bj}\cdot(\overline{y}_{Bj}-\overline{y})^2. \tag{8.33}$$

Im **Anwendungsbeispiel** erhält man für die Quadratsumme, die durch die Wirkung der unterschiedlichen Beleuchtung zu erklären ist, mit $n_{B1} = n_{B2} = 30$ den Wert

$$\begin{aligned} QS_{Beleuchtung} &= 30\cdot(1.633-1.32)^2 + 30\cdot(1.007-1.32)^2 \\ &= 5.878 \approx 5.9. \end{aligned}$$

Zur Quadratsumme des Wechselwirkungseffekts führt die folgende Überlegung: Gäbe es *keine* Wechselwirkungs- oder Interaktionseffekte, würden sich die Zellenmittelwerte direkt aus dem Gesamtmittelwert und den Mittelwerten der einzelnen Faktorstufen ergeben. Für die erste Zelle aus Tabelle 8.11 (Wurzel bei heller Versuchsbedingung) müsste sich der Zellenmittelwert ergeben aus dem Mittelwert aller Enzymmengen aus der Wurzel und dem Mittelwert aller Enzymmengen bei heller Versuchsbedingung, wovon der Gesamtmittelwert abgezogen werden müsste, als $0.90 + 1.63 - 1.32 = 1.21$. Die Differenz des berechneten Mittelwerts für die Wurzeln bei heller Versuchsbedingung ($\overline{y}_{11} = 1.00$) von dem bei ausschließlicher Wirkung der Haupteffekte berechneten Wert von 1.21 ist auf Wechselwirkungseffekte zurückzuführen. Die Quadratsumme der Wechselwirkungen oder Interaktionen ergibt sich danach als

$$QS_{AxB} = \sum_{i=1}^{k_A}\sum_{j=1}^{k_B}\sum_{l=1}^{n_0}(\overline{y}_{ij}-(\overline{y}_{Ai}+\overline{y}_{Bj}-\overline{y}))^2 = \sum_{i=1}^{k_A}\sum_{j=1}^{k_B} n_0\cdot(\overline{y}_{ij}-(\overline{y}_{Ai}+\overline{y}_{Bj}-\overline{y}))^2. \tag{8.34}$$

Für das **Anwendungsbeispiel** erhält man

$$\begin{aligned} QS_{Gewebe\ x\ Beleuchtung} &= 10\cdot(1.00-(0.905+1.633-1.32))^2 + \\ &\quad 10\cdot(1.40-(1.155+1.633-1.32))^2 + \ldots \\ &\quad +10\cdot(1.30-(1.900+1.007-1.32))^2 \\ &= 2.69 \approx 2.7. \end{aligned}$$

Die Fehlerquadratsumme beschreibt diejenigen Anteile der totalen Quadratsumme, die nicht durch die unterschiedliche Wirkung der Faktoren zu erklären sind. Sie ist damit ein Ausdruck, der die Streuung der Werte der einzelnen Untersuchungseinheiten um ihren jeweiligen Gruppenmittelwert ausdrückt. Für die Berechnung ist die Summe der quadrierten Abweichungen aller Messwerte vom Mittelwert der jeweiligen Gruppe, die durch die Faktorstufenkombinationen beschrieben wird, zu bestimmen:

$$QS_{Fehler} = QS(e) = \sum_{i=1}^{k_A} \sum_{j=1}^{k_B} \sum_{l=1}^{n_0} \left(y_{ijl} - \bar{y}_{ij}\right)^2 . \tag{8.35}$$

Im **Beispiel** ergibt sich die Fehlerquadratsumme als

$$\begin{aligned} QS_{Fehler} &= (0.3-1.00)^2 + (0.6-1.00)^2 + \ldots + (1.4-1.30)^2 \\ &= 11.898 \approx 11.9. \end{aligned}$$

Analog zur einfaktoriellen Varianzanalyse kann die Quadratsumme nach Formel (8.35) auch als Summe der quadrierten Residuen der Varianzanalyse berechnet werden, woraus der Name Fehler- oder Residualquadratsumme zu erklären ist.

Mit den Formeln (8.28) bis (8.35) ist die totale Quadratsumme vollständig in die Variationsursachen zerlegt worden:

$$QS_{total} = QS_{Faktoren} + QS_{Fehler} = QS_A + QS_B + QS_{AxB} + QS_{Fehler}. \tag{8.36}$$

Im **Anwendungsbeispiel** ergibt sich die Beziehung

$$31.2 = 19.3 + 11.9 = 10.7 + 5.9 + 2.7 + 11.9.$$

Mittlere Quadratsummen

Die mittleren Quadratsummen der einzelnen Effekte (Haupteffekte der beiden Faktoren und Wechselwirkungseffekt) ergeben sich wie im einfaktoriellen Fall (siehe Abschnitt 8.1.2) aus dem Quotienten der jeweilige Quadratsummen und der Freiheitsgrade:

$$MQ_A = \frac{1}{k_A - 1} \cdot QS_A, \tag{8.37}$$

$$MQ_B = \frac{1}{k_B - 1} \cdot QS_B, \tag{8.38}$$

$$MQ_{AxB} = \frac{1}{(k_A - 1) \cdot (k_B - 1)} \cdot QS_{AxB}. \tag{8.39}$$

Analog erhält man als Schätzwert der Fehlervarianz

$$MQ_{Fehler} = \frac{1}{k_A \cdot k_B \cdot (n_0 - 1)} \cdot QS_{Fehler}. \tag{8.40}$$

Für das **Anwendungsbeispiel** ergeben sich folgende Schätzwerte:

$$MQ_{Gewebe} = \frac{1}{3-1} \cdot 10.7 = 5.35, \quad MQ_{Beleuchtung} = \frac{1}{2-1} \cdot 5.9 = 5.9,$$

$$MQ_{Gewebe\ x\ Beleuchtung} = \frac{1}{(3-1) \cdot (2-1)} \cdot 2.7 = 1.35,$$

$$MQ_{Fehler} = \frac{1}{3 \cdot 2 \cdot (10-1)} \cdot 11.9 = 0.22.$$

Signifikanztests

Der Wert

$$f_A = \frac{MQ_A}{MQ_{Fehler}} \tag{8.41}$$

ist eine Realisierung einer bei Gültigkeit der Nullhypothese $H_0 : \alpha_i = 0$ für alle i und bei erfüllten Voraussetzungen mit $k_A - 1, k_A \cdot k_B \cdot (n_0 - 1)$ Freiheitsgraden F-verteilten Zufallsvariablen. Analog sind bei Gültigkeit der entsprechenden Nullhypothesen und bei erfüllten Voraussetzungen die Zufallsvariablen

$$f_B = \frac{MQ_B}{MQ_{Fehler}} \tag{8.42}$$

und

$$f_{AxB} = \frac{MQ_{AxB}}{MQ_{Fehler}} \tag{8.43}$$

Realisierungen von mit $k_B - 1, k_A \cdot k_B \cdot (n_0 - 1)$ bzw. $(k_A - 1) \cdot (k_B - 1), k_A \cdot k_B \cdot (n_0 - 1)$ Freiheitsgraden F-verteilten Zufallsvariablen.

Im **Anwendungsbeispiel** erhält man folgende Schätzwerte:

$$f_{Gewebe} = \frac{5.35}{0.22} = 24.32 \quad f_{Beleuchtung} = \frac{5.9}{0.22} = 26.82$$

$$f_{Gewebe\ x\ Beleuchtung} = \frac{1.35}{0.22} = 6.14.$$

Die für die zweifaktorielle Varianzanalyse durch die Formeln (8.28) bis (8.43) beschriebenen Größen können übersichtlich in einer Varianztabelle zusammengefasst werden, die im Testablauf dargestellt ist (►Tabelle 8.12).

Testablauf

Bezeichnung des Tests:

Globalvergleich der zweifaktoriellen Varianzanalyse mit gleicher Zellenbesetzung

Statistische Hypothesen:

a. $H_1 : \alpha_i \neq 0$ für mindestens ein i
$H_0 : \alpha_i = 0$ für alle i $(i = 1, \ldots, k_A)$

b. $H_1 : \beta_j \neq 0$ für mindestens ein j
$H_0 : \beta_j = 0$ für alle j $(j = 1, \ldots, k_B)$

c. $H_1 : (\alpha\beta)_{ij} \neq 0$ für mindestens ein (i, j)
$H_0 : (\alpha\beta)_{ij} = 0$ für alle (i, j) $i = 1, \ldots, k_A;\ j = 1, \ldots, k_B$

- α_i: Einfluss der i-ten Faktorstufe im Modell nach $(i = 1, \ldots, k_A)$
- β_j: Einfluss der j-ten Faktorstufe im Modell nach $(j = 1, \ldots, k_B)$
- $(\alpha\beta)_{ij}$: Wechselwirkungseffekt der i-ten Stufe von A und der j-ten Stufe von B
- k_A: Anzahl der Stufen des Faktors A
- k_B: Anzahl der Stufen des Faktors B

Wahl des Signifikanzniveaus:

- $\alpha = 0.05$ oder $\alpha = 0.01$ oder andere Wahl von α

Gegebene Daten:

- y_{ijl} $(i = 1, \ldots, k_A; j = 1, \ldots, k_B; l = 1, \ldots, n_0)$: Messwerte
- n_0: Anzahl der Messwerte unter jeder Faktorstufenkombination

Voraussetzungen:

- Die Messwerte y_{ijl} $(i = 1, \ldots, k_A; j = 1, \ldots, k_B; l = 1, \ldots, n_0)$ sind metrische Realisierungen der Zufallsvariablen Y_{ij} $(i = 1, \ldots, k_A; j = 1, \ldots, k_B)$.
- Zu beliebigen festen Stufen a_i des Faktors A und b_j des Faktors B sind Y_{ij} $(i = 1, \ldots, k_A; j = 1, \ldots, k_B)$ unabhängige normalverteilte Zufallsvariablen mit den Erwartungswerten $\mu_{ij} = \mu + \alpha_i + \beta_j + (\alpha\beta)_{ij}$ und der unbekannten Varianz σ^2.

Berechnung des Werts der Teststatistik:

Variationsursache	Quadratsummen	Freiheitsgrade	Mittlere Quadratsummen	Wert der Teststatistik F
A	QS_A (8.32)	$f_1^A = k_A - 1$	MQ_A (8.37)	$f_A = \frac{MQ_A}{MQ_{Fehler}}$
B	QS_B (8.33)	$f_1^B = k_B - 1$	MQ_B (8.38)	$f_B = \frac{MQ_B}{MQ_{Fehler}}$
AxB	QS_{AxB} (8.34)	$f_1^{AxB} = (k_A - 1)\cdot(k_B - 1)$	MQ_{AxB} (8.39)	$f_{AxB} = \frac{MQ_{AxB}}{MQ_{Fehler}}$
Faktoren	$QS_{Faktoren}$ (8.30)			
Fehler	QS_{Fehler} (8.35)	$f_2 = k_A \cdot k_B \cdot (n_0 - 1)$	MQ_{Fehler} (8.40)	
Gesamt	QS_{total} (8.28)			

Tabelle 8.12: Varianztabelle der zweifaktoriellen Varianzanalyse.

Testentscheidung unter Verwendung des p-Werts:

a. $p = P(F_A \geq f_A)$

b. $p = P(F_B \geq f_B)$

c. $p = P(F_{AxB} \geq f_{AxB})$

- $p < \alpha \rightarrow Ablehnung\ von\ H_0$

Testentscheidung unter Verwendung des Quantils der F-Verteilung:

a. $f_A > F_{f_1^A, f_2, 1-\alpha} \rightarrow Ablehnung\ von\ H_0$

b. $f_B > F_{f_1^B, f_2, 1-\alpha} \rightarrow Ablehnung\ von\ H_0$

c. $f_{AxB} > F_{f_1^{AxB}, f_2, 1-\alpha} \rightarrow Ablehnung\ von\ H_0$

- $F_{f_1, f_2, 1-\alpha}$: Quantil der F-Verteilung mit f_1, f_2 Freiheitsgraden (siehe Anhang B, Tabelle 4).

In ►Tabelle 8.13 ist die Varianztabelle für das **Anwendungsbeispiel** dargestellt (ohne Maßeinheiten, gerundete Werte)[4].

4 In Folge von Rundungseffekten stimmen einige Werte in den Nachkommastellen nicht exakt mit den von der Statistik-Software berechneten Größen überein.

Variationsursache	Quadrat-summen	Freiheitsgrade	Mittlere Quadratsummen	Wert der Teststatistik F
Gewebe	10.7	2	5.35	24.32
Beleuchtung	5.9	1	5.90	26.82
Gewebe x Beleuchtung	2.7	2	1.35	6.14
Faktoren	19.3			
Fehler	11.9	54	0.22	
Gesamt	31.2			

Tabelle 8.13: Varianztabelle im Anwendungsbeispiel.

Zur Testentscheidung können die mit Hilfe eines Computerprogramms berechneten p-Werte oder die Werte der Quantile der jeweiligen F-Verteilung herangezogen werden. Das Signifikanzniveau sei mit $\alpha = 0.01$ festgelegt worden. Wegen

$$p = 3 \cdot 10^{-8} < 0.01 \text{ bzw. } f_A = 24.32 > 5.02 = F_{2,54,0.99}$$

ist die Nullhypothese bezüglich des Faktors Gewebe abzulehnen. Es kann ein signifikanter Einfluss des Gewebes auf die mittleren Enzymmengen nachgewiesen werden ($\alpha = 0.01$). Für den Faktor Beleuchtung erhält man ebenfalls einen signifikanten Haupteffekt. Wegen

$$p = 3.5 \cdot 10^{-6} < 0.01 \text{ bzw. } f_B = 26.82 > 7.13 = F_{1,54,0.99}$$

kann die Nullhypothese für den Haupteffekt Beleuchtung abgelehnt werden ($\alpha = 0.01$). In diesem **Beispiel** ist der Wechselwirkungseffekt wegen

$$p = 0.004 < 0.01 \text{ bzw. } f_{AxB} = 6.14 > 5.02 = F_{2,54,0.99}$$

ebenfalls sehr signifikant. Der Wechselwirkungseffekt kann durch ►Abbildung 8.3 veranschaulicht werden.

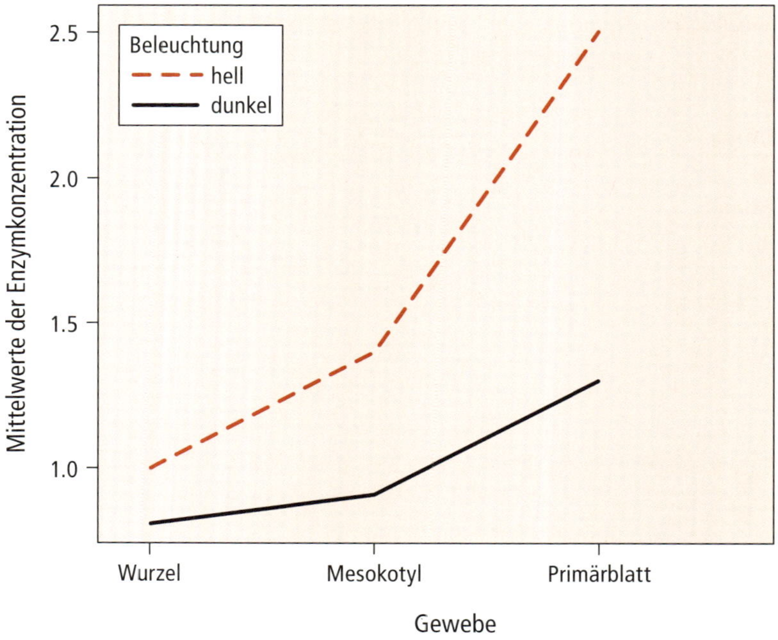

Abbildung 8.3: Mittelwerte der Enzymkonzentrationen für verschiedene Gewebearten getrennt nach Beleuchtungsart.

Auf die Prinzipien der im Anschluss an die Globalvergleiche möglichen multiplen Vergleiche wurde im Zusammenhang mit der einfaktoriellen Varianzanalyse eingegangen (siehe Abschnitt 8.1.3).

Effektgröße

Das Effektgrößemaß η^2 kann analog zur einfaktoriellen Varianzanalyse nach Formel (8.13) berechnet werden. Im **Beispiel** ergeben sich nach dieser Vorschrift

$$\eta^2_{Gewebe} = \frac{10.7}{31.2} = 0.343, \quad \eta^2_{Beleuchtung} = \frac{5.9}{31.2} = 0.189,$$
$$\eta^2_{Gewebe\ x\ Beleuchtung} = \frac{2.7}{31.2} = 0.087.$$

Bei mehrfaktoriellen Plänen hat die Berechnung der Effektgröße nach Formel (8.13) jedoch den Nachteil, dass die resultierenden Werte stark davon abhängen, welche weiteren Effekte im Modell berücksichtigt werden. Die totale Quadratsumme im Nenner von Formel (8.13) setzt sich im Fall der zweifaktoriellen Varianzanalyse aus QS_A, QS_B, QS_{AxB} und QS_{Fehler} zusammen. Bei drei- oder vierfaktoriellen Varianzanalysen gehen weitere Faktoren- und Wechselwirkungseffekte mit ihren Quadratsummen in die Berechnung der totalen Quadratsumme ein. Somit wird das Effektgrößemaß der einzelnen Effekte stark von den übrigen Faktoren beeinflusst, die im varianzanalytischen Modell berücksichtigt werden. Ein wesentlicher Nachteil dieses Vorgehens wird deutlich, wenn Effektgrößemaße aus unterschiedlichen Untersuchungen verglichen werden sollen, in denen die Anzahl der Faktoren und somit die Zusammensetzung von QS_{total} unterschiedlich ist (siehe Diehl & Arbinger, 2001). Deshalb wird bei der Auswertung varianzanalytischer Untersuchungen oft der Wert des partiellen Eta-Quadrat realisiert, in dem im Nenner jeweils nur die Quadratsumme der jeweiligen Effekte und die Fehlerquadratsumme berücksichtigt werden:

Formel

$$\eta_p^2 = \frac{\text{erklärte Quadratsumme}}{\text{erklärte Quadratsumme} + \text{Fehlerquadratsumme}} = \frac{QS_{Effekt}}{QS_{Effekt} + QS_{Fehler}} \quad (8.44)$$

- η_p^2: Maß für die durch die Wirkung des Faktors in der Stichprobe zu erklärende Varianz ohne Berücksichtigung der anderen Effekte
- QS_{Effekt}: Faktorquadratsumme des Effekts nach Formel (8.32), (8.33) oder (8.34)
- QS_{Fehler}: Fehlerquadratsumme nach Formel (8.35)

Für die zweifaktorielle Varianzanalyse ergeben sich die partiellen Effektgrößemaße als

$$\eta_{p\,A}^2 = \frac{QS_A}{QS_A + QS_{Fehler}}, \quad \eta_{p\,B}^2 = \frac{QS_B}{QS_B + QS_{Fehler}}, \quad \eta_{p\,AxB}^2 = \frac{QS_{AxB}}{QS_{AxB} + QS_{Fehler}}. \quad (8.45)$$

Da in zwei- und mehrfaktoriellen Varianzanalysen der Nenner nach Formel (8.44) immer kleiner (im Extremfall gleich) dem Nenner in Formel (8.13) ist, gilt für jeden untersuchten Effekt die Beziehung $\eta^2 \leq \eta_p^2$. Für das **Anwendungsbeispiel** erhält man

$$\eta_{p\,Gewebe}^2 = \frac{10.7}{10.7 + 11.9} = 0.473, \quad \eta_{p\,Beleuchtung}^2 = \frac{5.9}{5.9 + 11.9} = 0.331,$$

$$\eta_{p\,Gewebe\ x\ Beleuchtung}^2 = \frac{2.7}{2.7 + 11.9} = 0.185.$$

Der Wert des partiellen Eta-Quadrat liefert eine Maßzahl, die unabhängig vom Stichprobenumfang interpretiert werden kann und die den Vergleich von Effekten varianzanalytischer Faktoren in unterschiedlichen Untersuchungen sowie innerhalb einer Untersuchung ermöglicht. Die praktische Beurteilung der Werte des Effektgrößemaßes in konkreten Untersuchungen ist ausschließlich im Kontext der jeweiligen Anwendung möglich. Nur der die Untersuchung durchführende Fachwissenschaftler kann beurteilen, wie die ermittelte partielle Varianzaufklärung zu bewerten ist. Inhaltliche Überlegungen und Erwartungen sowie Ergebnisse aus vergleichbaren Untersuchungen können Maßstäbe für die Bewertung liefern.

8.3 Varianzanalyse mit zufälligen Effekten (Modell II)

Die mittels einer Varianzanalyse auszuwertenden Versuchsergebnisse werden von sämtlichen Versuchsbedingungen beeinflusst, möglicherweise sogar von den Laborbedingungen oder der Person, die die Messungen durchführt. Deshalb kann es z. B. sinnvoll sein, die durch einen Wechsel des Experimentators bewirkte Variabilität der Messwerte gezielt zu prüfen. Im Unterschied zu dem bisher beschriebenen Vorgehen lassen sich die Stufen des Faktors, der diesen im Allgemeinen unerwünschten Personeneffekt beschreibt, nicht planen und vorgeben. Man spricht deshalb von einem zufälligen Faktor.

Das Vorgehen bei der Varianzanalyse für Modelle mit zufälligen Faktoren soll am **Anwendungsbeispiel** bei heller Beleuchtung demonstriert werden. Vier zufällig ausgewählte Personen haben je fünf Messungen der Enzymkonzentration an verschiedenen Wurzelproben vorgenommen. Es wurden 20 Wurzelproben ausgewählt und per Zufallsverfahren auf die vier Personen aufgeteilt. Die Messergebnisse sind in Tabelle 8.3 zusammengefasst.

8.3.1 Modell, Voraussetzungen und statistische Hypothesen

In einem Versuch wird die Wirkung eines Faktors auf k zufällig gewählten Stufen untersucht. Auf jeder Stufe i liegen n_i Messwerte y_{ij} als Realisierungen der Zufallsvariablen Y_{ij} vor, die folgender Modellgleichung genügen:

Formel

$$Y_{ij} = \mu + A_i + E_{ij} \; (i = 1, \ldots, k; j = 1, \ldots, n_i) \qquad (8.46)$$

- μ: Erwartungswert von Y_{ij} für die i-te Faktorstufe von A und die j-te Beobachtung unter dieser Faktorstufe
- A_i: Zufälliger Effekt der Stufe i von A, $N(0, \sigma_A^2)$-verteilte Zufallsvariable ($\sigma_A^2 > 0$)
- E_{ij}: Modellfehler für den j-ten Messwert auf Stufe i ($j = 1, \ldots, n_i$), $N(0, \sigma_E^2)$-verteilte Zufallsvariable ($\sigma_E^2 > 0$)
- k: Anzahl der Stufen des Faktors A
- n_i ($i = 1, \ldots, k$): Anzahl der Beobachtungswerte unter der i-ten Faktorstufe von A

Im Gegensatz zu Modell I der einfaktoriellen Varianzanalyse sind in Modell II alle zufälligen Beobachtungen Y_{ij} identisch verteilt. Es existieren keine Verteilungsunterschiede in Form von Mittelwertunterschieden zwischen den Stufen von A. Das Ziel des Vorgehens besteht nicht darin, Unterschiede der Erwartungswerte zwischen den Stufen von A nachzuweisen, sondern die Varianzanteile zu bestimmen, die durch die unterschiedlichen Stufen von A zu erklären sind.

Falls im Beispiel Mittelwertunterschiede zwischen den Werten der Experimentatoren auftreten, so sind diese Unterschiede zufällig. Wenn im nächsten Experiment die vier Experimentatoren durch andere Versuchsleiter ausgetauscht werden, können völlig andere Mittelwerte entstehen. Interessant ist vielmehr die Suche nach den Varianzanteilen, die durch die unterschiedlichen Personen hervorgerufen werden.

Voraussetzungen

Neben der Normalverteilungsannahme über die Zufallsvariablen des Modells wird vorausgesetzt, dass die Zufallsvariablen A_i unabhängig sind, dass die Modellfehler E_{ij} unabhängige Zufallsvariablen sind und dass die Modellfehler von den zufälligen Effekten A_i unabhängig sind.

Die Gesamtvarianz von Y_{ij} setzt sich dann zusammen aus der Varianz der zufälligen Stufeneffekte und der Modellfehlervarianz. Zur Schätzung dieser Varianzkomponenten wird die Quadratsummenzerlegung für Modelle mit festen Effekten aus Abschnitt 8.1 verwendet. Unter den getroffenen Voraussetzungen können die Verteilungen der Quadratsummen bestimmt und ein Testverfahren für die interessierenden Hypothesen konstruiert werden.

Statistische Hypothesen

Eine Wirkung des Faktors A auf die abhängige Variable Y wird in diesem Modell durch die Streuung σ_A^2 beschrieben. Im Fall $\sigma_A^2 = 0$ hat die Variation der Faktorstufen keine Wirkung auf die Versuchsergebnisse. Im **Anwendungsbeispiel** bedeutet dies, dass sich die Variabilität der Messwerte für verschiedene Experimentatoren nicht unterscheidet. Ist unter den Experimentatoren mindestens einer, dessen Abweichungen der Messwerte vom gemeinsamen Erwartungswert eine stärkere Streuung aller Messwerte bewirkt, dann muss im Modell von der Annahme $\sigma_A^2 > 0$ ausgegangen werden. Das zu prüfende Hypothesenpaar ist demnach

$$H_1 : \sigma_A^2 > 0 \quad \text{und} \quad H_0 : \sigma_A^2 = 0. \tag{8.47}$$

8.3.2 Schätzung der Varianzkomponenten und Signifikanzprüfung

Zur Schätzung der Varianzkomponenten verwendet man die für Modell I der einfaktoriellen Varianzanalyse eingeführten Quadratsummen

$$QS_{Faktor} = \sum_{i=1}^{k} n_i \cdot (\overline{y}_i - \overline{y})^2, \tag{8.48}$$

$$QS_{Fehler} = \sum_{i=1}^{k} \sum_{j=1}^{n_i} (y_{ij} - \overline{y}_i)^2. \tag{8.49}$$

Im Unterschied zu Modell I sind im Modell II die Zufallsvariablen innerhalb einer Stufe nicht unabhängig und auch die Erwartungswerte für die Quadratsummen unterscheiden sich. Unter der Annahme gleicher Stichprobenumfänge für alle Stufen ($n_i = n_0$ für alle i) ist

$$\hat{\sigma}_A^2 = \frac{1}{n_0} \cdot \left(\frac{1}{k-1} \cdot QS_{Faktor} - \frac{1}{k \cdot (n_0 - 1)} \cdot QS_{Fehler} \right) \tag{8.50}$$

ein Schätzwert für die Varianz σ_A^2 und

$$\hat{\sigma}_E^2 = \frac{1}{k \cdot (n_0 - 1)} \cdot QS_{Fehler} \tag{8.51}$$

ein Schätzwert für die Varianz σ_E^2.

Die für den Test der Nullhypothese benötigten Größen werden wie für Modell I in einer Varianztabelle zusammengefasst (►Tabelle 8.14).

Variations-ursache	Quadrat-summen	Freiheits-grade	Erwartungs-werte von $\frac{QS}{FG}$	Wert der Teststatistik F
Zwischen den Stufen des Faktors	QS_{Faktor}	$k-1$	$\sigma_E^2 + n_0 \cdot \sigma_A^2$	$f = \frac{QS_{Faktor}}{QS_{Fehler}} \cdot \frac{k \cdot (n_0 - 1)}{k-1}$
Innerhalb der Stufen des Faktors	QS_{Fehler}	$k \cdot (n_0 - 1)$	σ_E^2	
Gesamt	QS_{total}	$n-1$		

Tabelle 8.14: Varianztabelle für die einfaktorielle Varianzanalyse mit einem zufälligen Faktor.

Der Quotient

$$F = \frac{QS_{Faktor}}{QS_{Fehler}} \cdot \frac{k \cdot (n_0 - 1)}{k-1}$$

ist verteilt wie das Produkt aus einer $F_{k-1,k(n_0-1)}$-verteilten Zufallsvariablen und dem Faktor $\frac{\sigma_E^2 + n_0\sigma_A^2}{\sigma_E^2}$, d.h. unter der Nullhypothese ist dieser Quotient F-verteilt mit $k-1$ und $k \cdot (n_0 - 1)$ Freiheitsgraden. Die Testgröße ist somit in diesem speziellen einfaktoriellen Varianzanalysemodell II identisch mit der Testgröße nach Formel (8.12). Für mehrfaktorielle Varianzanalysemodelle II sind die Testgrößen nicht einfach vom Modell mit festen Effekten übertragbar. Tabelle 8.14 zeigt, dass sich die Erwartungswerte der Quadratsummen in Modell II von dem Modell mit festen Effekten unterscheiden.

Große Werte der Testgröße deuten auf eine Abweichung von der Nullhypothese hin. Die Entscheidungsregel lautet deshalb: Falls gilt

$$f > F_{k-1,k(n_0-1),1-\alpha},$$

ist die Nullhypothese abzulehnen, wobei $F_{k-1,k(n_0-1),1-\alpha}$ das Quantil der F-Verteilung mit $k-1$ und $k\cdot(n_0-1)$ Freiheitsgraden der Ordnung $1-\alpha$ bezeichnet. Analog ist die Nullhypothese abzulehnen, falls

$$p = P(F \geq f) < \alpha$$

gilt.

Im **Anwendungsbeispiel** liegen auf $k = 4$ Faktorstufen je $n_0 = 5$ Messwerte vor. Vier zufällig ausgewählte Personen haben je fünf Messungen der Enzymkonzentration an verschiedenen Wurzelproben vorgenommen. Die Verteilung der Werte der vier Personen kann mit Boxplots veranschaulicht werden (►Abbildung 8.4).

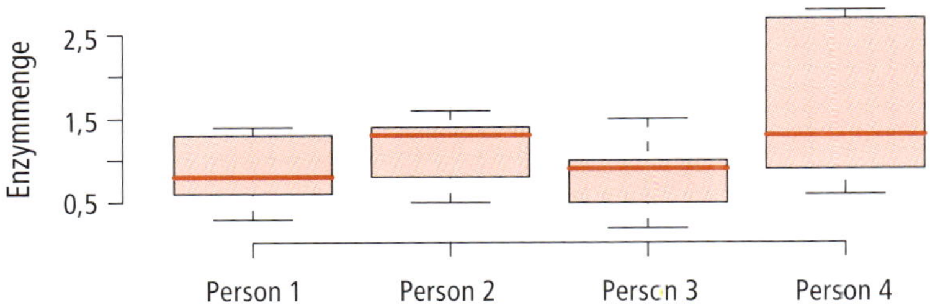

Abbildung 8.4: Personenbezogene Verteilung der Messwerte.

Die mittleren Enzymkonzentrationen, die von den einzelnen Personen ermittelt wurden, sind

$$\bar{y}_1 = 0.88, \quad \bar{y}_2 = 1.12, \quad \bar{y}_3 = 0.82, \quad \bar{y}_4 = 1.66.$$

Der Gesamtmittelwert aller Messwerte beträgt

$$\bar{y} = 1.12.$$

Daraus lassen sich die für den Test benötigten Quadratsummen ermitteln, z.B. erhält man nach Formel (8.48)

$$QS_{Faktor} = 5\cdot\left((0.88-1.12)^2+(1.12-1.12)^2+(0.82-1.12)^2+(1.66-1.12)^2\right) = 2.196.$$

Alle Ergebnisse sind in der folgenden ►Tabelle 8.15 enthalten.

Variations-ursache	Quadratsummen	Freiheits-grade	Erwartungs-werte von $\frac{QS}{FG}$	Wert der Test-statistik F
Zwischen den Stufen des Faktors	$QS_{Faktor} = 2.196$	3	$\sigma_E^2 + n_0 \cdot \sigma_A^2$	$f = 1.698$
Innerhalb der Stufen des Faktors	$QS_{Fehler} = 6.896$	16	σ_E^2	
Gesamt	QS_{total}			

Tabelle 8.15: Varianztabelle für das Anwendungsbeispiel.

Für $\alpha = 0.05$ ist wegen

$$p = 0.207 > 0.05 = \alpha \text{ bzw. } f = 1.698 < 2.86 = F_{3,36,0.95}$$

die Nullhypothese nicht abzulehnen. Der Anteil der durch die Unterschiedlichkeit der Personen verursachten Variablität der Messwerte an der Gesamtvarianz ist statistisch nicht signifikant. Dieser Anteil kann mit Hilfe der Formeln (8.50) und (8.51) folgendermaßen geschätzt werden:

$$\begin{aligned}
\frac{\hat{\sigma}_A^2}{\hat{\sigma}_A^2 + \hat{\sigma}_E^2} &= \frac{\frac{1}{n_0} \cdot \left(\frac{1}{k-1} \cdot QS_{Faktor} - \frac{1}{k \cdot (n_0 - 1)} \cdot QS_{Fehler} \right)}{\frac{1}{n_0} \cdot \left(\frac{1}{k-1} \cdot QS_{Faktor} - \frac{1}{k \cdot (n_0 - 1)} \cdot QS_{Fehler} \right) + \frac{1}{k \cdot (n_0 - 1)} \cdot QS_{Fehler}} \\
&= \frac{\frac{1}{5} \cdot \left(\frac{1}{4-1} \cdot 2.196 - \frac{1}{4 \cdot (5-1)} \cdot 6.896 \right)}{\frac{1}{5} \cdot \left(\frac{1}{4-1} \cdot 2.196 - \frac{1}{4 \cdot (5-1)} \cdot 6.896 \right) + \frac{1}{4 \cdot (5-1)} \cdot 6.896} \\
&= \frac{0.06}{0.06 + 0.43} = 0.12.
\end{aligned}$$

8.4 Überblick über weitere varianzanalytische Verfahren

In diesem Kapitel werden mit den Modellen für gemischte Faktoren und mit der Kovarianzanalyse zwei varianzanalytische Modelle einführend dargestellt, die bei der Auswertung bio- und umweltwissenschaftlicher Untersuchungen zunehmende Bedeutung erlangen.

8.4.1 Gemischte Modelle

Durch Kombination eines Varianzanalysemodells I für feste Faktoren und eines Varianzanalysemodells II für zufällige Faktoren erhält man sogenannte gemischte Modelle oder auch Modelle mit gemischten Faktoren. Betrachtet man für das **Anwendungsbeispiel** nur Enzymmengen bei heller Beleuchtung, aber in verschiedenen Geweben, die von unterschiedlichen Untersuchern ermittelt wurden, ergibt sich ein zweifaktorielles Modell mit einem festen Faktor „Gewebe" (Faktor A) und einem zufälligen Faktor „Person" (Faktor B).

Die zugehörige Modellgleichung für ein solches zweifaktorielles gemischtes Modell ohne Wechselwirkungen mit mehrfacher, aber gleicher Gruppenbesetzung lautet:

Formel

$$Y_{ijl} = \mu + \alpha_i + B_j + E_{ijl} \quad (i = 1, \dots, k_A, j = 1, \dots, k_B, l = 1, \dots, n_0) \quad (8.52)$$

- μ: Konstanter Term
- α_i: Effekt der i-ten Faktorstufe des festen Faktors A ($\sum_{i=1}^{k_A} \alpha_i = 0$)
- B_j: zufälliger Effekt der Stufe j von Faktor B, $N(0, \sigma_B^2)$-verteilte Zufallsvariable ($\sigma_B^2 > 0$),
- E_{ijl}: $N(0, \sigma_E^2)$-verteilter Modellfehler ($\sigma_E^2 > 0$) für den l-ten Wert auf der Stufenkombination (i, j) ($l = 1, \dots, n_0$)
- k_A: Anzahl der Faktorstufen von A
- k_B: Anzahl der Faktorstufen von B
- n_0: Anzahl der Beobachtungswerte unter jeder Faktorstufenkombination.

Es wird außerdem angenommen, dass die zufälligen Effekte von Faktor B und die Modellfehler in ihrer Gesamtheit unabhängige Zufallsvariablen sind. Eine Quadratsummenzerlegung in Analogie zu den bisher betrachteten Varianzanalysemodellen liefert die Varianztabelle mit den Teststatistiken zum Prüfen des Einflusses der beiden Faktoren A und B.

Variationsursache	Quadratsummen	Freiheitsgrade FG	Erwartungswerte von $\frac{QS}{FG}$	Wert der Teststatistik F
Zwischen den Stufen des Faktors A	QS_A	$k_A - 1$	$\sigma_E^2 + \frac{k_B n_0}{k_A - 1} \sum_{i=1}^{k_A} \alpha_i^2$	$f_A = \frac{QS_A}{QS_{Fehler}} \cdot \frac{k_A k_B (n_0 - 1)}{k_A - 1}$
Zwischen den Stufen des Faktors B	QS_B	$k_B - 1$	$\sigma_E^2 + n_0 \cdot \sigma_B^2$	$f_B = \frac{QS_B}{QS_{Fehler}} \cdot \frac{k_A k_B (n_0 - 1)}{k_B - 1}$
Innerhalb der Stufen des Faktors	QS_{Fehler}	$k_A \cdot k_B \cdot (n_0 - 1)$	σ_E^2	
Gesamt	QS_{total}			

Tabelle 8.16: Varianztabelle für ein zweifaktorielles gemischtes Modell ohne Wechselwirkungen (Fortsetzung).

Zu beachten ist, dass das Testen linearer Kontraste für den Faktor A nicht wie in Modell I durchgeführt werden kann, da nicht mehr alle zufälligen Beobachtungswerte zu gegebenen Faktorstufenkombinationen (r, j) und (s, j) unabhängig sind.

Das am häufigsten genutzte zweifaktorielle gemischte Modell ist das Modell mit Messwiederholungen. Mehrere Objekte, z. B. Versuchsfelder oder Personen, werden nacheinander mehreren Behandlungen in fester Abfolge unterzogen. Diese Behandlungen bilden die Stufen des festen Faktors. Die Stufen können auch aufeinanderfolgende Zeitpunkte einer gleichen Behandlung sein, weshalb man in diesem Modell von Messwiederholungen spricht. Die Objekte sind die aus einer Population zufällig ausgewählten Stufen des zufälligen Faktors. Wenn ein objektgebundener Behandlungseffekt nicht auszuschließen ist, wird eine Wechselwirkungskomponente in das Modell aufgenommen. Bei einer wiederholten Beobachtung am gleichen Objekt sind die Messwerte zu verschiedenen Behandlungen nicht mehr als unabhängig anzusehen. Das hauptsächliche Ziel der Analyse besteht in der Untersuchung des Behandlungseffekts unter Kontrolle der durch die Unterschiedlichkeit der Versuchsobjekte bewirkten Variabilität.

Die Modellgleichung für ein Modell mit Messwiederholungen hat damit die folgende Form:

Formel

$$Y_{ijl} = \mu + \alpha_i + B_j + (\alpha B)_{ij} + E_{ijl} \quad (i = 1,\dots,k_A, j = 1,\dots,k_B, l = 1,\dots,n_0) \tag{8.53}$$

- μ:Konstanter Term
- α_i: Effekt der i-ten Faktorstufe des festen Faktors A ($\sum_{i=1}^{k_A} \alpha_i = 0$)
- B_j: Zufälliger Effekt der Stufe j von Faktor B, $N(0, \sigma_B^2)$ -verteilte Zufallsvariable ($\sigma_B^2 > 0$),
- $(\alpha B)_{ij}$: Wechselwirkungseffekt, $N(0, \sigma_{A\times B}^2)$-verteilt
- E_{ijl}: $N(0, \sigma_E^2)$-verteilter Modellfehler ($\sigma_E^2 > 0$) für den l-ten Wert auf der Stufenkombination (i, j) ($l = 1,\dots, n_0$)
- k_A: Anzahl der Faktorstufen von A
- k_B: Anzahl der Faktorstufen von B
- n_0: Anzahl der Beobachtungswerte unter jeder Faktorstufenkombination

Der nächste Schritt, die Quadratsummenzerlegung, erfolgt wie bei Modellen mit festen Effekten. Die Wahl der Testgrößen für einen F-Test zum Prüfen der Effekte hängt von zusätzlichen Forderungen an die zufälligen Effekte, insbesondere an die Wechselwirkungen ab. Unter der Annahme der Unabhängigkeit der Zufallsvektoren mit den Komponenten B_j und $(\alpha B)_{ij}$ für verschiedene j ($j = 1,\dots, k_B$) und der Annahme gleicher Kovarianzen für alle Zellenmittelwerte auf gleicher Stufe j erhält man die folgende Varianztabelle (aus Platzgründen wird auf die Angabe der Erwartungswerte der Quadratsummen verzichtet, siehe Miller, 1997):

Variationsursache	Quadrat-summen	Freiheitsgrade	Wert der Teststatistik F
Zwischen den Stufen des Faktors A	QS_A	$k_A - 1$	$f_A = \frac{QS_A}{QS_{A\times B}} \cdot \frac{(k_A - 1)\cdot(k_B - 1)}{k_A - 1}$
Zwischen den Stufen des Faktors B	QS_B	$k_B - 1$	$f_B = \frac{QS_B}{QS_{Fehler}} \cdot \frac{k_A k_B (n_0 - 1)}{k_B - 1}$
Wechselwirkungen $A\times B$	$QS_{A\times B}$	$(k_A - 1)\cdot(k_B - 1)$	$f_{A\times B} = \frac{QS_{A\times B}}{QS_{Fehler}} \cdot \frac{k_A k_B (n_0 - 1)}{(k_A - 1)(k_B - 1)}$
Innerhalb der Stufen des Faktors	QS_{Fehler}	$k_A \cdot k_B \cdot (n_0 - 1)$	
Gesamt	QS_{total}		

Tabelle 8.17: Varianztabelle für ein zweifaktorielles gemischtes Modell mit Wechselwirkungen.

Der jeweilige F-Test zum Prüfen der Effekte wird analog zum zweifaktoriellen Modell mit festen Effekten durchgeführt (vergleiche Testablauf in Abschnitt 8.2).

Mit wachsender Zahl von Faktoren nimmt die Zahl der möglichen Modelle sehr stark zu, d. h. die Zahl der Zerlegungen in feste und zufällige Faktoren mit und ohne Wechselwirkungen, bei zusätzlicher Unterscheidung von Kreuzklassifikation oder hierarchischer Klassifikation (siehe Abschnitt 9.2) der Faktoren. Für eine ausführlichere Behandlung dieser Vielfalt muss deshalb auf weiterführende Literatur verwiesen werden. Dort sind für verschiedene spezielle mehrfaktorielle Varianzanalysemodelle mit festen, zufälligen oder gemischten Faktoren Varianztabellen angegeben (siehe z.B. Rasch et al, 2008). Gegebenenfalls sollte ein Statistiker zu Rate gezogen werden, um für eine vorliegende Fragestellung das geeignete Modell zu formulieren.

8.4.2 Kovarianzanalyse

Mit einer Kovarianzanalyse untersucht man den Einfluss eines oder mehrerer Faktoren auf eine Zielgröße unter Kontrolle einer zusätzlichen metrischen Einflussgröße, die Kovariable oder Regressor genannt wird. Die Kovarianzanalyse wird dann angewendet, wenn man diese Kovariable experimentell nicht kontrollieren kann, indem man sie im Versuch konstant hält oder indem man sie zu einem weiteren Faktor erklärt (siehe Kapitel 9). Eine Kovarianzanalyse hätte man im Beispiel anwenden müssen, wenn die Beleuchtungsintensität kein fester Faktor, sondern bei jeder Kultivierung unterschiedlich gewesen wäre. Sie hätte in diesem Fall als metrische Kovariable beim Vergleich der mittleren Enzymmengen mit berücksichtigt werden müssen.

In dem hier zunächst vorgestellten Modell wird vereinfachend angenommen, dass der Einfluss der Kovariablen linear ist und dass keine Wechselwirkungen zwischen dem zu untersuchenden Faktor und der Kovariablen bestehen.

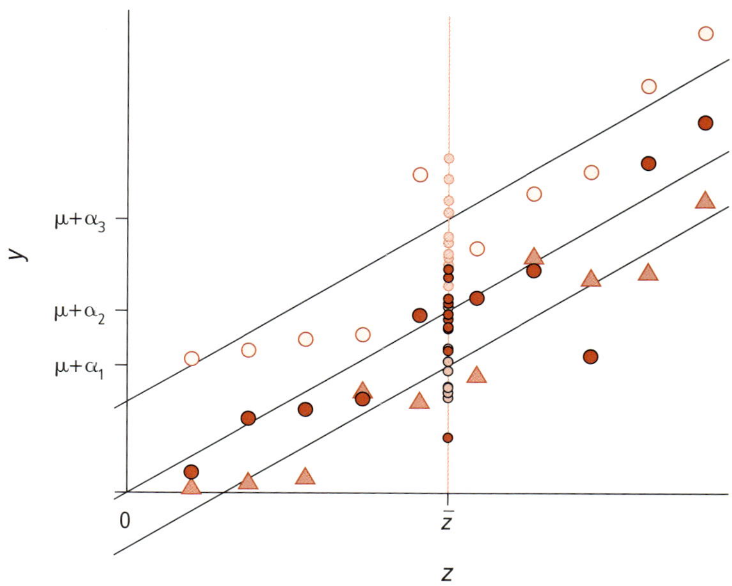

Abbildung 8.5: Darstellung der Messwerte und der adjustierten Messwerte für ein Modell der Kovarianzanalyse.

Die Daten in ►Abbildung 8.5 entsprechen einem Kovarianzanalysemodell mit einer Kovariablen z und drei Faktorstufen:

$$y_{ij} = \mu + \alpha_i + 2 \cdot (z_{ij} - \overline{z}) + e_{ij} \quad (i = 1,2,3;\ j = 1,\dots 10).$$

Die Punkte streuen um drei Regressionsgeraden mit gleichem Anstieg $b = 2$. Die Parallelität der Regressionsgeraden beschreibt einen gleichen Einfluss der Kovariablen in allen drei Gruppen. Will man den linearen Einfluss der Kovariablen auf die Zielgröße beim Gruppenvergleich ausschalten, so kann man die bezüglich dieses Einflusses adjustierten Messwerte

$$y_{ijadj} = y_{ij} - 2 \cdot (z_{ij} - \overline{z})$$

bezogen auf den mittleren Wert der Kovariablen $\overline{z}$ vergleichen. Diese Werte sind als Punkte auf der senkrechten Geraden $z = \overline{z}$ dargestellt. Man erkennt an diesem Beispiel, dass sich die mittleren adjustierten Werte der beiden Gruppen 1 und 2 gering unterscheiden, aber zwischen diesen Gruppen und der dritten Gruppe deutliche Unterschiede bestehen. Der Effekt der dritten Faktorstufe kann so veranschaulicht werden.

Das mathematische Modell für diese Kovarianzanalyse lautet:

Formel

$$Y_{ij} = \mu + \alpha_i + b \cdot z_{ij} + E_{ij} \quad (i = 1,\dots,k_A, j = 1,\dots,n_0) \qquad (8.54)$$

- Y_{ij}: Zufallsvariable unter der i-ten Faktorstufe von A ($j = 1,\dots, n_0$)
- μ: Konstante Größe
- α_i: Effekt der i-ten Faktorstufe des festen Faktors A ($\sum_{i=1}^{k_A} \alpha_i = 0$)
- z_{ij}: Wert der Kovariable auf der Stufe i von Faktor A bei j-ter Beobachtung
- E_{ij}: $N(0,\sigma_E^2)$-verteilter Modellfehler ($\sigma_E^2 > 0$) für den j-ten Beobachtungswert auf der i-ten Stufe von A
- k_A: Anzahl der Faktorstufen von A
- n_0: Anzahl der Beobachtungswerte unter jeder Faktorstufe

Dieses Modell kann als eine Kombination aus einem Regressionsmodell und einem einfaktoriellen Varianzanalysemodell mit festem Effekt unter Normalverteilungsannahme aufgefasst werden. Nach Schätzung der Modellparameter wird, wie in der Varianzanalyse üblich, der Effekt des Faktors A mit Hilfe eines F-Tests geprüft, d.h.

$$H_1 : \alpha_i \neq 0 \text{ für mindestens ein i} \quad H_0 : \alpha_i = 0 \text{ für alle i } (\text{i}=1,\dots,\text{k}_\text{A}) .$$

Zusätzlich ist es auch möglich, den Effekt der Kovariable zu testen, d.h.

$$H_1 : b \neq 0 \quad H_0 : b = 0 \ .$$

Das Modell kann dahingehend verallgemeinert werden, dass sich nicht nur die Achsenabschnitte, sondern auch die Anstiege der Regressionsgeraden für die Faktorstufen unterscheiden.

8.5 Rangvarianzanalyse für ordinalskalierte Merkmale

In diesem Abschnitt werden Verfahren beschrieben, mit denen man die Verteilungen mehrerer Zufallsvariablen vergleichen kann, wenn die untersuchten Merkmale ordinales Skalenniveau aufweisen oder wenn die Voraussetzungen der einfaktoriellen Varianzanalyse (Abschnitt 8.1.1) nicht gegeben sind.

8.5.1 Globalvergleich der Rangvarianzanalyse

Das Verfahren der Rangvarianzanalyse basiert auf Rangdaten (siehe Abschnitt 6.2 zu Signifikanztests bei ordinalskalierten Merkmalen).

Alle n Messwerte $y_{ij} \quad (i = 1,\ldots,k, j = 1,\ldots,n_i, n = \sum_{i=1}^{k} n_i)$ werden der Größe nach aufsteigend geordnet und der zu y_{ij} gehörende Rangplatz r_{ij} in der geordneten Stichprobe bestimmt. Bei Verteilungsunterschieden der zufälligen Beobachtungen Y_{ij} zwischen den Gruppen, die die Lage betreffen, erhalten die im Mittel größeren Werte auch größere Rangplätze in der geordneten Stichprobe, während bei Gleichheit der Verteilungen die Rangplätze über den natürlichen Zahlen 1 bis n gleichmäßig verteilt sind. Diese Eigenschaft wird beim nichtparametrischen Test von Kruskall und Wallis ausgenutzt.

Die Zufallsvariablen Y_{ij} zur Faktorstufe bzw. Gruppe $i (i = 1,\ldots,k)$ besitzen stetige Verteilungsfunktionen F_i für alle $j = 1,\ldots,n_i$.

Die zu prüfende Alternativhypothese ist

$$H_1 : F_i(x) = F(x - \theta_i) \quad (x \in \mathbb{R}) \text{ mit } \theta_i \neq 0 \text{ für mindestens ein } i \ (i = 1,\ldots,k),$$

d. h. für mindestens ein Paar von Faktorstufen gibt es Lageunterschiede in den Verteilungen der zufälligen Beobachtungen. Die entsprechende Nullhypothese kann in folgender Form dargestellt werden:

$$H_0 : F_1(x) = F_2(x) = \ldots = F_k(x) = F(x) \quad (x \in \mathbb{R}).$$

Der Wert h der Testgröße H wird aus den Rangsummen r_i der Gruppen gebildet:

$$h = \frac{12}{n \cdot (n+1)} \cdot \sum_{i=1}^{k} \frac{1}{n_i} \cdot \left(r_i - \frac{n_i \cdot (n+1)}{2} \right)^2 = \frac{12}{n \cdot (n+1)} \cdot \sum_{i=1}^{k} \frac{r_i^2}{n_i} - 3 \cdot (n+1). \quad (8.55)$$

Für große Stichprobenumfänge ist die Testgröße H näherungsweise Chi-Quadrat-verteilt mit $k-1$ Freiheitsgraden. Nach Büning & Trenkler (1994) kann diese Approximation bereits für $n_i > 5 \ (i = 1,\ldots,k)$ angewendet werden.

Wenn in der Stichprobe viele gebundene Ränge auftreten, das heißt viele gleiche Messwerte ermittelt wurden, ist die Korrekturformel

$$h^{korr} = h \cdot \left(1 - \sum_{l=1}^{K} \frac{t_l^3 - t_l}{n^3 - n}\right)^{-1} \quad (8.56)$$

anzuwenden. Dabei bezeichnet K die Anzahl der Messwertgruppen mit gleichen Werten und t_l die Anzahl der Bindungen in der l-ten Gruppe ($l = 1, \dots, K$).

Testablauf

Bezeichnung des Tests:

Kruskall-Wallis-Test

Statistische Hypothesen:

$H_1 : F_i(x) = F(x - \theta_i) \quad (x \in \mathbb{R})$ mit $\theta_i \neq 0$ für mindestens ein i ($i = 1, \dots, k$)

$H_0 : F_1(x) = F_2(x) = \dots = F_k(x) = F(x) \quad (x \in \mathbb{R})$

Wahl des Signifikanzniveaus:

- $\alpha = 0.05$ oder $\alpha = 0.01$ oder andere Wahl von α

Gegebene Daten:

- y_{ij} ($i = 1, \dots, k$, $j = 1, \dots, n_i$): Messwerte mit ordinalem Skalenniveau
- k: Anzahl der Stufen des Faktors A
- n_i: Anzahl der Messwerte unter der i-ten Stufe des Faktors A
- $n = \sum_{i=1}^{k} n_i$: Umfang der Gesamtstichprobe

Voraussetzungen

- Die Messwerte y_{ij} ($i = 1, \dots, k; j = 1, \dots, n_i$) sind ordinalskalierte Realisierungen der unabhängigen Zufallsvariablen Y_i ($i = 1, \dots, k$).
- Zu beliebigen festen Stufen des Faktors A sind Y_{ij} ($i = 1, \dots, k$) unabhängige Zufallsvariablen mit stetigen Verteilungsfunktionen F_i für alle $j = 1, \dots, n_i$.

Berechnung des Werts der Teststatistik:

- Bestimmung der Rangplätze r_{ij} in der kombinierten geordneten Stichprobe.
- $r_i = \sum_{j=1}^{n_i} r_{ij}$ ($i = 1, \dots, k$): Rangsummen in den Gruppen

- $h = \frac{12}{n \cdot (n+1)} \cdot \sum_{i=1}^{k} \frac{1}{n_i} \cdot \left(r_i - \frac{n_i \cdot (n+1)}{2} \right)^2 = \frac{12}{n \cdot (n+1)} \cdot \sum_{i=1}^{k} \frac{r_i^2}{n_i} - 3 \cdot (n+1)$: Wert der Teststatistik ohne Bindungen
- $h^{korr} = h \cdot \left(1 - \sum_{l=1}^{K} \frac{t_l^3 - t_l}{n^3 - n} \right)^{-1}$: Wert der Teststatistik mit Berücksichtigung von Bindungen

Entscheidung unter Verwendung des p-Werts für kleine Stichprobenumfänge

- $p = P(H \geq h)$
- $p \leq \alpha \rightarrow$ Ablehnung von H_0

Entscheidung unter Verwendung des p-Werts für große Stichprobenumfänge

- $p = P(\chi_{k-1}^2 \geq h)$
- $p < \alpha \rightarrow$ Ablehnung von H_0
- χ_{k-1}^2: Chi-Quadrat-verteilte Zufallsvariable mit $k-1$ Freiheitsgraden

Entscheidung unter Verwendung eines kritischen Werts der Verteilung der Testgröße bei kleinen Stichprobenumfängen ($n_i \leq 5$)

- $h > h_{1-\alpha} \rightarrow$ Ablehnung von H_0
- $h_{1-\alpha}$: Kritische Werte der Verteilung von H (siehe Anhang B, Tabelle 9).

Entscheidung unter Verwendung eines Quantils der asymptotischen Verteilung der Testgröße für große Stichprobenumfänge ($n_i > 5$)

- $h > \chi^2{}_{k-1,1-\alpha} \rightarrow$ Ablehnung von H_0
- $\chi^2{}_{k-1,1-\alpha}$: Quantil der Chi-Quadrat-Verteilung mit $k-1$ Freiheitsgraden

Im **Anwendungsbeispiel** ergibt sich bei der Untersuchung des ROS-Index bei heller Versuchsbedingung die in ►Tabelle 8.18 dargestellte geordnete Stichprobe. Die Elemente werden fortlaufend in den Spalten einer Tabelle dargestellt. In der ersten Zeile der Tabelle stehen die Elemente, die aus der ersten Teilstichprobe ($i = 1$, Wurzelgewebe (W)) stammen, in der zweiten Zeile stehen die Elemente aus der zweiten Teilstichprobe ($i = 2$, Mesokotyl (M)) und in der dritten Zeile die Elemente aus der dritten Teilstichprobe ($i = 3$, Primärblatt (P))[5]:

5 Die in diesem Abschnitt gewählte Form der Tabellen soll die unterschiedliche Verteilung der Rangplätze in den verschiedenen Gruppen veranschaulichen.

W	0	0	1	1		2	2	2			3	3			4
M					*1*				*2*	*2*			*3*	*3*	
P															
W															
M	*4*	*4*		*5*	*5*		*6*								
P			**4**			**5**		**6**	**7**	**7**	**8**	**8**	**9**	**10**	**10**

Tabelle 8.18: Der Größe nach geordnete Werte des ROS-Index.

Diesen Werten werden die folgenden Rangzahlen (siehe ausführlich in Abschnitt 6.2.1) in der kombinierten Stichprobe zugeordnet. Unter Beachtung der Zuordnung der Rangzahlen zur jeweiligen Faktorstufe erhält man folgendes Ergebnis:

W	1.5	1.5	4	4		8	8	8			12.5	12.5			16.5
M					*4*				*8*	*8*			*12.5*	*12.5*	
P															
W															
M	*16.5*	*16.5*		*20*	*20*		*22.5*								
P			**16.5**			**20**		**22.5**	**24.5**	**24.5**	**26.5**	**26.5**	**28**	**29.5**	**29.5**

Tabelle 8.19: Rangplätze des Merkmals ROS-Index.

Aus den Rangplätzen erhält man die folgenden Rangsummen:

$$\text{Wurzel}: r_1 = 76.5,$$
$$\text{Mesokotyl}: r_2 = 140.5,$$
$$\text{Primärblatt}: r_3 = 248.$$

Nach Formel (8.55) ergibt sich für den Wert der Testgröße ohne Berücksichtigung der Bindungen

$$h = \frac{12}{n\cdot(n+1)}\cdot\sum_{i=1}^{k}\frac{1}{n_i}\cdot\left(r_i - \frac{n_i\cdot(n+1)}{2}\right)^2 = \frac{12}{n\cdot(n+1)}\cdot\sum_{i=1}^{k}\frac{r_i^2}{n_i} - 3\cdot(n+1)$$
$$= \frac{12}{30\cdot 31}\cdot\sum_{i=1}^{3}\frac{r_i^2}{10} - 3\cdot 31 = 19.38.$$

Im Anwendungsbeispiel kommen jedoch viele Bindungen vor, weshalb die Ermittlung des korrigierten Werts nach Formel (8.56) angemessen ist. Im Beispiel gibt es insgesamt $K = 10$ Messwertgruppen mit gleichen Werten. So kommt zum Beispiel der Wert 0 zweimal vor und die 1 wurde dreimal erfasst. Insgesamt kommen fünf Werte zweimal vor, zwei Werte wurden dreimal erfasst, ebenfalls zwei Werte kommen viermal vor und ein Wert sogar fünfmal. Damit erhält man mit dem Korrekturterm den Wert

$$
\begin{aligned}
h^{korr} &= h \cdot \left(1 - \sum_{l=1}^{K} \frac{t_l^3 - t_l}{n^3 - n}\right)^{-1} \\
&= 19.38 \cdot \left(1 - \frac{5 \cdot (2^3 - 2) + 2 \cdot (3^3 - 3) + 2 \cdot (4^3 - 4) + (5^3 - 5)}{30^3 - 30}\right)^{-1} \\
&= 19.38 \cdot \frac{1}{1 - 0.0118} \\
&= 19.61.
\end{aligned}
$$

Als Signifikanzniveau wird $\alpha = 0.05$ gewählt. Es gilt für den Ausdruck mit Korrekturterm

$$h^{korr} = 19.61 \geq \chi^2_{2,0.95} = 5.991.$$

Bei Anwendung der auf der asymptotischen Chi-Quadrat-Verteilung der Teststatistik basierenden Testentscheidung ist demnach die Nullhypothese abzulehnen. Zu dieser Entscheidung gelangt man auch beim Vergleich des zugehörenden p-Werts mit dem Signifikanzniveau $\alpha = 0.05$:

$$p = 5.5 \cdot 10^{-5} < 0.05.$$

Durch das Testergebnis kann ein signifikanter Einfluss der Gewebeart auf den ROS-Index bei heller Beleuchtung gezeigt werden. Bei der hier nicht dargestellten Berechnung für die dunkle Versuchsbedingung ergibt sich wegen $h^{korr} = 4.312 < 5.991$ und $p = 0.116 > 0.05$ kein signifikanter Effekt.

8.5.2 Multiple Vergleiche

Bei Ablehnung der Nullhypothese durch den Kruskall-Wallis-Test nimmt man Verteilungsunterschiede zwischen den Faktorstufen an, ohne diese Unterschiede zu lokalisieren. Um herauszufinden, welche Faktorstufen sich in der Verteilung der Zielgröße unterscheiden, sollen die Verteilungen der Messwerte zwischen den Gruppen verglichen werden. Wie in Abschnitt 8.1.3 ausführlich erläutert wurde, besteht das Problem beim simultanen Prüfen mehrerer Hypothesen darin, die experimentbezogene Fehlerrate, d. h. die Wahrscheinlichkeit, mindestens eine der Teilhypothesen irrtümlich abzulehnen, unabhängig davon, wie viele und welche dieser Hypothesen wahr sind, durch das multiple Signifikanzniveau α zu beschränken.

Voraussetzungen und statistische Hypothesen

Die n Messwerte y_{ij} $(i = 1, \ldots, k, j = 1, \ldots, n_i, n = \sum_{i=1}^{k} n_i)$ sind mindestens ordinalskalierte Realisierungen der Zufallsvariablen Y_{ij} zur Faktorstufe bzw. Gruppe i $(i = 1, \ldots, k)$ mit stetigen Verteilungsfunktionen F_i für alle $j = 1, \ldots, n_i$.

Bei den statistischen Hypothesenpaaren kann zwischen ein- und zweiseitigen Fragestellungen unterschieden werden. Aus mehreren möglichen Darstellungen der Hypothesen (siehe Abschnitt 6.2.1) sollen folgende Formen verwendet werden:

a $H_1^{rs}: F_r(x) \neq F_s(x)$ $\quad H_0^{rs}: F_r(x) = F_s(x), \quad (x \in \mathbb{R})$

b $H_1^{rs}: F_r(x) > F_s(x)$ $\quad H_0^{rs}: F_r(x) \leq F_s(x), \quad (x \in \mathbb{R})$

c $H_1^{rs}: F_r(x) < F_s(x)$ $\quad H_0^{rs}: F_r(x) \geq F_s(x), \quad (x \in \mathbb{R})$

Unter der jeweiligen Alternativhypothese geht man davon aus, dass sich wenigstens zwei der k Verteilungen bezüglich ihrer Lage unterscheiden, während Form und Variabilität der Verteilungen gleich sind (►Abbildung 8.6). Die Alternativhypothesen werden deshalb als Lagealternativen bezeichnet.

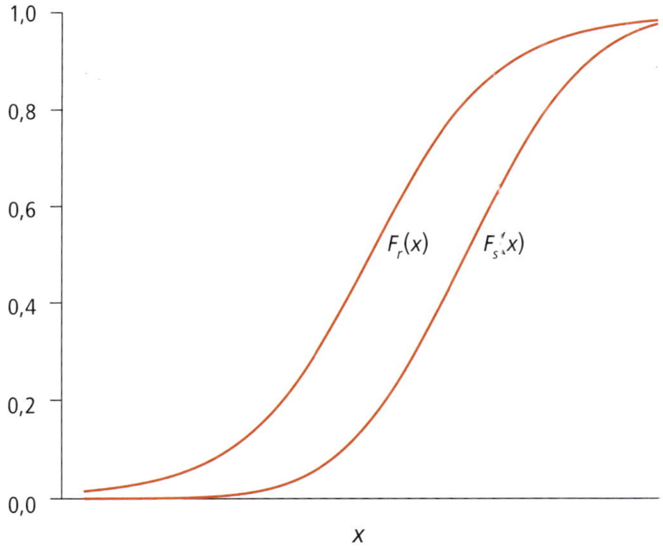

Abbildung 8.6: Darstellung von zwei Verteilungsfunktionen, die der Hypothese $H_1^{rs}: F_r(x) > F_s(x)$ genügen.

Prinzip der multiplen Vergleiche

Ähnlich wie bei den parametrischen Testverfahren wurden in Abhängigkeit vom Anliegen verschiedene Verfahren für den paarweisen Vergleich aller Teilstichproben-Verteilungen entwickelt.

Möchte man die in Abschnitt 8.1.3 beschriebene Idee der Paarvergleiche nach Bonferroni oder Holm mit Adjustierung des Wertes α anwenden, so besteht eine Möglichkeit darin, den doppelten t-Test durch sein nichtparametrisches Gegenstück, den U-Test (siehe Abschnitt 6.2.1), zu ersetzen. Eine andere Möglichkeit liefert der Dunn-Test, der ebenfalls auf einem Vergleich von Rangsummen basiert. Die Ränge werden jedoch analog zum Kruskal-Wallis-Test in der aus allen Teilstichproben kombinierten Stichprobe vergeben.

Ein Analogon zum Tukey-Test ist der Steel-Test, der auf einem simultanen paarweisen Vergleich von U-Teststatistiken beruht, wobei die Ränge jeweils nur in der aus zwei zu vergleichenden Teilstichproben kombinierten Stichprobe vergeben werden. Den Vergleich mit einer Kontrollgruppe (z.B. Gruppe 1) kann man ebenfalls analog zum Dunnett-Test durchführen, indem man die Teststatistiken durch die entsprechenden Statistiken des U-Tests ersetzt.

Die Testdurchführung verläuft für alle nichtparametrischen Verfahren analog zu den parametrischen Tests und wird deshalb hier nur in verkürzter Form angegeben.

Dunn-Test und Nemenyi-Test

Ein Vorteil des Dunn-Tests und des Nemenyi-Tests besteht darin, dass beide die Teststatistiken verwenden, die auch für die Durchführung des globalen Kruskall-Wallis-Tests benötigt werden. Die für die Testentscheidung benötigten Quantile der Standardnormalverteilung oder der Chi-Quadrat-Verteilung sind einfach zu bestimmen. Der Testablauf lässt sich folgendermaßen beschreiben:

Man berechnet die Summen r_i der Rangplätze der Stichprobenelemente der i-ten Gruppe in der kombinierten geordneten Gesamtstichprobe vom Umfang n (vgl. Abschnitt 8.5.1) und bildet die mittleren Rangsummen pro Gruppe

$$\overline{r}_i = \frac{1}{n_i} \cdot r_i \quad (i = 1, \dots, k) . \tag{8.57}$$

Die Entscheidungsregel für den Dunn-Test nach dem Bonferroni-Prinzip basiert auf der asymptotischen Verteilung der Testgrößen. Für große Stichprobenumfänge ($n_i \geq 6$) lehnt man die Hypothese $H_0^{ij} : F_i(x) = F_j(x)$ zugunsten der Alternative $H_1^{ij} : F_i(x) \neq F_j(x)$ ab, wenn gilt

$$t_{rs} = |\,\overline{r}_r - \overline{r}_s\,| > z_{1-\alpha/(k\cdot(k-1))} \cdot \sqrt{\frac{n\cdot(n+1)}{12}} \cdot \sqrt{\frac{1}{n_r} + \frac{1}{n_s}} \ , \tag{8.58}$$

wobei $z_{1-\alpha/(k\cdot(k-1))}$ das Quantil der Standardnormalverteilung der Ordnung $1 - \dfrac{\alpha}{k \cdot (k-1)}$ bezeichnet.

Im Unterschied zu dieser Regel entscheidet man sich beim Nemenyi-Test für eine Ablehnung von $H_0^{ij} : F_i(x) = F_j(x)$, wenn

$$t_{rs} = |\,\overline{r}_r - \overline{r}_s\,| > \sqrt{\chi^2_{k-1,1-\alpha}} \cdot \sqrt{\frac{n\cdot(n+1)}{12}} \cdot \sqrt{\frac{1}{n_r} + \frac{1}{n_s}} \tag{8.59}$$

gilt, wobei $\chi^2_{k-1,1-\alpha}$ das Quantil der χ^2-Verteilung mit $k-1$ Freiheitsgraden der Ordnung $1-\alpha$ bezeichnet.

Für kleine Stichprobenumfänge $n_i \leq 5$ müssen die exakte Verteilung der Testgrößen und die zugehörigen Quantile mit Hilfe eines Computerprogramms bestimmt werden.

Für die ROS-Werte bei heller Beleuchtung aus dem **Anwendungsbeispiel** werden die Rangsummen für die Gewebearten Wurzel (1), Mesokotyl (2) und Primärblatt (3) ermittelt, wie es für den Kruskal-Wallis-Test bereits beschrieben wurde (Tabelle 8.18 und Tabelle 8.19).

Aus den Rangsummen

$$r_1 = 76.5, \quad r_2 = 140.5, \quad r_3 = 248$$

ergeben sich die Rangmittelwerte

$$\bar{r}_1 = \frac{76.5}{10} = 7.65, \quad \bar{r}_2 = \frac{140.5}{10} = 14.05, \quad \bar{r}_3 = \frac{248}{10} = 24.8.$$

Die daraus resultierenden Testgrößen sind für beide Tests gleich:

$$t_{21} = |\bar{r}_2 - \bar{r}_1| = 6.40, \quad t_{31} = |\bar{r}_3 - \bar{r}_1| = 17.15, \quad t_{32} = |\bar{r}_3 - \bar{r}_2| = 10.75.$$

Diese Testgrößen werden beim Dunn-Test mit

$$z_{1-\alpha/(k\cdot(k-1))} \cdot \sqrt{\frac{n\cdot(n+1)}{12}} \cdot \sqrt{\frac{1}{n_r}+\frac{1}{n_s}} = 2.409 \cdot \sqrt{\frac{30\cdot 31}{12}} \cdot \sqrt{\frac{2}{10}} = 9.48 \qquad (8.60)$$

und beim Nemenyi-Test mit

$$\sqrt{\chi^2_{k-1,1-\alpha}} \cdot \sqrt{\frac{n\cdot(n+1)}{12}} \cdot \sqrt{\frac{1}{n_r}+\frac{1}{n_s}} = \sqrt{5.991} \cdot \sqrt{\frac{30\cdot 31}{12}} \cdot \sqrt{\frac{2}{10}} = 9.64 \qquad (8.61)$$

verglichen.

Die Testgrößen und ihre kritischen Werte für $\alpha = 0.05$ werden in ►Tabelle 8.20 zum Vergleich gegenübergestellt.

r	s	Dunn	Nemenyi
2	1	6.40	6.40
3	1	**17.15**	**17.15**
3	2	**10.75**	**10.75**
Vergleichswerte		9.48	9.64

Tabelle 8.20: Beispiel für die Bestimmung der Testgrößen für den Dunn- und den Nemenyi-Test.

Für die hervorgehobenen Werte der Teststatistiken werden die zugehörigen Einzelhypothesen

$$H_0^{31}: F_3(x) = F_1(x), \quad (x \in \mathbb{R})$$

und

$$H_0^{32}: F_3(x) = F_2(x), \quad (x \in \mathbb{R})$$

abgelehnt. Danach unterscheiden sich die Verteilungen der ROS-Werte zwischen Primärblatt und Wurzel sowie zwischen Primärblatt und Mesokotyl signifikant ($\alpha = 0.05$).

Steel-Test

Der Vorteil des Steel-Tests, eines nichtparametrischen Gegenstücks zum Tukey-Test, liegt in seiner besseren Güteeigenschaft. Bei diesem Verfahren werden jeweils zwei Teilstichproben anhand der Testgröße des U-Tests (vgl. Abschnitt 6.2.1) verglichen. Man bestimmt, wie im Testablauf des U-Tests beschrieben, für jedes Paar (r,s) $(r,s = 1,\dots,k)$ die zugehörige geordnete kombinierte Stichprobe vom Umfang $n_r + n_s$, die Summen der Rangplätze in jeder Teilstichprobe sowie den Wert z_{rs} der asymptotischen Teststatistik nach den Formeln (6.17), (6.18) und (6.19).

Die Entscheidung für eine Ablehnung von $H_0^{rs}: F_r(x) = F_s(x)$ zugunsten von $H_1^{rs}: F_r(x) \neq F_s(x)$ wird getroffen, wenn gilt

$$|z_{rs}| > \frac{q_{k,\infty,1-\alpha}}{\sqrt{2}}, \qquad (8.62)$$

wobei die Quantile $q_{k,\infty,1-\alpha}$ der studentisierten Spannweite mit dem Freiheitsgrad ∞ für ausgewählte Parameter k Tabelle 5 in Anhang B entnommen werden können. Diese Entscheidungsregel basiert auf der asymptotischen Verteilung der Testgrößen und wird deshalb nur für große Stichprobenumfänge ($n_i \geq 8$) empfohlen. Für kleine Stichprobenumfänge müssen die kritischen Werte oder p-Werte mit Hilfe eines geeigneten Computerprogramms exakt berechnet werden.

Für die ROS-Werte bei heller Beleuchtung aus dem **Anwendungsbeispiel** werden die U-Test-Statistiken für alle Paare aus zwei der Gewebearten Wurzel (1), Mesokotyl (2) und Primärblatt (3) wie in Abschnitt 6.2.1 beschrieben ermittelt. Man erhält die in ►Tabelle 8.21 angegebenen Werte.

r	s	Steel-Test
2	1	-2.226
3	1	**-3.757**
3	2	**-3.306**
Vergleichswert		2.344

Tabelle 8.21: Beispiel für die Berechnung der Testgrößen für den Steel-Test.

Die Beträge der hervorgehobenen Testgrößenwerte überschreiten für $\alpha = 0.05$ den zugehörigen kritischen Wert

$$\frac{q_{k,\infty,1-\alpha}}{\sqrt{2}} = \frac{3.314}{1.414} = 2.344.$$

Alle drei Testverfahren liefern übereinstimmend eine Ablehnung der Nullhypothesen $H_0^{3,1}$ und $H_0^{3,2}$, d. h. man kann daraus schließen, dass sich die ROS-Indizes des Primärblatts von denen der anderen beiden Gewebe statistisch signifikant unterscheiden.

Für den Vergleich der nichtparametrischen multiplen Tests gelten analoge Aussagen wie für die multiplen Tests unter Annahme einer Normalverteilung. Die Verfahren unterscheiden sich in der Güte und im Aufwand für die Testdurchführung. Das Bonferroni-Verfahren ist bei einer großen Anzahl von Vergleichen nicht geeignet. Der Steel-Test hat gegenüber dem Dunn- oder Nemenyi–Test eine höhere Güte. Für die letztgenannten Verfahren stehen die Testgrößen bereits zur Verfügung, wenn man zuvor einen Kruskall-Wallis-Test durchgeführt hat. Dieser Vorteil der vereinfachten Anwendung spielt natürlich bei Anwendung von geeigneter Software keine wesentliche Rolle.

Zusammenfassung

Mit Varianzanalysen kann der Einfluss von einem oder mehreren nominalskalierten Einflussfaktoren auf die abhängige Variable untersucht werden.

In einfaktoriellen Varianzanalysen wird der Einfluss eines nominalskalierten Merkmals auf die abhängige Variable analysiert. Die Vorgehensweise basiert auf der Quadratsummenzerlegung in Anteile, die durch die Wirkung des Faktors zu erklären sind, und Fehlerquadratsummen. Wenn der Einflussfaktor mehr als zwei Stufen aufweist, ist die Durchführung multipler Vergleiche erforderlich, um diejenigen Faktorstufen zu ermitteln, die signifikante Unterschiede in der Zielvariablen bewirken. Wichtige multiple Verfahren sind der Tukey-Test, der Scheffé-Test, die Holm-Prozedur oder das Bonferroni-Verfahren. Für den Vergleich mit einer Kontrollgruppe kann der Dunnett-Test angewendet werden. Wenn bereits vor der Untersuchung Hypothesen über die zu erwartenden Unterschiede aufgestellt werden konnten, ist die Analyse linearer Kontraste möglich.

In mehrfaktoriellen Analysen können neben den Haupteffekten der Faktoren deren Wechselwirkungseffekte analysiert werden.

Oft können die Stufen der Faktoren nicht vom Untersucher vorgegeben und geplant werden, wodurch zufällige Faktoren entstehen. In diesen Fällen sind Modelle mit zufälligen Effekten oder gemischte Modelle zu analysieren.

Methoden der Rangvarianzanalyse können angewendet werden, wenn das zu untersuchende Merkmal ordinalskaliert ist oder wenn bei einer metrischen Zielgröße die Voraussetzungen für die Anwendung der Varianzanalyse nicht erfüllt sind. Auch in diesem Fall ist die Durchführung multipler Vergleiche erforderlich, wenn bei einem Einflussfaktor mit mehr als zwei Faktorstufen diejenigen Faktorstufen ermittelt werden sollen, die signifikante Effekte bei der abhängigen Variablen hervorrufen. Wichtige multiple Verfahren für ordinalskalierte Merkmale sind der Steel-Test, der Dunn-Test oder der Nemenyi-Test.

Übungsaufgaben

Aufgabe 8.1

Es soll der Einfluss von drei Düngemitteln A, B und C auf den durchschnittlichen Ernteertrag einer Getreidesorte untersucht werden. Zur Verfügung standen 30 Parzellen, von denen je 10 mit einem der Mittel gedüngt wurden. Die Ernteerträge der 30 Parzellen sind in Tabelle 8.22 dargestellt.

Nummer der Parzelle	1	2	3
Ernteerträge der Parzellen (dt)	100, 120, 140, 130, 150, 125, 125, 130, 150, 110	180, 150, 170, 180, 150, 120, 180, 190, 140, 180	110, 110, 120, 130, 140, 125, 155, 130, 180, 110

Tabelle 8.22: Daten zu Aufgabe 8.1.

Lässt sich ein signifikanter Einfluss der unterschiedlichen Düngemittel auf den Ernteertrag nachweisen? Führen Sie multiple Vergleiche mit dem Tukey-Test durch.

Aufgabe 8.2

In einer Untersuchung soll festgestellt werden, ob der Erfolg der Studierenden in einer schriftlichen Prüfung von der Zeitdauer der Prüfungsvorbereitung (Faktor A: 1 Monat, 2 Monate, 3 Monate) und von der Art des Lernens (Faktor B: verteiltes Lernen, 6 x 6 Stunden pro Woche bzw. massiertes Lernen, 4 x 9 Stunden pro Woche) abhängt.

Dazu wurden 60 Studenten in drei Gruppen nach der Lerndauer und diese jeweils nochmals in je zwei Gruppen nach der Lernmethode geteilt. Zu jeder Gruppe gehörten zehn Studierende. Die erreichte Punktzahl wurde als Maß für den Erfolg der Prüfung ermittelt. Zu erreichen waren maximal 100 Punkte. In den ersten Schritten einer zweifaktoriellen Varianzanalyse ergaben sich folgende Quadratsummen:

$$QS_{total} = 16354.9, QS_{AxB} = 81.3, QS_A = 4515.3, QS_B = 179.5.$$

Gibt es einen signifikanten ($\alpha = 0.5$) Einfluss der Dauer der Vorbereitungszeit auf die durchschnittliche Punktzahl? Gibt es einen signifikanten Einfluss der Dauer der Lernarten auf die durchschnittliche Punktzahl? Gibt es einen signifikanten Wechselwirkungseffekt zwischen den Lernarten und der Vorbereitungsdauer? Vergleichen Sie zu allen drei Effekten die Effektgrößemaße η^2 und η_p^2.

Aufgabe 8.3

Abhängige Variable einer geplanten Untersuchung ist das Gewicht der Blätter einer Baumart. In einer Voruntersuchung soll festgestellt werden, welche Variabilität unterschiedliche Bäume verursachen. In Tabelle 8.23 sind die Gewichte von insgesamt 15 Blättern enthalten, die von drei zufällig ausgewählten Bäumen der zu untersuchenden Plantage stammen. Die Voraussetzungen der Varianzanalyse mit zufälligen Effekten sollen als gegeben angenommen werden. Ist die durch die unterschiedlichen Bäume hervorgerufene Variabilität signifikant ($\alpha = 0.5$)?

Nummer der Bäume	1	2	3
Gewicht der Blätter (g)	10, 12, 15, 17, 12	11, 14, 13, 12, 14	14, 12, 13, 15, 15

Tabelle 8.23: Daten zu Aufgabe 8.3.

Aufgabe 8.4

Es ist zu prüfen, ob es einen signifikanten ($\alpha = 0.05$) Einfluss unterschiedlicher Futtersorten auf das Gewicht von Schweinen gibt. Erprobt wurden die Futtersorten A, B und C, mit denen jeweils acht Schweine gefüttert wurden. Die Gewichte sind in Tabelle 8.24 zusammengefasst. Man muss davon ausgehen, dass die Voraussetzungen der einfaktoriellen Varianzanalyse verletzt sind. Wegen des geringen Stichprobenumfangs soll deshalb die Rangvarianzanalyse angewendet werden. Im Fall eines signifikanten Ergebnisses sollen multiple Vergleiche durchgeführt werden. Vergleichen Sie dabei die Ergebnisse des Nemenyi-Tests und des Steel-Verfahrens.

Futtersorte	**Messwerte (Gewicht in kg)**
A	180, 181, 190, 202, 184, 189, 179, 185
B	190, 182, 181, 182, 189, 200, 183, 181
C	210, 215, 200, 189, 220, 210, 211, 212

Tabelle 8.24: Daten zu Aufgabe 8.4.

Aufgabe 8.5

Begründen Sie, warum folgende Aussagen *falsch* sind:

a. In einer zweifaktoriellen Varianzanalyse (Faktoren A und B mit Wechselwirkungen) ergibt sich die Fehlerquadratsumme QS_{Fehler} aus der Beziehung $QS_{Fehler} = QS_{total} - QS_A - QS_B$.

b. Im Ergebnis einer einfaktoriellen Varianzanalyse ergaben sich folgende Werte: $QS_{total} = 500$, $QS_{Fehler} = 300$, $\eta^2 = 0.5$.

c. Das Effektgrößemaß η^2 der Varianzanalyse beschreibt den Abstand der Mittelwerte der gegebenen Gruppen.

d. Wenn für eine Zielvariable die Mittelwerte in voneinander unabhängigen Teilstichproben große Unterschiede aufweisen, wird eine einfaktorielle Varianzanalyse bei erfüllten Voraussetzungen immer zu einem signifikanten Ergebnis führen.

Ausführliche Lösungen und zusätzliche Aufgaben finden Sie in unserer eLearning-Umgebung **MyLab|Biostatistik**.

MyLab|Biostatistik

- Ausführliche Beschreibung der Umsetzung der in diesem Kapitel enthaltenen Tests in R (einschließlich R-Skripte), SPSS und Excel.
- Einführung in die Realisierung weiterführender Verfahren in den drei Programmen.
- **Praxisbeispiel:** Varianzanalytische Auswertung von Aussaatversuchen mit Bergwiesenarten bei unterschiedlicher Flächenvorbereitung – Auswertung von Daten einer Studie von Zöphel & Schnabel (2006) mit R, SPSS bzw. Excel.

Biostatistische Versuchsplanung

9

ÜBERBLICK

In diesem Kapitel werden die Prinzipien der biostatistischen Versuchsplanung beschrieben, wobei die Darstellung einen ersten Einblick in die Thematik geben soll. Nach einführenden Bemerkungen zur Einheit fachwissenschaftlicher und biostatistischer Planung bio- und umweltwissenschaftlicher Versuche werden die verschiedenen Variabilitätsursachen der untersuchten Merkmale beschrieben. Daraus werden Prinzipien der biostatistischen Versuchsplanung abgeleitet und begründet. Wichtige Versuchspläne wie Randomisierungspläne, Blockpläne oder mehrfaktorielle Versuchspläne werden exemplarisch beschrieben. Für das intensive Studium wird auf Standardwerke (Lindner, 1969) und aktuelle Literatur (Glass, 2014, Hoshmand, 2006, Rasch et al., 2007b, Ruxton, 2006, Thomas, 2006) zur Versuchsplanung verwiesen.

In einem speziellen Abschnitt werden die grundlegenden Prinzipien der Bestimmung optimaler Stichprobenumfänge dargestellt. Dabei wird ausführlich auf das Verhältnis der dabei relevanten Größen eingegangen: Fehler 1. Art, Fehler 2. Art, Effektgröße und Stichprobenumfang. Am Beispiel des Vergleichs von zwei Mittelwerten wird die Berechnung optimaler Stichprobenumfänge konkret erläutert.

Anwendungsbeispiel

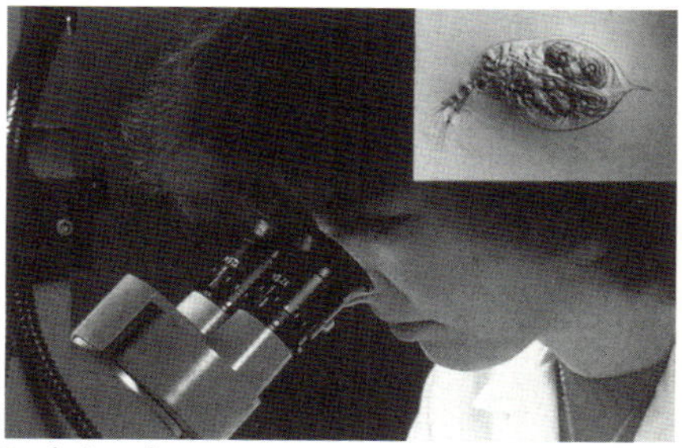

Daphnia pulex

Es ist eine Untersuchung zu planen, in der die Abhängigkeit der Größe von Kleinkrebsen (Daphnien) von den verwendeten Futtersorten untersucht werden soll. Die Untersuchung soll in einer Aquarienanlage vorgenommen werden.

Die Bereitschaft zur Teilnahme an der Untersuchung liegt von drei Zuchtbetrieben vor. In jedem der drei Zuchtbetriebe stehen bis zu 1000 Tiere im Alter von ca. fünf Tagen zur Verfügung, die in die Untersuchung einbezogen werden können. Die untersuchten Tiere erreichen Größen zwischen 1.5 und 2.5 mm. Der Anteil männlicher Tiere ist unter normalen Bedingungen sehr gering (ca. 1-3 Prozent). In allen Zuchteinrichtungen besteht die Möglichkeit zur Errichtung einer Aquarienanlage, in der die Versuchstiere aufwachsen können. Während der Untersuchung neu geborene Jungtiere können ausgesiebt werden. Die in die Untersuchung einbezogenen Tiere sollen 25 Tage beobachtet werden. Eine Gruppe erhält normales Futter auf der Grundlage grüner Algen (Futter A), dem Futter der anderen Gruppe wird zusätzlich Hefe zugesetzt. Am Ende des Untersuchungszeitraumes werden die Größen der Tiere bestimmt.

Ziel der Untersuchung ist der Nachweis, dass Futter B zu im Mittel größeren Tieren als Futter A führt. Dabei soll der Versuch so geplant werden, dass ein mittlerer Größenunterschied von $\Delta = 0.1$ mm in den Populationen bei einem Test mit dem Signifikanzniveau $\alpha = 0.05$ mit einer Wahrscheinlichkeit von $1-\beta = 0.80$[1] zu einem signifikanten Ergebnis führt. In Voruntersuchungen konnte als Schätzwert für die Standardabweichung bei Futtersorte A $s = 0.2$ mm ermittelt werden. Die Gesamtkosten der Untersuchung können mit ca. 10 Euro pro Tier für Hälterung, Vermessung usw. abgeschätzt werden.

Es sind Aspekte der Versuchsplanung zu diskutieren, ein sachgerechter Versuchsplan zu entwickeln und der optimale Stichprobenumfang zu berechnen.

9.1 Bedeutung der Versuchsplanung in der bio- und umweltwissenschaftlichen Forschung

In den Bio- und Umweltwissenschaften werden Versuche unter vorgegebenen Bedingungen durchgeführt. Dabei ist es praktisch nicht möglich, die Versuchsbedingungen so festzulegen, dass bei Wiederholungen eines Versuchs jeweils das gleiche Ergebnis erwartet werden kann. Die Versuchsergebnisse hängen vielmehr immer teilweise vom Zufall ab. Für die Vorbereitung dieser Versuche ist es deshalb notwendig, dass die biostatistische Versuchsplanung neben die fachwissenschaftliche Versuchsplanung tritt und eine Einheit mit ihr bildet.

Dabei ist es sinnvoll und notwendig, dass die biostatistische Versuchsplanung bereits frühzeitig in den Planungsprozess einbezogen wird. Die Planung eines Versuchs und die Gestaltung des konkreten Versuchsplanes sind entscheidend dafür, ob in der Phase der späteren Datenauswertung die interessierende fachwissenschaftliche Fragestellung überhaupt beantwortet werden kann oder nicht. Die Beurteilung, ob ein Versuchsplan dafür geeignet ist oder nicht, erfolgt mit den Methoden der biostatistischen Versuchsplanung. Eine effektive Vorbereitung eines Versuchs kann durch den Fachwissenschaftler deshalb nur bei frühzeitiger Berücksichtigung dieser Aspekte erfolgen.

Bio- und umweltwissenschaftliche Untersuchungen können sehr unterschiedlichen Charakter haben. Zwischen den Erfordernissen der Versuchsplanung im Feldversuchswesen (Thomas, 2006) und den Anforderungen bei der Vorbereitung von Laborexperimenten in der Molekulargenetik gibt es wesentliche Unterschiede, die im Rahmen dieser Einführung nicht umfassend beschrieben werden können. Die grundlegenden Elemente der *fachwissenschaftlichen* Versuchsplanung können in drei Punkten zusammengefasst werden (siehe Köhler et al., 2012):

- Ableitung einer durch einen Versuch zu bearbeitenden Fragestellung.
- Überführung dieser Fragestellung in ein bio- oder umweltwissenschaftliches Modell mit entsprechenden Forschungshypothesen.

1 Anders ausgedrückt: Wenn aus der Population, in der ein mittlerer Größenunterschied von $\Delta = 0.1$ mm bei einer geschätzten Standardabweichung von $s = 0.2$ mm zu Gunsten der mit Futter B gefütterten Tiere besteht, 100 Stichproben des zu bestimmenden Umfangs $n = n_A = n_B$ (n_A: Umfang der Gruppe 1, n_B: Umfang der Gruppe 2) gezogen werden, soll es im Mittel in 80 dieser 100 Tests zu einem signifikanten Mittelwertsunterschied kommen ($\alpha = 0.05$, einseitiger Test).

- Erarbeitung einer Untersuchungsmethode zur Überprüfung der Hypothesen.

Die fachwissenschaftlichen Überlegungen bilden die Grundlage für die *biostatistische* Versuchsplanung, die, erneut kurz zusammengefasst, folgende Hauptgesichtspunkte umfasst:

- Formalisierung des bio- oder umweltwissenschaftlichen Modells durch ein entsprechendes mathematisch-statistisches Modell mit den entsprechenden statistischen Hypothesen.
- Festlegung der Stichprobengewinnung.
- Detaillierte Festlegung des Versuchsplanes (zum Beispiel Anzahl der Faktorstufen, Anzahl der Wiederholungen, Umgang mit Störvariablen, Verteilung der Untersuchungseinheiten auf die unterschiedlichen Versuchsbedingungen).
- Festlegung der Verfahren zur Datenanalyse einschließlich der Untersuchung der notwendigen Voraussetzungen.
- Bestimmung des optimalen Stichprobenumfangs.

Aus dieser unvollständigen Zusammenstellung wird deutlich, dass die fachwissenschaftlichen und die biostatistischen Aspekte nicht streng getrennt werden können. So ist zum Beispiel die Festlegung der sachgerechten Gewinnung der Stichprobe nur durch gemeinsame Überlegungen des Fachwissenschaftlers und des Biostatistikers möglich.

Durch eine gründliche biostatistische Versuchsplanung können in Verbindung mit der fachwissenschaftlichen Versuchsplanung Voraussetzungen geschaffen werden (siehe Thomas, 2006)

- für die Genauigkeit der Versuchsergebnisse und ihre Kontrolle bei der Auswertung,
- für die Kontrolle oder die Elimination von Störgrößen,
- für die sachgerechte Beschreibung der Versuchsergebnisse durch grafische Darstellungen und statistische Maßzahlen,
- für die Quantifizierung und kritische Wertung charakteristischer Beziehungen (Zusammenhänge, Unterschiede) und
- für die ökonomische Durchführung des Versuchs.

Im folgenden Abschnitt sollen wichtige Aspekte der biostatistischen Versuchsplanung dargestellt werden, wobei die Darstellung nur einen einführenden Charakter haben kann.

Auf die für die Versuchsplanung ebenfalls wichtigen unterschiedlichen Merkmalstypen und Skalenarten wurde bereits in Kapitel 1 eingegangen.

9.2 Grundlegende Aspekte der Versuchsplanung

In diesem Abschnitt werden wichtige Grundsätze der Versuchsplanung dargestellt und erläutert. Sowohl die Auswahl als auch die Beschreibung der Prinzipien sind nicht umfassend. Das Ziel der Darstellung besteht primär darin, die Bedeutung der vorgestellten Überlegungen für die biostatistische Versuchsplanung und damit für das Gelingen bio- und umweltwissenschaftlicher Untersuchungen zu begründen und dem Anwender erste Hinweise für die Gestaltung eigener Versuche zu geben.

9.2.1 Varianzquellen in bio- und umweltwissenschaftlichen Untersuchungen

Eine wichtige Grundlage für eine effektive Versuchsplanung besteht in der Analyse der unterschiedlichen möglichen Ursachen für die zu erwartende Varianz der zu erhebenden Daten. Im **Anwendungsbeispiel** soll die Größe der Kleinkrebse in Abhängigkeit von den Umgebungsbedingungen in der Wachstumsphase untersucht werden. Im Ergebnis der Untersuchung wird sich zeigen, dass die Größen der einzelnen Krebse unterschiedlich sind. Nur zufällig werden mehrere Krebse genau die gleiche Größe aufweisen. Das Merkmal Größe wird also in den erhobenen Daten eine bestimmte empirische Varianz aufweisen. Ziel der späteren statistischen Datenanalyse wird sein, denjenigen Varianzanteil zu berechnen und statistisch zu prüfen, der auf die unterschiedlichen Futterbedingungen während der Wachstumsphase zurückzuführen ist, die Primärvarianz.

Definition

Als Primärvarianz wird der Varianzanteil der Zielvariablen bezeichnet, der ausschließlich auf die Variation der experimentellen Bedingungen zurückgeführt werden kann.

Die biostatistische Versuchsplanung soll die Voraussetzungen dafür schaffen, dass dieser Varianzanteil möglichst groß sein kann, damit die interessierenden Effekte nachgewiesen werden können.

Die Varianz der Daten wird aber nicht nur durch die unterschiedlichen Wachstumsbedingungen erzeugt. Auch wenn man die experimentelle Bedingung konstant halten würde, also im Beispiel alle Kleinkrebse unter einheitlichen Umgebungsbedingungen aufwachsen würden, wären die Größen der Krebse nicht konstant, sondern würden variieren.

Definition

Als Sekundärvarianz wird der Varianzanteil bezeichnet, der durch die Wirkung von Störvariablen hervorgerufen wird.

Störvariablen beeinflussen die interessierende Variable, sind aber für die eigentliche Untersuchung nicht von Interesse. Im Beispiel wären folgende Störvariablen denkbar, die die Größe der Daphnien beeinflussen könnten: Geschlecht, Alter zu Versuchsbeginn, Einfluss der unterschiedlichen Zuchteinrichtungen, unterschiedliche Nahrungszufuhr während des Versuchs. In sachgerecht geplanten Laborexperimenten sollte der Einfluss von Störgrößen geringer sein als zum Beispiel im Feldversuchswesen, wo äußere Einflussfaktoren unmittelbar wirken können. Viele der in Abschnitt 9.2 beschriebenen Grundsätze biostatistischer Versuchsplanung haben das Ziel, den Einfluss potentieller Störvariablen zu kontrollieren.

Ein dritter Varianzanteil tritt unvermeidlich in allen bio- und umweltwissenschaftlichen Untersuchungen in der interessierenden Variablen auf, ein Anteil unsystematischer Fehlervarianz.

Definition

Als Fehlervarianz wird der aus zufälligen Unterschieden zwischen den Untersuchungseinheiten oder aus unsystematischen, zufälligen Einflüssen während der Untersuchung resultierende Varianzanteil bezeichnet.

Im Anwendungsbeispiel werden die Krebse zum Beispiel unterschiedlich viel Futter aufnehmen, es kann Krankheiten geben, es gibt unabhängig von sämtlichen Einflussgrößen größere und kleinere Tiere. Die biostatistische Versuchsplanung hat die Aufgabe, diesen Varianzanteil so gering wie möglich zu halten.

Merksatz

Ein wichtiges Ziel der biostatistischen Versuchsplanung besteht darin, die Primärvarianz zu *maximieren*, die Sekundärvarianz zu *kontrollieren* und die Fehlervarianz zu *minimieren*.

Das Verhältnis der Anteile von Primär-, Sekundär- und Fehlervarianz ist eng mit dem Begriff der internen Validität einer Untersuchung verbunden.

Definition

Eine Untersuchung ist intern valide (nach innen gültig), wenn die Unterschiede in der abhängigen Variablen (dem interessierenden Merkmal) zwischen den verschiedenen Versuchsbedingungen eindeutig auf die Veränderungen der unabhängigen Variablen zurückgeführt werden können, d. h. auf die unterschiedlichen Versuchsbedingungen.

Anders ausgedrückt, beinhaltet die Frage nach der internen Validität einer Untersuchung die Frage nach möglichen Alternativerklärungen für das gefundene Ergebnis. Jede Störgröße ist eine potentielle Quelle solcher Alternativerklärungen. Deshalb ist es in der Phase der Versuchsplanung besonders wichtig, die Wirkung von Störgrößen auszuschalten oder zu kontrollieren (siehe Abschnitt 9.2.2).

Im Anwendungsbeispiel könnte eine Alternativerklärung für das Untersuchungsergebnis zum Beispiel entstehen, wenn die mittlere Größe der Krebse zu Beginn der Untersuchung in den Gruppen sehr unterschiedlich ist. Denkbar wäre eine Situation, in der die Tiere in Gruppe 1 im Mittel zu Beginn der Untersuchung größer sind. Diese Tiere erhalten Futter A, die Tiere in Gruppe 2 erhalten Futter B. Wenn im Ergebnis der Untersuchung die Tiere in Gruppe 1 im Mittel signifikant größer sind als in Gruppe 2, kann dieses Ergebnis durch die entsprechende Wirkung von Futter A gegenüber Futter B hervorgerufen worden sein. Alternativ könnte jedoch auch die unterschiedliche mittlere Anfangsgröße die Ursache für den späteren Größenunterschied sein. Eine Futterwirkung kann nicht eindeutig nachgewiesen werden, die interne Validität dieser Untersuchung ist gering.

Ein weiteres Gütekriterium einer Untersuchung ist deren externe Validität (Generalisierbarkeit).

Definition Eine Untersuchung ist extern valide (nach außen gültig), wenn die Ergebnisse der Untersuchung auf die Population und auf andere Situationen übertragen werden können.

Die externe Validität einer Untersuchung wird von der Art der Gewinnung der Stichprobe beeinflusst. Daneben spielen die Untersuchungsbedingungen eine große Rolle. Während die Ergebnisse von Laborexperimenten, bei denen man mit hohem Aufwand die Wirkung von möglichen Störgrößen ausgeschaltet oder kontrolliert hat, oft nur in geringem Maße auf andere Untersuchungsbedingungen verallgemeinert werden können, haben Feldversuche oft eine hohe externe Validität.

9.2.2 Allgemeine Prinzipien der Versuchsplanung

Die in diesem Abschnitt beschriebenen Prinzipien der Versuchsplanung haben unter anderem das Ziel, ein günstiges Verhältnis der in Abschnitt 9.2.1 dargestellten Varianzanteile sicherzustellen und damit die interne Validität der geplanten Untersuchung zu erhöhen. Der Anteil der Primärvarianz, der durch die Variation der Bedingung erklärt werden kann, soll möglichst groß sein. Der Einfluss von Störvariablen soll beseitigt oder kontrolliert, die Fehlervarianz möglichst gering gehalten werden.

Maximieren der Primärvarianz

Die Maximierung der Primärvarianz kann durch große Unterschiede zwischen den experimentellen Bedingungen realisiert werden. Im **Beispiel** muss sichergestellt werden, dass die beiden unterschiedlichen Futtersorten sich so weit unterscheiden, dass auch tatsächlich praktisch bedeutende Auswirkungen auf die Größe der Krebse erwartet werden können. Wenn die beiden Futtersorten in den grundlegenden Substanzen gleich wären und nur geringe Unterschiede der Inhaltsstoffe aufweisen würden, wären im Mittel nur geringe Größenunterschiede zu erwarten, die zu erwartende Primärvarianz wäre also gering. In diesem Fall würde die Gefahr bestehen, dass dieser Varianzanteil durch die Einflüsse von Störvariablen und durch die Fehlervarianzanteile stark überlagert werden könnte, so dass ein statistischer Nachweis der tatsächlich vorhandenen unterschiedlichen Futterwirkung nur bei extrem großen Stichprobenumfängen gelingen könnte (siehe Abschnitt 9.3).

Konstanthalten von Störgrößen

Der Einfluss von Störgrößen kann ausgeschaltet werden, wenn es durch die Versuchsplanung gelingt, diese Größen vollständig zu eliminieren. Wenn im **Anwendungsbeispiel** das Vorhandensein anderer Tiere in der Nähe der Zuchteinrichtung das Wachstum der Krebse beeinflussen könnte, sollte man in der Planungsphase vorsehen, dass eventuell vorhandene störende Tiere aus der Umgebung der Versuchsanlage entfernt werden.

In vielen Situationen wird jedoch eine Eliminierung von Störgrößen nicht möglich sein. Das trifft zu, wenn die Untersuchungseinheiten die Störgrößen als Merkmalsausprägung aufweisen, zum Beispiel kann das bei den Krebsen das Alter zu Versuchsbeginn, das Geschlecht oder die unterschiedlichen Aufzuchtstationen betreffen. In diesem Fall besteht ein Weg zur Kontrolle der Störvariablen darin, sie konstant zu halten. Im **Beispiel** besteht die Konstanthaltung darin, dass die Stichprobe vollständig aus den Tieren einer der drei Aufzuchtstationen entnommen wird. Damit entsteht in den Daten kein Varianzanteil, der auf die unterschiedlichen Bedingungen der Aufzuchtstationen zurückgeführt werden kann. Die Störvariable Geschlecht kann konstant gehalten werden, wenn nur Tiere eines Geschlechts in die Stichprobe aufgenommen werden. Im Beispiel bietet sich die Einschränkung der Untersuchung auf weibliche Tiere an, da der Anteil männlicher Tiere lediglich zwischen ca. 1-3% Prozent liegt.

Bei der Interpretation der Ergebnisse ist zu beachten, dass sie nur für die untersuchte Teilpopulation verallgemeinert werden können. Wenn zum Beispiel nur weibliche Krebse untersucht wurden, können die Ergebnisse nicht ohne weitere Untersuchungen auf die männlichen Tiere verallgemeinert werden.

Randomisierung

Das Prinzip der Randomisierung hat in der Versuchsplanung sehr große Bedeutung und wird sehr häufig verwendet. Idealerweise können bei einer Untersuchung zum

Nachweis des Unterschieds von zwei Versuchsbedingungen, zum Beispiel zwei Futtersorten, drei Zufallsauswahlen getroffen werden:

- Zufällig werden die Untersuchungseinheiten der Stichprobe aus der Grundgesamtheit gewonnen.
- Zufällig werden die Untersuchungseinheiten der Stichprobe in zwei (gleich große) Gruppen eingeteilt.
- Zufällig wird jeder der beiden Gruppen eine der Versuchsbedingungen zugewiesen.

Die Grundidee der Randomisierung besteht darin, dass sich bei genügend großen Stichprobenumfängen die Ausprägungen eventueller Störvariablen gleichmäßig auf die Gruppen verteilen und auf diese Weise der Einfluss dieser Größen kontrolliert wird. Außerdem werden subjektive Einflüsse bei der Gewinnung der Stichprobe und bei der Einteilung der Gruppen vermieden.

Eine wirkliche *Zufalls*auswahl und *Zufalls*zuteilung der Untersuchungseinheiten setzt die Anwendung entsprechender Methoden auf der Basis von Zufallszahlen voraus (siehe Abschnitt 9.2.3). Man darf unter Zufallsauswahl nicht verstehen, dass ein Untersucher aus der Menge der zur Verfügung stehenden Untersuchungseinheiten eine (scheinbar) zufällige Auswahl trifft, im Beispiel durch Entnahme der Krebse aus der Zuchteinrichtung. Bei diesem Vorgehen können subjektive Vorlieben des Untersuchers, zum Beispiel für größere oder für kleinere Tiere, eine große Rolle spielen und die späteren Untersuchungsergebnisse beeinflussen.

Das Prinzip kann nur bei großen Stichprobenumfängen funktionieren. Nur dann kann man davon ausgehen, dass sich im Beispiel bei randomisierten Gruppen die beiden Geschlechter annähernd gleich in den Gruppen verteilen und der Geschlechtseinfluss damit kontrolliert wird. Ein großer Vorteil der Randomisierung besteht darin, dass mehrere Störgrößen gleichzeitig kontrolliert werden können. Das betrifft sowohl bekannte Störgrößen als auch Störgrößen, über deren Wirkung möglicherweise vor der Untersuchung noch keine Kenntnisse vorhanden sind. Eventuell spielt im **Beispiel** das Gewicht der Tiere zu Beginn der Untersuchung eine wesentliche Rolle für das spätere Wachstum. Selbst wenn diese Tatsache vor und während der Untersuchung noch unbekannt wäre, würde diese Störgröße durch die Randomisierung kontrolliert.

Wenn große Stichprobenumfänge zur Verfügung stehen, hat die Methode der Randomisierung viele Vorteile. Bei geringen Stichprobenumfängen und bei sehr starkem Einfluss einer Störgröße auf das interessierende Merkmal kann das Prinzip nicht umgesetzt werden. Eine Möglichkeit zur Kontrolle von Störvariablen bietet in solchen Fällen das Prinzip der Blockbildung.

Blockbildung

Bei der Methode der Blockbildung werden die Untersuchungseinheiten Blöcken zugeordnet, wobei die Variabilität der betrachteten Störgröße innerhalb eines Blocks möglichst gering sein soll. Anschließend werden die Untersuchungseinheiten der einzelnen Blöcke den unterschiedlichen Untersuchungsbedingungen zugeordnet.

Die Methode soll zunächst an einem Standardbeispiel (siehe Köhler et al., 2012) erläutert werden. Es soll die Wirkung von drei Düngemitteln A, B und C auf den Ernteertrag einer Getreidesorte untersucht werden. Für den Versuch stehen neun Parzellen zur Verfügung. Jedes Düngemittel kann demnach auf drei Parzellen angewendet werden. Dabei ist bekannt, dass die durchschnittlichen Ernteerträge der Parzellen sehr unterschiedlich sind, wobei die Ursachen dafür in unterschiedlicher Bodenqualität liegen. Die Parzelle mit dem höchsten durchschnittlichen Ernteertrag soll mit E1 bezeichnet werden, die Parzelle mit den durchschnittlich schlechtesten Erträgen mit E9. Im ungünstigsten Fall könnte die in ►Tabelle 9.1 dargestellte Zuteilung der Düngemittel zu den neun Parzellen realisiert werden:

Düngemittel	A	A	A	B	B	B	C	C	C
Parzelle	E1	E2	E3	E4	E5	E6	E7	E8	E9

Tabelle 9.1: Ungünstigste Zuteilung der Düngemittel zu den Parzellen.

Dieser Versuchsplan wäre völlig ungeeignet. Wenn Düngemittel A im Mittel zu den höchsten Erträgen führen würde, könnte dieses Ergebnis ebenso durch die gute Qualität der Böden dieser Parzellen entstanden sein. Die Ergebnisse dieser Untersuchung wären nicht sinnvoll interpretierbar, da die Störgröße Bodenqualität nicht kontrolliert ist.

Eine Zufallszuteilung der Düngemittel zu den Parzellen könnte zum Beispiel zu der in ►Tabelle 9.2 dargestellten Zuordnung führen. Dabei wird deutlich, dass der angestrebte Effekt der Randomisierung, die Kontrolle des Störfaktors Bodenqualität, bei dem deutlich zu geringen Stichprobenumfang nicht erreicht werden konnte. Düngemittel A hat auch hier (zufällig) die Parzellen mit im Durchschnitt deutlich besserer Bodenqualität zugewiesen bekommen.

Düngemittel	C	A	A	B	A	C	B	C	B
Parzelle	E1	E2	E3	E4	E5	E6	E7	E8	E9

Tabelle 9.2: Zuteilung der Düngemittel zu den Parzellen durch Randomisierung.

Das Prinzip der Blockbildung wird in ►Tabelle 9.3 deutlich. Die neun Parzellen werden in drei Blöcke eingeteilt. Im ersten Block befinden sich die Parzellen mit der höchsten Bodenqualität, im zweiten Block die Parzellen mittlerer Qualität und im dritten Block die Flächen mit der schlechtesten Qualität. Anschließend werden die Parzellen der einzelnen Blöcke jeweils einem der Düngemittel zugeordnet.

	Block 1			Block 2			Block 3		
Düngemittel	A	B	C	A	B	C	A	B	C
Parzelle	E1	E2	E3	E4	E5	E6	E7	E8	E9

Tabelle 9.3: Zuteilung der Düngemittel zu den Parzellen durch Blockbildung.

Eine noch bessere Kontrolle der Störgröße Bodenqualität kann erzielt werden, wenn die Düngemittel innerhalb der Blöcke zufällig zugeordnet werden (►Tabelle 9.4). Innerhalb jedes Blocks werden die drei Düngemittel zufällig einer der Parzellen zugeordnet. Das Prinzip der Blockbildung wird dabei mit dem Randomisierungsprinzip kombiniert.

	Block 1			Block 2			Block 3		
Düngemittel	A	C	B	C	A	B	B	C	A
Parzelle	E1	E2	E3	E4	E5	E6	E7	E8	E9

Tabelle 9.4: Zuteilung der Düngemittel zu den Parzellen durch Blockbildung mit zufälliger Zuordnung innerhalb der Blöcke.

Im Anwendungsbeispiel könnte Blockbildung sinnvoll sein, wenn zum Beispiel das Merkmal Anfangsgröße einen großen Einfluss auf die spätere Größe der Daphnien hätte. In diesem Fall könnte man die Krebse zu Beginn der Untersuchung nach der Größe ordnen und Blöcke zu je zwei Tieren bilden. Die beiden größten Krebse würden Block 1 bilden, die beiden folgenden Block 2 und so weiter. Anschließend würden die beiden Krebse jedes Blocks zufällig einer der beiden Futterarten zugeteilt.

Wiederholungen

Wiederholungen spielen bei der Versuchsplanung unter unterschiedlichen Gesichtspunkten eine wichtige Rolle. Wiederholte Messungen eines Merkmals bilden überhaupt die Voraussetzung, um Daten statistisch auswerten zu können. In Abhängigkeit von der untersuchten Fragestellung (Untersuchung von Lage- und Streuungsparametern einer Merkmalsverteilung, Untersuchung des Effektes von Einflussfaktoren auf eine Zielvariable, Reliabilität von Messverfahren, usw.) gibt es verschiedene Arten von Wiederholungsmessungen, z.B.

- wiederholte Messungen (Beobachtungen) desselben Merkmals an verschiedenen Untersuchungseinheiten (Objekten) unter gleichen Versuchsbedingungen,
- wiederholte Messungen desselben Merkmals am gleichen Objekt unter gleichen Versuchsbedingungen,
- wiederholte Messungen am gleichen Objekt unter verschiedenen Versuchsbedingungen.

Wiederholte Messungen an den gleichen Untersuchungseinheiten unter verschiedenen Versuchsbedingungen sind zur Kontrolle von Störgrößen geeignet, die sich bei den einzelnen Untersuchungseinheiten zwischen den Wiederholungsmessungen nicht ändern oder bei allen Untersuchungseinheiten in gleicher Weise ändern, zum Beispiel das Alter von Tieren. Auch bei der Konzeption einer faktoriellen Datenstruktur (siehe nächster Abschnitt) ist zu berücksichtigen, dass unter allen Faktorstufenkombinationen möglichst die Werte mehrerer Untersuchungseinheiten erfasst werden können.

Faktorielle Strukturen

Wenn lediglich die Wirkung eines Einflussfaktors auf die interessierende Variable untersucht werden soll, liegt ein einfaktorieller Versuchsplan vor. Häufig interessiert man sich jedoch für die gleichzeitige Wirkung von zwei oder mehr nominalskalierten Einflussgrößen und von deren Wechselwirkungen. In diesem Fall ist ein mehrfaktorieller Versuchsplan aufzustellen. Im Anwendungsbeispiel gibt es nur einen interessierenden Einflussfaktor, die Futtersorte. Es wäre jedoch ebenso denkbar, dass man sich gleichzeitig für die Wirkung einer zweiten Einflussgröße interessiert, zum Beispiel die Temperatur während der Aufzucht mit den drei Stufen 18, 22 bzw. 26 Grad Celsius. In diesem Fall wäre es sinnvoll, auf der Grundlage einer Randomisierung sechs Gruppen von Krebsen zu bilden. Diese Gruppen werden dann zufällig den sechs Versuchsbedingungen zugeordnet, die sich aus den Kombinationen der Futtersorten und der unterschiedlichen Temperaturen ergeben. Neben der Untersuchung der Haupteffekte erlauben faktorielle Datenstrukturen die Analyse von Wechselwirkungseffekten.

Faktorielle Strukturen können daneben auch zur Kontrolle von Störgrößen verwendet werden. Wenn eine nominalskalierte Störgröße die Werte der interessierenden Merkmale beeinflusst, kann diese Störgröße kontrolliert werden, indem sie als zusätzlicher Faktor in den Versuchsplan aufgenommen wird, woraus eine zwei- oder mehrfaktorielle Datenstruktur resultiert. Zu beachten ist bei der Konzeption eines entsprechenden Designs der gegebenenfalls erhöhte notwendige Stichprobenumfang.

Statistische Kontrolle von Störfaktoren

Mit der Aufnahme von Störfaktoren in eine faktorielle Struktur des Versuchs ist eine Möglichkeit der statistischen Kontrolle von Störfaktoren bereits beschrieben worden. Bei der Auswertung mit Methoden der zwei- oder mehrfaktoriellen Varianzanalyse (Abschnitt 8.2) wird die Wirkung des eigentlich interessierenden Faktors bei gleichzeitiger Berücksichtigung der Effekte der Störvariablen und von Wechselwirkungseffekten untersucht. Analog kann auch der Einfluss einer metrischen Störvariablen durch die statistische Analyse kontrolliert werden. Wenn die eigentlich interessierende unabhängige Variable nominalskaliert ist, wie im Anwendungsbeispiel die Variable Futtersorte mit zwei möglichen Ausprägungen, ergibt sich mit einer metrischen Störvariablen für die statistische Datenanalyse das Modell der Kovarianzanalyse (siehe Abschnitt 8.4.2).

Einbeziehung einer Kontrollgruppe

In Untersuchungen einer neuen Methode zur Schädlingsbekämpfung ist zum Beispiel immer eine Kontrollgruppe mit zu untersuchen, die mit der konventionellen Methode behandelt wird bzw. ohne Behandlung bleibt. Nur durch den Wirkungsvergleich der Versuchsgruppe mit der Kontrollgruppe kann der Nachweis der Überlegenheit der neuen Methode mit statistischen Methoden geführt werden.

Symmetrie

Die Forderung nach symmetrischen Versuchsplänen kann zu unterschiedlichen Vorteilen bei der statistischen Auswertung von Untersuchungen und bei der Interpretation der Ergebnisse führen. Im einfachsten Fall ist es meist vorteilhaft, wenn beim Vergleich von zwei Gruppen die beiden Gruppen gleich groß sind. Allgemein gilt für varianzanalytische Auswertungen faktorieller Versuchspläne, dass sich gleich große Gruppen günstig auf die Robustheit des Verfahrens auswirken (siehe Abschnitt 8.1.1). Im Anwendungsbeispiel sollen deshalb die beiden Gruppen gleich groß gewählt werden. Symmetrie kann auch bei der Gestaltung von Untersuchungen vorteilhaft sein, die nach Modell 1 der Regressionsanalyse (siehe Kapitel 7) ausgewertet werden sollen. Das Prinzip der Symmetrie kann hier umgesetzt werden, indem gleiche Abstände zwischen den Werten der Prädiktorvariablen gewählt werden.

Ökonomie

Eine allgemeine Forderung an die Versuchsplanung besteht darin, die Untersuchungen ökonomisch zu planen. Diese Forderung beinhaltet einerseits die Forderung, nur den für die Beantwortung der interessierenden Fragestellung notwendigen Aufwand zu betreiben. Insbesondere soll nur der tatsächlich notwendige Stichprobenumfang eingeplant werden. Andererseits wäre es auch aus wirtschaftlichen Gründen nicht vertretbar, wenn der eingeplante Stichprobenumfang zu gering gewählt würde, um die betrachtete Fragestellung mit hinreichender statistischer Sicherheit beantworten zu können. Das könnte dazu führen, dass der Versuch völlig nutzlos durchgeführt würde. Um beiden Anliegen gerecht werden zu können, muss der für eine Untersuchung optimale Stichprobenumfang vor der Untersuchung geplant werden (siehe Abschnitt 9.3).

9.2.3 Typen von Stichproben

Grundlegende Bedeutung bei der Planung bio- und umweltwissenschaftlicher Untersuchungen haben Überlegungen zur Stichprobengewinnung. In diesem Abschnitt sollen wichtige Arten von Stichproben vorgestellt werden.

Einfache Zufallsstichproben

Bei einer einfachen Zufallsstichprobe wird eine Teilmenge der Population nach dem Prinzip erhoben, dass jede Untersuchungseinheit die gleiche Chance hat, in die Stichprobe aufgenommen zu werden. Theoretisch kann man eine Zufallsstichprobe erzeugen, indem alle Untersuchungseinheiten der Grundgesamtheit durchnummeriert werden und anschließend unter Verwendung von Zufallszahlen die Stichprobe gebildet wird. Diese Vorgehensweise kann man jedoch in praktischen Untersuchungen oft nicht identisch umsetzen. Allerdings sollte die konkrete Bildung der Stichprobe diesem Gedanken möglichst nahekommen, damit man für die Untersuchung tatsächlich von einer Zufallsstichprobe ausgehen kann. Eine gebräuchliche Methode ist das Prinzip einer systematischen Ziehung der Stichprobe. Wenn man zum Beispiel aus der Teilpopulation von 1000 Kleinkrebsen eine Stichprobe von 100 Tieren bilden soll, muss man zunächst sicherstellen, dass die Tiere in der Aquarienanlage zufällig verteilt sind. Anschließend wird jedes zehnte Tier für die Stichprobe ausgewählt.

Geschichtete Stichproben

Wenn eine Stichprobe aus der Population von 3000 Tieren gewonnen werden soll, die in drei Zuchteinrichtungen erzeugt wurden, ist die praktische Bildung einer Zufallsstichprobe schwieriger. Praktikabler ist in solchen Fällen oft die Bildung einer geschichteten Stichprobe. Dabei wird die Population in einander nicht überlappende Schichten zerlegt und anschließend aus jeder dieser Schichten eine einfache Zufallsstichprobe gezogen. Je mehr die Schichtungsvariable mit dem eigentlich interessierenden Merkmal korreliert, desto genauer werden die angestrebten Schätzungen gegenüber den Ergebnissen einer einfachen Zufallsstichprobe. Zum Beispiel könnte die zu erwartende Größe der Krebse maßgeblich von den Bedingungen in der Zuchteinrichtung beeinflusst werden, indem die Tiere die einzelnen Einrichtungen möglicherweise mit unterschiedlichen mittleren Größen verlassen. Wenn man sich in diesem Fall aus fachwissenschaftlichen Gründen nicht auf die Ziehung der Stichprobe aus einer der drei Teilpopulationen beschränken kann, ist es günstig, wenn die Einrichtungen jeweils die gleiche Anzahl an Tieren für die Stichprobe liefern. In einer reinen Zufallsstichprobe wäre eine der Einrichtungen möglicherweise zufällig überdurchschnittlich häufig vertreten, was die Ergebnisse verfälschen könnte. Typische Schichtungsvariablen in Tierversuchen sind Geschlecht oder Alter.

Klumpenstichproben

Eine weitere Stichprobenform ist die Klumpenstichprobe. Eine solche Stichprobe kann dann erhoben werden, wenn sich eine Population von vornherein aus einzelnen „Klumpen“ von Untersuchungseinheiten zusammensetzt. Ein typisches Beispiel ist die Population der in Deutschland im Freiland gehaltenen Rinder, die sich aus Herden zusammensetzt. Voraussetzung ist, dass sich die einzelnen Klumpen, im Beispiel die unterschiedlichen Herden, bezüglich des interessierenden Merkmals nicht wesentlich unterscheiden. Jeder Klumpen sollte also die Population gut abbilden. Unter diesen Voraussetzungen werden für eine Klumpenstichprobe einige Klumpen komplett erfasst. Diese Klumpen sollen aus allen Klumpen zufällig ausgewählt werden, wenn diese Möglichkeit besteht.

Mehrstufige zufällige Auswahlverfahren

Weil eine reine Zufallsauswahl von Untersuchungseinheiten praktisch oft kaum umsetzbar ist, werden in vielen Untersuchungen mehrstufige Auswahlverfahren verwendet. Dabei werden die Untersuchungseinheiten in einem mehrstufigen Verfahren ausgewählt. Wenn zum Beispiel die Population der Kleinkrebse in Nord- und Mitteleuropa untersucht werden soll, bietet sich ein dreistufiges Auswahlverfahren an: Im ersten Schritt wird eines der betreffenden Länder zufällig ausgewählt. Im zweiten Schritt wird zufällig eine der Aufzuchteinrichtungen dieses Landes ermittelt. Aus den Tieren dieser Einrichtung wird eine Zufallsstichprobe gezogen. Auch beim mehrstufigen Auswahlverfahren muss man davon ausgehen können, dass die einbezogenen Teilpopulationen, im Beispiel die Kleinkrebse in den Ländern bzw. in den Aufzuchteinrichtungen der Länder, bezüglich des zu untersuchenden Merkmals sehr homogen sind.

9.2.4 Eine Auswahl wichtiger Versuchspläne

In diesem Kapitel sollen einige ausgewählte Versuchspläne mit ihren Vor- und Nachteilen kurz beschrieben werden. Dabei wird der Bezug zur statistischen Datenanalyse hergestellt.

Einfaktorielle Randomisierungspläne

Einfaktorielle Randomisierungspläne basieren auf der bereits in Abschnitt 9.2.2 beschriebenen dreifachen Zufallszuordnung. Die Untersuchungseinheiten werden zufällig aus der Population gezogen. Danach werden die Untersuchungseinheiten der Stichprobe zufällig Gruppen zugeordnet. Diese Gruppen werden nach einem Zufallsprinzip den Untersuchungsbedingungen zugeordnet. Bei großen Stichprobenumfängen kann man davon ausgehen, dass sich alle möglichen Störfaktoren gleichmäßig auf die Gruppen aufteilen. Somit gibt es vor Versuchsbeginn keine systematischen Unterschiede zwischen den Gruppen. Unterschiede zwischen den Gruppen, die im Ergebnis der Untersuchung zwischen den Gruppen auftreten, können auf die Wirkung der Untersuchungsbedingungen, der unabhängigen Variablen, zurückgeführt werden. Da durch die dreifache Zufallszuteilung bei großen Stichproben die Wirkung von Störfaktoren kontrolliert wird, haben einfaktorielle Randomisierungspläne eine hohe interne Validität. Die statistische Auswertung einfaktorieller Randomisierungspläne erfolgt für metrische Daten im Fall von zwei Versuchsgruppen über den t-Test für unabhängige Stichproben (Abschnitt 6.1.2) bzw. bei mehr als zwei Versuchsgruppen mit der einfaktoriellen Varianzanalyse (Abschnitt 8.1).

Es soll noch einmal ausdrücklich darauf hingewiesen werden, dass die günstigen Eigenschaften dieses Versuchsplans nur vorhanden sind, wenn bei großen Stichprobenumfängen das Randomisierungsprinzip wirkt. Wenn man dagegen zum Beispiel nur 16 Untersuchungseinheiten zur Verfügung hat, die nach einem Zufallsprinzip ausgewählt und in zwei Gruppen aufgeteilt sind, kann man wegen des geringen Stichprobenumfangs nicht davon ausgehen, dass alle Störgrößen keine Unterschiede zwischen den Gruppen aufweisen. Die interne Validität des Plans wäre in diesem Fall nicht gegeben, der Rückschluss auf die Wirkung der Untersuchungsbedingungen wäre nicht möglich. Als Alternative bieten sich die im nächsten Abschnitt behandelten Blockpläne oder Mischversuchspläne an.

Für das **Anwendungsbeispiel** kann ein einfaktorieller Randomisierungsplan empfohlen werden, wenn der Stichprobenumfang groß genug gewählt wird. Wenn zum Beispiel insgesamt 300 Tiere in die Untersuchung eingezogen werden können, kann man nach sachgerechter Randomisierung davon ausgehen, dass mögliche Störgrößen in den beiden Gruppen von je 150 Tieren keine systematischen Unterschiede aufweisen. Wenn sich die mittleren Größen der Tiere am Ende des Versuchs unterscheiden, kann dieser Effekt auf die unterschiedlichen Futtersorten zurückgeführt werden.

Blockversuchspläne

Das Prinzip der Blockbildung wurde in Abschnitt 9.2.2 ausführlich dargestellt. Mit der Blockbildung wird der Einfluss der Störvariablen verringert, indem homogene Blöcke von Untersuchungseinheiten gebildet werden, deren Elemente den verschiedenen Untersuchungsbedingungen bzw. den unterschiedlichen Stufen der unabhängigen Variablen zugewiesen werden. Ein Beispiel für einen Blockplan mit zufälliger Zuordnung der Untersuchungseinheiten innerhalb der Blöcke zu den Untersuchungsbedingungen ist in Tabelle 9.4 gegeben. Für die statistische Auswertung von Blockplänen ist zu berücksichtigen, dass die Untersuchungseinheiten innerhalb der Blöcke nicht unabhängig sind. Deshalb sind für die Auswertung Verfahren für abhängige Daten anzuwenden. Im Fall von zwei Gruppen kann der t-Test für abhängige Stichproben benutzt werden (Abschnitt 6.1.3), bei zwei oder mehr Gruppen ist die Varianzanalyse mit Messwiederholungen anzuwenden (Abschnitt 8.4.1).

Messwiederholungspläne

Messwiederholungspläne können als spezielle Blockversuchspläne angesehen werden. Die abhängige Variable wird an jeder Untersuchungseinheit mindestens zweimal erhoben.

Ein Beispiel kann eine Untersuchung bilden, bei der die Hypothese untersucht wird, dass Krebse an Tagen, an denen sie weniger Futter als gewöhnlich bekommen, eine geringere Bewegungsaktivität zeigen. Die Bewegungsaktivität der einzelnen Krebse kann metrisch erfasst werden, ohne dass die Tiere von der Messung beeinflusst werden. Hier bietet sich ein Messwiederholungsdesign an. Nachdem eine Zufallsstichprobe gebildet wurde, werden aus einem bestimmten Zeitraum zwei Tage ausgewählt. Die Hälfte der Tiere bekommt am ersten Tag normales Futter, die zweite Gruppe erhält deutlich weniger Futter. Am zweiten Untersuchungstag erhält die erste Gruppe wenig Futter, während die zweite Gruppe die normale Futtermenge erhält. An beiden Untersuchungstagen wird die Bewegungsaktivität der einzelnen Tiere erfasst. Der Abstand zwischen den beiden Untersuchungstagen muss so groß gewählt werden, dass die zweite Gruppe die geringere Futtermenge „vergessen" hat und das normale Futter als selbstverständlich empfindet. Durch die unterschiedlichen Reihenfolgen des Versuchsablaufs für die beiden Teilgruppen können Effekte kontrolliert werden, die mit den Untersuchungstagen zusammenhängen können. Würde man allen Tieren die geringere Futtermenge am zweiten Untersuchungstag geben, könnten zum Beispiel ungünstige klimatische Verhältnisse an diesem Tag die Bewegungsaktivität der Tiere und damit das Versuchsergebnis beeinflussen. Der Versuchsplan ist in ►Tabelle 9.5 dargestellt.

	Untersuchungstag 1	Untersuchungstag 2
Teilgruppe 1	normale Futtermenge	geringe Futtermenge
Teilgruppe 2	geringe Futtermenge	normale Futtermenge

Tabelle 9.5: Beispiel eines Messwiederholungsplans.

Die Analogie zu den Blockplänen wird sichtbar, wenn man die beiden Messungen jedes Tieres als Block auffasst. Es gibt Tiere, die sich generell mehr bewegen als andere. Deshalb wird die Homogenität innerhalb der Blöcke größer sein als zwischen den Blöcken. Analog zu den Blockplänen sind für die Datenanalyse Verfahren für abhängige Stichproben anzuwenden. Im Beispiel ist mit dem t-Test für abhängige Stichproben (siehe Abschnitt 6.1.3) zu untersuchen, ob es Unterschiede der Mittelwerte der Bewegungsaktivität bei normalem und bei ungewohntem Futter gibt.

Messwiederholungsanalysen haben zwei bedeutende Vorteile. Einerseits ist der notwendige Stichprobenumfang gegenüber einfaktoriellen Randomisierungsplänen geringer. Andererseits können besonders Störgrößen kontrolliert werden, die bei den Untersuchungseinheiten bestehen, wie im Beispiel die unterschiedliche Grundaktivität der Tiere. Kritisch sind vor allem mögliche Übertragungseffekte, d. h. die Beeinflussung der Ergebnisse der zweiten Messung durch die erste Messung. Im Beispiel kann man dieser Gefahr durch einen hinreichend großen Abstand zwischen den Untersuchungstagen entgegenwirken.

Mehrfaktorielle Pläne

Mehrfaktorielle Pläne werden angewendet, um die Haupt- und Interaktionseffekte von mehreren nominalskalierten Einflussfaktoren auf die abhängige Variable zu untersuchen. Im Beispiel ist ein zweifaktorieller Versuchsplan schematisch dargestellt. Die beiden Einflussfaktoren Düngung und Bewässerung haben drei bzw. zwei Stufen, so dass ein Versuchsplan mit sechs Zellen resultiert. 30 gleichwertige Parzellen P1, P2, ..., P30 stehen für den Versuch zur Verfügung und werden den Versuchsbedingungen zufällig zugeordnet. Dabei werden jeder Faktorstufenkombination fünf Parzellen zugewiesen.

	ohne Düngung	mittlere Düngung	starke Düngung
ohne Bewässerung	P1, P13, P17, P27, P28	P5, P6, P19, P20, P29	P4, P7, P15, P22, P23
mit Bewässerung	P8, P10, P18, P26, P30	P9, P11, P12, P24, P25	P2, P3, P14, P16, P21

Tabelle 9.6: Beispiel für einen zweifaktoriellen Versuchsplan.

Wenn im Beispiel die Parzellen gleichwertig sind, zum Beispiel hinsichtlich der Bodenbeschaffenheit, ist die interne Validität dieses Plans hoch. Er hat den Vorteil, dass neben den Haupteffekten Düngung und Bewässerung auch Wechselwirkungseffekte der beiden Faktoren untersucht werden können.

Mischversuchspläne

Unter einem Mischversuchsplan versteht man zwei- oder mehrfaktorielle Versuchspläne, bei denen die Faktoren unterschiedlich erzeugt werden. Neben Zufallsgruppenfaktoren können Faktoren durch Wiederholungsmessung und durch Blockbildung entstehen. Insofern stellen Mischversuchspläne eine Kombination ein- oder mehrfaktorieller Randomisierungspläne mit Block- oder Messwiederholungsplänen dar. Die Vor- und Nachteile dieser Pläne treffen auch auf die Mischdesigns zu. Für die statistische Auswertung von Mischdesigns bieten sich Verfahren auf der Grundlage gemischter Modelle an (Abschnitt 8.4.1).

Unvollständige Versuchspläne

Unvollständige Versuchspläne sind unvollständige faktorielle Pläne. Bei den in diesem Kapitel beschriebenen mehrfaktoriellen Plänen werden unter allen Kombinationen der Faktorstufen Messungen an unterschiedlichen Untersuchungseinheiten vorgenommen. Bei diesen Plänen können alle Haupteffekte und alle Wechselwirkungseffekte statistisch geprüft werden.

Bei unvollständigen Plänen werden nicht unter allen Kombinationen der Faktorstufen Messungen durchgeführt. Sie können verwendet werden, wenn man davon ausgehen kann, dass keine Wechselwirkungseffekte der Faktoren bestehen. Ihr Vorteil besteht darin, dass relativ wenige Untersuchungseinheiten benötigt werden.

Besondere Bedeutung haben unvollständige Versuchspläne im Feldversuchswesen, wo generell die Anzahl der verfügbaren Untersuchungseinheiten stark beschränkt ist. Thomas (2006) beschreibt eine große Anzahl unvollständiger Versuchspläne und die für ihre Auswertung erforderlichen speziellen varianzanalytischen Verfahren. In diesem Kapitel sollen zwei typische Beispiele unvollständiger Pläne in ihrer Struktur vorgestellt werden. Dabei soll von drei zu untersuchenden Einflussfaktoren A, B und C ausgegangen werden.

Hierarchische Pläne:

Hierarchische Pläne sind nicht notwendigerweise quadratisch, d.h. die Anzahl der Stufen der einzelnen Faktoren muss nicht gleich sein. Die Grundidee des Plans besteht darin, dass die Stufen des Faktors B unter den Stufen des Faktors A geschachtelt werden und die Stufen des Faktors C unter den Stufen des Faktors B. Das Prinzip wird in ►Tabelle 9.7 erläutert, wobei der Faktor A zwei Stufen hat, der Faktor B vier Stufen und der Faktor C acht Stufen. Unter jeder Faktorstufenkombination können zwei Untersuchungseinheiten vorgesehen werden.

Stufen des Faktors A	a1								a2							
Stufen des Faktors B	b1				b2				b3				b4			
Stufen des Faktors C	c1		c2		c3		c4		c5		c6		c7		c8	
Untersuchungseinheiten	1	2	3	4	5	6	7	8	9	10	11	12	13	14	15	16

Tabelle 9.7: Schema eines dreifaktoriellen hierarchischen Versuchsplans.

Aus der Struktur des Versuchsplans wird deutlich, dass die Interpretationsmöglichkeiten stark eingeschränkt sind. So können Unterschiede zwischen den Stufen des Faktors A nur in Verbindung mit den jeweiligen Stufen des Faktors B interpretiert werden. Auch diese eingeschränkte Interpretation der Haupteffekte ist nur zulässig, wenn Wechselwirkungseffekte zwischen den Faktoren zu vernachlässigen sind. Das Nichtvorhandensein von Interaktionen muss theoretisch oder aus den Ergebnissen anderer Untersuchungen begründbar sein.

Der Vorteil des Plans besteht darin, dass wenige Untersuchungseinheiten benötigt werden. Die Datenanalyse ist mit speziellen Verfahren der Varianzanalyse möglich.

Lateinische Quadrate:

Lateinische Quadrate sind Sonderformen quadratischer faktorieller Pläne. Die Anzahl der Stufen der Faktoren muss gleich sein. Das Prinzip soll am Beispiel von drei Faktoren A, B und C mit je vier Ausprägungen beschrieben werden.

Ausgangspunkt für die Konstruktion eines lateinischen Quadrats ist ein vollständiger zweifaktorieller Plan mit den Faktoren A (Stufen a1, a2, a3, a4) und B (Stufen b1, b2, b3, b4). Diesem vollständigen Plan werden die Stufen c1, c2, c3 und c4 des Faktors C nach dem Prinzip der zyklischen Permutation zugeordnet. Die entstehende Struktur der Kombinationen der Faktorstufen ist in ►Tabelle 9.8 abgebildet.

	a1	**a2**	**a3**	**a4**
b1	c1	c2	c3	c4
b2	c2	c3	c4	c1
b3	c3	c4	c1	c2
b4	c4	c1	c2	c3

Tabelle 9.8: Struktur der Faktorstufenkombinationen in einem lateinischen Quadrat.

Analog zu den hierarchischen Versuchsplänen sind auch beim lateinischen Quadrat die Interpretationsmöglichkeiten stark eingeschränkt. Wechselwirkungshypothesen können nicht geprüft werden. Die Interpretation der Haupteffekte ist nur eindeutig möglich, wenn die Interaktionen zwischen den Faktoren vernachlässigt werden können.

In ►Tabelle 9.9 ist der Plan einer Untersuchung dargestellt, in der der Anteil männlicher Daphnien in Abhängigkeit von der Schadstoffbelastung, der Temperatur und der verabreichten Nahrungsmenge untersucht werden soll. Alle Einflussfaktoren haben vier Stufen. Zur Verfügung stehen 16 Daphnienkolonien mit je zehn Tieren. Unter jeder dargestellten Faktorstufenkombination wird eine der 16 Kolonien 30 Tage gehalten. Anschließend kann der Anteil der männlichen Tiere unter den in diesem Zeitraum geborenen Tieren festgestellt werden.

		Schadstoffbelastung			
		sehr gering	gering	hoch	sehr hoch
Nahrungs-menge	sehr gering	Temperatur 17°C	Temperatur 19°C	Temperatur 21°C	Temperatur 23°C
	gering	Temperatur 19°C	Temperatur 21°C	Temperatur 23°C	Temperatur 17°C
	hoch	Temperatur 21°C	Temperatur 23°C	Temperatur 17°C	Temperatur 19°C
	sehr hoch	Temperatur 23°C	Temperatur 17°C	Temperatur 19°C	Temperatur 21°C

Tabelle 9.9: Lateinischen Quadrat zur Untersuchung der Abhängigkeit des Anteils männlicher Daphnien von verschiedenen Umweltfaktoren.

9.3 Bestimmung optimaler Stichprobenumfänge

Die Planung des optimalen Stichprobenumfangs ist eine zentrale Aufgabe der Versuchsplanung. Jeder Fachwissenschaftler wird viele seine Untersuchungen bevorzugt mit sehr großen Stichprobenumfängen durchführen, weil damit eine höhere Genauigkeit der Ergebnisse verbunden ist. Dem stehen aber in sehr vielen Fällen wirtschaftliche, organisatorische oder ethische Gründe entgegen. Ein optimaler Stichprobenumfang bietet die Möglichkeit, Entscheidungen über die zu untersuchenden Hypothesen mit vorgegebenen Fehlerwahrscheinlichkeiten oder Parameterschätzungen mit vorgegebenen Genauigkeiten zu ermöglichen, ohne dabei unnötig viele Untersuchungseinheiten einzubeziehen. Das Prinzip der Berechnung optimaler Stichprobenumfänge soll am Beispiel des Vergleichs eines Mittelwerts mit einem bekannten Wert bei normalverteilten Zufallsvariablen mit bekannter Varianz erläutert werden. In den folgenden Abschnitten werden optimale Stichprobenumfänge für ausgewählte Tests vorgestellt. Für ein vertieftes Studium der Prinzipien der Planung des Stichprobenumfangs sei auf entsprechende Spezialliteratur verwiesen (siehe Bock, 1997).

9.3.1 Grundlagen und allgemeines Vorgehen

Im Kapitel 5 wurden mit den statistischen Signifikanztests auch die Wahrscheinlichkeiten möglicher Fehlentscheidungen (Fehler 1. Art, Fehler 2. Art) eingeführt. Während die Wahrscheinlichkeit für den Fehler 1. Art durch das Signifikanzniveau α nach oben begrenzt wird, kann nur mit einer gezielten Versuchsplanung etwas über die Wahrscheinlichkeit des Fehlers 2. Art ausgesagt werden.

Zur Vereinfachung der Darstellung soll diese Problematik zunächst am Beispiel des Vergleichs eines Mittelwerts mit einem bekannten Wert erläutert werden. Es wird angenommen, dass die Zufallsvariablen $X_1, X_2, \ldots X_n$ einer Normalverteilung mit Erwartungswert μ und Varianz σ^2 genügen. Für den einseitigen Test der Hypothesen

$$H_1 : \mu > \mu_0 \quad H_0 : \mu \leq \mu_0$$

für gegebene Werte μ_0, σ und n lautet die Testgröße

$$TS = \frac{\overline{X} - \mu_0}{\sigma} \cdot \sqrt{n} \tag{9.1}$$

(siehe Kapitel 5). Unter der Annahme der Nullhypothese

$$H_0 : \mu = \mu_0$$

ist die Teststatistik TS standardnormalverteilt. Die Wahrscheinlichkeit α für den Fehler 1. Art, die Nullhypothese irrtümlich abzulehnen, obwohl $H_0 : \mu = \mu_0$ gilt, ergibt sich aus der Beziehung

$$P_{\mu_0}(TS > z_{1-\alpha}) = 1 - \Phi(z_{1-\alpha}) = \alpha. \tag{9.2}$$

Dabei kennzeichnet $\Phi(z)$ den Wert der Verteilungsfunktion der Standardnormalverteilung an der Stelle z, und $z_{1-\alpha}$ das Quantil der Standardnormalverteilung der Ordnung $1-\alpha$. $P_{\mu_0}(TS \leq ts)$ bezeichnet die Verteilungsfunktion von TS bei Gültigkeit der Nullhypothese $H_0 : \mu = \mu_0$.

Diese Fehlerwahrscheinlichkeit wird in ►Abbildung 9.1 durch die Größe der schraffierten Fläche veranschaulicht.

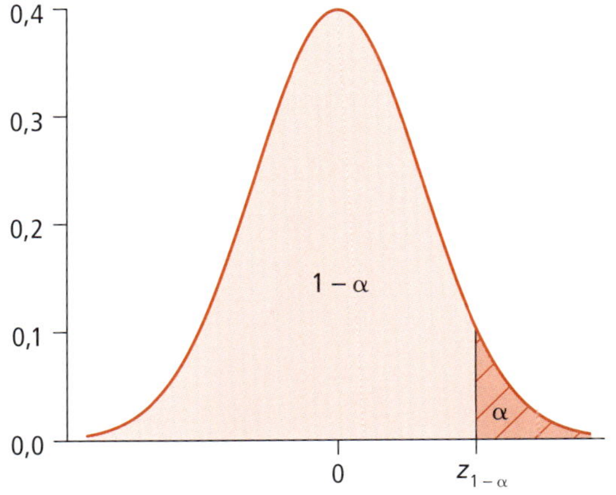

Abbildung 9.1: Darstellung des Signifikanzniveaus α.

Bei Gültigkeit der Alternativhypothese

$$H_1 : \mu > \mu_0 \text{ mit } \Delta = \mu - \mu_0 > 0$$

gilt eine andere Verteilung der Zufallsgrößen $X_1, X_2, \ldots X_n$ und folglich eine andere Verteilungsfunktion $P_\mu(TS \leq ts)$ der Testgröße TS, wie in ►Abbildung 9.2. dargestellt ist. Die Wahrscheinlichkeit für das Überschreiten der Schranke $z_{1-\alpha}$ durch die Testgröße TS ergibt sich dann bei Gültigkeit der Alternativhypothese $H_1 : \mu > \mu_0$ mit $\Delta = \mu - \mu_0 > 0$ als

$$\begin{aligned} P_\mu(TS \geq z_{1-\alpha}) &= P_\mu\left(\frac{\bar{X} - \mu_0}{\sigma} \cdot \sqrt{n} > z_{1-\alpha}\right) \\ &= P_\mu\left(\frac{\bar{X} - \mu_0}{\sigma} \cdot \sqrt{n} - \frac{\mu - \mu_0}{\sigma} \cdot \sqrt{n} > z_{1-\alpha} - \frac{\mu - \mu_0}{\sigma} \cdot \sqrt{n}\right) \\ &= P_\mu\left(\frac{\bar{X} - \mu}{\sigma} \cdot \sqrt{n} > z_{1-\alpha} - \frac{\mu - \mu_0}{\sigma} \cdot \sqrt{n}\right) \\ &= 1 - \Phi\left(z_{1-\alpha} - \frac{\mu - \mu_0}{\sigma} \cdot \sqrt{n}\right). \end{aligned} \tag{9.3}$$

Für die Wahrscheinlichkeit eines Fehlers 2. Art, die Nullhypothese fälschlicherweise nicht abzulehnen, obwohl $H_1 : \mu > \mu_0$ gilt, ergibt sich analog

$$\beta = P_\mu(TS < z_{1-\alpha}) = \Phi\left(z_{1-\alpha} - \frac{\mu - \mu_0}{\sigma} \cdot \sqrt{n}\right). \tag{9.4}$$

Der Fehler 2. Art wird in Abbildung 9.2 durch die Größe der mit β gekennzeichneten schraffierten Fläche dargestellt.

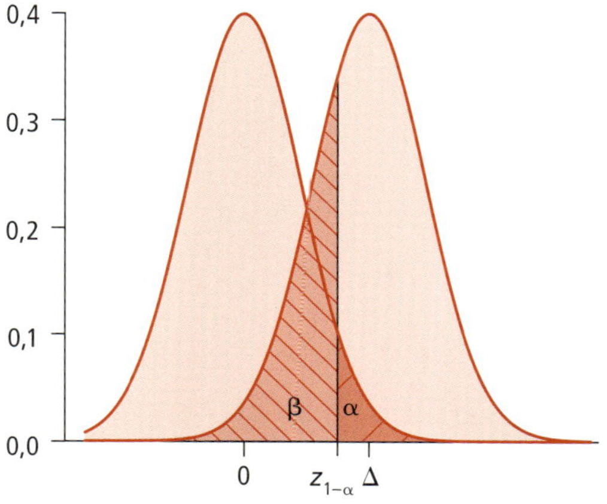

Abbildung 9.2: Verteilungen der Testgröße unter H_0 und H_1 ($\Delta > 0$) und Darstellung des Fehlers 2. Art.

Wenn in der Population der Verteilungsparameter μ vorliegt mit $\Delta = \mu - \mu_0 > 0$, dann soll der Test mit möglichst hoher Wahrscheinlichkeit H_0 ablehnen. Bei großen Abweichungen $\Delta = \mu - \mu_0$ erwartet man auch eine größere Ablehnungswahrscheinlichkeit als bei kleinen Abweichungen. Unterschreiten diese Abweichungen Δ eine gewisse Grenze, sind sie im Allgemeinen für die Praxis uninteressant. Die Wahrscheinlichkeit, bei einer praktisch relevanten Abweichung von der Nullhypothese diese Nullhypothese abzulehnen, ist somit ein wichtiges Qualitätsmerkmal eines Tests.

Für einen fest vorgegebenen Wert Δ, der die Abweichung von der Nullhypothese beschreibt, bezeichnet man die Wahrscheinlichkeit $1-\beta$ einer Ablehnung der Nullhypothese als die Güte (Macht oder Power) des Tests (siehe Abschnitt 5.3).

Die Funktion, die jedem Wert $\Delta \neq 0$ die Wahrscheinlichkeit $1-\beta(\Delta)$ zuordnet, d.h. die Wahrscheinlichkeit, die Nullhypothese richtigerweise abzulehnen, also keinen Fehler 2. Art zu begehen, nennt man Gütefunktion (Machtfunktion, englisch: power).

Aus Formel (9.4) wird deutlich, dass die Güte eines Tests nicht nur von der Abweichung $\Delta = \mu - \mu_0$ abhängt, sondern auch vom Stichprobenumfang n. Zum Vergleich der Fehler 2. Art werden diese in den ►Abbildungen 9.3 und ►9.4 für verschiedene Werte μ, d.h. verschiedene Differenzen $\Delta = \mu - \mu_0$, und verschiedene Stichprobenumfänge n durch die unterschiedlich schraffierten Flächen veranschaulicht.

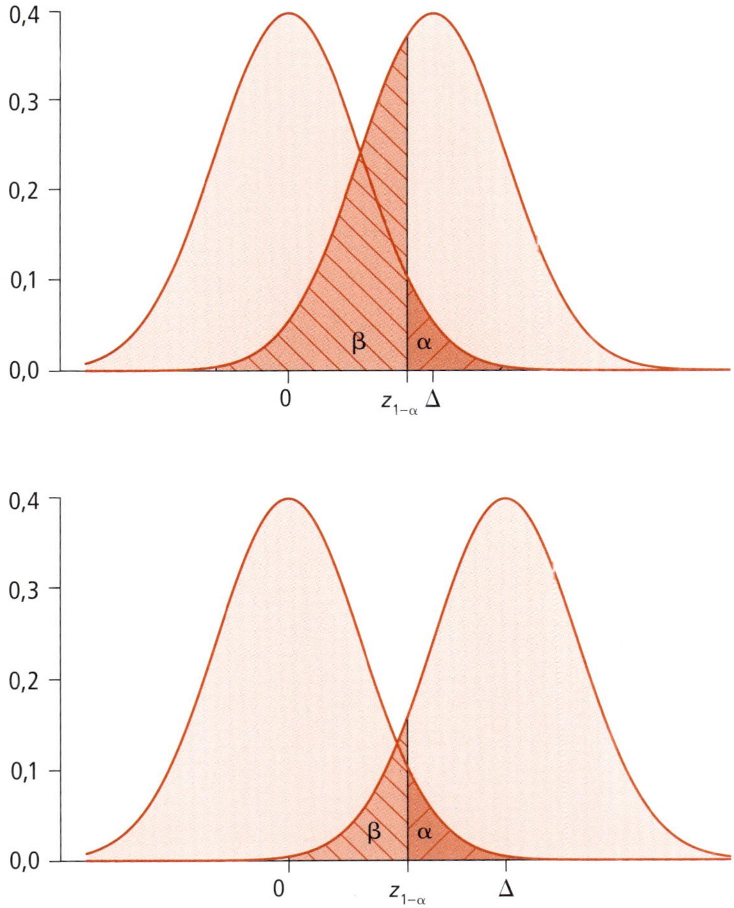

Abbildung 9.3: Vergleich der Fehler 2. Art β für die Alternativhypothesen $H_1 : \mu > \mu_0$ mit $\Delta = 2$ (oben) und $\Delta = 3$ (unten), $n = 10$.

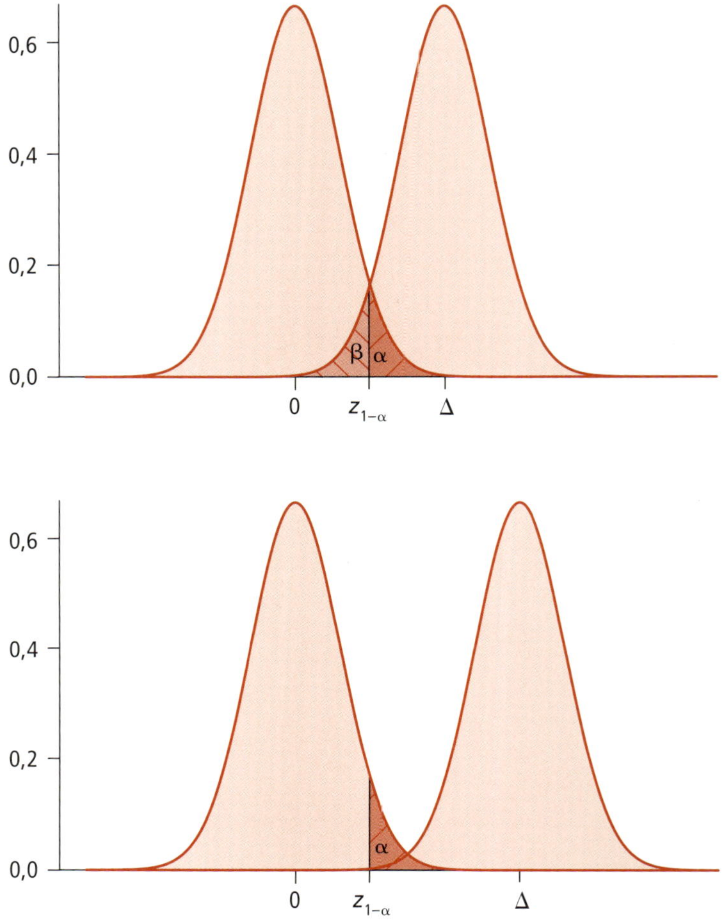

Abbildung 9.4: Vergleich der Fehler 2. Art β für die Alternativhypothesen $H_1 : \mu > \mu_0$ mit $\Delta = 2$ (oben) und $\Delta = 3$ (unten), $n = 40$.

Man erkennt an diesen Abbildungen, dass die Testgüte $1 - \beta$ bei gleicher Standardabweichung der Zufallsvariablen *mit wachsendem Stichprobenumfang n und mit wachsender Differenz* $\Delta = \mu - \mu_0$ zunimmt.

Aus dem Zusammenhang zwischen dem Stichprobenumfang n und der Testgüte $1 - \beta$ ergibt sich das grundlegende Prinzip der Bestimmung des optimalen Stichprobenumfangs. Man sucht denjenigen Stichprobenumfang, für den bei gegebener Varianz bei einer in der Population gegebenen Mindestdifferenz von $\Delta = \mu - \mu_0$ der Signifikanztest zum vorgegebenen Signifikanzniveau α die vorgegebene Testgüte $1 - \beta$ einhält.

Im hier betrachteten Beispiel ergibt sich dieser Stichprobenumfang durch Umstellen der Gleichung als

$$n = \frac{(z_{1-\beta} + z_{1-\alpha})^2 \cdot \sigma^2}{\Delta^2}. \tag{9.5}$$

Beispiel 1: Es seien die Werte $\mu_0 = 50$, $\alpha = 0.05$, $\beta = 0.2$, $\Delta = 4$, $\sigma = 4$ gegeben. Gesucht wird der Stichprobenumfang, mit dem bei gegebener Standardabweichung von 4 der Mittelwertsvergleich zum Signifikanzniveau $\alpha = 0.05$ die Testgüte $1-\beta = 0.8$ erreicht, wenn der Populationsmittelwert μ um mindestens 4 größer als der bekannte Wert μ_0 ist. Man erhält (aufgerundet auf eine ganze Zahl) einen erforderlichen Stichprobenumfang von

$$n = \frac{(0.84 + 1.64)^2 \cdot 16}{16} \approx 7.$$

Beispiel 2: Wenn bei sonst gleichen Parametern wie im Beispiel 1 die Mindestdifferenz mit $\Delta = 2$ festgelegt wird, sucht man den Stichprobenumfang, mit dem bei gegebener Standardabweichung von 4 der Mittelwertsvergleich zum Signifikanzniveau $\alpha = 0.05$ die Testgüte $1-\beta = 0.8$ erreicht, wenn der Populationsmittelwert μ um mindestens 2 größer als der bekannte Wert μ_0 ist. Der Test soll also mit der gleichen Wahrscheinlichkeit wie im vorherigen Beispiel zu einem signifikanten Ergebnis führen, obwohl der Mittelwert in der Population, aus der die zu untersuchende Stichprobe gezogen werden soll, nur um den Betrag 2 (statt 4 in Beispiel 1) größer ist als der bekannte Wert. Der benötigte Stichprobenumfang beträgt in diesem Fall (aufgerundet auf eine ganze Zahl)

$$n = \frac{(0.84 + 1.64)^2 \cdot 16}{4} \approx 25.$$

Für den zweiseitigen Test mit der Alternativhypothese

$$H_1 : \mu \neq \mu_0$$

mit $\Delta = |\mu - \mu_0| > 0$ erhält man mit analogen Überlegungen den optimalen Stichprobenumfang als

$$n = \frac{(z_{1-\beta} + z_{1-\alpha/2})^2 \cdot \sigma^2}{\Delta^2}. \tag{9.6}$$

Beispiel 3: Es seien wie in Beispiel 1 die Werte $\mu_0 = 50$, $\alpha = 0.05$, $\beta = 0.2$, $\Delta = 4$, $\sigma = 4$ gegeben. Für die Durchführung des zweiseitigen Tests ergibt sich der benötigte Stichprobenumfang (aufgerundet auf eine ganze Zahl) als

$$n = \frac{(0.84 + 1.96)^2 \cdot 16}{16} \approx 8.$$

Beispiel 4: Es seien wie in Beispiel 2 die Werte $\mu_0 = 50$, $\alpha = 0.05$, $\beta = 0.2$, $\Delta = 2$, $\sigma = 4$ gegeben. Für die Durchführung des zweiseitigen Tests ergibt sich der benötigte Stichprobenumfang (aufgerundet auf eine ganze Zahl) als

$$n = \frac{(0.84 + 1.96)^2 \cdot 16}{4} \approx 32.$$

Aus den Beispielen und den Formeln dieses Abschnitts wird deutlich, dass bei sonst gleichen Parametern der benötigte Stichprobenumfang n größer wird, wenn

- die Mindestdifferenz Δ abnimmt,
- die Standardabweichung σ in der Population größer wird,
- der Fehler 1. Art α verringert wird oder
- der Fehler 2. Art β kleiner gewählt wird.

Umgekehrt wird der benötigte Stichprobenumfang geringer, wenn bei sonst gleichen Parametern

- die Mindestdifferenz Δ zunimmt,
- die Standardabweichung σ in der Population kleiner wird,
- der Fehler 1. Art α vergrößert wird oder
- der Fehler 2. Art β größer gewählt wird.

Im **Anwendungsbeispiel** soll ein Stichprobenumfang gefunden werden, der mit einer Wahrscheinlichkeit von 80 Prozent bei einem Signifikanztest mit $\alpha = 0.05$ zu einem signifikanten Ergebnis führt, wenn sich die Mittelwerte der Populationen um $\Delta = 0.1$ mm bei $s = 0.2$ mm unterscheiden. Der dafür benötigte Stichprobenumfang (siehe Abschnitt 9.3.3) wäre zum Beispiel für $\Delta = 0.2$ mm oder bei $s = 0.1$ mm geringer als für $\Delta = 0.1$ mm und $s = 0.2$ mm.

9.3.2 t-Test gegen eine Konstante

In der Praxis ist die Varianz der Zufallsvariablen $X_1, X_2, \ldots X_n$ meist nicht bekannt und muss aus den Beobachtungen geschätzt werden. Zum Test der Hypothese H_0 wird dann der t-Test gegen eine Konstante (siehe Abschnitt 6.1.1) verwendet. Für die praktische Bestimmung des Stichprobenumfangs wird für die Verfahren in diesem Abschnitt und in den Abschnitten 9.3.3 und 9.3.4 die nachzuweisende Mindestdifferenz Δ als Vielfaches von σ festgelegt. Alternativ kann σ in den entsprechenden Formeln durch einen Schätzwert $\hat{\sigma}$ ersetzt werden.

Die zugehörige Testgröße ist t-verteilt (siehe Abschnitt 6.1.1) und die Stichprobenplanung mit Hilfe der zugehörigen Gütefunktion des Tests ist komplizierter. Für die praktische Anwendung wird deshalb häufig nur eine obere Schranke, die auf einer Näherungsformel basiert, angegeben.

Für die zweiseitige Fragestellung erhält man wie in Formel (9.6):

$$n \geq \frac{(z_{1-\beta} + z_{1-\alpha/2})^2 \cdot \sigma^2}{\Delta^2}. \tag{9.7}$$

Analog erhält man eine Schranke für die einseitige Fragestellung entsprechend Formel (9.5) als

$$n \geq \frac{(z_{1-\beta} + z_{1-\alpha})^2 \cdot \sigma^2}{\Delta^2}.$$

Eine etwas aufwendigere, aber weniger grobe Näherung erhält man mit der iterativen Lösung der Gleichung

$$n = (t_{n-1,1-\beta} + t_{n-1,1-\varepsilon})^2 \cdot \frac{\sigma^2}{\Delta^2}, \tag{9.8}$$

wobei man $\varepsilon = \alpha$ für die einseitigen Fragestellungen und $\varepsilon = \frac{\alpha}{2}$ für eine zweiseitige Fragestellung wählt.

Diese bisher dargestellten Gleichungen und Ungleichungen kann man ebenfalls verwenden, um für einen vorgegebenen Stichprobenumfang n und gegebene Fehlerwahrscheinlichkeiten eine Schranke für die Abweichung Δ abzuleiten, z. B. erhält man aus Formel (9.5) die Beziehung

$$\Delta^2 \geq \frac{(z_{1-\beta} + z_{1-\alpha})^2}{n} \cdot \sigma^2. \tag{9.9}$$

Beispiel 5: Der im Anwendungsbeispiel A in Abschnitt 6.1.1 verwendete Stichprobenumfang $n = 10$ wäre nach Formel 9.9 näherungsweise ausreichend, um mit den Fehlerwahrscheinlichkeiten $\alpha = 0.05$ und $\beta = 0.2$ eine Mindestdifferenz

$$\Delta = \sqrt{\frac{(0.84 + 1.64)^2 \cdot \sigma^2}{10}} = \sqrt{0.62 \cdot \sigma^2} \approx 0.78 \cdot \sigma$$

nachweisen zu können. Mit dem Schätzwert $s = 3.97$ für die Standardabweichung erhält man eine geschätzte Mindestdifferenz von

$$\hat{\Delta} \approx 3.$$

Man kann also nach einem neuen Experiment mit dem Stichprobenumfang $n = 10$ mit einem t-Test prüfen, ob auf den behandelten Flächen der mittlere Ernteertrag größer ist als der bekannte Wert von 50 t/ha. Wenn der Unterschied in der Population 3 t/ha beträgt, wird der Signifikanztest ($\alpha = 0.05$) mit einer Wahrscheinlichkeit von 80 Prozent zu einem signifikanten Ergebnis führen.

9.3.3 t-Test für unabhängige Stichproben

Für den **doppelten *t*-Test** zum Vergleich zweier Mittelwerte (siehe Abschnitt 6.1.2) mit

$$H_1 : \mu_1 - \mu_2 = \Delta \neq 0 \text{ und } H_0 : \mu_1 = \mu_2$$

wählt man im Spezialfall gleicher Stichprobenumfänge $n = n_1 = n_2$ so, dass

$$n \geq 2 \cdot (t_{2n-2,1-\beta} + t_{2n-2,1-\alpha/2})^2 \cdot \frac{\sigma^2}{\Delta^2} \tag{9.10}$$

erfüllt ist. Eine einfacher zu bestimmende näherungsweise gültige Schranke für n erhält man für die zweiseitige Fragestellung aus der Bedingung

$$n \geq \frac{2 \cdot (z_{1-\beta} + z_{1-\alpha/2})^2 \cdot \sigma^2}{\Delta^2} \tag{9.11}$$

und für die einseitige Fragestellung nach

$$n \geq \frac{2 \cdot (z_{1-\beta} + z_{1-\alpha})^2 \cdot \sigma^2}{\Delta^2}. \tag{9.12}$$

Beispiel 6 (Anwendungsbeispiel): Im Anwendungsbeispiel sind die Werte $\alpha = 0.05$, $\beta = 0.2$, $\Delta = 0.1$, $\hat{\sigma} = 0.2$ gegeben. Für die Durchführung des einseitigen Tests ergibt sich der benötigte Stichprobenumfang (aufgerundet auf eine ganze Zahl) nach Formel (9.12) mit $n = n_A = n_B$ als

$$n \geq \frac{2 \cdot (0.84 + 1.64)^2 \cdot 0.2^2}{0.1^2} = 49.2.$$

Mit einem Stichprobenumfang von 50 pro Gruppe ist die Wahrscheinlichkeit gleich $1 - \beta = 0.8$, dass man ein signifikantes ($\alpha = 0.05$) Testergebnis erzielt, wenn sich die Mittelwerte in den Populationen bei der gegebenen geschätzten Standardabweichung von 0.2 mm um 0.1 mm unterscheiden.

9.3.4 Multiple Vergleiche

Empfehlungen zur Planung der erforderlichen Stichprobenumfänge für multiple Mittelwertvergleiche werden von Horn & Vollandt (1995) oder von Rasch et al. (2008) gegeben.

Wählt man beim multiplen Vergleich nach Tukey von k Mittelwerten die Stichprobenumfänge in den Teilstichproben gleich groß, so kann nach Rasch et al. (2008) der Stichprobenumfang n als Lösung der Gleichung

$$n = \frac{2 \cdot \left(\frac{q_{k,k\cdot(n-1),1-\alpha}}{\sqrt{2}} + t_{k\cdot(n-1),1-\beta} \right)^2 \cdot \sigma^2}{\Delta^2}$$

bestimmt werden. Dabei bezeichnet $q_{k,k\cdot(n-1),1-\alpha}$ das Quantil der Verteilung der studentisierten Spannweite mit Parameter k und $n-k$ Freiheitsgraden der Ordnung $1-\alpha$ (siehe Anhang B, Tabelle 5).

Eine einfache Näherungslösung erhält man aus der Formel

$$n \geq \frac{2 \cdot \left(\frac{q_{k,\infty,1-\alpha}}{\sqrt{2}} + z_{1-\beta} \right)^2 \cdot \sigma^2}{\Delta^2}. \tag{9.13}$$

Beispiel 7: Liegt für das Anwendungsbeispiel in Kapitel 8 beim Vergleich der Enzymkonzentrationen in $k = 3$ Gewebearten ein Schätzwert $\hat{\sigma}^2$ für σ^2 mit $s^2 = 0.267$ vor und soll eine Differenz $\Delta = 0.5$ mit den Fehlerwahrscheinlichkeiten $\alpha = 0.05$ und $\beta = 0.2$ erkannt werden, dann liefert die Näherungsformel (9.13) den Wert

$$n \approx \frac{2 \cdot \left(\frac{3.31}{\sqrt{2}} + 0.84 \right)^2 \cdot 0.267}{0.5^2} \approx 22.$$

Für einen nachfolgenden Versuch sollte dieser Stichprobenumfang in den drei zu vergleichenden Gruppen gewählt werden, um die vorgegebenen Fehlerwahrscheinlichkeiten näherungsweise einzuhalten.

Zusammenfassung

Eine sachgerechte biostatistische Versuchsplanung liefert die notwendigen Voraussetzungen, um die interessierenden bio- und umweltwissenschaftlichen Fragestellungen mit größtmöglicher Genauigkeit untersuchen zu können. Ein wesentliches Ziel besteht dabei darin, die Primärvarianz zu maximieren, die Sekundärvarianz zu kontrollieren und die Fehlervarianz zu minimieren. Dieses Anliegen kann nur erreicht werden, wenn wichtige Prinzipien der Versuchsplanung (Abschnitt 9.2.2) bei der Versuchsplanung berücksichtigt werden, wenn die Ziehung der Stichprobe (Abschnitt 9.2.3) sachgerecht vorgenommen wird und wenn ein für die Fragestellung geeigneter Versuchsplan (Abschnitt 9.2.4) ausgewählt wird.

Die Bestimmung des optimalen Stichprobenumfangs für eine geplante Untersuchung hat das Ziel, denjenigen Stichprobenumfang festzulegen, mit dem sich die zu untersuchenden Hypothesen mit vorgegebenen Genauigkeiten untersuchen lassen. Zu große Stichproben würden dagegen unnötige Kosten verursachen, während zu kleine Stichproben die Untersuchung der Forschungsfragestellung mit vorgegebenen Genauigkeiten unmöglich machen können. Der optimale Stichprobenumfang hängt vom nachzuweisenden Mindesteffekt, von der Varianz und von den vorgegebenen Grenzen für die Fehler 1. und 2. Art ab.

Übungsaufgaben

Aufgabe 9.1

Bei einer Kartoffelsorte soll der mittlere Ernteertrag für Parzellen gleicher Größe durch den Einsatz eines zusätzlichen Düngemittels erhöht werden. Der bisherige durchschnittliche Ertrag betrug pro Parzelle 3,6 dt bei einer Standardabweichung von 0.4 dt. Mit dem Einsatz des neuen Mittels kann ein Gewinn erzielt werden, wenn sich der durchschnittliche Ernteertrag um mindestens 0.3 dt erhöht. Wie groß ist der Stichprobenumfang einer Probeserie zu wählen, damit bei einem Signifikanztest ($\alpha = 0.05$) mit der Wahrscheinlichkeit $(1-\beta) = 0.8$ ein signifikantes Ergebnis erzielt wird, wenn der durchschnittliche Ernteertrag bei Anwendung des neuen Düngemittels in der Population um 0.3 dt erhöht ist?

Aufgabe 9.2

Wie ändert sich der notwendige Stichprobenumfang in Aufgabe 9.1, wenn für den Test das Signifikanzniveau $\alpha = 0.01$ gewählt werden soll?

Aufgabe 9.3

Das durchschnittliche Gewicht von Schweinen soll durch verbessertes Futter gesteigert werden. Das bisherige durchschnittliche Gewicht betrug 194 kg, die Standardabweichung kann mit 10 kg geschätzt werden. Für eine Untersuchung zur Effektivität des neuen Futters stehen 20 Tiere zur Verfügung. Wie groß muss die durchschnittliche Gewichtszunahme in der Population sein, damit ein t-Test gegen eine Konstante mit einer Wahrscheinlichkeit von 90 Prozent zu einem signifikanten Ergebnis führt ($\alpha = 0.01$)?

Ausführliche Lösungen und zusätzliche Aufgaben finden Sie in unserer eLearning-Umgebung **MyLab|Biostatistik**.

Anhang

ÜBERBLICK

A. Übersetzung ausgewählter Fachbegriffe

Englisch – Deutsch

absolute difference
Betrag der Differenz

absolute frequency
absolute Häufigkeit

acceptance error
Fehler 2. Art

analysis of covariance
Kovarianzanalyse

analysis of variance
Varianzanalyse

arithmetic mean
arithmetischer Mittelwert

asymmetrical distribution
asymmetrische Verteilung

asymptotic distribution
asymptotische Verteilung

asymptotically normal distributed
asymptotisch normalverteilt

balanced factorial experimental design
balanzierter faktorieller Versuchsplan

bar chart
Balkendiagramm

between groups
zwischen den Gruppen

Bernoulli trial
Bernoulli-Versuch

bias
Bias, Verzerrung

bimodal distribution function
bimodale Verteilungsfunktion

binomial distribution
Binomialverteilung

cases
Fälle

cell frequency
Klassenhäufigkeit

central limit theorem
Zentraler Grenzwertsatz

Chi-square test
Chi-Quadrat-Test

Chi-squared distribution
Chi-Quadrat-Verteilung

coefficient of (multiple) correlation
Korrelationskoeffizient, (multipler)

coefficient of (multiple) regression
Regressionskoeffizient, (multipler)

coefficient of determination
Bestimmtheitsmaß

coefficient of varition
Variationskoeffizient

conditional distribution
bedingte Verteilung

conditional probability
bedingte Wahrscheinlichkeit

confidence estimation
Konfidenzschätzung

confidence interval
Konfidenzintervall

confidence level, confidence coefficient
Konfidenzniveau

confidence limits
Konfidenzgrenzen

confidence region
Konfidenzbereich

contingency table
Kontingenztafel

continuity correction
Stetigkeitskorrektur

continuous random variable
stetige Zufallsvariable, stetige Zufallsgröße

control group
Kontrollgruppe

correlation coefficient
Korrelationskoeffizient

covariance
Kovarianz

critical region
kritisches Gebiet

critical value
kritischer Wert

cross classification
Kreuzklassifikation

cumulative distribution function
kumulative Verteilungsfunktion

cumulative frequency
Summenhäufigkeit

degrees of freedom
Freiheitsgrade

density function
Dichtefunktion

dependent variable
abhängige Variable

design of experiments
Versuchsplan

dichotomous variable
dichotome Variable

discrete random variable
diskrete Zufallsgröße

disjoint sets
disjunkte Mengen

distribution
Verteilung

distribution function
Verteilungsfunktion

distribution type
Verteilungstyp

empirical distribution function
empirische Verteilungsfunktion

empirical mean
empirischer Mittelwert, Stichprobenmittelwert

empirical median
empirischer Median, Stichprobenmedian

empirical mode
empirischer Modalwert, Stichprobenmodalwert

empirical variance
empirische Varianz, Stichprobenvarianz

error of the first kind
Fehler 1. Art

error of the second kind
Fehler 2. Art

error sum of squares
Fehlerquadratsumme

estimate
Schätzung

estimator
Schätzer (Stichprobenfunktion)

event
Ereignis

exact test
exakter Test

expectation
Erwartungswert

expected value
Erwartungswert

experimentwise error rate
versuchsbezogenes Risiko

explanatory variable
unabhängige Variable

exploratory data analysis
beschreibende Statistik

factor
Faktor

factorial design
faktorieller Versuchsplan

familywise error rate
versuchsbezogenes Risiko

fixed effects model
Modell mit festen Effekten

frequency
Häufigkeit

frequency polygon
Häufigkeitspolygon

frequency table
Häufigkeitstabelle

F-test
F-Test

goodness of fit
Güte der Anpassung

hierarchical model
hierarchisches Modell

histogram
Histogramm

hypothesis testing
Testen statistischer Hypothesen

identically distributed
identisch verteilt

independence of events
Unabhängigkeit von Ereignissen

independence of random variables
Unabhängigkeit von Zufallsgrößen

interaction
Wechselwirkung

intercept
Achsenabschnitt

interquartile range
Interquartilsabstand

joint distribution function
gemeinsame Verteilung

k-samples problem
k-Stichprobenproblem

latin square
Lateinisches Quadrat

law of large numbers
Gesetz der großen Zahlen

least squares method
Methode der kleinsten Quadrate

level of factor
Faktorstufe

linear contrast
linearer Kontrast

marginal distribution
Randverteilung

mean
Erwartungswert

mean square error
mittlerer quadratischer Fehler

median
Median

missing value
fehlender Wert

mixed model
gemischtes Modell

multi-modal distribution
mehrgipflige Verteilung

multiple comparisons
multiple Vergleiche

multiple regression
Multiple Regression

multivariate analysis of variance
multivariate Varianzanalyse

non parametric
nichtparametrisch

nonlinear regression
nichtlineare Regression

normal distribution
Normalverteilung

nuisance parameter
Störparameter

null hypothesis
Nullhypothese

one-sided test, one-tailed test
einseitiger Test

one-way classification
einfaktorielle Klassifikation

order statistic
Ordnungsstatistik

ordered sample
geordnete Stichprobe

outlier
Ausreißer

paired t-test
gepaarter t-Test, doppelter t-Test

pairwise independence
paarweise Unabhängigkeit

parameter
Parameter

partial correlation coefficient
partieller Korrelationskoeffizient

per-comperison error rate
vergleichsbezogenes Risiko

pie chart
Kreisdiagramm

point estimation
Punktschätzung

population
Population, Grundgesamtheit

power function
Machtfunktion

power of a test
Macht eines Tests

prediction
Prognose

probability density function
Wahrscheinlichkeitsdichte

probability distribution
Wahrscheinlichkeitsverteilung

probability of an event
Wahrscheinlichkeit eines Ereignisses

pseudo-random number generator
Zufallszahlengenerator

p-value
p-Wert

q-q plot
Quantil-Quantil-Darstellung

quantile
Quantil

quartile
Quartil

random effects model
Modell mit zufälligen Effekten

random event
zufälliges Ereignis

random experiment
zufälliger Versuch

random numbers
Zufallszahlen

random variable
Zufallsgröße

randomization
Randomisierung

range
Variationsbreite

rank
Rang

rank correlation coefficient
Rangkorrelationskoeffizient

rank order test
Rang-Test

regression
Regression

regression coefficients
Regressionskoeffizient

regression function
Regressionsfunktion

regression line
Regressionsgerade

relative frequency
relative Häufigkeit

repeated measures design
Messwiederholungsanalyse

residual variance
Residuenstreuung

residuals
Residuen

sample
Stichprobe

sample correlation coefficient
Stichprobenkorrelationskoeffizient

sample mean
Stichprobenmittelwert

sample median
Stichprobenmedian

sample mode
Modalwert

sample size
Stichprobenumfang

sample space
Stichprobenraum

scatterplot
Streudiagramm

sequence
Folge

significance level
Signifikanzniveau

simultaneous confidence intervals
simultane Konfidenzintervalle

skewness
Schiefe

slope
Anstieg, Steigung

standard deviation
Standardabweichung, empirische

standard error
Standardabweichung

studentized range
studentisierte Variationsbreite

subsample
Teilstichprobe

sum of squares
Summe der quadratischen Abweichungen

symmetrical distribution
symmetrische Verteilung

test of goodnes of fit
Anpassungstest

test of significance
Signifikanztest

test statistic
Wert der Testgröße

test variable
Testgröße

tied ranks
gebundene Ränge

two-sample problem
Zweistichprobenproblem

two-sample t-test
doppelter t-Test

two-sided test, two-tailed test
zweiseitiger Test

two-way classification
zweifache Klassifikation

type I error
Fehler 1. Art

type II error
Fehler 2. Art

unbiased estimator
erwartungstreuer Schätzer

uncorrelated random variables
unkorrelierte Zufallsgrößen

uniform distribution
Gleichverteilung

unimodal distribution function
eingipflige Verteilungsfunktion

unit normal random variable
standardnormalverteilte Zufallsgröße

variable, nuisance variable
Variable, Störvariable

variance
Varianz, Streuung

variance analysis
Varianzanalyse

within groups
innerhalb der Gruppen

Deutsch – Englisch

abhängige Variable
dependent variable

absolute Häufigkeit
absolute frequency

Achsenabschnitt
intercept

Anpassungstest
test of goodnes of fit

Anstieg, Steigung
slope

arithmetischer Mittelwert
arithmetic mean

asymmetrische Verteilung
asymmetrical distribution

asymptotisch normalverteilt
asymptotically normal distributed

asymptotische Verteilung
asymptotic distribution

Ausreißer
outlier

balanzierter faktorieller Versuchsplan
balanced factorial experimental design

Balkendiagramm
bar chart

bedingte Verteilung
conditional distribution

bedingte Wahrscheinlichkeit
conditional probability

Bernoulli-Versuch
Bernoulli trial

beschreibende Statistik
exploratory data analysis

Bestimmtheitsmaß
coefficient of determination

Betrag der Differenz
absolute difference

Bias, Verzerrung
bias

bimodale Verteilungsfunktion
bimodal distribution function

Binomialverteilung
binomial distribution

Chi-Quadrat-Test
Chi-square test

Chi-Quadrat-Verteilung
Chi-squared distribution

dichotome Variable
dichotomous variable

Dichtefunktion
density function

disjunkte Mengen
disjoint sets

diskrete Zufallsgröße
discrete random variable

doppelter t-Test
two-sample t-test

einfaktorielle Klassifikation
one-way classification

eingipflige Verteilungsfunktion
unimodal distribution function

einseitiger Test
one-sided test, one-tailed test

empirische Varianz, Stichprobenvarianz
empirical variance

empirische Verteilungsfunktion
empirical distribution function

empirischer Median, Stichprobenmedian
empirical median

empirischer Mittelwert, Stichprobenmittelwert
empirical mean

empirischer Modalwert, Stichprobenmodalwert
empirical mode

Ereignis
event

erwartungstreuer Schätzer
unbiased estimator

Erwartungswert
mean, expected value, expectation

exakter Test
exact test

Faktor
factor

faktorieller Versuchsplan
factorial design

Faktorstufe
level of factor

Fälle
cases

fehlender Wert
missing value

Fehler 1. Art
type I error,error of the first kind

Fehler 2. Art
type II error, error of the second kind, acceptance error

Fehlerquadratsumme
error sum of squares

Folge
sequence

Freiheitsgrade
degrees of freedom

F-Test
F-test

gebundene Ränge
tied ranks

gemeinsame Verteilung
joint distribution function

gemischtes Modell
mixed model

geordnete Stichprobe
ordered sample

gepaarter t-Test, doppelter t-Test
paired t-test

Gesetz der großen Zahlen
law of large numbers

Gleichverteilung
uniform distribution

Güte der Anpassung
goodness of fit

Häufigkeit
frequency

Häufigkeitspolygon
frequency polygon

Häufigkeitstabelle
frequency table

hierarchisches Modell
hierarchical model

Histogramm
histogram

identisch verteilt
identically distributed

innerhalb der Gruppen
within groups

Interquartilsabstand
interquartile range

Klassenhäufigkeit
cell frequency

Konfidenzbereich
confidence region

Konfidenzgrenzen
confidence limits

Konfidenzintervall
confidence interval

Konfidenzniveau
confidence level, confidence coefficient

Konfidenzschätzung
confidence estimation

Kontingenztafel
contingency table

Kontrollgruppe
control group

Korrelationskoeffizient
correlation coefficient

Korrelationskoeffizient, (multipler)
coefficient of (multiple) correlation

Kovarianz
covariance

Kovarianzanalyse
analysis of covariance

Kreisdiagramm
pie chart

Kreuzklassifikation
cross classification

kritischer Wert
critical value

kritisches Gebiet
critical region

k-Stichprobenproblem
k-samples problem

kumulative Verteilungsfunktion
cumulative distribution function

Lateinisches Quadrat
latin square

linearer Kontrast
linear contrast

Macht eines Tests
power of a test

Machtfunktion
power function

Median
median

mehrgipflige Verteilung
multi-modal distribution

Messwiederholungsanalyse
repeated measures design

Methode der kleinsten Quadrate
least squares method

mittlerer quadratischer Fehler
mean square error

Modalwert
sample mode

Modell mit festen Effekten
fixed effects model

Modell mit zufälligen Effekten
random effects model

Multiple Regression
multiple regression

multiple Vergleiche
multiple comparisons

multivariate Varianzanalyse
multivariate analysis of variance

nichtlineare Regression
nonlinear regression

nichtparametrisch
non parametric

Normalverteilung
normal distribution

Nullhypothese
null hypothesis

Ordnungsstatistik
order statistic

paarweise Unabhängigkeit
pairwise independence

Parameter
parameter

partieller Korrelationskoeffizient
partial correlation coefficient

Population, Grundgesamtheit
population

Prognose
prediction

Punktschätzung
point estimation

p-Wert
p-value

Quantil
quantile

Quantil-Quantil-Darstellung
q-q plot

Quartil
quartile

Randomisierung
randomization

Randverteilung
marginal distribution

Rang
rank

Rangkorrelationskoeffizient
rank correlation coefficient

Rang-Test
rank order test

Regression
regression

Regressionsfunktion
regression function

Regressionsgerade
regression line

Regressionskoeffizient
regression coefficients

Regressionskoeffizient, (multipler)
coefficient of (multiple) regression

relative Häufigkeit
relative frequency

Residuen
residuals

Residuenstreuung
residual variance

Schätzer (Stichprobenfunktion)
estimator

Schätzung
estimate

Schiefe
skewness

Signifikanzniveau
significance level

Signifikanztest
test of significance

simultane Konfidenzintervalle
simultaneous confidence intervals

Standardabweichung einer Punktschätzung
standard error

Standardabweichung
standard deviation

standardnormalverteilte Zufallsgröße
unit normal random variable

stetige Zufallsvariable, stetige Zufallsgröße
continuous random variable

Stetigkeitskorrektur
continuity correction

Stichprobe
sample

Stichprobenkorrelationskoeffizient
sample correlation coefficient

Stichprobenmedian
sample median

Stichprobenmittelwert
sample mean

Stichprobenraum
sample space

Stichprobenumfang
sample size

Störparameter
nuisance parameter

Streudiagramm
scatterplot

studentisierte Variationsbreite
studentized range

Summe der quadratischen Abweichungen
sum of squares

Summenhäufigkeit
cumulative frequency

symmetrische Verteilung
symmetrical distribution

Teilstichprobe
subsample

Testen statistischer Hypothesen
hypothesis testing

Testgröße
test variable

unabhängige Variable
explanatory variable

Unabhängigkeit von Ereignissen
independence of events

Unabhängigkeit von Zufallsgrößen
independence of random variables

unkorrelierte Zufallsgrößen
uncorrelated random variables

Variable, Störvariable
variable, nuisance variable

Varianz, Streuung
variance

Varianzanalyse
analysis of variance

Varianzkomponente
variance component

Variationsbreite
range

Variationskoeffizient
coefficient of varition

vergleichsbezogenes Risiko
per-comperison error rate

versuchsbezogenes Risiko
experimentwise error rate,
familywise error rate

Versuchsplan
design of experiments

Verteilung
distribution

Verteilungsfunktion
distribution function

Verteilungstyp
distribution type

Wahrscheinlichkeit eines Ereignisses
probability of an event

Wahrscheinlichkeitsdichte
probability density function

Wahrscheinlichkeitsverteilung
probability distribution

Wechselwirkung
interaction

Wert der Testgröße
test statistic

Zentraler Grenzwertsatz
central limit theorem

zufälliger Versuch
random experiment

zufälliges Ereignis
random event

Zufallsgröße, Zufallsvariable
random variable

Zufallszahlen
random numbers

Zufallszahlengenerator
pseudo-random number generator

zweifache Klassifikation
two-way classification

zweiseitiger Test
two-sided test, two-tailed test

Zweistichprobenproblem
two-sample problem

zwischen den Gruppen
between groups

B. Tabellen

z	+0.00	+0.01	+0.02	+0.03	+0.04	+0.05	+0.06	+0.07	+0.08	+0.09
0	0,5000	0,5040	0,5080	0,5120	0,5160	0,5199	0,5239	0,5279	0,5319	0,5359
0.1	0,5398	0,5438	0,5478	0,5517	0,5557	0,5596	0,5636	0,5675	0,5714	0,5753
0.2	0,5793	0,5832	0,5871	0,5910	0,5948	0,5987	0,6026	0,6064	0,6103	0,6141
0.3	0,6179	0,6217	0,6255	0,6293	0,6331	0,6368	0,6406	0,6443	0,6480	0,6517
0.4	0,6554	0,6591	0,6628	0,6664	0,6700	0,6736	0,6772	0,6808	0,6844	0,6879
0.5	0,6915	0,6950	0,6985	0,7019	0,7054	0,7088	0,7123	0,7157	0,7190	0,7224
0.6	0,7257	0,7291	0,7324	0,7357	0,7389	0,7422	0,7454	0,7486	0,7517	0,7549
0.7	0,7580	0,7611	0,7642	0,7673	0,7704	0,7734	0,7764	0,7794	0,7823	0,7852
0.8	0,7881	0,7910	0,7939	0,7967	0,7995	0,8023	0,8051	0,8079	0,8106	0,8133
0.9	0,8158	0,8186	0,8212	0,8238	0,8264	0,8289	0,8315	0,8340	0,8365	0,8398
1.0	0,8413	0,8438	0,8461	0,8485	0,8508	0,8531	0,8554	0,8577	0,8599	0,8621
1.1	0,8643	0,8665	0,8686	0,8708	0,8729	0,8749	0,8770	0,8790	0,8810	0,8830
1.2	0,8849	0,8869	0,8888	0,8907	0,8925	0,8944	0,8962	0,8980	0,8997	0,9015
1.3	0,9032	0,9049	0,9066	0,9082	0,9099	0,9115	0,9131	0,9147	0,9162	0,9177
1.4	0,9192	0,9207	0,9222	0,9236	0,9251	0,9265	0,9279	0,9292	0,9306	0,9319
1.5	0,9332	0,9345	0,9357	0,9370	0,9382	0,9304	0,9406	0,9418	0,9429	0,9441
1.6	0,9452	0,9463	0,9474	0,9484	0,9495	0,9505	0,9515	0,9525	0,9535	0,9545
1.7	0,9554	0,9564	0,9573	0,9582	0,9591	0,9599	0,9608	0,9616	0,9625	0,9633
1.8	0,9641	0,9649	0,9656	0,9664	0,9671	0,9678	0,9686	0,9693	0,9699	0,9706
1.9	0,9713	0,9719	0,9726	0,9723	0,9738	0,9744	0,9750	0,9756	0,9761	0,9767
2.0	0,9772	0,9778	0,9783	0,9788	0,9793	0,9798	0,9803	0,9808	0,9812	0,9817
2.1	0,9821	0,9826	0,9830	0,9834	0,9838	0,9842	0,9846	0,9850	0,9854	0,9857
2.2	0,9861	0,9864	0,9868	0,9871	0,9875	0,9878	0,9881	0,9884	0,9887	0,9890
2.3	0,9893	0,9896	0,9898	0,9901	0,9904	0,9906	0,9909	0,9911	0,9913	0,9916
2.4	0,9918	0,9920	0,9922	0,9925	0,9927	0,9929	0,9931	0,9932	0,9934	0,9936
2.5	0,9938	0,9940	0,9941	0,9943	0,9945	0,9946	0,9948	0,9949	0,9951	0,9952
2.6	0,9953	0,9955	0,9956	0,9957	0,9959	0,9960	0,9961	0,9962	0,9963	0,9964
2.7	0,9965	0,9966	0,9967	0,9968	0,9969	0,9970	0,9971	0,9972	0,9973	0,9974
2.8	0,9974	0,9975	0,9976	0,9977	0,9977	0,9978	0,9979	0,9979	0,9980	0,9981
2.9	0,9981	0,9982	0,9982	0,9983	0,9984	0,9984	0,9985	0,9985	0,9986	0,9986
3.0	0,9987	0,9987	0,9987	0,9988	0,9988	0,9989	0,9989	0,9989	0,9990	0,9990

Umrechnungsformel: $\Phi(-z) = 1 - \Phi(z)$

Tabelle B.1: Werte der Verteilungsfunktion $\Phi(z)$ der Standardnormalverteilung

f	$\chi^2_{f,0.90}$	$\chi^2_{f,0.95}$	$\chi^2_{f,0.975}$	$\chi^2_{f,0.99}$	$\chi^2_{f,0.995}$
1	2,706	3,841	5,024	6,635	7,879
2	4,605	5,991	7,378	9,210	10,600
3	6,251	7,815	9,348	11,350	12,840
4	7,779	9,488	11,140	13,280	14,860
5	9,236	11,070	12,830	15,090	16,750
6	10,650	12,590	14,450	16,810	18,550
7	12,020	14,070	16,010	18,480	20,280
8	13,360	15,510	17,540	20,090	21,960
9	14,680	16,920	19,020	21,670	23,590
10	15,990	18,310	20,480	23,210	25,190
11	17,280	19,680	21,920	24,730	26,760
12	18,550	21,030	23,340	26,220	28,300
13	19,810	22,360	24,740	27,690	29,820
14	21,060	23,690	26,120	29,140	31,320
15	22,310	25,000	27,490	30,580	32,800
16	23,540	26,300	28,850	32,000	34,270
17	24,770	27,590	30,190	33,410	35,720
18	25,990	28,870	31,530	34,810	37,160
19	27,200	30,140	32,850	36,190	38,580
20	28,410	31,410	34,170	37,570	40,000
21	29,620	32,670	35,480	38,930	41,400
22	30,810	33,920	36,780	40,290	42,800
23	32,010	35,170	38,080	41,540	44,180
24	33,200	36,410	39,360	42,980	45,560
25	34,380	37,650	40,650	44,310	46,930
26	35,560	38,890	41,920	45,640	48,290
27	36,740	40,110	43,200	46,960	49,650
28	37,920	41,340	44,460	48,280	50,990
29	39,090	42,560	45,720	49,590	52,340
30	40,260	43,770	46,980	50,890	53,670
40	51,810	55,760	59,340	63,090	66,770
50	63,170	67,510	71,420	76,150	79,490
60	74,400	79,080	83,300	83,380	91,950
70	85,530	90,530	95,020	100,400	104,200

Tabelle B.2: Quantile $\chi^2_{f,1-\alpha}$ der Chi-Quadrat-Verteilung

f	$\chi^2_{f,0.90}$	$\chi^2_{f,0.95}$	$\chi^2_{f,0.975}$	$\chi^2_{f,0.99}$	$\chi^2_{f,0.995}$
80	96,580	101,900	106,600	112,300	116,300
90	107,600	113,200	118,100	124,100	128,300
100	118,500	124,300	129,600	135,800	140,200

Tabelle B.2: Quantile $\chi^2_{f,1-\alpha}$ der Chi-Quadrat-Verteilung (Fortsetzung)

f	$t_{f,0.80}$	$t_{f,0.85}$	$t_{f,0.90}$	$t_{f,0.95}$	$t_{f,0.975}$	$t_{f,0.99}$	$t_{f,0.995}$
1	1,377	1,964	3,078	6,314	12,706	31,821	63,657
2	1,001	1,386	1,886	2,920	4,303	6,965	9,925
3	0,978	1,250	1,638	2,353	3,182	4,541	5,841
4	0,941	1,190	1,533	2,132	2,776	3,747	4,604
5	0,920	1,156	1,476	2,015	2,571	3,365	4,032
6	0,906	1,134	1,440	1,943	2,447	3,143	3,707
7	0,896	1,119	1,415	1,895	2,365	2,998	3,500
8	0,889	1,108	1,397	1,860	2,306	2,896	3,355
9	0,883	1,100	1,383	1,833	2,262	2,821	3,250
10	0,879	1,093	1,372	1,813	2,228	2,764	3,169
11	0,876	1,088	1,363	1,796	2,201	2,718	3,106
12	0,873	1,083	1,356	1,782	2,179	2,681	3,055
13	0,870	1,079	1,350	1,771	2,160	2,050	3,012
14	0,868	1,076	1,345	1,761	2,145	2,625	2,977
15	0,866	1,074	1,341	1,753	2,131	2,602	2,947
16	0,865	1,071	1,337	1,746	2,120	2,584	2,921
17	0,863	1,069	1,333	1,740	2,110	2,567	2,898
18	0,862	1,067	1,330	1,734	2,101	2,552	2,878
19	0,861	1,066	1,328	1,729	2,093	2,540	2,861
20	0,860	1,064	1,325	1,725	2,086	2,528	2,845
21	0,859	1,063	1,323	1,721	2,080	2,518	2,831
22	0,858	1,061	1,321	1,717	2,074	2,508	2,819
23	0,858	1,060	1,319	1,714	2,069	2,500	2,807
24	0,857	1,059	1,318	1,711	2,064	2,492	2,797
25	0,856	1,058	1,316	1,708	2,060	2,485	2,787
26	0,856	1,058	1,315	1,706	2,056	2,479	2,779
27	0,855	1,057	1,314	1,703	2,052	2,473	2,771
28	0,855	1,056	1,313	1,701	2,048	2,467	2,763
Umrechnungsformel: $t_{f,\alpha} = -\, t_{f,1-\alpha}$							

Tabelle B.3: Quantile $t_{f,1-\alpha}$ der t-Verteilung

f	$t_{f,0.80}$	$t_{f,0.85}$	$t_{f,0.90}$	$t_{f,0.95}$	$t_{f,0.975}$	$t_{f,0.99}$	$t_{f,0.995}$
29	0,854	1,055	1,311	1,699	2,045	2,462	2,756
30	0,854	1,055	1,310	1,697	2,042	2,459	2,750
40	0,851	1,050	1,303	1,684	2,021	2,423	2,705
60	0,848	1,046	1,296	1,671	1,997	2,390	2,860
120	0,845	1,041	1,289	1,658	1,980	2,358	2,617
∞	0,843	1,039	1,282	1,645	1,960	2,326	2,576
Umrechnungsformel: $t_{f,\alpha} = - t_{f,1-\alpha}$							

Tabelle B.3: Quantile $t_{f,1-\alpha}$ der t-Verteilung (Fortsetzung)

f_2 \ f_1	1-α	1	2	3	4	5	6	7	8	9	10	11	12
1	0,75	5,83	7,50	8,20	8,58	8,82	8,98	9,10	9,19	9,26	9,32	9,36	9,4
	0,90	39,90	49,50	53,60	55,80	57,20	58,20	58,90	59,40	59,90	60,20	60,50	60,7
	0,95	161,00	200,00	216,00	225,00	230,00	234,00	237,00	239,00	241,00	242,00	243,00	244,0
2	0,75	2,57	3,00	3,15	3,23	3,28	3,31	3,34	3,35	3,37	3,38	3,39	3,3
	0,90	8,53	9,00	9,16	9,24	9,29	9,33	9,35	9,37	9,38	9,39	9,40	9,4
	0,95	18,50	19,00	19,20	19,20	19,30	19,30	19,40	19,40	19,40	19,40	19,40	19,4
	0,99	98,50	99,00	99,20	99,20	99,30	99,30	99,40	99,40	99,40	99,40	99,40	99,4
3	0,75	2,02	2,28	2,36	2,39	2,41	2,42	2,43	2,44	2,44	2,44	2,45	2,4
	0,90	5,54	5,46	5,39	5,34	5,31	5,28	5,27	5,25	5,24	5,23	5,22	5,2
	0,95	10,10	9,55	9,28	9,12	9,10	8,94	8,89	8,85	8,81	8,79	9,76	8,7
	0,99	34,10	30,80	29,50	28,70	28,20	27,90	27,70	27,50	27,30	27,20	27,10	27,1
4	0,75	1,81	2,00	2,05	2,06	2,07	2,08	2,08	2,08	2,08	2,08	2,08	2,0
	0,90	4,54	4,32	4,19	4,11	4,05	4,01	3,98	3,95	3,94	3,92	3,91	3,9
	0,95	7,71	6,94	6,59	6,39	6,26	6,16	6,09	6,04	6,00	5,96	5,94	5,9
	0,99	21,20	18,00	16,70	16,00	15,50	15,20	15,00	14,80	14,70	14,50	14,10	14,4
5	0,75	1,69	1,85	1,88	1,89	1,89	1,89	1,89	1,89	1,89	1,89	1,89	1,8
	0,90	4,06	3,78	3,62	3,52	3,45	3,40	3,37	3,34	3,32	3,30	3,28	3,2
	0,95	6,61	5,79	5,41	5,19	5,05	4,95	4,88	4,82	4,77	4,74	4,71	4,6
	0,99	16,30	13,30	12,10	11,40	11,00	10,70	10,50	10,30	10,20	10,10	9,96	9,8
6	0,75	1,62	1,76	1,78	1,79	1,79	1,78	1,78	1,77	1,77	1,77	1,77	1,7
	0,90	3,78	3,46	3,29	3,18	3,11	3,05	3,01	2,98	2,96	2,94	2,92	2,9
	0,95	5,99	5,14	4,76	4,53	4,39	4,28	4,21	4,15	4,10	4,06	4,03	4,0
	0,99	13,70	10,90	9,78	9,15	8,75	8,47	8,26	8,10	7,98	7,87	7,79	7,7
7	0,75	1,57	1,70	1,72	1,72	1,71	1,71	1,70	1,70	1,69	1,69	1,69	1,6
	0,90	3,59	3,26	3,07	2,96	2,88	2,83	2,78	2,75	2,72	2,70	2,68	2,6
	0,95	5,59	4,74	4,35	4,12	3,97	3,87	3,79	3,73	3,68	3,64	3,60	3,5
	0,99	12,20	9,55	8,45	7,85	7,46	7,19	6,99	6,84	6,72	6,62	6,54	6,4
8	0,75	1,54	1,66	1,67	1,66	1,66	1,65	1,64	1,64	1,64	1,63	1,63	1,6
	0,90	3,46	3,11	2,92	2,81	2,73	2,67	2,62	2,59	2,56	2,54	2,52	2,5
	0,95	5,32	4,46	4,07	3,84	3,69	3,58	3,50	3,44	3,39	3,35	3,31	3,2
	0,99	11,30	8,65	7,59	7,01	6,63	6,37	6,18	6,03	5,91	5,81	5,73	5,6
9	0,75	1,51	1,62	1,63	1,63	1,62	1,61	1,60	1,60	1,59	1,59	1,58	1,5
	0,90	3,36	3,01	2,81	2,69	2,61	2,55	2,51	2,47	2,44	2,42	2,40	2,3
	0,95	5,12	4,26	3,86	3,63	3,48	3,37	3,29	3,23	3,18	3,14	3,10	3,0
	0,99	10,60	8,02	6,99	6,42	6,06	5,80	5,61	5,47	5,35	5,26	5,18	5,1
10	0,75	1,49	1,60	1,60	1,59	1,59	1,58	1,57	1,56	1,56	1,55	1,55	1,5
	0,90	3,28	2,92	2,73	2,61	2,52	2,46	2,41	2,39	2,35	2,32	2,30	2,2
	0,95	4,96	4,10	3,71	3,48	3,33	3,22	3,14	3,07	3,02	2,98	2,94	2,9
	0,99	10,00	7,56	6,55	5,99	5,64	5,39	5,20	5,06	4,94	4,85	4,77	4,7

Tabelle B.4: Quantile $F_{f_1,f_2,1-\alpha}$ der F-Verteilung

15	20	25	30	40	50	60	100	120	200	500	∞	1-α	f_1 / f_2
9,49	9,58	9,63	9,67	9,71	9,74	9,76	9,78	9,80	9,82	9,84	9,85	0,75	
61,20	61,70	62,00	62,30	62,50	62,70	62,80	63,00	63,10	63,20	63,30	63,30	9,90	1
246,00	248,00	249,00	250,00	251,00	252,00	252,00	253,00	253,00	254,00	254,00	254,00	0,95	
3,41	3,43	3,43	3,44	3,45	3,45	3,46	3,47	3,47	3,48	3,48	3,48	0,75	
9,42	9,44	9,45	9,46	9,47	9,47	9,47	9,48	9,78	9,49	9,49	9,49	0,90	2
19,40	19,40	19,40	19,50	19,50	19,50	19,50	19,50	19,50	19,50	19,50	19,50	0,95	
99,40	99,40	99,50	99,50	99,50	99,50	99,50	99,50	99,50	99,50	99,50	99,50	0,99	
2,46	2,46	2,47	2,47	2,47	2,47	2,47	2,47	2,47	2,47	2,47	2,47	0,75	
5,20	5,18	5,18	5,17	5,16	5,15	5,15	5,14	5,14	5,14	5,14	5,13	0,90	3
8,70	8,66	8,64	8,62	8,59	8,58	8,57	8,55	8,55	8,54	8,53	8,53	0,95	
26,90	26,70	26,60	26,50	26,40	26,40	26,30	26,20	26,20	26,10	26,10	26,10	0,99	
2,08	2,08	2,08	2,08	2,08	2,08	2,08	2,08	2,08	2,08	2,08	2,08	0,75	
3,87	3,84	3,83	3,82	3,80	3,80	3,79	3,78	3,78	3,77	3,76	3,76	0,90	4
5,86	5,80	5,77	5,75	5,72	5,70	5,69	5,66	5,66	5,65	5,64	5,63	0,95	
14,20	14,00	13,90	13,80	13,70	13,70	13,70	13,60	13,60	13,50	13,50	13,50	0,99	
1,89	1,88	1,88	1,88	1,88	1,88	1,87	1,87	1,87	1,87	1,87	1,87	0,75	
3,24	3,21	3,19	3,17	3,16	3,15	3,14	3,13	3,12	3,12	3,11	3,10	0,90	5
4,62	4,56	4,53	4,50	4,46	4,44	4,43	4,41	4,40	4,39	4,37	4,36	0,95	
9,72	9,55	9,47	9,38	9,29	9,24	9,20	9,13	9,11	9,08	9,04	9,02	0,99	
1,76	1,76	1,75	1,75	1,75	1,75	1,74	1,74	1,74	1,74	1,74	1,74	0,75	
2,87	2,84	2,82	2,80	2,78	2,77	2,76	2,75	2,74	2,73	2,73	2,72	0,90	6
3,94	3,87	3,84	3,81	3,77	3,75	3,74	3,71	3,70	3,69	3,68	3,67	0,95	
7,56	7,40	7,31	7,23	7,14	7,09	7,06	6,99	6,97	6,93	6,90	6,88	0,99	
1,68	1,67	1,67	1,66	1,66	1,66	1,65	1,65	1,65	1,65	1,65	1,65	0,75	
2,63	2,59	2,58	2,56	2,54	2,52	2,51	2,50	2,49	2,48	2,48	2,47	0,90	7
3,51	3,44	3,41	3,38	3,34	3,32	3,30	3,27	3,27	3,25	3,24	3,23	0,95	
6,31	6,16	6,07	5,99	5,91	5,86	5,82	5,75	5,74	5,70	5,67	5,65	0,99	
1,62	1,61	1,60	1,60	1,59	1,59	1,59	1,58	1,58	1,58	1,58	1,58	0,75	
2,46	2,42	2,40	2,38	2,36	2,35	2,34	2,32	2,32	2,31	2,30	2,29	0,90	8
3,22	3,15	3,12	3,08	3,04	3,02	3,01	2,96	2,97	2,95	2,94	2,93	0,95	
5,52	5,36	5,28	5,20	5,12	5,07	5,03	4,96	4,95	4,91	4,88	4,86	0,99	
1,57	1,56	1,56	1,55	1,55	1,54	1,54	1,53	1,53	1,53	1,53	1,53	0,75	
2,34	2,30	2,28	2,25	2,23	2,22	2,21	2,19	2,18	2,17	2,17	2,16	0,90	9
3,01	2,94	2,90	2,86	2,83	2,80	2,79	2,76	2,75	2,73	2,72	2,71	0,95	
4,96	4,81	4,73	4,65	4,57	4,52	4,48	4,42	4,40	4,36	4,33	4,31	0,99	
1,53	1,52	1,52	1,51	1,51	1,50	1,50	1,49	1,49	1,49	1,48	1,48	0,75	
2,24	2,20	2,18	2,16	2,13	2,12	2,11	2,09	2,08	2,07	2,06	2,54	0,90	10
2,85	2,77	2,74	2,70	2,66	2,64	2,62	2,59	2,58	2,56	2,55	2,54	0,95	
4,56	4,41	4,33	4,25	4,17	4,12	4,08	4,01	4,00	3,96	3,93	3,91	0,99	

f_2 \ f_1	1-α	1	2	3	4	5	6	7	8	9	10	11	12
11	0,75	1,47	1,58	1,58	1,57	1,56	1,55	1,54	1,53	1,53	1,52	1,52	1,51
	0,90	3,23	2,86	2,66	1,54	2,45	2,39	2,34	2,30	2,27	2,25	2,23	2,21
	0,95	4,84	3,98	3,59	3,36	3,20	3,09	3,01	2,95	2,90	2,85	2,82	2,79
	0,99	9,65	7,21	6,22	5,67	5,32	5,07	4,89	4,74	4,63	4,54	4,46	4,40
12	0,75	1,46	1,56	1,56	1,55	1,54	1,53	1,52	1,51	1,51	1,50	1,50	1,49
	0,90	3,18	2,81	2,61	2,48	2,39	2,33	2,28	2,24	2,21	2,19	2,17	2,15
	0,95	4,75	3,89	3,49	3,26	3,11	3,00	2,91	2,85	2,80	2,75	2,72	2,69
	0,99	9,33	6,93	5,95	5,41	5,06	4,82	4,64	4,50	4,39	4,30	4,22	4,16
13	0,75	1,45	1,54	1,54	1,53	1,52	1,51	1,50	1,49	1,49	1,48	1,47	1,47
	0,90	3,14	2,76	2,56	2,43	2,35	2,28	2,23	2,20	2,16	2,14	2,12	2,10
	0,95	4,67	3,81	3,41	3,18	3,03	2,92	2,83	2,77	2,71	2,67	2,63	2,60
	0,99	9,07	6,70	5,74	5,21	4,86	4,62	4,44	4,30	4,19	4,10	4,02	3,96
14	0,75	1,44	1,53	1,53	1,52	1,51	1,50	1,48	1,48	1,47	1,46	1,46	1,45
	0,90	3,10	2,73	2,52	2,39	2,31	2,24	2,19	2,15	2,12	2,10	2,08	2,05
	0,95	4,60	3,74	3,34	3,11	2,96	2,85	2,76	2,70	2,65	2,60	2,57	2,53
	0,99	8,86	6,51	5,56	5,04	4,69	4,46	4,28	4,14	4,03	3,94	3,86	3,80
15	0,75	1,43	1,52	1,52	1,51	1,49	1,48	1,47	1,46	1,46	1,45	1,44	1,44
	0,90	3,07	2,70	2,49	2,36	2,27	2,21	2,16	2,12	2,09	2,06	2,04	2,02
	0,95	4,54	3,68	3,29	3,06	2,90	2,79	2,71	2,64	2,59	2,54	2,51	2,48
	0,99	8,68	6,36	5,42	4,89	4,56	4,32	4,14	4,00	3,89	3,80	3,73	3,67
16	0,75	1,42	1,51	1,51	1,50	1,48	1,48	1,47	1,46	1,45	1,45	1,44	1,44
	0,90	3,05	2,67	2,46	2,33	2,24	2,18	2,13	2,09	2,06	2,03	2,01	1,99
	0,95	4,49	3,63	3,24	3,01	2,85	2,74	2,66	2,59	2,54	2,49	2,46	2,42
	0,99	8,53	6,23	5,29	4,77	4,44	4,20	4,03	3,89	3,78	3,69	3,62	3,55
17	0,75	1,42	1,51	1,50	1,49	1,47	1,46	1,45	1,44	1,43	1,43	1,42	1,41
	0,90	3,03	2,64	2,44	2,31	2,22	2,15	2,10	2,06	2,03	2,00	1,98	1,96
	0,95	4,45	3,59	3,20	2,96	2,81	2,70	2,61	2,55	2,49	2,45	2,41	2,38
	0,99	8,40	6,11	5,18	4,67	4,34	4,10	3,93	3,79	3,68	3,59	3,52	3,46
18	0,75	1,41	1,50	1,49	1,48	1,46	1,45	1,44	1,43	1,42	1,42	1,41	1,40
	0,90	3,01	2,62	2,42	2,29	2,20	2,13	2,08	2,04	2,00	1,98	1,96	1,93
	0,95	4,41	3,55	3,16	2,93	2,77	2,66	2,58	2,51	2,46	2,41	2,37	2,34
	0,99	8,29	6,01	5,09	4,58	5,24	4,01	3,84	3,71	3,60	3,51	3,43	3,37
19	0,75	1,41	1,49	1,49	1,47	1,46	1,44	1,43	1,42	1,41	1,41	1,40	1,40
	0,90	2,99	2,61	2,40	2,27	2,18	2,11	2,06	2,02	1,98	1,96	1,94	1,91
	0,95	4,38	3,52	3,13	2,90	2,74	2,63	2,54	2,48	2,42	2,38	2,34	2,31
	0,99	8,18	5,93	5,01	4,50	4,17	3,94	3,77	3,63	3,52	3,43	3,36	3,30
20	0,75	1,40	1,49	1,48	1,46	1,45	1,44	1,42	1,42	1,41	1,40	1,39	1,39
	0,90	2,97	2,59	2,38	2,25	2,16	2,09	2,04	2,00	1,96	1,94	1,92	1,89
	0,95	4,35	3,49	3,10	2,87	2,71	2,60	2,51	2,45	2,39	2,35	2,31	2,28
	0,99	8,10	5,85	4,94	4,43	4,10	3,87	3,70	3,56	3,46	3,37	3,29	3,23

Tabelle B.4: Quantile $F_{f_1,f_2,1-\alpha}$ der F-Verteilung (Fortsetzung)

15	20	25	30	40	50	60	100	120	200	500	∞	1-α	f_1 / f_2
1,50	1,49	1,49	1,48	1,47	1,47	1,47	1,46	1,46	1,46	1,45	1,45	0,75	11
2,17	2,12	2,10	2,08	2,05	2,04	2,03	2,00	2,00	1,99	1,98	1,97	0,90	
2,72	2,65	2,61	2,57	2,53	2,51	2,49	2,46	2,45	2,43	2,42	2,40	0,95	
4,25	4,10	4,02	3,94	3,86	3,81	3,78	3,71	3,69	3,66	3,62	3,60	0,99	
1,48	1,47	1,46	1,45	1,45	1,44	1,44	1,43	1,43	1,43	1,42	1,42	0,75	12
2,10	2,06	2,04	2,01	1,99	1,97	1,96	1,94	1,93	1,92	1,91	1,90	0,90	
2,62	2,54	2,51	2,47	2,43	2,40	2,38	2,35	2,34	2,32	2,31	2,30	0,95	
4,01	3,86	3,78	3,70	3,62	3,57	3,54	3,47	3,45	3,41	3,38	3,36	0,99	
1,46	1,45	1,44	1,43	1,42	1,42	1,42	1,41	1,41	1,40	1,40	1,40	0,75	13
2,05	2,01	1,98	1,96	1,93	1,92	1,90	1,88	1,88	1,86	1,85	1,85	0,90	
2,53	2,46	2,42	2,38	2,34	2,31	2,30	2,26	2,25	2,23	2,22	2,21	0,95	
3,82	3,66	3,59	3,51	3,43	3,38	3,34	3,27	3,25	3,22	3,19	3,17	0,99	
1,44	1,43	1,42	1,41	1,41	1,40	1,40	1,39	1,39	1,39	1,38	1,38	0,75	14
2,01	1,96	1,94	1,91	1,89	1,87	1,86	1,83	1,83	1,82	1,80	1,80	0,90	
2,46	2,39	2,35	2,31	2,27	2,24	2,22	2,19	2,18	2,16	2,14	2,13	0,95	
3,66	3,51	3,43	3,35	3,27	3,22	3,18	3,11	3,09	3,06	3,03	3,00	0,99	
1,43	1,41	1,41	1,40	1,39	1,39	1,38	1,38	1,37	1,37	1,36	1,36	0,75	15
1,97	1,92	1,90	1,87	1,85	1,83	1,82	1,79	1,79	1,77	1,76	1,76	0,90	
2,40	2,33	2,29	2,25	2,20	2,18	2,16	2,12	2,11	2,10	2,08	2,07	0,95	
3,52	3,37	3,29	3,21	3,13	3,08	3,05	2,98	2,96	2,92	2,89	2,87	0,99	
1,41	1,40	1,39	1,38	1,37	1,37	1,36	1,36	1,35	1,35	1,34	1,34	0,75	16
1,94	1,89	1,87	1,84	1,81	1,79	1,78	1,76	1,75	1,74	1,73	1,72	0,90	
2,35	2,28	2,24	2,19	2,15	2,12	2,11	2,07	2,06	2,04	2,02	2,01	0,95	
3,41	3,26	3,18	3,10	3,02	2,97	2,93	2,86	2,84	2,81	2,78	2,75	0,99	
1,40	1,39	1,38	1,37	1,36	1,35	1,35	1,34	1,34	1,34	1,33	1,33	0,75	17
1,91	1,86	1,84	1,81	1,78	1,76	1,75	1,73	1,72	1,71	1,69	1,69	0,90	
2,31	2,23	2,19	2,15	2,10	2,08	2,06	2,02	2,01	1,99	1,97	1,96	0,95	
3,31	3,16	3,08	3,00	2,92	2,87	2,83	2,76	2,75	2,71	2,68	2,65	0,99	
1,39	1,38	1,37	1,36	1,35	1,34	1,34	1,33	1,33	1,32	1,32	1,32	0,75	18
1,89	1,84	1,81	1,78	1,75	1,74	1,72	1,70	1,69	1,68	1,67	1,66	0,90	
2,27	2,19	2,15	2,11	2,06	2,04	2,02	1,98	1,97	1,95	1,93	1,92	0,95	
3,23	3,08	3,00	2,92	2,84	2,78	2,75	2,68	2,66	2,62	2,59	2,57	0,99	
1,38	1,37	1,36	1,35	1,34	1,33	1,33	1,32	1,32	1,31	1,31	1,30	0,75	19
1,86	1,81	1,79	1,76	1,73	1,71	1,70	1,67	1,67	1,65	1,64	1,63	0,90	
2,23	2,16	2,11	2,07	2,03	2,00	1,98	1,94	1,93	1,91	1,89	1,88	0,95	
3,15	3,00	2,92	2,84	2,76	2,71	2,67	2,60	2,58	2,55	2,51	2,49	0,99	
1,37	1,36	1,35	1,34	1,33	1,33	1,32	1,31	1,31	1,30	1,30	1,29	0,75	20
1,84	1,79	1,77	1,74	1,71	1,69	1,68	1,65	1,64	1,63	1,62	1,61	0,90	
2,20	2,12	2,08	2,04	1,99	1,97	1,95	1,91	1,90	1,88	1,86	1,84	0,95	
3,09	2,94	2,86	2,78	2,69	1,64	2,61	2,64	2,52	2,48	2,44	2,42	0,99	

f_2 \ f_1	1-α	1	2	3	4	5	6	7	8	9	10	11	12
22	0,75	1,40	1,48	1,47	1,45	1,44	1,42	1,41	1,40	1,39	1,39	1,38	1,37
	0,90	2,95	2,56	2,35	2,22	2,13	2,06	2,01	1,97	1,93	1,90	1,88	1,86
	0,95	4,30	3,44	3,05	2,82	2,66	2,55	2,46	2,40	2,34	2,30	2,26	2,23
	0,99	7,95	5,72	4,82	4,31	3,99	3,76	3,59	3,45	3,35	3,26	3,18	3,12
24	0,75	1,39	1,47	1,46	1,44	1,43	1,41	1,40	1,39	1,38	1,38	1,37	1,36
	0,90	2,93	2,54	2,33	2,19	2,10	2,04	1,98	1,94	1,91	1,88	1,85	1,83
	0,95	4,26	3,40	3,01	2,78	2,62	2,51	2,42	2,36	2,30	2,25	2,21	2,18
	0,99	7,82	5,61	4,72	4,22	3,90	3,67	3,50	3,36	3,26	3,17	3,09	3,03
26	0,75	1,38	1,46	1,45	1,44	1,42	1,41	1,40	1,39	1,37	1,37	1,36	1,35
	0,90	2,91	2,52	2,31	2,17	2,08	2,01	1,96	1,92	1,88	1,86	1,84	1,81
	0,95	4,23	3,37	2,98	2,74	2,59	2,47	2,39	2,32	2,27	2,22	2,18	2,15
	0,99	7,72	5,53	4,64	4,14	3,82	3,59	3,42	3,29	3,18	3,09	3,02	2,96
28	0,75	1,38	1,46	1,45	1,43	1,41	1,40	1,39	1,38	1,37	1,36	1,35	1,34
	0,90	2,89	2,50	2,29	2,16	2,06	2,00	1,94	1,90	1,87	1,84	1,81	1,79
	0,95	4,20	3,34	2,95	2,71	2,56	2,45	2,36	2,29	2,24	2,19	2,15	2,12
	0,99	7,64	5,45	4,57	4,07	3,75	3,53	3,36	3,23	3,12	3,03	2,96	2,90
30	0,75	1,38	1,45	1,44	1,42	1,41	1,39	1,38	1,37	1,36	1,35	1,35	1,34
	0,90	2,88	2,49	2,28	2,14	2,05	1,98	1,93	1,88	1,85	1,82	1,79	1,77
	0,95	4,17	3,32	2,92	2,69	2,53	2,42	2,33	2,27	2,21	2,16	2,13	2,09
	0,99	7,56	5,39	4,51	4,02	3,70	3,47	3,30	3,17	3,07	2,98	2,91	2,84
40	0,75	1,36	1,44	1,42	1,40	1,39	1,37	1,36	1,35	1,34	1,33	1,32	1,31
	0,90	2,84	2,44	2,23	2,09	2,00	1,93	1,87	1,83	1,79	1,76	1,73	1,71
	0,95	4,08	3,23	2,84	2,61	2,45	2,34	2,25	2,18	2,12	2,08	2,04	2,00
	0,99	7,31	5,18	4,31	3,83	3,51	3,29	3,12	2,99	2,89	2,80	2,73	2,66
60	0,75	1,35	1,42	1,41	1,38	1,37	1,35	1,33	1,32	1,31	1,30	1,29	1,29
	0,90	2,79	2,39	2,18	2,04	1,95	1,87	1,82	1,77	1,74	1,71	1,58	1,66
	0,95	4,00	3,15	2,76	2,53	2,37	2,25	2,17	2,10	2,04	1,99	1,95	1,92
	0,99	7,08	4,98	4,13	3,65	3,34	3,12	2,95	2,82	2,72	2,63	2,56	2,50
120	0,75	1,34	1,40	1,39	1,37	1,35	1,33	1,31	1,30	1,29	1,28	1,27	1,26
	0,90	2,75	2,35	2,13	1,99	1,90	1,82	1,77	1,72	1,68	1,65	1,62	1,60
	0,95	3,92	3,07	2,68	2,45	2,29	2,17	2,09	2,02	1,96	1,91	1,87	1,83
	0,99	6,85	4,79	3,95	3,48	3,17	2,96	2,79	2,66	2,56	2,47	2,40	2,34
200	0,75	1,33	1,39	1,38	1,36	1,34	1,32	1,31	1,29	1,28	1,27	1,26	1,25
	0,90	2,73	2,33	2,11	1,97	1,88	1,80	1,75	1,70	1,66	1,63	1,60	1,57
	0,95	3,89	3,04	2,65	2,42	2,26	2,14	2,06	1,98	1,93	1,88	1,84	1,80
	0,99	6,76	4,71	3,88	3,41	3,11	2,89	2,73	2,60	2,50	2,41	2,34	2,27
∞	0,75	1,32	1,39	1,37	1,35	1,33	1,31	1,29	1,28	1,27	1,25	1,24	1,24
	0,90	2,71	2,30	2,08	1,94	1,85	1,77	1,72	1,67	1,63	1,60	1,57	1,55
	0,95	3,84	3,00	2,60	2,37	2,21	2,10	2,01	1,94	1,88	1,83	1,79	1,75
	0,99	6,63	4,61	3,78	3,32	3,02	2,80	2,64	2,51	2,41	2,32	2,25	2,18

Tabelle B.4: Quantile $F_{f_1,f_2,1-\alpha}$ der F-Verteilung (Fortsetzung)

15	20	25	30	40	50	60	100	120	200	500	∞	1-α	f_1 / f_2
1,36	1,34	1,33	1,32	1,31	1,31	1,30	1,30	1,30	1,29	1,29	1,28	0,75	22
1,81	1,76	1,73	1,70	1,67	1,65	1,64	1,61	1,60	1,59	1,58	1,57	0,90	
2,15	2,07	2,03	1,98	1,94	1,91	1,89	1,85	1,84	1,82	1,80	1,78	0,95	
2,98	2,83	2,75	2,67	2,58	2,53	2,50	2,42	2,40	2,36	2,33	2,31	0,99	
1,35	1,33	1,32	1,31	1,30	1,29	1,29	1,28	1,28	1,27	1,27	1,26	0,75	24
1,78	1,73	1,70	1,67	1,64	1,62	1,61	1,58	1,57	1,56	1,54	1,53	0,90	
2,11	2,03	1,98	1,94	1,89	1,86	1,84	1,80	1,79	1,77	1,75	1,73	0,95	
2,89	2,74	2,66	2,58	2,49	2,44	2,40	2,33	2,31	2,27	2,24	2,21	0,99	
1,34	1,32	1,31	1,30	1,29	1,28	1,28	1,26	1,26	1,26	1,25	1,25	0,75	26
1,76	1,71	1,68	1,65	1,61	1,59	1,58	1,55	1,54	1,53	1,51	1,50	0,90	
2,07	1,99	1,95	1,90	1,85	1,82	1,80	1,76	1,75	1,73	1,71	1,69	0,95	
2,81	2,66	2,58	2,50	2,42	2,36	2,33	2,25	2,23	2,19	2,16	2,13	0,99	
1,33	1,31	1,30	1,29	1,28	1,27	1,27	1,26	1,25	1,25	1,24	1,24	0,75	28
1,74	1,69	1,66	1,63	1,59	1,57	1,56	1,53	1,52	1,50	1,19	1,48	0,90	
2,04	1,96	1,91	1,87	1,82	1,79	1,77	1,73	1,71	1,69	1,67	1,65	0,95	
2,75	2,60	2,52	2,44	2,35	2,30	2,26	2,19	2,17	2,13	2,09	2,06	0,99	
1,32	1,30	1,29	1,28	1,27	1,26	1,26	1,25	1,24	1,24	1,23	1,23	0,75	30
1,72	1,67	1,64	1,61	1,57	1,55	1,54	1,51	1,50	1,48	1,47	1,46	0,90	
2,01	1,93	1,89	1,84	1,79	1,76	1,74	1,70	1,68	1,66	1,64	1,62	0,95	
2,70	2,55	2,47	2,39	2,30	2,25	2,21	2,13	2,11	2,07	2,03	2,01	0,99	
1,30	1,28	1,26	1,25	1,24	1,23	1,22	1,21	1,21	1,20	1,19	1,19	0,75	40
1,66	1,61	1,57	1,54	1,51	1,48	1,47	1,43	1,42	1,41	1,39	1,38	0,90	
1,92	1,84	1,79	1,74	1,69	1,66	1,64	1,59	1,58	1,55	1,53	1,51	0,95	
2,52	2,37	2,29	2,20	2,11	2,06	2,02	1,94	1,92	1,87	1,93	1,80	0,99	
1,27	1,25	1,24	1,22	1,21	1,20	1,19	1,17	1,178	1,16	1,15	1,15	0,75	60
1,60	1,54	1,51	1,48	1,44	1,41	1,40	1,36	1,35	1,33	1,31	1,29	0,90	
1,84	1,75	1,70	1,65	1,59	1,56	1,53	1,48	1,47	1,44	1,41	1,39	0,95	
2,35	2,20	2,12	2,03	1,94	1,88	1,84	1,75	1,73	1,68	1,63	1,60	0,99	
1,24	1,22	1,21	1,19	1,18	1,17	1,16	1,14	1,13	1,12	1,11	1,10	0,75	120
1,55	1,48	1,45	1,41	1,37	1,34	1,32	1,27	1,26	1,24	1,21	1,19	0,90	
1,75	1,66	1,61	1,55	1,50	1,46	1,43	1,37	1,35	1,32	1,28	1,25	0,95	
2,19	2,03	1,95	1,86	1,76	1,70	1,66	1,56	1,53	1,48	1,42	1,38	0,99	
1,23	1,21	1,20	1,18	1,16	1,14	1,12	1,11	1,10	1,09	1,08	1,06	0,75	200
1,52	1,46	1,42	1,38	1,34	1,31	1,28	1,24	1,22	1,20	1,17	1,14	0,90	
1,72	1,62	1,57	1,52	1,46	1,41	1,39	1,32	1,29	1,26	1,22	1,19	0,95	
2,13	1,97	1,89	1,79	1,69	1,63	1,58	1,48	1,44	1,39	1,33	1,28	0,99	
1,22	1,19	1,18	1,16	1,14	1,13	1,12	1,09	1,08	1,07	1,04	1,00	0,75	∞
1,49	1,42	1,38	1,34	1,30	1,26	1,24	1,18	1,17	1,13	1,08	1,00	0,90	
1,67	1,57	1,52	1,46	1,39	1,35	1,32	1,24	1,22	1,17	1,11	1,00	0,95	
2,04	1,88	1,79	1,70	1,59	1,52	1,17	1,36	1,32	1,25	1,15	1,00	0,99	

$\alpha = 0.05$	Quantile zum Tukey-Test $q_{f_1,f_2,0.95}$									
f_2 \ f_1	**3**	**4**	**5**	**6**	**7**	**8**	**9**	**10**	**15**	**20**
10	3.88	4.33	4.65	4.91	5.12	5.3	5.46	5.6	6.11	6.47
12	3.77	4.2	4.51	4.75	4.95	5.12	5.27	5.39	5.88	6.21
14	3.7	4.11	4.41	4.64	4.83	4.99	5.13	5.25	5.71	6.03
16	3.65	4.05	4.33	4.56	4.74	4.9	5.03	5.15	5.59	5.9
18	3.61	4	4.28	4.49	4.67	4.82	4.96	5.07	5.5	5.79
20	3.58	3.96	4.23	4.45	4.62	4.77	4.9	5.01	5.43	5.71
22	3.55	3.93	4.2	4.41	4.58	4.72	4.85	4.96	5.37	5.65
24	3.53	3.9	4.17	4.37	4.54	4.68	4.81	4.92	5.32	5.59
26	3.51	3.88	4.14	4.35	4.51	4.65	4.77	4.88	5.28	5.55
28	3.5	3.86	4.12	4.32	4.49	4.62	4.74	4.85	5.24	5.51
30	3.49	3.85	4.1	4.3	4.46	4.6	4.72	4.82	5.21	5.47
40	3.44	3.79	4.04	4.23	4.39	4.52	4.63	4.73	5.11	5.36
60	3.4	3.74	3.98	4.16	4.31	4.44	4.55	4.65	5	5.24
120	3.36	3.68	3.92	4.1	4.24	4.36	4.47	4.56	4.9	5.13
∞	3.31	3.63	3.86	4.03	4.17	4.29	4.39	4.47	4.8	5.01

$\alpha = 0.01$	Quantile zum Tukey-Test $q_{f_1,f_2,0.99}$									
f_2 \ f_1	**3**	**4**	**5**	**6**	**7**	**8**	**9**	**10**	**15**	**20**
10	5.27	5.77	6.14	6.43	6.67	6.87	7.05	7.21	7.81	8.23
12	5.05	5.5	5.84	6.1	6.32	6.51	6.67	6.81	7.36	7.73
14	4.89	5.32	5.63	5.88	6.08	6.26	6.41	6.54	7.05	7.39
16	4.79	5.19	5.49	5.72	5.92	6.08	6.22	6.35	6.82	7.15
18	4.7	5.09	5.38	5.6	5.79	5.94	6.08	6.2	6.65	6.97
20	4.64	5.02	5.29	5.51	5.69	5.84	5.97	6.09	6.52	6.82
22	4.59	4.96	5.22	5.43	5.61	5.75	5.88	5.99	6.42	6.71
24	4.55	4.91	5.17	5.37	5.54	5.69	5.81	5.92	6.33	6.61
26	4.51	4.87	5.12	5.32	5.49	5.63	5.75	5.86	6.26	6.53
28	4.48	4.83	5.08	5.28	5.44	5.58	5.7	5.8	6.2	6.47
30	4.45	4.8	5.05	5.24	5.4	5.54	5.65	5.76	6.14	6.41
40	4.37	4.7	4.93	5.11	5.26	5.39	5.5	5.6	5.96	6.21
60	4.28	4.59	4.82	4.99	5.13	5.25	5.36	5.45	5.78	6.01
120	4.2	4.5	4.71	4.87	5.01	5.12	5.21	5.3	5.61	5.83
∞	4.12	4.4	4.6	4.76	4.88	4.99	5.08	5.16	5.45	5.65

Tabelle B.5: Quantile $q_{f_1,f_2,1-\alpha}$ zum Tukey-Test

$r = 0, \alpha = 0.05$	Kritische Werte $\lvert t \rvert_{f_1, f_2, 0, 0.95}$ für den zweiseitigen Dunnett-Test										
f_2 \ f_1	**2**	**3**	**4**	**5**	**6**	**7**	**8**	**9**	**10**	**12**	**16**	**20**
10	2.61	2.83	2.98	3.1	3.2	3.28	3.35	3.41	3.47	3.56	3.71	3.82
12	2.54	2.75	2.89	3	3.09	3.17	3.24	3.29	3.35	3.43	3.57	3.68
14	2.49	2.69	2.83	2.94	3.02	3.09	3.16	3.21	3.26	3.34	3.48	3.58
16	2.46	2.65	2.78	2.89	2.97	3.04	3.1	3.15	3.2	3.28	3.4	3.5
18	2.43	2.62	2.75	2.85	2.93	3	3.05	3.11	3.15	3.23	3.35	3.44
20	2.41	2.59	2.72	2.82	2.9	2.96	3.02	3.07	3.11	3.19	3.31	3.4
25	2.37	2.55	2.67	2.77	2.84	2.9	2.96	3.01	3.05	3.12	3.23	3.32
30	2.35	2.52	2.64	2.73	2.81	2.87	2.92	2.96	3	3.07	3.18	3.27
40	2.32	2.49	2.6	2.69	2.76	2.82	2.87	2.91	2.95	3.02	3.12	3.2
60	2.29	2.45	2.56	2.65	2.72	2.77	2.82	2.86	2.9	2.96	3.06	3.14
120	2.26	2.42	2.53	2.61	2.67	2.73	2.77	2.81	2.85	2.91	3.01	3.08
∞	2.24	2.39	2.49	2.57	2.63	2.68	2.73	2.77	2.8	2.86	2.95	3.02

$r = 0, \alpha = 0.01$	Kritische Werte $\lvert t \rvert_{f_1, f_2, 0, 0.99}$ für den zweiseitigen Dunnett-Test										
f_2 \ f_1	**2**	**3**	**4**	**5**	**6**	**7**	**8**	**9**	**10**	**12**	**16**	**20**
10	3.57	3.8	3.97	4.09	4.21	4.3	4.37	4.44	4.5	4.61	4.78	4.91
12	3.42	3.63	3.78	3.9	4	4.08	4.15	4.21	4.26	4.36	4.51	4.63
14	3.32	3.52	3.66	3.77	3.85	3.93	3.99	4.05	4.1	4.19	4.33	4.44
16	3.25	3.43	3.57	3.67	3.75	3.82	3.88	3.94	3.99	4.07	4.2	4.3
18	3.19	3.37	3.5	3.6	3.68	3.74	3.8	3.85	3.9	3.98	4.1	4.2
20	3.15	3.33	3.45	3.54	3.62	3.68	3.74	3.79	3.83	3.91	4.03	4.12
25	3.07	3.24	3.35	3.44	3.51	3.57	3.63	3.67	3.71	3.78	3.89	3.98
30	3.03	3.18	3.3	3.38	3.45	3.51	3.55	3.6	3.64	3.7	3.81	3.89
40	2.97	3.12	3.22	3.3	3.37	3.42	3.47	3.51	3.54	3.61	3.71	3.78
60	2.91	3.05	3.15	3.23	3.29	3.34	3.38	3.42	3.46	3.51	3.61	3.68
120	2.86	2.99	3.09	3.16	3.21	3.26	3.3	3.34	3.37	3.43	3.51	3.58
∞	2.81	2.93	3.02	3.09	3.14	3.19	3.23	3.26	3.29	3.34	3.42	3.48

Tabelle B.6: Kritische Werte zum Dunnett-Test

$r = 0.5$, $\alpha = 0.05$	Kritische Werte $\lvert t \rvert_{f_1,f_2,0,5,0.95}$ für den zweiseitigen Dunnett-Test										
f_2 \ f_1	**2**	**3**	**4**	**5**	**6**	**7**	**8**	**9**	**10**	**12**	**16**	**20**
10	2.57	2.76	2.89	2.99	3.07	3.14	3.19	3.24	3.29	3.36	3.48	3.57
12	2.5	2.69	2.81	2.9	2.98	3.04	3.09	3.14	3.18	3.25	3.36	3.45
14	2.46	2.63	2.75	2.84	2.91	2.97	3.02	3.07	3.11	3.18	3.28	3.36
16	2.42	2.59	2.71	2.79	2.87	2.92	2.97	3.02	3.06	3.12	3.22	3.3
18	2.4	2.56	2.68	2.76	2.83	2.89	2.93	2.98	3.02	3.08	3.18	3.25
20	2.38	2.54	2.65	2.74	2.8	2.86	2.9	2.95	2.98	3.04	3.14	3.22
25	2.34	2.5	2.61	2.69	2.75	2.81	2.85	2.89	2.93	2.99	3.08	3.15
30	2.32	2.47	2.58	2.66	2.72	2.77	2.82	2.85	2.89	2.95	3.04	3.11
40	2.29	2.44	2.54	2.62	2.68	2.73	2.77	2.81	2.85	2.9	2.99	3.06
60	2.27	2.41	2.51	2.58	2.64	2.69	2.73	2.77	2.8	2.86	2.94	3
120	2.24	2.38	2.48	2.55	2.6	2.65	2.69	2.73	2.76	2.81	2.89	2.95
∞	2.21	2.35	2.44	2.51	2.57	2.61	2.65	2.69	2.72	2.77	2.85	2.9

$r = 0.5$, $\alpha = 0.01$	Kritische Werte $\lvert t \rvert_{f_1,f_2,0,5,0.99}$ für den zweiseitigen Dunnett-Test										
f_2 \ f_1	**2**	**3**	**4**	**5**	**6**	**7**	**8**	**9**	**10**	**12**	**16**	**20**
10	3.53	3.73	3.89	3.99	4.09	4.15	4.22	4.28	4.33	4.42	4.56	4.65
12	3.39	3.57	3.71	3.81	3.9	3.96	4.02	4.07	4.12	4.2	4.31	4.41
14	3.29	3.47	3.59	3.69	3.76	3.83	3.88	3.93	3.97	4.05	4.16	4.24
16	3.22	3.38	3.51	3.6	3.67	3.73	3.78	3.83	3.87	3.94	4.05	4.14
18	3.17	3.33	3.45	3.53	3.6	3.66	3.71	3.75	3.79	3.86	3.96	4.04
20	3.13	3.28	3.4	3.47	3.54	3.6	3.65	3.69	3.73	3.79	3.89	3.97
25	3.05	3.21	3.32	3.39	3.45	3.5	3.56	3.59	3.63	3.69	3.78	3.85
30	3.01	3.15	3.25	3.33	3.39	3.44	3.49	3.53	3.56	3.62	3.7	3.78
40	2.95	3.09	3.19	3.26	3.32	3.36	3.41	3.44	3.48	3.53	3.62	3.68
60	2.9	3.03	3.12	3.19	3.25	3.29	3.33	3.37	3.4	3.45	3.54	3.6
120	2.85	2.97	3.06	3.12	3.18	3.22	3.26	3.29	3.32	3.37	3.45	3.5
∞	2.79	2.92	2.99	3.06	3.11	3.15	3.19	3.22	3.25	3.29	3.36	3.42

Tabelle B.6: Kritische Werte zum Dunnett-Test (Fortsetzung)

$r = 0, \alpha = 0.05$	Kritische Werte $\lvert t \rvert_{f_1, f_2, 0, 5, 0.95}$ für den einseitigen Dunnett-Test										
f_2 \ f_1	**2**	**3**	**4**	**5**	**6**	**7**	**8**	**9**	**10**	**12**	**16**	**20**
10	2.21	2.44	2.6	2.72	2.82	2.9	2.98	3.04	3.1	3.19	3.35	3.46
12	2.16	2.38	2.53	2.65	2.74	2.82	2.89	2.95	3	3.09	3.23	3.34
14	2.13	2.34	2.48	2.6	2.68	2.76	2.82	2.88	2.93	3.02	3.15	3.26
16	2.11	2.31	2.45	2.56	2.65	2.72	2.78	2.83	2.88	2.97	3.1	3.2
18	2.09	2.29	2.43	2.53	2.61	2.68	2.75	2.8	2.85	2.93	3.05	3.15
20	2.08	2.27	2.4	2.51	2.59	2.66	2.72	2.77	2.82	2.89	3.02	3.11
25	2.05	2.24	2.37	2.47	2.55	2.61	2.67	2.72	2.76	2.84	2.96	3.05
30	2.03	2.22	2.35	2.44	2.52	2.58	2.64	2.69	2.73	2.8	2.92	3
40	2.01	2.19	2.32	2.41	2.48	2.55	2.6	2.65	2.69	2.76	2.87	2.95
60	1.99	2.17	2.29	2.38	2.45	2.51	2.56	2.61	2.65	2.71	2.82	2.9
120	1.97	2.14	2.26	2.35	2.42	2.48	2.53	2.57	2.61	2.67	2.77	2.85
∞	1.95	2.12	2.23	2.32	2.39	2.44	2.49	2.53	2.57	2.63	2.73	2.8

$r = 0, \alpha = 0.01$	Kritische Werte $\lvert t \rvert_{f_1, f_2, 0, 5, 0.99}$ für den einseitigen Dunnett-Test										
f_2 \ f_1	**2**	**3**	**4**	**5**	**6**	**7**	**8**	**9**	**10**	**12**	**16**	**20**
10	3.16	3.4	3.56	3.69	3.8	3.88	3.96	4.03	4.09	4.2	4.37	4.5
12	3.05	3.26	3.41	3.53	3.63	3.71	3.78	3.84	3.9	3.99	4.14	4.26
14	2.97	3.18	3.31	3.42	3.51	3.59	3.65	3.71	3.76	3.85	3.99	4.1
16	2.92	3.11	3.24	3.35	3.43	3.5	3.56	3.62	3.67	3.75	3.88	3.98
18	2.87	3.06	3.19	3.29	3.37	3.44	3.5	3.55	3.59	3.68	3.8	3.9
20	2.84	3.02	3.15	3.25	3.32	3.39	3.44	3.49	3.54	3.62	3.74	3.83
25	2.78	2.95	3.07	3.16	3.24	3.3	3.35	3.4	3.44	3.51	3.63	3.71
30	2.75	2.91	3.03	3.11	3.18	3.24	3.29	3.34	3.38	3.45	3.55	3.64
40	2.7	2.86	2.97	3.05	3.12	3.17	3.22	3.26	3.3	3.37	3.47	3.54
60	2.66	2.81	2.91	2.99	3.05	3.11	3.15	3.19	3.23	3.29	3.38	3.46
120	2.62	2.76	2.86	2.93	2.99	3.04	3.09	3.12	3.16	3.21	3.3	3.37
∞	2.57	2.71	2.81	2.88	2.93	2.98	3.02	3.06	3.09	3.14	3.23	3.29

Tabelle B.6: Kritische Werte zum Dunnett-Test (Fortsetzung)

$r = 0.5$, $\alpha = 0.05$	Kritische Werte $\lvert t \rvert_{f_1,f_2,0,5,0.95}$ für den einseitigen Dunnett-Test										
f_2 \ f_1	**2**	**3**	**4**	**5**	**6**	**7**	**8**	**9**	**10**	**12**	**16**	**20**
10	2.15	2.34	2.47	2.56	2.64	2.7	2.76	2.81	2.85	2.92	3.03	3.12
12	2.11	2.29	2.41	2.5	2.58	2.64	2.69	2.74	2.78	2.85	2.95	3.03
14	2.08	2.25	2.37	2.46	2.53	2.59	2.64	2.69	2.73	2.79	2.89	2.97
16	2.06	2.23	2.34	2.43	2.5	2.56	2.61	2.65	2.69	2.75	2.85	2.93
18	2.04	2.21	2.32	2.41	2.48	2.53	2.58	2.62	2.66	2.72	2.82	2.89
20	2.03	2.19	2.3	2.39	2.46	2.51	2.56	2.6	2.64	2.7	2.8	2.87
25	2	2.16	2.27	2.36	2.42	2.48	2.52	2.56	2.6	2.66	2.75	2.82
30	1.99	2.15	2.25	2.33	2.4	2.45	2.5	2.54	2.57	2.63	2.72	2.79
40	1.97	2.13	2.23	2.31	2.37	2.42	2.47	2.51	2.54	2.6	2.69	2.75
60	1.95	2.1	2.21	2.28	2.34	2.4	2.44	2.48	2.51	2.57	2.65	2.72
120	1.93	2.08	2.18	2.26	2.32	2.37	2.41	2.45	2.48	2.53	2.62	2.68
∞	1.92	2.06	2.16	2.23	2.29	2.34	2.38	2.42	2.45	2.5	2.58	2.65

$r = 0.5$, $\alpha = 0.01$	Kritische Werte $\lvert t \rvert_{f_1,f_2,0,0.99}$ für den einseitigen Dunnett-Test										
f_2 \ f_1	**2**	**3**	**4**	**5**	**6**	**7**	**8**	**9**	**10**	**12**	**16**	**20**
10	3.11	3.32	3.45	3.56	3.64	3.71	3.77	3.83	3.88	3.96	4.08	4.18
12	3.01	3.19	3.31	3.43	3.5	3.57	3.62	3.67	3.71	3.79	3.91	3.99
14	2.94	3.12	3.23	3.31	3.4	3.46	3.52	3.56	3.6	3.67	3.78	3.86
16	2.88	3.05	3.17	3.25	3.34	3.39	3.44	3.49	3.52	3.59	3.69	3.78
18	2.84	3.01	3.11	3.21	3.28	3.34	3.38	3.43	3.46	3.53	3.63	3.7
20	2.81	2.97	3.08	3.17	3.23	3.29	3.34	3.38	3.42	3.48	3.57	3.65
25	2.76	2.91	3.01	3.09	3.16	3.21	3.26	3.3	3.33	3.39	3.48	3.56
30	2.72	2.87	2.97	3.05	3.11	3.16	3.21	3.25	3.28	3.34	3.43	3.49
40	2.68	2.82	2.92	2.99	3.05	3.1	3.14	3.18	3.21	3.27	3.36	3.42
60	2.64	2.78	2.87	2.94	3	3.05	3.08	3.12	3.15	3.2	3.29	3.35
120	2.6	2.73	2.82	2.89	2.94	2.99	3.03	3.06	3.09	3.14	3.22	3.28
∞	2.56	2.68	2.77	2.84	2.89	2.93	2.97	3	3.03	3.08	3.15	3.21

Tabelle B.6: Kritische Werte zum Dunnett-Test (Fortsetzung)

$\alpha = 0.05$	Kritische Werte $u_{n_1,n_2,0.05}$ für den U-Test																			
n_2 \ n_1	**1**	**2**	**3**	**4**	**5**	**6**	**7**	**8**	**9**	**10**	**11**	**12**	**13**	**14**	**15**	**16**	**17**	**18**	**19**	**20**
1																			0	0
2					0	0	0	1	1	1	1	2	2	2	3	3	3	4	4	4
3			0	0	1	2	2	3	3	4	5	5	6	7	7	8	9	9	10	11
4			0	1	2	3	4	5	6	7	8	9	10	11	12	14	15	16	17	18
5		0	1	2	4	5	6	8	9	11	12	13	15	16	18	19	20	22	23	25
6		0	2	3	5	7	8	10	12	14	16	17	19	21	23	25	26	28	30	32
7		0	2	4	6	8	11	13	15	17	19	21	24	26	28	30	33	35	37	39
8		1	3	5	8	10	13	15	18	20	23	26	28	31	33	36	39	41	44	47
9		1	3	6	9	12	15	18	21	24	27	30	33	36	39	42	45	48	51	54
10		1	4	7	11	14	17	20	24	27	31	34	37	41	44	48	51	55	58	62
11		1	5	8	12	16	19	23	27	31	34	38	42	46	50	54	57	61	65	69
12		2	5	9	13	17	21	26	30	34	38	42	47	51	55	60	64	68	72	77
13		2	6	10	15	19	24	28	33	37	42	47	51	56	61	65	70	75	80	84
14		2	7	11	16	21	26	31	36	41	46	51	56	61	66	71	77	82	87	92
15		3	7	12	18	23	28	33	39	44	50	55	61	66	72	77	83	88	94	100
16		3	8	14	19	25	30	36	42	48	54	60	65	71	77	83	89	95	101	107
17		3	9	15	20	26	33	39	45	51	57	64	70	77	83	89	96	102	109	115
18		4	9	16	22	28	35	41	48	55	61	68	75	82	88	95	102	109	116	123
19	0	4	10	17	23	30	37	44	51	58	65	72	80	87	94	101	109	116	123	130
20	0	4	11	18	25	32	39	47	54	62	69	77	84	92	100	107	115	123	130	138

Zellen ohne Werte zeigen an, dass eine Zurückweisung der Nullhypothese auf dem angegebenen Signifikanzniveau unmöglich ist.

Umrechnungsformel: $u_{n_1,n_2,0.95} = n_1 \cdot n_2 - u_{n_1,n_2,0.05}$

$\alpha = 0.025$	Kritische Werte $u_{n_1,n_2,0.025}$ für den U-Test																			
n_2 \ n_1	**1**	**2**	**3**	**4**	**5**	**6**	**7**	**8**	**9**	**10**	**11**	**12**	**13**	**14**	**15**	**16**	**17**	**18**	**19**	**20**
1																				
2								0	0	0	0	1	1	1	1	1	2	2	2	2
3						1	1	2	2	3	3	4	4	5	5	6	6	7	7	8
4				0	1	2	3	4	4	5	6	7	8	9	10	11	11	12	13	14
5			0	1	2	3	5	6	7	8	9	11	12	13	14	15	17	18	19	20
6			1	2	3	5	6	8	10	11	13	14	16	17	19	21	22	24	25	27

Tabelle B.7: Kritische Werte $u_{n_1,n_2,\alpha}$ zum U-Test

$\alpha = 0.025$	Kritische Werte $u_{n_1,n_2,0.025}$ für den U-Test																			
n_2 \ n_1	**1**	**2**	**3**	**4**	**5**	**6**	**7**	**8**	**9**	**10**	**11**	**12**	**13**	**14**	**15**	**16**	**17**	**18**	**19**	**20**
7			1	3	5	6	8	10	12	14	16	18	20	22	24	26	28	30	32	34
8		0	2	4	6	8	10	13	15	17	19	22	24	26	29	31	34	36	38	41
9		0	2	4	7	10	12	15	17	20	23	26	28	31	34	37	39	42	45	48
10		0	3	5	8	11	14	17	20	23	26	29	33	36	39	42	45	48	52	55
11		0	3	6	9	13	16	19	23	26	30	33	37	40	44	47	51	55	58	62
12		1	4	7	11	14	18	22	26	29	33	37	41	45	49	53	57	61	65	69
13		1	4	8	12	16	20	24	28	33	37	41	45	50	54	59	63	67	72	76
14		1	5	9	13	17	22	26	31	36	40	45	50	55	59	64	69	74	78	83
15		1	5	10	14	19	24	29	34	39	44	49	54	59	64	70	75	80	85	90
16		1	6	11	15	21	26	31	37	42	47	53	59	64	70	75	81	86	92	98
17		2	6	11	17	22	28	34	39	45	51	57	63	69	75	81	87	93	99	105
18		2	7	12	18	24	30	36	42	48	55	61	67	74	80	86	93	99	106	112
19		2	7	13	19	25	32	38	45	52	58	65	72	78	85	92	99	106	113	119
20		2	8	14	20	27	34	41	48	55	62	69	76	83	90	98	105	112	119	127

Zellen ohne Werte zeigen an, dass eine Zurückweisung der Nullhypothese auf dem angegebenen Signifikanzniveau unmöglich ist.

Umrechnungsformel: $u_{n_1,n_2,0.975} = n_1 \cdot n_2 - u_{n_1,n_2,0.025}$

$\alpha = 0.01$	Kritische Werte $u_{n_1,n_2,0.01}$ für den U-Test																			
n_2 \ n_1	**1**	**2**	**3**	**4**	**5**	**6**	**7**	**8**	**9**	**10**	**11**	**12**	**13**	**14**	**15**	**16**	**17**	**18**	**19**	**20**
1																				
2													0	0	0	0	0	0	1	1
3							0	0	1	1	1	2	2	2	3	3	4	4	4	5
4					0	1	1	2	3	3	4	5	5	6	7	7	8	9	9	10
5				0	1	2	3	4	5	6	7	8	9	10	11	12	13	14	15	16
6				1	2	3	4	6	7	8	9	11	12	13	15	16	18	19	20	22
7			0	1	3	4	6	7	9	11	12	14	16	17	19	21	23	24	26	28
8			0	2	4	6	7	9	11	13	15	17	20	22	24	26	28	30	32	34
9			1	3	5	7	9	11	14	16	18	21	23	26	28	31	33	36	38	40
10			1	3	6	8	11	13	16	19	22	24	27	30	33	36	38	41	44	47
11			1	4	7	9	12	15	18	22	25	28	31	34	37	41	44	47	50	53
12			2	5	8	11	14	17	21	24	28	31	35	38	42	46	49	53	56	60

Tabelle B.7: Kritische Werte $u_{n_1,n_2,\alpha}$ zum U-Test (Fortsetzung)

$\alpha = 0.01$	Kritische Werte $u_{n_1,n_2,0.01}$ für den U-Test																			
$n_2 \backslash n_1$	**1**	**2**	**3**	**4**	**5**	**6**	**7**	**8**	**9**	**10**	**11**	**12**	**13**	**14**	**15**	**16**	**17**	**18**	**19**	**20**
13		0	2	5	9	12	16	20	23	27	31	35	39	43	47	51	55	59	63	67
14		0	2	6	10	13	17	22	26	30	34	38	43	47	51	56	60	65	69	73
15		0	3	7	11	15	19	24	28	33	37	42	47	51	56	61	66	70	75	80
16		0	3	7	12	16	21	26	31	36	41	46	51	56	61	66	71	76	82	87
17		0	4	8	13	18	23	28	33	38	44	49	55	60	66	71	77	82	88	93
18		0	4	9	14	19	24	30	36	41	47	53	59	65	70	76	82	88	94	100
19		1	4	9	15	20	26	32	38	44	50	56	63	69	75	82	88	94	101	107
20		1	5	10	16	22	28	34	40	47	53	60	67	73	80	87	93	100	107	114

Zellen ohne Werte zeigen an, dass eine Zurückweisung der Nullhypothese auf dem angegebenen Signifikanzniveau unmöglich ist.

Umrechnungsformel: $u_{n_1,n_2,0.99} = n_1 \cdot n_2 - u_{n_1,n_2,0.01}$

$\alpha = 0.005$	Kritische Werte $u_{n_1,n_2,0.005}$ für den U-Test																			
$n_2 \backslash n_1$	**1**	**2**	**3**	**4**	**5**	**6**	**7**	**8**	**9**	**10**	**11**	**12**	**13**	**14**	**15**	**16**	**17**	**18**	**19**	**20**
1																				
2																		0	0	0
3									0	0	0	1	1	1	2	2	2	2	3	3
4						0	0	1	1	2	2	3	3	4	5	5	6	6	7	8
5					0	1	1	2	3	4	5	6	7	7	8	9	10	11	12	13
6				0	1	2	3	4	5	6	7	9	10	11	12	13	15	16	17	13
7				0	1	3	4	6	7	9	10	12	13	15	16	18	19	21	22	24
8				1	2	4	6	7	9	11	13	15	17	18	20	22	24	26	28	30
9			0	1	3	5	7	9	11	13	16	18	20	22	24	27	29	31	33	36
10			0	2	4	6	9	11	13	16	18	21	24	26	29	31	34	37	39	42
11			0	2	5	7	10	13	16	18	21	24	27	30	33	36	39	42	45	48
12			1	3	6	9	12	15	18	21	24	27	31	34	37	41	44	47	51	54
13			1	3	7	10	13	17	20	24	27	31	34	38	42	45	49	53	57	60
14			1	4	7	11	15	18	22	26	30	34	38	42	46	50	54	58	63	67
15			2	5	8	12	16	20	24	29	33	37	42	46	51	55	60	64	69	73
16			2	5	9	13	18	22	27	31	36	41	45	50	55	60	65	70	74	79
17			2	6	10	15	19	24	29	34	39	44	49	54	60	65	70	75	81	92
18		0	2	6	11	16	21	26	31	37	42	47	53	58	64	70	75	81	87	92

Tabelle B.7: Kritische Werte $u_{n_1,n_2,\alpha}$ zum U-Test (Fortsetzung)

$\alpha =$ 0.005	Kritische Werte $u_{n_1,n_2,0.005}$ für den U-Test																			
n_2 \ n_1	**1**	**2**	**3**	**4**	**5**	**6**	**7**	**8**	**9**	**10**	**11**	**12**	**13**	**14**	**15**	**16**	**17**	**18**	**19**	**20**
19		0	3	7	12	17	22	28	33	39	45	51	57	63	69	74	81	87	93	99
20		0	3	8	13	18	24	30	36	42	48	54	60	67	73	79	86	92	99	105
Zellen ohne Werte zeigen an, dass eine Zurückweisung der Nullhypothese auf dem angegebenen Signifikanzniveau unmöglich ist.																				
Umrechnungsformel: $u_{n_1,n_2,0.995} = n_1 \cdot n_2 - u_{n_1,n_2,0.005}$																				

Tabelle B.7: Kritische Werte $u_{n_1,n_2,\alpha}$ zum U-Test (Fortsetzung)

n_0	$w_{n_0,0.05}$	$w_{n_0,0.025}$	$w_{n_0,0.01}$	$w_{n_0,0.005}$
5	0			
6	2	0		
7	3	2	0	
8	5	3	1	0
9	8	5	3	1
10	10	8	5	3
11	13	10	7	5
12	17	13	9	7
13	21	17	12	9
14	25	21	15	12
15	30	25	19	15
16	35	29	23	19
17	41	34	27	23
18	47	40	32	27
19	53	46	37	32
20	60	52	43	37
21	67	58	49	42
22	75	65	55	48
23	83	73	62	54
24	91	81	69	61
25	100	89	76	68
Umrechnungsformeln: $w_{n_0,1-\alpha} = \frac{n_0 \cdot (n_0+1)}{2} - w_{n_0,\alpha}$				

Tabelle B.8: Kritische Werte $w_{n_0,\alpha}$ zum Wilcoxon-Test

n_1	n_2	n_3	$h_{n_1,n_2,n_3,0.95}$
1	2	4	4.82
1	3	3	5.14
2	2	3	4.71
1	2	5	5.00
1	3	4	5.21
2	2	4	5.13
2	3	3	5.14
1	3	5	4.87
1	4	4	4.87
2	2	5	5.04
2	3	4	5.40
3	3	3	5.60
1	4	5	4.86
2	3	5	5.11
2	4	4	5.24
3	3	4	5.72
1	5	5	4.91
2	4	5	5.27
3	3	5	5.52
3	4	4	5.58
2	5	5	5.25
3	4	5	5.63
4	4	4	5.65
3	5	5	5.63
4	4	5	5.62
4	5	5	5.64
5	5	5	5.66

Tabelle B.9: Kritische Werte $h_{n_1,n_2,n_3,1-\alpha}$ zum Kruskal-Wallis-Test

n	$d_{n,0.20}^{krit}$	$d_{n,0.10}^{krit}$	$d_{n,0.05}^{krit}$	$d_{n,0.02}^{krit}$	$d_{n,0.01}^{krit}$
1	0,90000	0,950000	0,97500	0,99000	0,99500
2	0,68377	0,77639	0,84189	0,90000	0,92929
3	0,56481	0,63604	0,70760	0,78456	0,82900
4	0,49265	0,56522	0,62394	0,68887	0,73424
5	0,44698	0,50945	0,56328	0,62718	0,66853
6	0,41037	0,46799	0,51926	0,57741	0,61661
7	0,38148	0,43607	0,48342	0,53844	0,57581
8	0,35831	0,40962	0,45427	0,50654	0,54179
9	0,33910	0,38746	0,43001	0,47960	0,51332
10	0,32260	0,36866	0,40925	0,45662	0,48893
11	0,30829	0,35242	0,39122	0,43670	0,46770
12	0,29577	0,33815	0,37543	0,41918	0,44905
13	0,28470	0,32549	0,36143	0,40362	0,43247
14	0,27481	0,31417	0,34890	0,38970	0,41762
15	0,26588	0,30397	0,33760	0,37713	0,40420
16	0,25778	0,29472	0,32733	0,36571	0,39201
17	0,25039	0,28627	0,31796	0,35528	0,38086
18	0,24360	0,27851	0,30936	0,34569	0,37062
19	0,23735	0,27136	0,30143	0,33685	0,36117
20	0,23156	0,26473	0,29408	0,32866	0,35241
21	0,22617	0,25858	0,28724	0,32104	0,34427
22	0,22115	0,25283	0,28087	0,31394	0,33666
23	0,21645	0,24746	0,27490	0,30728	0,32954
24	0,21205	0,24242	0,26931	0,30104	0,32286
25	0,20790	0,23768	0,26404	0,29516	0,31657
26	0,20399	0,23320	0,25907	0,28962	0,31064
27	0,20030	0,22898	0,25438	0,28438	0,30502
28	0,19680	0,22497	0,24993	0,27942	0,29971
29	019348	0,22117	0,24571	0,27471	0,29466
30	0,19032	0,21756	0,24170	0,27023	0,28987
31	0,18732	0,21412	0,23788	0,26596	0,28530
32	0,18445	0,21085	0,23424	0,26189	0,28094
33	0,18171	0,20771	0,23076	0,25801	0,27677
34	0,17909	0,20472	0,22743	0,25429	0,27279

Tabelle B.10: Kritische Werte $d_{n,\alpha}^{krit}$ zum Kolmogorov-Test

n	$d^{krit}_{n,0.20}$	$d^{krit}_{n,0.10}$	$d^{krit}_{n,0.05}$	$d^{krit}_{n,0.02}$	$d^{krit}_{n,0.01}$
35	017659	0,20185	0,22425	0,25073	0,26897
36	0,17418	0,19910	0,22119	0,24732	0,26532
37	0,17188	0,19646	0,21826	0,24404	0,26180
38	0,16966	0,19392	0,21544	0,24089	0,25843
39	0,16753	0,19148	0,21273	0,23786	0,25518
40	0,16547	0,18913	0,21012	0,23494	0,25205
41	0,16349	0,18687	0,20760	0,23213	0,24904
42	0,16158	0,18468	0,20517	0,22941	0,24613
43	0,15974	0,18257	0,20283	0,22679	0,24332
44	0,15796	0,18053	0,20056	0,22426	0,24060
45	0,15623	0,17856	0,19837	0,22181	0,23798
46	0,15457	0,17665	0,19625	0,21944	0,23544
47	0,15295	0,17481	0,19420	0,21715	0,23298
48	0,15139	0,17302	0,19221	0,21493	0,23059
49	0,14987	0,17128	0,19028	0,21277	0,22823
50	0,14840	0,16959	0,18841	0,21068	0,22604
51	0,14697	0,16796	0,18659	0,20864	0,22386
52	0,14558	0,16627	0,18482	0,20667	0,22174
53	0,14423	0,16483	0,18311	0,20475	0,21986
54	0,14292	0,16332	0,18144	0,20289	0,21768
55	0,14164	0,16186	0,17981	0,20107	0,21574
56	0,14040	0,16044	0,17823	0,19930	0,21384
57	0,13919	0,15906	0,17669	0,19758	0,21199
58	0,13801	0,15771	0,17519	0,19590	0,21019
59	0,13686	0,15639	0,17373	0,19427	0,20844
60	0,13573	0,15511	0,17231	0,19267	0,20673
61	0,13464	0,15385	0,17091	0,19112	0,20506
62	0,13357	0,15263	0,16956	0,18960	0,20343
63	0,13253	0,15144	0,16823	0,18812	0,20184
64	0,13151	0,15027	0,16693	0,18667	0,20029
65	0,13052	0,14913	0,16567	0,18525	0,19877
66	0,12954	0,14802	0,16443	0,18387	0,19729
67	0,12859	0,14693	0,16322	0,18252	0,19584
68	0,12766	0,14587	0,16204	0,18119	0,19442

Tabelle B.10: Kritische Werte $d^{krit}_{n,\alpha}$ zum Kolmogorov-Test (Fortsetzung)

n	$d_{n,0.20}^{krit}$	$d_{n,0.10}^{krit}$	$d_{n,0.05}^{krit}$	$d_{n,0.02}^{krit}$	$d_{n,0.01}^{krit}$
69	0,12675	0,14483	0,16088	0,17990	0,19303
70	0,12586	0,14381	0,15975	0,17863	0,19167
71	0,12499	0,14281	0,15864	0,17739	0,19034
72	0,12413	0,14183	0,15755	0,17618	0,18903
73	0,12329	0,14087	0,15649	0,17498	0,18776
74	0,12247	0,13993	0,15544	0,17382	0,18650
75	0,12167	0,13901	0,15442	0,17268	0,18528
76	0,12088	0,13811	0,15342	0,17155	0,18408
77	0,12011	0,13723	0,15244	0,17045	0,18290
78	0,11934	0,13636	0,15147	0,16938	0,18174
79	0,11860	0,13551	0,15052	0,16832	0,18060
80	0,11787	0,13467	0,14960	0,16728	0,17949
81	0,11716	0,13385	0,14868	0,16626	0,17840
82	0,11645	0,13305	0,14779	0,16526	0,17732
83	0,11576	0,13226	0,14691	0,16428	0,17627
84	0,11508	0,13148	0,14605	0,16331	0,17523
85	0,11442	0,13072	0,14520	0,16236	0,17411
86	0,11376	0,12997	0,14437	0,16143	0,17321
87	0,11311	0,12932	0,14355	0,16051	0,17223
88	0,11248	0,12850	0,14274	0,15961	0,17126
89	0,11186	0,12779	0,14195	0,15873	0,17031
90	0,11125	0,12709	0,14117	0,15786	0,16938
91	0,11064	0,12640	0,14040	0,15700	0,16846
92	0,11005	0,12572	0,13965	0,15616	0,16755
93	0,10947	0,12506	0,13891	0,15533	0,16666
94	0,10889	0,12440	0,13818	0,15451	0,16579
95	0,10833	0,12375	0,13746	0,15371	0,16493
96	0,10777	0,12312	0,13675	0,15291	0,16408
97	0,10722	0,12249	0,13606	0,15214	0,16324
98	0,10668	0,12187	0,13537	0,15137	0,16242
99	0,10615	0,12126	0,13469	0,15061	0,16161
100	0,10563	0,12067	0,13403	0,14987	0,16081

Tabelle B.10: Kritische Werte $d_{n,\alpha}^{krit}$ zum Kolmogorov-Test (Fortsetzung)

n	$lf^{krit}_{n,0.20}$	$lf^{krit}_{n,0.15}$	$lf^{krit}_{n,0.10}$	$lf^{krit}_{n,0.05}$	$lf^{krit}_{n,0.01}$
4	0,300	0,319	0,352	0,381	0,417
5	0,285	0,299	0,315	0,337	0,405
6	0,265	0,277	0,294	0,319	0,364
7	0,247	0,258	0,276	0,300	0,348
8	0,233	0,244	0,261	0,285	0,331
9	0,223	0,233	0,249	0,271	0,311
10	0,215	0,224	0,239	0,258	0,294
11	0,206	0,217	0,230	0,249	0,284
12	0,199	0,212	0,223	0,242	0,275
13	0,190	0,202	0,214	0,234	0,268
14	0,183	0,194	0,207	0,227	0,261
15	0,177	0,187	0,201	0,220	0,257
16	0,173	0,182	0,195	0,213	0,250
17	0,169	0,177	0,189	0,206	0,245
18	0,166	0,173	0,184	0,200	0,239
19	0,163	0,169	0,179	0,195	0,235
20	0,160	0,166	0,174	0,190	0,231
25	0,142	0,147	0,158	0,173	0,200
30	0,131	0,136	0,144	0,161	0,187
>30	$\frac{0{,}736}{\sqrt{n}}$	$\frac{0{,}768}{\sqrt{n}}$	$\frac{0{,}805}{\sqrt{n}}$	$\frac{0{,}886}{\sqrt{n}}$	$\frac{1{,}031}{\sqrt{n}}$

Tabelle B.11: Kritische Werte $lf^{krit}_{n,\alpha}$ zum Lilliefors-Test

C. Literatur

B

Backhaus, K., Erichson, B., Plinke, W. & Weiber, R. (2018). *Multivariate Analysemethoden: Eine anwendungsorientierte Einführung* (15. Aufl.). Berlin: Springer.

Bock, J. (1997). *Bestimmung des Stichprobenumfangs.* München. Oldenbourg.

Boos, D. D. (2003). Introduction to the Bootstrap World. *Statistical Science* 18(2), 168–174.

Bortz, J. & Schuster, C. (2010). *Statistik für Human- und Sozialwissenschaftler* (7. Aufl.). Heidelberg: Springer.

Bretz, F., Hothorn, T. & Westfall, P. (2011). *Multiple Comparisons Using R.* Boca Raton: Chapman & Hall.

Büning, H. & Trenkler, G. (1994). *Nichtparametrische statistische Methoden* (2. Aufl.). Berlin: de Gruyter.

C

Clauß, G., Finze, F.-R. & Partzsch, L. (2017). *Statistik. Grundlagen. Für Soziologen, Pädagogen, Psychologen und Mediziner* (7. Aufl.). Haan-Gruiten: Europa-Lehrmittel.

Cohen, J., Cohen, P., West, St.G. & Aiken, L.S. (2003). *Applied Multiple Regression / Correlation Analysis for the Behavioral Sciences* (3th ed.). London: Lawrence Erlbaum Ass.

D

Daniel, W.W. (2018). *Biostatistics, A Foundation For Analysis in the Health Sciences.* (11th ed.). New York: Wiley.

Diehl, J. M. & Arbinger, R. (2001). *Einführung in die Inferenzstatistik* (3. Aufl.). Eschborn: Klotz.

Diehl, J. M. & Kohr, H.-U. (2004). *Deskriptive Statistik* (13., überarbeitete Aufl.). Eschborn: Klotz.

E

Efron, B. (1979). Bootstrap methods: Another look at the jackknife. *The annals of Statistics. 7*, 1–26.

Efron, B. (1982). The jackknife, the bootstrap, and other resampling planes. *Society of Industrial and Applied mathematics. LBMS-NFS monographs 38.*

Efron, B. (2003). Second Thoughts on Bootstrap. *Statistical Science 18*(2), 135–140.

F

Fahrmeir, L., Heumann, C., Künstler, R., Pigeot, I. & Tutz, G. (2016). *Statistik. Der Weg zur Datenanalyse* (8. Aufl.). Berlin: Springer.

Fox, J. (2015). *Applied Redgression Analysis and Generalized linear models* (3th ed.). London: Sage.

G

Glass, D.J. (2014). *Experimental Design for Biologists* (2nd ed.). New York: Cold Spring Harbor Laboratory Press.

H

Hartung, J., Elpelt, B. & Klösener, K.-H. (2009). *Statistik. Lehr- und Handbuch der angewandten Forschung* (15. Aufl.). München: Oldenbourg.

Horn, M. & Vollandt, R. (1995). *Multiple Tests und Auswahlverfahren.* Stuttgart: Gustav Fischer.

Hoshmand, A.R. (2006). *Design of experiments for agriculture and the natural sciences* (2th ed.). Boca Raton: CRC Press.

K

Kabacoff, R.I. (2015). *R in action. Data analysis and graphics with R* (2nd ed.). New York: Manning Publ.

Klemmert, H. (2004). *Äquivalenz- und Effekttests in der psychologischen Forschung.* Frankfurt a.M.: Peter Lang.

Kreienbrock, L. & Schach, S. (2005). *Epidemiologische Methoden* (4. Aufl.). Heidelberg: Elsevier.

Köhler, W., Schachtel, G. & Voleske, P. (2012). *Biostatistik* (5. Aufl.). Berlin: Springer.

Kutner, M. H., Nachtsheim, C. J., Neter, J. & Li, W. (2005). *Applied Linear Statistical Models.* London: McGraw Hill.

L

Lindner, A. (1969). *Planen und Auswerten von Versuchen: eine Einführung für Naturwissenschaftler, Mediziner und Ingenieure* (3. Aufl.). Basel: Birkhäuser.

M

Manly, B. F. J. & Navaro-Alberto, J. A. (2020). *Randomization, bootstrap and Monte Carlo methods in biology* (4th ed.). Boca Raton: Chapman & Hall.

Miller, R. G. (1997). *Beyond Anova: Basics of Applied Statistics.* London: CRC Press.

R

Rasch, D., Herrendörfer, G., Bock, J., Victor, N. & Guiard, V. (Hrsg.) (2008). *Verfahrensbibliothek. Versuchsplanung und -auswertung* (2. Aufl.). München: Oldenbourg.

Rasch, D. & Kubinger, K.D. (2006). *Statistik. Für das Psychologiestudium.* München: Elsevier.

Rasch, D., Teuscher, F. & Guiard, V. (2007a). How robust are tests for two independent samples. *Journal of Statistical Planning and Inference* 137(8), 2706–2720.

Rasch, D., Verdooren, L.R. & Gowers, J. (2007b). *Planung und Auswertung von Versuchen und Erhebungen* (2. Aufl.). *München*: Oldenbourg.

Rohl, C.A., Strauss, C.E., Misura, K.M. & Baker, D. (2004). Protein structure prediction using Rosetta. *Methods Enzymol. 383*, 66–93.

Rudolf, M. & Buse, J. (2020). *Multivariate Verfahren. Eine praxisorientierte Einführung mit Anwendungsbeispielen* (3. Aufl.). Göttingen: Hogrefe.

Ruxton, G.D. (2006). *Experimental design for the life sciences* (2th ed.). Oxford: University Press.

S

Sachs, L. & Hedderich, J. (2018). *Angewandte Statistik. Methodensammlung mit R* (16. Aufl.). Berlin: Springer.

Schira, J. (2016). *Statistische Methoden der VWL und BWL.* (5. Aufl.). München: Pearson Studium.

Stefen, C. & Kapischke, H.-J. (2007). Craniometric study of the greater white-toothed shrew (Crocidura russula) from the eastern most edge of its distribution. *Säugetierkundliche Informationen 6*, 33-48.

Stefen, C. & Rudolf, M. (2007). Contribution to the taxonomic status of the Chinese rats Niviventer confucianus and N. fulvescens. *Mammalian Biology 72* (4), 213-223.

Storm, R. (2007). *Wahrscheinlichkeitsrechnung, mathematische Statistik und statistische Qualitätskontrolle* (12. Aufl.). München: Hanser.

Sturges, H.A. (1926). The choice of a class intervall. J. Amer. *Statist. Assoc. 21*, 65-66.

T

Thomas, E. (2006). *Feldversuchswesen.* Stuttgart: Eugen Ulmer.

Timischl, W. (2000). *Biostatistik. Eine Einführung für Biologen und Mediziner.* Wien: Springer.

W

Wellek, S. (2003). *Testing Statistical Hypotheses of Equivalence.* Boca Raton: Chapman & Hall.

Wolf, S. (2005). Evaluierung der hygienischen Wasserqualität eines mit fäkalbelastetem Oberflächenwasser gefluteten Tagebausees unter besonderer Berücksichtigung von Bakteriophagen als Indikatoren für die Belastung mit enteralen Viren. *Dissertation.* TU Dresden.

Z

Zöphel, B. & Schnabel, B. (2006). Efficiency of hay transfer – first results of sowing experiments in a montane grassland complex. *Poster at the International workshop of the specialist group "restoration ecology" of the GfÖ: "Species Introduction in Restoration Projects".* Freising, 30.3.-1.4.

D. Register

A

B

C

D

E

F

G

H

I

K

L

M

N

O

P

Q

R

S

T

U

V

W

Campbell
Biologie
Pearson